ZVEN
可视化

二战武器大百科 海战篇

ENCYCLOPEDIA OF NAVAL WEAPONS OF

WORLD WAR II

刘晓 编著　ZVEN可视化中心 绘

民主与建设出版社
·北京·

图书在版编目（CIP）数据

二战武器大百科. 海战篇 / 刘晓编著；ZVEN可视化
中心绘. -- 北京：民主与建设出版社，2025. 7.
ISBN 978-7-5139-4980-4

Ⅰ．E92-62

中国国家版本馆CIP数据核字第2025XF6207号

二战武器大百科：海战篇
ERZHAN WUQI DA BAIKE:HAIZHAN PIAN

编　著	刘 晓
绘　者	ZVEN 可视化中心
责任编辑	宁莲佳
策划编辑	罗应中　王 菁
封面设计	王　涛
出版发行	民主与建设出版社有限责任公司
电　话	（010）59417749　59419778
社　址	北京市朝阳区宏泰东街远洋万和南区伍号公馆 4 层
邮　编	100102
印　刷	重庆长虹印务有限公司
版　次	2025 年 7 月第 1 版
印　次	2025 年 7 月第 1 次印刷
开　本	889 毫米 × 1194 毫米　1/12
印　张	26.5
字　数	900 千字
书　号	ISBN 978-7-5139-4980-4
定　价	288.00 元

注：如有印、装质量问题，请与出版社联系。

ZVEN可视化中心

ZVEN可视化中心，为数据创新而生，致力于创作既有视觉冲击力又蕴含丰富知识信息的创意产品，帮助读者轻松、愉悦地理解每一个文化主题。

中心现拥有上百位稳定合作的核心创作者，数百位专业顾问（其中军事专业技术顾问34位，教授级学术顾问47位），11位专职策划编辑，5位专职3D建模人员，4位专职美术编辑，3位文创策划，并与5家创作机构建立了长期合作关系。已经开发完成的作品有《中国古代兵器大百科》《世界坦克大百科》《二战武器大百科：陆战篇》《二战武器大百科：海战篇》《二战武器大百科：空战篇》《现代战机大百科》等，正在开发的作品包括《二战武器大百科：空战篇》《轻兵器大百科》等。

ZVEN可视化中心秉承指文图书专业学术与大众科普相融合的特色，坚持"视觉创意＋硬核数据"的创作理念，努力为读者创造沉浸式的阅读体验。

ZVEN可视化丛书编委会

学术顾问
刘晓　游曦　陈斌卿　邢天宁　方圆
章书颜　莫诺　雪落凡间　海鹰
TomCat　团座　等

总策划
祝康　罗应中　王菁

营销策划
胡小茜　李文科　钟燕妮

文创策划
徐玉辉　陈晓霞

本书创作团队

主创
刘晓

建模渲染
王涛

视觉设计
王涛

本书审校团队
（按姓氏汉语拼音首字母排序）

韩韦　刘晓　游曦　甄锐

序 言

世界反法西斯战争已经胜利八十年。与第一次世界大战不同，二战从开始就是侵略与反侵略的战争，是正义与非正义的斗争，同盟国的胜利得之不易，足以用艰苦卓绝来形容。在海战方面，当时同盟国与轴心国的交战烽火遍及太平洋、大西洋、印度洋等，战场从海面到水下再到空中，直至陆地。如太平洋上的中途岛海战、马里亚纳海战和莱特湾海战，还有大西洋上的无限制潜艇战，以及针对大陆和岛屿的各种登陆战等。其破坏性达到人类战争史上前所未有的程度，连一战时最著名的日德兰海战也相形见绌。为了有效地控制海洋，交战双方反复争夺战略要冲、海运航线、矿产资源等。

海权是国家主权的一种自然延伸，其主要内涵是海上经济力量、海上武装力量和海洋方向的综合实力。早在 19 世纪，美国军事理论家马汉就通过几本著作提出了影响百年的"海权论"。他指出海权对于国家发展极其重要，一个濒临海洋的国家和民族要走向伟大，必须控制海洋。因此，为了争夺或维护自己的海权，一战后英美日法意等国都近乎疯狂地进行造舰竞赛，最后不得不通过《华盛顿海军条约》《伦敦海军条约》等来限制海军军备竞赛，从而带来十余年的"海军假日"时代。但当条约到期后，相关国家便抓紧时间造舰，如战列舰、航空母舰和巡洋舰等，以应对日益紧张的国际局势，也就是即将全面爆发的二战。所以当二战的号角吹响后，各大洋上立即就响起了钢铁的咆哮。当时世界上实力强大的舰队有英国皇家海军的本土舰队、美国海军的太平洋舰队和日本海军的联合舰队等，而德国虽然水面舰队较弱，但拥有数量庞大的潜艇部队。

一战时期，海战的形式比较单一，交战国都信奉大舰巨炮主义。国与国之间的海权争夺主要依靠主力舰进行舰队决战，即通过战列舰和战列巡洋舰的主炮轰击来击垮敌国舰队，从而削弱甚至消灭敌国海军。那时潜艇虽然崭露头角，但其偷袭的攻击方式被一些传统海军所不齿。二战大不相同，航空母舰和潜艇的崛起令大舰巨炮主义走向衰落。首先就是战列巡洋舰这一舰种被淘汰，然后航空母舰一跃成为主力舰，其舰载机强大的远程空中打击力量令战列舰逐渐沦为火力支援和护航等辅助角色。二战时的丹麦海峡海战、北角海战和苏里高海峡海战，是战列舰最后的光芒，从此航空母舰就头顶海战主角的光环一直到现在。对于潜艇，如"狼群作战""破交战""绞杀战"等都是二战军迷耳熟能详的词，有关潜艇的传奇战斗故事也数不胜数。而对于巡洋舰、驱逐舰、鱼雷艇、登陆舰艇等，当时它们也都有属于自己的舞台。

如今我们身处和平环境，能够以军事爱好者的身份来回顾历史、了解海战和军舰，无疑是幸福的。本书主要从海军装备的角度出发，对二战各国主要的舰艇进行解读与剖析，以供读者鉴赏。在书中，我们按舰种进行分类，每章都精选最具代表性的各国舰艇，通过图文特别是 3D 渲染技术尽力展示其面貌。为了将该书打造为硬核的军事大百科，我们不仅介绍了每艘舰艇的来龙去脉与特色，对其重点的舰载武器、雷达、舰载机等装备也进行了细致的介绍。其中对参数表还进行了多渠道考证，这是各国记载最为纷杂的，并且按照读者建议将比较难懂的长吨、美担、英尺、加仑等单位都换算为法定计量来描述。

特别的是，为了帮助读者朋友更加深入地了解具体的舰艇、舰载机等，我们还在精美的图片上对其局部细节进行了大量的专业注解。这是一项非常耗时的工作，我们注解的数量和规模在军事图书中极为少见。对于书中涉及的各场战役名及海战名，由于交战双方都是各自命名，因而为了准确还原，我们在介绍相关军舰时采用的是其所属国的命名。譬如对于在 1944 年 6 月 19 日爆发的美日两国航空母舰大决战，在介绍美国军舰时采用了美方命名的菲律宾海海战，而在介绍日本军舰时采用了日方命名的马里亚纳海战。为了增强本书的知识性和趣味性，我们还将很多二战海军相关的小知识和小故事以小贴士的形式展现在相应的页面中，希望大家能够喜欢。

如果你是一位才接触二战的读者，这是一本很好的军事科普读物；如果你是一位资深的二战军迷，这也是一本独特的军事研究读物。无论你是喜欢快速翻阅浏览，还是喜欢细读品味，相信这本书都能满足。

最后，感谢重庆市江北区科技模型协会和鹰翔模型，以及游曦老师在本书策划与撰写过程中给予的耐心指导与帮助！由于本书所承载的信息较多，如果出现纰漏，还望广大读者朋友批评指正。

刘晓

目 录 CONTENTS

Encyclopedia of
World War II
Naval Warfare Weapons

ENCYCLOPEDIA OF
NAVAL WEAPON
WORLD WAR II

第一章

航空母舰

AIRCRAFT CARRIER

航空母舰 —— 大舰巨炮主义的终结者，海战的决胜兵器。

航空母舰是以舰载机为主要武器的海上移动军用机场。它不仅拥有能够起降飞机的直通式飞行甲板，还有大型机库等航空设施，具备远程侦察、制空权夺取、对地对舰攻击等能力。

第一次世界大战将大舰巨炮主义推向了巅峰。虽然当时海战的主角是战列舰，但在日德兰海战之后各列强对航空母舰的需求开始显现。在战间期，英、美、日、法、意五国签订了限制海军军备竞赛的《华盛顿海军条约》(之后还有《伦敦海军条约》和《第二次伦敦海军条约》)。尽管条约对航空母舰的发展有所约束，但也带来了机会，如各国可将条约所限制的主力舰改装为航空母舰等。所以，相关国家不仅将战列舰和战列巡洋舰改装成航空母舰，还将远洋邮轮、货轮等改装为航空母舰，并设计建造了一系列专业、正规的航空母舰。

第二次世界大战期间，航空母舰作为新锐的主力舰迅速崛起。最知名的就是 1941 年引发美国对日宣战的珍珠港事件，即日本海军用 6 艘航空母舰及其 350 余架舰载机等偷袭了位于珍珠港的美国太平洋舰队。日军只用了不到两小时就炸毁了美军 4 艘战列舰和 188 架飞机，并炸伤 4 艘战列舰、159 架飞机等，而自身仅损失了 29 架舰载机和 5 艘袖珍潜艇。

这一时期，航空母舰除了用于舰队作战之外，还担任护航、运输、支援登陆等任务。当时各海军大国对其分类叫法不同，有舰队航母、轻型舰队航母、护航航母和商船航母之分，也有航母、护航航母和轻型航母之分，还有正规航母、改装航母和特设航母之分等。在本章，我们将各国航空母舰统一按用途分为舰队航母和护航航母来介绍，还附带介绍水上飞机母舰和比较特别的航空战列舰。

OF

AIRCRAFT CARRIER

Enterprise

"企业"号

"企业"号 (Enterprise, CV-6) 是二战时期战绩最高的军舰，也是美国最优秀的航空母舰。其舰名 Enterprise 也常被翻译为"进取""奋进"等。它参与了中途岛、瓜达尔卡纳尔岛、硫磺岛等 20 场战役、行动，共击沉敌舰 71 艘，击伤敌舰 192 艘，摧毁敌机 911 架。

作为约克城级航空母舰的二号舰，"企业"号于 1938 年 5 月 12 日服役，在 1940 年编入美国太平洋舰队。二战期间，它一直在太平洋战场上对日作战。

1941 年日本海军偷袭珍珠港，重点目标是"企业"号等三艘大型航空母舰，好在它们都躲过了攻击。1942 年，"企业"号掩护"大黄蜂"号航母放飞 B-25 中型轰炸机空袭东京。同年，它在中途岛海战中击沉日军机动部队的旗舰"赤城"号航母，以及"加贺"号和"飞龙"号航母。

1942 年 10 月的圣克鲁斯群岛海战（日本称南太平洋海战）是美日两军的一次航空母舰决战。美军两艘航母对阵日军四艘航母，结局是美军的"大黄蜂"号航母沉没。此后，美国海军迎来最艰难的时期，

在太平洋上只有"企业"号这一艘航母可用，与日本海军对比悬殊（当时美军还有一艘航母"萨拉托加"号，但在维修）。其南太平洋战区总司令哈尔西甚至请求向英国东方舰队租借航母来与日军作战。正所谓逆境出强者，此时"企业"号的官兵打出了著名的"Enterprise vs Japan"标语，即"企业"号以一舰之力单挑日本。事实证明，正是这种孤勇者的精神使"企业"号一直带伤坚持战斗，最后不仅等来"萨拉托加"号航母的回归，也迎来新型的埃塞克斯级航母和独立级轻型航母大量服役。

SK-1 对空搜索雷达天线

舰桥

博福斯 40 毫米高炮

博福斯 40 毫米高炮

127 毫米高平两用炮

动力

"企业"号安装了9台巴布科克·威尔科克斯的水管燃油锅炉，工作气压约为2.75兆帕，蒸汽温度为342摄氏度。它们产生的蒸汽传输给4组帕森斯式齿轮传动蒸汽涡轮机，输出的总功率为89484千瓦。其动力通过4根传动轴驱动4个螺旋桨，实现最大速度32.5节。值得一提的是，在试航时它的速度达到过33.65节。它能够装载4430吨左右的燃油，以15节的速度可航行约10400海里，以20节的速度可航行约7900海里（1943年）。到了战争末期的1945年，该舰的续航能力有所下降，以15节的速度可航行约10140海里，以20节的速度可航行约7750海里。

防护

由于"企业"号作为约克城级航空母舰是专业设计和建造的舰队航母，不像之前的列克星敦级航空母舰那样是由战列巡洋舰改建而来，因而它的防护能力相对较弱。

它两舷侧面的水线装甲带最厚处为102毫米，最薄处为64毫米，最多抵御152毫米口径的炮弹。主舱壁和指挥塔的侧壁装甲也是厚102毫米，而指挥塔的顶部装甲厚51毫米。其甲板装甲厚38毫米，机库甲板用76毫米厚的装甲钢加固。它的飞行甲板没有装甲，铺的是木板，因此对日机空投的航空炸弹缺乏抵御力。对于鱼雷攻击的防范，除了水线装甲带之外，其舰体内部还设有3层防鱼雷隔舱。"企业"号在太平洋战争中多次严重受损，从而也误导了日本海军多次认为已将它击沉。好在它的损管作业得力，每次都能及时控制险情并得以返港维修。

厄利孔20毫米高炮

救生艇

在服役生涯中，"企业"号前后参加了中途岛、瓜达尔卡纳尔岛、马绍尔群岛、马里亚纳、硫磺岛等二十场战役、行动，击沉、击伤敌舰两三百艘，击毁敌机近千架。它是第一艘获得总统集体嘉奖的航空母舰，还获得过海军集体嘉奖、二十枚战役星章（美国海军舰艇之最）等荣誉。时任美国海军部长詹姆斯·福莱斯特称赞"企业"号是二战美国海军的最佳象征。

"企业"号于1947年退役，但在1952年被重编为攻击航母，1953年被重编为反潜航母。它于1956年除籍，1958年拆解。后来，世界上第一艘核动力航空母舰沿用了"企业"号的舰名。

1943年5月，"企业"号官兵在飞行甲板上获颁总统集体嘉奖勋表

"企业"号的昵称

"企业"号航空母舰的昵称较多，有"大E""幸运E""灰色幽灵""飞驰的幽灵"（"E"是舰名Enterprise的缩写）。其中最知名的昵称是"大E"（The Big E），因为它在中途岛海战中一举击沉日军的"赤城"号、"加贺"号等航空母舰，并且后来一直战功卓著，成为二战美军中的传奇功勋舰。而幸运也一直伴随着"企业"号，不管是屡屡躲过日军舰载机、潜艇等的攻击，还是在各场战役中获得不俗的战绩。它还多次因重伤被日本单方面宣布击沉，但每次都被修复，并又出现在战场。加上其涂装偏灰等原因，所以获得后面两个昵称。

1944年8月，迷彩涂装的"企业"号从珍珠港出击

武/器/档/案　WEAPON ARCHIVES

舰名	"企业"号
舰级	约克城级
排水量	标准：20118吨；满载：25909吨
长宽	246.7米×33.2米
动力	9台巴布科克·威尔科克斯锅炉、4组帕森斯蒸汽涡轮机；89484千瓦
最大速度	32.5节
续航距离	7900海里（20节）
载员	2217人（1941年）
装甲	甲板38毫米、舷侧102毫米、指挥塔102毫米
武器	8门单管127毫米高平两用炮 4座四联装28毫米高炮 30门单管厄利孔20毫米高炮（1942年4月）
飞行甲板	244.5米×26.2米
弹射器	3座（1942年底之前）
舰载机	80～90架（最大96架）

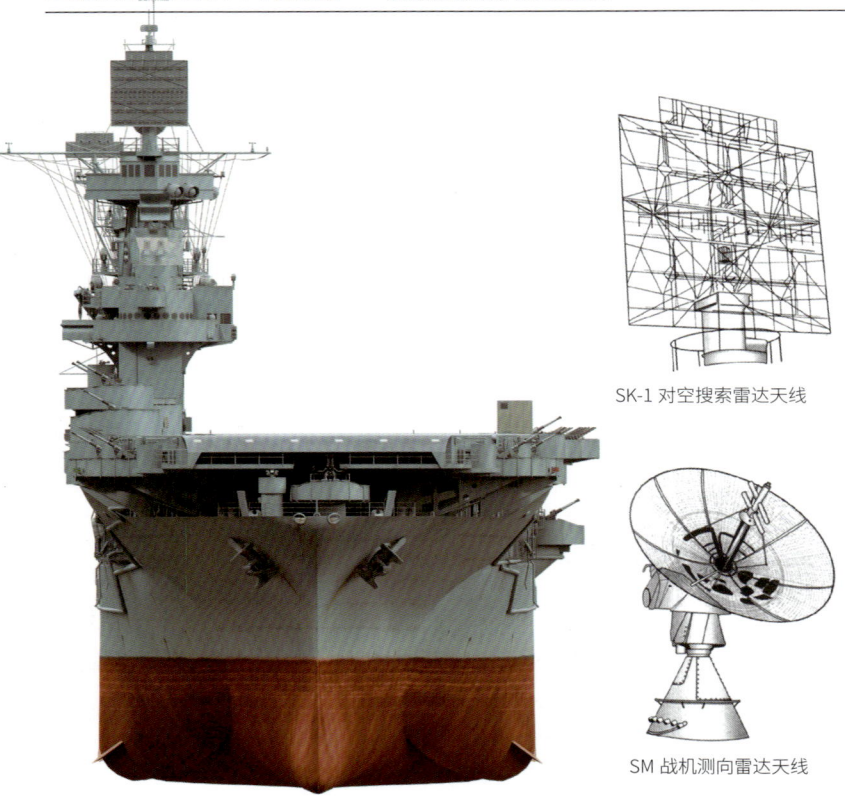

SK-1 对空搜索雷达天线

SM 战机测向雷达天线

雷达

　　"企业"号陆续装备了很多雷达，就像美国海军雷达的一个展示平台。1941 年，它率先装备了 CXAM-1 长波搜索雷达，成为美国海军最早安装舰载雷达的军舰之一。该雷达对大型飞机的探测距离约 80 千米，对大型舰船的探测距离约 12 海里，距离精度约 ±183 米，方位精度为 ±3 度。后来它又安装了一台较小的 SC 长波搜索雷达作为备用，但其探测能力相对较弱。

　　1942 年，它装备了 SG 对海搜索雷达，对大型舰船的探测距离约 13 海里，距离精度约 ±90 米，方位精度约 ±2 度。同时它换装了 SC-1 长波搜索雷达，对飞行高度约 305 米的中型轰炸机探测距离为 121 千米，距离精度约 ±91 米，方位精度为 ±5 度。

　　1943 年，"企业"号将 CXAM-1 长波搜索雷达换为 SK-1 对空搜索雷达，对飞行高度约 305 米的中型轰炸机探测距离为 161 千米，距离精度约 ±91 米，方位精度为 ±3 度。同时它还加装了 SM 战机测向雷达，探测距离约 56 千米，能测得来袭敌机，特别是低空敌机的高度、速度、航向等数据，以便己方航空母舰派出战斗机拦截。它还把 SC-1 对空搜索雷达升级为 SC-2 对空搜索雷达，后来还换装了 SR 对空搜索雷达等。

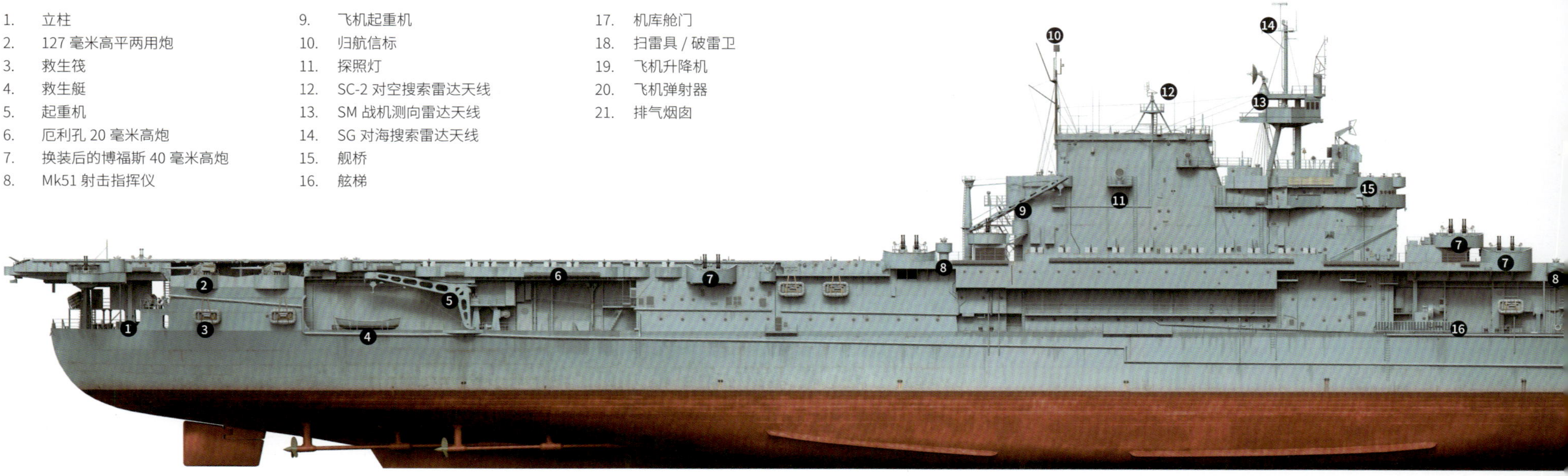

1. 立柱
2. 127 毫米高平两用炮
3. 救生筏
4. 救生艇
5. 起重机
6. 厄利孔 20 毫米高炮
7. 换装后的博福斯 40 毫米高炮
8. Mk51 射击指挥仪
9. 飞机起重机
10. 归航信标
11. 探照灯
12. SC-2 对空搜索雷达天线
13. SM 战机测向雷达天线
14. SG 对海搜索雷达天线
15. 舰桥
16. 舷梯
17. 机库舱门
18. 扫雷具 / 破雷卫
19. 飞机升降机
20. 飞机弹射器
21. 排气烟囱

博福斯 40 毫米 60 倍径四联装高炮

1942 年 9 月，"企业"号上有 4 座 28 毫米 75 倍径 Mk1 四联装高炮被升级为博福斯 40 毫米 60 倍径四联装高炮，大大提高了中近距离的防空能力。后者的炮座型号是 Mark 2 Quad，这种四联装其实就是把两个双联装并排在了一起。

该炮的口径为 40 毫米，官方公布的倍径是 60，实际倍径是 56.3，因此炮管的长度约 2.25 米。其俯仰角度为 -15 度至 +90 度，俯仰速度为 24 度 / 秒，炮座的水平旋转速度是 26 度 / 秒。它的弹种有各类高爆弹、穿甲弹等，采用 4 发铝制弹夹供弹。发射高爆弹时，炮口初速为 853 米 / 秒，每管的理论射速为 120 发 / 分钟，有效射速为 80~90 发 / 分钟，最大射程约 10076 米（42 度），最大射高为 6949 米（90 度），炮管寿命为 9500 发。由于防空性能优异，1943 年 10 月"企业"号将其增加到 6 座四联装和 8 座双联装，共有 40 门。到 1945 年 9 月，"企业"号上有 11 座四联装和 5 座双联装，共 54 门。

127 毫米 38 倍径 Mk12 高平两用炮

二战期间，此炮广泛装备在美国海军的各种军舰上。虽然炮一样，但其炮塔、炮座细分了很多型号，性能参数各异，还有单装和双联装之分，等等。"企业"号装备了 8 门该炮，都是单装版。最初美国海军为它们配备的是 Mark 21 Mod 1 半开放式炮塔，但后来发现"企业"号的甲板边缘空间紧促，所以重新设计并安装了一种 Mark 21 Mod 16 开放式炮座。到了 1943 年，又换为 Mark 24 Mod 11 开放式炮座。

该炮口径为 127 毫米，38 倍径，所以炮管长约 4.83 米。以 Mark 24 Mod 11 开放式炮座为例，其炮管俯仰角度为 -10 度至 +85 度，俯仰速度是 15 度 / 秒，炮座的水平旋转速度是 28.75 度 / 秒。它的炮弹主要是各种型号的防空通常弹，炮口初速是 792 米 / 秒，射速是 12~15 发 / 分钟，最大射程约 16642 米（43.3 度），最大射高为 11339 米（85 度），炮管寿命约 4600 发。这种炮管的品质极佳，美国海军曾经测试过已实战发射了 4000 多发炮弹的旧炮管，其射击精度仍在合格范围内。

12.7 毫米重机枪

在太平洋战争中，12.7 毫米重机枪很难胜任近距离防空的任务，不过"企业"号最初还是装备了二十多挺。它其实就是大名鼎鼎的勃朗宁 M2 重机枪。但与常见的 M2 不同，它是水冷式的，其枪管部分套有一个粗大的水冷套筒，并且带有两根橡胶软管，连接到下方的水桶中。这种水冷结构虽然老旧笨重，但保障了火力的持续性，不会因枪管太早过热而影响长弹链的连续射击。毕竟打飞机不能靠点射，要靠扫射来修正弹道和覆盖敌机。

其口径为 12.7 毫米，90 倍径，枪管约 1.14 米，重约 55 千克（加水后）。其枪座型号为 Mk3 单装，正面没有配备防弹板，俯仰角度为 -10 度至 +80 度，俯仰和旋转均为人工操作。它的弹种有普通弹、穿甲弹、穿甲燃烧弹、曳光弹、燃烧弹等，采用 100 发弹链供弹，装在侧挂的大弹箱中。在战斗时，射手可以将多条 100 发弹链连接在一起，以组成更长的弹链。它的枪口初速是 893 米 / 秒，射速是 450~600 发 / 分钟，最大射程为 6770 米，有效射程为 2400 米，最大射高为 4570 米，有效射高为 1524 米。1942 年 4 月，"企业"号用性能优异的厄利孔 20 毫米高炮将它们全部替换。

博福斯 40 毫米 60 倍径四联装高炮

1945 年 10 月 10 日，"企业"号驶往巴拿马运河

MK51 射击指挥仪

Mk51 射击指挥仪

博福斯 40 毫米 60 倍径四联装高炮有个好搭档是 Mk51 射击指挥仪。该射击指挥仪（含 Mk14 陀螺感测自动提前角瞄准具）于 1943 年安装在"企业"号上，能够追踪并瞄准来袭的日机，并引导高炮进行精准射击。据记载，从 1944 年 10 月 1 日至 1945 年 2 月 1 日，被击落的日本飞机有一半是"博福斯 +Mk51"组合的战果。

F4F 战斗机

"企业"号航空母舰的舰载机主要是战斗机、鱼雷轰炸机和俯冲轰炸机。在太平洋战争的转折点——中途岛海战中，舰上的战斗机是 27 架 F4F，鱼雷轰炸机是 14 架 TBD，俯冲轰炸机及侦察机是 38 架 SBD。此后它还换装过 F6F 战斗机、F4U 战斗机、TBM 鱼雷轰炸机（通用汽车代工生产的 TBF）等。

F4F 是二战前期美国海军和英国皇家海军都在使用的一种舰载战斗机。它的昵称美方叫"野猫"，英军叫"岩燕"。从 1941 年太平洋战争爆发到 1942 年的各场海战，F4F 可以说是美军唯一堪用的舰载战斗机，特别是第一种量产型的 F4F-3 和后来具有机翼折叠装置的 F4F-4。

当时"企业"航空母舰的 VF-6 战斗机中队都是装备 F4F。与日军舰载的零式战斗机相比，F4F 的速度和缠斗能力要差一些，但其火力强、装甲防护好，同样受损后有更大的概率平安回舰。这一点非常重要，它不仅减少了飞机和飞行员的损失，更锻炼出大量富有战斗经验的飞行员。当他们在换装更先进的 F6F 等舰载战斗机后，于二战中后期就全面胜过日军飞行员了。

F4F-3 舰载战斗机的后期型

12.7 毫米 AN/M2 勃朗宁机枪

采用透明玻璃的观察窗

起落架通过手摇收放，轮胎外露是其特征

普惠 R-1830-36 风冷式星型活塞发动机

F4F-3 战斗机

载员	1 人
长宽高	8.76 米 ×11.58 米 ×3.61 米
总重	3367 千克
最大速度	533 千米 / 小时
爬升率	702 米 / 分钟
续航距离	1360 千米
武器	4 挺 12.7 毫米机枪；2 枚 45.4 千克炸弹

TBD 鱼雷轰炸机

TBD 是美国海军第一种全金属的单翼鱼雷轰炸机, 全称 TBD "蹂躏者" 式鱼雷轰炸机。它作为美军航空母舰的舰载鱼雷轰炸机, 在 1939 年二战爆发时已显落伍, 速度慢、机动性差且防护力也弱。因为新型的 TBF "复仇者" 式鱼雷轰炸机装备较慢, 所以当 1941 年太平洋战争爆发后不管是珊瑚海海战还是中途岛海战, 鱼雷轰炸机的主力还是 TBD。

"企业" 号航空母舰的 VT-6 鱼雷轰炸机中队都是装备量产型 TBD-1。虽然 TBD 性能落后, 但在珊瑚海海战中击沉了日军的 "祥凤" 号航空母舰。到中途岛海战时, 美军 "企业" 号等 3 艘航空母舰共派出 41 架 TBD 对日军航空母舰进行鱼雷攻击, 可惜无一命中, 并且损失了 35 架。其中 "企业" 号派出的 14 架 TBD 只返航 4 架。如此败绩, 促使美国海军立即将 TBD 从前线撤编, 全面换装 TBF (其实 TBF 在中途岛海战中的表现也很差, 出击 6 架损失 5 架, 同样无一命中敌舰)。

TBD-1 鱼雷轰炸机	
载员	3 人
长宽高	10.67 米 ×15.24 米 ×4.6 米
总重	4213 千克
最大速度	332 千米 / 小时
爬升率	220 米 / 分钟
续航距离	700 千米 (挂鱼雷) ; 1152 千米 (挂炸弹)
武器	1 挺 7.62 毫米或 12.7 毫米前机枪; 1 挺 7.62 毫米后座机枪; 1 枚 Mk 13 鱼雷或 1 枚 454 千克炸弹等

全金属外壳

3 人座舱: 驾驶员、投弹手兼领航员、无线电操作员兼机枪手

发动机罩右侧有一个很小的机枪孔, 里面是 1 挺 7.62 毫米或 12.7 毫米的勃朗宁机枪

三叶变距螺旋桨

SBD 俯冲轰炸机

　　SBD 是美国、英国、法国、新西兰等国都有装备的一种俯冲轰炸机，全称是 SBD 无畏式俯冲轰炸机。它与 F4F、TBD 是太平洋战争前期美国海军的三大主力舰载机。SBD 尽管也存在一些问题，但实战价值得到了飞行员们的肯定。

　　"企业"号航空母舰上的 SBD-3 分为 VB-6 轰炸机中队和 VS-6 侦察机中队。在中途岛海战时，虽然美军的 TBD 鱼雷轰炸机毫无战绩，但 SBD 俯冲轰炸机击沉了日军的"赤城"号、"加贺"号、"苍龙"号和"飞龙"号四艘航空母舰，战绩辉煌。到 1944 年，新型的 SB2C 俯冲轰炸机服役后，SBD 逐步撤出前线。

发动机罩里面有 2 挺 12.7 毫米 M2 勃朗宁机枪

后座里面有 2 挺 7.62 毫米 M1919 勃朗宁机枪

带孔的俯冲减速板

着舰尾钩

实心尾轮

机腹挂载 1 枚 454 千克的航空炸弹

SBD-3 俯冲轰炸机

载员	2 人
长宽高	9.96 米 ×12.65 米 ×4.14 米
总重	4717 千克
最大速度	402 千米 / 小时
爬升率	363 米 / 分钟
续航距离	2165 千米（俯冲轰炸用途）
武器	2 挺 12.7 毫米前机枪；2 挺 7.62 毫米后座机枪；1 枚 454 千克炸弹和 2 枚 45.4 千克炸弹等

"企业"号 VS "赤城"号

美国的"企业"号和日本的"赤城"号都是大型航空母舰，都是主力舰队航母。

"企业"号是二战美国海军的最佳象征。它不仅参与了空袭东京，还在圣克鲁斯群岛海战后作为美军在太平洋战场唯一可用的航母独撑大局，并在各场海战中担任分队旗舰或舰队旗舰。而"赤城"号是日本海军机动部队的象征、海军航空兵的摇篮。它曾担任第一航空战队、第二航空战队和第一航空舰队的旗舰。这两艘航母的知名度之高，以至于一提到美国航母大部分人的反应就是"企业"号，而一提到日本航母便是"赤城"号。

当然，两者也存在不少差异。譬如按日本的分类方式，"企业"号是专业设计的正规航母，而"赤城"号是由天城级战列巡洋舰改造而来的改装航母。正因为"赤城"号脱胎于战列巡洋舰，所以它比当时不少正规航母的防护力强。但它未装备雷达，不如"企业"号的搜索与预警能力强，并且舰炮的防空能力也不如"企业"号。

作为二战前就服役的航空母舰，"企业"号和"赤城"号都对舰载机的起降方式进行过探索。早期的航母设计碰到过一大难题，那就是舰载机的起降作业都占用飞行甲板，相互干扰。"企业"号的解决办法是在机库的开口处安装弹射器，这样上面的飞行甲板在降落飞机时下面的机库仍可对外弹射飞机。而"赤城"号的解决办法是安装三段式飞行甲板，上层甲板主要用于舰载机的降落回收，中层甲板用于较小的战斗机起飞，下层甲板用于较大的攻击机起飞。实践证明，两者的方法都不实用，后来都取消了。

"企业"号和"赤城"号的命运决战是在中途岛。虽然当时"企业"号派出的鱼雷轰炸机因自身性能、战场配合等原因没有战果，但它派出的俯冲轰炸机仅用三架就击沉了"赤城"号。而"企业"号在往后的大量战役中继续战斗，直到战后的1958年才被拆解。

国别	美国	日本
舰名	"企业"号（Enterprise）	"赤城"号（Akagi）
舰种	航空母舰	航空母舰
舰级	约克城级	天城级（作为战列巡洋舰时）
服役时间	1938年5月12日	1927年3月25日
排水量	标准：20118吨；满载：25909吨	标准：37086吨；公试：41300吨
长宽	246.7米×33.2米	260.67米×31.32米
动力	9台巴布科克·威尔克斯锅炉；4组帕森斯蒸汽涡轮机；89484千瓦	11台舰本式专烧重油型锅炉、8台油炭混烧型锅炉；4组舰本式蒸汽涡轮机（高低压）；99178千瓦
最大速度	32.5节	31.2节
续航距离	7900海里（20节）	8200海里（16节）
载员	2217人（1941年）	1630人（1942年）
雷达	CXAM-1搜索雷达、SK-1对空搜索雷达、SM战机测向雷达等	无
装甲	甲板38毫米、舷侧102毫米	甲板79毫米、舷侧152毫米
武器	8门单管127毫米高平两用炮 4座四联装28毫米高炮 30门单管尼利孔20毫米高炮 （1942年4月）	6门单管200毫米舰炮 6座双联装120毫米高炮 14座双联装25毫米机炮 （1942年6月）
飞行甲板	244.5米×26.2米	249.17米×30.48米
弹射器	3座（1942年底之前）	无
舰载机	80～90架（最大96架）	常用66架、备用25架（1941年12月）

Essex

“埃塞克斯”号

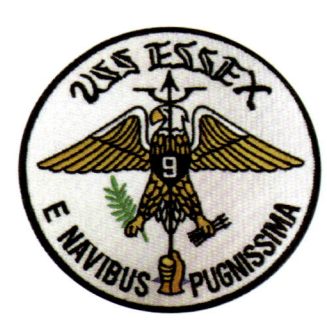

美国 舰队航母 ▸ Fleet Carrier

USS ESSEX
9
E NAVIBUS PUGNISSIMA

“埃塞克斯”号（Essex，CV-9）是美国在太平洋战争中很重要的一艘大型航空母舰。它的参战是一个转折点，意味着美国海军在航空母舰方面开始超越日本海军。它参加过击沉日军“大和”号与“武藏”号战列舰等68次战斗，共击落敌机1531架（另有800架未确定），击沉和击伤敌军舰船419艘，被舰上水兵称为“美国海军最善战的军舰”。

作为美国海军埃塞克斯级航空母舰的一号舰，“埃塞克斯”号的舰名来源于1799年马萨诸塞州埃塞克斯县居民向美国政府捐赠的一艘“埃塞克斯”军舰。埃塞克斯级航空母舰是约克城级航空母舰的放大改进版，共建造了24艘之多，其中有17艘是在二战时期建造的，不仅是美国建造数量最多的一级航空母舰，而且没有一艘在战争中被日军击沉。

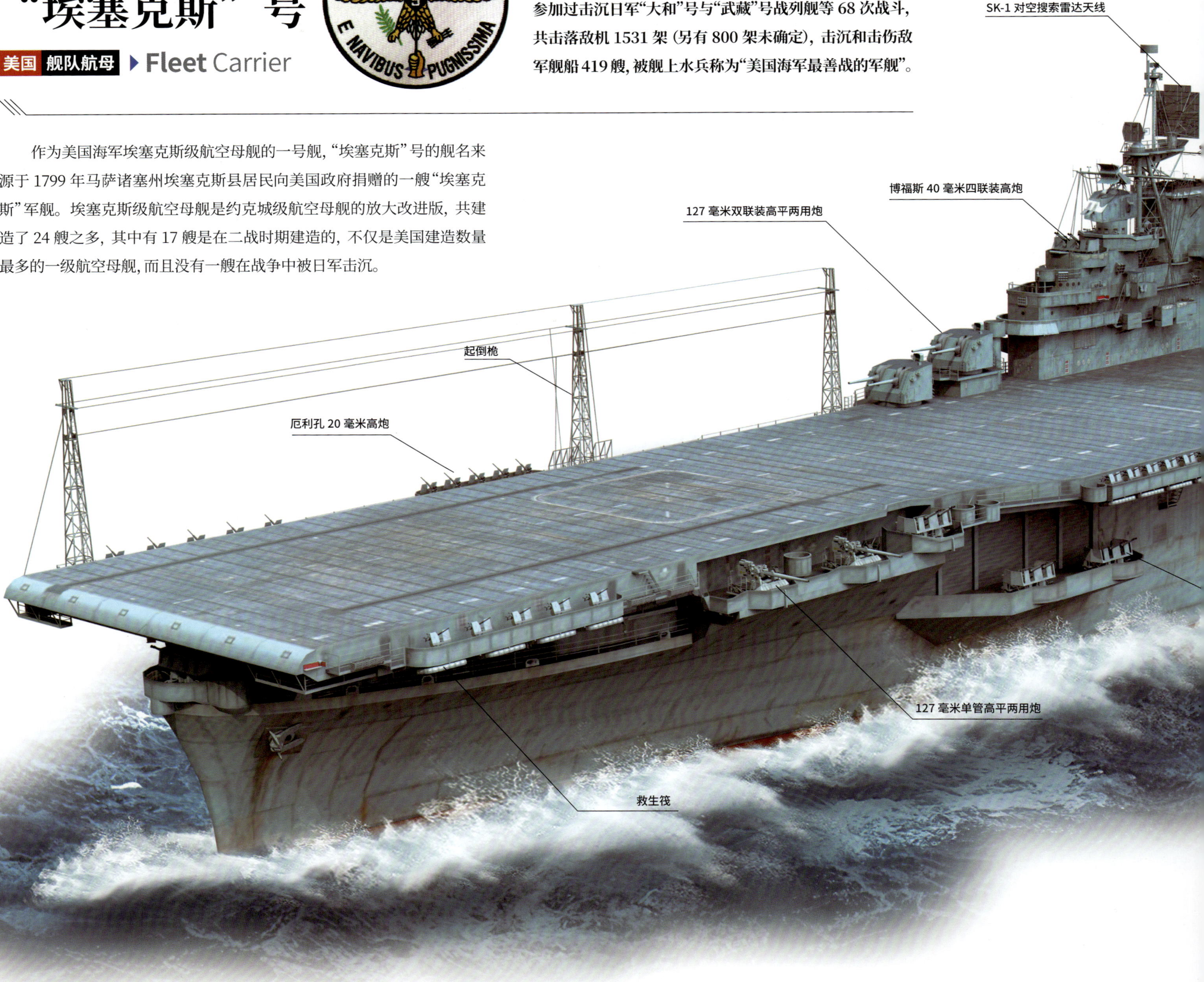
SK-1对空搜索雷达天线
博福斯40毫米四联装高炮
127毫米双联装高平两用炮
起倒桅
厄利孔20毫米高炮
127毫米单管高平两用炮
救生筏

"埃塞克斯"号于 1942 年 12 月 31 日服役,载有战斗机、俯冲轰炸机和鱼雷轰炸机约一百架。1943 年,它进入太平洋战场,从此参加了美国海军在太平洋上的大部分战斗行动。如空袭拉包尔,支援塔拉瓦与马金岛登陆,空袭夸贾林与特鲁克岛,空袭塞班岛、天宁岛和关岛,空袭南鸟岛和威克岛,空袭硫磺岛、父岛和母岛,空袭东京、九州、四国等。它还参加了菲律宾海海战、莱特湾海战、硫磺岛战役、冲绳战役、坊之岬海战等,包括参与击沉日本的"大和"号与"武藏"号战列舰。

二战时期,"埃塞克斯"号共击落敌机一两千架,击沉、击伤敌舰四五百艘,可谓战绩辉煌。与"企业"号等大型航空母舰经常受伤不同,"埃塞克斯"号很少在战斗中受伤,只遇到过几次近失弹,直接受伤的一次是被日军神风自杀飞机撞击。它获得过总统集体嘉奖、海军集体嘉奖、太平洋战争的 13 枚战役星章等荣誉。最后,它于 1969 年 6 月退役,1975 年 6 月被拆解。

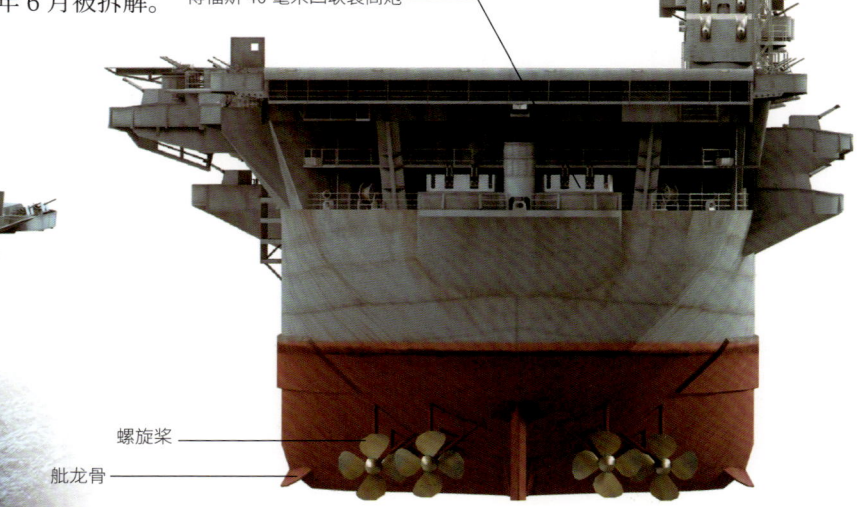

YE 归航信标

SK-1 对空搜索雷达天线

探照灯

博福斯 40 毫米四联装高炮

螺旋桨

舭龙骨

飞机升降机

交通艇

博福斯 40 毫米四联装高炮

1943 年 5 月,"埃塞克斯"号载满舰载机,驶向夏威夷参战

防护力

埃塞克斯级舰队航母的一大特色是战场生存率高。这既得益于装甲防护,也得益于结构设计等。在装甲方面,其舷侧水线处的装甲带为 64～102 毫米,主甲板和飞行甲板均为 38 毫米,机库甲板约 76 毫米,指挥塔为 25～38 毫米。在结构方面,如下图为防范日机的水平轰炸和俯冲轰炸,它设计了多层甲板装甲,并且为了防范日机的鱼雷攻击,将动力系统如锅炉舱等通过舷侧装甲、重油舱、防水隔舱等层层包裹保护。

武/器/档/案 WEAPON ARCHIVES	
舰名	"埃塞克斯"号
舰级	埃塞克斯级
排水量	标准: 27535 吨; 满载: 36964 吨
长宽	265.8 米 ×45 米
动力	8 台巴布科克·威尔科克斯锅炉、4 组蒸汽轮机和 2 台柴油轮机; 111855 千瓦
最大速度	33 节
续航距离	14100 海里 (20 节)
载员	2631 人
装甲	甲板 38 毫米、舷侧 64～102 毫米、指挥塔 25～38 毫米
武器	4 座双联装 127 毫米高平两用炮 4 门单管 127 毫米高平两用炮 8 座四联装 40 毫米高炮、46 门单管 20 毫米高炮
飞行甲板	262.1 米 ×29.3 米
弹射器	2 座
舰载机	91～103 架

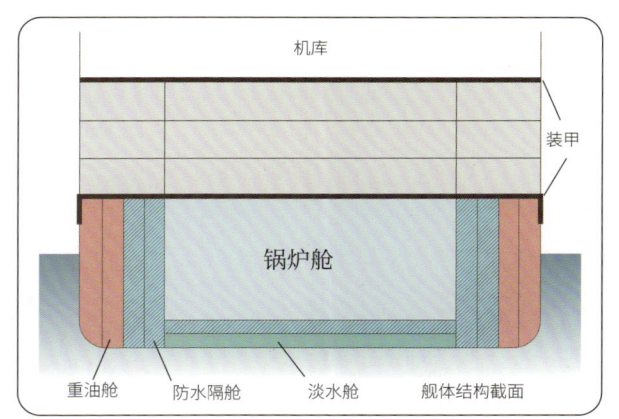

机库

装甲

锅炉舱

重油舱　防水隔舱　淡水舱　舰体结构截面

防空火力

"埃塞克斯"号自身的防空火力在前期是 12 门127 毫米高平两用炮、32 门 40 毫米高炮和 46 门 20毫米高炮。在后期，40 毫米高炮增加到 68 门，20 毫米高炮增加到 55 门。因此，就算护卫的战斗机不足，它面对日军的攻击机群也有很强的自保能力。

在 1943 年 11 月 11 日，"埃塞克斯"号作为快速航母舰队第三分队的旗舰，与"邦克山"号、"独立"号航空母舰一起放飞舰载机去空袭拉包尔。很快日军侦察机发现了这三艘航空母舰，随后引来一百余架由战斗机和轰炸机组成的攻击机群。当时美军有两个战斗机中队在缺油的情况下去拦截日军机群，但后者很快就飞到美军航空母舰附近。此时，"埃塞克斯"号指挥"邦克山"号、"独立"号航空母舰及护航的驱逐舰进行编队，用舰载高炮组成了严密的防空火网。日军飞机被美军高炮不断击落，始终没能突破防空火网。并且为了增加防空火网的密度，美军还爬进飞行甲板上的舰载轰炸机，用其后座机枪对空射击。此战结果是美军的航空母舰及驱逐舰无一损失，仅损失 11 架飞机，受伤 10 人，而日军至少损失 39 架飞机。

哈尔西台风

1944 年 12 月，"海上蛮牛"哈尔西率领其第三舰队在菲律宾外海补充油料。当时美军提供的天气预报比较混乱，并且在发现台风"眼镜蛇"后对其路径预测也出现错误。这就导致哈尔西的舰队被台风袭击，造成三艘驱逐舰沉没和一百多架舰载机损毁。另外，还有很多军舰受损，包括"埃塞克斯"号。

事后哈尔西被停职调查，而该台风也被美国海军称为"哈尔西台风"。并且，因为哈尔西在率领航空母舰队时多次遭遇台风侵袭，所以又被美国海军戏称为"风暴之子"。

美国海军五星上将小威廉·弗雷德里克·哈尔西

1. 立柱
2. 绞车
3. 机库舱门
4. 方向舵
5. 螺旋桨
6. 博福斯 40 毫米四联装高炮
7. 起重机
8. 厄利孔 20 毫米高炮
9. 交通艇
10. 舷梯
11. 127 毫米双联装高平两用炮
12. 主桅杆
13. SC-2 对空搜索雷达天线
14. SK-1 对空搜索雷达天线
15. 起倒桅
16. 飞机弹射器
17. 飞机升降机
18. 左舷的飞机升降机
19. 飞机阻拦索
20. 锚

F6F 战斗机

"埃塞克斯"号航空母舰上搭载了战斗机中队、俯冲轰炸机中队、鱼雷轰炸机中队等。其中,战斗机主要是 F6F"地狱猫"(如 F6F-3 初期量产型和 F6F-5 改进量产型)。1943 年 1 月,美国海军开始装备 F6F,而"埃塞克斯"号上的 VF-9 战斗机中队就是最先装备的。

F6F"地狱猫"与之前的 F4F"野猫"外观相似,但它是全新设计的,是二战美国海军的舰载战斗机主角(另一个主角是 F4U"海盗")。F6F 在研发时,充分研究了日本的零式舰上战斗机(后文或简称零式舰战)。虽然它因注重装甲防护等因素导致机体较重,灵活性不如零式,但火力、速度等都强于零式。如 F6F 的速度可达每小时 611~629 千米,而零式只有 533~572 千米。F6F 的机体结构坚固,战场生存力强。其驾驶舱、油箱和动力部分都是防弹设计,中弹后不容易出现故障,更难以损毁,回航率高。

F6F 舰载战斗机和"埃塞克斯"号航空母舰一样,从 1943 年开始参与了太平洋战场上几乎所有的重要战斗。F6F 在对战零式时很少吃亏,如 1943 年 11 月 F6F 在塔拉瓦环礁上空击落 30 架零式,而自身只损失 1 架。再如 1944 年 6 月的菲律宾海海战,日军损失达 400 架飞机,其中大部分是被 F6F 击落的。二战时期,F6F 在空战中只损失了 270 架,但击落敌机高达 5171 架。F6F 造就了 306 位王牌飞行员,包括"埃塞克斯"号上的美国海军第一王牌飞行员戴维·麦坎贝尔,他击落日机 34 架。

戴维·麦坎贝尔被美国海军称为王牌中的王牌

F6F-5 战斗机	
载员	1 人
长宽高	10.24 米 ×13.06 米 ×3.99 米
最大起飞重量	6992 千克
最大速度	629 千米 / 小时
爬升率	793 米 / 分钟
作战航程	1521 千米
武器	机枪: 6 挺 12.7 毫米机枪 (有的是装备 2 门 20 毫米机炮和 4 挺 12.7 毫米机枪) 火箭弹:6 枚 127 毫米火箭弹 (或 2 枚 299 毫米火箭弹) 炸弹: 机腹可挂载 1 枚 907 千克炸弹 (或 1 枚 Mk13 鱼雷);机翼可挂载 2 枚 454 千克炸弹 (或 227 千克炸弹)

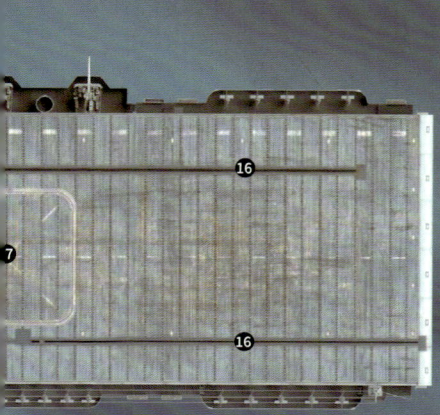

采用铝合金蒙皮的全金属外壳

防弹挡风玻璃

12.7 毫米 M2 勃朗宁重机枪

空速管

普惠 R-2800-10W"双黄蜂"发动机

Independence
"独立" 号

▶ **Fleet** Carrier

"独立"号 (Independence, CVL-22) 是美国海军独立级轻型航空母舰的一号舰。从 1941 年 12 月日本偷袭珍珠港开始, 美国海军就急需更多的航空母舰来抗衡日本。于是美国一边加速建造新型的埃塞克斯级航空母舰, 一边利用 9 艘克利夫兰级轻巡洋舰的舰体改建航空母舰。到 1943 年, 这 9 艘独立级轻型航空母舰 (分类先为航空母舰 CV, 后为轻型航空母舰 CVL) 与前 7 艘埃塞克斯级航空母舰陆续服役, 从而扭转了美、日两军航空母舰的力量对比。

"独立"号轻型航空母舰是由美国的克利夫兰级轻巡洋舰改造而来。其航速高, 常与"埃塞克斯"号等航空母舰轻重搭配作战, 如空袭威克岛。它还参加了击沉日本"武藏"号战列舰、重创"大和"号战列舰的锡布延海战。

该舰于 1943 年 1 月 14 日服役, 可搭载 12 架战斗机、9 架俯冲轰炸机和 9 架鱼雷轰炸机, 共计 30 架。在实战中, 它常搭载约 20 架 F6F 及 F6F-5N 战斗机和 8～9 架 TBF 鱼雷轰炸机。在雷达方面, 它安装了

SK-1 和 SC-2 长波对空搜索雷达、SP 战机测向雷达、SG 对海搜索雷达等。

当美国海军组建快速航母特遣舰队时, 它依旧作为轻型航空母舰与"埃塞克斯"号等航空母舰编队作战, 参加了拉包尔战役和塔拉瓦战役。1944 年它被改编为夜战航空母舰, 参加了帕劳战役、莱特湾海战、空袭日本本土等。在服役生涯中, 它共获得 8 枚战役星章。战后它被当作核试靶舰, 但没在核爆中沉没, 于 1951 年被美国海军用鱼雷击沉。

SP 战机测向雷达天线

飞机起重机

归航信标

SG 对海搜索雷达天线

SK-1 对空搜索雷达天线

博福斯 40 毫米四联装高炮

厄利孔 20 毫米高炮

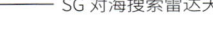

动力

　　克利夫兰级轻巡洋舰的最大速度为 32.5 节，而采用同样舰体及动力系统的"独立"号因为宽度、满载排水量等均有增加，所以最大速度降为 31.6 节。它采用了 4 台巴布科克·威尔科克斯的重油锅炉，蒸汽温度约 455 摄氏度，最大工作气压约 4.4 兆帕。每台锅炉都连接着一组由通用电气制造的齿轮减速型蒸汽轮机，公试输出的总功率为 79045 千瓦。"独立"号可以装载锅炉用的重油约 2789 吨，以 15 节的速度至少续航 8325 海里。

SG 对海搜索雷达天线

SK-1 对空搜索雷达天线

博福斯 40 毫米双联装高炮

扫雷具

防护力

　　二战时期，轻型航空母舰的防护能力大多不强。"独立"号有所不同，其舰体继承了轻巡洋舰的装甲防护。如它有 82.6～127 毫米厚的舷侧装甲带、50.8 毫米的装甲甲板、95～127 毫米的防水舱壁等。这些装甲在遭受日机的机枪和机炮扫射时能发挥一定的保护作用，但如果遭到重磅炸弹或鱼雷攻击就容易引发殉爆。如"独立"号的姊妹舰"普林斯顿"号就是被一架漏网的日机用一枚炸弹命中，从而引发自身的舰载机、鱼雷等连环爆炸，最终瘫痪，只好由友舰击沉。

轻型航空母舰

　　二战时期，航空母舰作为新锐的主力舰种虽然各国的分类不同，但对于轻型航空母舰的划分还是比较相近。即它的排水量小于标准航空母舰，大多在一两万吨，并且载机量大多也只有标准航空母舰的三分之一，约三十架。

　　与标准航空母舰相比，轻型航空母舰虽然体积小、载机少，但也是专业设计建造或由高速舰船改装而来的，拥有高速度。它和标准航空母舰同属舰队航母，轻重搭配编在快速航母队中一起执行主战任务。所以轻型航空母舰也常被称为"轻型舰队航母"。

　　与护航航空母舰相比，两者虽然容易混淆，但护航航空母舰多由货船改装而来，速度慢，主要用于运输船队的护卫和登陆部队的掩护。

在港口载满飞机的"独立"号

武器/档案	WEAPON ARCHIVES
舰名	"独立"号
舰级	独立级
排水量	标准：11177 吨；满载：15342 吨
长宽	189.7 米 ×33.3 米
动力	4 台锅炉、4 组蒸汽轮机和 2 台柴油轮机；79045 千瓦
最大速度	31.6 节
续航距离	8325 海里 (15 节)
载员	1569 人
装甲	甲板：50.8 毫米
武器	2 座四联装 40 毫米高炮 8 座双联装 40 毫米高炮 16 门单管 20 毫米高炮
弹射器	1 座 (1944 年加装 1 座)
舰载机	约 30 架

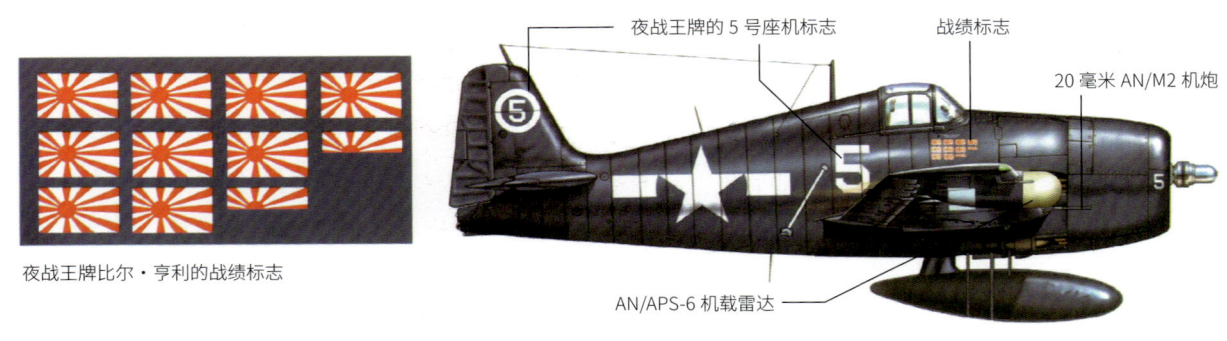

夜战王牌的 5 号座机标志　战绩标志

20 毫米 AN/M2 机炮

AN/APS-6 机载雷达

夜战王牌比尔·亨利的战绩标志

F6F-5N 夜间战斗机	
载员	1 人
长宽高	10.24 米 ×13.06 米 ×3.99 米
最大起飞重量	6992 千克
最大速度	629 千米 / 小时
爬升率	793 米 / 分钟
作战航程	1521 千米
雷达	AN/APS-6
武器	2 门 20 毫米 AN/M2 机炮、4 挺 12.7 毫米机枪；6 枚 127 毫米火箭弹、1 枚 907 千克炸弹等

F6F-5N 夜间战斗机

1944 年 8 月，"独立"号从轻型航空母舰改为夜战航空母舰，搭载了 VF(N)-41 夜间战斗机中队，约有 14 架 F6F-5N 夜间战斗机。这种优秀的夜间战斗机是由 F6F-5 舰载战斗机改装而来，识别特征是右机翼下有一部带圆形整流罩的 AN/APS-6 雷达。该雷达可在黑夜里搜索和跟踪敌机，还能导航。很多 F6F-5N 的机翼上还装有 2 门 20 毫米 AN/M2 机炮。

此后，"独立"号在哈尔西上将的第 38 快速航母特遣舰队中执行夜间侦察、巡逻、战斗等任务，参加了帕劳战役和莱特湾海战。其 F6F-5N 夜间战斗机的侦察与攻击行动，为舰队击沉日军的"武藏"号战列舰与"瑞鹤"号、"瑞凤"号、"千岁"号、"千代田"号航空母舰做出了重大贡献。在 VF(N)-41 中队中，5 号机飞行员比尔·亨利前后击落 10 架日机，成为美国海军的头号夜战王牌。

在高空飞行的 F6F-5N 夜间战斗机

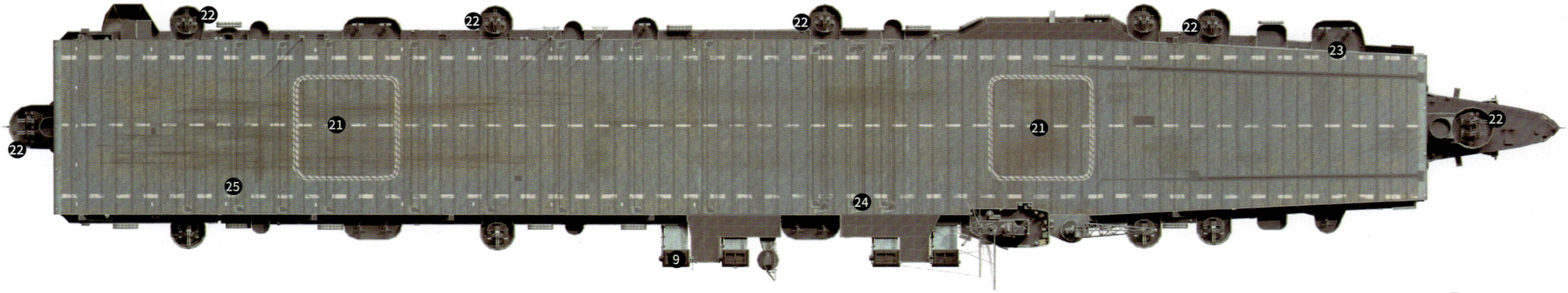

1. 绞车
2. 救生筏
3. 救生圈
4. 交通艇
5. 机库舱门
6. 起倒桅
7. SK-1 对空搜索雷达天线
8. 舷梯
9. 烟囱
10. 鞭状天线
11. SG 对海搜索雷达天线
12. SP 战机测向雷达天线
13. 探照灯
14. 小型舰桥
15. 飞机起重机
16. 扫雷具
17. 绞盘
18. 系缆桩
19. 旗杆
20. 锚
21. 飞机升降机
22. 博福斯 40 毫米高炮
23. 厄利孔 20 毫米高炮
24. 飞机阻拦网
25. 飞机阻拦索

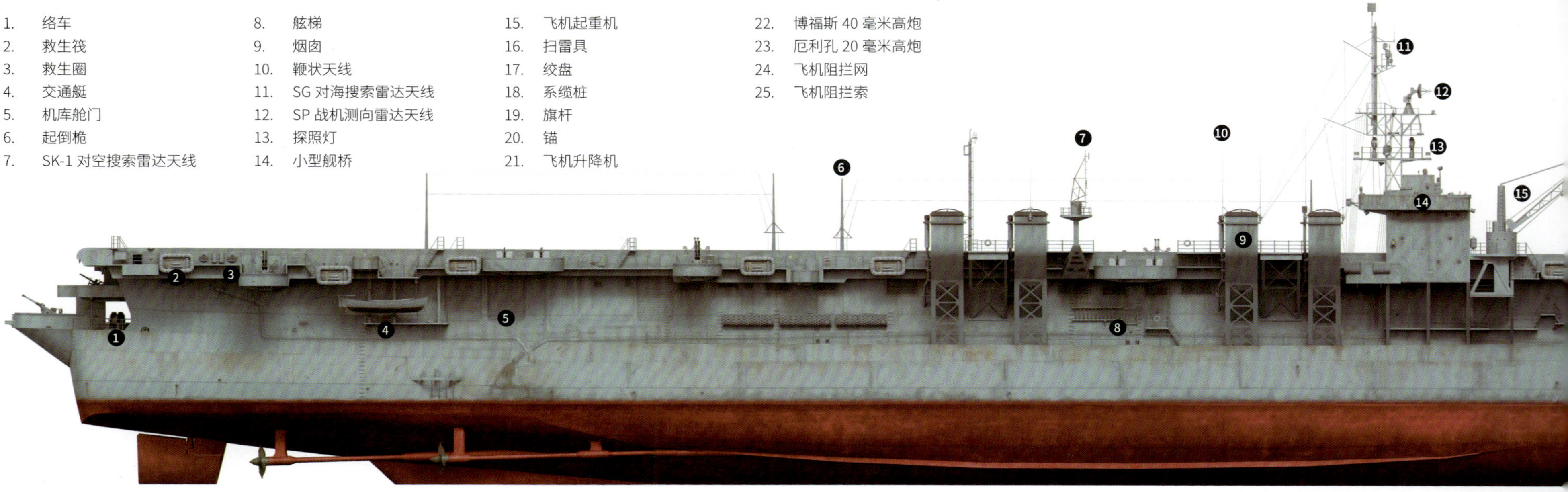

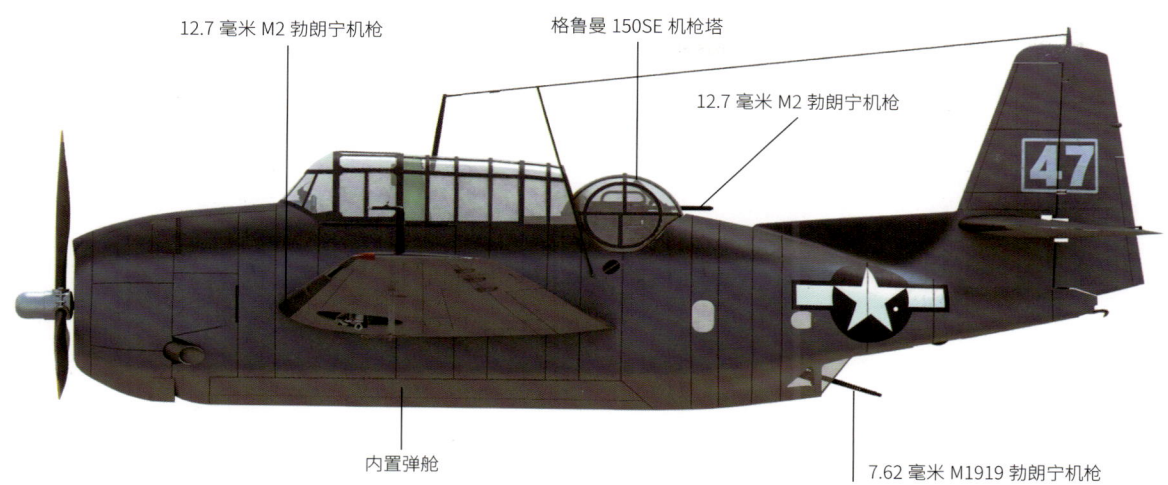

12.7 毫米 M2 勃朗宁机枪　　格鲁曼 150SE 机枪塔

12.7 毫米 M2 勃朗宁机枪

内置弹舱

7.62 毫米 M1919 勃朗宁机枪

快速航母特遣舰队

快速航母特遣舰队即 TF38/58 特遣舰队,是美国海军用舰队航母进行集群作战的主要战斗编制。从 1944 年到 1945 年,它是美国海军在太平洋战场上的主要打击力量,参加了几乎所有的大规模战役。

该特遣舰队十分庞大,如在菲律宾海战时拥有 16 艘航空母舰、7 艘战列舰、19 艘巡洋舰、67 艘驱逐舰和近千架舰载机。为满足大大小小的作战任务需求,它还细分了特遣大队、特遣分队等,组织运用十分灵活,既可集群作战也可分散作战。

根据美国太平洋舰队的轮换制度,它有两个番号:当它隶属第三舰队时叫第 38 特遣舰队(TF38),当它隶属第五舰队时叫第 58 特遣舰队(TF58)。这两个番号一度迷惑了日军,以至于很久才明白它们是同一个舰队。

1944 年 12 月,在乌利西环礁休整的快速航母特遣舰队

TBF 鱼雷轰炸机

在"独立"号轻型航空母舰上,一直保有 9 架左右的 TBF 鱼雷轰炸机。其昵称叫"复仇者",由格鲁曼公司生产的叫 TBF"复仇者",而它授权通用汽车公司生产的叫 TBM"复仇者"。在中途岛海战后,美国海军淘汰了原有的 TBD 鱼雷轰炸机,全面换装优秀的 TBF 鱼雷轰炸机。

这是二战美军最重的单引擎飞机。其座舱采用防弹玻璃,周围是防弹装甲,在坚固结实的同时动力输出还是二战鱼雷轰炸机中最大的。它采用了电动折叠机翼、电控机枪塔、防火自封油箱、内置弹舱等设计。其火力强大,除多挺机枪和 1 枚 Mk 13 鱼雷之外,还能挂载各种火箭弹和炸弹。部分 TBF 安装了雷达,以便在夜间搜索并攻击日本的舰船及港口基地等。

TBF 是二战中使用最广泛、攻击最有效的鱼雷轰炸机。日本很多航空母舰和战列舰等军舰都是被它击沉的,并且它还击沉了约三十艘潜艇。在大西洋战场上,盟军的护航航空母舰靠它成为潜艇杀手。

TBF-1 鱼雷轰炸机	
载员	3 人
长宽高	12.48 米 ×16.51 米 ×5 米
战斗重量	7444 千克(挂鱼雷)
最大速度	414 千米 / 小时
爬升率	328 米 / 分钟
续航距离	2237 千米
武器	2 挺 12.7 毫米机翼机枪、1 挺 12.7 毫米后座机枪、1 挺 7.62 毫米机腹机枪 1 枚 Mk 13 鱼雷或 1 枚 907 千克炸弹等

莱特 R-2600-8"双旋风"活塞发动机

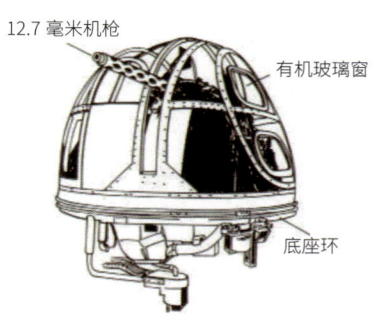

12.7 毫米机枪

有机玻璃窗

底座环

TBF 鱼雷轰炸机后座的格鲁曼 150SE 机枪塔

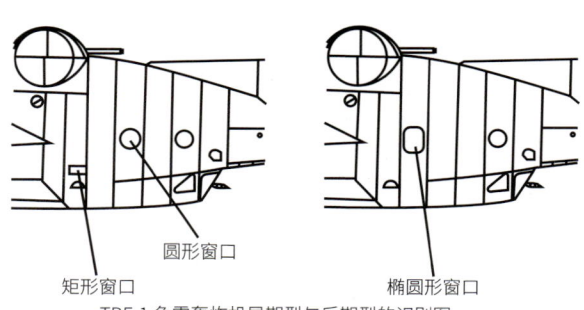

圆形窗口

矩形窗口

椭圆形窗口

TBF-1 鱼雷轰炸机早期型与后期型的识别图

Lexington
"列克星敦" 号

USS LEXINGTON

美国 | **舰队航母** ▶ **Fleet** Carrier

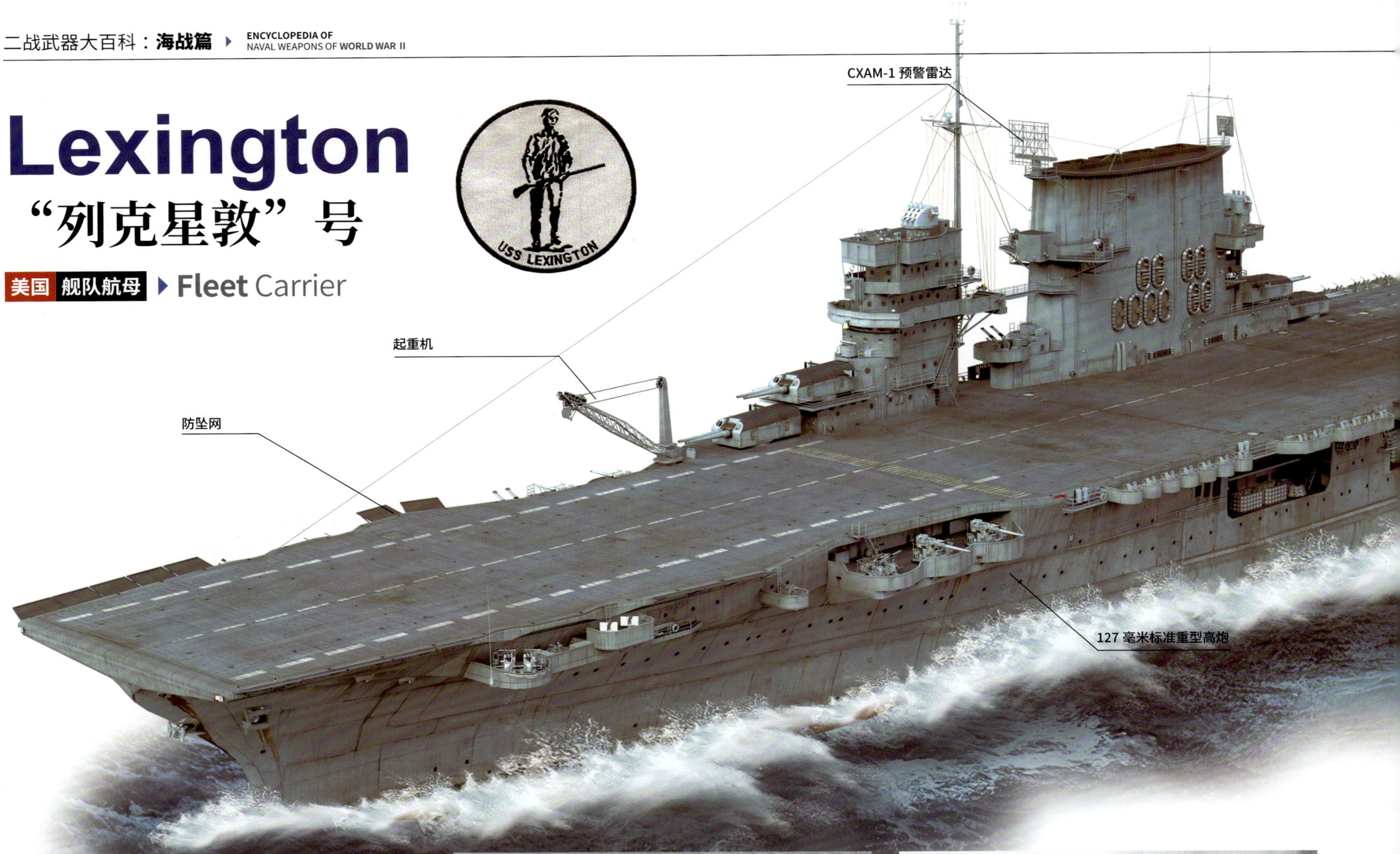

CXAM-1 预警雷达

起重机

防坠网

127 毫米标准重型高炮

武/器/档/案 WEAPON ARCHIVES

舰名	"列克星敦" 号
舰级	列克星敦级
排水量（设计）	标准：36578 吨；满载：39368 吨
长宽	270.6 米 ×32.6 米（1936 年）
最大速度	超过 33.25 节
续航距离	10000 海里（10 节）
载员	2791 人（1942 年）
武器	4 座双联装 203 毫米舰炮 12 门 127 毫米高炮
飞行甲板	264 米×32.3 米
舰载机	约 90 架

1941 年 10 月 14 日，太平洋战争爆发前夕的 "列克星敦" 号

1942 年 5 月 8 日，在珊瑚海海战中即将沉没的 "列克星敦" 号

"列克星敦" 号（Lexington, CV-2）是美国海军列克星敦级航空母舰的一号舰，也是美国的第二艘航空母舰。它的最初设计是战列巡洋舰，1922 年因《华盛顿海军条约》被改为大型航空母舰，后于 1927 年 12 月 14 日服役。1930 年 1 月，美国塔科马市缺电，"列克星敦" 号为该市 10 万居民供电一个月。之后它率先安装了 CXAM-1 预警雷达，并拆除了原有的一部水上飞机弹射器。

太平洋战争爆发后，1942 年 2 月它在空袭拉包尔时被 17 架日机攻击。它派出 F4F 战斗机等迎战，击落日机 13 架以上，获得大胜。

1942 年 5 月在珊瑚海海战中，其舰载机击沉了日本的轻型航空母舰 "祥凤" 号，并击伤 "翔鹤" 号。与此同时，它也被 "翔鹤" 号的舰载机重创，最后由自己的驱逐舰用鱼雷击沉。

日军九九式舰上爆击机（后文简称九九舰爆）命中两枚航空炸弹

珊瑚海海战时"列克星敦"号的受创示意图

日军九七式舰上攻击机（后文简称九七舰攻）命中两枚九一式鱼雷

1. 20 毫米高炮
2. 方向舵
3. 螺旋桨
4. 传动轴
5. 127 毫米标准重型高炮
6. 救生筏
7. 舷梯
8. 烟囱
9. CXAM-1 预警雷达
10. 舰岛
11. 机动艇
12. 起重机
13. 防坠网
14. 锚
15. 飞机阻拦索
16. 飞机升降机
17. 挡风栅栏

Ranger
"突击者"号

美国 **航空母舰** ▶ Aircraft Carrier

SP 战机测向雷达天线

SC-2 对空搜索雷达天线

Mk33 射击指挥仪

博福斯 40 毫米四联装高炮

舰岛

博福斯 40 毫米四联装高炮

厄利孔 20 毫米高炮

起重机

127 毫米 25 倍径重型高炮

锚

1936 年"突击者"号的彩色照片，其烟囱已经全部放倒，以容纳更多的飞机

武器/档案 WEAPON ARCHIVES

舰名	"突击者"号
排水量	标准：14810 吨；满载：17859 吨
长宽	234.4 米 ×33.4 米
最大速度	29.25 节
续航距离	10000 海里（15 节）
载员	2148 人（1941 年）
武器	8 门 127 毫米高炮 40 挺 12.7 毫米机枪（1934 年）
飞行甲板	216.1 米 ×26.2 米
舰载机	76～86 架

　　"突击者"号（Ranger, CV-4）也叫"游骑兵"号，是美国海军第一艘专业设计建造的航空母舰，而不是用其他舰船改建的。它于 1934 年 6 月 4 日服役，外观与"兰利"号航空母舰（CV-1）相似，甲板与船体独立。其防护能力和动力存在不足，鱼雷轰炸机的配套设施也不足，所以它经常改装，包括不断更换各种防空高炮。

　　1942 年，它参加了进攻法属北非的"火炬行动"及卡萨布兰卡海战。其俯冲轰炸机炸瘫了维希法国的"让·巴尔"号战列舰，并对法国舰队和海岸炮台进行了攻击。1943 年，它在北大西洋搜寻德国的"提尔皮茨"号战列舰，并攻击挪威附近的德国舰船。1944 年，它转为训练航母，加装了新的飞机弹射器、雷达等，并调到太平洋，直到战争结束。1947 年它被出售拆解。

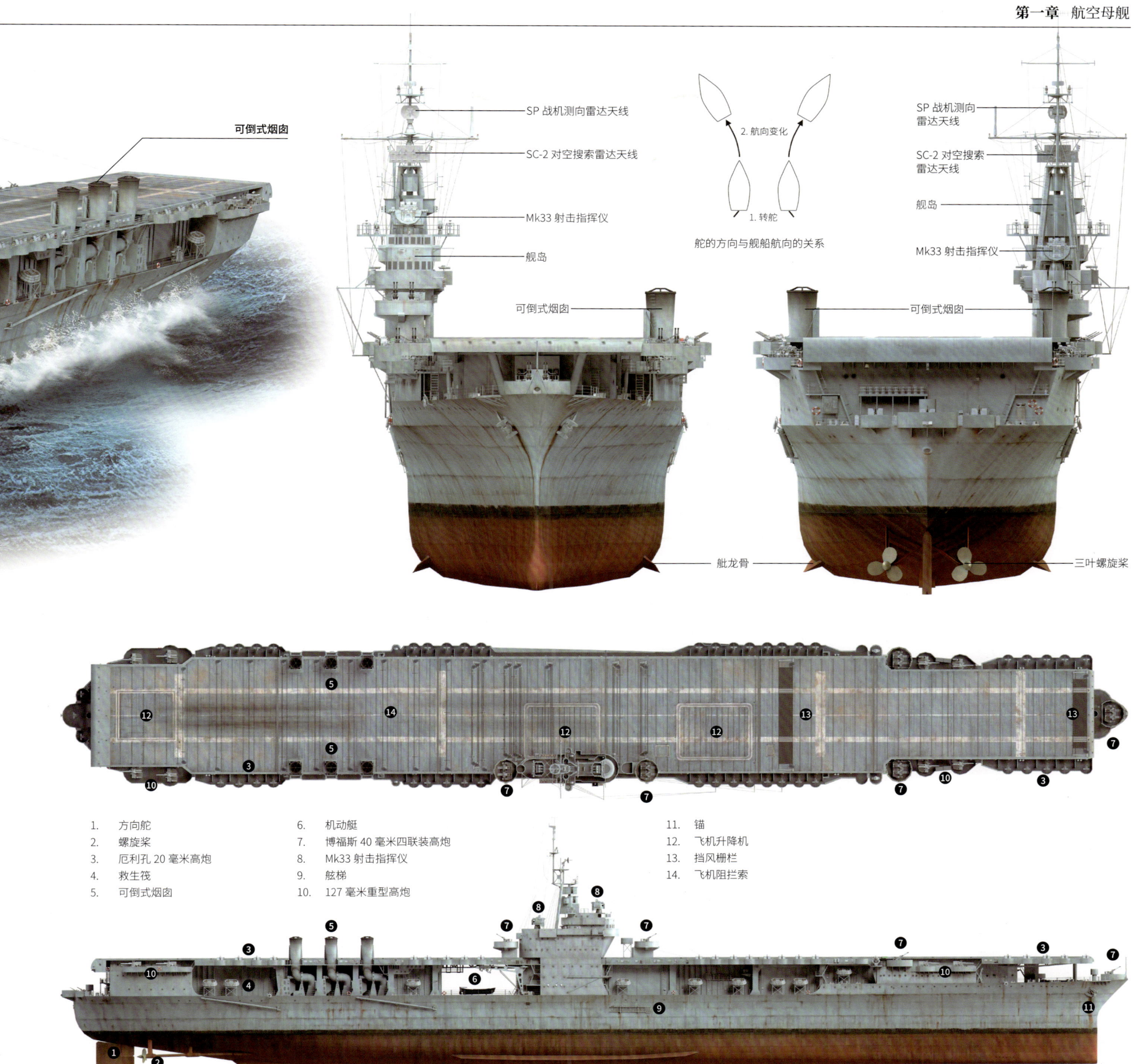

可倒式烟囱

SP 战机测向雷达天线

SC-2 对空搜索雷达天线

Mk33 射击指挥仪

舰岛

可倒式烟囱

2. 航向变化

1. 转舵

舵的方向与舰船航向的关系

SP 战机测向雷达天线

SC-2 对空搜索雷达天线

舰岛

Mk33 射击指挥仪

可倒式烟囱

舭龙骨

三叶螺旋桨

1. 方向舵
2. 螺旋桨
3. 厄利孔 20 毫米高炮
4. 救生筏
5. 可倒式烟囱
6. 机动艇
7. 博福斯 40 毫米四联装高炮
8. Mk33 射击指挥仪
9. 舷梯
10. 127 毫米重型高炮
11. 锚
12. 飞机升降机
13. 挡风栅栏
14. 飞机阻拦索

Langley
"兰利"号

美国 **航空母舰** ▶ Aircraft Carrier

76.2 毫米高炮

战斗机

机动艇

127 毫米 51 倍径舰炮

1927 年 6 月正在航行中的"兰利"号，搭载着双翼舰载机

1942 年 2 月 27 日，"兰利"号被己方驱逐舰击沉

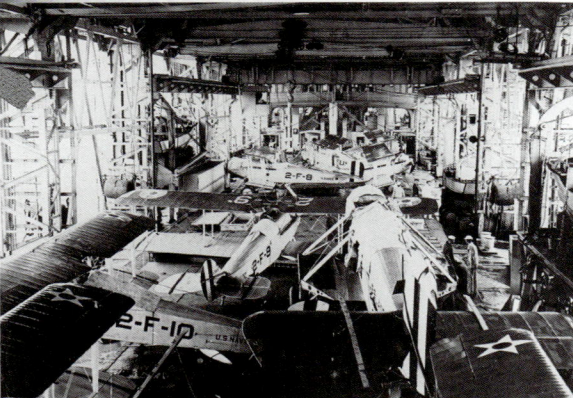

"兰利"号的开敞式机库

　　"兰利"号（Langley, CV-1/AV-3）是美国海军的第一艘航空母舰，以美国航空先驱塞缪尔·兰利的名字命名。它由舰队运煤船"朱庇特"号改建而来，于1922 年 3 月 20 日作为航空母舰（CV-1）服役。它没有舰岛，并且飞行甲板与舰体是分离的，中间是开敞式机库。由于其航速很慢，无法随舰队行动，所以多用于舰载机训练和单独执行任务。

　　1937 年，"兰利"号被改装为水上飞机母舰（AV-3），并先后隶属美国大西洋舰队和美国太平洋舰队。在太平洋战争中，它执行过反潜巡逻、飞机运输等任务。1942 年 2 月 27 日，它在运输 P-40 战斗机到爪哇时遭遇日机编队多番轰炸，被重创后难以航行。为了避免被日军俘获，最终它由护航的驱逐舰用鱼雷击沉。

武器/档案　WEAPON ARCHIVES

舰名	"兰利"号
排水量	标准：12904 吨；满载：14123 吨
长宽	165.3 米 ×20 米
最大速度	15.5 节
载员	468 人
武器	4 门 127 毫米舰炮等
舰载机	34 架

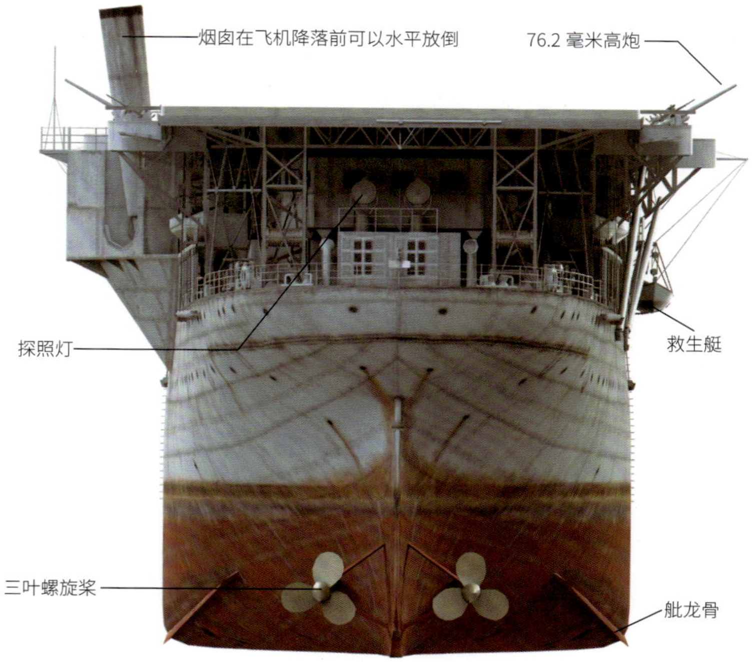

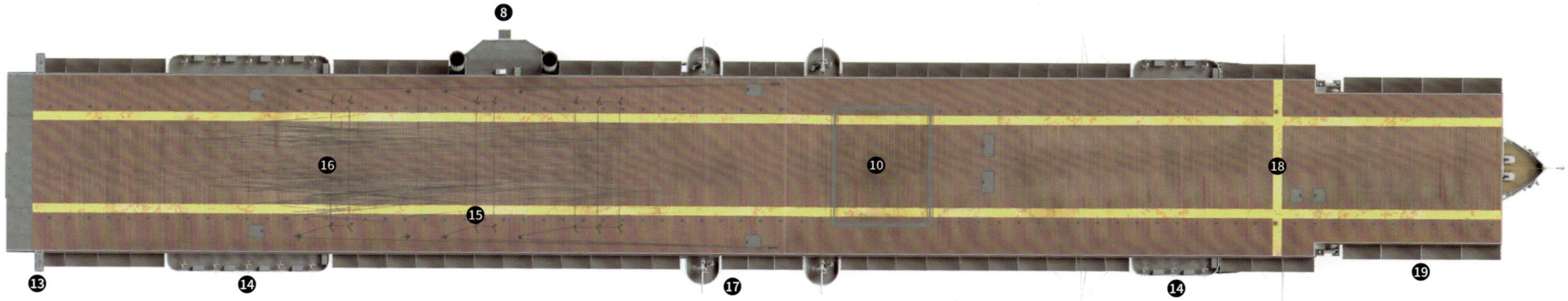

可倒式双烟囱

烟囱在飞机降落前可以水平放倒

76.2 毫米高炮

探照灯

救生艇

锚

三叶螺旋桨

舭龙骨

1. 探照灯	5. 宿舍 (原信鸽屋)	9. 战斗机	13. 着舰标识	17. 76.2 毫米高炮
2. 方向舵	6. 救生艇	10. 飞机升降机	14. 12.7 毫米机枪	18. 飞机起飞处
3. 螺旋桨	7. 机动艇	11. 鱼雷轰炸机	15. 飞机阻拦索	19. 防坠网
4. 127 毫米 51 倍径舰炮	8. 烟囱	12. 锚	16. 飞机着舰处	

Ark Royal
"皇家方舟"号

英国 舰队航母 ▶ **Fleet** Carrier

"皇家方舟"号 (Ark Royal, 91) 是英国在二战时期最著名的航空母舰。在它之后，英国皇家海军还有两艘航空母舰以"皇家方舟"命名。它是英国在战间期专业设计建造的一艘航空母舰，当时最为先进，被誉为"现代航空母舰的原型"。

二战前期，它几乎一直活跃在海上，执行了大量的巡逻与搜寻、对舰和对地攻击、护航、反潜等任务。特别是在追击德国的"俾斯麦"号战列舰时，其舰载机进行了关键性的攻击，使英国舰队成功围歼了"俾斯麦"号。

"皇家方舟"号于 1938 年 12 月 16 日服役，是英国皇家海军在二战前建造的一艘大型航空母舰，没有同级舰。它的设计理念先进，布局均衡合理，并且针对大西洋的恶劣海况进行了特别设计，适航性较高，具有高干舷和封闭式舰首、封闭式双层机库等。其飞行甲板的首尾都向下延伸，中间有 3 部飞机升降机，前部有 2 座液压弹射器。在舰队航空兵方面，它日常搭载 5 个舰载机中队，每个中队约有 12 架"贼鸥"式战斗轰炸机或"剑鱼"式鱼雷轰炸机 (后者兼作侦察机)，后期换装了"管鼻燕"式战斗机等。

72 型归航信标

气象平台

"剑鱼"式鱼雷轰炸机

扫雷具 / 破雷卫

12.7 毫米四联装高射机枪

1939 年 9 月，"皇家方舟"号带队进行反潜作战，其下的 3 艘驱逐舰击沉了德国潜艇 U-39。11 月，它在追猎德国的"施佩伯爵海军上将"号装甲舰时俘获了一艘德国商船。1940 年初，它派遣"贼鸥"式战斗轰炸机中队到斯卡帕湾海军基地附近的哈斯顿海军航空站，以加强锚地的防御。当 4 月挪威战役爆发时，其 16 架"贼鸥"式战斗轰炸机从哈斯顿出发，炸沉了德国的"柯尼斯堡"号轻巡洋舰。1941 年 5 月，它派出 15 架"剑鱼"式鱼雷轰炸机追击德国的"俾斯麦"号战列舰，炸坏其方向舵，使之机动力大减。随后，英国本土舰队赶来将"俾斯麦"号围歼。1941 年 11 月 13 日，它执行向马耳他岛运送飞机的任务后，在返航途中被德国潜艇 U-81 击沉。

归航信标：让舰载机知道母舰的实时位置，以便准确返航

起倒桅：用于通信，在航空作业时可以水平放倒

"剑鱼"式鱼雷轰炸机：虽然老旧，但战绩惊人

起倒桅

大型起重机

113 毫米双联装高平两用炮

1939 年，"皇家方舟"号上一架"剑鱼"式鱼雷轰炸机正在起飞

武/器/档/案 WEAPON ARCHIVES

舰名	"皇家方舟"号
排水量	标准：22353 吨；满载：28165 吨
长宽	243.8 米 ×28.9 米
动力	6 台三鼓式锅炉、3 组帕森斯式蒸汽轮机；76061 千瓦
最大速度	31 节
续航距离	7600 海里（20 节）
载员	1580 人
装甲	装甲带 114 毫米、甲板 89 毫米（动力舱和弹药库上方）
武器	8 座双联装 113 毫米高平两用炮 4 座八联装 40 毫米高炮（1941 年 6 座） 8 座四联装 12.7 毫米高射机枪
弹射器	2 座
舰载机	50～60 架

战间期

在阅读各种二战读物时，经常会看到"战间期"这个词。顾名思义，它是指从第一次世界大战结束到第二次世界大战全面爆发之间的这段时期，大约是 1918 年 11 月—1939 年 9 月。

在这约 20 年的时间里，世界局势可谓风起云涌。既出现了经济快速增长，也爆发了经济大恐慌，并且国家之间纷争不断。对于美、英、日、法等国家的海军而言，出现了大规模的造舰军备竞赛，都在斥巨资为接下来的战争做准备，这就催生了限制海军军备的《华盛顿海军条约》《伦敦海军条约》等。这些条约带来十几年的"海军假日"，但之后又恢复了无限制的造舰竞赛，直到二战全面爆发。

华盛顿海军会议

防护特色

"皇家方舟"号的舰体防护设计很有特色，以至于后来成为英国皇家海军建造航空母舰的原型。第一，针对大西洋海况恶劣的航行与作战环境，其舰体的长宽比为 7.6：1，艏部为封闭式，侧舷为高干舷，飞行甲板是用 19 毫米钢板打造的强度甲板（怕超重没有采用装甲飞行甲板）。第二，针对它多与德国潜艇交锋的情况，其侧舷采用装甲带保护，内部则采用了"空—液—空"的三层防护系统等，类似于英王乔治五世级战列舰的设计，可防御弹头重达 340 千克的鱼雷。第三，为了防备敌机空投的航空炸弹、敌舰发射的炮弹等情况，它不仅在动力舱和弹药库上方设置了装甲板，而且双层机库也封闭在舰体大梁内，增强了防破片的能力。

动力系统

"皇家方舟"号的动力系统由 6 台海军部三鼓式重油锅炉、3 组帕森斯式齿轮传动型蒸汽轮机、3 根传动轴和 3 个直径 4.88 米的螺旋桨组成。其中，锅炉的蒸汽温度为 316 摄氏度，工作气压为 2 兆帕。由此得到的主机输出功率约为 76061 千瓦，令该舰的最大速度达到 31 节。

值得一提的是，因为"皇家方舟"号在迎风状态下弹射或回收舰载机时会频繁改变航线，所以为了不危及友舰经常脱出编队，待航空作业结束后再去追赶舰队。因此，其速度就显得很重要。此外，因为它的近战能力很弱，所以遭遇敌方舰队时会依靠速度来摆脱纠缠，避免进行炮战等。

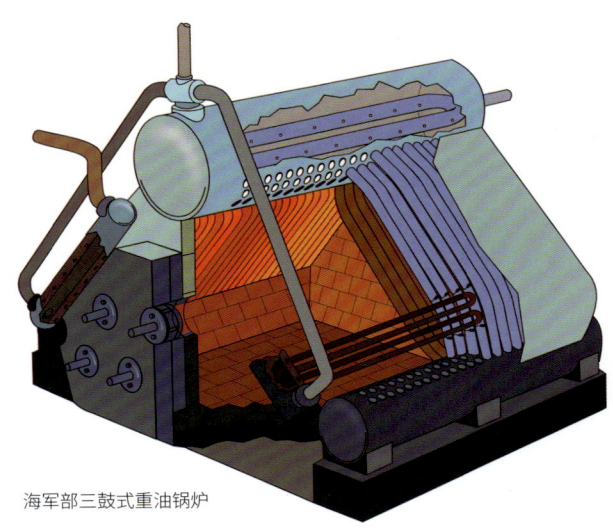

海军部三鼓式重油锅炉

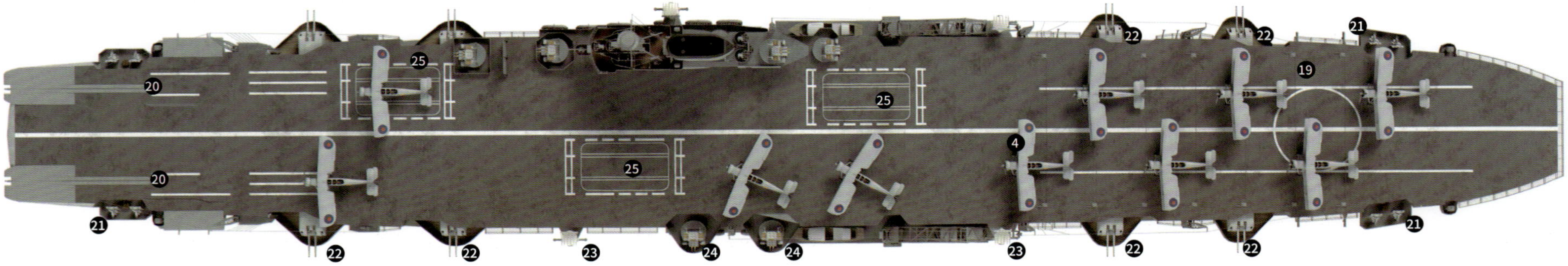

1. 锚	8. 气象平台	15. 方向舵	22. 113 毫米双联装高平两用炮
2. 探照灯	9. 72 型归航信标	16. 螺旋桨	23. 射击指挥仪
3. 锚链轮	10. 烟囱	17. 舭龙骨	24. 40 毫米八联装高炮（砰砰炮）
4. "剑鱼"式鱼雷轰炸机	11. 救生筏	18. 水线装甲带	25. 窄型飞机升降机
5. 扫雷具 / 破雷卫	12. 交通艇	19. 飞机阻拦索	
6. 导航测距仪	13. 大型起重机	20. 液压飞机弹射器	
7. 高炮指挥仪	14. 起倒桅	21. 12.7 毫米四联装高射机枪	

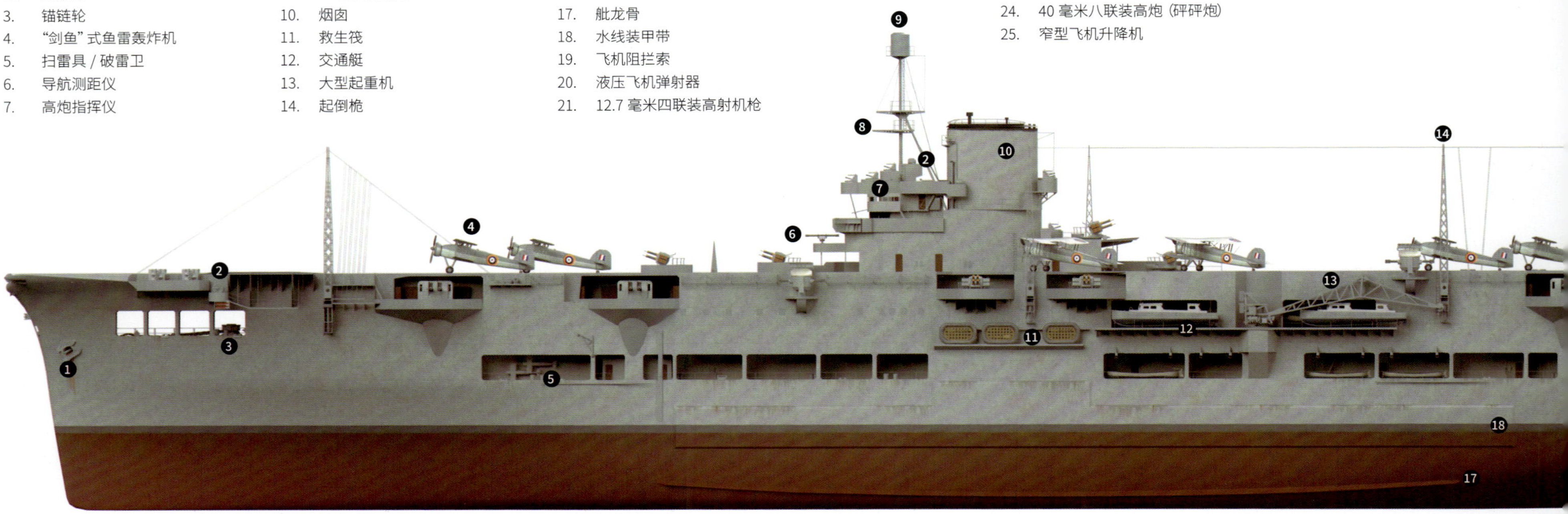

开敞式三人座舱

可折叠机翼

九缸风冷星型活塞发动机

航空鱼雷

固定式起落架

"剑鱼"式 Mk.I 鱼雷轰炸机	
载员	3 人
长宽高	10.87 米 ×13.87 米 ×3.76 米
最大起飞重量	3438 千克（挂鱼雷）
最大速度	230 千米 / 小时
爬升率	265 米 / 分钟（海平面）
续航距离	840 千米
武器	1 挺 7.7 毫米机头机枪、1 挺 7.7 毫米后座机枪；1 枚 Mark XII 鱼雷等

"剑鱼"式鱼雷轰炸机

"剑鱼"式是一种双翼鱼雷轰炸机，不仅飞行速度慢，还采用了开敞式座舱等老式设计。在二战前期，它主要装备在英国的舰队航母上作为舰载鱼雷轰炸机和侦察机使用；在二战中后期，它大多装备在护航航母和商船航母上作为舰载反潜机和训练机使用。

这种老式飞机照说应该被淘汰，但现实是它不仅一直战斗到二战结束，而且还战功赫赫。如 1940 年11 月的塔兰托战役，英国的"光辉"号航空母舰派出 21 架"剑鱼"式鱼雷轰炸机夜袭了意大利的塔兰托海军基地。该战英军仅损失两架飞机，而意军被击沉、击伤 3 艘战列舰、1 艘重巡洋舰、2 艘驱逐舰等。当晚意大利舰队就损失近半。

还有前面提到的追击德国战列舰"俾斯麦"号。"皇家方舟"号航空母舰用"剑鱼"式鱼雷轰炸机炸伤了"俾斯麦"号，使其在英国本土舰队的围攻中沉没。

"皇家方舟"号的一次"误沉"

1939 年 9 月，"皇家方舟"号与两艘战列巡洋舰同行时遭遇三架德国空军的"道尼尔"Do 18 水上飞机。它遂派出三架"贼鸥"式战斗轰炸机击落了其中一架，但自身位置暴露。随后，德国空军第 30 轰炸机联队的 4 架 Ju 88 轰炸机赶来轰炸。一枚炸弹落在"皇家方舟"号旁边，激起的巨大水柱笼罩了舰身，使德军飞行员误判击沉。

当时德国大肆宣传击沉了"皇家方舟"号，引起美国总统罗斯福和意大利总理墨索里尼的关注。为了辟谣，英国海军大臣丘吉尔不仅向罗斯福保证该舰没有沉没，还邀请美国海军武官前去参观。而驻罗马的英国海军武官也奉命向墨索里尼澄清该舰没有沉没（此时意大利还未对英宣战）。最终，"皇家方舟"号依然在役的事实让德国宣传部及其部长戈培尔丢了脸。

Ju 88 轰炸机

"贼鸥"式战斗轰炸机

"贼鸥"式是英国舰队航空兵在二战前就装备的一种单发双座战斗轰炸机。它采用了单翼、可收放起落架、全封闭座舱、全金属结构等当时先进的设计，并且最先装备"皇家方舟"号上的第 800 中队和第 803 中队。

当二战全面爆发时，"皇家方舟"号上的第 803 中队就击落了 1 架德国 Do 18 水上飞机。这是英国飞机在二战中第一次击落敌机。不过，它作为战斗机使用并不理想，速度慢且火力弱，很难与敌军的战斗机纠缠，只能攻击敌军的侦察机和轰炸机。

后来它作为俯冲轰炸机使用。在 1940 年的挪威战役中，它炸沉了停靠在挪威卑尔根港的德国轻巡洋舰"柯尼斯堡"号。这是盟军飞机在二战中首次用炸弹击沉敌军一艘大型军舰。不过，它也只能轰炸停泊不动的敌军舰船，因为没有安装俯冲轰炸瞄准器。等到 1941 年可以安装瞄准器时，它已经陆续被"管鼻燕"式战斗机替换了。

"贼鸥"式 Mk.II 战斗轰炸机	
载员	2 人
长宽高	10.85 米 ×14.07 米 ×4.32 米
最大起飞重量	3732 千克
最大速度	362 千米 / 小时
爬升率	482 米 / 分钟
续航距离	1223 千米
武器	4 挺 7.7 毫米机翼机枪、1 挺 7.7 毫米后座机枪；1 枚 227 千克炸弹等

全封闭座舱

九缸单排风冷星型活塞发动机

半穿甲炸弹

带减震的尾轮

Implacable
"怨仇"号

英国 | **舰队航母** ▶ **Fleet** Carrier

"怨仇"号（Implacable, R86）是英国光辉级舰队航母的第二期改进型，有时也被单独归类为怨仇级（该级有两艘，另一艘是"不倦"号）。其速度快、载机多、防护强，是二战时英国最优秀的航空母舰。

二战时期，它先在英国本土舰队参加对德国"提尔皮茨"号战列舰的搜寻，并击沉、击伤了大量的德国舰船。然后它加入英国太平洋舰队，轰炸了特鲁克岛、日本本土等。作为战场生存能力很强的装甲航母，它即使面对日本的神风特攻机也毫无惧色。

"怨仇"号于1944年8月28日服役，搭载了"海火式"战斗机、"萤火虫"式战斗机、"梭鱼"式鱼雷轰炸机（后换为"复仇者"式鱼雷轰炸机）等大量的舰载机。其飞行甲板的前部有一个液压弹射器，舰体内有上、下两个机库，还有两部飞机升降机。不过，它的机库高度不够，无法容纳通过租借法案从美国接收的F4U"海盗"式战斗机。其113毫米高平两用炮的炮塔颇具特色，即它们被"压平"至飞行甲板的高度，以免影响舰载机的起降作业。

1944年底，"怨仇"号隶属英国本土舰队。当时德国的"提尔皮茨"号战列舰作为"存在舰队"，令英国皇家海军不得不用大量的军舰来防备它，不能将这些军舰调往其他战场。为解决这一问题，"怨仇"号被派去搜寻"提尔皮茨"号。成功找到它后，英国皇家空军遂将之炸沉。"怨仇"号还在挪威附近攻击德军的机场、舰船及潜艇，获得不少战果。1945年初，强化防空火力后的"怨仇"号加入英国太平洋舰队，此时它拥有了英国航母中最大的航空大队。它不仅空袭了特鲁克岛上的日军基地，还对日本本土的许多目标进行了轰炸。战后，它于1955年报废并拆解。

QF 113 毫米 Mk III 高平两用炮

113 毫米高平两用炮

液压飞机弹射器

20 毫米高炮

装甲

作为英国皇家海军第一种正式的装甲航母, "怨仇"号除了76毫米的装甲飞行甲板和114毫米的水线装甲带之外, 在机库侧面还有38~51毫米的装甲舱壁, 机库甲板也有38~64毫米的装甲。其水下防御采用分层系统, 由充满空气和液体的隔舱组成。113毫米高平两用炮的弹药库设置在装甲堡垒之外, 顶部装甲的厚度为51~76毫米, 侧壁装甲为114毫米。

动力

"怨仇"号的锅炉舱里有8台海军部三鼓式重油锅炉, 轮机舱里有4组帕森斯式齿轮传动型蒸汽轮机, 后者各驱动一根传动轴至螺旋桨。其总功率设计为110364千瓦, 以实现32.5节的最大速度。在海上试航时, 它以112750千瓦的总功率跑到31.89节。出航时, 它最多可以装载4765吨的重油, 以20节的速度航行6720海里。

1946年"怨仇"号的彩照

英国太平洋舰队

英国太平洋舰队 (British Pacific Fleet, 缩写 BPF) 是二战后期对日作战的一支大型舰队。它于1944年11月正式成立, 由英国及英联邦国家的海军力量组成。其主力是"光辉"号、"可畏"号、"胜利"号、"不挠"号、"怨仇"号和"不倦"号六艘舰队航母。另外, 还有四艘轻型舰队航母、四艘战列舰、十一艘巡洋舰, 以及大量的护航航母、驱逐舰、潜艇等, 共计两百多艘舰艇和七百五十多架飞机。

在太平洋战场上, 它是仅次于美国的第二大海军力量, 参加了冲绳战役、轰炸日本本土等对日打击行动。

1945年, 英国太平洋舰队的舰队航母在集结

起倒桅

交通艇及其吊车

40毫米高炮

火力

二战后期, 盟军在航空母舰上见缝插针地安装了大量的20毫米和40毫米高炮。特别是在太平洋战场上, 面对日军的各种自杀式飞机, 它们的高射速非常适用。"怨仇"号与众不同, 除了这些高炮之外, 1944年才服役的它还装备着8座双联装的113毫米高平两用炮。值得一提的是, 该炮官方公布的口径是114毫米, 实际口径是113毫米。

该炮是45倍径, 炮管长约5.08米, 高爆榴弹重39.5千克, 半穿甲弹重41.6千克。每门炮平均备弹400发。其炮口初速为746米/秒, 射速为12发/分钟。使用高爆榴弹时, 炮管以45度角对舰或对岸轰击, 射程为18970米, 而炮管以80度角对空射击时射程为12500米。使用半穿甲弹时, 它可以在9600米的距离上击穿敌舰63.5毫米的侧面装甲。其炮管的使用寿命为650发。

武/器/档/案	WEAPON ARCHIVES
舰名	"怨仇"号
舰级	怨仇级
排水量	标准: 23826吨; 满载: 32625吨
长宽	233.6米 ×34.9米
动力	8台三鼓式锅炉、4组帕森斯式蒸汽轮机; 110364千瓦
最大速度	32.5节
续航距离	6720海里 (20节)
载员	2300人 (1945年)
装甲	水线装甲带114毫米、飞行甲板76毫米
武器	8座双联装113毫米高平两用炮 5座八联装和1座四联装40毫米高炮 21座双联装和19门单管20毫米高炮
飞行甲板	231.6米 ×31.1米
弹射器	1座
舰载机	81架

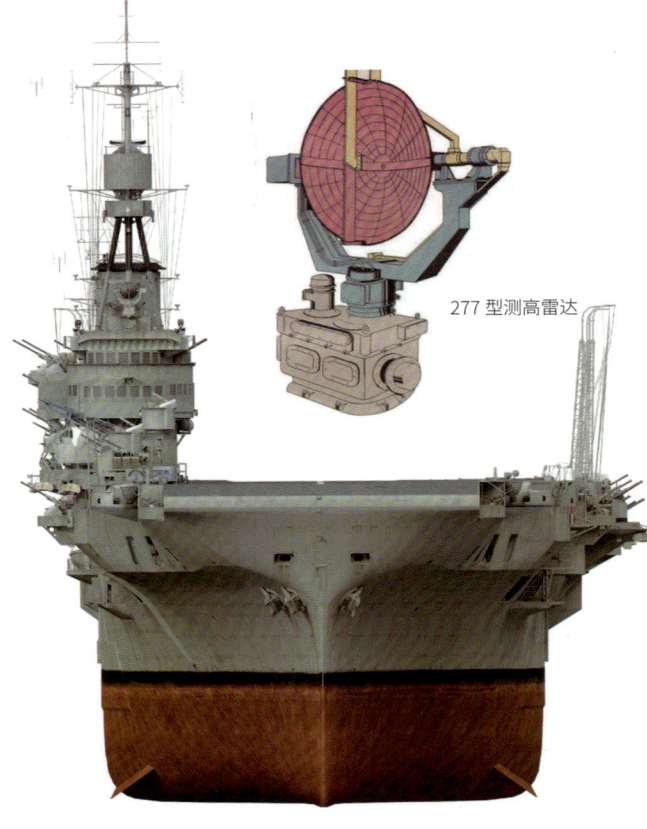

277 型测高雷达

雷达

　　"怨仇"号装有 277 型测高雷达、279 型和 281 型对空搜索雷达等。其中，277 型被称为"二战时期英国皇家海军最成功的雷达"，虽名为"测高雷达"，但实际却具备对海搜索、低空飞机预警等能力。该型雷达是 271 型的升级版，由 271 型 Mk V 雷达更名而来，具有安装更方便、天线与显示器更先进、功率更大、信号处理更好等优点。它采用了 500 千瓦的磁控管和增益更高的金属网圆盘天线，天线直径为 1.4 米，每分钟 0～16 转。其工作频率为 2997MHz，波长为 100 毫米，方位角为 360 度，带有 PPI 显示器（平面位置指示器）。当天线安装高度约 30 米时，它的对海搜索能力是战列舰 23 海里、巡洋舰 20 海里、驱逐舰 18 海里、护卫舰 15 海里、鱼雷艇 11 海里和潜艇 10 海里。它的对空搜索能力是飞行高度 1524 米以内的飞机可在距离 30 海里处发现，并且可在 25 海里处进行高度探测。

存在舰队

　　存在舰队（Fleet in being）原是一种"舰队至上"的海军战略理论，后来多指一种海军战术，即一支舰队在港口及锚地防守，从而对其机动范围内的海域保持威慑，进而影响对手的战略决策与部署。
　　在二战中，通常是海军实力弱小一方采用这种避战战术。如意大利和德国的水面舰队，面对英国皇家海军的兵力优势，它们一旦主动出击就容易被消灭，但凭借其岸防、空防等力量的协同防守，就能牵制英军大量的军舰及飞机，使它们无法被调往其他战场。
　　当然这种战术最后都被英国航空兵用空袭破局，如对意作战的塔兰托战役、击沉德国战列舰"提尔皮茨"号的战斗等。

1944 年 6 月 14 日，迷彩涂装的"怨仇"号泊于格林诺克

1. 舷梯	8. 高炮指挥仪	15. 瞭望镜	22. 窄型飞机升降机
2. 方向舵	9. 281 型对空搜索雷达天线	16. 救生筏	23. 舰岛
3. 螺旋桨	10. 射击指挥仪	17. 甲板起重机	24. 40 毫米高炮
4. 113 毫米高平两用炮	11. 279 型对空搜索雷达天线	18. 货物吊杆	25. 液压飞机弹射器
5. 交通艇	12. 72 型归航信标	19. 舰载机牵引车	
6. 舭龙骨	13. 探照灯	20. 锚	
7. 起倒桅	14. 277 型测高雷达天线	21. 20 毫米高炮	

手动折叠机翼

"海火"式战斗机

"海火"式战斗机是"喷火"式战斗机的海军舰载版。它本叫"海上喷火"，后来被简称为"海火"。它与英国皇家空军使用的"喷火"式战斗机一样，同属优秀的活塞式战斗机，机动性好，战斗力强。不同的是，其续航距离短一些，并且为适应航母作战而加装了着舰钩、弹射装置等。其Mk.Ⅲ量产型采用了可折叠机翼，以便航母机库能容纳更多的数量。

在"怨仇"号航空母舰上，它是数量最多的舰载机。不管是在挪威海域对德作战，还是在太平洋对日作战，其战斗机中队一直保有44～48架，制空能力强大。特别是英国太平洋舰队，经常被日本的神风特攻机攻击，所以非常依赖"怨仇"号这种"海火"式战斗机多的航空母舰。

四叶恒速螺旋桨

梅林 55M 十二缸
液冷活塞发动机

20 毫米 Hispano Mk. Ⅱ 机炮

"海火"式 F Mk. Ⅲ 战斗机

载员	1 人
长宽高	9.21 米 ×11.23 米 ×3.49 米
最大起飞重量	3280 千克
最大速度	578 千米 / 小时
爬升率	991 米 / 分钟
续航距离	748 千米
武器	2 门 20 毫米机炮、4 挺 7.7 毫米机枪；2 枚 113 千克炸弹或 1 枚 227 千克炸弹

"梭鱼"式 Mk. Ⅱ 鱼雷轰炸机

载员	3 人
长宽高	12.12 米 ×14.99 米 ×4.62 米
最大起飞重量	6396 千克
最大速度	367 千米 / 小时
雷达	ASV Mk. Ⅱ
续航距离	1104 千米 (挂鱼雷)
武器	2 挺 7.7 毫米后座机枪；1 枚 735 千克鱼雷等

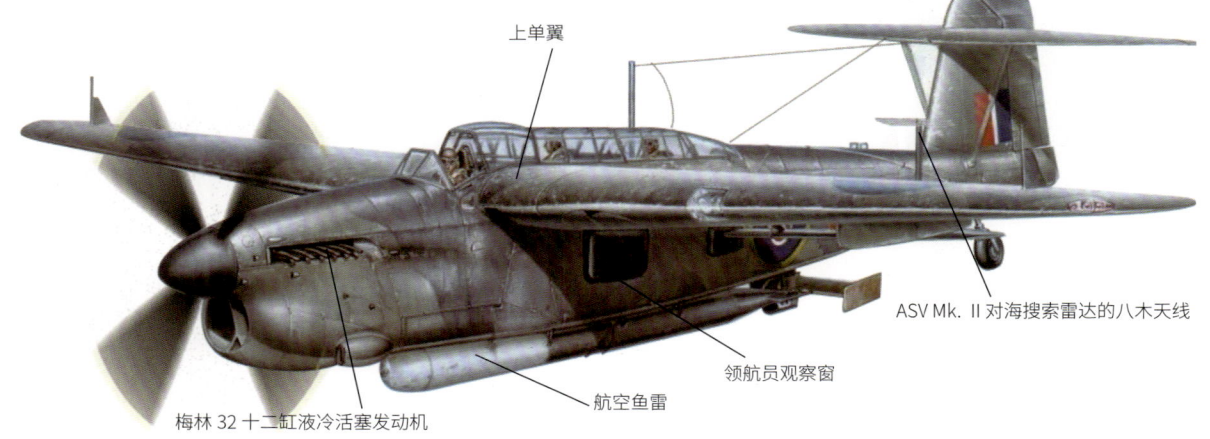

上单翼

ASV Mk. Ⅱ 对海搜索雷达的八木天线

领航员观察窗

航空鱼雷

梅林 32 十二缸液冷活塞发动机

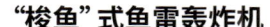

"梭鱼"式鱼雷轰炸机

"梭鱼"式是英国皇家海军舰队航空兵使用的第一种全金属的单翼鱼雷轰炸机，也可当俯冲轰炸机和侦察机使用。它用于替换"剑鱼"式等老式的双翼鱼雷轰炸机。其外观很特别，采用了上单翼设计，即主翼在机身的顶部，并且还有一对很大的襟翼。它主要的型号是 Mk. Ⅱ。该型配有 ASV Mk. Ⅱ 机载搜索雷达及八木天线，并且可以使用火箭助推器来缩短起飞距离。该机的缺点是故障较多，机翼折叠也复杂且耗时。

1944 年，所有的光辉级及怨仇级航空母舰上都搭载了"梭鱼"式鱼雷轰炸机，其中"怨仇"号上有 24 架。当时"梭鱼"式最大的战绩是轰炸德国的"提尔皮茨"号战列舰，使其在盟军诺曼底登陆前的关键时期瘫痪了两个多月。在后来的太平洋战场上，它的表现不佳，陆续被"复仇者"式鱼雷轰炸机替换。

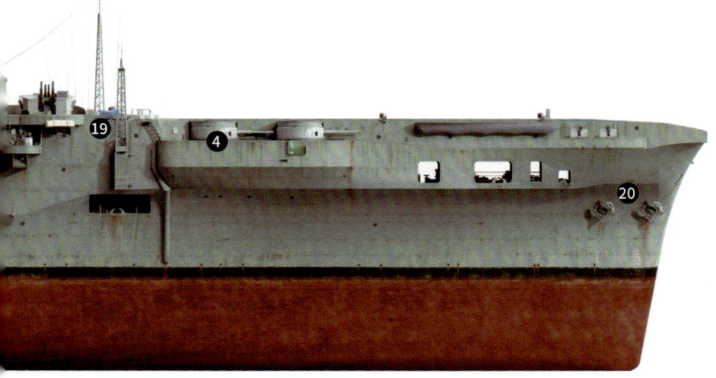

Furious
"暴怒"号

英国 舰队航母 ▶ **Fleet** Carrier

72 型归航信标

飞机升降机

射击指挥仪

40 毫米八联装高炮

20 毫米双联装高炮

102 毫米双联装高炮

救生筏

探照灯

武/器/档/案 WEAPON ARCHIVES	
舰名	"暴怒"号
舰级	勇敢级
排水量	标准：22810 吨；满载：27606 吨
长宽	239.7 米 ×27.4 米
最大速度	30 节
续航距离	3737 海里 (16 节)
载员	1218 人 (1940 年)
武器	6 座双联装 102 毫米高炮 6 座八联装 40 毫米高炮 8 座双联装 20 毫米高炮 6 门 20 毫米高炮
飞行甲板	175.6 米 ×27.9 米
舰载机	36 架

1918 年，"暴怒"号的后飞行甲板上停着一架飞艇

1936 年左右的"暴怒"号

"暴怒"号 (Furious, 47) 是一战期间英国皇家海军勇敢级 (也叫光荣级) 战列巡洋舰 (大型轻巡洋舰) 的三号舰，1917 年 3 月在建造时被改装为航空母舰。

它于 1917 年 6 月服役，当时只是取消了 457 毫米口径的前主炮，安装了前部飞行甲板 (下有机库可容纳 3 架水上侦察机和 5 架战斗机)。由于其飞机是起飞容易降落难，因而它又拆除后主炮，安装了后部飞行甲板，以供飞机降落。1918 年 7 月，其舰载机摧毁了德军的一个齐柏林飞艇库及两架齐柏林飞艇。此时的它造型奇特，只是英国早期探索航空母舰的产物。

1925 年 8 月，"暴怒"号完成大改装，所有上层建筑被拆除，换成两段式飞行甲板 (上段是全通式)，并拥有双层机库。后来它还进行过一些改装，如增设简单的岛式上层建筑等，作为航空母舰逐渐成形。二战时期，它在英国本土舰队负责大西洋反潜，执行过飞机运输、登陆支援等任务，还参加了对德国战列舰"提尔皮茨"号的空袭。因为过于老旧，所以它在 1944 年 9 月退役，后被拆解。

72 型归航信标

起倒桅

射击指挥仪

烟囱

102 毫米双联装高炮

锚

舭龙骨

三叶螺旋桨

1.　102 毫米双联装高炮
2.　方向舵
3.　螺旋桨
4.　烟囱
5.　起倒桅

6.　舷梯
7.　40 毫米八联装高炮
8.　射击指挥仪
9.　72 型归航信标
10.　舰载艇

11.　战列巡洋舰的舰体
12.　20 毫米双联装高炮
13.　飞机升降机
14.　救生艇
15.　飞机阻拦索

Hermes

"竞技神"号

英国 舰队航母 ▶ **Fleet** Carrier

探照灯

大型起重机

102 毫米高炮

移动滑轨

140 毫米舰炮

武/器/档/案 WEAPON ARCHIVES	
舰名	"竞技神"号
排水量	标准：11024 吨；满载：13920 吨
长宽	182.9 米 ×21.4 米
最大速度	25 节
续航距离	4480 海里（16 节）
载员	664 人
武器	6 门 140 毫米舰炮、3 门 102 毫米高炮 20 毫米高炮等
飞行甲板	173.7 米 ×27.4 米
舰载机	20 架（1938 年）

1940 年 6 月 9 日，"竞技神"号为运兵船护航

1931 年，"竞技神"号在中国烟台附近海域

"竞技神"号（Hermes, 95）是世界上第一艘专业设计的航空母舰，舰名有时也译作"赫尔墨斯"号。其下水时间比日本的"凤翔"号早，但服役时间晚于"凤翔"号。它于 1924 年 2 月 18 日在英国皇家海军服役。

当时它率先采用了很多后来成为主流的设计。如全通式飞行甲板、封闭式舰首等，还有位于右舷的大型舰岛（舰桥、烟囱和桅杆一体化）。其飞行甲板很有特色，前部沿舰首呈流线型的尖顶状，后部有一段向上隆起（飞机着舰时减速用）。

二战全面爆发时，"竞技神"号主要搭载第 814 海军航空中队，有 12 架"剑鱼"式鱼雷轰炸机。它先在大西洋搜寻德军的潜艇、袭击舰等，并攻击了维希法国的"黎塞留"号战列舰，然后到印度洋巡逻，并加入英国东方舰队。1942 年 4 月 9 日，它在锡兰附近海域被日本海军第一航空舰队发现。当时它没有搭载飞机，面对日军几十架九九舰爆的围攻，很快就沉没了。

飞机升降机

机动艇

测距仪

大型桅杆

探照灯

露天指挥台

罗经舰桥

锚

舭龙骨

测距仪

烟囱

102 毫米高炮

三叶螺旋桨

1.　旗杆
2.　救生艇
3.　方向舵
4.　螺旋桨
5.　救生筏
6.　140 毫米舰炮
7.　机动艇
8.　102 毫米高炮
9.　大型起重机
10.　探照灯
11.　烟囱
12.　测距台
13.　锚
14.　飞机升降机
15.　飞机阻拦索
16.　移动滑轨（后被拆除）

Indomitable
"不挠"号

英国 舰队航母 ▶ **Fleet** Carrier

281 型对空搜索雷达天线

279 型对空搜索雷达天线

SG 对海搜索雷达天线

SM 战机测向雷达天线

113 毫米双联装高炮

20 毫米高炮

40 毫米高炮

武/器/档/案 **WEAPON ARCHIVES**	
舰名	"不挠"号
舰级	光辉级
排水量	标准：23369 吨；满载：30207 吨
长宽	229.8 米 ×29.2 米
最大速度	30.5 节
续航距离	11000 海里（14 节）
载员	2100 人（1945 年）
装甲	主装甲带 114 毫米、飞行甲板 76 毫米
武器	8 座双联装 113 毫米高炮 6 座八联装 40 毫米高炮
飞行甲板	229.2 米 ×35.4 米
舰载机	48 架

1943 年 6 月，航行中的"不挠"号

1942 年 8 月，"不挠"号在马耳他岛护航行动中进行飞机降落作业

"不挠"号（Indomitable, 92）是英国皇家海军光辉级装甲航空母舰的四号舰，也译作"不屈"号。因为它是光辉级的改型，所以舰级有时也称不挠级。其主要改进是减弱了部分装甲，使载机量从 36 架提高到 48 架，并加装了很多防空高炮。

"不挠"号于 1941 年 10 月 10 日服役。它被编入英国东方舰队，执行向印度洋运输"飓风"式战斗机等任务，并用于防范日军航母舰队。后来它搭载"青花鱼"式鱼雷轰炸机、"管鼻燕"式战斗轰炸机和"海飓风"式战斗机，参加了对法属马达加斯加的作战。之后它又到地中海，参加了针对马耳他岛的护航行动和西西里岛战役。

1944 年，它返回东方舰队，空袭了苏门答腊岛等。英国太平洋舰队成立后，它在其下参加了冲绳岛战役。它被日军的神风特攻队击中过，但装甲飞行甲板保护了它。二战后，它成为英国本土舰队的旗舰，最后于 1955 年被拆解。

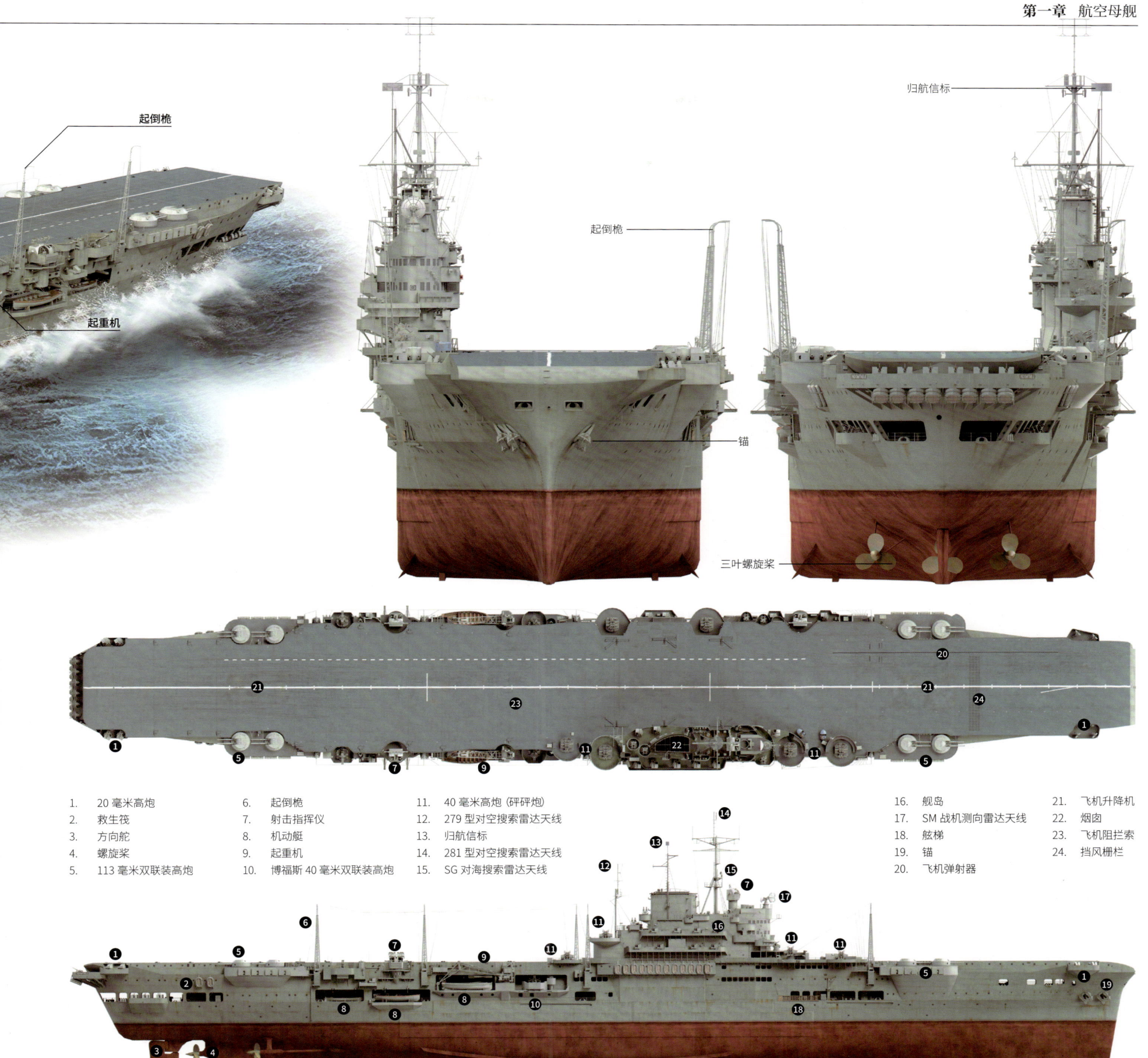

起倒桅

起重机

归航信标

起倒桅

锚

三叶螺旋桨

1. 20 毫米高炮	6. 起倒桅	11. 40 毫米高炮（砰砰炮）	16. 舰岛
2. 救生筏	7. 射击指挥仪	12. 279 型对空搜索雷达天线	17. SM 战机测向雷达天线
3. 方向舵	8. 机动艇	13. 归航信标	18. 舷梯
4. 螺旋桨	9. 起重机	14. 281 型对空搜索雷达天线	19. 锚
5. 113 毫米双联装高炮	10. 博福斯 40 毫米双联装高炮	15. SG 对海搜索雷达天线	20. 飞机弹射器

21. 飞机升降机
22. 烟囱
23. 飞机阻拦索
24. 挡风栅栏

Akagi
"赤城"号

日本 **舰队航母** ▶ **Fleet** Carrier

"赤城"号 (Akagi) 是日本海军历史上第一艘大型航空母舰，后来还成为第一航空舰队的旗舰。它被日本海军视为其机动部队的象征、海军航空兵的摇篮。在太平洋战争中，它参加了偷袭珍珠港、攻击达尔文港、决战中途岛等战斗。在中途岛一战中，它被美军"企业"号航空母舰派出的俯冲轰炸机重创，最后自沉。

1927 年 6 月，"赤城"号海试中，可以看到三段式飞行甲板和横卧式烟囱

信号桅

方位测定仪

机炮台

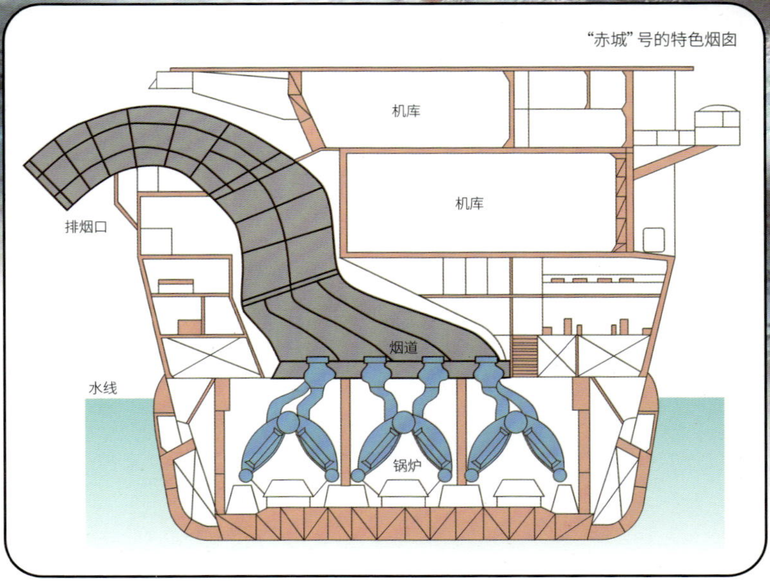

"赤城"号的特色烟囱

机库

机库

排烟口

烟道

水线

锅炉

烟囱

与其他国家的航空母舰不同，日本的航空母舰普遍采用了横卧式烟囱。这种独特的结构设计最早就源自"赤城"号。当时为了降低传统烟囱向上排烟时对舰载机起降作业的影响，也为了借助海水来降低烟雾的浓度，就设计了这种朝舷外下弯、冲着海面排烟的烟囱。

经过试验，锅炉的废烟排向海面后被自然冷却，烟雾的浓度确实有所减小。这样不仅提高了航行的隐蔽性，也利于飞行甲板上的航空作业。后来，"加贺"号航空母舰在改造时也采用了这种烟囱，然后它就逐渐成为日本航母的一大特色。

"赤城"号是由日本天城级战列巡洋舰改建而来的航空母舰,是日本的第一艘大型航空母舰也是第一艘舰队航空母舰。其舰名来自日本的赤城山。

它在1927年3月25日服役时,采用了阶梯状的三段式飞行甲板,后来发现这种设计不太实用。在1935年至1938年,它进行了大规模的改造,不仅将飞行甲板由三段式改为一段全通式,还在舰体左舷增加了一个岛式舰桥(舰桥在左舷的航空母舰只有它和"飞龙"号)。为消除烟囱排烟时对舰载机降落的干扰,其右舷的烟囱采用了向下弯曲的横卧式。它的载机量大,但防空火力较弱。

1941年4月,"赤城"号成为第一航空舰队的旗舰。1941年12月7日,它率领其舰队偷袭了美国的海军基地珍珠港,引发太平洋战争。当时"赤城"号上搭载了零式舰战21架、九九舰爆18架和九七舰攻27架,共计常用机66架,另有备用机25架。

此后,"赤城"号还参加了进攻拉包尔、轰炸达尔文港、空袭科伦坡等作战行动。1942年6月初,它在率领舰队空袭中途岛的美军基地时,遭到美军飞机的轮番攻击。最后,来自美军"企业"号航空母舰的3架俯冲轰炸机重创了"赤城"号。由于无法抢修,也无法拖曳回去,它被自己的驱逐舰用鱼雷击沉。

1942年3月,"赤城"号率领第一航空舰队空袭科伦坡

武/器/档/案 WEAPON ARCHIVES

舰名	"赤城"号
排水量	标准:37086吨;公试:41300吨
长宽	260.7米×31.3米
动力	19台舰本式锅炉、4组蒸汽轮机;99178千瓦
最大速度	31.2节
续航距离	8200海里(16节)
载员	1630人
装甲	水线装甲带152毫米、主甲板79毫米
武器	6门200毫米舰炮 6座双联装120毫米高炮 14座双联装25毫米机炮
飞行甲板	249.2米×30.5米
升降机	3部
舰载机	91架(常用66架、备用25架)

飞机升降机

风向标识

锚链轮

起倒桅

机炮台

烟囱

锚

防雷鼓包

舭龙骨

第一航空舰队

1941 年 4 月 10 日，日本海军组建第一航空舰队，将其舰队航母统一纳入指挥。其下有第一航空战队（"赤城"号与"加贺"号）、第二航空战队（"苍龙"号与"飞龙"号）、第五航空战队（"瑞鹤"号与"翔鹤"号）等。它采用集中作战的方式，即先将舰队开到舰载机的攻击出发点，然后各航母的舰载机升空，并集结成一个大规模的攻击机群，最后一起对敌军目标展开突然袭击。这种大机群的攻击通常分为两拨，第一拨由各航母事先整备在飞行甲板上的舰载机组成，第二拨由各航母从机库升到飞行甲板的舰载机组成。

1941 年 12 月 7 日，日本海军偷袭美国的珍珠港海军基地。第一航空舰队的 6 艘航母派出第一拨 183 架舰载机和第二拨 171 架舰载机，炸沉、炸伤美国 8 艘战列舰、3 艘巡洋舰等，获得大胜。

第一航空舰队的航母正准备派出舰载机去轰炸珍珠港

火力

在早期，日本海军认为航空母舰也要具备与敌方舰艇进行炮战的能力。因此"赤城"号装备了 10 门 50 倍径三年式 1 号 200 毫米舰炮，相当于拥有一艘重巡洋舰的主炮火力。后来在改造时，该炮的数量降为 6 门，使用 A1 型单管炮架，位于舰部两舷。

这种舰炮主要使用八八式穿甲弹，弹重 110 千克。发射时最大仰角为 25 度，炮口初速为 870 米 / 秒，射速为 3 发 / 分钟，最大射程为 24000 米。在实战中，该炮很难发挥作用。

防护

由于"赤城"号采用了战列巡洋舰的舰体，因而其装甲防护弱于采用战列舰舰体的"加贺"号航空母舰，但强于同期其他的航空母舰。在"赤城"号舷侧的水线处，为了防范鱼雷攻击配置了 152 毫米厚的倾斜装甲带，而在防雷鼓包上还有 102 毫米厚的装甲。其主甲板装甲原本厚 96 毫米，后因重心问题被减至 79 毫米，从而提高了航行的稳定性。另外，在其舰桥下方有一个装甲堡垒，是第一航空舰队司令部的所在地。该司令部曾搬到"翔鹤"号航空母舰上去过，但因那里空间狭小，仅待了 13 天就搬回"赤城"号了。

值得注意的是，虽然"赤城"号具备一定的装甲防护能力，但它不像二战后期的"大凤"号和"信浓"号航空母舰那样是装甲航母。

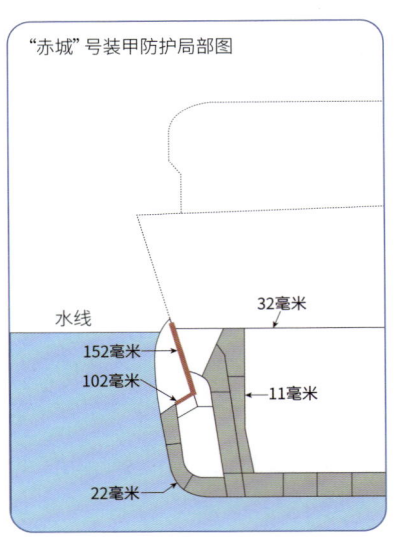

"赤城"号装甲防护局部图

水线

32毫米
152毫米
102毫米
11毫米
22毫米

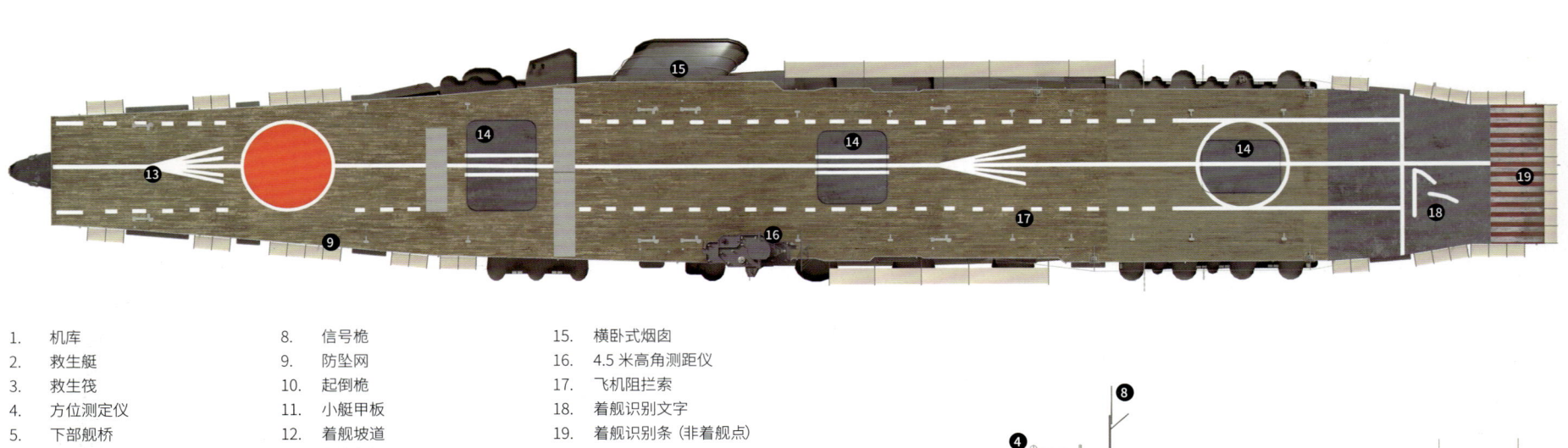

1. 机库	8. 信号榴	15. 横卧式烟囱
2. 救生艇	9. 防坠网	16. 4.5 米高角测距仪
3. 救生筏	10. 起倒榴	17. 飞机阻拦索
4. 方位测定仪	11. 小艇甲板	18. 着舰识别文字
5. 下部舰桥	12. 着舰坡道	19. 着舰识别条（非着舰点）
6. 上部舰桥	13. 风向标识	
7. 罗经舰桥	14. 飞机升降机	

零式舰战

零式舰战是日本海军的主力舰载战斗机，也是日本产量最大的战斗机，生产超过一万架。在太平洋战争的早中期，它是一种空战性能非常优秀的舰载战斗机，具有速度快、机动性好、火力强、航程远等优点。其缺点是防护性差，为轻量化而放弃了很多防弹设计，还有就是俯冲性能等较差。

"赤城"号航空母舰装备的零式舰战21型，在偷袭珍珠港等一系列作战行动中表现都很出色。当时盟军的战斗机如F4F、P-40等，空中缠斗能力都不如它，以至于出现了"零式不败"的说法。后来，美军深入研究缴获的零式，根据其弱点改进了空战战术，再加上换装了新型的战斗机，就逐渐压过零式获得了空战优势。

零式舰战 21 型	
编号	A6M2b
载员	1 人
长宽高	9.05 米 ×12 米 ×3.53 米
最大速度	533.4 千米 / 小时
爬升率	942 米 / 分钟
续航距离	2222 千米
武器	2 门 20 毫米机炮、2 挺 7.7 毫米机枪；2 枚 30 千克或 60 千克炸弹

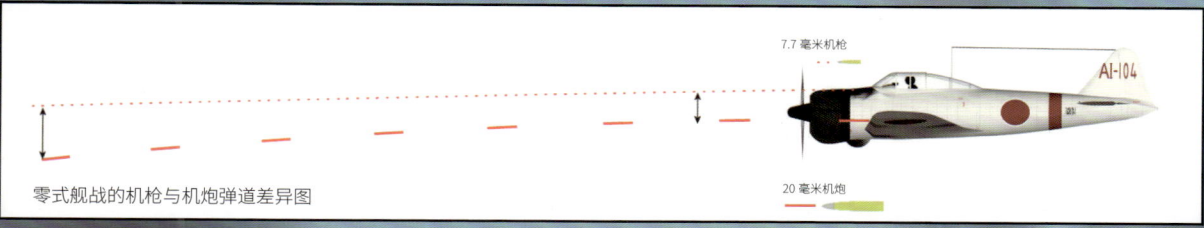

零式舰战的机枪与机炮弹道差异图

九五式轰炸瞄准具

金星四四型风冷星型发动机

折叠翼尖

固定式起落架

九九舰爆 11 型	
编号	D3A1
载员	2 人
长宽高	10.19 米 ×14.36 米 ×3.35 米
最大速度	381.5 千米 / 小时
升限	8070 米
续航距离	1472 千米
武器	3 挺 7.7 毫米机枪；1 枚 250 千克炸弹和 2 枚 60 千克炸弹

九九舰爆

　　九九舰爆是日本海军主要的舰载俯冲轰炸机，随其航空母舰活跃于太平洋各大战场。1940—1941 年，九九舰爆 11 型装备了"赤城"号等日军舰队航母。在偷袭珍珠港时，它对美国太平洋舰队及基地的轰炸获得不少战绩。1942 年，它参加了锡兰海战、珊瑚海海战、中途岛海战、南太平洋海战等。盟军所损失的航空母舰、巡洋舰、驱逐舰及货轮，很多都是被它炸沉的。

　　它虽然战果累累，但性能不如同时期美国的 SBD 俯冲轰炸机。后者的载弹量更大、防护力更强、机动性更好。1943 年，九九舰爆 22 型投入战场，然而此时美国海军的舰队防空火力和战斗机拦截能力都在变强，它就显得过时了。但它没有退居二线，在战争末期还被用作神风特攻队的自杀机。

AI-201

航空炸弹

九七舰攻

　　九七舰攻是日本海军主力的舰载鱼雷轰炸机，也是高空水平轰炸机。它是日本海军第一种全金属的下单翼飞机。最初它有一号 B5N1 和二号 B5M1 两种规格。后来在太平洋战场上，"赤城"号等航空母舰搭载的是由一号改进而来的三号 B5N2（1942 年改称九七式 12 型）。

　　在偷袭珍珠港时，九七舰攻一部分挂载 1 枚九一式鱼雷，另一部分则挂载 1 枚用长门级战列舰主炮炮弹改造的 800 千克穿甲炸弹。在这种鱼雷和炸弹的混合攻击下，美国的战列舰损失惨重。当时，日本攻击机群的总指挥渊田美津雄乘坐的就是一架九七舰攻。他在机上发出了有名的讯号"虎! 虎! 虎!"，代表偷袭成功。后来，九七舰攻参加了马来亚战役、中途岛海战、瓜岛战役等，从 1943 年底开始被"天山"舰上攻击机（后文或简称"天山"舰攻）逐渐替换。

全封闭式三人座舱

可折叠机翼

三叶恒速螺旋桨

荣一一型风冷星型发动机

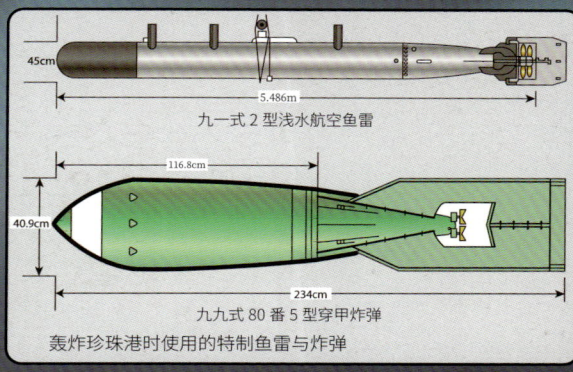

九一式 2 型浅水航空鱼雷

九九式 80 番 5 型穿甲炸弹

轰炸珍珠港时使用的特制鱼雷与炸弹

九七式三号舰上攻击机

编号	B5N2
载员	3 人
长宽高	10.31 米 ×15.52 米 ×3.71 米
最大速度	377.8 千米 / 小时
爬升率	390 米 / 分钟
续航距离	1021 千米
武器	1 挺 7.7 毫米机枪；1 枚九一式鱼雷或 1 枚 800 千克炸弹等

Kaga
"加贺"号

日本 舰队航母 ▶ **Fleet** Carrier

"加贺"号 (Kaga) 是日本海军的一艘大型航空母舰，和"赤城"号一样是主力舰队航母。1939 年时，其载机量在日本航母中最大，高达 102 架。在太平洋战争前期，它参加过偷袭珍珠港，空袭拉包尔、达尔文等行动。在 1942 年 6 月的中途岛海战中，它被美国"企业"号航空母舰派出的俯冲轰炸机炸沉。

1930 年，三段式飞行甲板的"加贺"号

"加贺"号是日本海军加贺级战列舰的一号舰（二号舰是"土佐"号），舰名源自日本古代的加贺国。它在 1928 年被改装为大型航空母舰。当时它与"赤城"号一样是三段式飞行甲板，只不过它是由速度较慢的战列舰改装，而"赤城"号是由速度较快的战列巡洋舰改装。

它于 1935 年完成大改造，飞行甲板被改为一段全通式，烟囱也改为"赤城"号那种在舷侧向下弯曲的横卧式，并且在右舷设立了舰岛。此时的"加贺"号可搭载飞机 90 架 (72 架常用机和 18 架备用机)，有九〇舰战、八九舰攻和九四舰爆。1939 年，其载机量高达 102 架 (81 架常用机和 21 架备用机)，有九七舰攻、九六式舰上战斗机和九六式舰上爆击机 (后文或简称九六舰战和九六舰爆)。1941 年 12 月，它搭载 75 架常用机 (无备用机) 随第一航空舰队偷袭珍珠港时，有 21 架零式舰战、27 架九九舰爆和 27 架九七舰攻。在该战中，它击沉了美国海军的"俄克拉荷马"号战列舰，并击伤"内华达"号、"田纳西"号等战列舰。

天线桅杆 / 旗杆

方位测定仪

指挥所

立柱

127 毫米双联装高炮

"加贺"号的特点是载机多、航程远，但速度较慢。作为主力舰队航母，它不仅对珍珠港、拉包尔、卡维恩、达尔文、芝拉扎等地进行过空袭，还对远洋航线上的美国船队及其护航驱逐舰等进行过攻击，由此磨练出大量经验丰富的飞行员。1942 年 6 月 5 日，中途岛海战中，"加贺"号虽然拥有日本海军最精锐的飞行队，但遭到美国"企业"号航空母舰的俯冲轰炸机重点围攻。多枚炸弹命中"加贺"号，并引爆了舰上的燃油和弹药，最后它在大火中爆炸沉没（另一说法是它最后由护航的驱逐舰用鱼雷击沉）。

武/器/档/案	**WEAPON ARCHIVES**
舰名	"加贺"号
排水量	标准：38813 吨；公试：42500 吨
长宽	247.65 米 ×32.5 米（1935 年）
动力	8 台舰本式锅炉、4 组蒸汽轮机；95002 千瓦（1935 年）
最大速度	28.3 节
续航距离	10000 海里（16 节）
载员	1708 人
装甲	主装甲带 152～279 毫米、机库甲板 57 毫米
武器	10 门 200 毫米舰炮 8 座双联装 127 毫米高炮 11 座双联装 25 毫米机炮
飞行甲板	248.6 米 ×30.5 米
升降机	3 部
舰载机	75 架（1941 年）

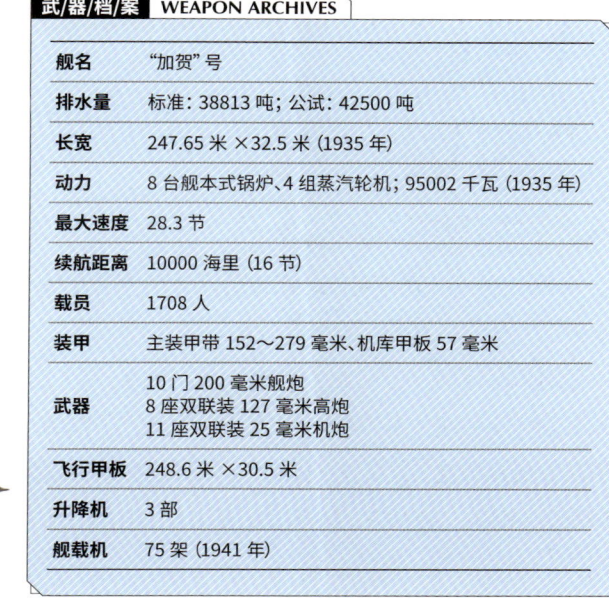

着舰坡道

起倒桅

200 毫米舰炮

25 毫米双联装机炮

九一式高射指挥仪

救生艇

瞭望所

立柱

200 毫米舰炮

三叶螺旋桨

舭龙骨

最后补枪的美军潜艇

中途岛海战中，美军的"鹦鹉螺"号潜艇将燃起大火的"加贺"号航空母舰误认为是"苍龙"号航空母舰，并发射了四枚鱼雷。其中一枚卡在鱼雷发射管里，另两枚偏离目标，最后一枚命中"加贺"号。但它没有爆炸，只是吓坏了旁边海面上那些"加贺"号的落水者。有意思的是，它断成了两截漂浮在海面，最后成了"加贺"号落水者的求生工具。

"鹦鹉螺"号（SS-168）是美国海军唯一参加中途岛海战的潜艇

火力

与"赤城"号一样，"加贺"号也装备了 10 门 50 倍径三年式 1 号 200 毫米舰炮，拥有一艘重巡洋舰的主炮火力。当"加贺"号还是三段式飞行甲板时，有 4 门（两个 B 型双联装炮塔）安装在中层飞行甲板的前部，有 6 门安装在舰部两舷的炮廓里（每舷 3 门）。这两个双联装炮塔具有 25 毫米的装甲防护，仰角设计为 70 度，能够对空射击。

后来"加贺"号将飞行甲板改造为一段全通式时，两个双联装炮塔就被拆除。当时日本海军计划将它剩下的 6 门 200 毫米舰炮也拆除，但最终还是决定保留"加贺"号的炮战能力。因此，有 4 门 200 毫米舰炮被加装到舰部两舷的预留炮廓里，从而使每舷有 5 门 200 毫米舰炮，共 10 门保持不变。虽然"加贺"号一直具备较强的炮战能力，但未在太平洋战争中派上用场。

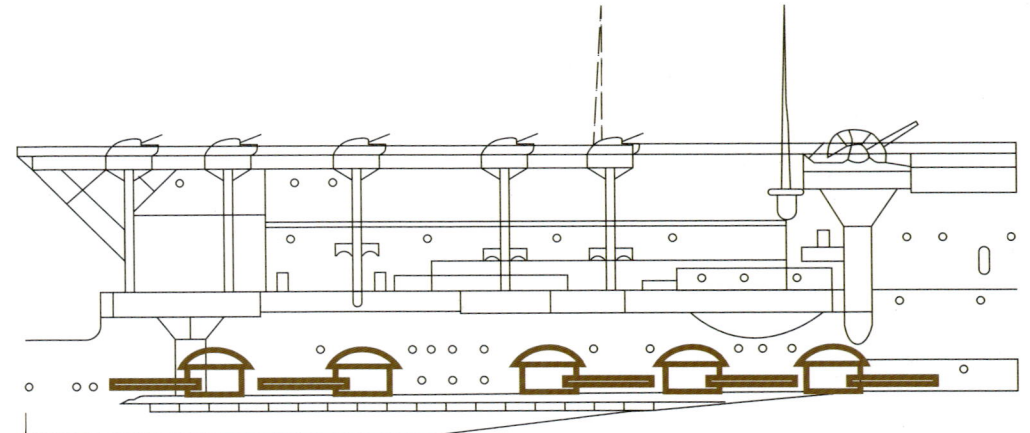

"加贺"号舰部两舷的 200 毫米舰炮示意图

1. 旗杆	8. 九五式机铳射击装置	15. 25 毫米双联装机炮	22. 飞机升降机
2. 立柱	9. 指挥所	16. 救生艇	23. 飞机阻拦索
3. 防雷具	10. 方位测定仪	17. 对空测距仪	24. 横卧式烟囱
4. 127 毫米双联装高炮	11. 天线桅杆 / 旗杆	18. 起倒桅	25. 遮风栅
5. 救生筏	12. 信号灯桅杆	19. 200 毫米舰炮	26. 风向标识
6. 瞭望所	13. 九一式高射指挥仪	20. 小艇甲板	27. 着舰识别文字
7. 测距仪	14. 探照灯控制塔	21. 着舰坡道	28. 着舰识别条

"加贺"号的特殊烟囱

当"加贺"号从战列舰改装成三段式飞行甲板的航空母舰后，其上层飞行甲板的两侧下方各嵌着一根超长的卧式粗烟囱，从该舰中部一直延伸到舰尾部。

排烟产生的热量从两侧烘烤中间的舰员住舱、机库及舰载机，据说这些地方的温度会超过 40 摄氏度。所以，舰员们为其取了个绰号，叫"烤鸡制造机"。并且这两根烟囱排出的黑烟会导致舰尾的气流严重紊乱，进而影响飞机降落。后来，在"加贺"号大改造时，它的烟囱就被改为"赤城"号那种横卧式烟囱了。

1928 年，"加贺"号飞行甲板下方的卧式粗烟囱

动力

"加贺"号的动力系统远不如姊妹舰"赤城"号。它原有 12 台吕号舰本式水管锅炉，即大型重油专烧锅炉 8 台和小型重油专烧锅炉 4 台。它们连接至 4 组布朗 - 柯蒂斯式蒸汽轮机，由 4 根传动轴驱动 4 个螺旋桨。其输出的总功率为 67859 千瓦，最大速度仅有 27.5 节，在第一航空舰队中是最慢的。

为了提速，"加贺"号在 1934 年至 1935 年对动力系统进行了彻底改造。12 台老式锅炉被换为 8 台新式的吕号舰本式高温高压重油专烧锅炉，并且 2 个内侧螺旋桨所连接的布朗 - 柯蒂斯式蒸汽轮机也被换为舰本式高中低压蒸汽轮机。其输出的总功率提高到 95002 千瓦，最大速度提高到 28.3 节。但是，这种速度在第一航空舰队中依然是最慢的。好在改造后的它可以装载 7500 吨重油，以 16 节的速度能够航行 10000 海里，续航能力上的优势使它适用于远洋攻击。

防护

"加贺"号航空母舰继承了其前身"加贺"号战列舰的舰体，因此具有装甲厚和航行速度慢的特点。它拥有厚达 279 毫米的水线主装甲带，而且不是传统的垂直安装，而是内倾 15 度，这样能进一步提高防御鱼雷和炮弹攻击的能力。不过在改造时，其装甲厚度被削减至 152 毫米。在舷侧的水线下，它还装有抵御鱼雷攻击的防雷鼓包，其上部的装甲厚度为 127 毫米。它的主甲板装甲原为 102 毫米，也在改造中削减至 38 毫米。

"加贺"号在设计上存在安全隐患：一是它的航空油库嵌在舰体结构中，当敌人的炮弹或航空炸弹爆炸时，冲击力会传递至油库，造成库壁破裂和油料泄漏；二是机库的全封闭结构很容易积聚油气，灭火系统也没有冗余，爆燃后难以抢救。这些问题是它在中途岛海战中沉没的关键因素。

"加贺"号海底残骸的调查

1999 年 5 月，美国深海研究公司与美国海军合作，用"梅尔维尔"号科考船在中途岛附近 5200 米深的海底发现了疑似"加贺"号的残骸。同年 9 月，美国海军的"萨姆纳"号海洋调查船在该处发现了"加贺"号的 25 毫米机炮炮管、机库舱壁、着舰引导灯等残件。

2019 年 10 月 18 日，保罗·艾伦基金会宣布，其"海燕"号海洋调查船在该处 5400 米深的海底发现了"加贺"号的舰体，附近还散落着大量的碎片。两天后，"海燕"号又发现了"赤城"号的残骸。

2023 年 9 月 10 日，海洋探索信托基金的"鹦鹉螺"号海洋调查船确认了"加贺"号残骸的真实性。

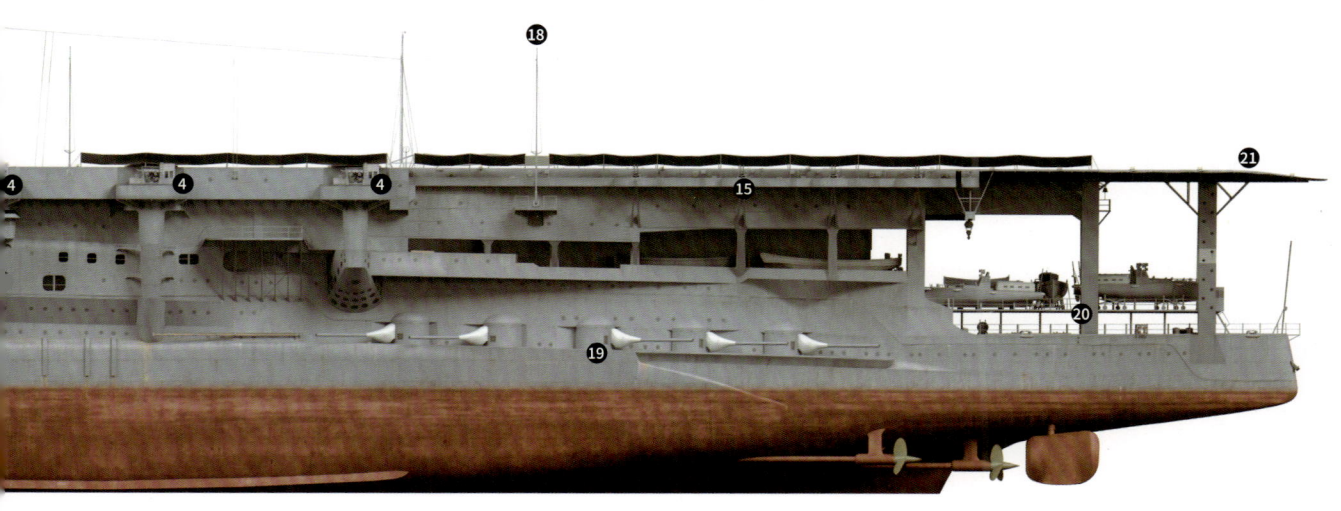

中途岛海战时，"加贺"号遭到致命轰炸（绘制：Griffith Bailey Coale）

Shokaku
"翔鹤"号

日本 舰队航母 ▶ **Fleet** Carrier

"翔鹤"号（Shokaku）是日本建造的"最理想航母"，其设计、性能和战斗力俱佳。它的舰名是指翱翔天际之鹤鸟。在美国的埃塞克斯级航空母舰服役前，它堪称世界上最好的航空母舰。在太平洋战争中，它参加过偷袭珍珠港、锡兰海战、珊瑚海海战等，最后在知名的马里亚纳海战中被美国海军的潜艇击沉。

1942 年 8 月 24 日，第二次所罗门海战时的"翔鹤"号

"翔鹤"号是日本海军翔鹤级航空母舰的一号舰（二号舰是"瑞鹤"号），是理想型的舰队航母。该级航空母舰凝聚了日本建造航母多年来的精华，采用了当时最先进的技术与装备。在太平洋战争爆发前，日本流传着一种说法，那就是"日本的开战时间以翔鹤级航空母舰竣工服役为准"。日本海军的造船技术军官福井静夫后来称翔鹤级是"赌上国运的最强航母"。

"翔鹤"号于 1941 年 8 月 8 日竣工，采用双机库设计，最多搭载 84 架舰载机，如零式舰战、九九舰爆和九七舰攻。后来它还换装了"天山"舰攻、"彗星"舰上

爆击机（后文简称"彗星"舰爆）和二式舰上侦察机（后文简称二式舰侦）。

在防护方面，其动力舱和弹药库的装甲很厚，但飞行甲板无装甲防护。和"赤城"号等日本航空母舰一样，它的烟囱也是向下弯曲的横卧式。其动力系统非常强悍，功率比大和级战列舰还大，所以航速高达 34.2 节。在 1942 年 5 月的珊瑚海海战中，它的舰载机重创了美军的"列克星敦"号航空母舰（最终沉没），同时，为躲避美军舰载机，据说它开出了 34.5 节的高速，而护航的驱逐舰舰员甚至说其速度超过了 40 节。

13 号对空电探

21 号对空电探

遮风栅

防坠网

25 毫米三联装机炮

127 毫米双联装高炮

火力

"翔鹤"号的舰炮主要是 8 座双联装的 127 毫米高炮。其全称为"40 倍径八九式 12.7 厘米双联装高炮",使用"A1 型改 2"双联装炮架,在舰体两侧各排列 4 座。其中,有 6 座是开放式,有 2 座因为处于烟囱的排烟区,所以安装了防烟保护罩,成为全罩式炮塔。

该炮的重量近 3.1 吨,炮管长度是 5.08 米,炮管的俯仰角度为 -8 度至 +90 度,可水平旋转 360 度。每门炮都备弹 250 发,弹种分为高爆榴弹、三式弹、照明弹、反潜弹等,每枚炮弹重约 35 千克。此炮采用半自动人工装弹,炮口初速为 720 米 / 秒,最大射速为 14 发 / 分钟,实际的战斗射速为 8 发 / 分钟,最大射程是 14800 米 (45 度)。

二战时期,该炮广泛装备在日本海军的战列舰、航空母舰、水上飞机母舰、潜艇母舰、巡洋舰甚至驱逐舰和运输舰上。

1941 年 12 月 7 日,"翔鹤"号上的舰载机正准备起飞,目标珍珠港

25 毫米三联装机炮

起重机

飞机升降机

武器/档案　WEAPON ARCHIVES

舰名	"翔鹤"号
舰级	翔鹤级
排水量	标准:26087 吨;公试:29800 吨
长宽	257.5 米 ×26 米 (水线宽度)
动力	8 台舰本式锅炉、4 组蒸汽轮机;119312 千瓦
最大速度	34.2 节
续航距离	9700 海里 (18 节)
载员	1660 人
武器	8 座双联装 127 毫米高炮 12 座以上三联装 25 毫米机炮
飞行甲板	242.2 米 ×29 米
升降机	3 部
舰载机	84 架 (常用 72 架、备用 12 架)

九五式机铳射击装置

机炮台

防雷鼓包

舰龙骨

太平洋战争爆发时,"翔鹤"号隶属第一航空舰队的第五航空战队。它参加了偷袭珍珠港、锡兰海战、珊瑚海海战、第二次所罗门海战、南太平洋海战等,但因大修没有参加中途岛海战。当"赤城"号、"加贺"号、"飞龙"号和"苍龙"号航空母舰在该海战中沉没后,它就成了日本航母舰队的支柱。1944 年 6 月,在马里亚纳海战中,"翔鹤"号被美国潜艇用鱼雷多次命中,爆炸沉没。

动力

"翔鹤"号的动力系统是日本军舰中最强的。它的 8 个锅炉舱中分别装有 1 台吕号舰本式重油专烧锅炉 (带空气预热器)，然后每 2 台锅炉为 1 组舰本式高中低压齿轮减速型蒸汽轮机输送蒸汽 (共 4 组蒸汽轮机)，最后通过 4 根传动轴来带动 4 个螺旋桨。它们输出的总功率约为 119312 千瓦，创造了当时日本军舰主机功率的最高纪录。另外，"翔鹤"号与大和级战列舰一样率先采用球鼻艏来降低兴波阻力，有助于航速的提高。

特别的是，"翔鹤"号的蒸汽轮机还带有巡航涡轮机，输出的巡航功率最大为 41759 千瓦，令其巡航速度达到 26 节。这样"翔鹤"号在无风时也能轻松制造出放飞其舰载机所需的风速。在出航时，"翔鹤"号可以装载 5000 吨重油，使它能以 18 节的速度航行 9700 海里。

防护

"翔鹤"号虽然不是装甲航母，但它拥有 105 毫米厚的水线主装甲带、84 毫米厚的机库甲板等，各个重点部位都有装甲防护。其中，它的弹药库和动力舱是防护要点。

弹药库上方是 132 毫米厚的装甲加 25 毫米厚的钢甲板，侧面是 165 毫米厚的装甲，可承受 800 千克航空炸弹的水平轰炸和 203 毫米炮弹的攻击。其动力舱上方是 65 毫米厚的装甲加 25 毫米的钢甲板，侧面是 46 毫米厚的装甲，可以承受 250 千克航空炸弹的俯冲轰炸和 127 毫米炮弹的攻击。并且动力舱的两侧还有 4.5 米厚的空气与重油多层隔舱，舱壁厚 30 毫米，其水下防护能力是可承受 450 千克炸药 (如鱼雷弹头) 的爆炸。"翔鹤"号的防护弱点是没有装甲飞行甲板，其木制飞行甲板很容易被航空炸弹击穿。

日本的大舰巨炮主义

1936 年，日本宣布退出第二次伦敦海军裁军会议。1937 年，日本开始不受约束地大规模建造军舰。在其海军军备扩充计划中，最具代表性的就是建造大和级战列舰——"大和"号和"武藏"号。它们不仅排水量高达史无前例的七万吨，还采用了史上口径最大并且威力也最大的 460 毫米主炮。这两艘巨型战列舰将日本的大舰巨炮主义推向了巅峰。不过，当时在日本海军中也有以山本五十六 (他担任过海军航空本部技术部长) 为代表的海军航空兵支持者。在建造大和级战列舰的同时，翔鹤级航空母舰 (即"翔鹤"号和"瑞鹤"号) 也在建造。据说山本五十六曾向大和级的技术人员调侃："不好意思，以后你们都要失业。从现在开始海军将以航空兵建设为重，不再需要大舰巨炮。"

1941 年 9 月，建造中的"大和"号战列舰

1. 首锚	8. 13 号对空电探	15. 小艇甲板	22. 飞机阻拦网
2. 25 毫米三联装机炮	9. 信号灯	16. 备用锚	23. 飞机阻拦索
3. 锚链	10. 防雷具	17. 着舰坡道	24. 着舰识别条
4. 127 毫米双联装高炮	11. 九五式机铳射击装置	18. 尾锚	25. 双烟囱
5. 测距仪	12. 防坠网	19. 着舰识别文字	
6. 九四式高射指挥仪	13. 起倒桅	20. 遮风栅	
7. 21 号对空电探	14. 起重机	21. 飞机升降机	

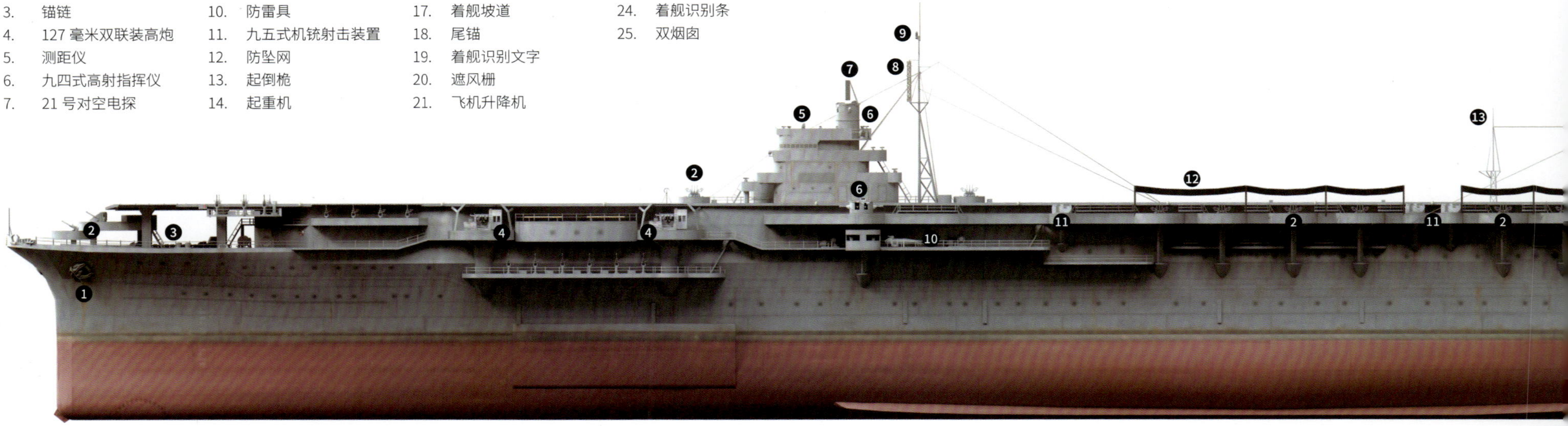

1941 年时的"翔鹤"号

雷达

作为日本海军最早装备雷达的军舰之一，1942 年 9 月"翔鹤"号在其舰岛上安装了一台 21 号对空电探（对空搜索雷达）。这种雷达的全称是"二式二号电波探信仪一型"，用于对空的远程侦搜，多装备于战列舰、航空母舰和巡洋舰。

它是陆用一号二型雷达的舰载版，波长 1.5 米，功率 5 千瓦，重 840 千克。其天线呈床垫状的矩形，宽高尺寸为 3.3 米 ×1.8 米，采用 4×3（六型）或 4×4（七型）等组合的偶极子天线。在其显控台上，没有配备 PPI 平面显示器，只有 A 型示波器，所以虽能测量目标的距离，但方位只能靠手控天线的转动来粗略测量。它在工作时，天线和其他设备原是一体旋转，后来改为只有天线旋转。另外，它还可以改造为对海搜索雷达，用于战列舰等军舰的炮术训练。

它的最大搜索范围约 150 千米，可在 70 千米左右的距离上发现单架的飞机，在 100 千米左右的距离上发现多架编队的飞机等。在初期试验的时候，"武藏"号战列舰就用它探得 80 千米距离上的一架水上侦察机。

"翔鹤"号装备它后，参加了 1942 年 10 月的南太平洋海战。在该海战中，它及时发现了来袭的美军飞机并发出警报，使舰上人员得以迅速组织防空火力，并清理了容易在战斗中引发火灾和爆炸的物品。

灭火系统

为了提高损管能力，1943 年日本海军特地对"翔鹤"号的灭火系统进行了升级。除了在它的机库、飞行甲板等处加装了很多泡沫灭火器外，还为它增加了几个消防水箱，每个可装载约 30 吨的灭火剂。当舰内发生火灾时，损管人员就会操控消防喷嘴，喷出灭火剂来灭火，避免舰内的油箱、炸弹等发生殉爆。但在马里亚纳海战中，美军潜艇的鱼雷攻击导致"翔鹤"号的航空燃油泄漏，油气引发大规模的爆炸与火灾，发展到该舰灭火系统也难以控制的程度，以致无法挽救"翔鹤"号。

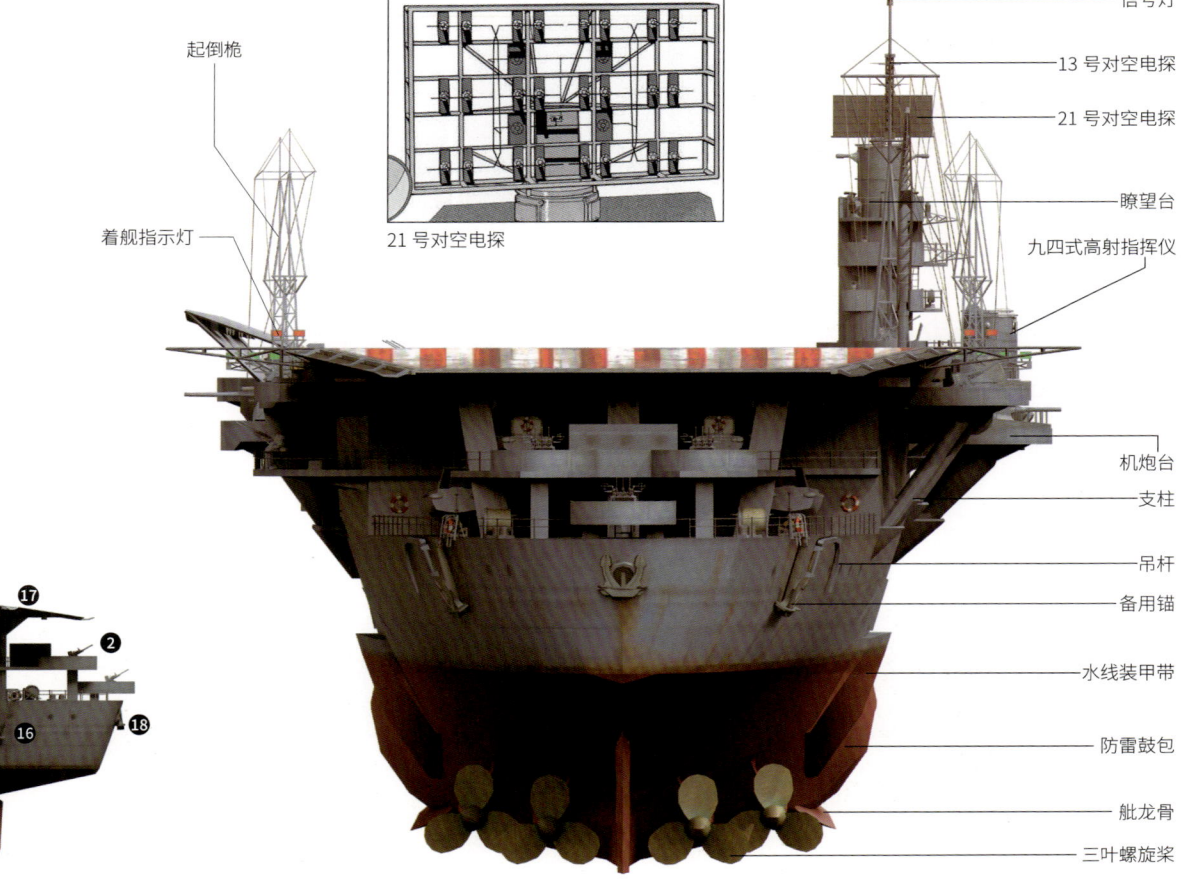

起倒桅

着舰指示灯

21 号对空电探

信号灯

13 号对空电探

21 号对空电探

瞭望台

九四式高射指挥仪

机炮台

支柱

吊杆

备用锚

水线装甲带

防雷鼓包

舭龙骨

三叶螺旋桨

"天山"舰攻

　　"天山"舰攻是日本海军用来替换九七舰攻的一种重型舰载鱼雷轰炸机，也可用于高空水平轰炸。它于1943年8月服役，是二战中后期日本海军的主力舰载鱼雷轰炸机。最初陆基航空队少量装备了其11型（B6N1），然后"翔鹤"号等航空母舰大量装备了它的12型（B6N2）。后者的产量大，有一千多架。

　　"天山"的战斗性能比九七式好，特别是速度更快，并且比同时期美国海军的TBF鱼雷轰炸机还快。不过它存在过重的问题，不适合轻型航空母舰装备，虽然试验过火箭助推起飞，但并不理想。有的"天山"还配备了空对地雷达，用于搜索盟军舰船，具备夜战能力。

　　"天山"舰攻参加了布干维尔岛海战、马里亚纳海战、莱特湾海战、冲绳岛战役等。总体来看，它的作战表现并不突出。因为当时美军的预警能力和防空能力越来越强，而日军的航空母舰和有经验的飞行员却越来越少，所以后来它主要作为陆基飞机甚至神风自杀机在使用。

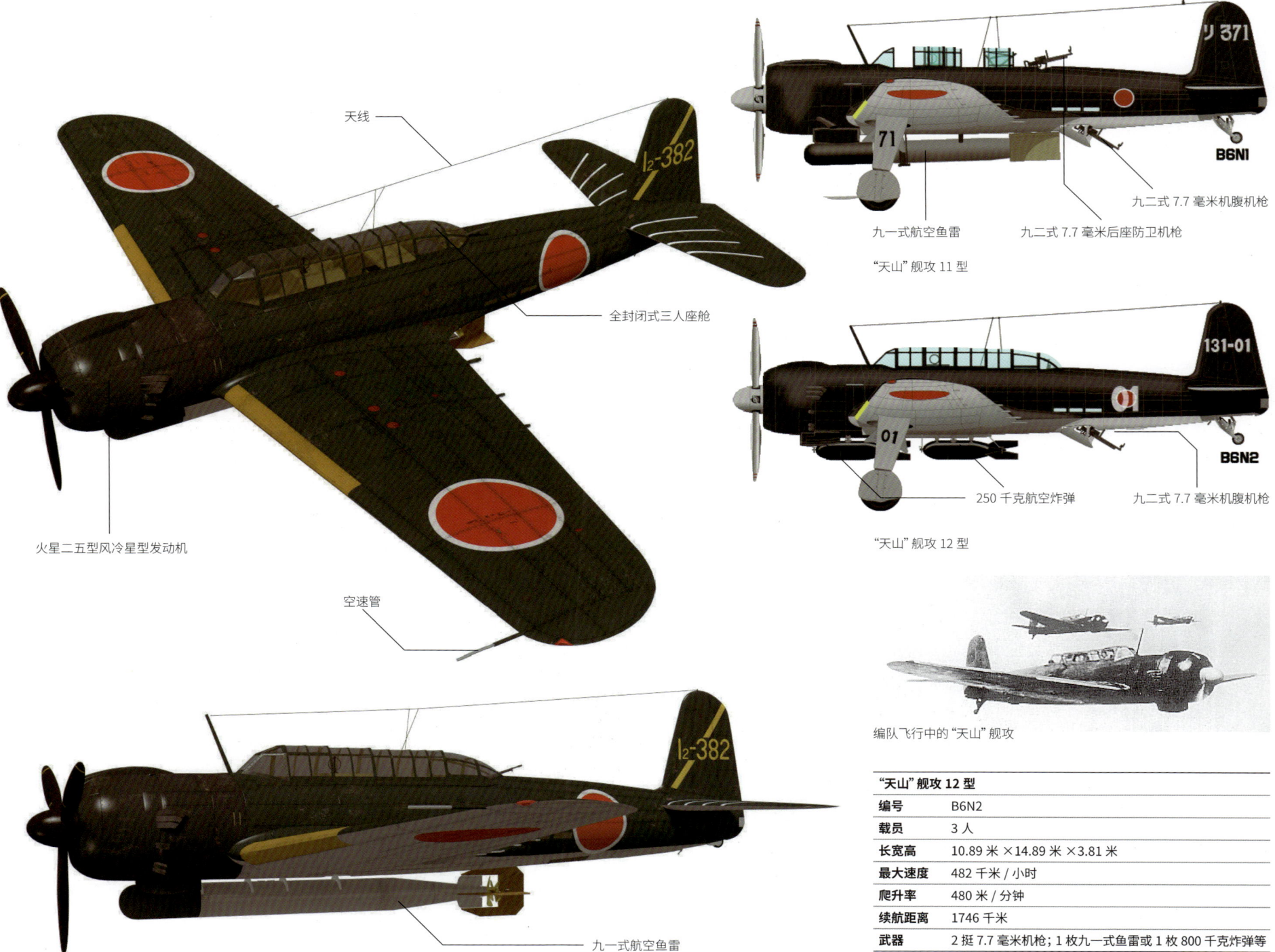

天线

全封闭式三人座舱

火星二五型风冷星型发动机

空速管

九一式航空鱼雷

九二式7.7毫米机腹机枪

九一式航空鱼雷　　九二式7.7毫米后座防卫机枪

B6N1

"天山"舰攻11型

250千克航空炸弹　　九二式7.7毫米机腹机枪

B6N2

"天山"舰攻12型

编队飞行中的"天山"舰攻

"天山"舰攻12型	
编号	B6N2
载员	3人
长宽高	10.89米×14.89米×3.81米
最大速度	482千米/小时
爬升率	480米/分钟
续航距离	1746千米
武器	2挺7.7毫米机枪；1枚九一式鱼雷或1枚800千克炸弹等

芙蓉部队

在太平洋战争末期，日本面对美军强大的攻势，除了搞出疯狂的神风特攻队之外，还组建了一支比较特别的部队——芙蓉部队。这个名字来自富士山的别称"芙蓉峰"。

芙蓉部队是由日本海军第131航空队下属的3个飞行队（804、812和901）组成的夜间战斗机部队。编成后，它装备了约40架具有高速性能的"彗星"舰爆12型（含夜战戊型），约30架零式舰战52型。

虽然是夜间战斗机部队，但它的夜袭战法不在于空战，而是对地和对舰攻击。其主要任务是攻击美军的航空基地和特遣舰队。特别是在黎明前，趁美军飞机在机场和飞行甲板上排列着准备起飞时，对其进行突然袭击，以获得比空战更大的战果。它的出击记录很多，比较活跃，参加过冲绳岛战役、"菊水作战"等。其战绩据说强于神风特攻队，但因战时保密和日美双方的统计不一而较难核实。芙蓉部队在名义上不搞神风特攻，实际上也进行过自杀攻击。

芙蓉部队装备的"彗星"舰爆12型夜间战斗机

"彗星"舰爆

"彗星"舰爆是日本海军用来替代九九舰爆的一种舰载俯冲轰炸机。其原型是十三试舰爆，很早其4号原型机就被改造为高速侦察机，部署到"翔鹤"号航空母舰上，并在1942年10月的南太平洋海战中参加过实战。"彗星"舰爆量产服役后，"翔鹤"号等航空母舰都换装了它，作为俯冲轰炸机的主力。

"彗星"舰爆是日本海军第一种内置弹舱的舰载机。由于缺少防弹设计，因而在战场上只能凭其高速性与机动性来生存。它参加过所罗门海战、马里亚纳海战、莱特湾海战等，重创了美军的"普林斯顿"号轻型航空母舰（最终沉没）、"胡蜂"号航空母舰、"富兰克林"号航空母舰等，但自身也被击落较多。后来，它还被改造出夜间战斗机的型号，用于攻击美军的B-29"超级堡垒"轰炸机。最后，它也被改造出神风特攻队专用的型号，用于自杀攻击。

"彗星"舰爆12型	
编号	D4Y2
载员	2人
长宽高	10.22米×11.5米×3.18米
最大速度	580千米/小时
升限	10700米
续航距离	1517千米
武器	3挺7.7毫米机枪；1枚500千克或250千克炸弹等

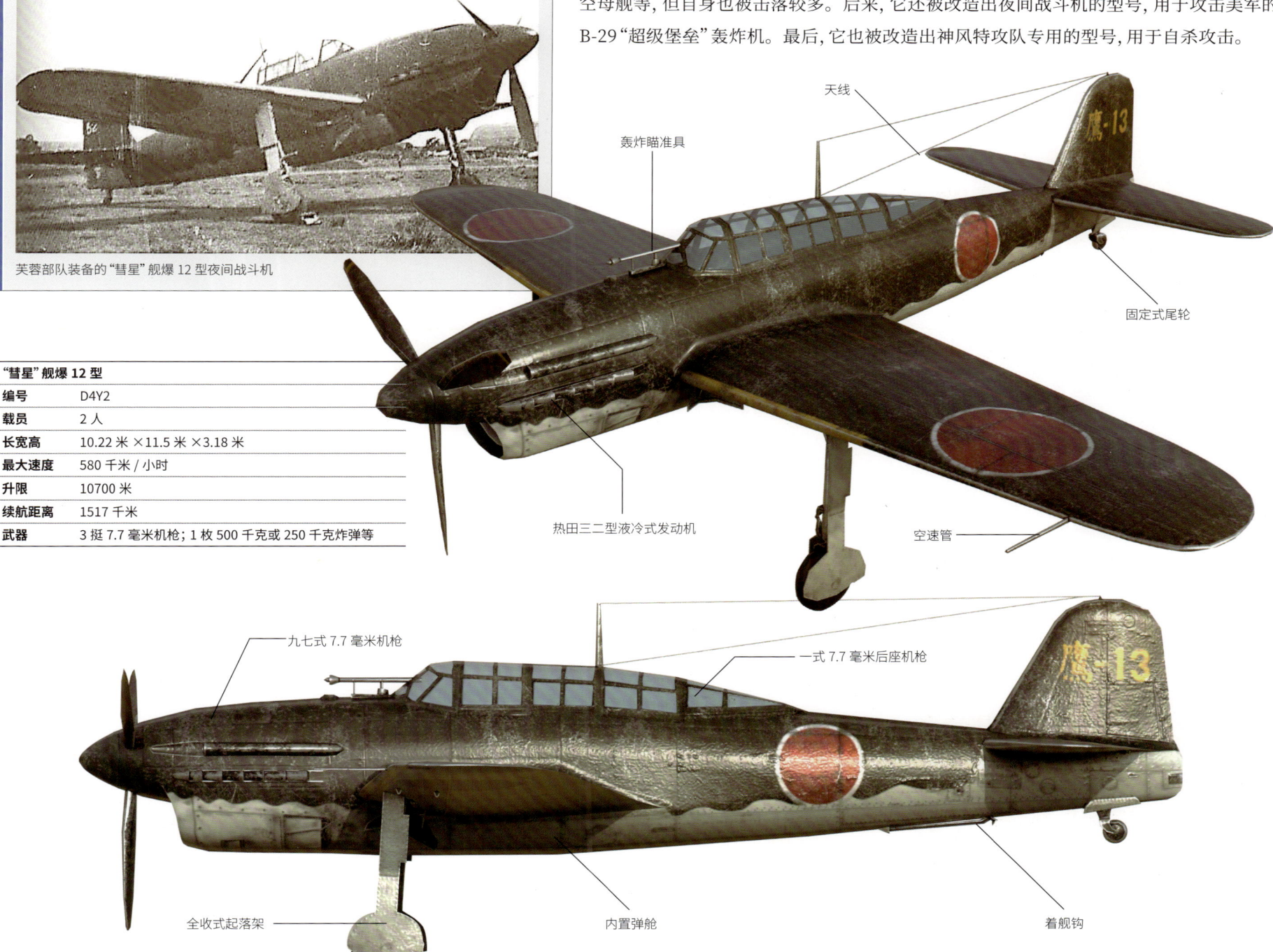

天线

轰炸瞄准具

固定式尾轮

热田三二型液冷式发动机

空速管

九七式7.7毫米机枪

一式7.7毫米后座机枪

全收式起落架

内置弹舱

着舰钩

Hiryu
"飞龙"号

日本 舰队航母 ▶ **Fleet** Carrier

"飞龙"号（Hiryu）是日本海军的一艘主力舰队航母。它和"赤城"号一样舰岛位于左舷，这在航空母舰中很特别。它参加过偷袭珍珠港、威克岛战役、中途岛海战等。在中途岛海战中，它重创了美国的"约克城"号航空母舰，但自身也被"企业"号航空母舰重创，最后被己方驱逐舰用鱼雷击沉。

1939 年 7 月，位于横须贺军港的"飞龙"号

"飞龙"号是日本海军苍龙级中型航空母舰的二号舰。在舰队编制上，它与"苍龙"号同属第二航空战队。虽说它们同级，并且都是专业设计和建造的正规航母，但两者区别较大。"飞龙"号像"赤城"号，舰岛位于左舷中部，而"苍龙"号的舰岛与其他航空母舰一样位于右舷。并且"飞龙"号在"苍龙"号的基础上进行过很多改进，如排水量更大，舰体与飞行甲板更宽，干舷更高等，以至于有些研究者认为它可以单独成级。

"飞龙"号具有双层机库，可搭载 73 架舰载机（57 架常用机和 16 架备用机）。初期计划有九六舰战、九六舰爆、九七舰攻甚至九七舰侦，而在偷袭珍珠港时搭载的是零式舰战、九九舰爆和九七舰攻。在中途岛海战时，据说它只搭载了常用机，备用机已移交其他航空母舰使用。

飞机升降机

风向标识

25 毫米三联装机炮

127 毫米双联装高炮

雷击处分

雷击处分是一个日式用语，指在战场上用鱼雷将损毁严重、丧失动力，且无法抢修也无法被拖曳回去的舰船进行击沉处理，以免被敌军缴获或被敌军拍摄用于宣传。

从"赤城"号航空母舰到"飞龙"号航空母舰，不少日本大型军舰不是在战斗中被盟军当场击沉，而是在战斗过后被自己的驱逐舰用鱼雷击沉。虽然这属于自沉，但也算盟军的战果。

当然，执行过雷击处分的不只是日本海军，美国、英国等海军也有不少记录，只是叫法不同。并且，发射鱼雷的不一定是驱逐舰，有可能是潜艇、巡洋舰等。

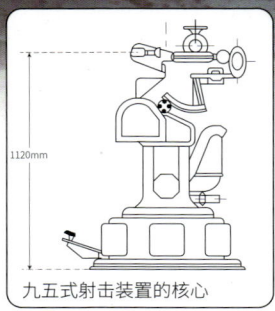

1120mm

九五式射击装置的核心

九五式机铳射击装置

"飞龙"号装备的那些 25 毫米机炮由 5 台九五式机铳射击装置（也称九五式射击装置）控制，在舰体两侧各有 2 台，前部有 1 台。每台可以遥控 2 座三联装或 3 座双联装的 25 毫米机炮同步瞄准，集中火力对空射击。它其实是一个带有装甲防护罩和电控设备的 LPR 向量瞄准具。这种机械式向量瞄准具比较简单，使用时需要手工输入敌机的速度、斜距、航路角等信息，所以指挥的实际效果有限。

"飞龙"号于 1939 年 7 月 5 日服役,一度担任第二航空战队的旗舰。在太平洋战争中,它陆续参加了偷袭珍珠港、威克岛战役、空袭达尔文、锡兰海战等。在 1942 年 6 月 5 日的中途岛海战中,当日本海军的"赤城"号、"加贺"号和"苍龙"号三艘航空母舰失去作战能力后,"飞龙"号独自对美军航空母舰发起了反击。虽然其舰载机重创了"约克城"号 (后来在拖曳途中被日军潜艇击沉),但它也被"企业"号派出的俯冲轰炸机重创。最终,它因难以抢救在 6 月 6 日弃舰。为了避免被俘,日军命令己方的驱逐舰用鱼雷将之击沉。

起倒桅

25 毫米三联装机炮

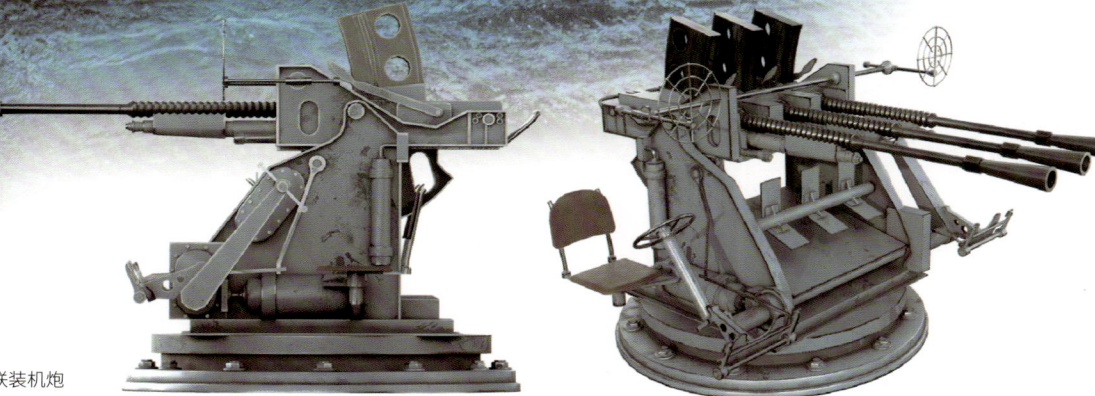

25 毫米三联装机炮

武器/档案	WEAPON ARCHIVES
舰名	"飞龙"号
舰级	苍龙级
排水量	标准: 17578 吨; 公试: 20165 吨
长宽	227.4 米 ×22.3 米 (水线宽度)
动力	8 台舰本式锅炉、4 组舰本式蒸汽轮机; 114092 千瓦
最大速度	34.59 节
续航距离	10250 海里 (18 节)
载员	1103 人
装甲	主装甲带 50～140 毫米
武器	6 座双联装 127 毫米高炮 5 座双联装 25 毫米机炮 7 座三联装 25 毫米机炮
飞行甲板	216.9 米 ×27.4 米
升降机	3 部
舰载机	73 架 (常用 57 架、备用 16 架)

火力

"飞龙"号是日本第一艘装备 25 毫米三联装机炮的航空母舰,舰上共有 7 座。这种 25 毫米机炮是日本二战时期的标准小口径高炮,其全称为"九六式 25 毫米机炮",仿制于法国的 25 毫米"霍奇基斯"机炮。它属于气冷型导气式自动火炮,有多种组合,包括单管、双联装和三联装。

该炮的炮管长 1.5 米,三联装的炮管俯仰角度为 -10 度至 +80 度,可水平旋转 360 度。其弹种有高爆榴弹、高爆燃烧弹、曳光弹等。炮口初速为 900 米 / 秒,最大射程 8000 米,最大射高 5250 米,有效射高约 3000 米。每管的理论射速约为 230 发 / 分钟,战斗射速约为 120 发 / 分钟。影响射速的主要是它那 15 发的弹匣,在战斗中需要频繁更换,难以对付高速目标。

对于三联装而言,射击时烟雾较大,炮身震动也大,影响瞄准和精度。虽然它有一些缺点,但很多炮手都认为它是最可靠的防空武器之一。

防护

与"苍龙"号航空母舰相比，"飞龙"号加固了舰体结构，防护能力有所增强。它两舷的主装甲带厚度为50～140毫米，机库甲板厚25毫米，飞行甲板厚56毫米。另外，它的轮机舱两侧厚25毫米、弹药库两侧厚56毫米（一说为65毫米）。其轮机舱能够承受127毫米口径的炮弹攻击，而弹药库、航空油库等能够承受200毫米口径的炮弹攻击。

方位测定仪

在"飞龙"号舰桥的前部和顶部都有一种环状物，这是方位测定仪的天线。很多航空母舰、战列舰和巡洋舰，甚至潜艇都安装了这种方位测定仪。在雷达尚未成熟的早期，对于在茫茫大海上航行的舰艇，这种海上无线电测向设备十分重要。除了舰艇，一些飞机也采用了这种无线电测向方式。

动力

"飞龙"号的动力系统与其姊妹舰"苍龙"号相近。8台吕号舰本式重油专烧锅炉（带空气预热器）分别置于8个锅炉舱里，工作气压为2.2兆帕。4组舰本式高中低压齿轮传动型蒸汽轮机也分别置于4个轮机舱里，然后通过4根传动轴驱动4个螺旋桨。这种布局设计比较成功，被日本海军后来的航空母舰采用。

与"苍龙"号不同的是，"飞龙"号的巡航涡轮机功率更大。其输出的总功率为114092千瓦，最大速度达到34.59节（公试时），超过了它原本计划的34.3节。当然这种速度也与它那巡洋舰外形的细长舰体有关，长宽比是10：1。它才服役时是世界上速度最快的航空母舰。出航的时候，"飞龙"号可以装载3750吨重油，以18节的速度最长可以航行10250海里，平常为设计中的7670海里。

"飞龙"号的舰本式锅炉

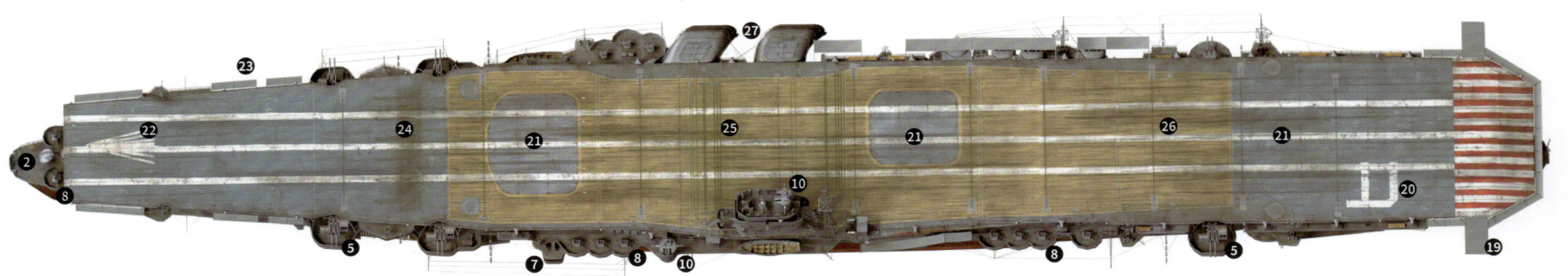

1. 锚	8. 25毫米三联装机炮	15. 起倒桅	22. 风向标识
2. 九五式机铳射击装置	9. 方位测定仪	16. 救生圈	23. 防坠网
3. 锚链轮	10. 九四式高射指挥仪	17. 小艇甲板	24. 遮风栅
4. 绞车	11. 罗经舰桥	18. 着舰坡道	25. 飞机阻拦网
5. 127毫米双联装高炮	12. 信号桅	19. 着舰标识	26. 飞机阻拦索
6. 防雷具	13. 探照灯管制器	20. 着舰识别文字	27. 双烟囱
7. 瞭望所	14. 救生艇	21. 飞机升降机	

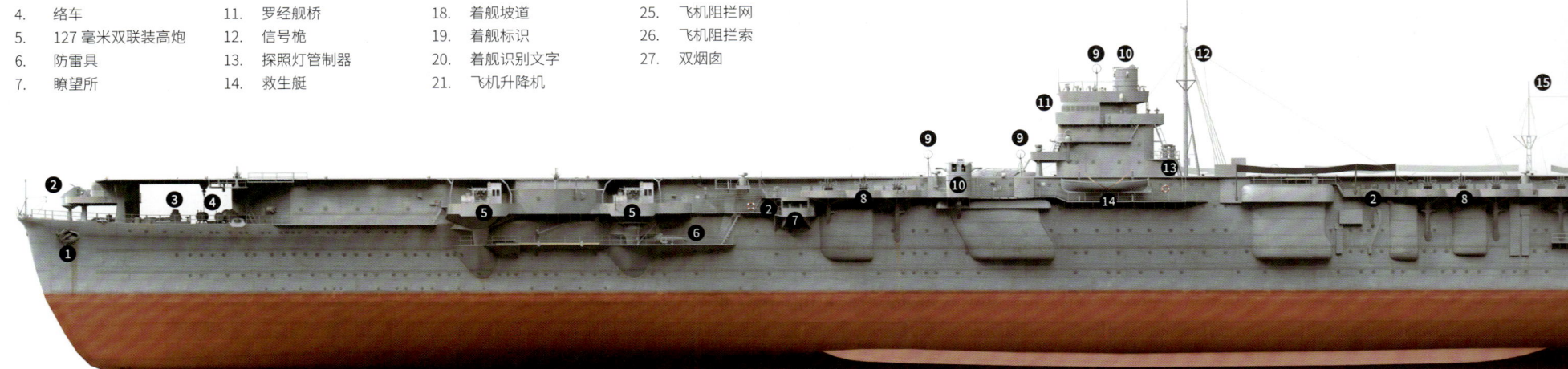

九六舰爆

九六舰爆是日本海军在 1936 年开始装备的一种单发双翼双座的俯冲轰炸机。它是当时日本海军主力的舰载俯冲轰炸机，共生产 428 架，大量装备于航空母舰和陆地机场。

1939 年"飞龙"号航空母舰服役时，计划搭载 36 架九六式，其中常用机 27 架，备用机 9 架。在此之前，它的同级舰"苍龙"号航空母舰已搭载同等数量的九六式投入实战。不过，1939 年其后继机九九舰爆也开始生产，所以"飞龙"号作为主力舰队航母也就将九六式换为了九九式。

在太平洋战争中，九六舰爆虽已过时，但并未隐退。它至少有 68 架作为教练机一直用到 1942 年。

开敞式双人座舱

九二式 7.7 毫米后座防卫机枪

光一型风冷星型发动机　　固定式起落架

"飞龙"号航空母舰的弃舰争议

在中途岛海战中，"飞龙"号航空母舰的飞行甲板前部被美军俯冲轰炸机用多枚重磅炸弹命中，导致该处垮塌并引发机库爆炸起火。此时该舰失去动力，舰部也因损坏而无法被其他军舰拖曳，所以其舰长在收到轮机舱完全损毁的报告后下令弃舰。

后来据幸存的轮机长等人所述，当时轮机舱里的 8 台锅炉中有 5 台完好，另外 3 台也只是蒸汽压力小，蒸汽轮机也全部完好。他们只是因上层大火导致的高温而无法工作。他们想向舰桥汇报情况，只要上层灭火或为轮机舱排热就能恢复动力，但通信情况不佳，并且通道因堆积的米袋燃烧而无法通行。误报便产生在如此混乱的情况之下，并传到舰长那里。战后有些研究者认为"飞龙"号弃舰过早，如果继续抢救，也许能恢复动力，所以争议至今。

1942 年 6 月 5 日，"飞龙"号的前部在中途岛海战中被严重炸伤

二式舰侦

二式舰侦是日本海军使用的一种主力侦察机，具有体积小、速度快和航程远的特点。它由十三试舰爆简单改装而来，在内置炸弹舱里加装了油箱，并装备了侦察用相机。十三试舰爆是先发展为二式舰侦，再发展为"彗星"舰爆的。在当时这两种机型的外观差别不大，主要区别是二式舰侦没有安装"彗星"舰爆座舱前方的那根轰炸瞄准具。

早在 1941 年 10 月太平洋战争还未爆发前，日本海军第一航空舰队的参谋长草鹿龙之介就向其海军省的航空本部申请采购两架十三试舰爆并改装为侦察机型，用于偷袭珍珠港的行动。同年 11 月，日本海军认为如果与美国开战，确实需要一种新型的高速侦察机来替代以前那些传统的侦察机。于是，订单被下达给工厂，但因时间紧迫，没有赶上第一航空舰队在 11 月底的偷袭珍珠港的行动。

十三试舰爆的 2 号、3 号和 4 号原型机最先被改装为舰上侦察机。1942 年 1 月，4 号机被借给"翔鹤"号航空母舰，用于南太平洋海战。同年 5 月，2 号机和 3 号机被部署到"苍龙"号航空母舰上，准备用于即将开始的中途岛战役。

在 1942 年 6 月的中途岛海战中，第一航空舰队为了搜寻美国海军的航母舰队，向四周海域派出了很多侦察机。经过一番波折后，其中有一架水上侦察机发现了美军航母，但发回的情报比较含糊。随后，"苍龙"号就按照舰队的命令派出了一架高速侦察机（2 号机或 3 号机不明）前去确认情报。该机准确地发现了美军的航母舰队，返航时降落在"飞龙"号航空母舰上（当时"苍龙"号遇袭起火）。"飞龙"号遂派出攻击机群重创了美军的"约克城"号航空母舰。

后来，当美机空袭"飞龙"号时，该机还升空参加了空战，并被美军飞行员误认为是一架德制的"梅塞施密特"战斗机。

地面整备中的二式舰侦 11 型

二式舰侦 11 型	
编号	D4Y1-C
载员	2 人
长宽高	10.2 米 ×11.5 米 ×3.3 米
最大速度	552 千米 / 小时
续航距离	1519 千米
武器	3 挺 7.7 毫米机枪

Junyo
"隼鹰"号

日本 舰队航母 ▶ **Fleet** Carrier

"隼鹰"号 (Junyo) 是日本海军用大型邮轮改建的航空母舰，因此防护力和动力存在不足，但其舰载机、雷达等尚可。在太平洋战争中，它参加了阿留申群岛战役、南太平洋海战、第三次所罗门海战和马里亚纳海战，还多次执行运输任务。它在海战中经常受创，但一直坚持到战争结束，于战后被拆解。

由豪华邮轮改建而来的"隼鹰"号

1945 年 9 月 26 日，停泊在日本佐世保的"隼鹰"号

"隼鹰"号是日本海军飞鹰级航空母舰（该级也叫隼鹰级）的二号舰（一号舰是"飞鹰"号）。它是由大型邮轮"橿原丸"改建而来的航空母舰。因为"橿原丸"在设计阶段就有军方参与，可在战时快速改建为航空母舰，所以后来的"隼鹰"号就属于特设航空母舰。与正规航空母舰、改装航空母舰相比，它天生的弱点就是装甲防护弱和航速不高。不过"隼鹰"号装有雷达，可提前发现敌机，并且损管措施做得非常到位，每次被美军击伤后都能化险为夷。

它的舰岛外观颇具特色，烟囱与舰岛整合且向外倾斜 26 度，这样可减少排烟对舰载机起降的干扰。它拥有两个机库和两部飞机升降机，可搭载 53 架舰载机，包括零式舰战、九七舰攻、九九舰爆等。其载机量与中型正规航空母舰"苍龙"号相近，并且在实战中发挥出来的战斗力也与之相近。

"隼鹰"号于 1942 年 5 月 3 日服役，6 月参加了阿留申群岛战役，错过同期的中途岛海战。当四艘日本主力舰队航母在中途岛海战中沉没后，原本不是主力的它也就被作为主力航母参加了之后的战斗。在同年 10 月的南太平洋海战中，它表现出色，重创美军的"大黄蜂"号航空母舰，迫其弃舰（后由日军驱逐舰将之击沉）。接着，它还参加了第三次所罗门海战和马里亚纳海战。在战争末期，它主要从事运输工作，然后因伤在军港待到日本战败投降，最后被报废拆解。

武器/档案 **WEAPON ARCHIVES**

舰名	"隼鹰"号
舰级	飞鹰级
排水量	标准：24527 吨；公试：27500 吨
长宽	219.32 米 ×26.7 米（水线宽度）
动力	6 台三鼓式锅炉、2 组蒸汽轮机；41946 千瓦
最大速度	25.5 节
续航距离	12251 海里（18 节）
载员	1187 人
雷达	21 号对空电探、13 号对空电探和逆探
武器（1942 年）	6 座双联装 127 毫米高炮 8 座三联装 25 毫米机炮
飞行甲板	210.3 米 ×27.3 米
升降机	2 部
舰载机	53 架（常用 48 架、备用 5 架）

关于第二艘"武藏"号战列舰的传言

众所周知，日本的大和级战列舰只建造了三艘，即一号舰"大和"号、二号舰"武藏"号和被改装为"信浓"号航空母舰的三号舰。但在二战日本的坊间传言中，出现过第二艘"武藏"号战列舰。

在二战前期，大和级战列舰的建造属于日本的高度机密，"武藏"号也不例外。它于 1938 年 3 月动工，"橿原丸"大型邮轮于 1939 年 3 月动工，两者同在三菱重工业长崎造船所建造，并且船台相邻。

当时长崎造船所对"武藏"号的保密措施十分严格，其船台被棕榈叶和渔网制成的帘状物密实遮掩。这些遮掩材料是从全国各地秘密收购的，曾一度造成市场缺货涨价，还被警方误当恶意囤积事件进行过调查。于是，造船所附近的居民开始传言这里有大事，被遮掩的是"魔物"。

同时，为防范对岸的英美领事馆窥视，日本还专门修建了仓库以阻挡其视线，甚至买下高处的楼房以防有人眺望。并且，日军飞机被禁止飞越长崎市，而长崎市民更是禁止对船舶观望。1940 年 11 月 1 日"武藏"号下水，当地宣布"防空演习"以禁止居民外出，而造船所周围更是遍布警察和军队，就连出席下水典礼的伏见宫博恭王也是便服进入会场，然后再换上军服。这些复杂的保密措施，给"武藏"号带来很强的神秘感。

当"武藏"号离开船台下水，并为大众知晓后，因其船台上的遮掩物一直保留，所以很多人就猜测可能要建造第二艘"武藏"号。随后，造船所在夜晚发生火灾，旁边"橿原丸"那巨大的身影被映射出来，让远观的人更加相信那里有第二艘"武藏"号。当然，后来的事实证明这只是传言，大家看到的是"橿原丸"大型邮轮，也就是不久后驰骋太平洋的"隼鹰"号航空母舰。

豪华邮轮"橿原丸"

"隼鹰"号航空母舰的前身"橿原丸"是一艘由日本海军补贴民间船厂于1939年开始建造的大型豪华邮轮。这个生僻的船名源自日本奈良县橿原市的橿原神宫。它属于日本大型海运公司"日本邮船"(NYK),计划在建成后投入太平洋商业航运,主要跑"横滨—旧金山"远洋航线。在设计中,它的长是220米,宽为26.7米,总吨位为27700吨,载货量为10415吨,最大速度为25.5节(它是日本第一艘使用球鼻艏的商用船)。其载客量为890人,其中一等舱220人,二等舱120人,三等舱550人。

在1937年的设计期间,它就开始准备为1940年的东京奥运会(后来停办)服务,承担各国运动员和游客的远洋运输任务,因此,它的豪华舒适度对标同期的欧美邮轮。为此"日本邮船"还派出了一个考察团,对大西洋航线上的各种豪华邮轮进行考察,并聘请了当时最好的设计师参与装修。在它的各层甲板上,布置着宴会厅、健身房、儿童房、游泳池、阅览室、社交室、吸烟室、理发店、美容院、医疗室,以及酒吧、餐厅、画廊、邮局等。很多生活场所都安装了空调,并且如脸盆、浴缸、抽水马桶等洁具都交给TOTO设计和供货。据说它的豪华程度达到当时日本邮轮的最高等级。但是,"橿原丸"还未竣工就被日本海军接手,在拆除了大量的豪华装饰与民用设备后,被改建为航空母舰。

动力

由大型邮轮改建而来的"隼鹰"号继承了其民用规格的动力系统。因为它由三菱重工业长崎造船所建造,所以自然就采用了6台三菱自己的三鼓式高温高压重油专烧锅炉。锅炉工作时的工作气压为4兆帕,温度为420摄氏度,这在日本海军当时的舰船中是最高的。蒸汽输出给2组三菱多级式高中低压齿轮传动型蒸汽轮机,通过2根传动轴驱动2个螺旋桨。其总功率为41946千瓦,最大速度25.5节,试航时达到过25.63节。其速度对于正规航空母舰而言太慢,但在用民用船改建的航空母舰中最快。因为大型邮轮天生具有续航能力强的优点,所以"隼鹰"号在装载4100吨重油后能以18节的速度航行12251海里,远远超过正规航空母舰。

防护

虽然"隼鹰"号的邮轮船体最初参考军舰规格进行过防水抗沉的隔舱设计,但它缺少装甲防护。在改建为航空母舰时,它的锅炉舱和轮机舱两侧都加装了双层的25毫米装甲,外面还设置了重油舱,以提高对鱼雷水下攻击的抵抗力。同时,弹药库、航空油库等处也安装了25毫米厚的装甲。另外,它的机库甲板厚70毫米,装甲带厚25~50毫米,舰桥也具有一定的防破片能力。但总体而言,"隼鹰"号的防护能力很弱。

火力

"隼鹰"号自身的防空火力配置比较常规,即它拥有在日本航空母舰上最常见的八九式127毫米双联装高炮、九六式25毫米三联装机炮等。不过,1944年马里亚纳海战之后,它在因伤返回日本吴港修理时加装了一种特色武器,即120毫米28联装对空火箭炮,正式名字为"十二厘米二八连装喷进炮"。

在"隼鹰"号飞行甲板前部的两侧,共有6座这种防空火箭炮。其炮身长1.5米,俯仰角度为+10度至+80度,可水平旋转360度,由电力驱动。它的弹种是四式烧霰弹,炮口初速为240米/秒,最大射程4800米,最大射高2600米,射速为15~20发/分钟。在面对美机的大规模空袭时,这6座防空火箭炮可一次性对空发射168发火箭弹,火力可观。不过,此后"隼鹰"号一直被作为运输舰使用,长期与美军潜艇纠缠,缺少机会使用该炮。

一体化舰岛及烟囱

"隼鹰"号的一体化舰岛不只是带来外观上的特色,在实战中还多次干扰美军俯冲轰炸机编队投弹,使它幸运地躲过灭顶之灾。它的烟囱本来就体积巨大,朝外倾斜26度后,从空中俯视就显得更大,这就让美军飞行员对"隼鹰"号的航速产生了误判,使原本精准俯冲投放的航空炸弹都落在了旁边的海中。对此,"隼鹰"号自己的飞行员也模拟俯冲观察过,说它以19节的速度航行时,在天上看像有25节,而它以25.5节全速航行时,从天上看像有30多节。

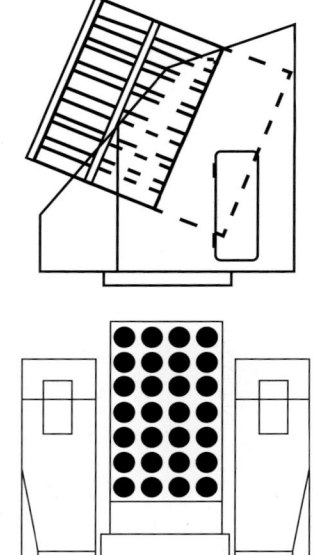

120毫米28联装对空火箭炮

"隼鹰"号的一体化舰岛及斜立式烟囱

九六舰战

九六舰战是日本海军装备的第一款全金属单翼战斗机。它于 1935 年首飞，具有速度快、机动性好等空战优势。它采用铝合金外壳及圆润平滑的机体设计，能有效减少重量和风阻，但开敞式驾驶舱和固定式起落架的设计相对保守。其 A5M4 型的产量最高，约有 1000 架。

1937 年，它先装备了"加贺"号航空母舰。到 1940 年，它装备了日本海军所有的航空母舰，从而成为主力舰载战斗机。

1941 年太平洋战争爆发，虽然此时的主力舰载战斗机已变为零式，但九六式依然在那些非舰队主力的航空母舰上参加战斗，直到 1942 年底才大部分退出一线。1942 年 5 月，"隼鹰"号航空母舰入役时因为不是主力航母，所以安排上舰的战斗机还是九六式，后来经过一番运作换成了零式。

九六式四号舰上战斗机	
编号	A5M4
载员	1 人
长宽高	7.57 米 ×11 米 ×3.28 米
最大速度	435 千米 / 小时
升限	9800 米
续航距离	1200 千米
武器	2 挺 7.7 毫米机枪；2 枚 30 千克炸弹

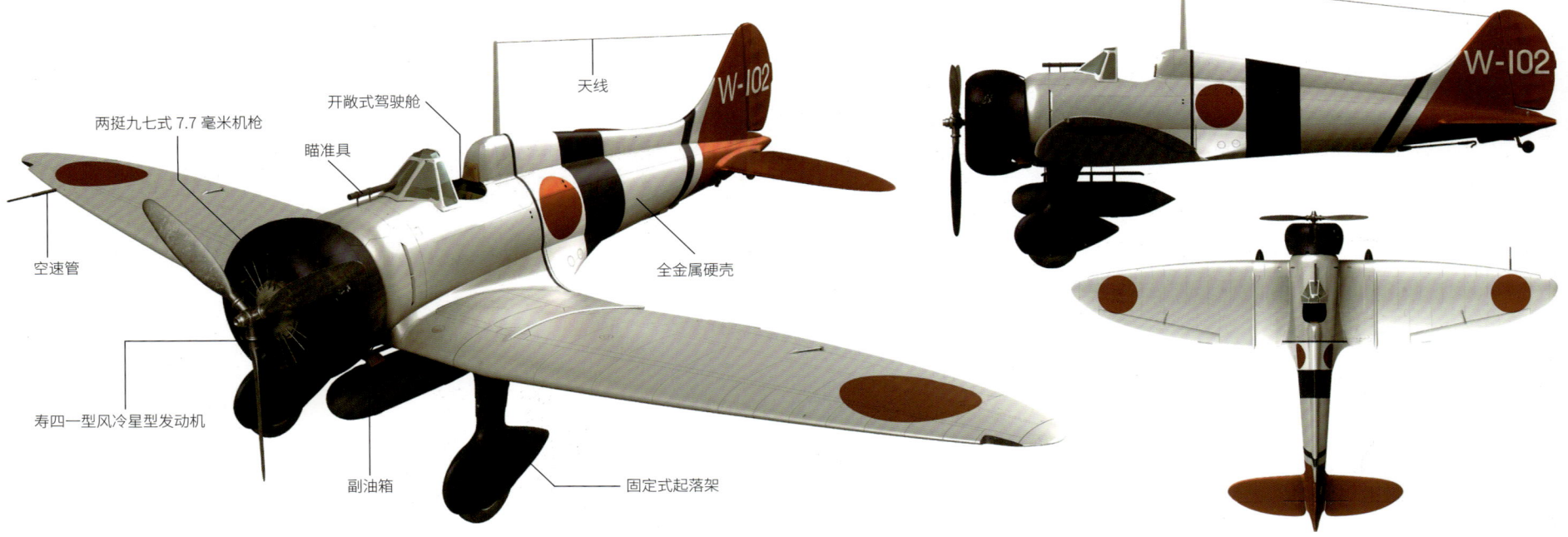

两挺九七式 7.7 毫米机枪
开敞式驾驶舱
天线
瞄准具
空速管
全金属硬壳
寿四一型风冷星型发动机
副油箱
固定式起落架

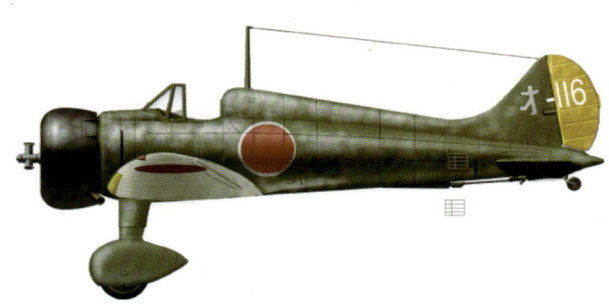

1945 年，大村海军航空队装备（日本长崎）

1940 年，第 14 海军航空队装备（海口航空基地）

1941 年，"苍龙"号航空母舰搭载

1940 年，"苍龙"号航空母舰搭载

1942 年，"瑞凤"号航空母舰搭载

1945 年，第 381 海军航空队装备（马来西亚地不佬）

九九舰爆

本书在介绍日本海军的"赤城"号航空母舰时，也介绍了九九舰爆 11 型，即 D3A1。它在太平洋战争前期（如偷袭珍珠港等行动）进行俯冲轰炸，战绩出色，但在太平洋战争中期就显得性能不足了。因其后续机"彗星"舰爆的研发与生产滞后，所以日本海军就对 11 型进行了发动机更换、结构优化等一系列改良，从而升级为 22 型，即 D3A2。

九九舰爆 22 型的速度更快、升限更高，但续航距离变短。它从 1942 年秋开始陆续替换日本海军各艘航空母舰上的 11 型，而"隼鹰"号航空母舰在 1942 年 11 月第三次所罗门海战中使用的已经是 22 型。后来"隼鹰"号上一直都装备了该型。二战时期，九九舰爆是击沉盟军军舰最多的飞机。

九九舰爆 22 型	
编号	D3A2
载员	2 人
长宽高	10.23 米 ×14.36 米 ×3.35 米
最大速度	428 千米 / 小时
升限	10500 米
续航距离	1050 千米
武器	3 挺 7.7 毫米机枪；1 枚 250 千克炸弹和 2 枚 60 千克炸弹

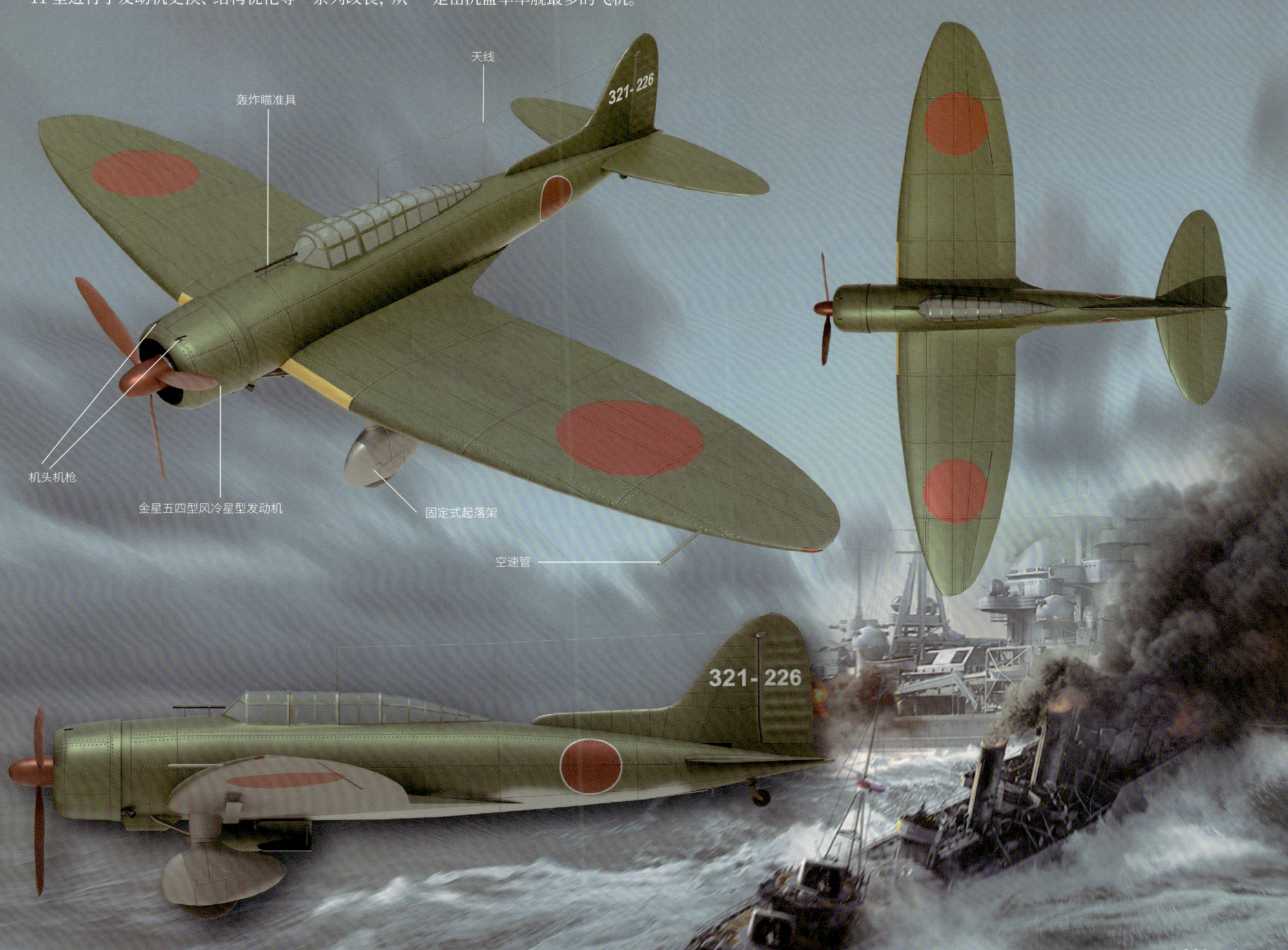

天线

轰炸瞄准具

机头机枪

金星五四型风冷星型发动机

固定式起落架

空速管

321-226

321-226

Taiho
"大凤"号

"大凤"号（Taiho）是日本建造的第一艘装甲航空母舰，也是最后一艘正规航母。它采用了很多先进的设计，并具备优秀的装甲防御能力，被日本海军称为"不沉的航母"。虽然"赤城"号和"加贺"号的舰体也具有较好的装甲防护，但飞行甲板是其防护短板，远不如"大凤"号。1944 年 6 月，"大凤"号作为第一机动舰队的旗舰参加了马里亚纳海战，被美军潜艇发射的一枚鱼雷命中，后来因舰内油气爆燃引起大爆炸而沉没。

"大凤"号是日本海军大凤级航空母舰的一号舰。虽然该级实际只建造了一艘，但在当时的定位是未来主力航母的母型，后面计划建造五艘改型，最终用其替换日军航母舰队的所有航母。

"大凤"号于 1944 年 3 月 7 日竣工服役。它采用了很多新设计，如封闭式舰首、舰桥、烟囱一体化的大型舰岛（直立式烟囱向外倾斜 26 度）等。在雷达方面，它装有两台 21 号和一台 13 号对空电探。

其飞行甲板长 257.5 米，是日本航母中最长的，并且主体为装甲飞行甲板（包括飞机升降机），以抵御美军轰炸机空投的航空炸弹。也正因如此，它只有前后两部飞机升降机，缺少中部的飞机升降机，而这也为后来的沉没埋下伏笔。它采用了双层机库，舰体内的动力舱、弹药舱等部位具有较强的装甲防护。当时其造船厂认为，"大凤"号即使被命中接近二十枚鱼雷都不会沉没。它计划搭载 53 架舰载机，实际搭载了 65 架，有零式舰战、九九舰爆、"彗星"舰爆、"天山"舰攻等。

"大凤"号原计划是作为航母舰队的移动中继基地，即海战时在舰队前方部署，为后方航母派出的攻击机群提供中途加油等服务。这就使它拥有较大的油舱与弹药舱，但自身搭载的舰载机并不多。不过在实战中，日本海军并没有将它用作移动中继基地，还是当主力舰队航母在使用。

斜立式烟囱

13 号对空电探

21 号对空电探

九四式高射指挥仪

飞机升降机

100 毫米双联装高炮

防雷具

瞭望所

1944 年 5 月,"大凤"号停泊在菲律宾的塔威塔威岛

武/器/档/案	WEAPON ARCHIVES
舰名	"大凤"号
舰级	大凤级
排水量	标准: 29770 吨; 公试: 34200 吨
长宽	260.6 米 ×33.6 米
动力	8 台舰本式锅炉、4 组舰本式蒸汽轮机; 119312 千瓦
最大速度	33.3 节
续航距离	10000 海里 (18 节)
载员	1751 人
装甲	飞行甲板 95 毫米、水线装甲带 55～165 毫米
雷达	21 号对空电探和 13 号对空电探
武器	6 座双联装 100 毫米高炮 17 座三联装 25 毫米机炮 25 门 25 毫米机炮
飞行甲板	257.5 米 ×30 米
起重机	1 台
升降机	2 部
舰载机	65 架

起倒桅

25 毫米机炮

救生艇

九五式机铳射击装置

救生艇

三叶螺旋桨

舭龙骨

　　1944 年 6 月马里亚纳海战,"大凤"号以"第一机动舰队旗舰"的身份首次参战。战斗中,美军潜艇的一枚鱼雷命中该舰,导致其前部飞机升降机卡死,前部油库发生泄漏,舰内积聚大量易挥发的油气。加之"大凤"号的舰首采用封闭式设计,且飞行甲板中部未设置飞机升降机,这些因素令油气困在机库内难以消散,通风工作也难以开展。不久,机库就发生了爆燃,并且引爆了前部弹药库,"大凤"号就此沉没。

动力

"大凤"号的动力系统在设计时参考了之前的翔鹤级航空母舰。它有8台吕号舰本式重油专烧锅炉（带空气预热器），工作气压为3兆帕，温度为350摄氏度。

这些锅炉产生的蒸汽输送给4组舰本式高中低压蒸汽轮机（都有各自独立的舱室），再由4根传动轴驱动4个直径高达4.3米的锰钢螺旋桨，最大转速为300转/分钟。

它们输出的总功率为119312千瓦，实现的最大速度为33.3节。虽然这一速度比"翔鹤"号航空母舰慢，但"大凤"号毕竟是重型的装甲航空母舰。在出航时，"大凤"号能装载5700吨重油，以18节的速度航行10000海里。

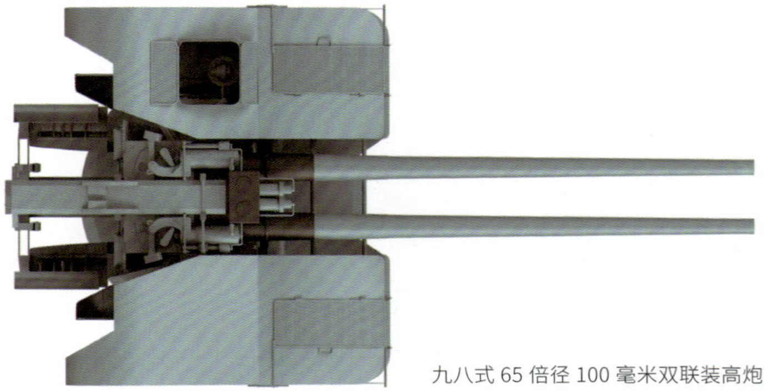

1944年5月，航行中的"大凤"号

九八式65倍径100毫米双联装高炮

信号枪
13号对空电探
21号对空电探
防空指挥所
罗经舰桥
测距仪
九四式高射指挥仪
25毫米机炮
起倒枪

火力

"大凤"号的防空火力除了那些常见的25毫米机炮，还有6座新式的九八式65倍径100毫米双联装高炮，在两舷的高炮甲板上各有3座。在日本海军的同类高炮中，它的性能最佳。其双联装炮架有A型和A型改2（带防烟罩）两种，战斗可通过九四式高射指挥仪引导进行。

它的炮身长6.5米，俯仰角度为-10度至+90度，可水平旋转360度。对空射击时，炮口初速为1000米/秒，最大射程约18700米，最大射高约13300米，理论射速为19发/分钟，战斗射速约15发/分钟。其炮管寿命为360发，但据说实际上能达到1000发。

防护

作为装甲航空母舰，"大凤"号的防护标准相当高。其装甲重达 8940 吨，对来自空中、海面和水下的攻击均有防护。它的飞行甲板没有全部覆盖装甲，而是用一层 75 毫米厚的防护装甲和一层 20 毫米厚的特种装甲对舰载机的起降区域进行重点防护，这些区域可以抵御 500 千克的航空炸弹的攻击。其飞机升降机的表面采用两层共 50 毫米的装甲保护。

其罗经舰桥的侧壁装甲厚 25 毫米，舵轮室的圆壁装甲厚 40 毫米。机库的甲板厚 48 毫米，侧壁厚 25 毫米，顶部厚 10 毫米，并与上面的飞行甲板之间有 700 毫米的空隙间隔。锅炉舱、轮机舱、弹药库和航空油库上方的装甲厚 75 毫米。弹药库和航空油库的侧壁装甲厚 55 毫米，而锅炉舱和轮机舱的两侧有重油隔舱等附加保护，其外面还有 165 毫米厚的水线装甲带。"大凤"号具有双层船底，并且在锅炉舱、轮机舱、弹药库等处还是三层船底。其封闭式舰首的设计是为了抵抗风浪。

试图拯救"大凤"号的一架"彗星"舰爆

1944 年 6 月 19 日，马里亚纳海战中，当"大凤"号航空母舰正忙于起飞舰载机时，美国海军的"青花鱼"号潜艇 (SS-218) 悄悄接近"大凤"号，发射了六枚鱼雷。
此时"大凤"号上已起飞的舰载机都在空中盘旋编队，其中有一架"彗星"舰爆发现了水中的鱼雷轨迹。于是，其飞行员小松幸男迅速驾机右旋俯冲，用自杀的方式扎向海面试图引爆鱼雷，据说未成功。后来，"大凤"号加速右转，躲过了大部分鱼雷，但最后一枚还是命中了它的右舷。

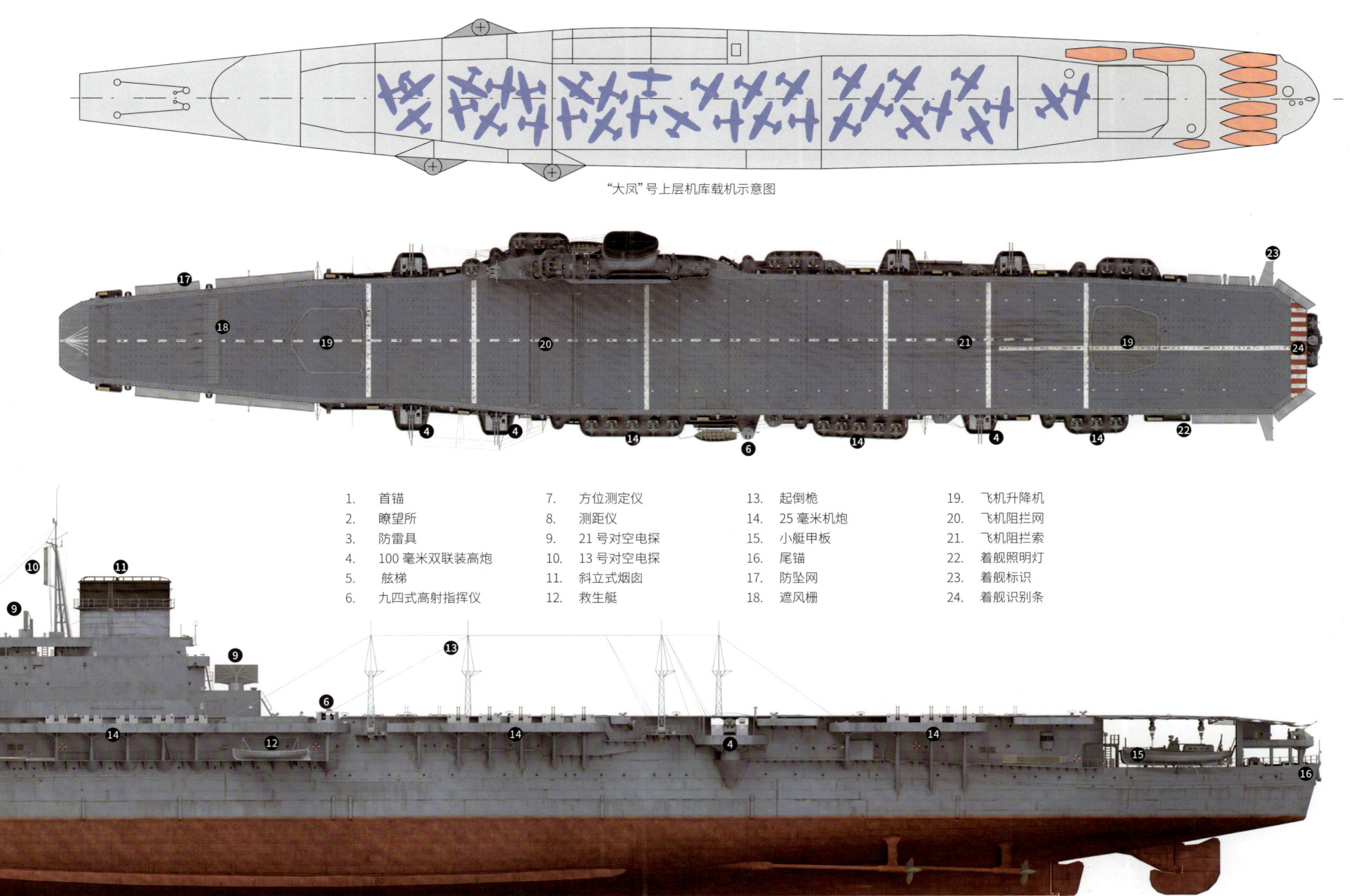

"大凤"号上层机库舰载机示意图

1. 首锚
2. 瞭望所
3. 防雷具
4. 100 毫米双联装高炮
5. 舷梯
6. 九四式高射指挥仪
7. 方位测定仪
8. 测距仪
9. 21 号对空电探
10. 13 号对空电探
11. 斜立式烟囱
12. 救生艇
13. 起倒桅
14. 25 毫米机炮
15. 小艇甲板
16. 尾锚
17. 防坠网
18. 遮风栅
19. 飞机升降机
20. 飞机阻拦网
21. 飞机阻拦索
22. 着舰照明灯
23. 着舰标识
24. 着舰识别条

Shinano

"信浓" 号

日本 舰队航母 ▶ **Fleet** Carrier

"信浓"号 (Shinano) 是二战时期世界上最大的航空母舰，排水量约 7 万吨。它是由大和级战列舰的三号舰改装而来，属于日本在二战后期的"最终决战兵器"。但它并未在太平洋战场上发挥作用，竣工仅 10 天，首航即被美国潜艇击沉，从而成为世界上最短命的航空母舰。

它于 1944 年 11 月 19 日竣工，工期长达 5 年，最后还因日本海军急缺主力航母而进行了仓促赶工。其舰名源自日本古代的令制国——信浓国 (又称信州)。和"大凤"号一样，它也是重型的装甲航空母舰，计划作为海上前进基地和舰队主力航母使用。

"信浓"号在设计时，日本海军对之前战沉的那些航空母舰进行了研究，从而强化了"信浓"号的防护能力，使它在理论上成为一艘"不沉的航空母舰"。不过在建造时，因工期缩短、材料匮乏、工程简化、熟练工人缺少等原因，"信浓"号被迫草草竣工，实际上有一些工程和测试并未完成，建造质量堪忧。

"信浓"号采用了一体化的舰桥与烟囱，设计中的最大航速只有 27 节。其飞行甲板的设计宽度是 40 米，但有舰员说实际达到了 50 米。日本海军在"信浓"号上进行过航空公试，参加的有零式舰战、"天山"舰攻、"流星"舰上攻击机 ("流星"舰攻)、"彩云"舰上侦察机

("彩云"舰侦) 等，甚至还有"紫电改二"舰上战斗机。这些舰载机都成功通过了测试，飞行员们对"信浓"号的飞行甲板评价很高。

1944 年 11 月 28 日，"信浓"号搭载 50 架"樱花"特攻机等武器装备，由三艘驱逐舰护航从横须贺海军工厂驶向吴海军工厂，进行首次航行。11 月 29 日，美国海军的"射水鱼"号潜艇发现并攻击了"信浓"号，发射了六枚鱼雷，至少命中四枚，"信浓"号随即沉没。

(注：本书展示的"信浓"号为其理想状态，现实中部分武器与装备未安装。)

斜立式烟囱

防空指挥所

120 毫米 28 联装防空火箭炮

射击装置

25 毫米三联装机炮

防护

　　"信浓"号采用了大和级战列舰的舰体，因此本身就具有很强的装甲防护能力。在改装为航空母舰时，它又作为装甲航母进行了一系列针对性的防护强化，目标是"永不沉没"。在水平防护方面，它的装甲飞行甲板有两层，共厚95毫米，升降机的装甲厚75毫米，可抵挡俯冲轰炸机投下的500千克航空炸弹。下面的机库顶部厚14毫米和20毫米，机库甲板厚达190毫米。再下面，

　　其锅炉舱和轮机舱的顶部厚100毫米，油库顶部也是两层装甲共厚105毫米。到了舰底，此处不仅有50毫米装甲，还是三重舰底，厚达2.5米。

　　在垂直防护方面，舰体两舷是倾斜20度的水线装甲带，厚200毫米（低于大和级战列舰的410毫米）。其油库等处的舱壁装甲厚25毫米，隔舱被填入钢筋混凝土，并且输油管道也用钢筋混凝土保护。不过，它的防护力因质量问题实际是打了折扣的。

1944年11月11日，"信浓"号在东京湾进行海试

美国"射水鱼"号潜艇的战绩误判

1944年11月，美国海军的"射水鱼"号潜艇（SS-311）在发射鱼雷攻击"信浓"号航空母舰之后，因忙着躲避日军驱逐舰的深水炸弹，所以并不知道击沉与否，只知道自己攻击了一艘很大的日本航空母舰。

那时的美国海军也不知道"信浓"号的存在。尽管"射水鱼"号的艇长事后提交了"信浓"号的草图，但其上级根据破译的日军密码，误判击沉的是一艘以"信浓川"命名的、约28000吨的改装航母，并说服艇长就此满足。直到二战结束之后，艇长及艇员们才知道自己创纪录地击沉了当时世界上最大的航空母舰，他们还因此获得了总统的集体嘉奖。

"射水鱼"号潜艇

方位测定仪

21号对空电探

大型起重机

交通艇

127毫米双联装高炮

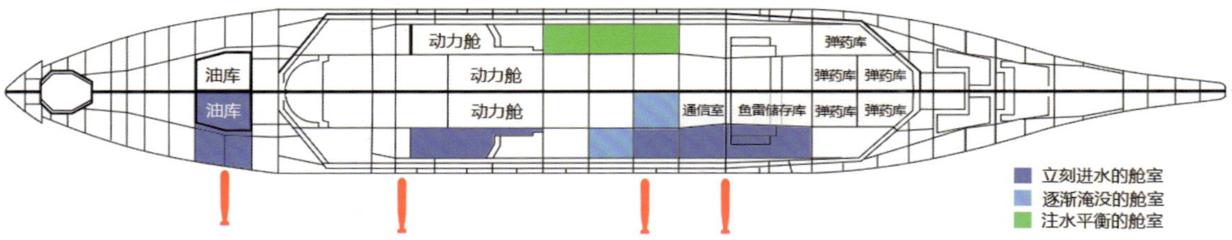

| 立刻进水的舱室 |
| 逐渐淹没的舱室 |
| 注水平衡的舱室 |

油库　油库　动力舱　动力舱　动力舱　通信室　鱼雷储存库　弹药库　弹药库　弹药库

"信浓"号被鱼雷命中的损害示意图

武/器/档/案　WEAPON ARCHIVES

舰名	"信浓"号
舰级	大和级（作为战列舰时）
排水量	标准：62995吨；公试：68060吨
长宽	265.8米×36.3米（水线宽度）
动力	12台舰本式锅炉、4组舰本式蒸汽轮机；111855千瓦
最大速度	27节
续航距离	10000海里（18节）
载员	2515人
装甲	水线装甲带200毫米、飞行甲板95毫米、机库甲板190毫米
武器	8座双联装127毫米高炮 35座（或37座）三联装25毫米机炮 40门25毫米机炮 12座28联装120毫米防空火箭炮
雷达	21号对空电探和13号对空电探
飞行甲板	256米×40米
升降机	2部
舰载机	47架（常用42架、备用5架）

动力

作为当时世界上最大、最重的航空母舰，"信浓"号的动力系统明显不足以支撑它达到"翔鹤"号和"飞龙"号这些正规航空母舰的速度。它采用了大和级战列舰的动力系统，如 12 台吕号舰本式重油专烧锅炉（带空气预热器）、4 组（8 台）舰本式高低压齿轮减速型蒸汽轮机、4 根传动轴和 4 个螺旋桨（直径 5.1 米，大和级只有 5 米）。它计划输出的总功率约 111855 千瓦，最大速度 27 节。实际上，其 12 台锅炉只完工了 8 台，航速仅 20～21 节。它比大和级战列舰强的是续航能力，它通过增设重油库来将重油的装载量提高到了 9000 吨，实现了军令部要求的"10000 海里 /18 节"。

火力

"信浓"号设计的防空火力中规中矩，采用的都是日本航空母舰常见的防空高炮，虽然数量更多但因缺乏射击指挥仪而火力增强不明显。

它的防空高炮有八九式 127 毫米双联装高炮、九六式 25 毫米机炮和 120 毫米 28 联装对空火箭炮。其中，它原本计划安装性能更好的九八式 100 毫米双联装高炮，但因产量不足只好采用八九式 127 毫米双联装高炮。实际上，它有很多防空高炮特别是 120 毫米 28 联装对空火箭炮没有安装，当时计划去吴港安装，但它在途中就被击沉了。

八九式 127 毫米双联装高炮

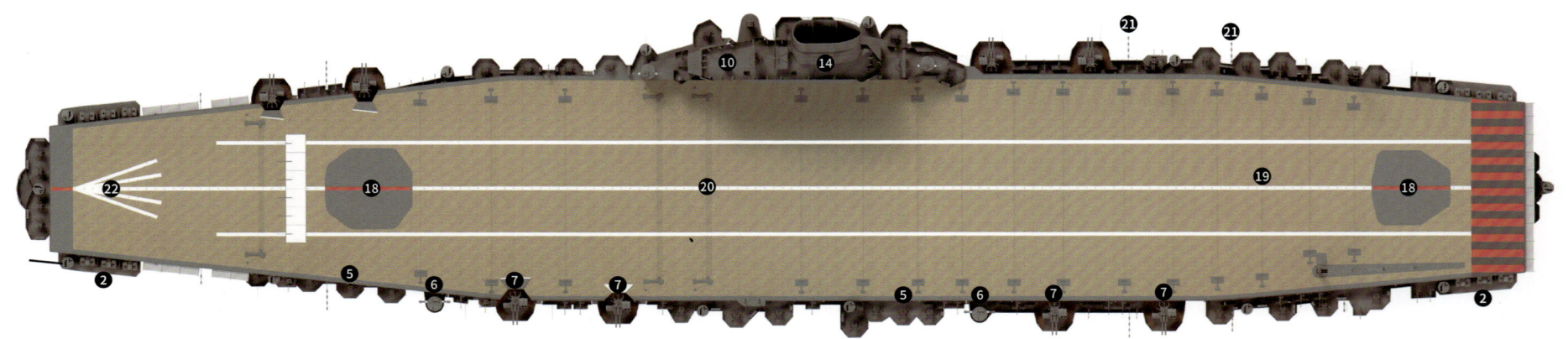

1. 射击装置	6. 高射指挥仪	12. 13 号对空电探	18. 飞机升降机
2. 120 毫米 28 联装对空火箭炮	7. 127 毫米双联装高炮	13. 方位测定仪	19. 飞机阻拦索
3. 瞭望所	8. 救生艇	14. 斜立式烟囱	20. 飞机阻拦网
4. 起倒桅	9. 探照灯	15. 交通艇	21. 着舰指示灯
5. 25 毫米三联装机炮	10. 防空指挥所	16. 大型起重机	22. 风向标识
	11. 21 号对空电探	17. 备用锚	

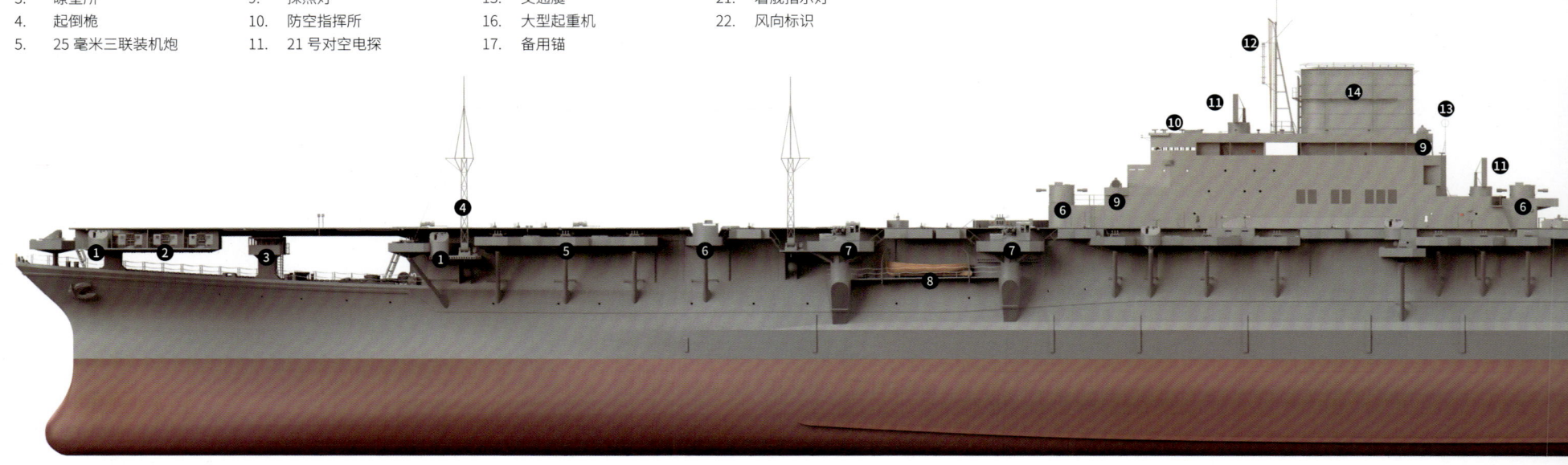

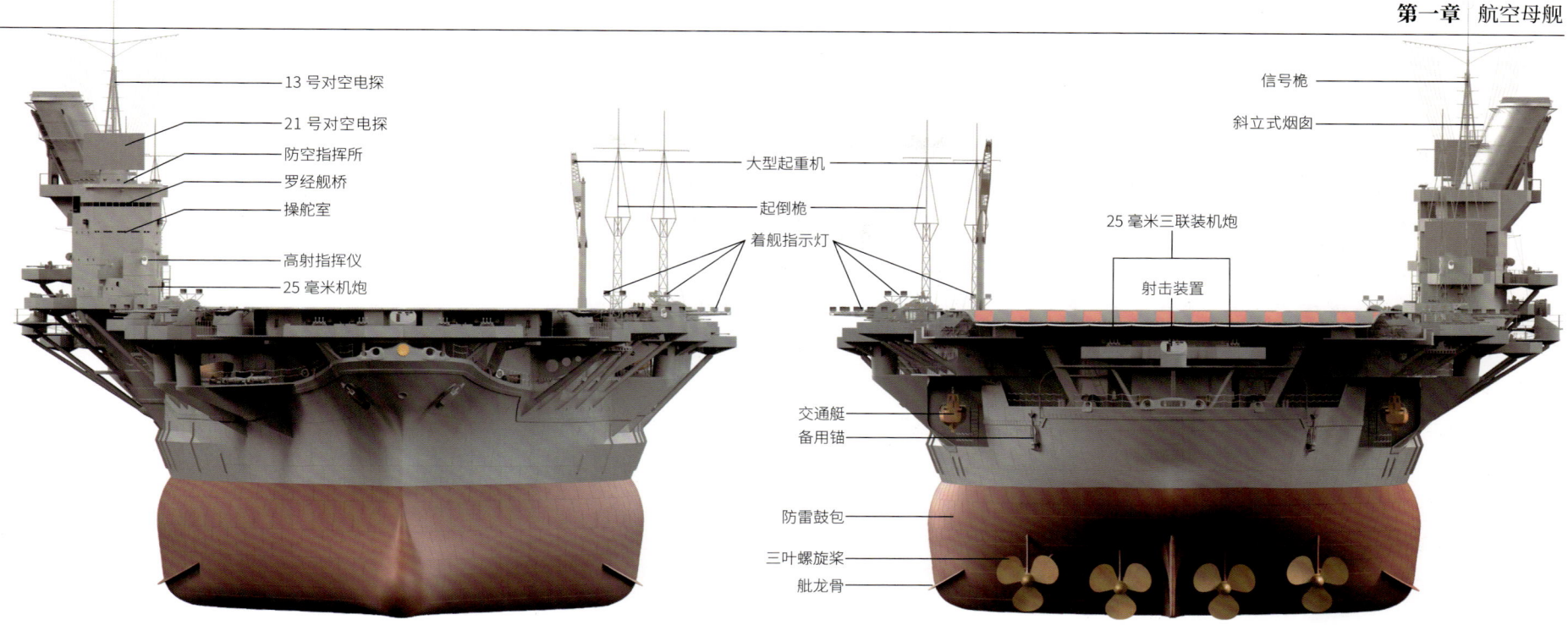

13 号对空电探
21 号对空电探
防空指挥所
罗经舰桥
操舵室
高射指挥仪
25 毫米机炮

大型起重机
起倒桅
着舰指示灯

信号枪
斜立式烟囱

25 毫米三联装机炮
射击装置

交通艇
备用锚

防雷鼓包
三叶螺旋桨
舭龙骨

"震洋"特攻艇

"信浓"号在出航时，舰上除了载有"樱花"特攻机，还载有几艘"震洋"特攻艇。这是一种艇首装有炸药的自杀式摩托艇。在 1944 年，它先是作为装甲爆破艇来设计的。然后为了廉价量产，它以三合板制作艇身，并配以丰田汽车的发动机，十分简陋。它有多种型号，主要是一型（1 人）和五型（2 人）。以一型为例，该型舰长 5.1 米，宽 1.67 米，高 0.8 米，满载吃水 0.38 米，排水量约 1.3 吨，

炸药装载量为 250 千克（另有 2 发四式烧霰弹），续航能力为 110 海里（16 节），冲刺速度为 23 节。其自杀攻击的方式很简单，平时它们多藏身于海岸边，当发现盟军舰船后就直接冲过去，通过撞击来引爆艇首的炸药。

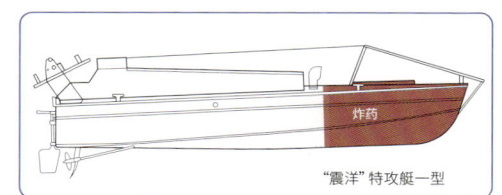

"震洋"特攻艇一型

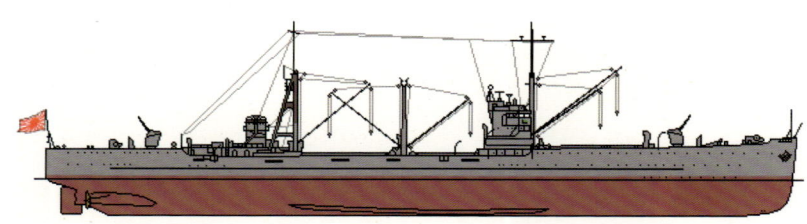

给兵舰"樫野"号

给兵舰是一个日式用语，其实"樫野"号是一艘特殊运输舰，即罕见的炮塔运输舰。其舰名源自日本纪伊半岛南端的海角樫野埼。之所以在这里要介绍它，是因为它间接催生了"信浓"号这艘超级装甲航母。

大和级战列舰在建造的时候，为了从吴海军工厂秘密运输其生产的 460 毫米主炮到外地造船厂，就专门设计和建造了"樫野"号。它是在 1940 年 7 月竣工，全长 136.6 米，宽 19.9 米，吃水深 10.3 米，满载排水量为 11468 吨。其动力系统为 2 台美国拉蒙特式重油专烧锅炉和 2 台舰本式重油专烧锅炉，2 组瑞士布朗 - 博韦里的高低压两级齿轮减速型蒸汽轮机，2 轴推进。其锅炉的工作气压为 5 兆帕，蒸汽温度为 450 摄氏度，输出总功率约 3356 千瓦，最大速度为 14 节，航程为 6000 海里。

"樫野"号每次可运输一个主炮塔及其三根炮管、炮塔装甲。1941 年，它在吴海军工厂和三菱重工业长崎造船所之间往返了三次，以运送"武藏"号战列舰的主炮。1942 年 9 月 4 日，它在运输常规货物时被美军潜艇击沉。至此，正在横须贺海军工厂建造的大和级战列舰三号舰就无主炮可供安装，于 10 月停工。当时因为中途岛海战日本沉没了 4 艘主力航母，所以为了重建机动部队，日本海军就将无法继续作为战列舰建造的三号舰给改装成了航空母舰"信浓"号。

"流星"舰攻

　　"流星"舰攻是日本于 1944 年开始量产的一种能够进行俯冲轰炸、水平轰炸和鱼雷轰炸的多用途舰载攻击机，被日本海军称为"万能舰攻"。日本海军用它将以前的"舰攻"和"舰爆"合并，以简化后勤维护并增强作战效能。

　　"流星"的外观很有特色，其主翼采用了中翼和倒鸥翼的设计，可向上折叠。它具有防弹、高速、机动灵活等特点。它的重型炸弹是内置在机身弹舱里，但鱼雷还是外挂。其量产型（"流星改"）有资料显示是 B7A2，但它的总设计师尾崎纪男表示是 B7A1。

　　"流星"的缺点是偏重，自重 3614 千克，全重 5700 千克，日本大多数航空母舰（特别是轻型航母）的着舰制动系统及飞机升降机都难以承受。虽然它在"信浓"号上通过了测试，并计划作为其主力舰载机，但无奈该舰沉没得太快，使它只能被用作陆基飞机。

"流星"舰攻	
编号	B7A1
载员	2 人
长宽高	11.49 米 ×14.4 米 ×4.07 米
最大速度	542.6 千米 / 小时
续航距离	1852 千米
武器	两门 20 毫米机炮、1 挺 13 毫米机枪 1 枚 500 或 800 千克炸弹等 1 枚 850 或 1060 千克鱼雷

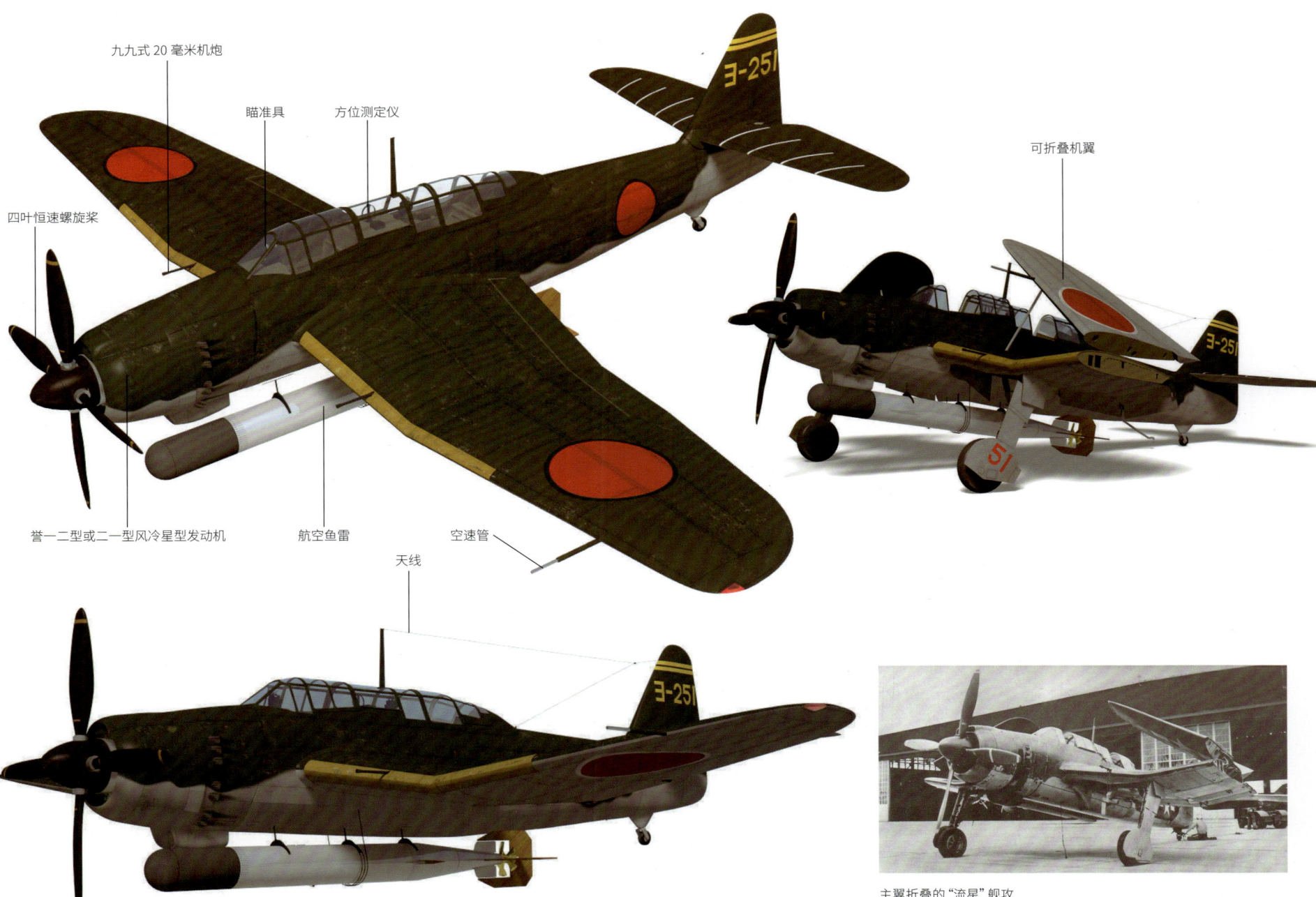

九九式 20 毫米机炮

瞄准具

方位测定仪

可折叠机翼

四叶恒速螺旋桨

誉一二型或二一型风冷星型发动机

航空鱼雷

空速管

天线

主翼折叠的"流星"舰攻

大直径螺旋桨

7.92 毫米后座防卫机枪

天线

副油箱

收放式起落架

空速管

誉二一型风冷星型发动机

"彩云"舰侦 11 型	
编号	C6N1
载员	3 人
长宽高	11.15 米 ×12.5 米 ×3.96 米
最大速度	610 千米 / 小时
升限	10470 米
续航距离	5308 千米 (挂副油箱)
武器	1 挺 7.92 毫米机枪

"彩云"舰侦

"彩云"舰侦是日本海军速度最快的舰载机。它于 1944 年量产,具有速度快、航程远等特点,主要用于侦察、跟踪、巡逻,也执行机群引导、战绩记录等任务。

作为专业设计的侦察机,为了提升速度,它除了安装有大功率的誉二一型 (NK9H) 发动机之外,还采用了细长的圆柱形机身等设计;为了减重,也没有装甲防护。

其原型机的最大速度是每小时 639 千米,但量产机是 610 千米。这可能与当时日军的油品相关,因为后来美军拿去测试时,"彩云"飞出了高达每小时 694.5 千米的速度。在执行侦察任务时,"彩云"有过把追击的美军 F6F 战斗机远远甩在后面的记录。

和"流星"舰攻一样,虽然"彩云"舰侦在"信浓"号上通过测试并计划搭载,但因其沉没也只好作为陆基飞机使用。

"信浓"号的舰载机方案

由于"信浓"号航空母舰只做过舰载机测试,并未正式派驻过舰载机,因而其搭载方案不太明了,以下几种仅为参考(单位: 架)。其中"烈风"舰上战斗机因研发与生产滞后,有可能被换为"紫电改二"舰上战斗机。

"信浓"号舰载机方案	"烈风"舰上战斗机		"流星"舰攻		"彩云"舰侦		合计
	常用	备用	常用	备用	常用	备用	
海军造船技术概要	18	2	18	2	6	1	47
航空本部计划案	25	1	25	1	7	0	59
空母及搭载舰关系报告	24	1	17	1	7	0	50

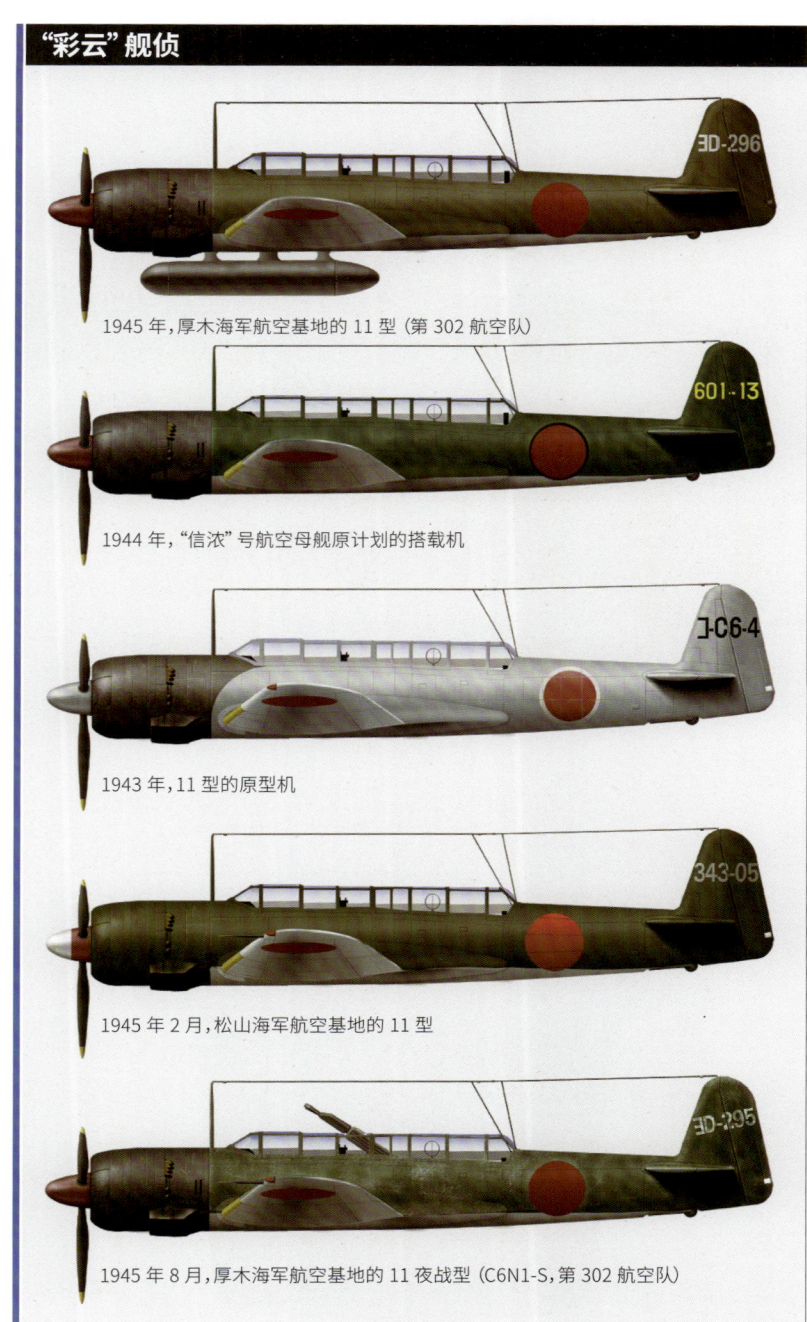

"彩云"舰侦

1945 年,厚木海军航空基地的 11 型 (第 302 航空队)

1944 年,"信浓"号航空母舰原计划的搭载机

1943 年,11 型的原型机

1945 年 2 月,松山海军航空基地的 11 型

1945 年 8 月,厚木海军航空基地的 11 夜战型 (C6N1-S,第 302 航空队)

Hosho
"凤翔"号

日本 舰队航母 ▶ **Fleet** Carrier

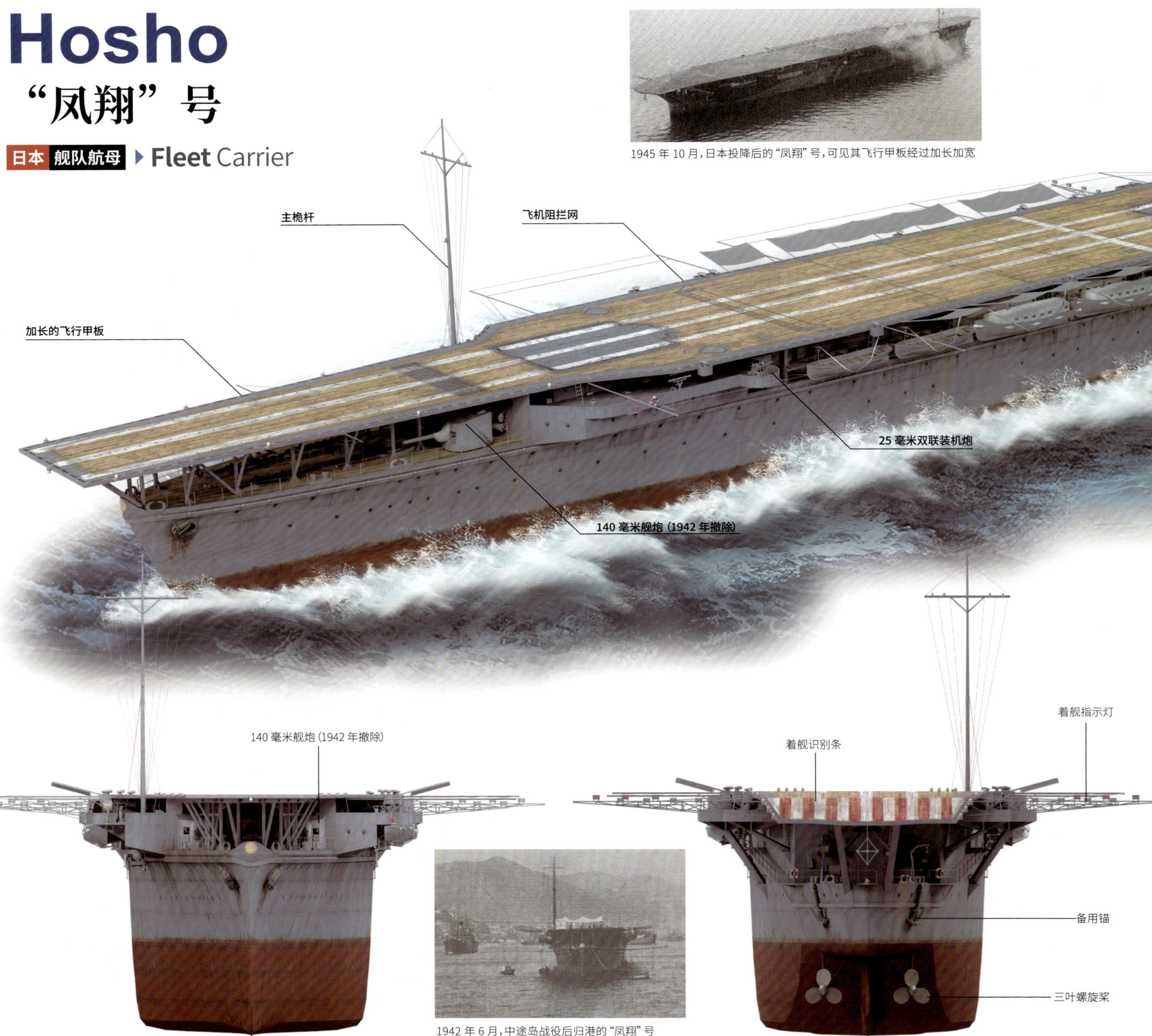

1945 年 10 月，日本投降后的"凤翔"号，可见其飞行甲板经过加长加宽

主桅杆

飞机阻拦网

加长的飞行甲板

25 毫米双联装机炮

140 毫米舰炮（1942 年撤除）

140 毫米舰炮（1942 年撤除）

着舰识别条

着舰指示灯

备用锚

三叶螺旋桨

1942 年 6 月，中途岛战役后归港的"凤翔"号

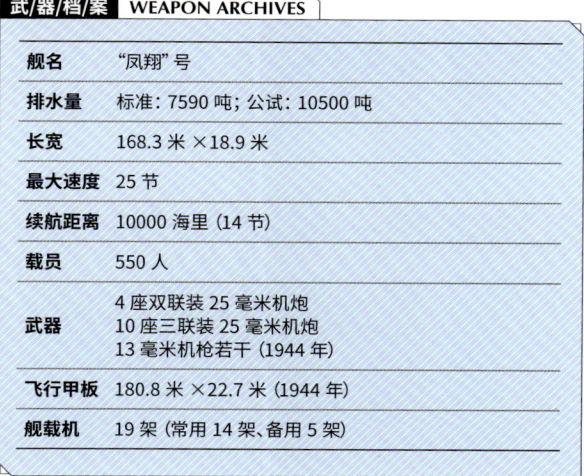

着舰指示灯

飞机升降机

"凤翔"号（Hosho）是世界上最早建成的专用航空母舰，于 1922 年 12 月 27 日服役。当时它的竞争者是英国的"竞技神"号航空母舰，但后者服役比它晚。它也是日本海军的第一艘航空母舰，属于轻型航母，试验性质较强（原有舰岛后被拆除）。在服役生涯中，它多次改造升级，是一个技术实验平台和飞行训练平台。

1941 年底太平洋战争爆发时，"凤翔"号已显过时，只搭载了双翼的九六舰攻。当时它隶属日本海军第一舰队的第三航空战队，负责为战列舰护航，执行反潜侦巡等任务。

1942 年 6 月，它搭载九六舰战和九六舰攻，随主力舰队参加了中途岛战役，负责警戒、侦察等，未参加海战。后来它转隶第三舰队，一直作为训练航母为海军航空队培养飞行员。1944 年，为了适应"天山"舰攻、"彗星"舰爆等新型舰载机的训练，它还进行过延长飞行甲板等改造。1945 年日本无条件投降时，它是日本海军唯一无伤的航空母舰，后来被拆解。

武器/档案	WEAPON ARCHIVES
舰名	"凤翔"号
排水量	标准：7590 吨；公试：10500 吨
长宽	168.3 米 ×18.9 米
最大速度	25 节
续航距离	10000 海里（14 节）
载员	550 人
武器	4 座双联装 25 毫米机炮 10 座三联装 25 毫米机炮 13 毫米机枪若干（1944 年）
飞行甲板	180.8 米 ×22.7 米（1944 年）
舰载机	19 架（常用 14 架、备用 5 架）

1922 年 12 月，"凤翔"号在做速度测试

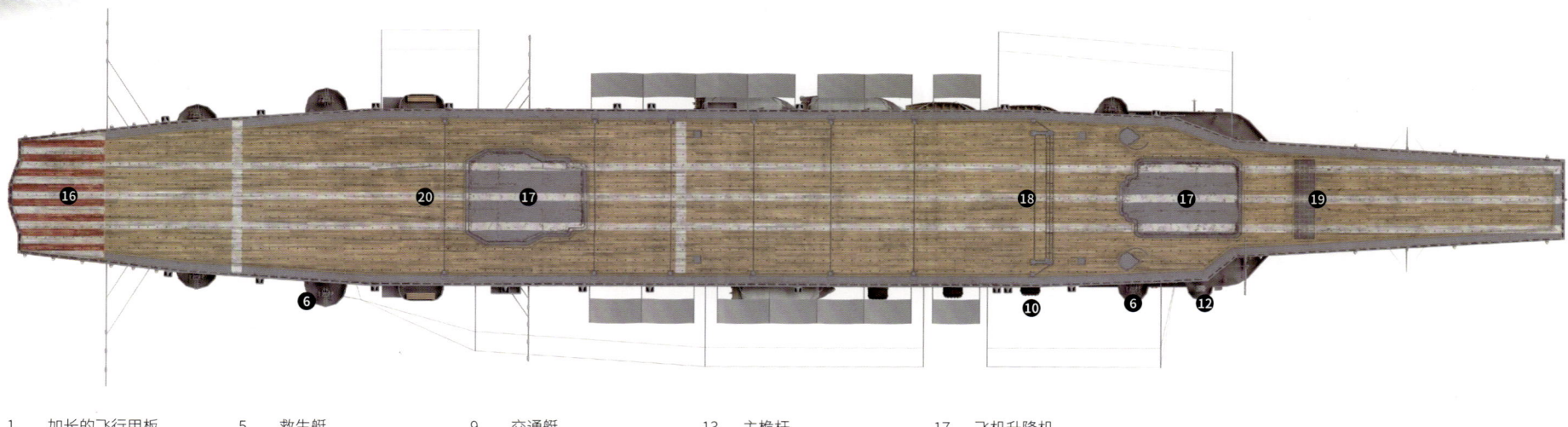

1. 加长的飞行甲板	5. 救生艇	9. 交通艇	13. 主桅杆	17. 飞机升降机
2. 备用锚	6. 25 毫米双联装机炮	10. 可倒式烟囱	14. 飞行甲板立柱	18. 飞机阻拦网
3. 方向舵	7. 140 毫米舰炮	11. 测距仪	15. 锚	19. 遮风栅
4. 螺旋桨	8. 舷梯	12. 探照灯	16. 着舰识别条	20. 飞机阻拦索

Ryujo
"龙骧"号

日本 舰队航母 ▶ **Fleet** Carrier

22 号对海电探

风向标识

25 毫米机炮

127 毫米双联装高炮

测距仪

1934 年 9 月 6 日，海试中的"龙骧"号

1933 年，"龙骧"号的正面照

武/器/档/案 WEAPON ARCHIVES

舰名	"龙骧"号
排水量	标准：8128 吨；满载：12829 吨
长宽	180 米 ×20.8 米
最大速度	28 节
续航距离	10000 海里（14 节）
载员	924 人
武器	4 座双联装 127 毫米高炮 2 座双联装 25 毫米机炮 6 座四联装 13 毫米机枪
飞行甲板	156.5 米 ×23 米
舰载机	40 架（常用 30 架、备用 10 架）

"龙骧"号（Ryujo）是日本海军的一艘轻型航空母舰，于 1933 年 5 月 9 日服役。因为它是日本早期的航空母舰之一，设计并不成熟，所以从 1934 年到 1936 年进行过两次返厂改装。

日本海军根据使用第一艘航空母舰"凤翔"号的经验，没有给"龙骧"号设立舰岛，而是将舰桥设在飞行甲板的前下方。其右舷有一大一小两个卧式烟囱。

1941 年 4 月，"龙骧"号成为第一航空舰队第四航空战队的旗舰。太平洋战争爆发时，其舰载机是九六舰战和九七舰攻。当日本的六艘主力舰队航母去偷袭珍珠港时，它作为南方战线唯一的航母参加了菲律宾战役。后来在马来亚战役时它换装了零式舰战。1942 年它参加了印度洋空袭和阿留申群岛战役。其间它的一架"零战"二一型因迫降被美军完整缴获，从而使美军研究出能够打败"零战"的战术。1942 年 8 月，隶属第三舰队第二航空战队的它搭载 24 架零式舰战和 9 架九七舰攻参加了第二次所罗门海战。在该战中，它被美军"萨拉托加"号航空母舰派出的机群炸沉。

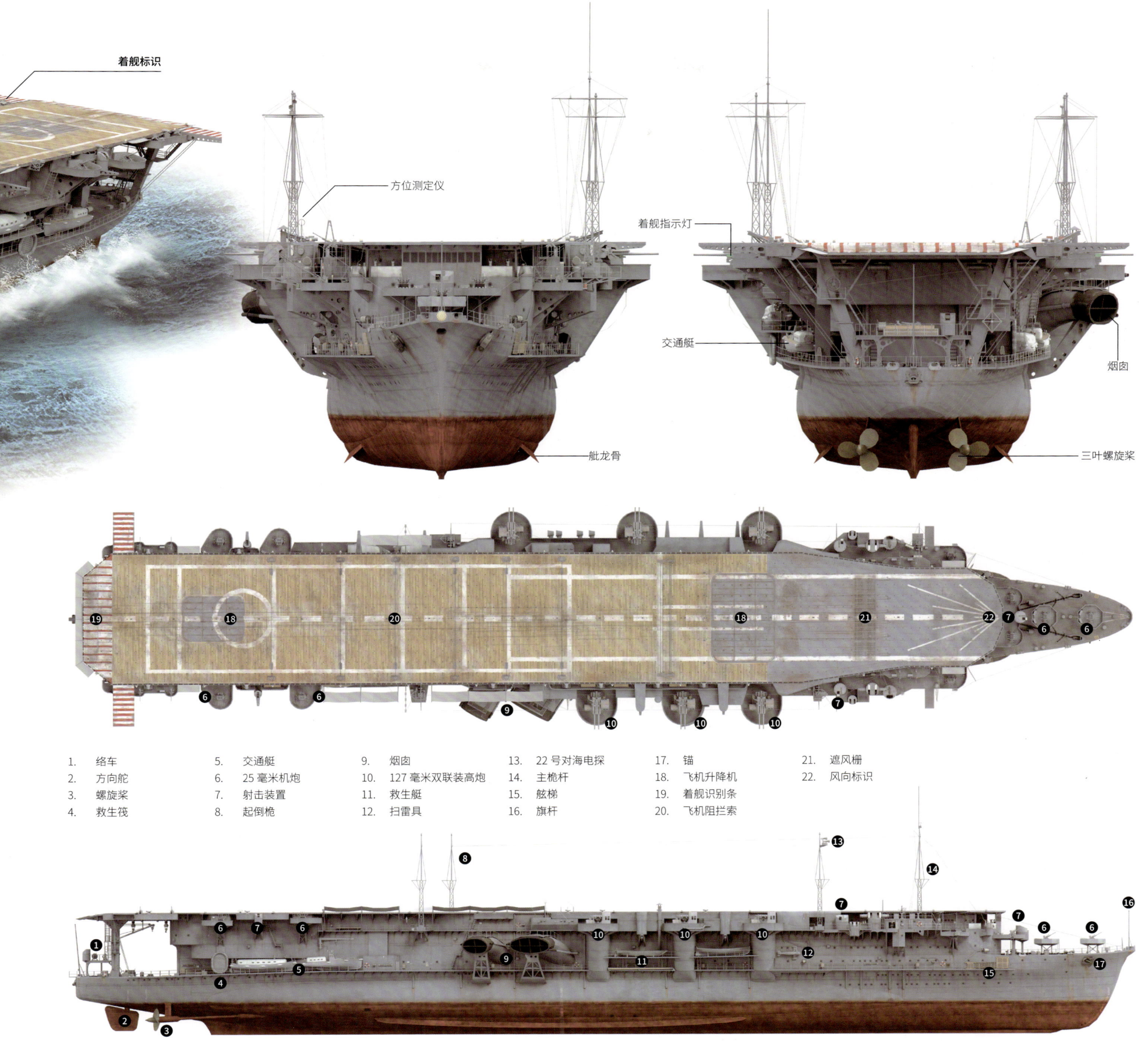

着舰标识

方位测定仪

着舰指示灯

交通艇

烟囱

舭龙骨

三叶螺旋桨

1. 络车	5. 交通艇	9. 烟囱	13. 22号对海电探	17. 锚	21. 遮风栅
2. 方向舵	6. 25毫米机炮	10. 127毫米双联装高炮	14. 主桅杆	18. 飞机升降机	22. 风向标识
3. 螺旋桨	7. 射击装置	11. 救生艇	15. 舷梯	19. 着舰识别条	
4. 救生筏	8. 起倒桅	12. 扫雷具	16. 旗杆	20. 飞机阻拦索	

Zuiho
"瑞凤"号

日本 **舰队航母** ▶ **Fleet** Carrier

1940 年 12 月 28 日，泊于横须贺军港的"瑞凤"号

防坠网

风向标识

锚见台

127 毫米双联装高炮

救生艇

主桅杆

无线电送话机天线

13 号对空电探

着舰指示灯

25 毫米三联装机炮

舰龙骨

三叶螺旋桨

飞机升降机

着舰识别条

25 毫米三联装机炮

1944 年 10 月 25 日,恩加诺角海战时迷彩涂装的"瑞凤"号

舰名	"瑞凤"号
舰级	祥凤级(瑞凤级)
排水量	标准:11380 吨;公试:13100 吨
长宽	205.5 米 ×20 米
最大速度	28 节
续航距离	7800 海里(18 节)
载员	785 人
雷达	21 号对空电探和 13 号对空电探
武器	4 座双联装 127 毫米高炮 10 座三联装 25 毫米机炮等
飞行甲板	180 米 ×23 米(改造后长 195 米)
舰载机	30 架(常用 27 架、备用 3 架)

"瑞凤"号(Zuiho)是日本海军祥凤级轻型航空母舰的二号舰,后来日本海军在更改舰级分类时又将它定为瑞凤级的一号舰。它由高速给油舰、潜水母舰"高崎"号改装而来,属于改造航母,而"高崎"号原本就是作为航母预备舰建造的。

1940 年 12 月 27 日,"瑞凤"号服役,按"凤翔"号航空母舰的经验也未设立舰岛,舰桥位于飞行甲板的前下方。太平洋战争爆发时,它与"凤翔"号都编在第一舰队的第三航空战队,负责为联合舰队的旗舰"长门"号等战列舰护航,执行反潜和巡逻等任务。

1942 年 6 月,它参加了中途岛战役,但只是搭载零式舰战、九六舰战和九七舰攻随登陆船队行动。后来它被编入第三舰队的第一航空战队,搭载零式舰战和九七舰攻参加了南太平洋海战。之后它在第三航空战队,参加了马里亚纳海战。1944 年 10 月 25 日,它只搭载 8 架零式舰战、4 架零式战爆和 6 架"天山"舰攻,充当诱饵参加了恩加诺角海战,被美军庞大的攻击机群炸沉。

1. 25 毫米三联装机炮
2. 小艇甲板
3. 方向舵
4. 螺旋桨
5. 可倒式烟囱
6. 127 毫米双联装高炮
7. 九五式机铳射击装置
8. 起倒枪
9. 主烟囱
10. 救生筏
11. 九四式高射指挥仪
12. 防雷具
13. 探照灯
14. 13 号对空电探
15. 救生艇
16. 航海测距仪
17. 训练炮
18. 飞行甲板立柱
19. 锚
20. 旗杆
21. 着舰识别条
22. 飞机阻拦索
23. 遮风栅
24. 风向标识
25. 飞机升降机
26. 防坠网

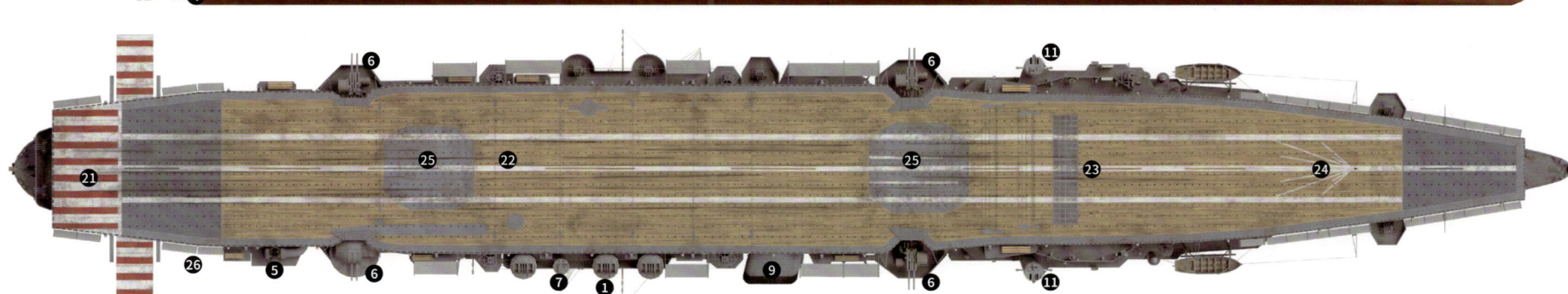

Graf Zeppelin
"齐柏林伯爵"号

德国 舰队航母 ▶ **Fleet** Carrier

"齐柏林伯爵"号（Graf Zeppelin）是德国历史上唯一下水的航空母舰，但未完工。它还有三艘同级舰，其中一艘未下水就被拆解，另两艘未建造。二战末期，德军将它搁浅并爆破。战后，苏军将它修作浮动基地，最后当靶舰用鱼雷击沉。

1938 年 12 月 8 日，下水后的"齐柏林伯爵"号

舰首

"齐柏林伯爵"号最初采用了传统的垂直舰首，后来为了对抗北大西洋的恶劣海况，换成了大西洋舰首（即飞剪式舰首）。大西洋舰首由垂直舰首发展而来，其水线下的部分比较垂直，水线上的部分按一定的弧度外飘。这种舰首不仅提高了军舰在波涛中航行的稳定性，还增强了在风暴中的抗沉性，并且利于航速的提高。其缺点是增大了建造难度和增加了舰体长度。

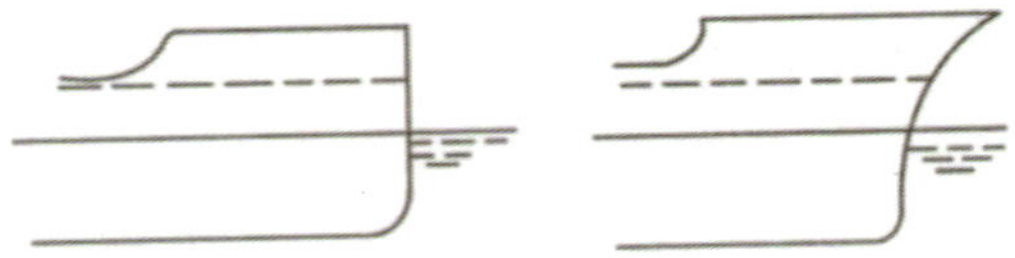

垂直舰艏

大西洋舰艏

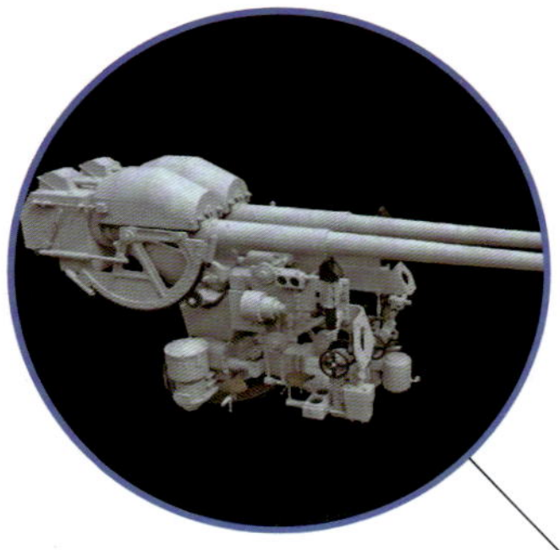

105 毫米 SK C/33 高炮

雷达天线

雷达天线

37 毫米双联装高炮

150 毫米双联装舰炮

"齐柏林伯爵"号是德国海军齐柏林伯爵级航空母舰的首舰。该级航空母舰计划建造四艘，但只有"齐柏林伯爵"号成功下水，二号舰"彼得·施特拉塞尔"号（计划命名）在船台上就被停工拆解，而三号舰和四号舰未开工。二战时，德国海军的建设重点是潜艇，水面舰艇特别是缺少建造和使用经验的航空母舰不为德国官方所重视。

航空母舰在二战德国是一种尴尬的存在。一是因为战争资源短缺和大西洋战场更需要潜艇；二是当时的航空兵全归德国空军管辖，海军航空兵难以建立。譬如"齐柏林伯爵"号在1938年12月8日下水时，主持下水典礼的不是海军总司令埃里希·雷德尔，而是空军总司令赫尔曼·戈林。

（注：图中展示的是若完工后的理想状态。）

1941年，"齐柏林伯爵"号泊港

"齐柏林伯爵"号带给英国的压力

在二战中，"齐柏林伯爵"号航空母舰虽然一直未完工，但它却给英国带来了长期的压力。1940年，英国皇家海军误判"齐柏林伯爵"号已完成海试即将服役，于是很担心它与俾斯麦级、沙恩霍斯特级战列舰组成舰队，给大西洋上的盟军船队带来威胁。1942年，英国皇家空军决定主动出击，专门派出三架"兰开斯特"轰炸机携带重磅穿甲炸弹去轰炸"齐柏林伯爵"号。结果说是命中，但在德国方面一直没有查到记录。

停在装备码头一直未完工的"齐柏林伯爵"号

助降系统

射击指挥仪

防坠网

150 毫米双联装舰炮

37 毫米双联装高炮

方形救生筏

机动艇

"齐柏林伯爵"号是德国唯一存在过的舰队航母。它有两个机库，可搭载舰载机42架以上，如 Bf 109T 战斗机、Ju 87C 俯冲轰炸机、Fi 167 鱼雷轰炸机等。其载机量不大，主要是因为它计划用于北大西洋及北海作战，那里海况复杂，飞机不宜长时间驻留在飞行甲板上，大多时候都停在机库中。

二战期间，它的建造断断续续，到1943年2月停工时已完成90%以上。1945年4月，为了防止被苏军缴获，它被德军主动搁浅并爆破。1947年，经过维修的它被苏军编为浮动基地101号。同年，它作为靶舰被苏军用于炮弹、炸弹等测试，最后被鱼雷艇和驱逐舰用鱼雷击沉。

武/器/档/案 WEAPON ARCHIVES

舰名	"齐柏林伯爵"号
舰级	齐柏林伯爵级
排水量	标准：24893 吨；满载：34088 吨（1942年）
长宽	262.5 米 ×31.5 米（水线宽度；1942年）
动力	16 台锅炉、4 组蒸汽轮机；149140 千瓦
最大速度	35 节
续航距离	8000 海里（19 节）
载员	2026 人
装甲	主装甲带 60～100 毫米、主甲板 40～60 毫米、飞行甲板 20～40 毫米
武器	8 座双联装 150 毫米舰炮 /6 座双联装 105 毫米高炮 /11 座双联装 37 毫米高炮 /7 座四联装 20 毫米高炮
飞行甲板	244 米 ×30 米
弹射器	2 座
舰载机	42～50 架

火力

"齐柏林伯爵"号的防空火力由三种不同口径的高炮组成，即安装在舰桥前后的 6 座 105 毫米双联装 SK C/33 高炮，安装在舰首、舰尾与两舷的 11 座 37 毫米双联装 SK C/30 高炮和 7 座 20 毫米四联装 Flak 38 高炮。在舰体前后的两侧干舷炮廊中，它还安装了 8 座双联装的 150 毫米 SK C/28 舰炮，专门用于和敌军水面舰队进行炮战。该炮的口径实际为 149.1 毫米，倍径为 55，炮长 8.2 米，俯仰角度为 -10 度至 +37 度。每门炮备弹 115 发，弹种有穿甲弹、榴弹、照明弹等，炮管寿命为 1100 发。其炮口初速为 875 米 / 秒，射程约 22000 米（35 度），射速为 6～8 发 / 分钟。后来因为德军在挪威及芬兰沿海的防守压力增大，还特地将"齐柏林伯爵"号的这些 150 毫米 SK C/28 舰炮拆运过去作为海岸炮使用。

防护

按以前的观点，"齐柏林伯爵"号的装甲防护类似轻巡洋舰级别。它的飞行甲板厚 20 毫米，升降机附近厚 40～45 毫米。主甲板的水平装甲厚 40 毫米，两侧斜坡厚 60 毫米。主装甲带厚 60～100 毫米，里面的防鱼雷舱壁厚 20 毫米，并且在水线两侧有宽 2.4 米的防雷鼓包（除了防御鱼雷攻击之外，还能增加舰体的浮力和装载额外的燃油）。舰桥的舱壁大部分厚 17 毫米，机库的侧壁厚 20 毫米。另外，舰体共划分了 19 个水密舱，增强了防水抗沉的能力。

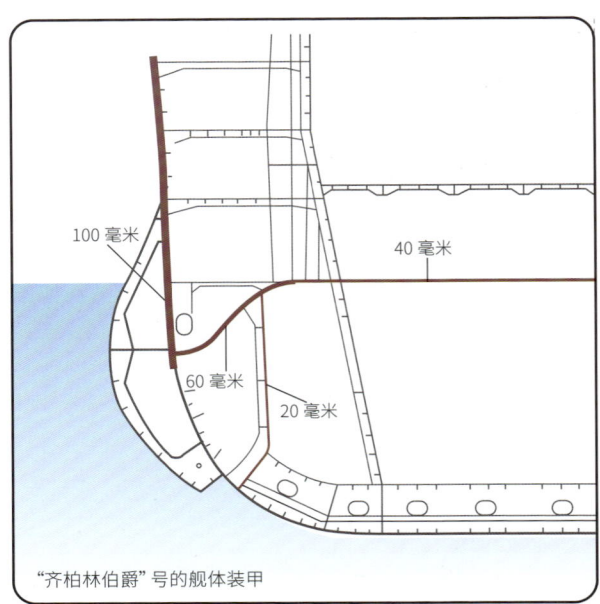

"齐柏林伯爵"号的舰体装甲

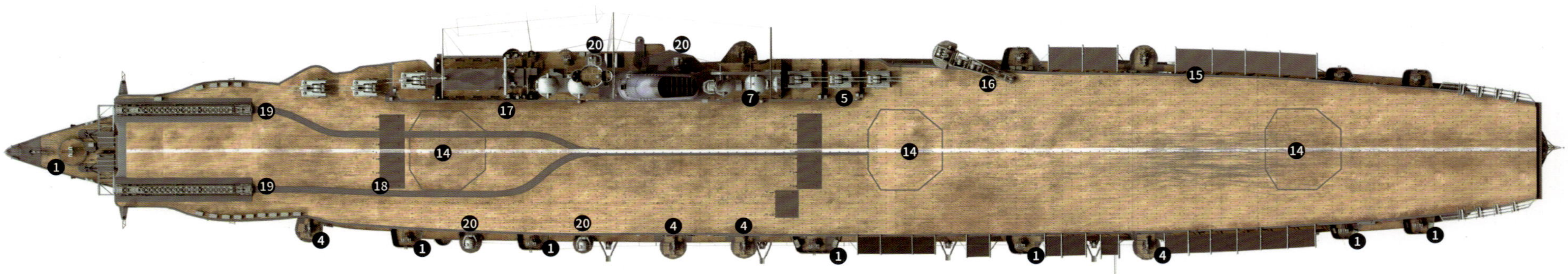

1. 37 毫米双联装高炮
2. 方形救生筏
3. 150 毫米双联装舰炮
4. 20 毫米四联装高炮
5. 105 毫米双联装高炮
6. 雷达天线
7. 射击指挥仪
8. 战机指挥台
9. 带弧形整流罩的烟囱
10. 助降系统
11. 防雷鼓包
12. 机动艇
13. 起倒桅
14. 飞机升降机
15. 防坠网
16. 大型起重机
17. 测距仪
18. 挡风栅栏
19. 飞机弹射器
20. 探照灯

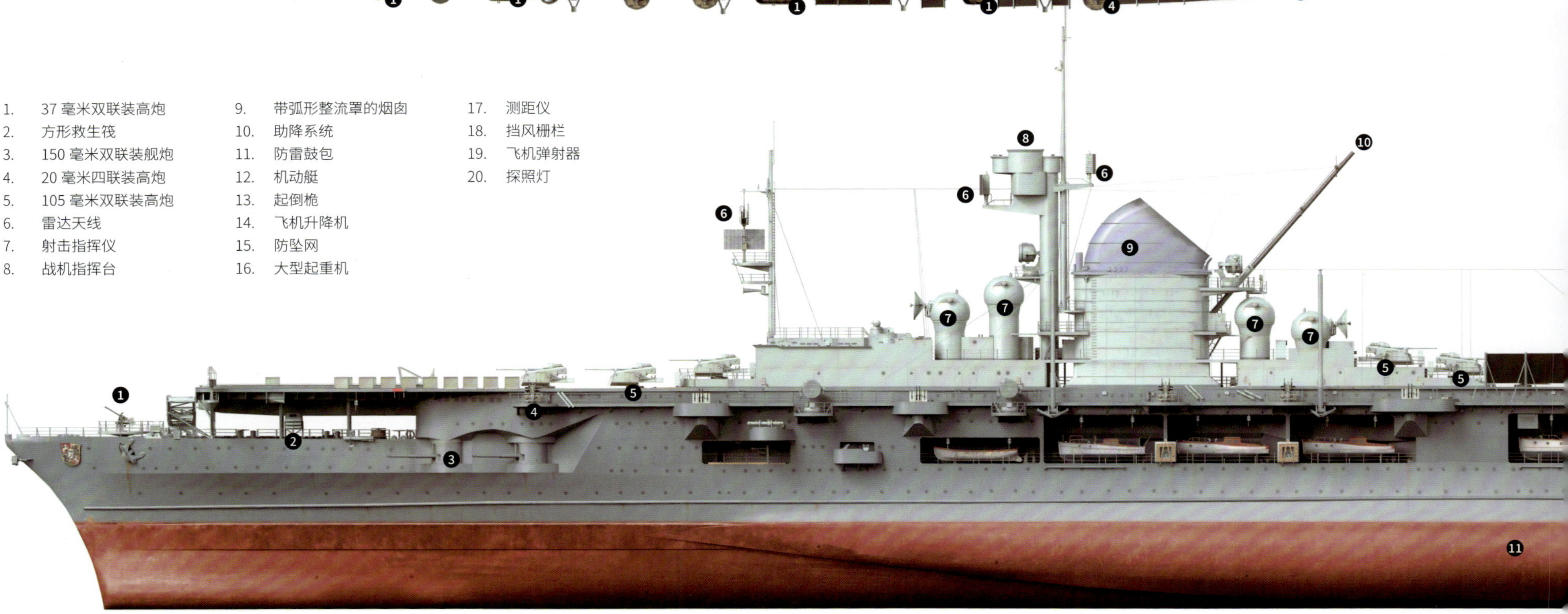

德国"齐柏林伯爵"号与日本"赤城"号的渊源

二战前，德国海军因缺乏航空母舰的设计经验，所以对英、日等国的航空母舰开展了研究，并于 1935 年考察了日本的"赤城"号航空母舰。当时日本海军将"赤城"号的设计图纸、训练方法等都传于德国海军，以换取德国的一些军工技术。

不过，那时的"赤城"号采用三段式飞行甲板、无舰岛等过时设计，自身都面临大规模的改造。对德国海军而言，参考价值更大的是改造工程，而非建造经验。

最终，德国海军设计出了"齐柏林伯爵"号，而日本海军也对"赤城"号进行了彻底改造。它们都拥有单层的全通式飞行甲板、舰岛等，都保留了传统的舰炮，不过"齐柏林伯爵"号还采用了飞机弹射器等"赤城"号没有的装备。

有趣的是，1942 年"赤城"号战沉后，日本海军计划收购"齐柏林伯爵"号，以填补"赤城"号的空缺，但被德国拒绝。德国将远洋邮轮"沙恩霍斯特"号卖给日本海军，后来它被改造为"神鹰"号航空母舰。

飞机弹射器

在该舰飞行甲板的前部有 2 座 FL24 型弹射器。虽然 Bf 109T 和 Ju 87C 舰载机都可以直接在飞行甲板上滑跑起飞，但为了不影响飞行甲板后部的飞机降落，它们主要还是采用弹射器起飞。这种弹射器以压缩空气为动力，弹射频率为每分钟 1 架。因为每座弹射器里

的压缩空气可连续弹射 9 架飞机（重新补气需要 50 分钟），所以"齐柏林伯爵"号理论上可以在 10 分钟内弹射 18 架飞机升空作战。

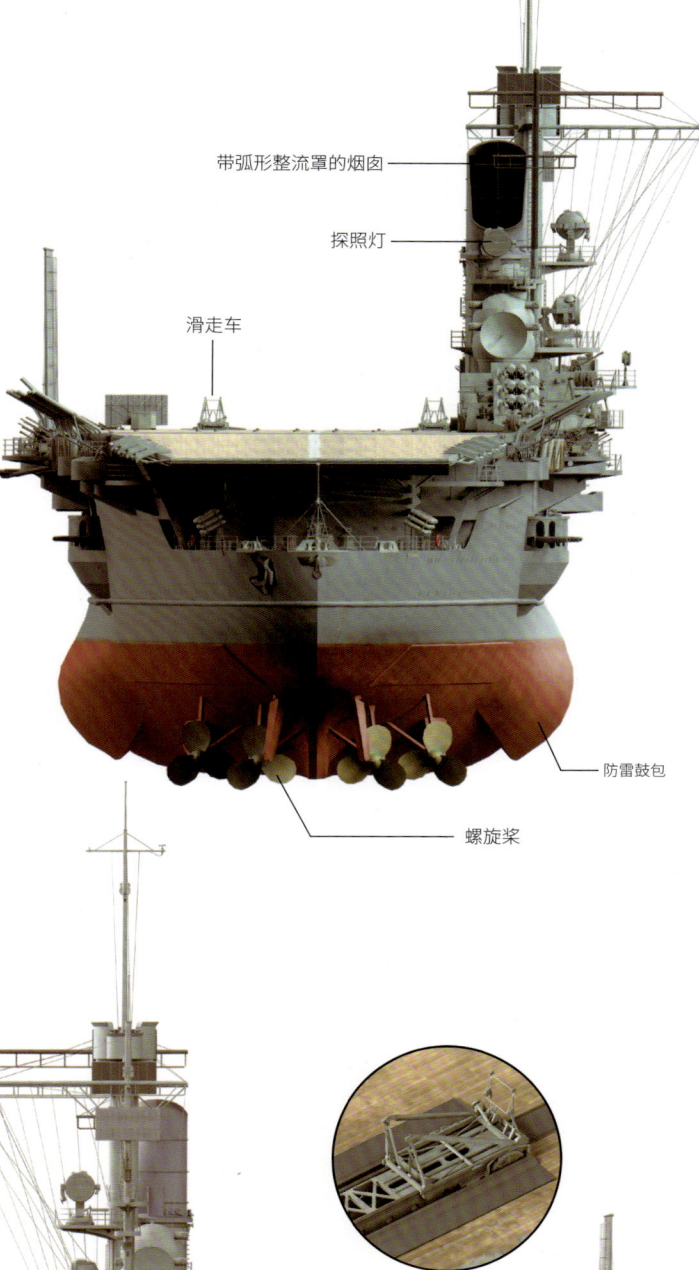

- 带弧形整流罩的烟囱
- 探照灯
- 滑走车
- 防雷鼓包
- 螺旋桨
- 滑走车

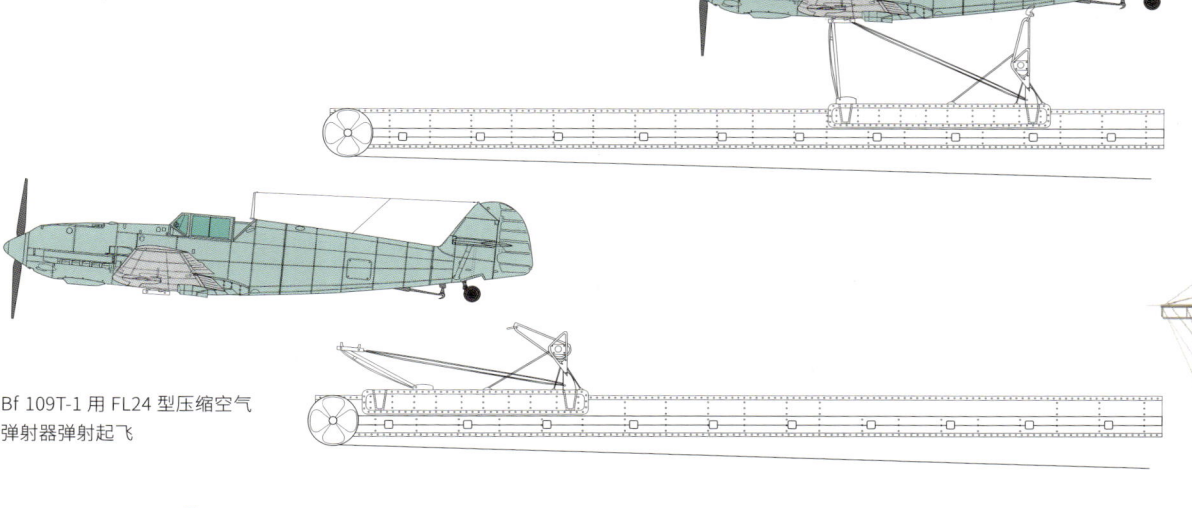

Bf 109T-1 用 FL24 型压缩空气弹射器弹射起飞

Ju 87C 俯冲轰炸机

Ju 87 是二战德国空军最优秀的俯冲轰炸机，即大名鼎鼎的"斯图卡"(Stuka)。它采用倒鸥翼式机翼、固定式起落架等设计，具有投弹精度高、机体结构坚固等特点，主要承担近距离空中支援、反舰等任务。它因战绩优异而被视为德军闪电战的象征，俯冲时那刺耳的尖啸声极具标志性。

Ju 87C 是从 Ju 87B 改造而来的舰载机（细分型号有 Ju 87C-0 和 Ju 87C-1）。它在 Ju 87B 的基础上加固了起落架，缩短了机翼宽度，改装了折叠式机翼，并加装了弹射器配件、着舰钩等。为提高飞行员在海面的生存几率，它不仅带有双人橡皮艇及应急物资，还有可使飞机在平静海面漂浮三天的气囊。

Ju 87C 计划在"齐柏林伯爵"号航空母舰上作为俯冲与鱼雷轰炸机使用。但该舰的建造波折不断，最终还停工，所以 Ju 87C 的量产订单也被取消。

Ju 87C-1 俯冲轰炸机	
载员	2 人
长宽高	11 米 ×13.2 米 ×3.77 米
最大速度	380 千米 / 小时
升限	8000 米
续航距离	1160 千米
武器	3 挺 7.92 毫米机枪；1 枚 500 千克炸弹和 4 枚 50 千克炸弹

Jumo-211 十二缸液冷发动机

7.92 毫米 MG 17 机枪

尖啸警报器

500 千克航空炸弹

固定式起落架

Bf 109T 战斗机

"梅塞施密特"Bf 109 是二战德国空军最知名的战斗机。它采用全金属结构、下单翼、封闭式驾驶舱、收放式起落架等设计,产量高达三万多架。而 Bf 109T 是专门为"齐柏林伯爵"号航空母舰改造的舰载机版本。

Bf 109T 源自 Bf 109E-7/N。为适应航空母舰,它不仅加大了翼展,还加装了用于起飞的弹射器配件、用于降落的着舰钩等舰用设备。其机翼没有改为折叠式,这也是"齐柏林伯爵"号载机量小的原因之一。

Bf 109T 主要有两个细分型号。最初计划量产 70 架 Bf 109T-1,但生产 7 架后,因"齐柏林伯爵"号暂时停工而中断,剩下的 63 架在取消舰用设备后作为 Bf 109T-2 生产。Bf 109T-2 因为也有短距起降的特点,所以被配属到挪威海岸那些跑道短而窄的陆地机场。后来"齐柏林伯爵"号复工,有 45 架 Bf 109T-2 又加装舰用设备改为 Bf 109T-1。但最后"齐柏林伯爵"号彻底停工,这些 Bf 109T-1 就永远失去了上航空母舰的机会。

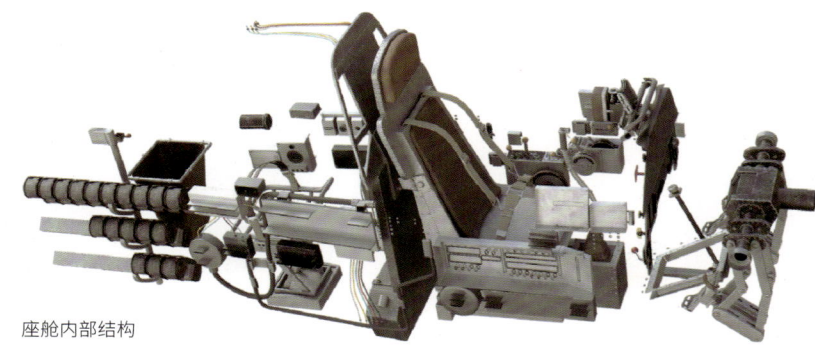

座舱内部结构

7.92 毫米 MG 17 机枪

20 毫米 MG FF 机炮

收放式起落架

DB-601-N 十二缸液冷发动机

50 千克航空炸弹

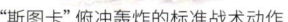

"斯图卡"俯冲轰炸的标准战术动作

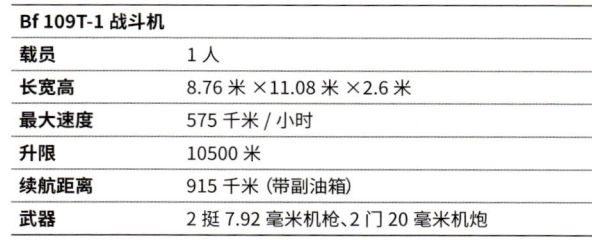

Bf 109T-1 战斗机	
载员	1 人
长宽高	8.76 米 ×11.08 米 ×2.6 米
最大速度	575 千米 / 小时
升限	10500 米
续航距离	915 千米 (带副油箱)
武器	2 挺 7.92 毫米机枪、2 门 20 毫米机炮

Bogue
"博格"号

美国 **护航航母** ► **Escort** Carrier

"博格"号 (Bogue, CVE-9) 是美国海军的一艘护航航空母舰, 以美国北卡罗来纳州的博格湾命名。作为二战中有名的潜艇猎手, 它击沉了至少 12 艘德国和日本潜艇。虽然它是博格级护航航空母舰的首舰, 但在它的前面其实已经建造了几艘同级舰, 不过都被租借给英国皇家海军使用, 而它是第一艘在美国海军中服役的。

护航航空母舰是一种随行保护己方船队不受敌方军舰、飞机和潜艇攻击的小型航空母舰, 昵称为"吉普航母"。其舰船分类符号是 CVE, 美国水兵调侃为"可燃"(Combustible)、"脆弱"(Vulnerable) 和"消耗品"(Expendable)。

博格级是基于美国海事委员会的 C3 型标准货船改装, 共建造了 45 艘。其中有 34 艘被移交给英国皇家海军, 只有 11 艘编入美国海军。

"博格"号在执行作战任务时, 可以搭载 24 架飞机, 由"野猫"式战斗机 (F4F-4、FM-1 和 FM-2) 与"复仇者"式鱼雷轰炸机 (TBF-1 和 TBF-1C) 组成。在执行飞机运输任务时, 它最多可搭载 90 架飞机, 即机库和飞行甲板都装满。

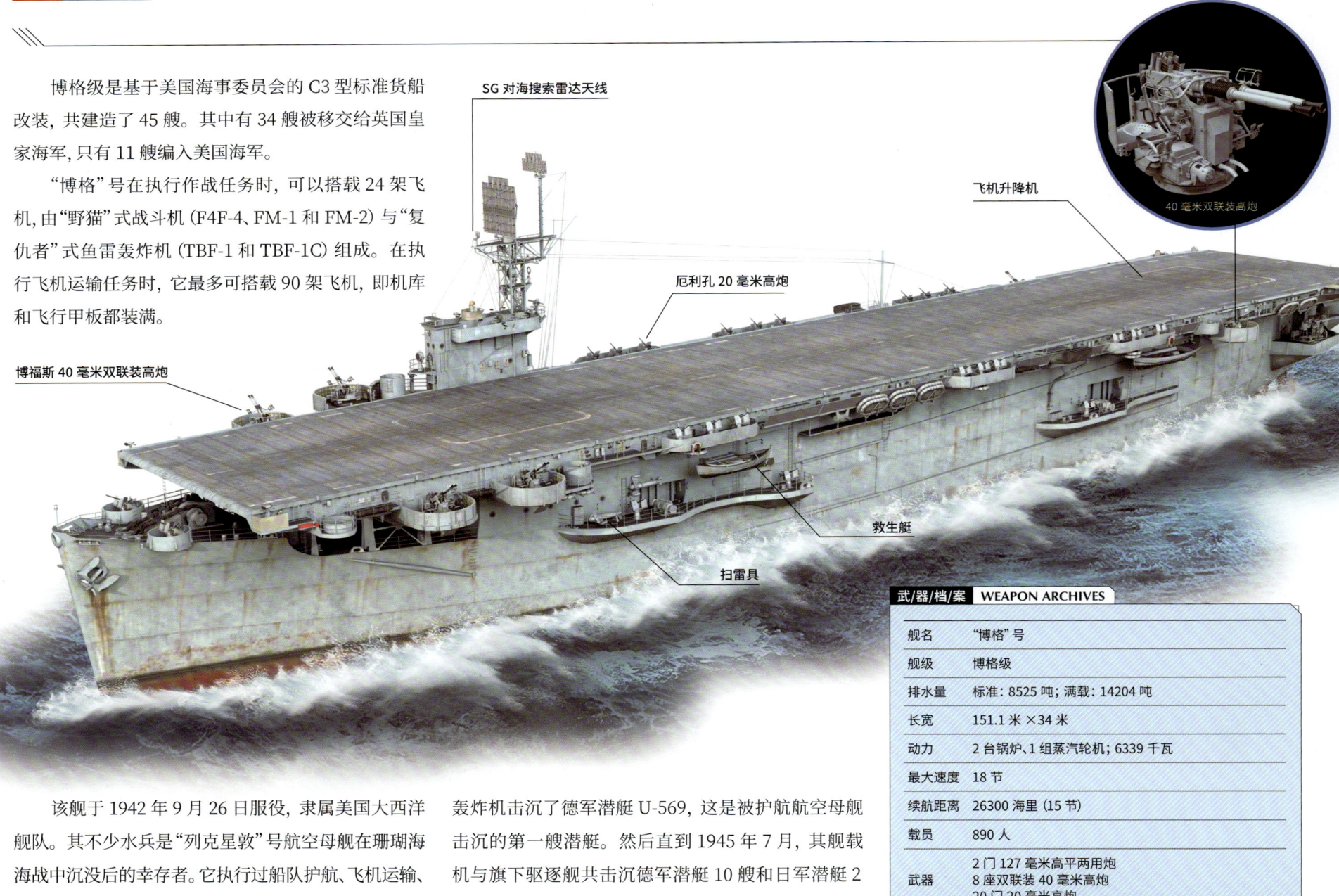

SG 对海搜索雷达天线

飞机升降机

40 毫米双联装高炮

厄利孔 20 毫米高炮

博福斯 40 毫米双联装高炮

救生艇

扫雷具

该舰于 1942 年 9 月 26 日服役, 隶属美国大西洋舰队。其不少水兵是"列克星敦"号航空母舰在珊瑚海海战中沉没后的幸存者。它执行过船队护航、飞机运输、反潜巡逻等任务。其主要用途是反潜, 在安装 HF/DF 潜艇测向设备后作为潜艇猎手, 带领几艘驱逐舰组成了专门的反潜猎杀组。

1943 年 5 月 22 日, 它派出 2 架"复仇者"式鱼雷轰炸机击沉了德军潜艇 U-569, 这是被护航航空母舰击沉的第一艘潜艇。然后直到 1945 年 7 月, 其舰载机与旗下驱逐舰共击沉德军潜艇 10 艘和日军潜艇 2 艘 (还有 1 艘德军潜艇 U-86 的沉没存在争议)。这些战果使它成为当时反潜最厉害的航空母舰。该舰于 1946 年 11 月 30 日退役, 在二战中获得 3 枚战役星章和总统集体嘉奖。

武/器/档/案	WEAPON ARCHIVES
舰名	"博格"号
舰级	博格级
排水量	标准: 8525 吨; 满载: 14204 吨
长宽	151.1 米 ×34 米
动力	2 台锅炉、1 组蒸汽轮机; 6339 千瓦
最大速度	18 节
续航距离	26300 海里 (15 节)
载员	890 人
武器	2 门 127 毫米高平两用炮 8 座双联装 40 毫米高炮 20 门 20 毫米高炮
飞行甲板	134.1 米 ×25 米
弹射器	1 座
舰载机	24 架

火力

"博格"号原计划是在舰部安装 2 门用于攻击敌军驱逐舰、鱼雷艇等水面舰艇的 127 毫米 51 倍径舰炮，以及 10 门厄利孔 20 毫米高炮。

后来为了加强防空火力，它实际安装的是 2 门 127 毫米 38 倍径 Mark 12 高平两用炮。该炮的炮长是 5.68 米，俯仰角度为 -15 度至 +85 度，弹种有防空弹、穿甲弹、照明弹、烟幕弹等。其炮口初速为 762～792 米 / 秒，最大射高是 11339 米，常规射速为 12～15 发 / 分钟，最大射速为 15～22 发 / 分钟，炮管寿命约 4600 发（由于安装方式不同，该炮在护航航空母舰和驱逐舰上的性能数据存在差异）。除此之外，它还装有 8 座双联装的博福斯 40 毫米高炮和 20 门厄利孔 20 毫米高炮。

动力

"博格"号采用了美国海事委员会 C3-S-A1 型标准货船的船体，有 2 台福斯特 - 惠勒的水管锅炉，工作气压为 1.97 兆帕。蒸汽输送给 1 组阿里斯 - 查默斯的单级齿轮蒸汽轮机，并通过 1 根传动轴驱动 1 个螺旋桨。该动力系统输出的总功率为 6339 千瓦，带来的最大速度为 18 节。因为护航航空母舰主要伴随运输船队或登陆舰队航行，所以对速度的要求不高。不过，这类民用船舶改装舰还有一个优势就是续航力强。它载有 3420 吨燃油，能以 15 节的速度航行 26300 海里。

防护

作为在战争时期紧急改装的护航航空母舰，"博格"号缺少防护装甲。因此美国海军主要安排它从事反潜作战，利用舰载机来远程搜寻并攻击敌军潜艇。这样它自身就不容易遭到敌军攻击，从而平安地度过了二战时期。

1945 年 2 月，迷彩涂装的"博格"号在百慕大

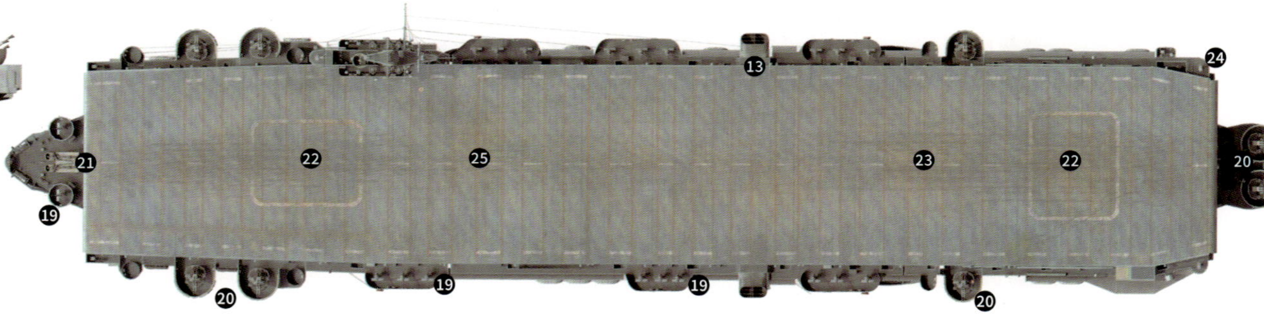

1. 锚	8. 方位测定仪	15. 127 毫米高平两用炮
2. 望远镜	9. 测距仪	16. SC-2 对空搜索雷达天线
3. 训练炮	10. 救生艇	17. SK-1 对空搜索雷达天线
4. 备用锚	11. 舷梯	18. 舰桥
5. 探照灯	12. 救生筏	19. 厄利孔 20 毫米高炮
6. 扫雷具	13. 烟囱	20. 博福斯 40 毫米双联装高炮
7. SG 对海搜索雷达天线	14. 信号灯	21. 锚链

22. 飞机升降机
23. 飞机阻拦索
24. 助降灯
25. 飞机阻拦网

Akitsu Maru

"秋津丸"号

"秋津丸"号（Akitsu Maru）是日本陆军与民间海运公司合作建造的一艘丙型特殊船。它具有全通式飞行甲板、简易式舰岛、开放式机库、登陆艇坞舱等，既是航空母舰也是登陆舰和运输舰，并且还是现代两栖攻击舰的先驱。它主要用于登陆运输和反潜巡逻，参加过爪哇登陆战，最后在执行运输任务时被美国潜艇击沉。

1944，改装成航空母舰的"秋津丸"号

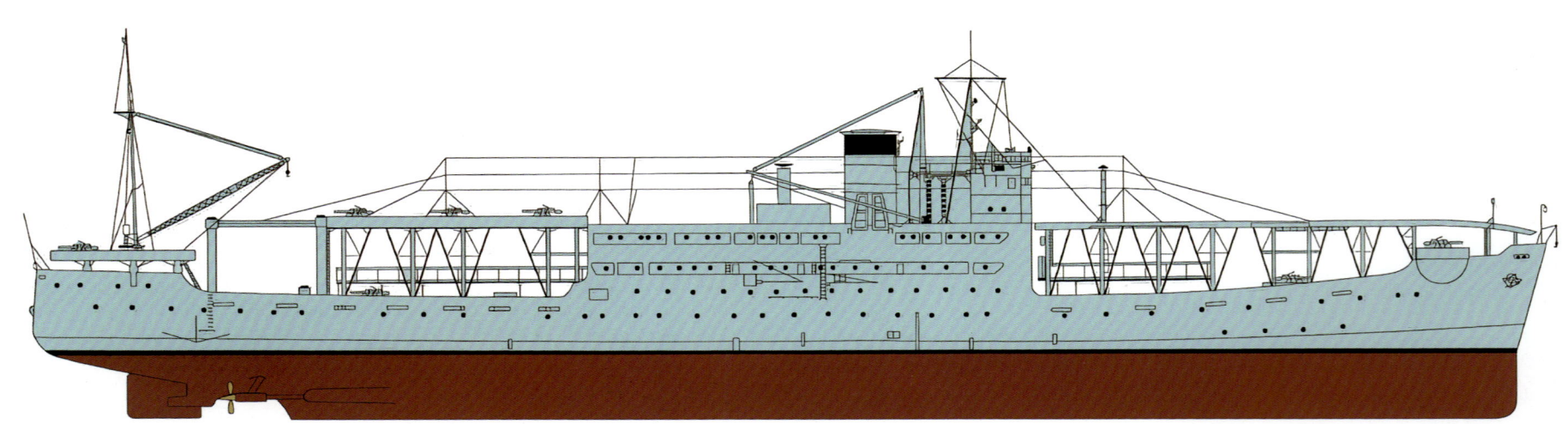

　　"秋津丸"号是由日本陆军补贴，由民间海运公司设计、建造的一艘丙型特殊船。这种特殊船在计划中有两种形态，平时是商船，战时改为航空母舰。该型建造了两艘，即"秋津丸"和"饶津丸"，前者被建为航空母舰，后者则一直是运输船。

　　日本陆军与海军对立严重、协作性差，为满足各自作战所需，就出现了陆军造航母、海军造坦克的现象。陆军主要围绕登陆和运输需求来构建自己的舰艇体系，"秋津丸"号就是代表之作。它在改装成航空母舰后，除了拥有飞行甲板和舰岛，还有开放式单层机库和1部飞机升降机，甚至配备单层全通式的登陆艇坞舱（最多可装载27艘大发动艇或者混装30～60艘登陆舟艇），具有很强的登陆部队投放能力，以及物资运输与装卸能力。

　　1942年1月刚刚竣工时，日本陆军计划让它搭载13架九七式战斗机以支援登陆作战，但实际上它多用于执行登陆运输任务。在1944年7月改装成护航航空母舰后，它搭载了8架三式指挥联络机（独立飞行

第1中队）用于反潜巡逻。它还能搭载旋翼机，在运输时则可以装载28架九七式战斗机或30架一式战斗机（"隼"）。美军曾一度将其误判为日本海军的"海鹰"号护航航空母舰，因为他们没想到日本陆军会造航母。

　　有意思的是，虽然"秋津丸"号参加过爪哇登陆战，执行过反潜巡逻任务，并且长期随陆军登陆舰执行运输任务，但它名义上一直是民间商船，其船员也是陆军征集的民间水手。1944年11月15日，它在向菲律宾运送部队与装备时遭遇美国潜艇，随后被鱼雷击沉。

水中听音机

　　"秋津丸"号装备了水中听音机，用于侦测附近的敌方潜艇，以保护自身或展开反潜攻击。水中听音机是一种接收换能器，通过将水中的声信号接收下来并转换为电信号，来实现对水中目标的定位与追踪。有资料将它称为"被动式声呐"，其实它比较简单，可以将其视为一种接收或记录水下声音的麦克风。

陆军特殊船

陆军特殊船是从1939年开始，日本陆军与民间海运公司合作，设计建造的一系列可在战时改为登陆舰的商船。它们不仅可以在海上远程运输陆军部队、登陆舟艇及作战物资，甚至还能运输和起降飞机，具有现代两栖攻击舰的雏形，其分类如下。
甲型：10000吨级的客货两用船型，包含M甲型。
甲（小）型：5000吨级的破冰货轮型，也叫乙型。
丙型：10000吨级的航空母舰型，包含M丙型。它在战前是第一形态，即商船，在战时可快速改装为第二形态，即带登陆舰功能的航空母舰。

武器/档案 WEAPON ARCHIVES

舰名	"秋津丸"号
舰种	丙型特殊船（登陆舰）；护航航空母舰
排水量	9190 总吨
长宽	152.1米 ×19.5米
动力	4台锅炉、2组蒸汽轮机；最大10019千瓦
最大速度	21节
武器	4门75毫米高炮 8门25毫米机炮 1门120毫米反潜迫击炮 60枚深水炸弹等
飞行甲板	110米 ×23米（改装后）
升降机	1部
舰载机	8架（常用6架、备用2架）

火力

既然是陆军航母，那么"秋津丸"号的火力配置自然也具有陆军的特色。在前期，它装备了 10 门三八式 75 毫米陆军野战炮。它们在拆除轮式炮架后被安装在炮座上，用于对舰和对岸轰击。其炮管长约 2.3 米，高低射界为 -8 度至 +16.5 度，弹种有榴弹、照明弹等。发射炮弹时，炮口初速为 510 米 / 秒，有效射程为 8350 米，射速为 8～10 发 / 分钟。后来该炮还配备了三式水中弹，用于攻击潜艇。

在其飞行甲板上，还有 4 门八九式 150 毫米陆军加农炮。这是日本陆军的重型火炮，实际口径是 149.1 毫米，炮管长 5.96 米，高低射界为 -5 度至 +43 度，弹种有九三式榴弹、破甲榴弹、榴霰弹等。炮口初速为 875

米 / 秒，最大射程约 19934 米，射速为 2 发 / 分钟。该炮使"秋津丸"号接近天龙级轻巡洋舰的火力水平。

此外，"秋津丸"号还装有 2 门八八式 75 毫米野战高炮。其炮管长 3.2 米，俯仰角度为 -7 度至 +85 度，弹种有九〇式榴弹、九五式破甲榴弹、一式穿甲弹等。炮口初速为 720 米 / 秒，最大射程约 13800 米，最大射高 9100 米，射速为 15～20 发 / 分钟。

以上几种陆军火炮使"秋津丸"号具备较强的炮战能力，适用于支援登陆战。但后来改装时，三八式野战炮和八九式加农炮被拆除，八八式高炮增加到 4 门，并且还加装了 8 门九六式 25 毫米机炮，变成以防空火力为重。另外，舰上还装备了 1 门陆军的二式 120 毫米迫击炮（用于反潜），外加 60 枚深水炸弹。

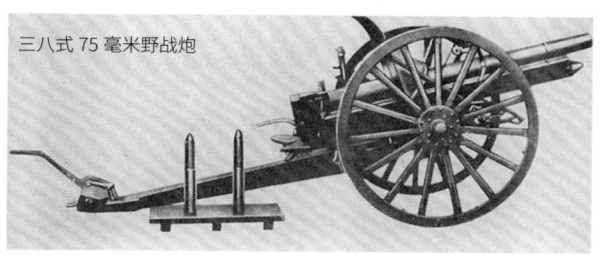

三八式 75 毫米野战炮

动力

作为日本陆军的丙型特殊船，"秋津丸"号的动力系统采用了 4 台三鼓式重油专烧水管锅炉和 2 组石川岛制两级齿轮减速型蒸汽轮机，2 轴推进。其总功率为最大 10019 千瓦，最大速度为 21 节。这一速度虽然无法与日本海军的航空母舰相比，但对"秋津丸"号而言比较适合，因为平时它多用十几节的速度航行。

三式指挥联络机

三式指挥联络机与二战德国的鹳式联络观测机 Fi 156 相常相似。1942 年，两者进行过对比测试，三式指挥联络机的性能更优。

它的特点是短距起降和速度慢。无风时可 58 米起飞、62 米降落，逆风时可 40 米左右起降。其最大速度是每小时 178 千米，最小速度是每小时约 40 千米。它适用于对地面部队进行空中指挥，还有通信联络、炮

击观测、人员紧急运输等。

"秋津丸"号装备的这 8 架三式指挥联络机为了作为舰载机使用，全部加装了着舰钩，并且可携带 2 枚 100 千克的深水炸弹。1944 年 8 月到 11 月，"秋津丸"号搭载这些三式指挥联络机在对马海峡一带进行反潜巡逻。后来因"秋津丸"号要向菲律宾运输部队与装备，所以它们就被移驻沿海机场，继续从事反潜巡逻，直到日本战败投降。

旋翼机

为了加强反潜能力，"秋津丸"号在 1943 年 6 月进行了旋翼机的起降测试。"力"号观测机在测试中表现优异，计划作为反潜巡逻机搭载于陆军后续建造的护航航母上（后来取消）。该机乘员 2 人（载弹后 1 人），长 6.95 米，宽 3.02 米，高 3.10 米，旋翼直径 12.2 米，重 1170 千克。其最大速度为 165 千米 / 小时，巡航速度为 115 千米 / 小时，最小速度为 43 千米 / 小时。它的爬升上限为 3500 米，升到 1000 米需要 3 分 26 秒，升到 2000 米需要 7 分 49 秒。当装载 114 升燃油时，它可以飞行 2.1 小时，航程约 240 千米（巡航速度）。其武器为 1 枚 60 千克的深水炸弹。

三式指挥联络机	
编号	ki-76
载员	3 人
长宽高	9.6 米 ×15 米 ×3.3 米
最大速度	178 千米 / 小时
续航距离	750 千米
武器	1 挺 7.7 毫米机枪；2 枚 100 千克深水炸弹等

"秋津丸"号搭载三式指挥联络机

三式指挥联络机

"力"号观测机

九七式战斗机

九七式战斗机是日本陆军第一种下单翼的战斗机，也是第一种可配备副油箱的单座单发战斗机。它于 1937 年服役，直到太平洋战争初期都是陆军的主力战斗机，总产量约 3386 架。

在当时，它那固定式起落架的设计已显落后，影响速度。但它的转弯性能好，水平机动性优越，被称为"终极的轻型战斗机"。

当"秋津丸"号陆军航母于 1942 年 1 月竣工时，计划搭载的就是 13 架九七式战斗机，以对登陆部队进行空中支援。

但该舰的飞行甲板存在设计问题，九七式战斗机只能起飞而不能降落，要降落只能找附近的陆基机场、海面等，所以难以用于实战。后来"秋津丸"号改装了飞行甲板，但此时九七式战斗机已被换成了三式指挥联络机。

九七式战斗机	
编号	Ki-27
载员	1 人
长宽高	7.5 米 ×11.3 米 ×3.3 米
最大速度	468 千米 / 小时
续航距离	627 千米
武器	2 挺 7.7 毫米机枪；4 枚 25 千克炸弹

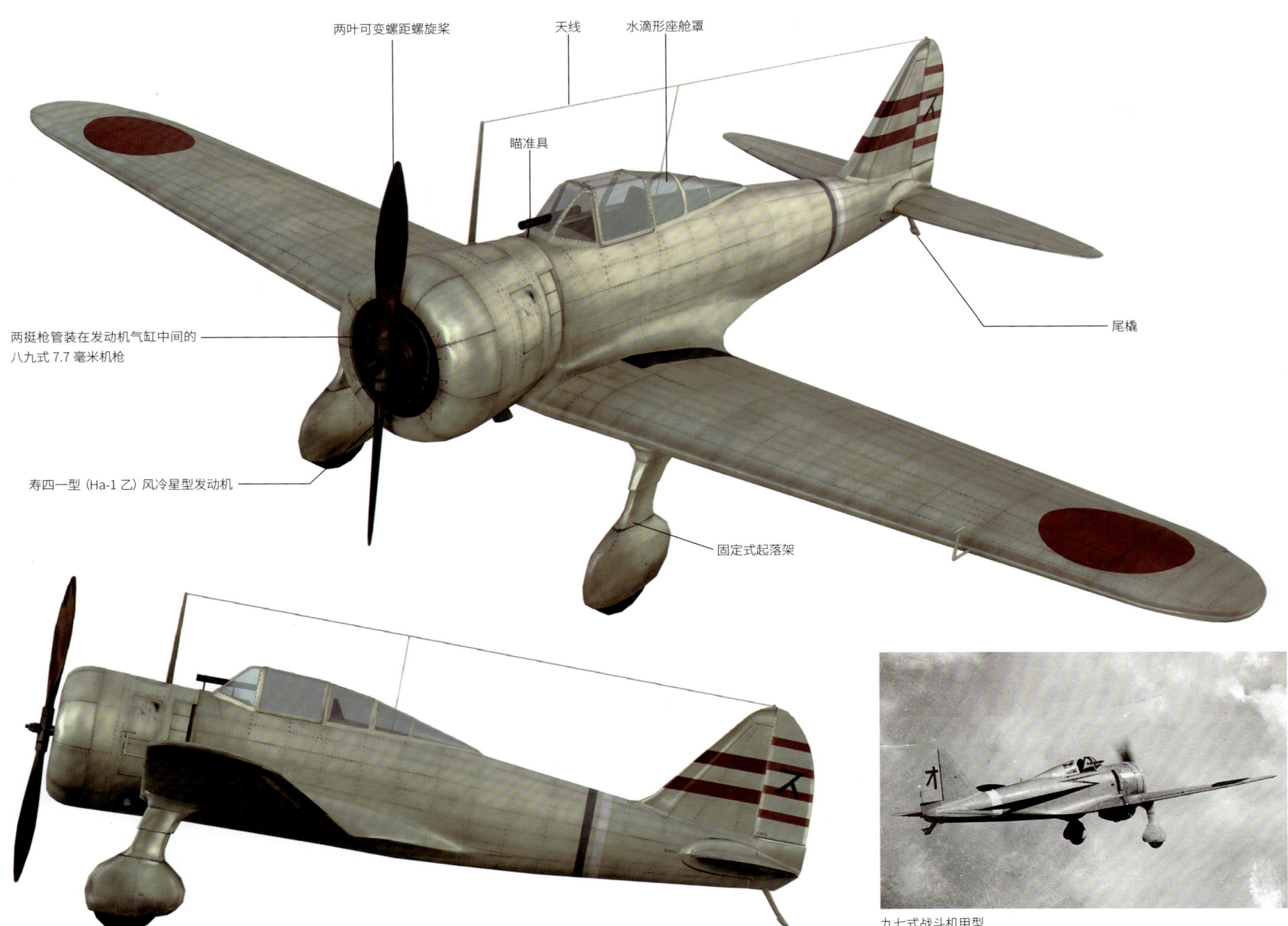

两叶可变螺距螺旋桨

天线

水滴形座舱罩

瞄准具

两挺枪管装在发动机气缸中间的八九式 7.7 毫米机枪

尾橇

寿四一型（Ha-1 乙）风冷星型发动机

固定式起落架

九七式战斗机甲型

一式战斗机

一式战斗机是擅长空中格斗的轻型战斗机，昵称叫"隼"。它是九七式战斗机的后继机型，是日本陆军在太平洋战争中的主力战斗机。它的总产量超过5700架，主要分为一型、二型和三型。

它注重近战性能，装备了2挺12.7毫米机枪，比九七式战斗机的7.7毫米机枪威力更大。因为它具有优秀的加速性能，所以被盟军飞行员认为"贸然接近低速飞行中的一式战斗机是危险的"。它还采用了自封油箱，可防12.7毫米机枪子弹，并且驾驶舱后部也有可防12.7毫米机枪子弹的装甲板。

"秋津丸"号陆军航母自身没有装备一式战斗机，而是凭借优秀的装载能力承担对它的运输任务，一次可运载30架分体包装的一式战斗机。

一式战斗机一型（美军缴获）

一式战斗机一型	
编号	Ki-43- I
载员	1人
长宽高	8.8米×11.4米×3.3米
最大速度	495千米/小时
续航距离	1620千米
武器	2挺12.7毫米机枪；2枚15～30千克炸弹

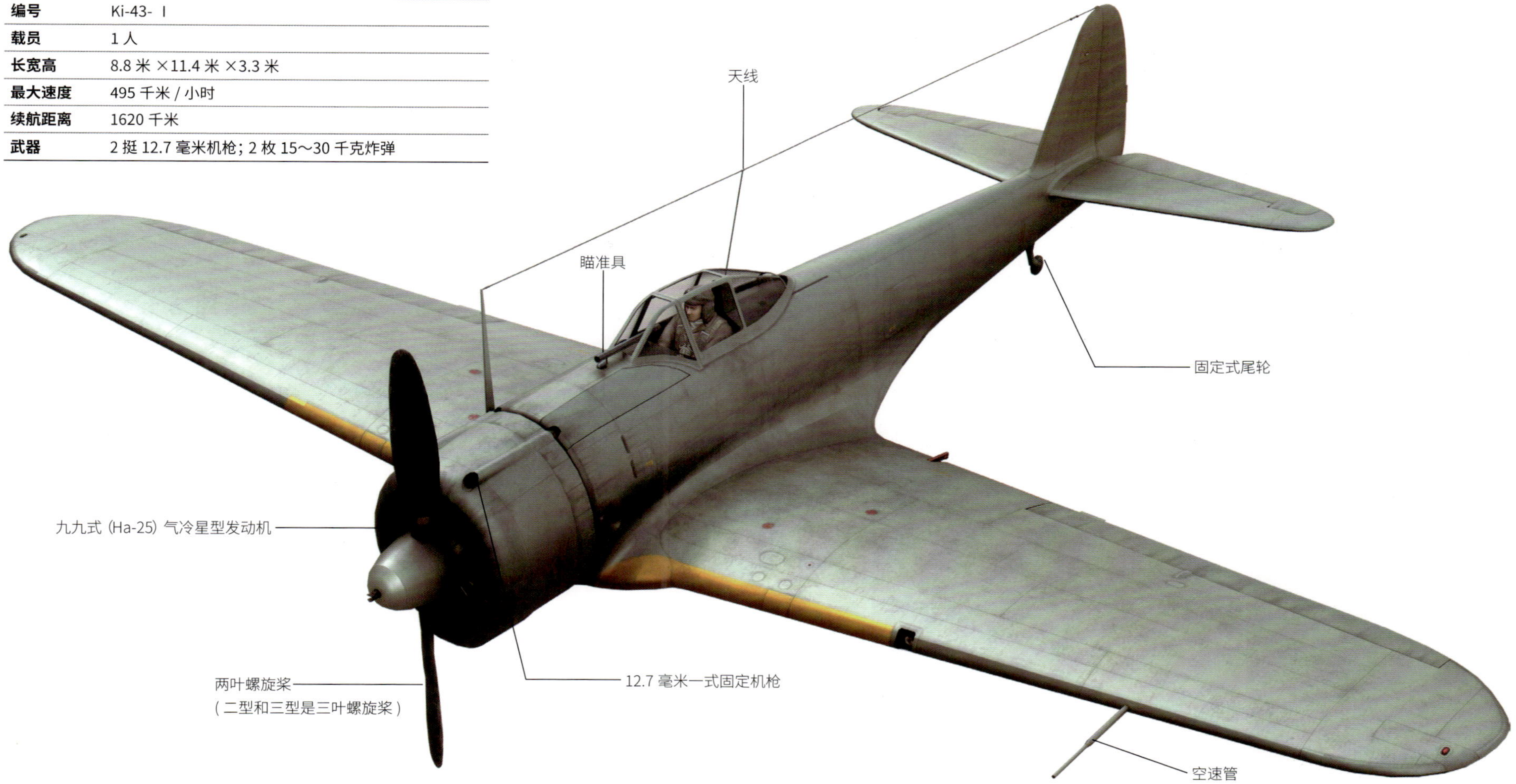

天线

瞄准具

固定式尾轮

九九式（Ha-25）气冷星型发动机

两叶螺旋桨
（二型和三型是三叶螺旋桨）

12.7毫米一式固定机枪

空速管

一式战斗机二型

Fanshaw Bay
"方肖湾"号

美国 护航航母 ▶ **Escort** Carrier

"方肖湾"号（Fanshaw Bay, CVE-70）是美国海军的一艘护航航空母舰。它常作为旗舰率领护航舰队支援登陆作战，先后参加过马里亚纳群岛战役、帕劳群岛战役、冲绳岛战役等战事。在萨马岛海战中，它率领护航舰队迎战日军以"大和"号战列舰为首的主力舰队，最后成功将其逼退。

"方肖湾"号是美国海军卡萨布兰卡级护航航空母舰的十六号舰。它以美国太平洋沿岸的一个海湾命名，有时也译作"范肖湾"号。卡萨布兰卡级不是由货船改装的，而是专业设计和建造的护航航空母舰。

该舰于 1943 年 12 月 9 日服役，载机近 30 架，日常搭载 16 架 FM-2"野猫"式战斗机和 12 架 TBM-1C"复仇者"式鱼雷轰炸机。它执行过飞机运输、反潜巡逻等任务，但主要是作为旗舰率领其他护航航母为美军的登陆作战提供掩护与支援。它参加过马里亚纳群岛战役、帕劳群岛战役、摩罗泰岛海战、萨马岛海战、冲绳岛战役等战事，其中最高光的时刻是萨马岛海战。

1944 年 10 月 25 日，"方肖湾"号带着 5 艘同级的护航航母（即第 77.4.3 分遣舰队）在菲律宾的萨马岛附近遭遇了日本海军的主力舰队。该日军舰队不仅有"大和"号、"长门"号、"金刚"号战列舰等二十多艘军舰，还有三十架神风特攻机支援。随后，就爆发了"海军史上最伟大的背水一战"——萨马岛海战。这些护航航母的速度很慢，因此它们在日军舰队的追击中拼命放飞舰载机进行反击。经过英勇奋战，加上其他两个分遣舰队的舰载机赶来支援，日军舰队最终招架不住匆忙败退。"方肖湾"号于 1946 年 8 月 14 日退役，共获得 5 枚战役星章，并因萨马岛海战获得总统集体嘉奖。

1944 年 1 月，"方肖湾"号在运送美国陆军航空兵的飞机

防护

和博格级护航航空母舰一样，"方肖湾"号所属的卡萨布兰卡级护航航空母舰也缺少防护装甲，只在舰桥等处加装了防破片的钢板。因此它们在遭到日军的鱼雷、炮弹、自杀飞机攻击时很容易沉没。虽然"方肖湾"号防护薄弱，但实战证明其舰上损管得力，就算遭到日军重创也能快速抢救回来。

火力

在美军的护航航空母舰中，"方肖湾"号的防空火力配置比较普通。其舰尾只有 1 门 127 毫米 38 倍径高平两用炮，在飞行甲板的两侧共有 8 座双联装博福斯 40 毫米高炮和 30 门厄利孔 20 毫米高炮。不过它的防空训练不错，各种高炮能够有效配合组建起防空屏障。这就使它虽然多次遭到日机编队攻击，但仍能迅速将其大部分击落。

雷达

"方肖湾"号装有当时美国海军中常见的 SC 长波搜索雷达。这种雷达主要用于对空搜索，侦测来袭的日机并引导自身的舰载机前去拦截。同时，它也具备对海搜索的能力，能够侦测附近海域的日军舰船。

该雷达配有 A 型示波器和 IFF 敌我识别装置，后期型还加装了 PPI 显示器。它的最大搜索范围为 120 千米，当天线高度约为 30 米时，它能够发现 48 千米外在 3000 米高度飞行的中型轰炸机。在搜索精度上，它的距离精度为 ±183 米（后期型为 ±91 米），角度精度为 ±5 度（后期型为 ±3 度）。埃塞克斯级、独立级等美国航空母舰也装有该雷达。

动力

"方肖湾"号的舰体是源于美国海事委员会 S4-S2-BB3 型高速货船的船体，有 4 台巴布科克·威尔科克斯锅炉。其工作气压约 1.97 兆帕，蒸汽输送给 2 组比较少见的 5 缸斯金纳单流蒸汽发动机，最后通过 2 根传动轴驱动 2 个螺旋桨。

巴布科克·威尔科克斯锅炉

武/器/档/案	**WEAPON ARCHIVES**
舰名	"方肖湾"号
舰级	卡萨布兰卡级
排水量	标准：8319 吨；满载：11077 吨
长宽	156.1 米 ×19.9 米（水线宽度）
动力	4 台巴布科克·威尔科克斯锅炉、2 组往复式蒸汽机；6711 千瓦
最大速度	19 节
续航距离	10240 海里（15 节）
载员	910～916 人
武器	1 门 127 毫米高平两用炮 /8 座双联装 40 毫米高炮 30 门 20 毫米高炮
飞行甲板	144.5 米 ×32.9 米
弹射器	1 座
舰载机	27～30 架

Nisshin
"日进"号

`日本` `水上飞机母舰` ▶ **Seaplane** Tender

"日进"号 (Nisshin) 是日本海军火力最强的一艘水上飞机母舰。它有 3 座双联装 140 毫米舰炮，可同时搭载 12 架水上飞机和 12 艘"甲标的"微型潜艇。它参加过中途岛战役，随主力舰队行动，还参加过瓜达尔卡纳尔岛战役，担任高速运输舰。1943 年 7 月 22 日，它在布干维尔岛附近被美机炸沉。

1942 年 2 月 19 日，公试中的"日进"号

"日进"号是日本海军日进级水上飞机母舰的一号舰，于 1942 年 2 月 27 日竣工。该级原计划还要建造 2 艘改进型，但未开工。其舰名源自《近思录》："君子之学必日新。日新者，日进也。"

该舰最初的设计是可以携带 700 枚水雷的高速布雷舰。它的舰体与巡洋舰相似，装备的 3 座双联装 140 毫米舰炮也是轻巡洋舰级别的火力，计划可与敌方驱逐舰和伪装巡洋舰交战。在建造时，它被改为水上飞机母舰，水雷舱也改为机库，具有 4 座飞机弹射器，可搭载 25 架水上飞机。后来因"甲标的"微型潜艇日趋成熟，其机库又改为潜艇库，这使它增加了"甲标的"母舰的属性。最后竣工时，它具有 2 座飞机弹射器，可同时搭载 12 架零式水上观测机和零式水上侦察机、12 艘"甲标的"微型潜艇。

它的外形很有特点，看舰体前部的主炮、舰桥、桅杆等像常规的轻巡洋舰，看后部的航空整备甲板、弹射器、小吊车等又像水上飞机母舰，并且中后部还有两个装有吊车的大型门形结构。其艉部有"甲标的"微型潜艇的下水通道。

其动力系统源自"大和"号战列舰计划安装的新型柴油机。因为后者实际安装的是蒸汽轮机，所以柴油机就被"日进"号使用。这使"日进"号拥有高效且稳定的动力，因而也使它在太平洋战争中多被当作高速运输舰使用。1942 年 6 月，中途岛战役中，它搭载了 5 艘鱼雷艇随主力舰队行动，但未参战就返航了。1942 年 10 月，瓜达尔卡纳尔岛战役中，其高速度、强火力和大装载量的优势得到充分发挥，至少四次成功运输物资增援瓜岛。1943 年 7 月 22 日，它在布干维尔岛附近执行运输任务时遭到美机攻击，最后沉没。

动力

"日进"号的动力系统是 4 台舰本式 13 号 10 型十缸柴油机和 2 台舰本式 13 号 2 型十二缸柴油机，2 轴推进。其中，每 2 台 13 号 10 型柴油机和 1 台 13 号 2 型柴油机为一组，通过 1 根传动轴驱动 1 个直径为 3.9 米的螺旋桨，螺旋桨的最大转速为 300 转 / 分钟。其总功率约 35048 千瓦，最大速度为 28 节。出航时，它能装载 1200 吨自用重油，以 16 节的速度航行 8000 海里。另外，它还能装载 1650 吨补给用重油和 216 吨航空轻油。

防护

目前缺乏"日进"号的装甲数据，但可以确定其防护性能较差。在设计、建造到服役过程中，无论将其作为高速布雷舰、水上飞机母舰、"甲标的"母舰，还是高速运输舰，日本海军都不太重视其防护能力。

火力

该舰拥有轻巡洋舰级别的火力是指舰桥前部的 3 座 50 倍径三年式 140 毫米双联装主炮塔。这种炮塔重约 50 吨，炮管长约 7 米，俯仰角度为 -7 度至 +30 度，俯仰速度为 6 度 / 秒，水平旋转速度为 4 度 / 秒。其弹种有半穿甲弹、反潜弹、照明弹等。其炮口初速约 850 米 / 秒 (反潜弹仅 250 米 / 秒)，最大射程约 19100 米，最大射速 10 发 / 分钟。它虽然是老式的中口径舰炮，但当"日进"号作为高速布雷舰冲进敌方海域布雷时，至少能提供足够的自卫火力，特别是在遭遇敌方中小型舰艇时。"日进"号的防空火力比较单一，只有 8 座九六式 25 毫米三联装机炮。

博物馆展示的"甲标的"微型潜艇

附录说明：

1920 年，日本海军将水上飞机母舰分类为航空母舰。从一战到战间期，虽然早期的航空母舰形态多样，但它们的雏形都是水上飞机母舰，后来采用全通式飞行甲板的航空母舰成了主流。二战前期，日本海军为水上飞机母舰单独设立了舰种，与航空母舰分离，所以在此将"日进"号作为本章附录进行介绍。

武/器/档/案 **WEAPON ARCHIVES**	
舰名	"日进"号
舰级	日进级
排水量	标准：11499 吨；公试：12500 吨
长宽	198.5 米 ×21 米
动力	4 台舰本式 13 号 10 型柴油机、2 台舰本式 13 号 2 型柴油机；35048 千瓦
最大速度	28 节
续航距离	8000 海里 (16 节)
载员	633 人 (1943 年)
武器	3 座双联装 140 毫米舰炮 /8 座三联装 25 毫米机炮
升降机	1 部
弹射器	2 座
水上飞机	12 架
微型潜艇	12 艘 ("甲标的")

Akitsushima
"秋津洲" 号

"秋津洲"号（Akitsushima）是日本海军的一艘大型水上飞机母舰，即飞行艇母舰。它不仅是飞行艇在执行远程任务时的海上中继基地，也是其指挥中枢。它可在停泊状态下吊装 1 架飞行艇上舰进行补给与维护。它不直接参加战斗，除履行母舰职能之外，也被作为运输舰和工作舰。

1942 年 4 月 18 日，涂有特殊迷彩的"秋津洲"号

"秋津洲"号是日本海军秋津洲级水上飞机母舰的一号舰，于 1942 年 4 月 29 日竣工服役。"秋津洲"是日本的一种别称。该级二号舰未完工就被拆解，后面还有三艘未建造。它是飞行艇母舰，为执行远程侦察、轰炸等任务的大型飞行艇（二式飞行艇）提供海上中继补给与休整等服务。该舰拥有较好的食宿条件和富余的舰内空间，不仅可以搭载飞行艇航空队的司令部进行前线指挥，也常在海战中营救海面迫降的日军飞行员，并被后者视为沙漠中的绿洲。

"秋津洲"号有三大奇特之处。第一，它的外观奇特。前部是常见的舰炮、舰桥、桅杆、烟囱等，但后部是少见的飞行艇整备甲板和高耸的大型起重机，整体看上去极不平衡。并且，在它吊装一架大型飞行艇上舰后，后者宽大的主翼会伸出它的两舷，宛如军舰插上了

翅膀。第二，它的涂装奇特。在战时，其舰首和舰尾的水线处被画上伪装的浪花，使它在停泊时也仿佛在航行，从而令美军在发射鱼雷时算错提前量。舰体前部还画有以前主力舰常用的伪装斜条纹，其他地方则画了密集的浅色斑点迷彩。它因特殊的迷彩涂装，在第一次所罗门海战时差点被日军舰队误当敌舰。第三，它的战术奇特。其舰长创造了"秋津洲流兵法"和"秋津洲流战场航海术"。如在停泊时将锚抛在舰体右舷 150 米处，碰到美军空袭就全力加速，这样舰体在锚链牵制下就会快速向右移动，从而躲过美机空投的炸弹。

在太平洋战争中，"秋津洲"号是日本海军唯一的飞行艇母舰，支持着其二式飞行艇开展侦察、轰炸、空战等行动。1944 年 9 月 24 日，它在菲律宾的科隆湾被美军舰载机围攻，最后沉没。

武/器/档/案	**WEAPON ARCHIVES**
舰名	"秋津洲"号
舰级	秋津洲级
排水量	标准：4725 吨；公试：5000 吨
长宽	114.8 米 ×15.8 米（水线宽度）
动力	4 台舰本式 22 号 10 型柴油机；5966 千瓦
最大速度	19 节
续航距离	8000 海里（14 节）
载员	545 人
雷达	21 号对空电探（1944 年）
武器	2 座双联装 127 毫米高炮 /6 座三联装 25 毫米机炮 3 门 25 毫米机炮（1944 年）
起重机	1 台
舰载机	1 架飞行艇（停泊时搭载）

初代"秋津洲"号是一艘防护巡洋舰，后来成为一艘潜艇母舰

水上飞机母舰"千岁"号上的 40 倍径八九式 127 毫米双联装高炮

起重机

在"秋津洲"号的后甲板上，有一个大得比例失调的电动起重机，主要用于吊放二式飞行艇。它的塔高为 23 米（加上顶部的无线电桅杆高达 30 米），吊臂长度为 21 米，起吊重量最大为 35 吨，并且可以 360 度旋转起吊。该起重机不仅是"秋津洲"号最重要的设备，也是其标志性的外观特征。

火力

因为"秋津洲"号不参与一线战斗，所以它只装备了防空火力。除了一些九六式 25 毫米机炮之外，它还安装了 2 座 40 倍径八九式 127 毫米双联装高炮，分别位于舰体前部和中部，前部那座采用半开敞式炮塔。其炮管长度为 5.08 米，俯仰角度为 -8 度至 +90 度，可水平旋转 360 度，装备弹种包括高爆榴弹、三式弹、照明弹等。其炮口初速为 720 米 / 秒，最大射速为 14 发 / 分钟，最大射程约 14622 米。整体而言，"秋津洲"号的防空火力不强。

动力

"秋津洲"号安装了 4 台舰本式 22 号 10 型十缸柴油机，2 轴推进。其中，每 2 台柴油机连接 1 根传动轴，以驱动 1 个直径为 2.5 米的螺旋桨，螺旋桨的最大转速为 350 转 / 分钟。这种柴油机原是日本海军中型潜艇使用的主发动机，后来也安装在各种海防舰和训练巡洋舰上。由于性能稳定等原因，"秋津洲"号就采用了它。其总功率约 5966 千瓦，带来的最大速度为 19 节。它的重油库可以装载 455 吨重油，使之能以 14 节的速度航行 8000 海里。另外，其航空油库中还可以装载 689 吨航空轻油。

附录说明：

水上飞机母舰是航空母舰的早期形态，而"秋津洲"号是日本海军知名的水上飞机母舰以及唯一的飞行艇母舰，因此将它作为本章附录进行介绍。

飞行艇

飞行艇是指采用船型机身的大中型水上飞机。它们不仅可以在海面起降，还有续航力强、装载量大等特点，适合执行侦察、巡逻、轰炸、运输、救援等很多任务。

其代表机型是二式飞行艇。它是日本海军在太平洋战争中普遍使用的一种四引擎大型水上飞机，而"秋津洲"号就是其母舰。

二式飞行艇是九七式飞行艇的后继机型，编号 H8K，在 1942 年 2 月服役。其一二型的最大速度为每小时 470 千米，航程为 8223 千米，机组成员 10～13 人。它的武器是 5 门 20 毫米机炮和 4 挺以上的 7.7 毫米机枪，另可携带 2 枚航空鱼雷、2 枚 800 千克炸弹等。值得一提的是，日本海军在偷袭珍珠港成功之后，又于 1942 年 3 月单独派过 2 架二式飞行艇去轰炸珍珠港。

二式飞行艇进行海面起飞测式

鹿屋航空基地收藏的二式飞行艇

"秋津洲"号用起重机将二式飞行艇从海面吊到舰上

Midway
"中途岛"号

美国 **航空母舰** ▶ Aircraft Carrier

USS MIDWAY 41

归航信标

SG 对海搜索雷达天线

SK-2 对空搜索雷达天线

大型烟囱

SPG-25 火控雷达天线

大型起重机

Mk37 射击指挥仪

起倒桅

127 毫米 54 倍径高平两用炮

厄利孔 20 毫米双联装高炮

博福斯 40 毫米四联装高炮

1945 年 9 月服役时的"中途岛"号

　　"中途岛"号（Midway, CVB/CVA/CV-41）是美国海军中途岛级大型航空母舰的一号舰。其名字来自太平洋战争的转折点中途岛海战。它不仅是美国第一艘采用装甲飞行甲板（装甲厚度 89 毫米）的航空母舰，也是美国第一艘改装斜角飞行甲板的航空母舰。它于 1943 年 10 月动工，1945 年 3 月下水，但正式服役是在 1945 年 9 月 10 日。此时日本刚无条件投降，所以它没赶上太平洋战争。

　　1947 年 9 月，美军在其飞行甲板上发射了一枚缴获的德国 V-2 火箭，以作移动平台发射弹道导弹的测试。作为二战时期设计和建造的航空母舰，"中途岛"号在战后进行过多次现代化改装，以适应各种喷气式飞机上舰。

原有的各型防空炮也换装为"海麻雀"导弹、"密集阵"近防系统等。

　　在战后世界各地的区域性战争与冲突中，经常能看到"中途岛"号的身影。在 1991 年的"沙漠风暴行动"中，它进行了海湾战争中的首次航母打击。1992 年 4 月 11 日，"中途岛"号退役，随后它被改造为博物馆。

附录说明：

　　"中途岛"号航空母舰于二战期间建造和下水，以当时的日本为作战对象。日本在 1945 年 9 月 2 日正式签字投降，标志着二战结束，而"中途岛"号是在 9 月 10 日服役，所以将它作为本章附录进行介绍。

武/器/档/案	WEAPON ARCHIVES
舰名	"中途岛"号
舰级	中途岛级
排水量	标准：45722 吨；满载：61064 吨
长宽	295 米 ×41.5 米
最大速度	33 节
续航距离	15000 海里（15 节）
载员	4104 人
武器	18 门 127 毫米高平两用炮 /21 座四联装 40 毫米高炮 68 门 20 毫米高炮
飞行甲板	281.6 米 ×34.4 米
升降机	3 部
弹射器	2～3 座
舰载机	137 架

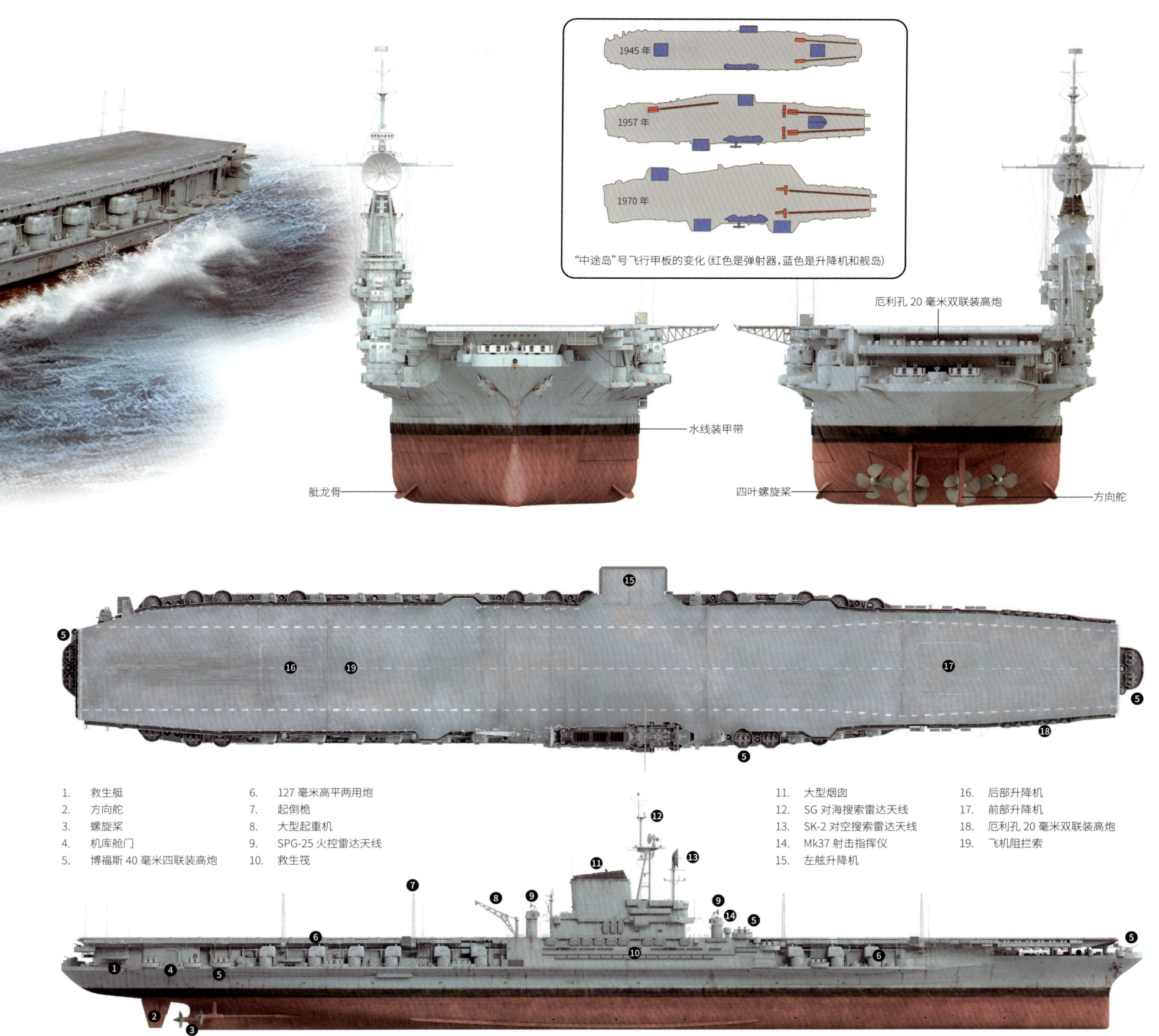

"中途岛"号飞行甲板的变化 (红色是弹射器,蓝色是升降机和舰岛)

1945 年

1957 年

1970 年

厄利孔 20 毫米双联装高炮

水线装甲带

舭龙骨

四叶螺旋桨

方向舵

1. 救生艇	6. 127 毫米高平两用炮	11. 大型烟囱	16. 后部升降机
2. 方向舵	7. 起倒桅	12. SG 对海搜索雷达天线	17. 前部升降机
3. 螺旋桨	8. 大型起重机	13. SK-2 对空搜索雷达天线	18. 厄利孔 20 毫米双联装高炮
4. 机库舱门	9. SPG-25 火控雷达天线	14. Mk37 射击指挥仪	19. 飞机阻拦索
5. 博福斯 40 毫米四联装高炮	10. 救生筏	15. 左舷升降机	

Saipan
"塞班岛"号

美国 航空母舰 ▶ Aircraft Carrier

SP 战机测向雷达天线

SG 对海搜索雷达天线

SPS-6 对空搜索雷达天线

排气烟囱

起倒桅

小型舰岛

大型起重机

博福斯 40 毫米四联装高炮

旗杆

扫雷具

博福斯 40 毫米双联装高炮

　　"塞班岛"号 (Saipan, CVL-48) 是美国海军塞班岛级轻型航空母舰的一号舰。该级是为了补充战时损失的独立级轻型航空母舰而建造的。它的舰体由巴尔的摩级重巡洋舰改进而来，设计时吸取了独立级对日作战的经验。和独立级相比，它增强了装甲，增大了弹药库，提高了飞行甲板强度，提升了航速。此外，其飞行甲板和机库比独立级更大，能搭载更多飞机。

　　它于 1944 年 7 月动工，1945 年 7 月下水，但正式服役是在 1946 年 7 月，二战已结束。它被用于训练舰载机飞行员，1948 年 5 月获得了美国海军第一个舰载喷气式战斗机中队 VF-17A。1959 年 5 月，该舰改为辅助飞机运输舰 (AVT-6)，后来又改为"阿灵顿"号通信中继舰 (AGMR-2)。1976 年 6 月，"阿灵顿"号被报废。

武/器/档/案 **WEAPON ARCHIVES**	
舰名	"塞班岛"号
舰级	塞班岛级
排水量	标准：14733 吨；满载：19305 吨
长宽	208.5 米 ×35.1 米
最大速度	33 节
载员	1721 人
武器	40 门 40 毫米高炮 32 门 20 毫米高炮
舰载机	50 余架

附录说明：

　　"塞班岛"号轻型航空母舰于二战期间建造和下水，以当时的日本为作战对象。但其服役是在二战结束后的 1946 年 7 月 14 日，所以将它作为本章附录进行介绍。

航行中的"塞班岛"号

航行中的"阿灵顿"号通信中继舰

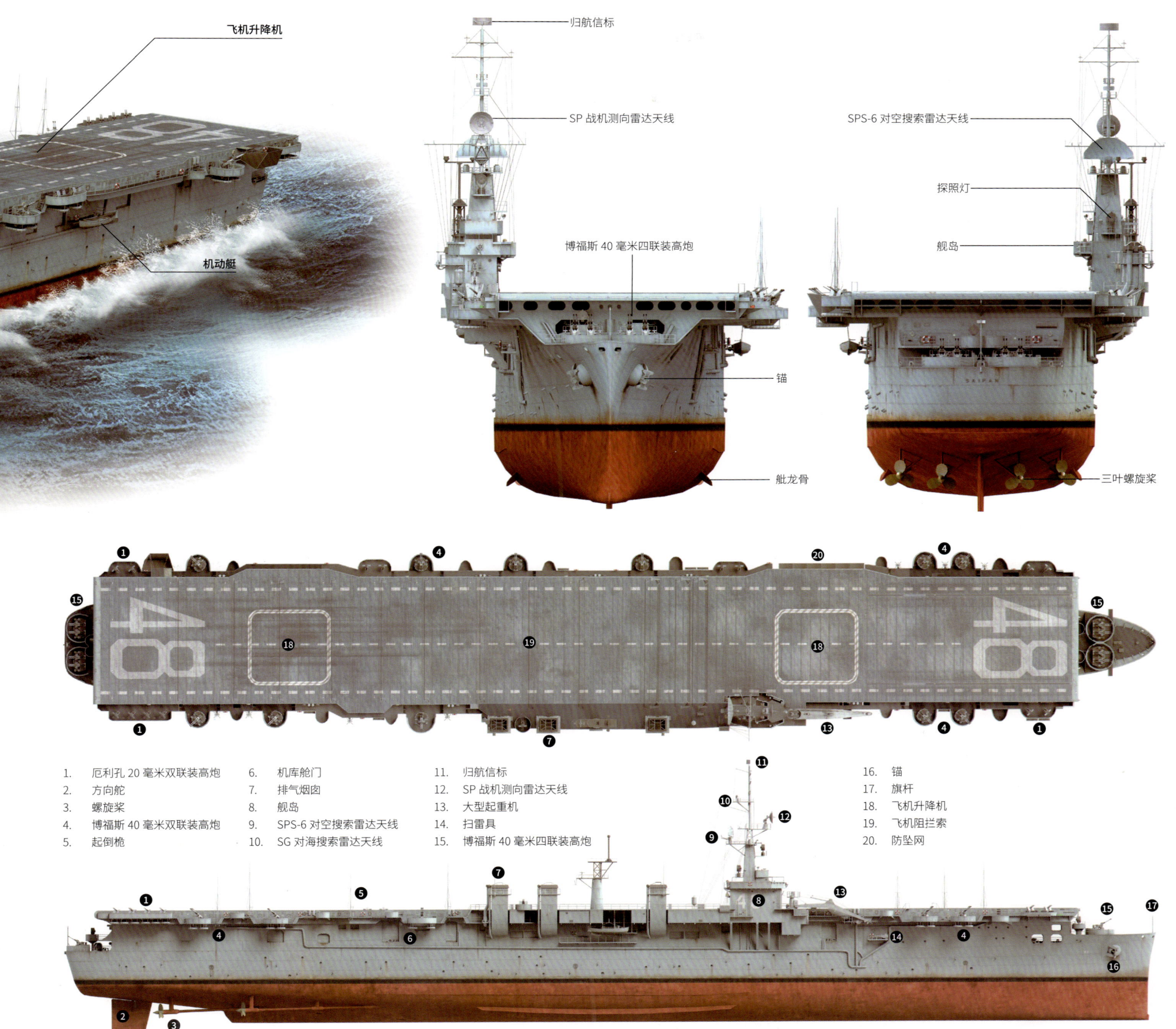

飞机升降机

归航信标

SP 战机测向雷达天线

博福斯 40 毫米四联装高炮

机动艇

SPS-6 对空搜索雷达天线

探照灯

舰岛

锚

舭龙骨

三叶螺旋桨

1. 厄利孔 20 毫米双联装高炮
2. 方向舵
3. 螺旋桨
4. 博福斯 40 毫米双联装高炮
5. 起倒桅

6. 机库舱门
7. 排气烟囱
8. 舰岛
9. SPS-6 对空搜索雷达天线
10. SG 对海搜索雷达天线

11. 归航信标
12. SP 战机测向雷达天线
13. 大型起重机
14. 扫雷具
15. 博福斯 40 毫米四联装高炮

16. 锚
17. 旗杆
18. 飞机升降机
19. 飞机阻拦索
20. 防坠网

Ise

"伊势"号

日本 航空战列舰 ▶ **Aviation** Battleship

"伊势"号 (Ise) 是日本在一战时期建造的一艘战列舰, 于1917 年 12 月服役。它是伊势级战列舰的一号舰 (二号舰是"日向"号), 舰名源自日本古代的伊势国。它在战间期进行过大改装, 具有高耸的宝塔式桅杆, 俗称"违章建筑"。

二战时, 它被改装为非常特殊的航空战列舰, 既拥有战列舰的主炮火力和装甲防护, 又拥有轻型航空母舰的舰载机攻击力。

1941 年 12 月太平洋战争爆发时, "伊势"号作为速度较慢的老式战列舰, 在后方为偷袭珍珠港的航母舰队提供接应。1942 年 6 月中途岛海战后, 日本海军将"伊势"号和"日向"号从战列舰改造为罕见的航空战列舰。虽然美国海军提出过这种概念, 但真正实施的是日本海军。

1943 年 9 月, "伊势"号作为航空战列舰加入第十一水雷战队, 执行运输和训练的任务。此时其后部的两座主炮塔已被拆除, 安装了一个可容纳 9 架舰载机的机库、一块长 70 米、宽 29 米的航空甲板, 以及两座飞机弹射器等航空设施。"伊势"号保留了前面的四座主炮塔, 仍具有可观的战列舰主炮火力, 并可在后部搭载 22 架舰载机 (机库内 9 架、甲板上 11 架、弹射器上 2 架), 载机量达到了轻型航空母舰的水平。

21 号对空电探

探照灯

25 毫米三联装机炮

356 毫米双联装主炮塔

导缆钳

锚链轮

附录说明：

　　"伊势"号所属的日本海军第四航空战队除了航空战列舰，还编入过"隼鹰"号航空母舰、"龙凤"号轻型航空母舰等。虽然它的舰种不是航空母舰，但在航空战队里是肩负轻型航空母舰的职责，所以将它作为本章附录进行介绍。

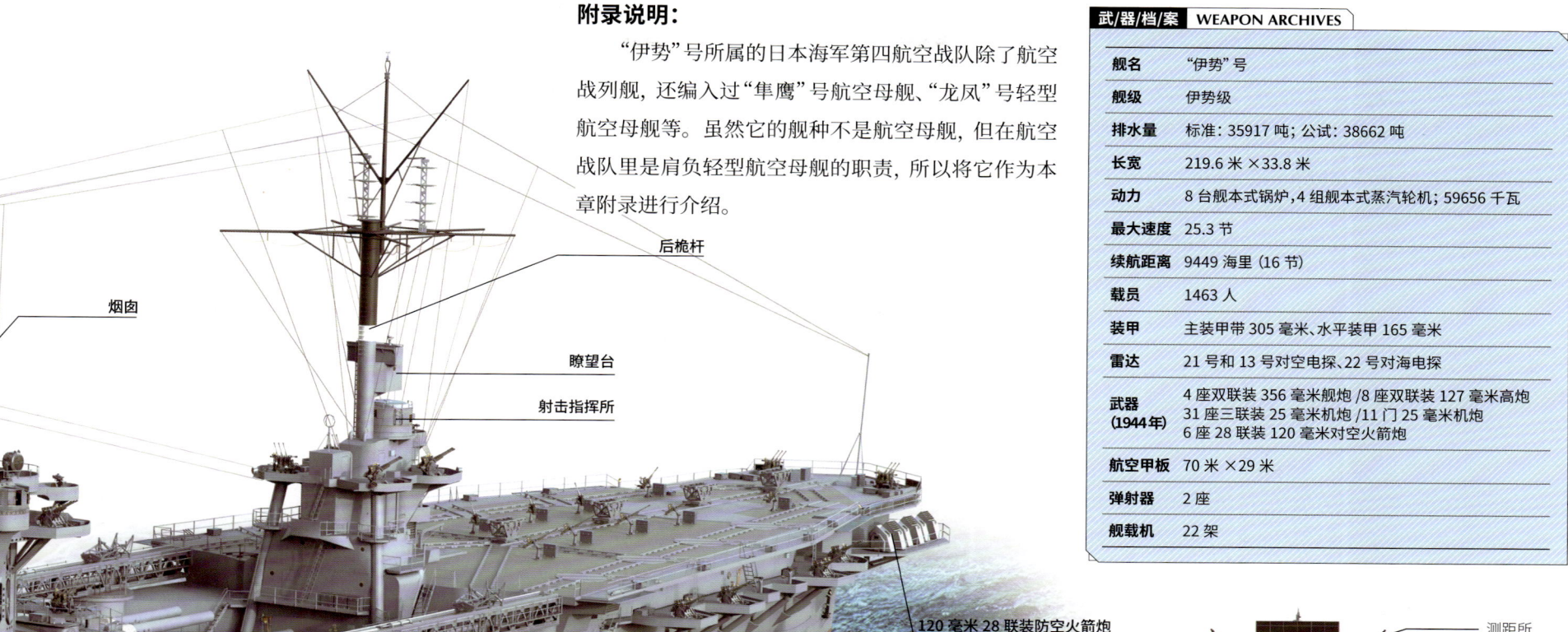

烟囱

后桅杆

瞭望台

射击指挥所

120 毫米 28 联装防空火箭炮

127 毫米双联装高炮

测距所

射击指挥所

防空指挥所

上部观测所

测地所

战斗舰桥

观测指挥所

下部观测所

罗经舰桥

指挥塔

武/器/档/案	**WEAPON ARCHIVES**
舰名	"伊势"号
舰级	伊势级
排水量	标准：35917 吨；公试：38662 吨
长宽	219.6 米 ×33.8 米
动力	8 台舰本式锅炉，4 组舰本式蒸汽轮机；59656 千瓦
最大速度	25.3 节
续航距离	9449 海里（16 节）
载员	1463 人
装甲	主装甲带 305 毫米、水平装甲 165 毫米
雷达	21 号和 13 号对空电探、22 号对海电探
武器（1944 年）	4 座双联装 356 毫米舰炮 /8 座双联装 127 毫米高炮 31 座三联装 25 毫米机炮 /11 门 25 毫米机炮 6 座 28 联装 120 毫米对空火箭炮
航空甲板	70 米 ×29 米
弹射器	2 座
舰载机	22 架

　　1944 年 5 月，"伊势"号和"日向"号组建了第四航空战队。它们在名义上配属了"彗星"式舰载俯冲轰炸机和"瑞云"式水上侦察机（简称"瑞云"水侦），但其航空队从未满编，且很少上舰。这些飞机可从舰上弹射起飞，但不能着舰降落。"彗星"舰爆只能降落到附近的航空母舰或陆地机场，而"瑞云"水侦只能先在海面降落，再用起重机吊回舰上。在 1944 年 10 月的莱特湾海战中，"伊势"号和"日向"号都没有搭载飞机，跟着四艘航空母舰一起作为诱饵舰队，去吸引美军航母群。随后，它们遭到美机大围攻。"伊势"号和"日向"号都装备了一百多门防空炮，凭借"弹幕射击术"和灵活机动的"爆弹回避术"，它们均只受轻伤。后来，"伊势"号还参加了旨在远洋运输的"北号作战"。

　　1945 年 7 月，"伊势"号在吴港因美机空袭而坐沉。二战结束后，它被打捞用作住宅船，最后在 1947 年报废解体。

动力

作为战列舰，"伊势"号的动力系统由24台舰本式油煤混烧锅炉、2组（4台）布朗 - 柯蒂斯式单级齿轮减速型蒸汽轮机，以及4根传动轴和4个螺旋桨组成。它输出的总功率约33556千瓦，最大速度23节。当装载1411吨重油和4607吨煤时，它能以14节的速度航行9680海里。改装成航空战列舰后，动力系统为8台吕号舰本式重油专烧锅炉和4组舰本式齿轮减速型蒸汽轮机，输出的总功率为59656千瓦，最大速度为25.3节。在装载4240吨重油后，它能以16节的速度航行9449海里。

火力

"伊势"号拥有战列舰级别的强大火力，即使为增加航空设施而拆除了后部的两座主炮塔，对舰和对空的火力依然不俗。作为航空战列舰，其舰体的前部和中部各有两座45倍径四一式356毫米双联装主炮塔。该炮是英国维克斯舰炮的日本仿制版，炮管长度为16.47米，俯仰角度为 -5度至 +43度，弹种有九一式穿甲弹、零式通常弹、三式弹等。其炮口初速为770～775米/秒（九一式穿甲弹），最大射程达到35450米，射速为2发/分钟。在防空火力方面，它拥有日本大中型军舰常备的八九式127毫米双联装高炮、九六式25毫米机炮和120毫米28联装对空火箭炮。

防护

"伊势"号作为战列舰时，最初的装甲总重量为9525吨，后来经过大改装提高到12644吨。改成航空战列舰后，装甲总重量稍降为12101吨。其指挥塔的装甲厚330毫米，主装甲带厚305毫米，水平装甲最厚处为165毫米，主炮塔的正面厚305毫米、侧面厚152毫米，而副炮的炮廓厚292毫米。

另外，它还给操舵室配备了1米厚的混凝土保护层，同时拥有一个带有装甲的辅助操舵室。其两舷下方还安装了防雷鼓包，用以抵御水下的鱼雷攻击。不难看出，"伊势"号拥有重装甲防护，在战场上的生存能力较强。

爆弹回避术

1944年10月，日本海军的航空战列舰"伊势"号和"日向"号参加了莱特湾海战。在战前，第四航空战队司令官松田千秋用它们演练了自己研究的"爆弹回避术"。

简单地说，"爆弹回避术"就是利用机动来躲避美军俯冲轰炸机的攻击，即在航行中观察来袭的俯冲轰炸机，一旦发现其进入俯冲攻击的状态，就急速转舵以脱离其攻击范围。

携带重磅炸弹的俯冲轰炸机机动性较差，俯冲时不能灵活地调整方向，并且就算敌舰脱离其攻击范围也只能继续投弹，否则很难拉起机头，容易因惯性而坠海。

在莱特湾海战的恩加诺角海战中，面对大量的美军俯冲轰炸机围攻，"伊势"号和"日向"号将"爆弹回避术"运用自如。虽然最终己方的四艘航空母舰被全部炸沉，但它俩却只受轻伤。

1944年10月25日，在恩加诺角海战中对空作战的"伊势"号航空战列舰

1943年8月24日，改装为航空战列舰的"伊势"号

1930年8月，改装成航空战列舰前的"伊势"号战列舰

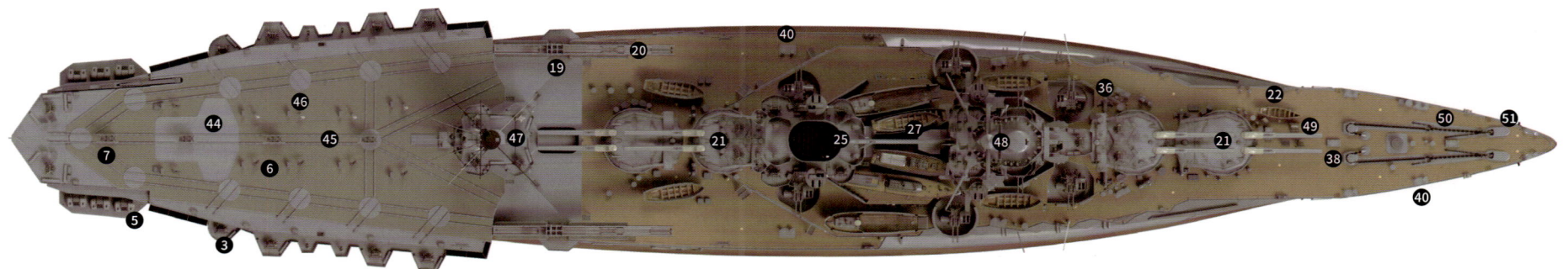

雷达

    "伊势"号的雷达系统比较完备，包括1台21号对空电探和2台13号对空电探（对空搜索雷达），以及2台22号对海电探（对海搜索雷达）。其中，22号对海电探具有两个喇叭状的发射器和接收器天线，外观最独特也最简单。它能在35千米的距离上探测到战列舰等大型舰船，在16千米的距离上探测到驱逐舰，在5千米的距离上探测到潜艇的潜望镜。其波长为10厘米，峰值功率为2千瓦，脉冲宽度为2~10微秒，脉冲重复频率为2500Hz，测距精度为500米，测角精度为3度。

1.	旗杆
2.	航空甲板立柱
3.	25毫米三联装机炮
4.	备用锚
5.	120毫米28联装防空火箭炮
6.	25毫米单管机炮
7.	飞机搬运台车
8.	方向舵
9.	消防栓与消防水带
10.	弹药起重机
11.	望远镜
12.	高射指挥仪
13.	瞭望台
14.	后桅杆
15.	13号对空电探
16.	风向标
17.	方位测定仪
18.	舭龙骨
19.	滑走车
20.	飞机弹射器
21.	356毫米双联装主炮塔
22.	救生艇
23.	射击装置
24.	探照灯
25.	烟囱
26.	起重机
27.	舰载艇
28.	测距仪
29.	22号对海电探
30.	射击指挥所
31.	21号对空电探
32.	E27型逆探
33.	无线电送话机天线
34.	指挥塔（司令塔）
35.	127毫米双联装高炮
36.	防雷具
37.	导缆钳
38.	甲板天窗
39.	舷窗
40.	系缆桩
41.	导缆器
42.	大型导缆钳
43.	锚
44.	飞机升降机
45.	搬运轨道
46.	台车旋转盘
47.	后桅楼
48.	主桅楼（舰桥）
49.	络车
50.	锚链
51.	锚链筒盖

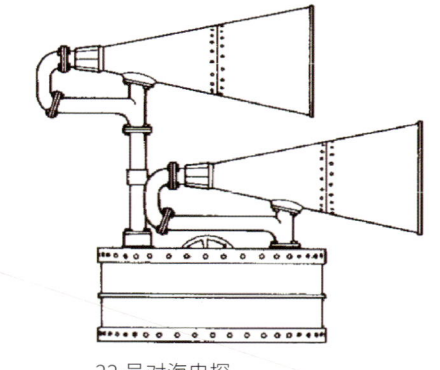

22号对海电探

"瑞云"水侦

　　"瑞云"水侦是二战时期日本海军最后的一种水上侦察机。它不仅具有速度快、航程远等特点，而且能够挂载 250 千克炸弹充当俯冲轰炸机。凭借不错的机动性和 20 毫米机炮，它还能兼任战斗机。

　　"瑞云"水侦 11 型于 1943 年 8 月定型，量产了约 220 架。12 型在 1945 年推出，但只有 1 架原型机。

　　它不是传统意义上的水上侦察机，从设计开始就注重俯冲轰炸和空战能力，是带双浮舟的多用途作战飞机。

　　由于缺乏足够的"彗星"舰爆，伊势级航空战列舰只能装备一些"瑞云"水侦。据说每舰 22 架飞机中，"彗星"舰爆和"瑞云"水侦各有 11 架。在实际使用中，"瑞云"水侦没有随航空战列舰执行过任务，其航空队多是从水上飞机基地驾驶它出击的。

"瑞云"水侦 11 型	
编号	E16A1
载员	2 人
长宽高	10.84 米 ×12.8 米 ×4.74 米
最大速度	448 千米 / 小时
升限	10280 米
续航距离	2535 千米
武器	2 门 20 毫米机炮、1 挺 13 毫米机枪；1 枚 250 千克炸弹、2～3 枚 60 千克炸弹

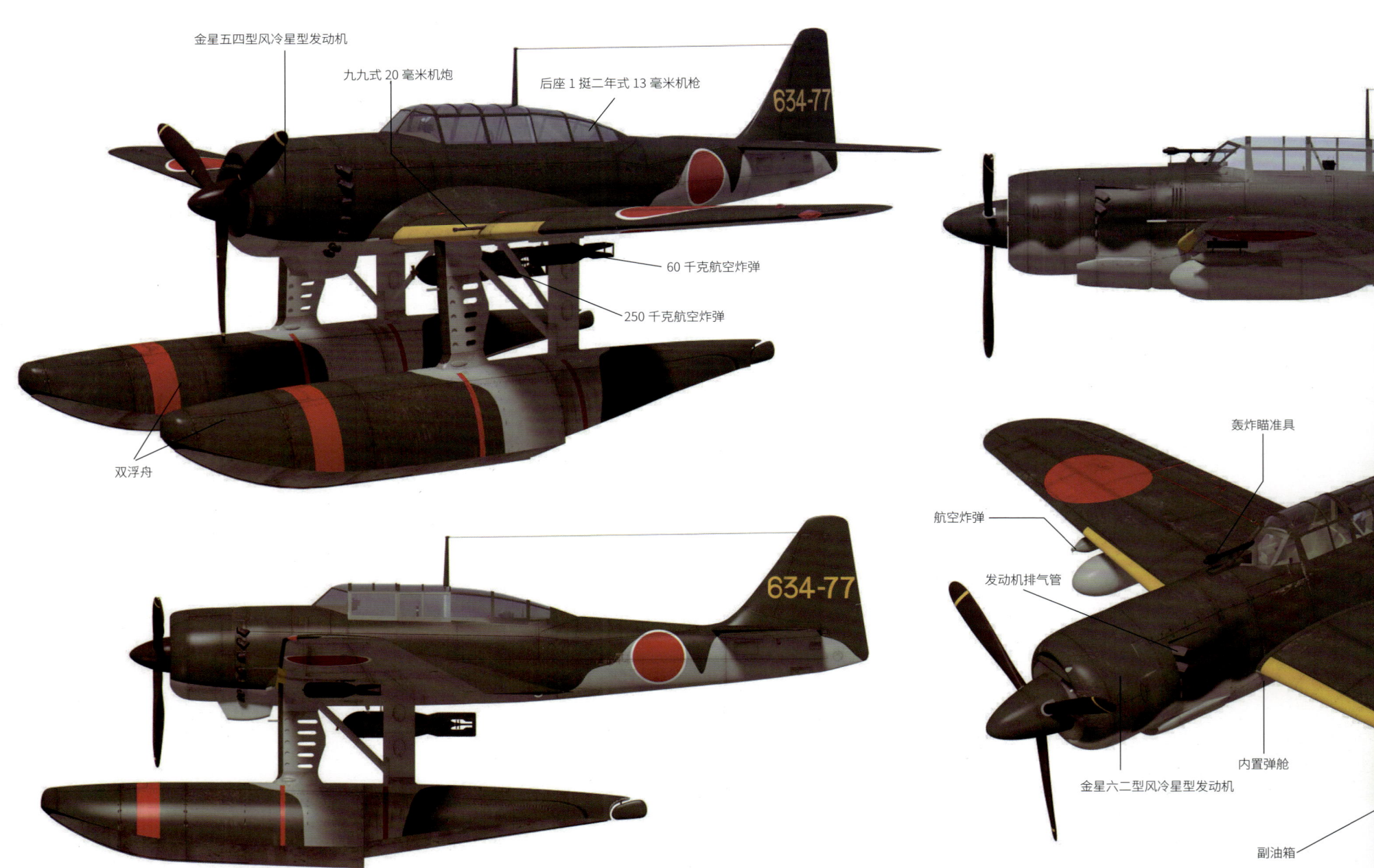

金星五四型风冷星型发动机
九九式 20 毫米机炮
后座 1 挺二年式 13 毫米机枪
60 千克航空炸弹
250 千克航空炸弹
双浮舟
轰炸瞄准具
航空炸弹
发动机排气管
内置弹舱
金星六二型风冷星型发动机
副油箱

"彗星"舰爆

1942—1943 年，在将"伊势"号和"日向"号改造为航空战列舰时，日本海军计划为每舰配备 22 架"彗星"舰爆——由于两舰的机库和航空甲板空间不够宽裕，"彗星"舰爆的翼展和高度都比九九舰爆小，性能也更先进。

于是，日本海军对一些"彗星"舰爆 12 型进行了改造，使之可用弹射器弹射起飞，并将其定型为"彗星"舰爆 22 型。不过航空战列舰不具备降落条件，"彗星"舰爆起飞后只能找附近的航空母舰或陆地机场降落，使用局限性较大。

因为当时日本海军缺飞机也缺飞行员，所以一部分原本配属航空战列舰的"彗星"舰爆被换为"瑞云"水侦，可即便如此，依旧不能满编。并且在实际使用时，"彗星"舰爆 22 型又变成了换装有金星六二型发动机的"彗星"舰爆 33 型，因其航空队多在陆地机场活动。

九五式水上侦察机

九五式水上侦察机 (E8N) 是日本海军早期装备在战列舰、巡洋舰和水上飞机母舰上的一种单引擎双翼飞机。它采用了一大两小共三个浮舟的设计。

实战部队对其机动性的评价很高，认为它可以与九六舰战匹敌。它不仅用作侦察，还能执行巡逻、轰炸等任务，甚至还参加过空战。除了装备日本海军之外，它还曾出口到泰国。有意思的是，1941 年德国为替换其 Ar 196 水上侦察机，也曾购入过一架用于测试，为保密还采用了英军飞机的涂装。

"伊势"号在改造为航空战列舰之前，装备三架九五式二号水上侦察机 (E8N2)。和九五式一号水上侦察机 (E8N1) 相比，它更换了发动机，不过二者的外观和性能几乎没有差别。

リ-266

空速管

伪装的机徽标志

瞄准具

寿二型改二风冷星型发动机

两叶定距螺旋桨

30 千克航空炸弹

大小浮舟

"彗星"舰爆 33 型	
编号	D4Y3
载员	2 人
长宽高	10.24 米 ×11.5 米 ×3.07 米
发动机	金星六二型
最大速度	574 千米 / 小时
续航距离	1519 千米
武器	2 挺 7.7 毫米机枪、1 挺 7.92 毫米机枪；机身 1 枚 250 千克或 500 千克炸弹，机翼 2 枚 250 公斤炸弹

九五式二号水上侦察机	
编号	E8N2
载员	2 人
长宽高	8.81 米 ×10.98 米 ×3.84 米
最大速度	301 千米 / 小时
升限	7270 米
续航距离	904 千米
武器	2 挺 7.7 毫米机枪；2 枚 30 千克炸弹

Encyclopedia of
World War II
Naval Warfare Weapons

ENCYCLOPEDIA OF
NAVAL WEAPON
WORLD WAR II

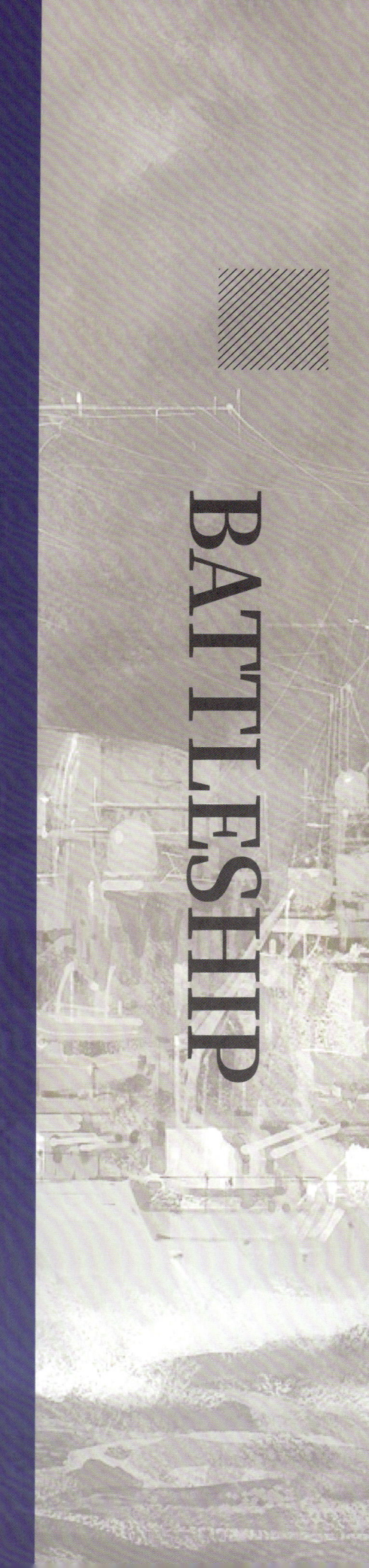

第二章

战列舰
BATTLESHIP

战列舰 —— 大舰巨炮主义的极致产物。

以前各列强海军的战略作战思想是大舰巨炮主义。受马汉影响，制海权要通过集中兵力的舰队决战来夺取，而拥有大吨位、重装甲和大口径主炮的战列舰就是舰队决战的主力。如一战时最大规模的海战 —— 日德兰海战中，英、德两国海军共有 44 艘战列舰对决。这些"海洋巨无霸"演绎着大舰巨炮主义，同时暴露的问题也带来战间期高速战列舰、航空母舰和潜艇的发展。

二战伊始，英军航空母舰的舰载机重创了塔兰托海军基地的意大利海军，而日军航空母舰的舰载机也重创了珍珠港的美军太平洋舰队，后来还有美日航母对决的中途岛海战等。一系列战例让参战各国都意识到战列舰的海上霸主地位将让位于航空母舰，大舰巨炮主义必然走向没落。不过海洋是浩瀚的，在二战中战列舰虽然会作为配角执行护航、岸轰等任务，但不少时候依旧是海战的主角，作为主力舰、旗舰等书写着最后的辉煌。

譬如 1941 年的丹麦海峡海战，德军的"俾斯麦"号战列舰击沉英军的"胡德"号战列巡洋舰，并重创"威尔士亲王"号战列舰。再如 1943 年的北角海战，英军的"约克公爵"号战列舰带队击沉了德军的"沙恩霍斯特"号战列舰。又如 1944 年的苏里高海峡海战，美军的"密西西比"号、"马里兰"号、"宾夕法尼亚"号等六艘战列舰带队击沉了日军的"扶桑"号和"山城"号战列舰。二战后，美军还多次让依阿华级战列舰重新服役，参加了朝鲜战争、越南战争和海湾战争。

在本章，没有将战列舰分类为高速战列舰、传统战列舰等。虽然大家常用这类说法，但它们在当时的海军条约和舰种分类中并未明确，如美国海军所有战列舰的分类符号都是 BB。

Bismarck
"俾斯麦"号

德国 战列舰 ▶ Battleship

在二战时期的各国战列舰中，德国的"俾斯麦"号（Bismarck）最为传奇，当时它是德国海军的骄傲。在丹麦海峡海战爆发时，它用最快的速度击沉了英国知名的"胡德"号战列巡洋舰，并重创了"威尔士亲王"号战列舰。随后，负伤的它只身与英国皇家海军增援的庞大舰队激战，最后因伤重而沉没。

"俾斯麦"号是德国俾斯麦级战列舰的一号舰（二号舰是"提尔皮茨"号），以德国历史上的"铁血宰相"俾斯麦命名。它采用了破浪型舰首、堡垒式舰桥等设计，于1940年8月进行海试。该舰不仅是德国最大最强的战列舰，也被认为是当时世界上最先进、最具威慑力的超级战列舰，更被英国皇家海军视为头号大敌。

在二战中，"俾斯麦"号只参加过一次行动，即1941年5月代号为"莱茵演习"的行动。当时，它与"欧根亲王"号重巡洋舰计划出击北大西洋，袭击远洋航线上的盟军商船队。途中其行踪被盟军发现，英军立即派出舰队进行阻击，遂爆发了丹麦海峡海战。炮战刚开始几分钟，"俾斯麦"号就击沉英军的"胡德"号战列巡洋舰，随后重创英军的"威尔士亲王"号战列舰，而自身也受损，出现进水和燃油泄漏。

"胡德"号在英国的地位极高，号称"全能的胡德"。之前它不仅是世界上最大的军舰，更在英国民众心中是无敌的存在（虽然其舰种是战列巡洋舰，但近似高速战列舰）。所以当它沉没后，英国皇家海军迅速派出附近海域几乎所有的军舰及飞机去追击"俾斯麦"号，有航空母舰、战列舰、战列巡洋舰、重巡洋舰、轻巡洋舰、驱逐舰等至少四十多艘。"俾斯麦"号在只身前往德占法国圣纳泽尔军港进行维修的途中，被英军航空母舰的鱼雷轰炸机群攻击，造成速度下降，并且舰舵卡死。随后，在英军舰队的围攻中，双方爆发了激烈的战斗，最终"俾斯麦"号因受损严重而沉没，舰上两千多名船员仅一百余人幸存。

FuMO 23 型搜索雷达天线

380 毫米双联装主炮塔

锚链轮

络车

FuMO 23 型搜索雷达

　　FuMO 23 型搜索雷达主要装备德国海军的主力舰，安装在大型光学测距仪的转塔上，共同作为舰炮齐射的火控系统。它有长 4 米、高 2 米的矩形天线，工作频率为 368 兆赫，波长约 81 厘米，最大水面搜索距离约 25 千米。"俾斯麦"号配有 3 套 FuMO 23 型搜索雷达，分别安装在前桅楼顶平台和前后舰桥处。

　　该雷达影响了英军"胡德"号战列巡洋舰的命运。1941 年 5 月 23 日，"莱茵演习行动"中，德军的"俾斯麦"号战列舰在前，"欧根亲王"号重巡洋舰在后，编队穿过浓雾笼罩下的丹麦海峡。因为两舰都开启了 FuMO 23 型搜索雷达，所以探测到在附近跟踪

的"萨福克"号重巡洋舰等英国军舰。交战时，"俾斯麦"号主炮的射击震落了桅杆上凝结的冰块，砸坏了其下的雷达。此战后，德舰编队换由雷达正常的"欧根亲王"号在前搜索，"俾斯麦"号在后跟进。在 5 月 24 日，它们遭到英军的"胡德"号战列巡洋舰和"威尔士亲王"号战列舰拦截，丹麦海峡海战由此爆发。因为德军两舰的轮廓与涂装均相似，且变换过前后队形，所以"胡德"号就将前面的"欧根亲王"号误判为"俾斯麦"号进行重点攻击。而德军两舰反应过来后，集中攻击英军的领头舰"胡德"号，很快"俾斯麦"号的齐射就将它击沉。

主桅

汽艇

起重机

105 毫米双联装高炮

150 毫米双联装副炮塔

安装在测距塔上面的 FuMO 23 型搜索雷达天线

1941 年 5 月 24 日，"莱茵演习行动"中的"俾斯麦"号

武/器/档/案	**WEAPON ARCHIVES**
舰名	"俾斯麦"号
舰级	俾斯麦级
排水量	标准：41700 吨；满载：50300 吨
长宽	250.5 米 ×36 米
动力	12 台瓦格纳式锅炉、3 组蒸汽轮机；110450 千瓦
最大速度	30.6 节
续航距离	8525 海里（19 节）
载员	2200 人（1941 年）
雷达	3 套 FuMO 23 型搜索雷达
装甲	主装甲带 320 毫米，主炮前盾 360 毫米，装甲甲板 80～120 毫米
武器	4 座双联装 380 毫米 SK C/34 主炮 6 座双联装 150 毫米 SK C/28 副炮 8 座双联装 105 毫米 SK C/33 高炮 8 座双联装 37 毫米 SK C/30 高炮 12 座单装 20 毫米 MG C/30 高炮 若干四联装 20 毫米 Flak C/38 高炮
舰载机	4 架 Ar 196 水上侦察机

380 毫米 52 倍径 SK C/34 主炮

这是德国克虏伯公司为俾斯麦级战列舰研发的主炮，380 毫米指口径，SK 指速射炮，C/34 指设计年份为 1934 年。

在丹麦海峡海战中，"俾斯麦"号的 4 座双联装主炮获得不俗的战绩。1941 年 5 月 24 日 05:55，面对英军"胡德"号战列巡洋舰的率先开火，德军下达了还击命令。06:00，在"俾斯麦"号用主炮对"胡德"号的一次齐射中，至少有一发 380 毫米穿甲弹穿透了"胡德"号的甲板装甲并引爆了弹药库，使之断为两截后迅速沉没。06:02，"俾斯麦"号又对英军的"威尔士亲王"号战列舰齐射，一发 380 毫米炮弹射穿舰桥，除舰长和一位领航员之外该处其他官兵全部阵亡，随后持续的炮击将之重创。

主炮炮弹

"俾斯麦"号主炮的炮弹主要有三种：穿甲弹、弹底引信榴弹和弹尖引信榴弹。其 800 千克的炮弹在各国的同类炮弹中是最轻的，属于高速轻弹。所以在发射装药一定的情况下，它具有炮口初速高、飞行时间短、弹道低伸平直和方便火控计算的特点。

"俾斯麦"号主炮塔的名字

"俾斯麦"号战列舰有四座双联装的主炮塔，前后各有两座。德国海军为它们都取了名字，根据无线电德语字母表，从舰首到舰尾按字母顺序为安东（Anton）、布鲁诺（Bruno）和凯撒（Caesar）、多拉（Dora）。

"俾斯麦"号双联装主炮	
主炮口径	380 毫米
炮塔重量	1056 吨
炮管重量	110.7 吨
最大仰角	30 度
最大射程	35550 米
炮口初速	820 米 / 秒
炮弹重量	800 千克
发射装药	212 千克
装填方式	半自动
装填时间	20～26 秒
身管寿命	200～300 发

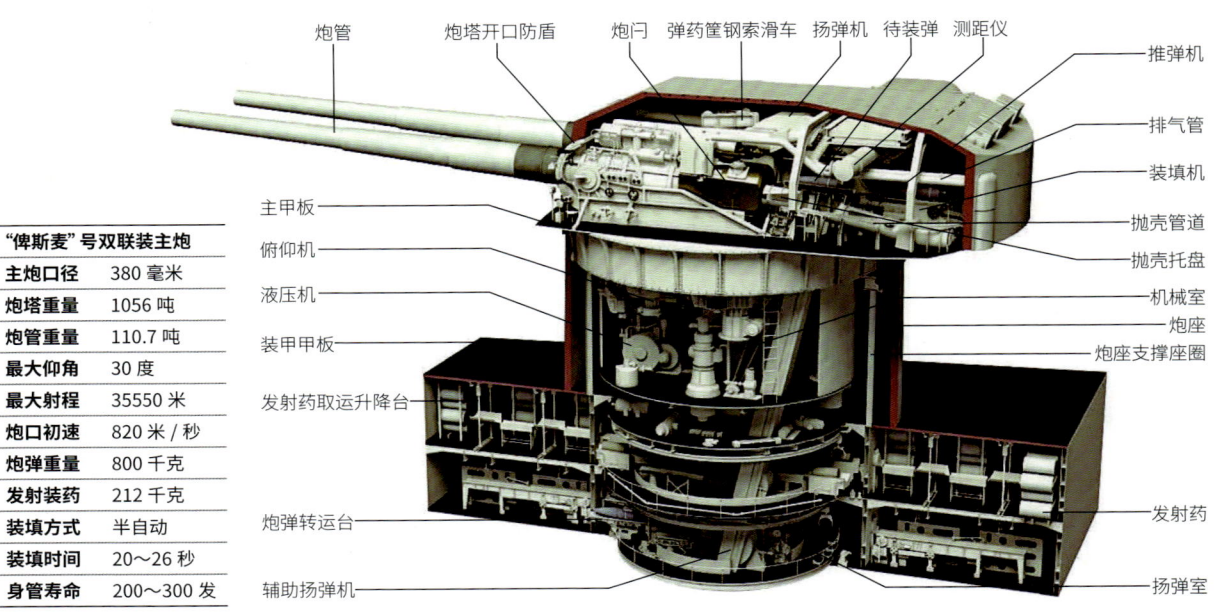

炮管　炮塔开口防盾　炮闩　弹药筐钢索滑车　扬弹机　待装弹　测距仪　推弹机　排气管　装填机　抛壳管道　抛壳托盘　机械室　炮座　炮座支撑座圈　发射药　扬弹室

主甲板　俯仰机　液压机　装甲甲板　发射药取运升降台　炮弹转运台　辅助扬弹机

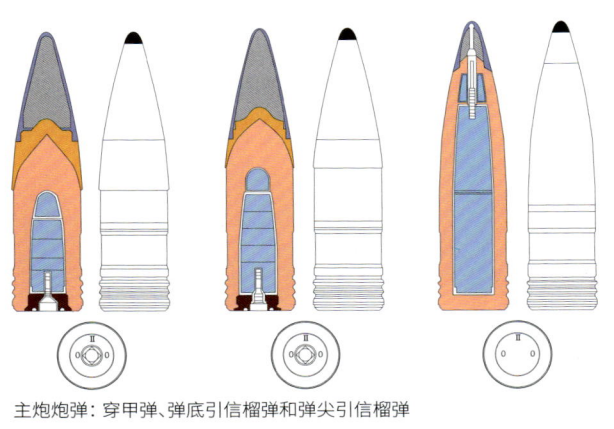

主炮炮弹：穿甲弹、弹底引信榴弹和弹尖引信榴弹

副炮炮弹

"俾斯麦"号副炮的炮弹主要有两种：弹尖引信榴弹和弹底引信榴弹。另有穿甲弹、对空的弹尖引信榴弹（拆除风帽并换装定时引信）等。

副炮炮弹：弹尖引信榴弹和弹底引信榴弹

380 毫米炮弹长 1.7 米，重 800 千克

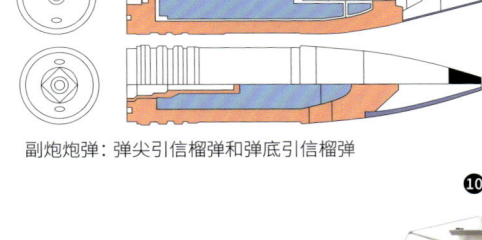

装甲：整体防护与侧舷防护

"俾斯麦"号战列舰的装甲总重量为 19082 吨，占其战斗重量 47870 吨的 40% 左右（日本大和级战列舰的占比才 33.2%）。它的垂直装甲厚 145～320 毫米，装甲甲板（穹甲）厚 80～120 毫米，指挥塔装甲厚 350 毫米，主炮塔装甲厚 130～360 毫米，副炮塔装甲厚 20～100 毫米。

其舰体划分成 22 个主水密隔舱段，中间主体的第 3 到第 19 舱段共同形成一个主装甲堡，堡内还有多重装甲和水密隔板，保护了该舰 70% 的水线长度、

85%～90% 的浮力及储备浮力空间。

在"俾斯麦"号的装甲防护中，重点的侧舷防护由外面的垂直装甲以及里面的穹甲构成。其设计一直颇具争议，如：垂直装甲中的 145 毫米上装甲带偏薄，320 毫米主装甲带的高度不够（仅 4.8 米）；舰体内的穹甲高度也不够，并且影响空间利用与设备布置。不过，这些似乎都算不上大问题。如主装甲带不高导致水线下防护力弱的问题，战后从其海底残骸调查中发现，该舰虽然承受了超过 400 发炮弹及多枚鱼雷的威力，但水线下受到的损伤却很小。

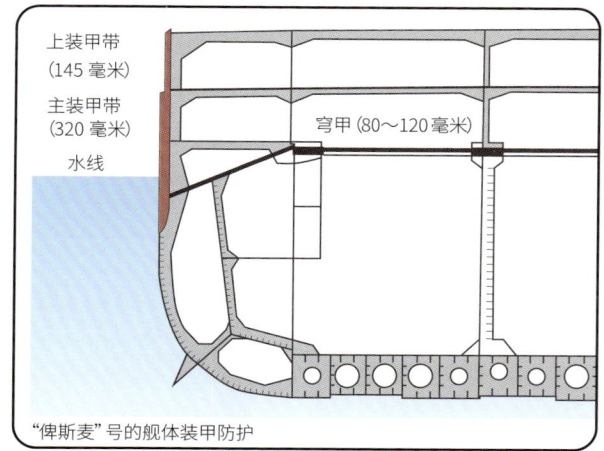

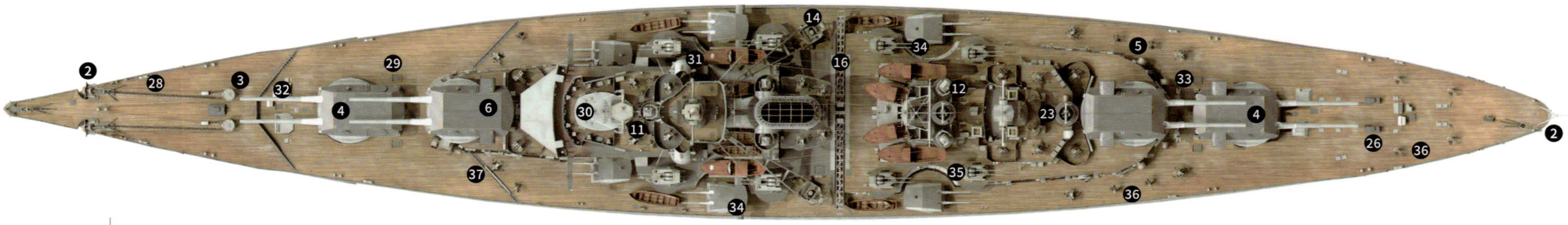

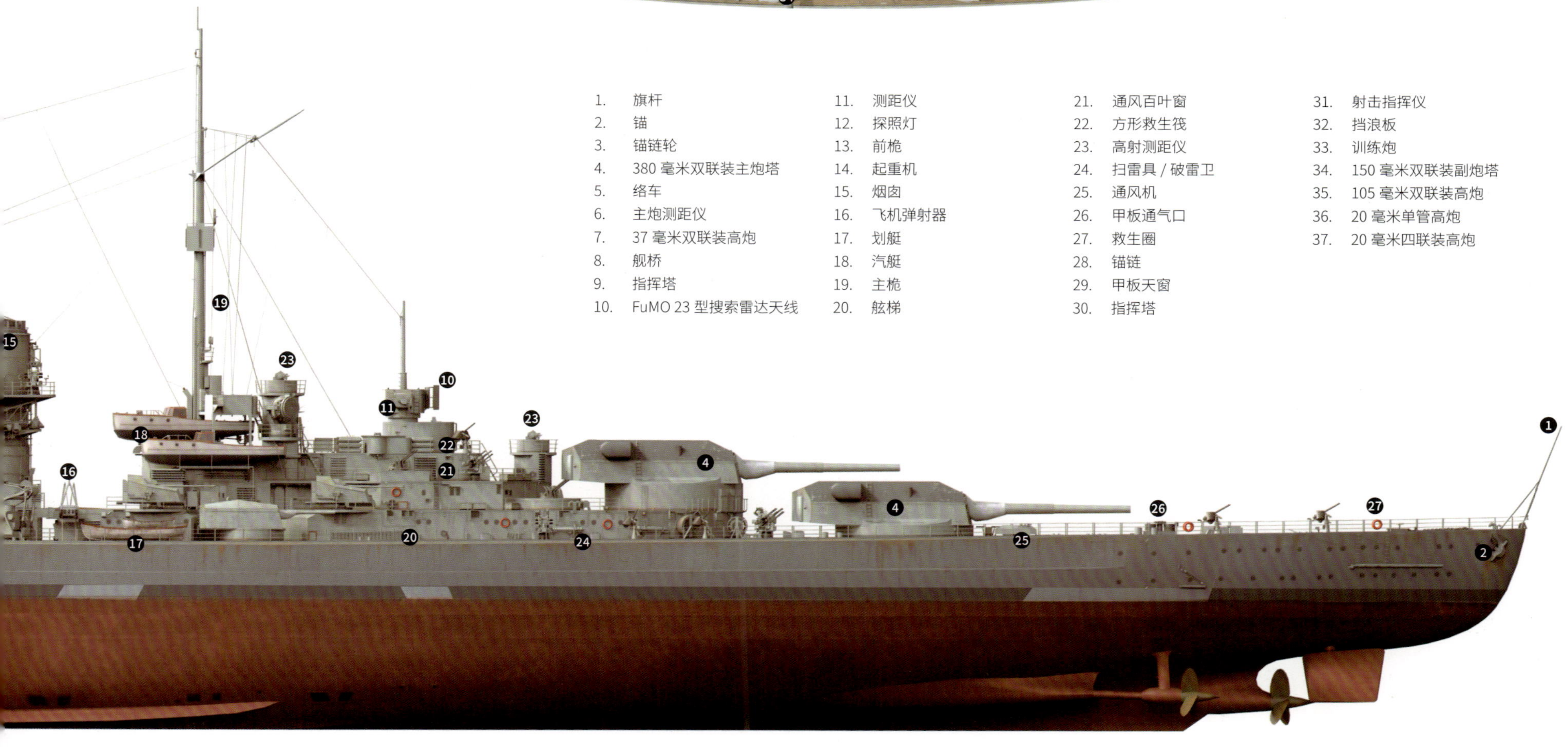

上装甲带（145 毫米）
主装甲带（320 毫米）
水线
穹甲（80～120 毫米）

"俾斯麦"号的舰体装甲防护

1.	旗杆	11.	测距仪	21.	通风百叶窗	31.	射击指挥仪
2.	锚	12.	探照灯	22.	方形救生筏	32.	挡浪板
3.	锚链轮	13.	前桅	23.	高射测距仪	33.	训练炮
4.	380 毫米双联装主炮塔	14.	起重机	24.	扫雷具 / 破雷卫	34.	150 毫米双联装副炮塔
5.	络车	15.	烟囱	25.	通风机	35.	105 毫米双联装高炮
6.	主炮测距仪	16.	飞机弹射器	26.	甲板通气口	36.	20 毫米单管高炮
7.	37 毫米双联装高炮	17.	划艇	27.	救生圈	37.	20 毫米四联装高炮
8.	舰桥	18.	汽艇	28.	锚链		
9.	指挥塔	19.	主桅	29.	甲板天窗		
10.	FuMO 23 型搜索雷达天线	20.	舷梯	30.	指挥塔		

Ar 196 水上侦察机

    Ar 196 是二战德国海军的标准舰载型水上侦察机，采用弹射起飞和水面降落的起降方式。它由德国的阿拉多飞机制造厂设计和主力生产，产量 541 架，量产型从 A-1 到 A-5 共 5 个型号。

    作为双座机，它可以搭载驾驶员（来自德国空军）和观察员（通常来自德国海军）各一人。驾驶员前方有一挺 7.92 毫米 MG 17 机身机枪，后面的观察员可操作一挺 7.92 毫米 MG 15 机枪，机翼上有两门 20 毫米的 MG FF 机炮，还可携带两枚 50 千克的炸弹。

    "俾斯麦"号搭载过 4 架 A-4 型。该型只生产了 15 架，专供德国海军的主力舰使用。它不仅加固了机身，配备了新型的无线电设备和螺旋桨，油箱容量也从 600 升增加到 800 升，航程更远，超过了 1070 千米。

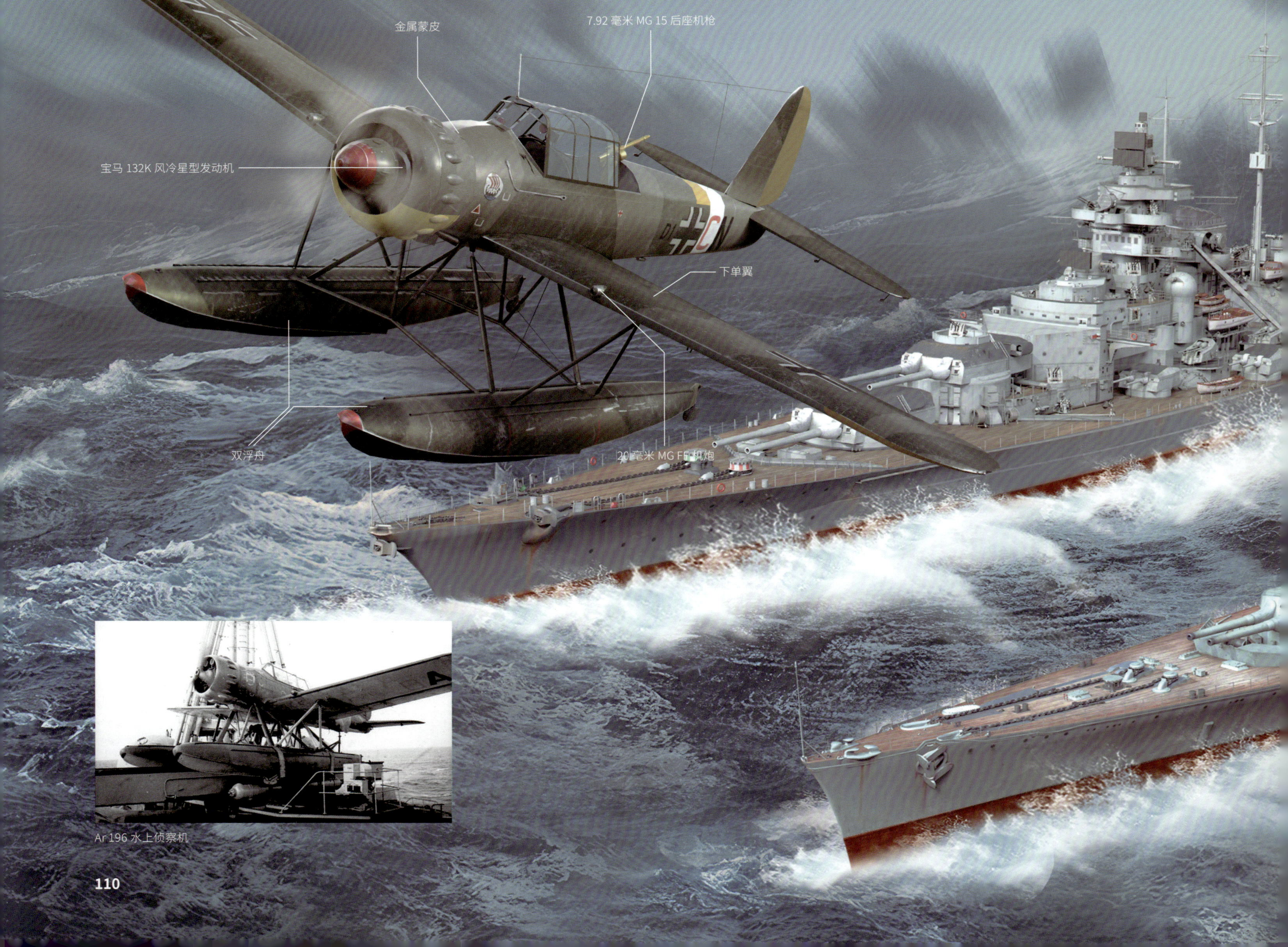

金属蒙皮

7.92 毫米 MG 15 后座机枪

宝马 132K 风冷星型发动机

下单翼

双浮舟

20 毫米 MG FF 机炮

Ar 196 水上侦察机

"俾斯麦"号 VS "胡德"号

德国的"俾斯麦"号是高速战列舰，英国的"胡德"号是战列巡洋舰，从舰种来看，两者的可比性不强。在以前，战列舰与战列巡洋舰的造价、体积和火力相近，差别在于前者的装甲防护更强，而后者的速度更快。但当高速战列舰出现后，它就全面碾压战列巡洋舰了。

不过，"胡德"号有些特殊，它是英国建造的最后一艘战列巡洋舰。1918年，美军的大西洋舰队司令和驻欧海军司令在参观"胡德"号后，将它称为"高速战列舰"。同样，英国海军历史学家安东尼·普雷特森等学者也认为"胡德"号属于高速战列舰。因为它

和英国的伊丽莎白女王级高速战列舰相比，不仅火力与防护同级，而且速度更快，甚至可视为其后继舰。

另外，"俾斯麦"号与"胡德"号当时在世界上的声望都很高。它们不仅是本国海军的骄傲，甚至是自己国家和民族的象征。所以当"俾斯麦"号出征时，英国马上派出"胡德"号应战。在丹麦海峡海战中，德军由舰队司令刚瑟·吕特晏斯海军上将坐镇"俾斯麦"号，英军由舰队司令兰斯洛特·霍兰德海军中将坐镇"胡德"号。此次海战的情况前面已有讲述，结局就是"俾斯麦"号击沉了"胡德"号。究其原因，除了"胡德"号作为英军舰队的领头舰出现指挥失误之

外，还有就是在1920年战间期服役的它严重过时了。装甲防护能力甚至不如1940年二战期间服役的"俾斯麦"号，特别是甲板装甲薄弱。

"胡德"号于1941年5月24日沉没，"俾斯麦"号于1941年5月27日沉没。"胡德"号被击沉的消息，震惊了整个英国，时任英国首相温斯顿·丘吉尔下了一句命令："击沉俾斯麦"。随后"俾斯麦"号遣走了己方的"欧根亲王"号重巡洋舰，在孤身前往军港维修的途中被英军围攻，重伤后沉没。

至此，这两艘主力舰包括其舰队司令、舰长和绝大部分舰员，都沉于大洋。

国别	德国	英国
舰名	"俾斯麦"号（Bismarck）	"胡德"号（Hood）
舰种	战列舰	战列巡洋舰
舰级	俾斯麦级	海军上将级
服役时间	1940年8月24日	1920年5月15日
满载排水量	50300吨	49136吨（1940年5月）
长宽	250.5米×36米	262.3米×31.8米（1939年）
动力	12台瓦格纳式锅炉、3组蒸汽涡轮机；110450千瓦	24台亚罗式锅炉、4组蒸汽涡轮机；107381千瓦
最大速度	30.6节	30节（1941年）
续航距离	8525海里（19节）	5332海里（20节，1931年）
载员	2200人（1941年）	1418人（1940年）
雷达	3套FuMO 23型搜索雷达	1套279M型预警雷达、1套284型火控雷达（1941年）
装甲	主装甲带320毫米，主炮前盾360毫米，装甲甲板80～120毫米	主装甲带305毫米，主炮前盾381毫米，主装甲甲板25～76毫米
武器	4座双联装380毫米主炮 6座双联装150毫米副炮 8座双联装105毫米高炮 8座双联装37毫米高炮 12座单装20毫米高炮 若干四联装20毫米高炮	4座双联装381毫米主炮 7座双联装102毫米高炮 3座八联装40毫米高炮 4座四联装12.7毫米重机枪 5座20管178毫米UP火箭弹发射器 2座双联装533毫米鱼雷发射管
舰载机	4架Ar 196水上侦察机	无（1932年之后）

Scharnhorst
"沙恩霍斯特"号

德国 战列舰 ▶ Battleship

"沙恩霍斯特"号（Scharnhorst）是德国的一艘高速战列舰。它的主炮口径较小，只有283毫米，以至于有些人认为它不应该属于战列舰。在二战中，它多次执行针对盟军大西洋运输线的破交任务，特别是袭击盟国援助苏联的北极船队。

在服役期间，它参加过"威瑟演习作战""朱诺行动""柏林行动"等，击沉了英国的"光荣"号航空母舰。最后，它在北角海战中被英军舰队击沉。

"沙恩霍斯特"号是德国海军沙恩霍斯特级战列舰的首舰（二号舰是"格奈森瑙"号），其舰名源自普鲁士的军事改革家格哈德·冯·沙恩霍斯特将军。有时它被称为战列巡洋舰，这是英国皇家海军在二战时对它的舰种归类。德国海军、美国海军等一直将其视为战列舰，并且战后英国也将它视为战列舰。

该舰于1939年1月7日服役，随后在公试中发现适航性存在问题，特别是舰首容易陷入海浪，所以又返厂进行改造。后来它在二战期间也进行过改造。主炮口径偏小是它作为战列舰的缺点，好在其射速较高，在战斗中有一定的弥补作用。德国海军对它一直有个换装6门380毫米主炮及3座双联装主炮塔的计划，以接近俾斯麦级战列舰的火力，但从未实施。

在二战时，"沙恩霍斯特"号活跃于大西洋的破交战中，专门袭击盟军的远洋运输船队。它不仅自己击沉了盟军的很多油轮和货轮，还引导德军潜艇参与攻击，曾一度成为英国皇家空军的首要猎杀目标。它参加过"威瑟演习作战"、"朱诺行动"、"柏林行动"、"地狱犬行动"、北角海战等。

FuMB 4 雷达探测器天线

283 毫米三联装主炮塔

挡浪板

另一艘"沙恩霍斯特"号

在二战中，除了活跃在大西洋上的"沙恩霍斯特"号战列舰，其实在太平洋上还有一艘"沙恩霍斯特"号。但它不是德国海军的军舰，而是一艘德国远洋邮轮。

它在1939年7月竣工，于同年航行到了日本的神户港。之后因二战全面爆发，它就一直滞留日本。1942年6月中途岛海战后，日本海军因损失太多航空母舰，所以就收购了它。随后日本海军将其改造为航空母舰，并改名为"神鹰"号。它可搭载33架舰载机（常用机27架，备用机6架），服役期间主要用于南方航线的船队护航，最终于1944年11月17日在护航途中被美军潜艇击沉。

在 1940 年 6 月 8 日的"朱诺行动"里,它和姊妹舰"格奈森瑙"号共同击沉了英国航空母舰"光荣"号。而在 1943 年 12 月 26 日的北角海战里,它独自与设伏的英国本土舰队作战,并与"约克公爵"号战列舰展开了炮战对决。但最后英舰集体围攻,它被大量的炮弹和鱼雷击沉。这是英德两国主力舰的最后一仗,从此德国失去用大型军舰袭击盟军北方航线的能力。

FuMO 27 对海搜索雷达天线

探照灯

533 毫米三联装鱼雷发射管

150 毫米单管副炮塔

150 毫米双联装副炮塔

武/器/档/案	WEAPON ARCHIVES
舰名	"沙恩霍斯特"号
舰级	沙恩霍斯特级
排水量	标准:31847 吨;满载:38092 吨
长宽	235.4 米 ×30 米
动力	12 台瓦格纳锅炉、3 组蒸汽轮机;119349 千瓦
最大速度	31.65 节
续航距离	9020 海里(15 节)
载员	1968 人(1943 年)
雷达	FuMO 27(1942 年)
装甲	主装甲带 350 毫米,主炮前盾 360 毫米,主甲板 95 毫米
武器	3 座三联装 283 毫米主炮、4 座双联装 150 毫米副炮 4 门 150 毫米副炮、7 座双联装 105 毫米高炮 8 座双联装 37 毫米高炮、10 门 20 毫米高炮 2 座三联装 533 毫米鱼雷发射管
弹射器	1 座
舰载机	3 架 Ar 196 水上侦察机

1939 年,"沙恩霍斯特"号泊港

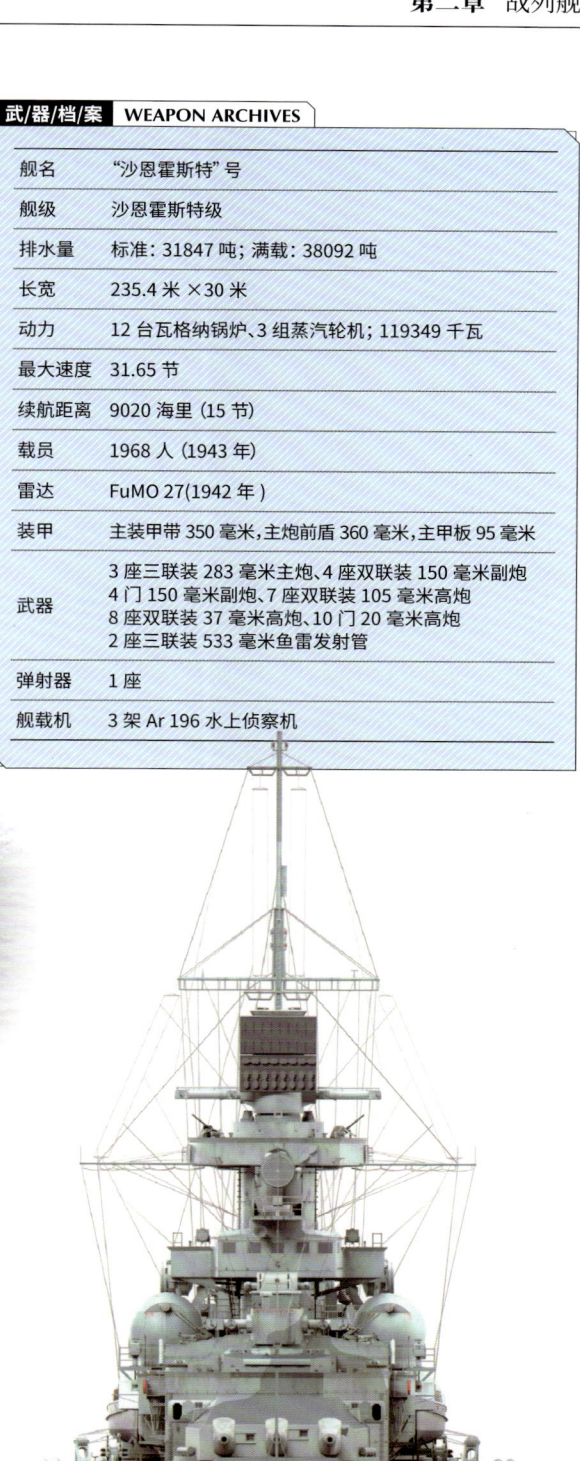

雷达

"沙恩霍斯特"号装备的雷达主要是 FuMO 27 对海搜索雷达,前后各有一部。它的波长为 81.5 厘米,工作频率为 386MHz,搜索距离为 25000 米。在舰体后方测距塔上的那部 FuMO 27 于 1941 年夏天安装,其床垫状的天线尺寸为 4 米 ×2 米(另有一种天线是 6 米 ×2 米)。该雷达在航行时可搜索附近的敌方舰艇,在炮战时其测距等能力可以提高主炮的射击精度。

动力

作为高速战列舰,"沙恩霍斯特"号具有 12 台瓦格纳式高压水管锅炉(蒸汽温度为 450 摄氏度),3 组布朗 - 博韦里的齿轮传动型蒸汽轮机,动力通过 3 根传动轴驱动 3 个直径为 4.8 米的三叶螺旋桨。它输出的总功率为 119349 千瓦,最大速度为 31.65 节。全速航行时,其航程为 2210 海里;19 节时,航程为 7100 海里;15 节时,航程为 9020 海里。

283 毫米 SK C/34 主炮

沙恩霍斯特级战列舰装备的主炮是德国海军的 28 厘米 SK C/28 改进型，即 1934 年研发的 54.5 倍径 28 厘米速射炮 SK C/34。其炮管更长、射速更快和射程更远。值得注意的是，德国所有标写为 "28 厘米" 的舰炮，实际口径都是 283 毫米。

"沙恩霍斯特" 号的 3 座三联装主炮塔在舰上呈前 2 后 1 的布局，依次名为 "安东"、"布鲁诺" 和 "凯撒"。虽然主炮口径比其他同期的高速战列舰小，但炮座内的供弹系统先进，使每门主炮的射速达到 17 秒一发。按规定每门主炮的备弹量是 150 发，但据记载实际上是 105～150 发。

在大西洋战场上，"沙恩霍斯特" 号用该炮击沉过英国的航空母舰、驱逐舰、辅助巡洋舰、运输船等，可谓战绩出色。1940 年 6 月 8 日挪威海战爆发，它在大约 24200 米的距离上击中了英国的 "光荣" 号航空母舰，从而创造出有史以来舰炮最远命中距离的纪录。

沙恩霍斯特级曾计划换装 380 毫米主炮，而替换下来的 283 毫米主炮也计划安装在德国陆军的 P-1000 "巨鼠" 超重型坦克上，但后来这些计划都没有实行。

150 毫米 SK C/28 副炮

在 "沙恩霍斯特" 号上甲板的两侧，共有 12 门 150 毫米 SK C/28 副炮。其中，有 4 座是封闭式的双联装炮塔，有 4 座是半开敞式的单管炮塔。该炮的实际口径是 149.1 毫米，55 倍径，长约 8.2 米，俯仰角度因炮架不同而各异，弹种有穿甲弹、半穿甲弹、榴弹等。其炮口初速为 875 米 / 秒，射程约 23000 米（40 度），射速为 6～8 发 / 分钟。它在德国海军不少的大型军舰上都有装备，但因炮架、炮塔或安装位置的不同，性能参数存在着一定的差异。

"沙恩霍斯特" 号主炮			
主炮口径	283 毫米	炮口初速	890 米 / 秒
炮身长度	15.42 米	炮弹重量	330 千克
炮身重量	53.25 吨	射速	3.5 发 / 分钟
最大仰角	40 度	炮管寿命	300 发
最大射程	40930 米	备弹量	150 发 / 门

主炮穿甲能力		
射程	侧面装甲	甲板装甲
0 米	604 毫米	—
7900 米	460 毫米	19 毫米
15100 米	335 毫米	41 毫米
18288 米	291 毫米	48 毫米
27432 米	205 毫米	76 毫米

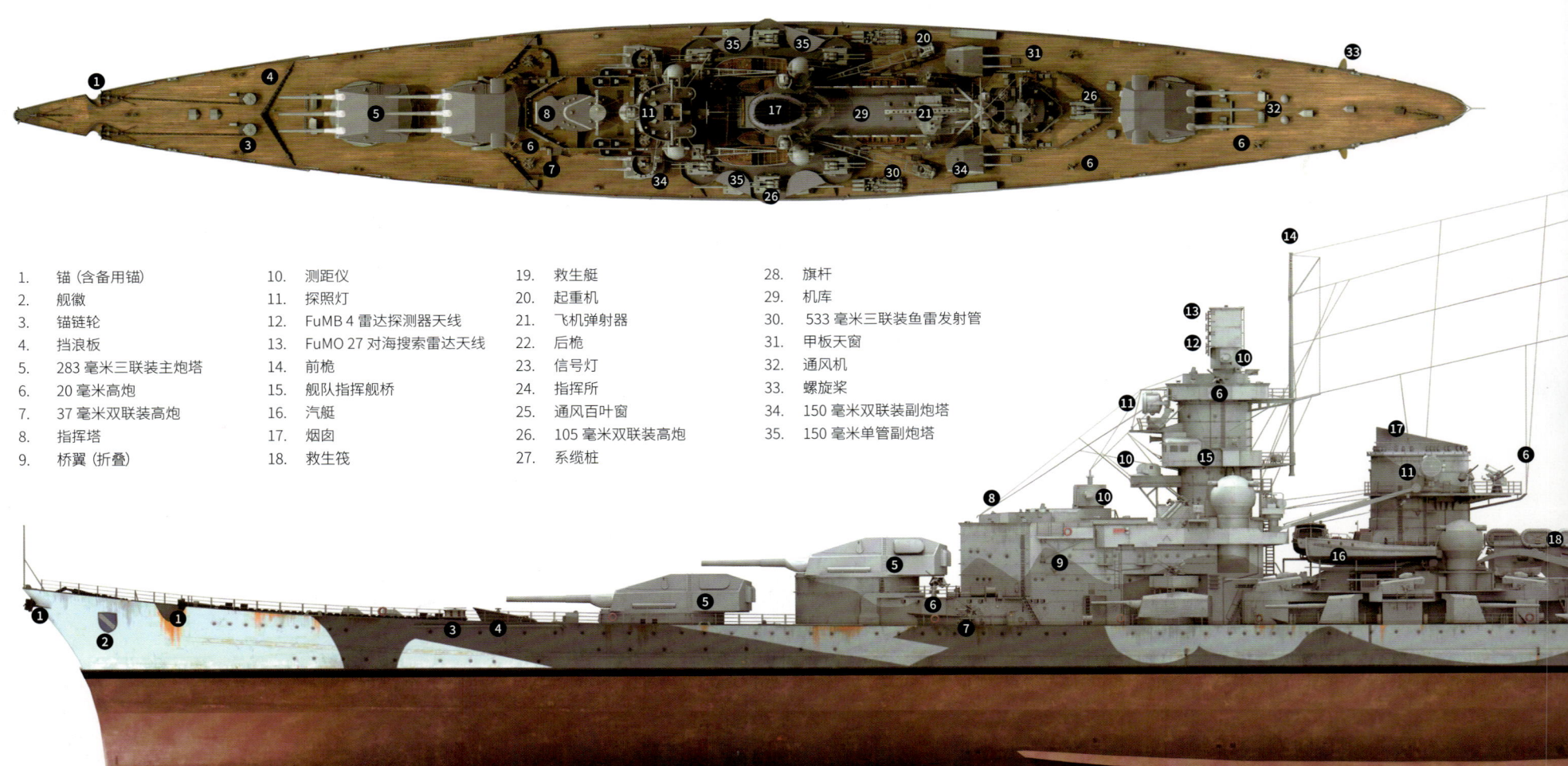

1.	锚（含备用锚）	10.	测距仪	19.	救生艇	28.	旗杆
2.	舰徽	11.	探照灯	20.	起重机	29.	机库
3.	锚链轮	12.	FuMB 4 雷达探测器天线	21.	飞机弹射器	30.	533 毫米三联装鱼雷发射管
4.	挡浪板	13.	FuMO 27 对海搜索雷达天线	22.	后桅	31.	甲板天窗
5.	283 毫米三联装主炮塔	14.	前桅	23.	信号灯	32.	通风机
6.	20 毫米高炮	15.	舰队指挥舰桥	24.	指挥所	33.	螺旋桨
7.	37 毫米双联装高炮	16.	汽艇	25.	通风百叶窗	34.	150 毫米双联装副炮塔
8.	指挥塔	17.	烟囱	26.	105 毫米双联装高炮	35.	150 毫米单管副炮塔
9.	桥翼（折叠）	18.	救生筏	27.	系缆桩		

Ar 196 水上侦察机

在介绍"俾斯麦"号战列舰时，也简介了 Ar 196 的 A-4 型水上侦察机。该型只在 1940 年底生产了 15 架。其最终的量产版本是 A-5 型，从 1941 年 10 月开始生产了 315 架。

Ar 196 是单引擎的双座水上飞机，采用下单翼布局，机翼是全金属结构。它具有双浮舟，每个浮舟内置了一个 300 升油箱、应急物资等，通过前部支撑柱中的输油管供油。它几乎搭载在德国海军所有的战列舰和巡洋舰上，沿海基地也有装备，日常执行侦察、巡逻、反潜、联络等任务。

Ar 196 的 A-5 型不仅加固了机身的强度，还特别为驾驶员和观察手增加了装甲保护。它更换了无线电和驾驶舱仪表，发动机也升级为宝马 132W。其后座机枪由 MG 15 换为配有 2000 发子弹的 MG 81Z，20 毫米机炮也由 MG FF 换为炮口初速和射速更高的 MG FF/M。

在"威瑟演习作战"中，"沙恩霍斯特"号战列舰向挪威远距派出过一架 Ar 196，以在无线电静默期间传递报告和命令。

防护

在整体上，"沙恩霍斯特"号被克虏伯钢装甲保护得比较严密。重装甲区集中在前后主炮塔之间，水线之下的装甲带稍弱，舰体首尾两端的防护较弱。

该舰的装甲带高度是从水线下 1.7 米到水线上 3 米。在舰体中部，水线下的装甲带厚约 170 毫米，水线上的装甲带增加到 350 毫米。在水平防护方面，上甲板的装甲厚 50 毫米，主甲板厚 80～95 毫米和 105～110 毫米（斜坡处）。其纵向舱壁厚 40 毫米，防鱼雷舱壁厚 45 毫米，指挥塔最厚处为 350 毫米，主炮塔正面厚 360 毫米。

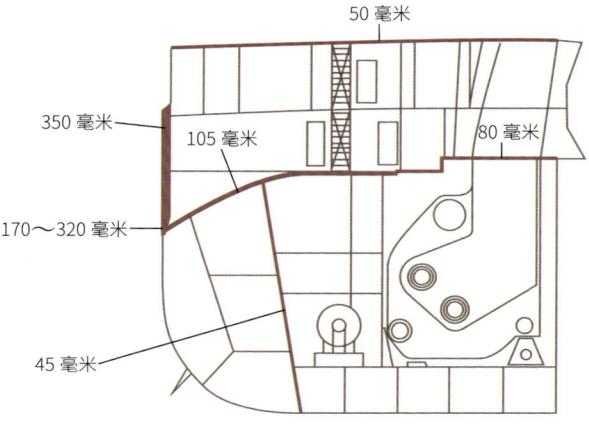

50 毫米
350 毫米
105 毫米
80 毫米
170～320 毫米
45 毫米

"沙恩霍斯特"号的舰体装甲

7.92 毫米后座机枪

7.92 毫米 MG 17 机枪

20 毫米 MG FF/M 机炮

宝马 132W 风冷星型发动机

蛇蝎姊妹

二战前期，因为德军的"沙恩霍斯特"号和"格奈森瑙"号战列舰都是一起出动，并且作战凶猛、战果累累，所以被盟军称为"蛇蝎姊妹"。譬如这两舰在攻击盟军的大西洋运输线时，不仅共同击沉了英国辅助巡洋舰"拉瓦尔品第"号，还击沉与缴获了很多运输船。再如它们在德国入侵挪威时，共同击沉了英国航空母舰"光荣"号、驱逐舰"阿卡斯塔"号和"热心"号。当时这两舰是英国本土舰队的心腹大患。

"沙恩霍斯特"号

"格奈森瑙"号

Prince of Wales
"威尔士亲王"号

英国 战列舰 ► Battleship

"威尔士亲王"号 (Prince of Wales, 53) 是英国皇家海军的一艘条约型战列舰。其主炮的口径不算大，但装甲防护和航速不错，具有较强的生存能力与远洋航行能力。

二战时期，它参加过丹麦海峡海战，击伤了德军战列舰"俾斯麦"号。随后它护送首相丘吉尔去签订了知名的《大西洋宪章》。后来它到远东带领 Z 舰队，在马来海战中被日军的陆基飞机击沉。

"威尔士亲王"号是英国皇家海军英王乔治五世级战列舰的二号舰。其舰名原计划叫"英王爱德华八世"号，后来改为"威尔士亲王"号。该级战列舰共建造了五艘，同级舰有"英王乔治五世"号、"约克公爵"号、"安森"号和"豪"号。它们是按照《第二次伦敦海军条约》设计的，是典型的条约型战列舰。

"威尔士亲王"号于 1941 年 1 月 19 日服役，隶属英国本土舰队。因为当时德国新造了两艘俾斯麦级战列舰，所以"威尔士亲王"号在建造与测试未结束时就匆匆服役，后续又用了近三个月才完工。

作为条约型战列舰，该级的主炮口径只有 356 毫米。它计划通过数量来弥补，即采用三座四联装的主炮塔，共十二门主炮。但因超重等原因最后只安装了十门，即两座四联装和一座双联装的主炮塔。"威尔士亲王"号的航空设施位于舰体中部，包括两个小机库、一座弹射器等。该弹射器两端都可以停放并弹射飞机。因此它可以搭载四架"海象"式水上飞机，即两个小机库里各折叠停放一架，在弹射器的两端各停放一架（可能是因北大西洋海况不佳，有种说法是它实际只搭载了两架）。

284 型主炮火控雷达天线

356 毫米双联装主炮塔

356 毫米四联装主炮塔

挡浪板

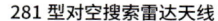

281 型对空搜索雷达天线

　　1941 年 5 月 24 日，丹麦海峡海战爆发。英军的"胡德"号战列巡洋舰和"威尔士亲王"号战列舰迎战德军的"俾斯麦"号战列舰和"欧根亲王"号重巡洋舰。此战虽然"威尔士亲王"号遭重创，但它也击伤了"俾斯麦"号，为其沉没埋下伏笔。1941 年 8 月，带伤的"威尔士亲王"号护送英国首相丘吉尔去纽芬兰与美国总统罗斯福签订了《大西洋宪章》。1941 年 12 月 10 日，该舰作为英国在远东地区的 Z 舰队旗舰，与"反击"号战列巡洋舰一起遭到日军约 88 架九六式陆上攻击机、一式陆上攻击机等围攻，最终都被鱼雷击沉。

20 管 178 毫米防空火箭炮

133 毫米双联装高平两用炮

Z 舰队

Z 舰队（Force Z）是英国皇家海军在 1941 年组建的一支小型远东舰队。其任务是保护马来亚、婆罗洲和海峡殖民地，对日本的南进策略进行战略威慑。它原计划由"威尔士亲王"号战列舰、"反击"号战列巡洋舰、"不挠"号航空母舰及四艘驱逐舰组成，但后来"不挠"号因搁浅而未加入，所以该舰队缺少飞机保护。

1941 年 12 月 10 日，Z 舰队在收到日军登陆关丹的情报后，从新加坡出击。因为它派出的水上飞机和驱逐舰都没发现关丹有日军登陆部队，所以舰队就返航。在途中，它遭到日军陆上攻击机三波攻击，"威尔士亲王"号和"反击"号被鱼雷击沉，Z 舰队覆灭。此役后来被称为马来海战，不仅代表着大舰巨炮主义走向衰落，也使英国不再对日本轻敌。

1941 年 12 月 4 日，"威尔士亲王"号在新加坡

武/器/档/案 | WEAPON ARCHIVES

舰名	"威尔士亲王"号
舰级	英王乔治五世级
排水量	标准：37316 吨；满载：44489 吨
长宽	227.1 米 ×31.4 米
动力	8 台三鼓式锅炉、4 组帕森斯式蒸汽轮机；82027 千瓦
最大速度	28 节
续航距离	15600 海里（10 节）
载员	1521 人
雷达	281 型、284 型、285 型等
装甲	主装甲带 137～373 毫米，主炮前盾 324 毫米，甲板 124～149 毫米
武器	2 座四联装 356 毫米主炮、1 座双联装 356 毫米主炮、8 座双联装 133 毫米高平两用炮、4 座八联装 40 毫米高炮、4 座 20 管 178 毫米防空火箭炮等
弹射器	1 座（双向）
舰载机	4 架"海象"式水上飞机

BL 356 毫米 Mk VII 主炮

这是英王乔治五世级战列舰所采用的 45 倍径主炮。因为当时英国遵守《第二次伦敦海军条约》，所以该级 5 艘战列舰都只配备了这种口径只有 356 毫米的主炮，远不如同期其他国家的战列舰主炮口径大。

既然主炮的口径不能变，那么只好尽力提高其射程、精度或威力。如穿甲能力，它与当时德国、美国、法国等国家的战列舰主炮相比并不算最差，有些距离上的穿甲数据还有优势。这在"威尔士亲王"号击伤德军的"俾斯麦"号战列舰时有所体现。在射程方面，它的海岸型从理论上可以将炮弹从英国的多佛越过海峡打到法国的加来。

它在英王乔治五世级战列舰上装备的数量多，每艘有 10 门。舰桥前面有一座四联装和一座双联装的主炮塔，后面有一座四联装的主炮塔。在海上炮战中，敌舰的主炮可能会占有口径和威力上的优势，但它齐射的炮弹更多，火力密度和弹药投放量不一定输于敌舰，犹如一种弱势下的倔强。

"威尔士亲王"号的主炮塔

主炮穿甲能力

射程	侧面装甲	甲板装甲
0 码（0 米）	683 毫米	—
10000 码（9144 米）	396 毫米	29 毫米
15000 码（13716 米）	335 毫米	50 毫米
20000 码（18288 米）	285 毫米	72 毫米
25000 码（22860 米）	241 毫米	102 毫米
28000 码（25603 米）	—	121 毫米

"威尔士亲王"号主炮

主炮口径	356 毫米	炮口初速	732 米 / 秒
炮身长度	16.54 米	炮弹重量	721 千克
炮身重量	80.87 吨	射速	2 发 / 分钟
最大仰角	40.7 度	炮管寿命	340 发
最大射程	33376 米	备弹量	100 发 / 门

QF 133 毫米高平两用炮

"威尔士亲王"号有 8 座 QF 133 毫米双联装高平两用炮，其炮塔为 Mk I 型。作为舰上的副炮，它是 50 倍径，炮管长 6.67 米，俯仰角度为 -5 度至 +70 度。每门备弹 400 发，弹种有高爆榴弹、半穿甲弹等。其炮口初速为 814 米 / 秒，理论射速为 10～12 发 / 分钟，实际射速 7～8 发 / 分钟，最大射程为 22010 米（45 度）和 14200 米（70 度）。炮塔的转速为 10 度 / 秒，虽然难以对付速度较快或距离较近的敌机，但比德国俾斯麦级战列舰上的同类高炮强。

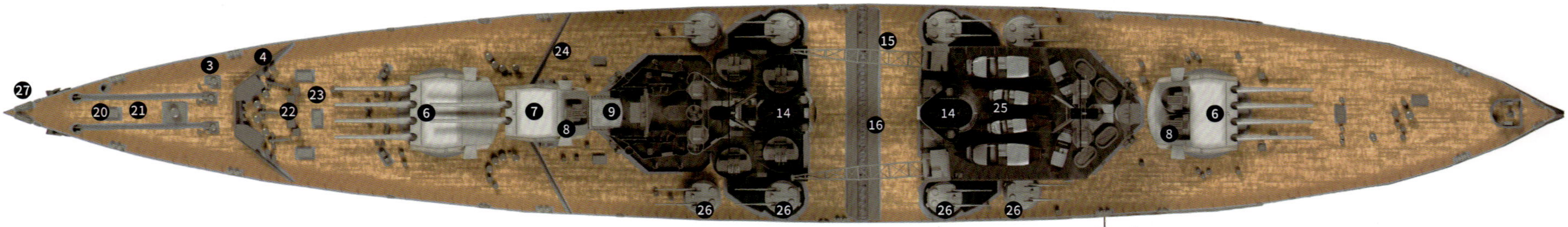

1. 旗杆
2. 锚
3. 锚链轮
4. 挡浪板
5. 通风筒
6. 356 毫米四联装主炮塔
7. 356 毫米双联装主炮塔
8. 178 毫米防空火箭炮
9. 舰桥
10. 284 型主炮火控雷达天线
11. 瞭望台
12. 281 型对空搜索雷达天线
13. 前桅
14. 烟囱
15. 飞机起重机
16. 飞机弹射器
17. 汽艇
18. 285 型防空火控雷达天线
19. 后桅
20. 制链器
21. 锚链
22. 扫雷具 / 破雷卫
23. 甲板天窗
24. 挡板
25. 小艇
26. 133 毫米双联装高平两用炮
27. 导缆钳

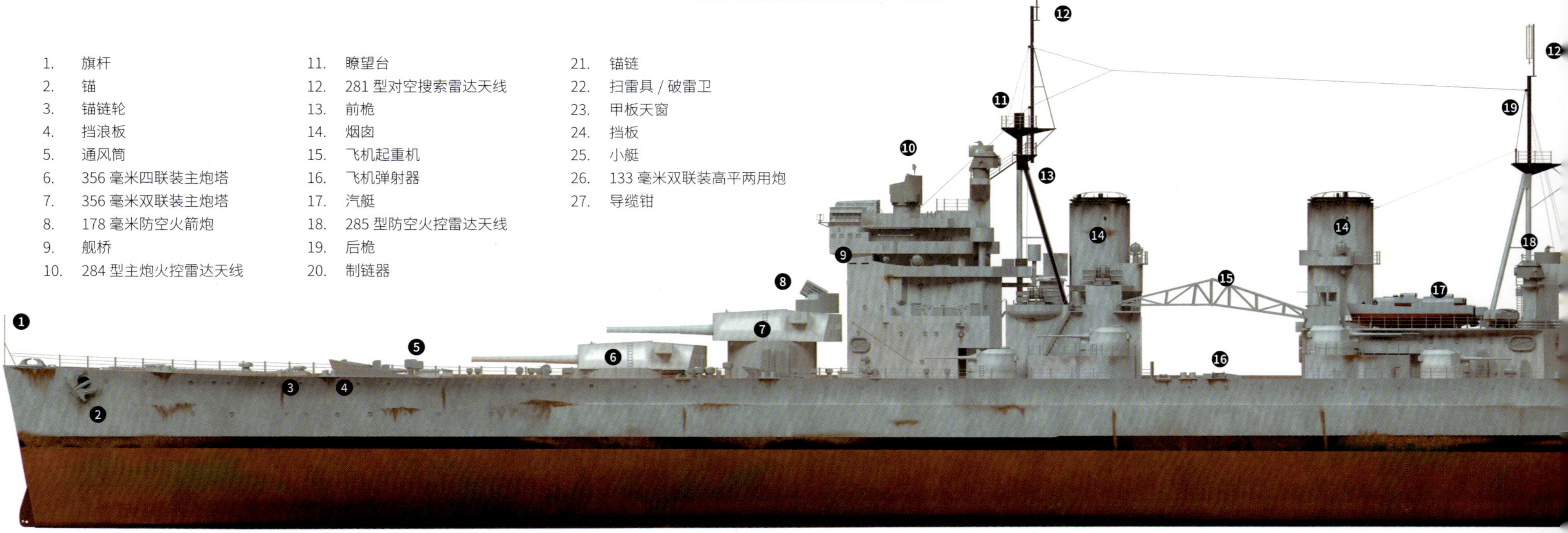

防护

英国皇家海军对"威尔士亲王"号的防护要求是能在15000～30000米的距离上抵御381毫米的穿甲弹,并且其甲板要能抵御从3600米高空投放的450千克炸弹。因此,其两舷的主装甲带最厚处达到373毫米,并且两侧主装甲带的前后也有横置装甲,从而组成一个装甲堡垒。在水平防护方面,其上甲板、主甲板等有多层装甲,特别是弹药库上方的装甲厚达149毫米,而轮机舱上方的装甲也有124毫米。它的主炮塔装甲很厚,正面324毫米,侧面224毫米,背面174毫米,顶部149毫米,并且炮座也厚达324毫米。不过它也有装甲薄弱之处,如副炮的炮塔装甲仅厚25毫米,指挥塔的正面装甲仅厚100毫米等。另外,它用三层水密隔舱来防范水下鱼雷的攻击,其结构采用"空—液—空"的方式,中间液体层填充的是重油和水。

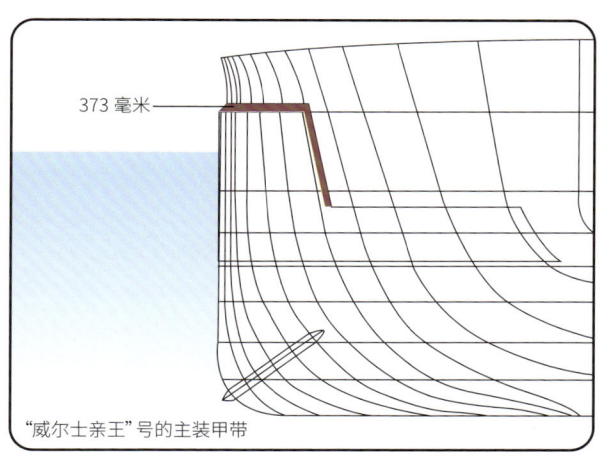

373毫米

"威尔士亲王"号的主装甲带

"海象"式水上飞机 Mk I	
载员	3～4人
长宽高	11.5米×14米×4.6米
最大速度	217千米/小时
续航距离	966千米
武器	2挺7.7毫米机枪;2枚113千克炸弹或深水炸弹等

❽

❻

❶

"海象"式水上飞机

"海象"是英国皇家海军和空军都装备的一种单引擎双翼水上飞机,共生产740架。最初它是配备战列舰和巡洋舰的舰队观测机(校射机),后来用作海上巡逻机。

它采用了船型机身、封闭式机舱、可折叠机翼、伸缩式起落架等设计,不仅可在舰上用飞机弹射器发射,还可在海面、陆地机场和航空母舰上起降。它的低速性能极佳,可直接在航空母舰上降落,不用加装着舰钩。其型号金属机身的是Mk I,木质的是Mk II。

二战前期,它被广泛用于侦察、海上救援、反潜巡逻、轰炸扫射等。如在马来海战前,"威尔士亲王"号战列舰就弹射了一架"海象",对马来亚的关丹进行侦察。它的配置多样,有的"海象"安装了反潜雷达,并用深水炸弹击沉、击伤过多艘德军潜艇,有的"海象"将后部机枪改为双联装等。它的下机翼有4大8小共12个挂架,可挂载多种航空炸弹和深水炸弹。二战中期,因雷达日益成熟等原因,"海象"逐步从战列舰和巡洋舰上撤装,但还是在沿海基地和航空母舰上执行搜救、联络等任务。

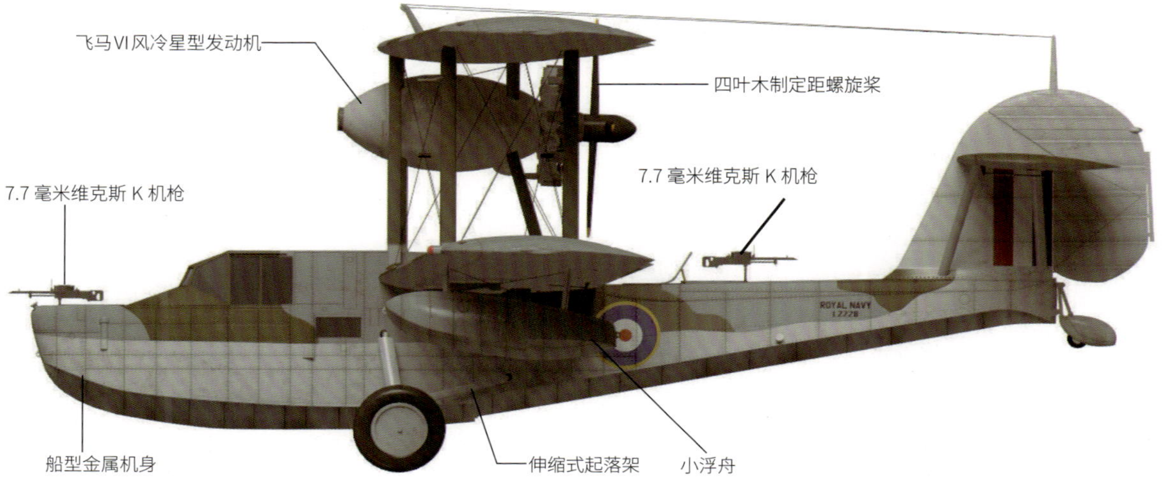

飞马VI风冷星型发动机

四叶木制定距螺旋桨

7.7毫米维克斯K机枪

7.7毫米维克斯K机枪

船型金属机身

伸缩式起落架 小浮舟

Nelson

"纳尔逊"号

英国 战列舰 ▶ Battleship

"纳尔逊"号（Nelson, 28）战列舰是英国的一代名舰，服役后就成为英国大西洋舰队的旗舰。其设计打破常规，三座主炮塔都位于舰桥前，并且很注重装甲防护。二战中，它参加过马耳他护航、西西里岛战役、诺曼底登陆等。1943 年 9 月 29 日，盟军和意大利在"纳尔逊"号上签署了停战协定。

该舰是纳尔逊级战列舰的一号舰（二号舰是"罗德尼"号）。其舰名源自英国伟大的海军中将霍雷肖·纳尔逊。该级战列舰的设计与建造受到《华盛顿海军条约》的约束，即签约国的主力舰吨位不得超过 35000 长吨（约 35562 吨），火炮口径不得大于 16 英寸（约 406 毫米）。

"纳尔逊"号于 1927 年 8 月 15 日服役，一直是英国大西洋舰队（1932 年更名为本土舰队）的旗舰。它的最大航速设计是 23 节，后来在公试时测为 23.8 节。它采用了 3 座三联装的主炮塔，共 9 门 406 毫米主炮，以及 6 座双联装的 152 毫米副炮塔，火力强大但布局特殊。因为它没有像其他战列舰那样，将主炮塔分布在舰桥前后，而是将三座主炮塔都集中在高大的舰桥前面，副炮塔、动力系统等则集中在舰体后部。这样看上去虽然不太协调，但利于装甲重点防护。

它的副炮是高平两用炮，不过因固定角度装弹等设计导致对空射速过慢，并不适合防空作战。因此，它在二战中加装了大量的防空高炮。它曾在靠近舰桥的那个主炮塔顶部搭载了一架"海象"式水上飞机，但后来撤除了。

40 毫米八联装高炮

406 毫米三联装主炮塔

20 毫米高炮

挡浪板

锚链

279 型对空搜索雷达天线

高炮指挥仪

主炮火控指挥塔

塔楼式舰桥

273 型对海搜索雷达天线

152 毫米双联装副炮塔

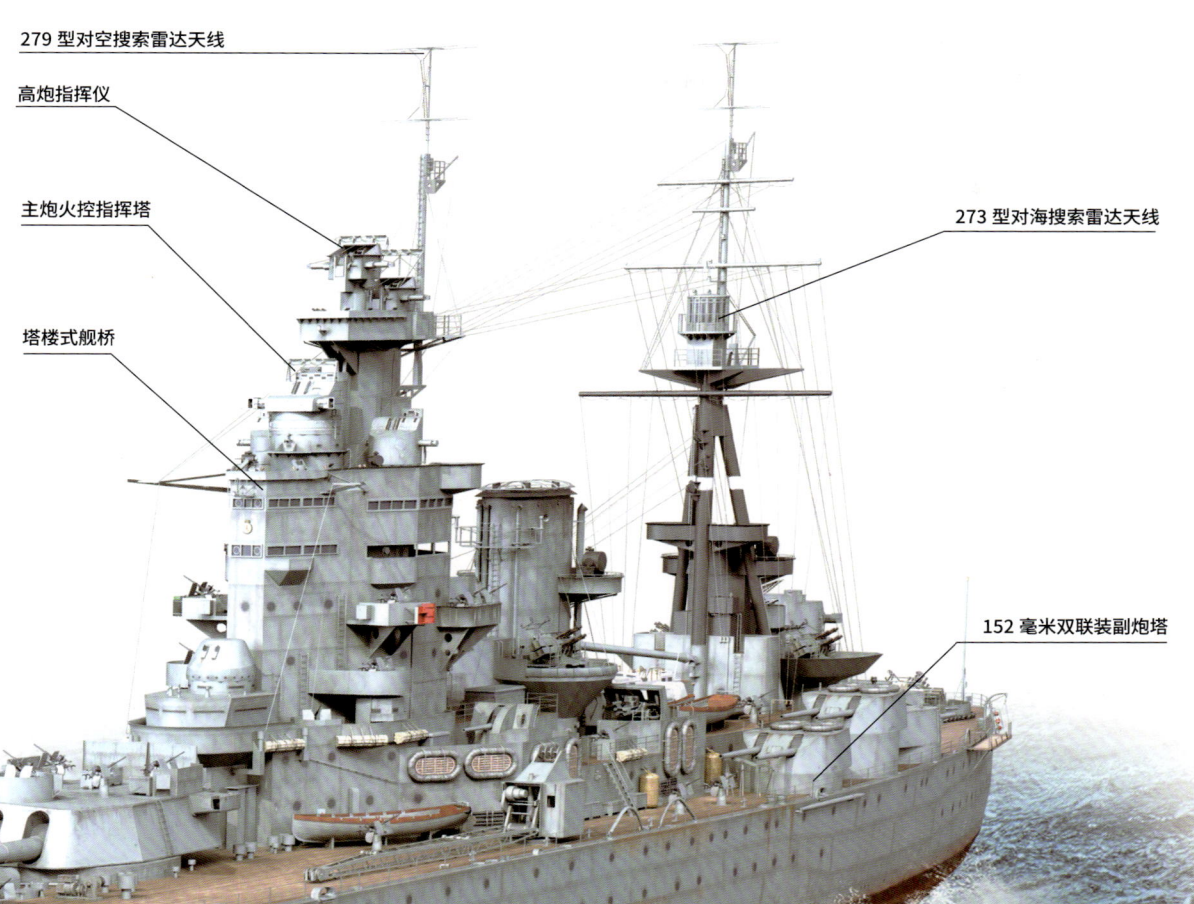

武/器/档/案　WEAPON ARCHIVES

舰名	"纳尔逊"号
舰级	纳尔逊级
排水量	标准: 33834 吨; 满载: 38386 吨
长宽	216.4 米 ×32.3 米
动力	8 台三鼓式锅炉、2 组蒸汽轮机; 33557 千瓦
最大速度	23.8 节
续航距离	7000 海里 (16 节)
载员	1314 人
雷达	273 型、279 型、281 型、282 型、283 型、284 型、285 型等 (1944 年)
装甲	主装甲带 356 毫米, 主炮前盾 406 毫米, 甲板装甲 159 毫米
武器 (1945 年)	3 座三联装 406 毫米主炮、6 座双联装 152 毫米副炮 6 门 120 毫米高炮、6 座八联装 40 毫米高炮 4 座四联装 40 毫米高炮、61 门 20 毫米高炮

战列舰七巨头

舰级	舰名		
英国 纳尔逊级	"纳尔逊"号	"罗德尼"号	
美国 科罗拉多级	"科罗拉多"号	"马里兰"号	"西弗吉尼亚"号
日本 长门级	"长门"号	"陆奥"号	

1922—1936 年,《华盛顿海军条约》为各列强海军带来约 15 年的"海军假日"时代。在这期间,世界上共有七艘最先进的战列舰,主炮口径都超过 400 毫米。它们被各国海军人士称为 "Big Seven",即七巨头。这里面有英国的纳尔逊级战列舰两艘、美国的科罗拉多级战列舰三艘和日本的长门级战列舰两艘。它们在当时备受追捧,不仅是大舰巨炮主义的代表,也是其国家的海权象征。

不过,随着 1936 年《华盛顿海军条约》到期,各国的新型战列舰开始涌现,并且航空母舰也开始挑战战列舰的海上霸主地位,这七巨头也就被这些新生代抢走了风头。

二战时期,"纳尔逊"号先在北大西洋参与船队护航,并针对德国海军开展保交战,其后还在地中海参加了马耳他护航。随后,它参加了"火炬行动"、西西里岛战役、"雪崩行动"、"贝敦行动"、诺曼底登陆、"制服行动"等,征程遍布大西洋和印度洋。其舰内的生活环境较好,据舰员说是舒适得令人惊讶,并且每天都会向 21 岁以上的官兵分发朗姆酒,过生日的则可一直喝到醉。

二战结束后,"纳尔逊"号在 1948 年退役。然后,它成为测试航空穿甲炸弹的靶舰。最终它于 1949 年 3 月被拆解。

火力

"纳尔逊"号的舰桥前方是 3 座 BL 406 毫米 Mark I 三联装主炮塔。该炮采用 45 倍径, 炮管长 18.3 米, 俯仰角度为 -3 度至 +40 度, 弹种主要是穿甲弹和高爆榴弹。

其炮口初速为 788 米 / 秒, 射速为 1.5 发 / 分钟, 最大射程约 35745 米 (40 度)。它的炮管寿命是 200~250 发。此炮的性能虽然不算强, 但战绩可观。装备于"罗德尼"号战列舰上的它, 曾一次齐射就摧毁了德国"俾斯麦"号战列舰的舰桥和 1 座主炮塔。

二战期间, 在"纳尔逊"号上服役的南非志愿者骑坐在主炮上合影

二战期间, 在"纳尔逊"号上服役的南非志愿者与主炮合影

动力

由于"纳尔逊"号整体比较紧凑, 因而动力系统占用的舰内空间不大。它采用了 8 台海军部三鼓式重油专烧小管锅炉, 2 组布朗 - 柯蒂斯式单级齿轮减速型蒸汽轮机, 动力通过 2 根传动轴驱动 2 个直径为 4.42 米的三叶螺旋桨。其输出总功率为 33557 千瓦, 最大速度实测为 23.8 节。在二战时期, 这一速度明显偏慢, 但在建造它的战间期还算不错。其续航能力较强, 装载 3800 吨重油后, 能以 10 节的速度航行 14000 海里, 以 16 节的速度航行 7000 海里, 以 23 节的速度航行 5500 海里。

1937 年 5 月 17 日, "纳尔逊"号参加舰队检阅

二战时期, "纳尔逊"号上举办劳军演出

防护

"纳尔逊"号的主炮塔和副炮塔分别集中得很紧凑，加上内部的弹药库、动力舱等形成了一种集中防御式的装甲布局。即这些部位的装甲厚重，但其他部位如舰首尾等防护薄弱，甚至没有装甲。它两舷内倾的主装甲带最厚处为356毫米，并且前后设有横置装甲，从而组成一个装甲堡垒。在水平防护方面，它没有给各层甲板都铺设装甲，只有中间一层是装甲甲板。其装甲厚度根据舱室不同在95～159毫米之间，其中弹药库上方最厚为159毫米。它的主炮塔装甲很厚，前面两个编号为A和B的主炮塔厚度是正面406毫米，侧面279毫米，背面229毫米，顶部184毫米。对于靠近舰桥的那个编号为X的主炮塔，整体的装甲厚度还要大。它们的炮座装甲厚度为305～381毫米。另外，其指挥塔的装甲厚度为305～356毫米。

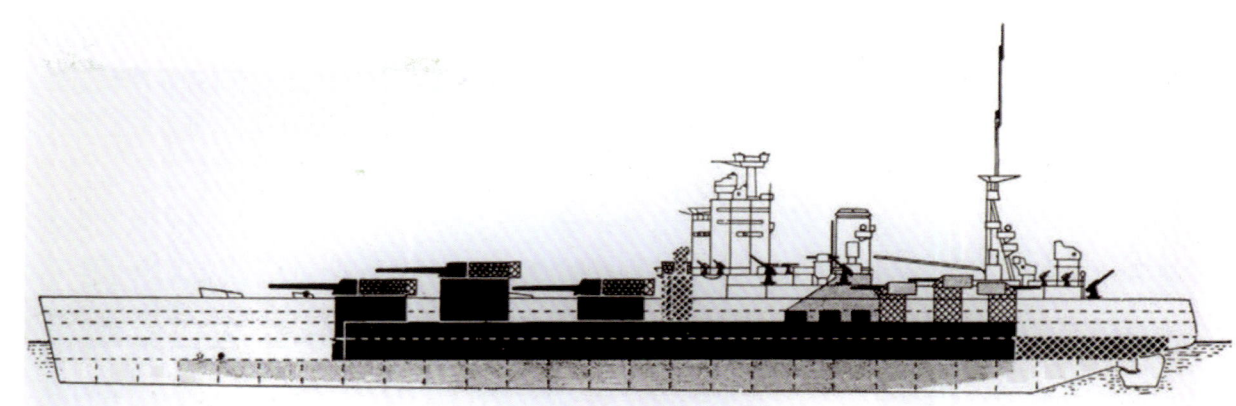

"纳尔逊"号的集中防御式装甲布局 (图中越黑装甲越厚)

1. 旗杆	19. 探照灯
2. 锚	20. 舰载艇
3. 锚链轮	21. 起重机
4. 挡浪板	22. 152毫米双联装副炮塔
5. 20毫米高炮	23. 三角主桅
6. 406毫米三联装主炮塔	24. 273型对海搜索雷达天线
7. 40毫米八联装高炮	25. 火控指挥塔
8. 救生艇	26. 120毫米高炮
9. 装甲指挥塔	27. 锚链筒上唇
10. 塔楼式舰桥	28. 锚链
11. 主炮火控指挥塔	29. 甲板天窗
12. 防空指挥所	30. 扫雷具
13. 高炮指挥仪	31. 挡板
14. 279型对空搜索雷达天线	32. 通风筒
15. 前桅	33. 导缆钳
16. 副炮指挥仪	34. 舷梯
17. 救生筏	
18. 直立式烟囱	

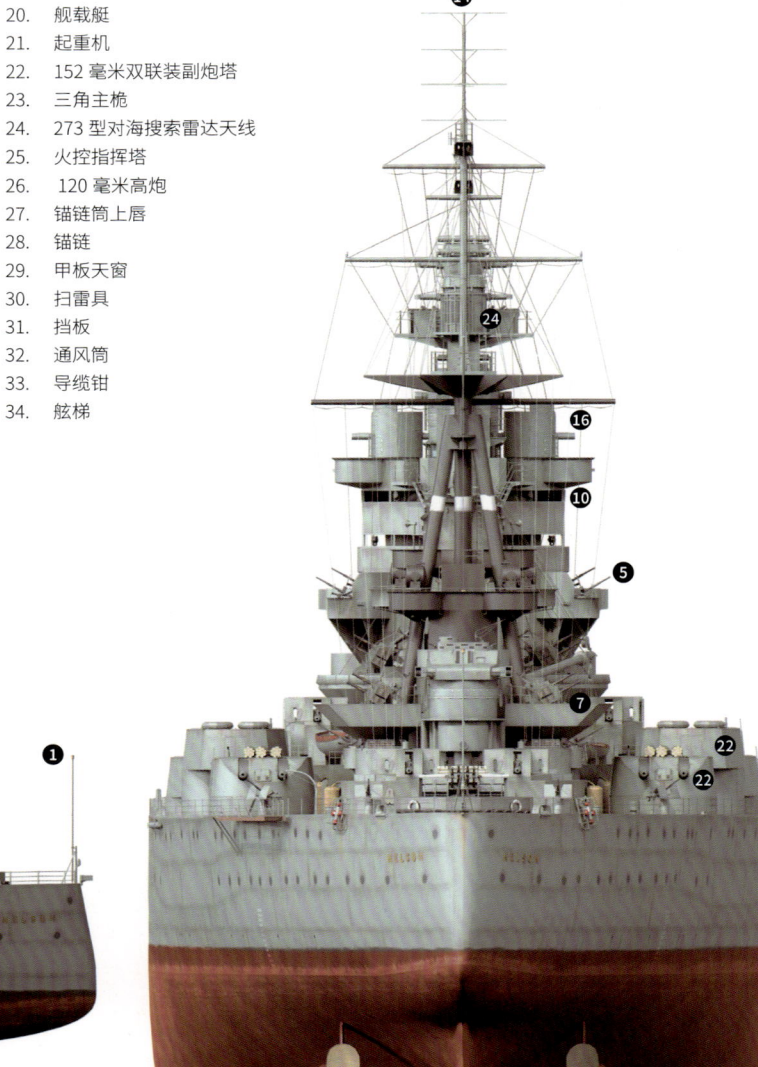

Warspite
"厌战"号

英国 战列舰 ▶ Battleship

"厌战"号（Warspite, 03）是一艘久负盛名的英国战列舰，曾担任过不少舰队的旗舰。它不仅参加了两次世界大战，还是英国皇家海军历史上获得战场荣誉最多的传奇战舰。一战时，它随大舰队参加了日德兰海战；二战时，它参加了纳尔维克海战、塔兰托战役、西西里岛战役、诺曼底登陆等。

该舰是英国皇家海军伊丽莎白女王级战列舰的二号舰。该级战列舰共有5艘，除"厌战"号之外还有"伊丽莎白女王"号、"巴勒姆"号、"英勇"号和"马来亚"号。它们是第一次世界大战中最先进的战列舰，也是最早的高速战列舰。

"厌战"号于1915年3月8日服役，先被编入大舰队（本土舰队）的第二战列舰分队，凭其381毫米主炮的精度和威力备受温斯顿·丘吉尔的重视。后来它与其他伊丽莎白女王级战列舰一起组成第五战列舰分队，参加了一战时期规模最大的日德兰海战。在该战中，"厌战"号虽然被德军舰队重创，但也因保护"勇士"号装甲巡洋舰而受人尊敬。1918年，它在斯卡帕湾见证了德国公海舰队的投降。

在战间期，受重创的"厌战"号成为当时英国第一艘被重建的战列舰。1934年，其动力、装甲、武器、航空等系统都开始升级重建，到1937年竣工时它几乎是一艘全新的战列舰。它能够搭载4架水上飞机，不过通常只搭载两架。从1938年到1941年是"剑鱼"式鱼雷轰炸机，从1942年到1943年是"海象"式水上飞机。1940年4月，它派出的一架"剑鱼"式鱼雷轰炸机用炸弹炸沉了德国潜艇U-64，这是二战中第一架击沉潜艇的飞机。

主炮火控指挥塔

381毫米双联装主炮塔

挡浪板

旗杆

锚

防雷鼓包

281b 型对空搜索雷达天线

273 型对海搜索雷达天线

起重机

20 毫米高炮

102 毫米双联装高炮

1942 年 7 月 16 日，"厌战"号在印度洋航行

纵观二战时期，"厌战"号在大西洋、印度洋、地中海等地四处征战，参加过纳尔维克海战、卡拉布里亚海战、塔兰托战役、马塔潘角海战、克里特岛战役、锡兰海战、西西里岛战役、诺曼底登陆、斯海尔德河战役等。作为沙场老将，它在战斗中屡屡受伤又屡被修复。特别是 1943 年 9 月在支援萨莱诺登陆时，它遭到德国空军的 Fritz X 遥控滑翔炸弹（早期的制导炸弹）攻击，当场瘫痪。但它在大修后又参加了诺曼底登陆等。

最后，"厌战"号于 1945 年 2 月退役并被拆解。因为它太有名，所以拆解后的材料被制作成了烟灰缸、开信刀等纪念品，供人们收藏。

281b 型对空搜索雷达天线

雷达

该舰装备了 281b 型对空搜索雷达，其天线位于桅杆顶部。它的峰值功率有 350 千瓦，工作频率在 90MHz 左右，工作波长为 3.5 米，属于长波雷达。281 型是二战时期英国皇家海军的主力对空搜索雷达，其中 281b 型最大的特点是将发射天线和接收天线合二为一。它对飞机的搜索距离约 110 海里，高度约 9100 米。另外，它还有辅助对海搜索和辅助火控的能力，对舰船的搜索距离约 12 海里，通过测距可协助主炮、高炮等进行射击。

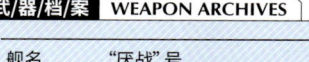

武/器/档/案	WEAPON ARCHIVES
舰名	"厌战"号
舰级	伊丽莎白女王级
排水量	标准：31818 吨；满载：37035 吨
长宽	195.2 米 ×31.7 米
动力	6 台三鼓式锅炉、4 组帕森斯式蒸汽轮机；61147 千瓦
最大速度	23.5 节
续航距离	7579 海里（12 节）
载员	1124 人
雷达	273 型、274 型、281b 型、282 型、285 型等
装甲	主装甲带 330 毫米，主炮前盾 330 毫米，甲板 79～127 毫米
武器（1945 年）	4 座双联装 381 毫米主炮 4 座双联装 102 毫米高炮 4 座八联装 40 毫米高炮 2 座双联装 20 毫米高炮 27 门 20 毫米高炮
弹射器	1 座
舰载机	2～4 架水上飞机

1944 年 6 月 6 日，诺曼底登陆时"厌战"号在炮击德军炮台（此时它有个主炮塔无法使用）

1943 年 7 月 17 日，"厌战"号冒着空袭用主炮轰击西西里岛的德军

QF 102 毫米 Mk X VI 高炮

最初"厌战"号装备了 4 门 102 毫米高炮，后来在大改装时换成了 4 座双联装的 102 毫米高炮，即 Mk X VI。该炮采用 45 倍径，炮管长 4.57 米，俯仰角度为 -10 度至 +80 度，弹种有高爆榴弹、半穿甲弹等。其炮口初速为 811 米 / 秒，射速为 15～20 发 / 分钟，最大射程为 18150 米（45 度）和 11890 米（80 度）。它的炮管寿命是 600 发。

BL 381 毫米 Mk I 主炮

这是英国皇家海军为伊丽莎白女王级战列舰开发的 42 倍径主炮，是之前 BL 343 毫米 Mk V 舰炮的放大版，主要使用被帽穿甲弹及高爆弹。该级每艘有 4 座双联装炮塔，共 8 门此炮。它因在日德兰海战中表现优秀，后来被广泛装备于英国的战列舰、战列巡洋舰等，还被美国评为战争中最可靠和最精确的战列舰主炮。

原本它在炮塔上的最大仰角是 20 度，最大射程约 21000 米。一战后它经过改造升级（包括炮弹），最大仰角增为 30 度，射程增为约 29000 米。采用

Mk X VII b 或 Mk X XII 被帽穿甲弹时，其最大射程达 30680 米。1940 年 7 月在卡拉布里亚海战中，由"厌战"号战列舰主炮发射的一发炮弹击中了 24000 米之外的意大利战列舰"朱利奥·凯撒"号。这是舰炮史上射程最远的命中纪录之一。

在英国皇家海军中，除了伊丽莎白女王级战列舰之外，后来也采用该主炮的有复仇级战列舰、声望级战列巡洋舰、海军上将级战列巡洋舰、光荣级战列巡洋舰、苏尔特元帅级浅水重炮舰、黑暗界级浅水重炮舰、罗伯茨级浅水重炮舰和"前卫"号战列舰。

BL 152 毫米 Mk XII 副炮

"厌战"号原计划在舰体两侧安装 16 门 152 毫米的炮廓式副炮，但舰尾部有 4 门因所处的位置较低容易上浪，就未安装。因此它的两舷共有 12 门副炮，后来在大改装时减少为 8 门，即两舷各有 4 门。该炮采用 45 倍径，炮管长 6.86 米，俯仰角度为 -7 度至 +30 度，弹种有穿甲弹、高爆榴弹、榴霰弹等。其炮口初速为 861 米 / 秒，射速为 5～7 发 / 分钟，最大射程为 21735 米（仰角 30 度）。它的炮管寿命是 670 发。1944 年，因战场需求变化，"厌战"号将该副炮全部拆除。

"厌战"号主炮			
主炮口径	381 毫米	炮口初速	750～800 米 / 秒
炮身长度	16.52 米	炮弹重量	879 千克
炮身重量	101.6 吨	射速	2 发 / 分钟
最大仰角	30 度	炮管寿命	335 发
最大射程	30680 米	备弹量	80 发 / 门

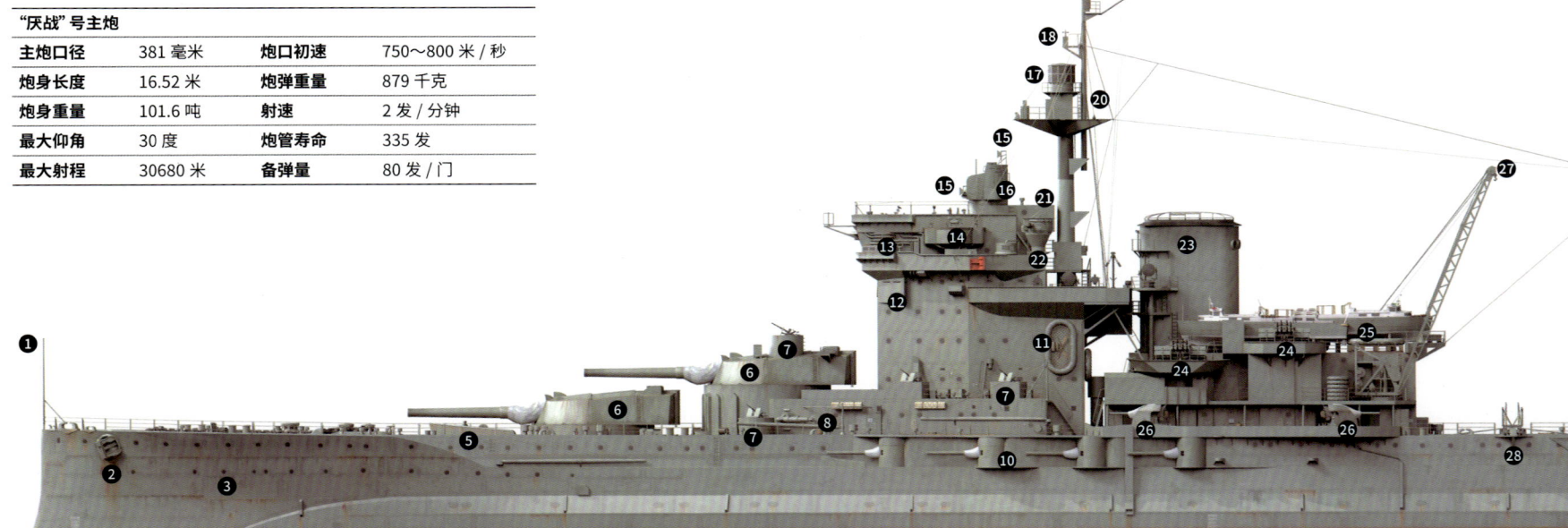

动力

在早期,"厌战"号的动力源自 24 台亚罗式大管锅炉和 2 组(4 台)帕森斯式蒸汽轮机。其总功率约 55927 千瓦,最大速度近 25 节,能装载重油 3500 吨,以 10 节的速度可航行 8400 海里。后来经过大改装,升级为 6 台海军部三鼓式重油锅炉和 4 组(4 台)帕森斯式单级齿轮减速型蒸汽轮机,同样通过 4 根传动轴来驱动 4 个螺旋桨。其总功率为 61147 千瓦(或 59656 千瓦),最大速度为 23.5 节。它的续航能力提高明显,以 10 节的速度可航行 14300 海里。

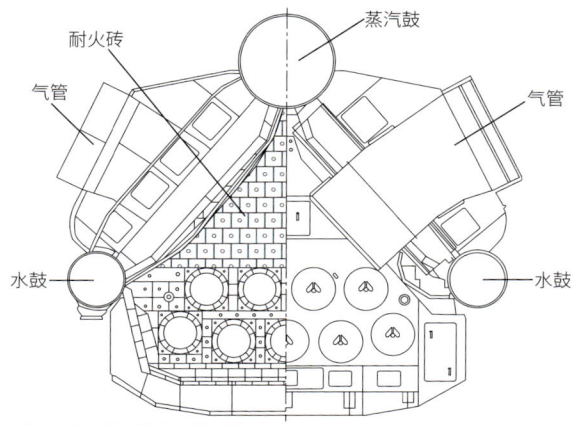

"厌战"号的三鼓式锅炉结构

装甲防护

"厌战"号的装甲防护源自铁公爵级战列舰,但主装甲带、主炮塔装甲等更厚。1915 年竣工时,其主装甲带最厚处 330 毫米,指挥塔和主炮前盾也是 330 毫米,不过甲板装甲只有 25~76 毫米。1924 年,它用防雷鼓包加强了舷侧下方的防护力。1934—1937 年,它增加了约 1118 吨装甲,分配到甲板、动力舱、弹药舱等。此时甲板装甲增为 79~127 毫米。

在漫长的服役生涯中,"厌战"号虽然遭受过敌军主力舰主炮的穿甲弹、重磅航空炸弹、Fritz X 遥控滑翔炸弹、水雷等攻击,还多次与其他舰船撞击,但都凭其厚重的装甲、坚固的结构等素质扛住了伤害,每次经维修后都能重返战场。

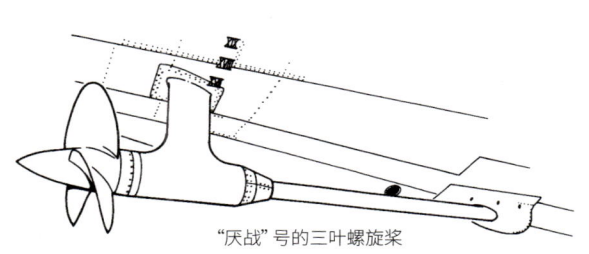

"厌战"号的三叶螺旋桨

1941 年,"厌战"号在地中海遭到攻击

"厌战"号对"勇士"号的保护

这是日德兰海战中的一件趣事。"勇士"号是英国皇家海军的一艘装甲巡洋舰,在该战中它被德国公海舰队的多艘战列舰和战列巡洋舰炮击,身负重伤。危在旦夕之际,其好队友"厌战"号战列舰在德国公海舰队面前绕了两个圆圈,将德舰炮火全部吸引到自己身上,从而令"勇士"号找准机会撤退。虽然事后"厌战"号说是船舵发生故障导致绕圈,但"勇士"号的全体舰员却认定它是主动诱敌以拯救自己,所以一直对其感恩。

1. 旗杆
2. 锚
3. 舷窗
4. 防雷鼓包
5. 挡浪板
6. 381 毫米双联装主炮塔
7. 20 毫米高炮
8. 扫雷具
9. 舭龙骨
10. 152 毫米的炮廓式副炮
11. 救生筏
12. 指挥塔
13. 舰桥
14. 282 型防空火控雷达天线
15. 284 型主炮火控雷达天线
16. 主炮火控指挥塔
17. 273 型对海搜索雷达天线
18. 风杯式风速计
19. 281b 型对空搜索雷达天线
20. 前枪
21. 285 型防空火控雷达天线
22. 防空火控指挥塔
23. 直立式烟囱
24. 40 毫米八联装高炮
25. 舰载艇
26. 102 毫米双联装高炮
27. 起重机
28. 飞机弹射器
29. 救生筏
30. 主炮指挥塔
31. 锚链
32. 绞盘
33. 舷梯
34. 甲板天窗
35. 艉部回廊

Yamato
"大和"号

日本 **战列舰** ▶ Battleship

"大和"号 (Yamato) 是二战史上最大最强的战列舰。它在服役后接替"长门"号成为日本联合舰队的旗舰。其满载排水量高达七万多吨，并拥有口径高达460毫米的主炮九门。在太平洋战争中，它参加过中途岛战役、马里亚纳海战、莱特湾海战等，最后执行海上特攻在坊之岬海战中被美军舰载机击沉。

▶ 1941年9月20日，在日本吴海军基地舾装的"大和"号

"大和"号是日本海军大和级战列舰的一号舰 (二号舰是"武藏"号)。其舰名源自日本古代的大和国。它是1937年日本第三次海军军备补充计划的产物。当时《华盛顿海军条约》和《伦敦海军条约》已到期，因此日本能够完全无约束地按自身需求建造它。

"大和"号的建造一直处于保密状态，于1941年12月16日竣工服役。从舰名不难看出，它不仅是其海军的象征，也是其国家和民族的象征。也正因如此，加上以前"渐减邀击"战略的影响，日本海军对它的使用特别谨慎，以至于和"长门"号战列舰一样在太平洋战争中经常闲置，发挥的作用不大。

1942年2月12日，"大和"号成为联合舰队的旗舰。它不仅主炮巨大，并且装甲厚实，如主装甲带厚达410毫米加倾斜20度、指挥塔装甲厚达500毫米等。"大和"号采用了当时很多的新技术，如用球鼻艏提高航速，在烟囱口安装蜂窝装甲以防御航空炸弹等。1944年开始改装时，它减少了155毫米副炮的数量，增加了127毫米高炮和25毫米机炮的数量，以增强防空能力。它具有两座飞机弹射器，最多可搭载7架零式水上侦察机和零式水上观测机。

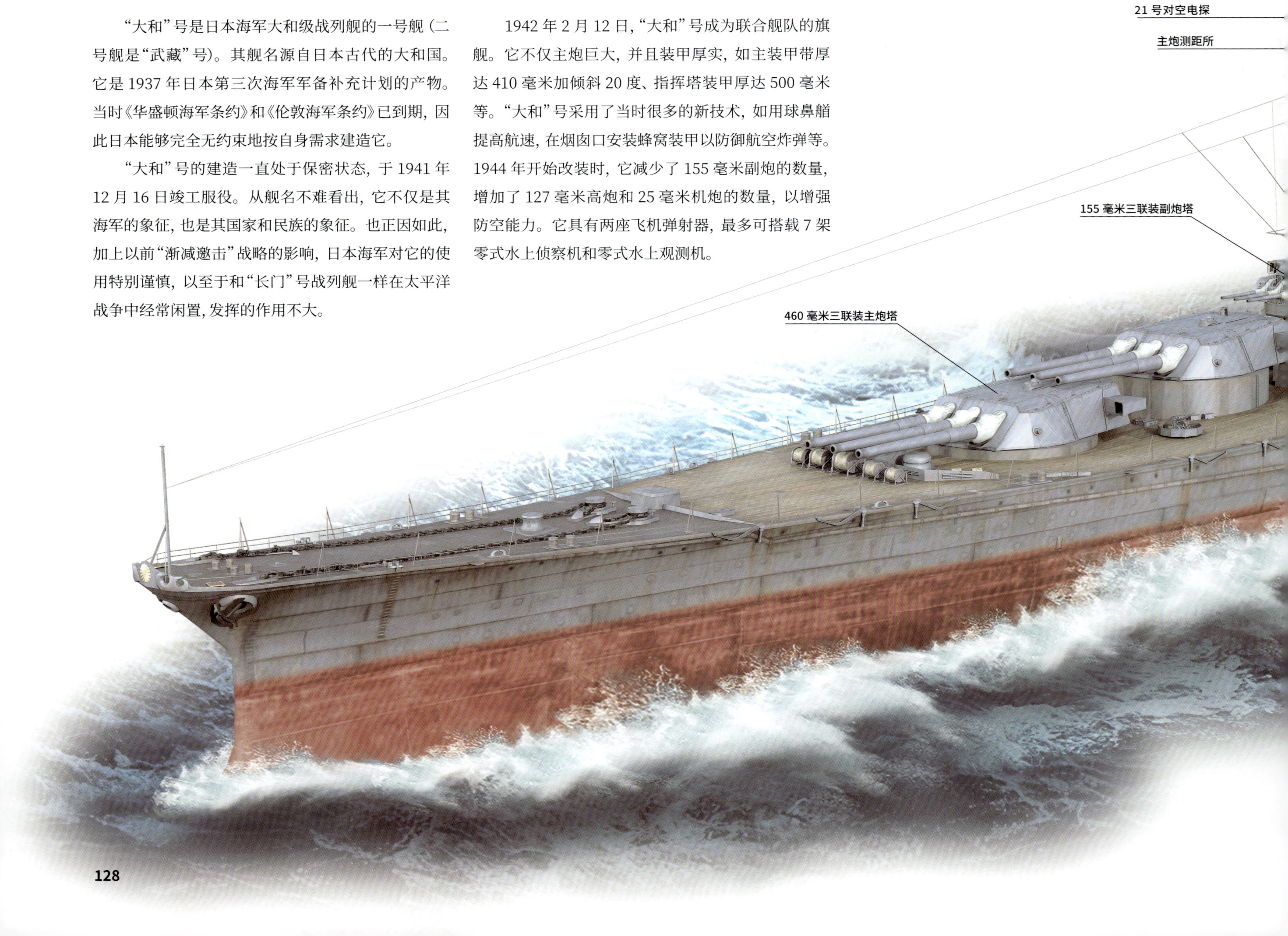

21号对空电探

主炮测距所

155毫米三联装副炮塔

460毫米三联装主炮塔

1942 年 5 月 29 日，"大和"号出发参加中途岛战役。它作为旗舰在后方的主力部队中，没有参加前方机动部队的海战，只用副炮和高炮射击了美军潜艇。1944 年 6 月 20 日，它在马里亚纳海战中首次用主炮向美军舰载机发射了 27 发三式弹。1944 年 10 月，它参加了莱特湾海战，在后期的萨马岛海战中其主炮终于发力，对美军的护航航母编队发射了一百余发炮弹。1945 年 3 月 26 日，日本海军发动"天一号作战"，"大和"号展开海上特攻。在 4 月 7 日的坊之岬海战中，它被美军大量的舰载机围攻击沉。其沉没代表着联合舰队的末日来临，也代表着大舰巨炮主义谢幕。

天线支架

射击指挥所

飞机弹射器

25 毫米三联装机炮

127 毫米双联装高炮

指挥塔

1944 年 10 月 24 日，在锡布延海战中的"大和"号

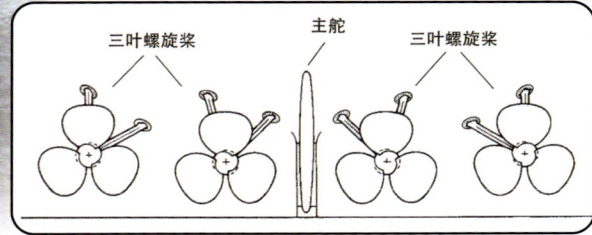

三叶螺旋桨　主舵　三叶螺旋桨

"大和"号舰部的主舵与螺旋桨

武器/档案　WEAPON ARCHIVES

舰名	"大和"号
舰级	大和级
排水量	标准：65000 吨；满载：72808 吨
长宽	263 米 ×38.9 米
动力	12 台舰本式锅炉、4 组舰本式蒸汽轮机；114505 千瓦
最大速度	27.46 节
续航距离	7200 海里（16 节）
载员	3332 人（1945 年）
雷达	21 号和 13 号对空电探，22 号对海电探
装甲	主装甲带 410 毫米，主炮前盾 650 毫米，主甲板 230 毫米
武器（1945 年）	3 座三联装 460 毫米主炮 /2 座三联装 155 毫米副炮 12 座双联装 127 毫米高炮 /52 座三联装 25 毫米机炮 6 门 25 毫米机炮 /2 座双联装 13 毫米高机
弹射器	2 座
舰载机	7 架水上飞机

动力

"大和"号有 4 个螺旋桨，原计划采用柴油机和蒸汽轮机混合的动力方案，即两者各驱动 2 个螺旋桨。但后来由于日本的大型柴油机故障率高，运行不稳定，因而它最终还是采用了传统的全蒸汽轮机的动力方案。它有 12 台吕号舰本式重油专烧锅炉和 4 组舰本式高低压齿轮减速型蒸汽轮机，每 3 台锅炉向 1 组蒸汽轮机输送蒸汽。然后它们产生的动力通过 4 根传动轴驱动 4 个直径高达 6 米的螺旋桨，转速为 223 转 / 分钟。其总功率为 114505 千瓦，使"大和"号的最大速度达到 27.46 节。当它装载约 6200 吨重油时，能以 16 节的速度航行 7200 海里。

迷雾战舰"大和"号

"大和"号战列舰于 1937 年 11 月 4 日开工。因其建造属于日本的高度机密，所以保密措施极严。初期，日本海军内部只有部分人知道它在建造，就连设计师等人的任命书都是在颁发后就收回。

为了不让外人看到它，不仅在船坞加装了顶棚及围挡，而且附近能俯视船厂的山坡也都竖起了木围栏，并派有宪兵对该舰的了解范围。

1940 年 8 月 8 日它举行了下水典礼，没有宣传仅少数人参加，还以演习为名对当地进行了戒严。在仪式中，其舰名"大和"都是小声含糊地宣布。这些保密措施确实有效，虽然它在后来的服役期间拥有很高的知名度，但美军对其细节一直掌握得不多，不少规格数据都是推测的。并且日本在战败投降时，与之相关的文件、笔记、蓝图、照片等都被销毁，留世的多是零散记录、采访回忆等，而美国也只有战时航拍的少量照片。因此，它被形容为一艘迷雾战舰。不过，二战时德国驻日武官曾收集过"大和"号的资料，并且在战后一段时间进行了公布。

1941 年 10 月 30 日，"大和"号在进行全速试航

45 倍径九四式 40 厘米炮

其实此炮的名字应叫"45 倍径九四式 46 厘米炮"。当时日本海军为了保密而隐瞒了它的真实口径，故意将 46 厘米标为 40 厘米。这主要是为了迷惑美国海军，以便在无条约时代占据更大的战列舰优势。

它是史上口径最大威力也最大的主炮，属于大舰巨炮主义的巅峰产物。"大和"号上的三联装主炮塔有两座呈背负式在舰桥前，有一座在后部。原本每门炮备有 100 发炮弹（每座炮塔就有 300 发），但实际上可能是 120 发炮弹加 6 发训练弹。其炮弹有九一式穿甲弹、一式穿甲弹、零式高爆弹、三式弹等。

对于九一式穿甲弹（一式穿甲弹是其改进型），主要用于穿透敌舰的水线下装甲带，以获得日本海军一直推崇的"水中弹"攻击效果。虽然"大和"号主炮发射该弹的最大射程为 42030 米，但作战距离最好在 20000 米左右。日本海军认为，"大和"号用主炮摧毁美军一艘战列舰需 9～16 发炮弹，摧毁美军一艘大型巡洋舰需 4～5 发炮弹。当然，这些情况在太平洋战争中都没有发生过，反而是"大和"号被美军航母的舰载机击沉。另外，"大和"号主炮的穿甲弹据说没有加装用于识别弹着点的染料，而同级舰"武藏"号的穿甲弹则加装了浅蓝色的染料。

"大和"号主炮			
主炮口径	460 毫米	炮口初速	780 米 / 秒
炮身长度	21.13 米	炮弹重量	1460 千克
炮身重量	164.7 吨	射速	1.5～2 发 / 分钟
最大仰角	45 度	炮管寿命	150～250 发
最大射程	42030 米	备弹量	100 发 / 门

主炮穿甲能力		
射程	侧面装甲	甲板装甲
0 米	864 毫米	—
20000 米	566 毫米	167 毫米
30000 米	416 毫米	230 毫米

1. 旗杆
2. 锚
3. 锚链轮
4. 通风筒
5. 460 毫米三联装主炮塔
6. 155 毫米三联装副炮塔
7. 指挥塔（司令塔）
8. 罗经舰桥
9. 射击装置
10. 测距仪
11. E27 型逆探
12. 第一舰桥
13. 防空指挥所
14. 射击指挥所
15. 方位测定仪
16. 避雷针
17. 21 号对空电探
18. 主炮测距所
19. 22 号对海电探
20. 无线电送话机天线
21. 探照灯管制器
22. 信号探照灯
23. 烟囱
24. 高射指挥仪
25. 13 号对空电探
26. 后桅
27. 25 毫米三联装机炮
28. 飞机搬运台车
29. 飞机弹射器
30. 滑走车
31. 天线支架
32. 导缆钳
33. 系缆桩
34. 挡浪板
35. 起重机
36. 台车旋转盘
37. 搬运轨道
38. 127 毫米双联装高炮

60 倍径三年式 155 毫米副炮

"大和"号原有 4 座三联装 155 毫米副炮塔，围绕上层建筑的前后左右各有 1 座。在莱特湾海战前，其左右两侧的副炮塔被拆除，换成了高炮。因此，后来"大和"号就只有前后 2 座副炮塔。该炮是从最上级轻巡洋舰上移装过来的。当时最上级正从轻巡洋舰升级为重巡洋舰，主炮从 155 毫米换成 203 毫米，所以拆下来的 155 毫米主炮就成了"大和"号的副炮。其炮管的俯仰角度为 -10 度至 +55 度（也有记载是 75 度），弹种有穿甲弹、高爆榴弹、三式弹、照明弹等。它的炮口初速为 980 米 / 秒，射速为 5～7 发 / 分钟，最大射程为 27400 米（45 度）。其炮管寿命是 250～300 发。值得一提的是，这种副炮塔的装甲厚度仅有 25 毫米，只能抵御炮弹的碎片，防护力非常弱。

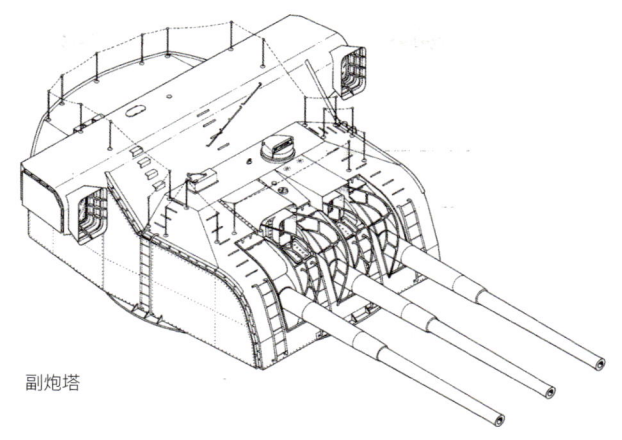

副炮塔

三式弹

三式弹

三式弹也叫三式通常弹或三式烧霰弹，是日本海军为其战列舰、巡洋舰、驱逐舰等主炮配发的一种防空榴霰弹，用来弥补日舰远程防空火力的不足。无论舰炮口径是 460 毫米、410 毫米、356 毫米或 127 毫米，都有对应的三式弹。除防空外，它也能对地攻击。

它是在零式普通弹（高爆弹）的基础上研发的，弹体内塞满了密密麻麻的小型燃烧弹，发射后会在空中形成锥形的燃烧弹幕，以烧坏敌机的蒙皮、打乱敌机的编队等。不过三式弹的铜弹带存在品控问题，对舰炮的膛线磨损较大，影响穿甲弹和高爆弹的射击精度。

1944 年，大和级战列舰的弹药库中近一半的炮弹都是三式弹。其主炮的三式弹长 1.6 米，重 1360 千克，内有约一千个小型燃烧弹。毕竟当时用穿甲弹攻击美国军舰的机会很少，而用三式弹防空的需求很大。但在实战中，美军飞行员认为三式弹所带来的杀伤威胁不大。

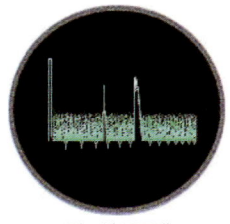

A 型示波器图像

13 号对空电探

在"大和"号的后樯杆上，有两个 13 号对空电探的固定式雷达天线（高约 4.2 米）。这是一种小型对空搜索雷达，广泛装备在日本海军的各种舰艇上。它的重量仅 110 千克，分解后可以人工搬运。其峰值功率是 10 千瓦，工作频率是 150MHz，工作波长是 2 米。在对空搜索时，它能在 50 千米的距离上发现单架的飞机，在 100 千米（甚至 150 千米）的距离上发现编队飞行的飞机，距离精度为 2～3 千米，方位精度约 10 度。它没有 PPI 平面显示器，只有一个 A 型示波器，所以难以提供敌机准确的方位、高度等信息。

舰体装甲

在二战时期，"大和"号是装甲最为厚重的战列舰，特别是舰体具备很强的防护能力。其水线处的主装甲带能够抵御 460 毫米口径的主炮在二三十千米外的射击。其水平装甲能够抵御 800 千克航空炸弹的轰炸。其水线下的防雷鼓包、装甲等能够承受 400 千克 TNT 炸药（如鱼雷的弹头）的爆炸。当然，"大和"号的防护再强，最终也抵不住数百架美机的多波次攻击。

13 号对空电探

舰体抗炸能力

虽然下面有介绍"大和"号的舰体装甲，但我们还是先用一个小故事来体现其坚固性。

1943 年 12 月 25 日，"大和"号航行在特鲁克岛的西北海域，一枚由美军潜艇悄悄发射的鱼雷击中了它的右舷后部。虽然舰体出现约 4 度的轻微横倾，但没有人感觉被鱼雷击中。它依然保持 20 节的航速，驶往近两百海里外的舰队锚地。到达之后，"大和"号请"明石"号工作舰（修理舰）来检查"右舷后部不明原因的进水"，并认为只是排水系统故障。结果"明石"号的潜水员下水检查时，才发现该处有一个大约长 10 米和宽 5 米的鱼雷爆炸损伤。

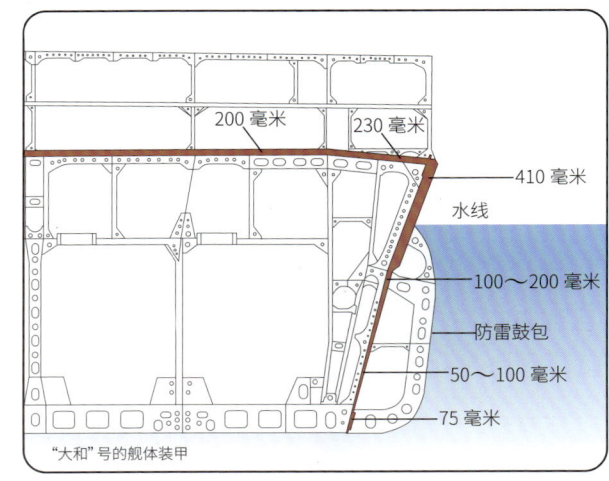

"大和"号的舰体装甲

Nagato
"长门"号

日本 战列舰 ► Battleship

在二战前的"海军假日"时代，"长门"号（Nagato）可以说是战列舰七巨头中最强的。它是当时世界上速度最快、主炮口径最大的战列舰，长期担任日本联合舰队的旗舰，曾是日本海军的象征。

该舰是日本海军长门级战列舰的一号舰（二号舰是"陆奥"号），舰名源自日本古代的长门国。它于 1920 年 11 月 25 日竣工服役，其设计和建造没有受到后来限制战列舰发展的《华盛顿海军条约》影响。

1944 年 10 月 21 日，"长门"号在婆罗洲

"长门"号在服役后进行过几次改装，如更换装甲更厚的炮塔，在舷侧下方增设防雷鼓包，换装防空高炮，更换锅炉及改造烟囱等。同时，它还增设了飞机弹射器，可以搭载 3 架水上飞机。改造后的它，长度从 216 米增加到 224.94 米，但最大速度从 26.5 节降为 25 节。后来它还加装了对空和对海搜索的雷达。

在更强的"大和"号战列舰服役之前，"长门"号不仅长期担负日本联合舰队的旗舰，还作为海军的象征为日本民众所熟知。在太平洋战争中，它先是参加了偷袭珍珠港、中途岛海战和瓜达尔卡纳尔岛战役，但都在主力部队中没有机会进行实战。后来它参加了马里亚纳海战，和美军航母的舰载机进行了战斗。它打得最大的一仗要数莱特湾海战中的萨马岛海战，对手是美军的护航航空母舰编队。当时，它与"大和"号战列舰等一边对美军航母展开大规模的炮击，一边抵御美军舰载机和驱逐舰反击。此后因日本海军缺少燃料等原因，它在返回本土后被作为浮动防空平台。日本战败投降时，它是唯一幸存且可航行的战列舰。

1946 年 7 月，"长门"号作为靶舰被美军两次用于核爆试验（一次空中爆炸和一次水下爆炸）。两次它都经受住了爆炸而依旧浮在海面。但在第二次核爆的四天后，它在无人察觉的情况下悄然沉没。

测距仪

防空指挥所

副炮预备指挥所

主炮测距仪

410 毫米双联装主炮塔

25 毫米机炮

日本军舰的数据真伪

一般军舰在计划、设计、公试、改装等不同阶段，其尺寸、排水量、航速等规格数据发生变化很正常。但是日本海军有些军舰因保密而造成了数据混乱。当时为了迷惑英、美等国，日本不仅对外宣布的数据有假，甚至在一些内部文件上也出现差异。当日本战败投降后，又因大量文件被销毁，再加上相关人员有不纠正外界数据错误的默契，所以就造成这些军舰在战后的各种出版物上也存在着数据差异。

如"长门"号战列舰，服役时官方宣布它的长度是 201 米，最大速度是 23 节，其实真实的长度是 216 米，最大速度是 26.5 节。1923 年 9 月关东大地震发生后，它因为运送救援物资而全速驶往东京湾，被英国轻巡洋舰追踪并测出真实航速。另外，根据 1937 年度的日本海军省年报，"长门"号在 16 节时的续航距离为 8650 海里，而造船（技术）士官福井静夫的记录是 10600 海里。还有就是"长门"号的主炮口径有 406 毫米、410 毫米等记载，除了官方有意迷惑，也有可能是制式换算造成的。据说它是按公制 410 毫米制造，对外用英制表述是 16.1 英寸或 16 英寸，后来再被换算为公制时就成了 406 毫米。并且它本是"41 厘米炮"，当《华盛顿海军条约》限制主力舰的火炮口径不得大于 16 英寸（406 毫米）时，它就直接改名叫"40 厘米炮"。

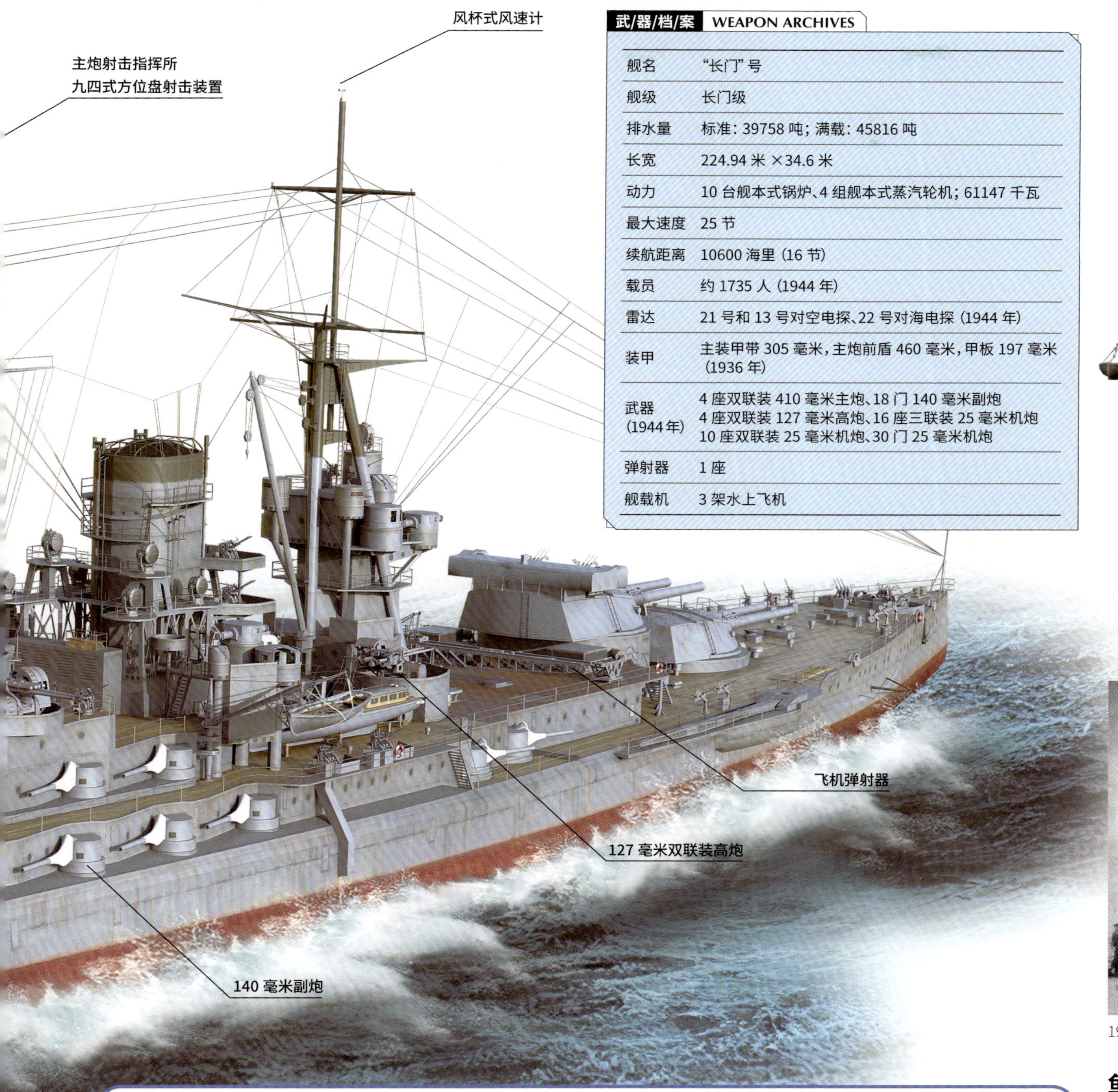

主炮射击指挥所
九四式方位盘射击装置

风杯式风速计

武器/档案 WEAPON ARCHIVES

舰名	"长门"号
舰级	长门级
排水量	标准：39758 吨；满载：45816 吨
长宽	224.94 米 ×34.6 米
动力	10 台舰本式锅炉、4 组舰本式蒸汽轮机；61147 千瓦
最大速度	25 节
续航距离	10600 海里（16 节）
载员	约 1735 人（1944 年）
雷达	21 号和 13 号对空电探、22 号对海电探（1944 年）
装甲	主装甲带 305 毫米，主炮前盾 460 毫米，甲板 197 毫米（1936 年）
武器（1944 年）	4 座双联装 410 毫米主炮、18 门 140 毫米副炮 4 座双联装 127 毫米高炮、16 座三联装 25 毫米机炮 10 座双联装 25 毫米机炮、30 门 25 毫米机炮
弹射器	1 座
舰载机	3 架水上飞机

飞机弹射器

127 毫米双联装高炮

140 毫米副炮

1937 年，"长门"号全体舰员合影

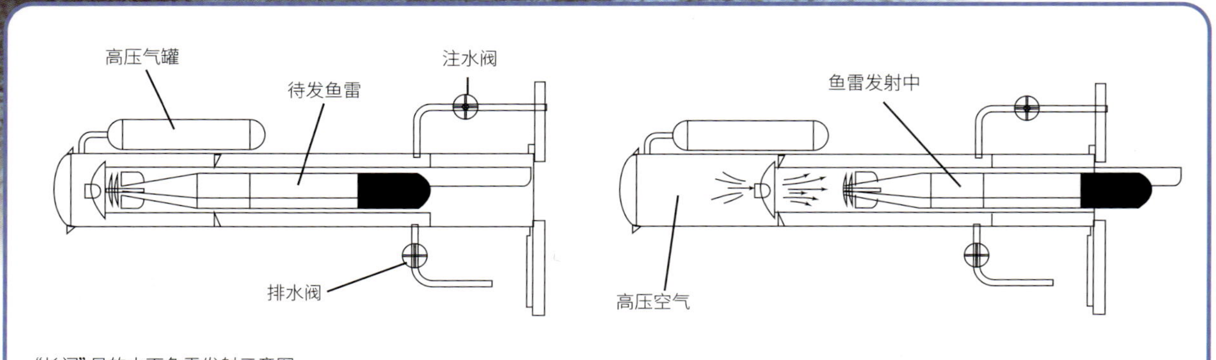

鱼雷发射管

"长门"号的两舷原有 8 具 533 毫米鱼雷发射管，水上和水下各有 4 具。其水下鱼雷发射与潜艇的鱼雷发射相似，在发射前先向管内注水，然后开盖并通过高压空气将鱼雷射出发射管，最后鱼雷依靠自身的动力冲向敌方舰船。

后来因为作战需求变化，"长门"号水上那 4 具鱼雷发射管在 1926 年被拆除，而水下那 4 具鱼雷发射管也在 1934—1936 年大改装期间被拆除。从此，"长门"号不再具备鱼雷攻击的能力。

高压气罐　待发鱼雷　注水阀
排水阀
鱼雷发射中
高压空气

"长门"号的水下鱼雷发射示意图

45 倍径三年式 410 毫米主炮

此炮是日本在一战时期自主研发的一种大口径主炮。它原本计划装备在长门级战列舰、加贺级战列舰、天城级战列巡洋舰和纪伊级战列舰上，但因只有长门级战列舰被建造出来，所以就该级战列舰装备了它。而生产多余的炮被部署在对马、釜山等地当岸防炮。

"长门"号前后各有2座双联装的主炮塔，共8门主炮。该炮还有一个名字是"45倍径三年式40厘米炮"，只是为了应付《华盛顿海军条约》而改名。它在二战前更换过炮塔，装甲更厚并使最大仰角从30度增到43度。它的弹种

有九一式穿甲弹、零式高爆弹、三式弹等。其中穿甲弹能在20000米距离上穿透269毫米的侧面装甲，在30000米穿透203毫米侧面装甲。早期它还配有八八式穿甲弹，不过后来撤装并被改造为舰载机使用的航空穿甲炸弹，在轰炸珍珠港时穿透过不少美舰的甲板装甲。

在太平洋战争中，"长门"号虽然参加了一些行动，但它的主炮一直到1944年6月的马里亚纳海战时才有机会发挥威力。当时美军有一队鱼雷轰炸机空袭日军的"隼鹰"号航空母舰，旁边的"长门"号用主炮发射三式弹打乱了其编队，从而保护了"隼鹰"号。而

在1944年10月25日的萨马岛海战中，"长门"号用主炮发射穿甲弹对美军的护航航空母舰编队进行了炮击。不过这些护航航空母舰几乎没有装甲防护，命中的穿甲弹直接穿透舰体而过，带来的损伤有限。

"长门"号主炮			
主炮口径	410 毫米	炮口初速	780 米 / 秒
炮身长度	18.84 米	炮弹重量	1020 千克
炮身重量	101.6 吨	射速	1.5～2.5 发 / 分钟
最大仰角	43 度	炮管寿命	250～300 发
最大射程	38725 米	备弹量	约 90 发 / 门

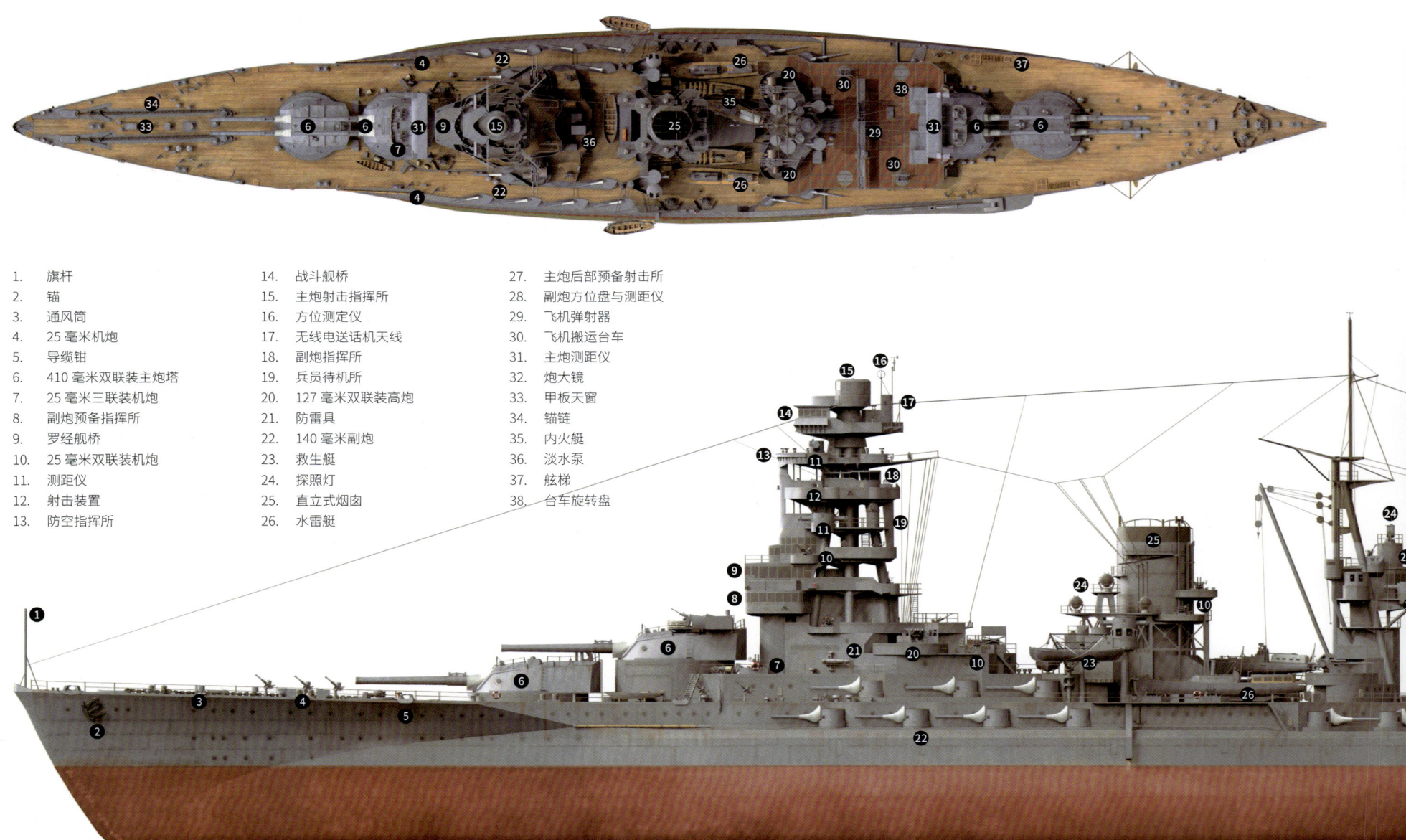

1. 旗杆	14. 战斗舰桥	27. 主炮后部预备射击所
2. 锚	15. 主炮射击指挥所	28. 副炮方位盘与测距仪
3. 通风筒	16. 方位测定仪	29. 飞机弹射器
4. 25 毫米机炮	17. 无线电送话机天线	30. 飞机搬运台车
5. 导缆钳	18. 副炮指挥所	31. 主炮测距仪
6. 410 毫米双联装主炮塔	19. 兵员待机所	32. 炮大镜
7. 25 毫米三联装机炮	20. 127 毫米双联装高炮	33. 甲板天窗
8. 副炮预备指挥所	21. 防雷具	34. 锚链
9. 罗经舰桥	22. 140 毫米副炮	35. 内火艇
10. 25 毫米双联装机炮	23. 救生艇	36. 淡水泵
11. 测距仪	24. 探照灯	37. 舷梯
12. 射击装置	25. 直立式烟囱	38. 台车旋转盘
13. 防空指挥所	26. 水雷艇	

50 倍径三年式 140 毫米副炮

在"长门"号服役的前期，它装备了 20 门 140 毫米的炮廓式副炮，在舰体上层建筑的两侧分为两层布置。在大改装后，这一数量减为 18 门，即每侧 9 门，分为上层 3 门和下层 6 门。其炮管长 7 米，俯仰角度为 -7 度至 +35 度，炮管俯仰和炮塔旋转的速度均为 8 度 / 秒，弹种有半穿甲弹、高爆榴弹、照明弹、反潜弹等。炮口初速为 850 米 / 秒，射速为 6～10 发 / 分钟，最大射程为 20574 米。值得一提的是，虽然其炮管仰角不高，但它具备一定的防空射击能力。在莱特湾海战后，"长门"号回到日本维修，这些副炮被拆除并移到陆地上作为海岸炮使用。

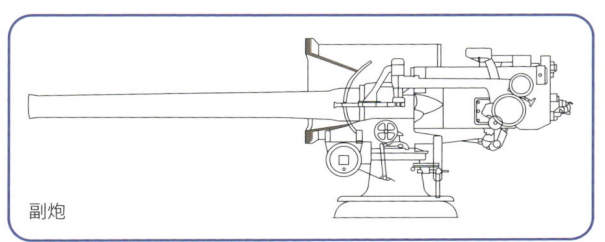

副炮

萨马岛海战中的水彩炮弹

1944 年 10 月 25 日萨马岛海战爆发，日军中央部队有 4 艘战列舰、8 艘巡洋舰等，美军舰队"塔菲 3 号"有 6 艘护航航空母舰、3 艘驱逐舰、4 艘护航驱逐舰等。按照以前主力舰的传统，日军战列舰主炮的穿甲弹内置了不同颜色的染料。其中"长门"号是用粉红色，"榛名"号是用黄绿色，"金刚"号是用红色，而"大和"号据说没用染料（在海面打出的水花是白色）。这样当它们的主炮都在射击时，各舰通过观察海面或敌舰上溅出的颜色，就能分清本舰炮弹的弹着点，便于射击指挥。
在该海战中，日军这 4 艘战列舰不断炮击美军的护航航空母舰编队，海面上就激起大量带有颜色的水花。除了"长门"号的粉红色和"大和"号的白色，据一些美军水手描述，"榛名"号打出的呈黄色和绿色，而"金刚"号打出的除红色外，有时候紫色甚至蓝色。总之海面上一片五颜六色的水花，有的美军水手没见过这种场景，就笑称日军是用水彩炮弹在打他们。

装甲防护

"长门"号按日本自己的说法是拥有顶级防御力。虽然这有宣传的成分，但它在设计时确实吸取了一战时期日德兰海战的教训，装甲的布置比以往的战列舰更科学合理，从而带来了更强的战场生存力。它采用了集中防御的思想和重点防护的概念。如为抵御远程炮战时的大落角弹，强化了舰体的水平装甲和主炮塔的顶部装甲等，并且前后弹药库等重点部位也装甲厚重，而对于非重点部位它则减弱甚至取消了装甲。

1934 年，"长门"号开始最大的一次改造，防护力变得更强。如主炮塔换装为"土佐"号和"加贺"号战列舰遗留下来的主炮塔，正面装甲厚约 460 毫米，侧面装甲厚 280 毫米，顶部装甲厚 230～250 毫米。因为在二战前的"渐减邀击"战略思想中，"长门"号是最后决战的主力，所以日本海军对其使用十分谨慎，从而导致它在太平洋战争中打的硬仗很少，几次被美军舰载机轰炸都损伤不太。战后，它被美军两次用于核爆试验都没有当场沉没，也算从侧面证明了其防护力之强。

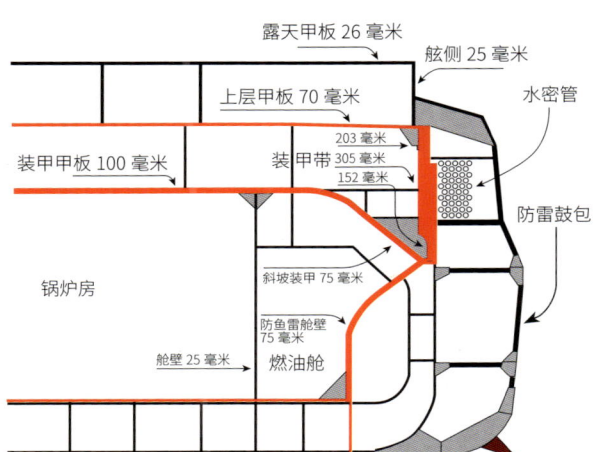

露天甲板 26 毫米
舰侧 25 毫米
上层甲板 70 毫米
水密管
203 毫米
装甲甲板 100 毫米
装甲带 305 毫米
152 毫米
防雷鼓包
锅炉房
斜坡装甲 75 毫米
舱壁 25 毫米
防鱼雷舱壁 75 毫米
燃油舱

"长门"号舰体剖面结构（1941 年）

"长门"号原有两个烟囱，前烟囱是弯曲式，后来被拆除

动力

"长门"号的动力系统原本是 21 台舰本式锅炉，其中有 15 台是重油专烧锅炉，有 6 台是油煤混烧锅炉，以及 4 组舰本式蒸汽轮机，4 轴推进。当时它可装载重油 3400 吨和煤 1600 吨，输出总功率 59656 千瓦，最大速度为 26.5 节，以 16 节的速度可航行 5500 海里。后来经过大改装，锅炉换为 10 台舰本式重油专烧锅炉（4 大 6 小），工作气压为 2.2 兆帕，蒸汽温度为 300 摄氏度，并且 4 组舰本式蒸汽轮机也有更新。此时的它输出总功率约 61147 千瓦，最大速度降为 25 节，但续航能力增强，装载 5650 吨重油后能以 16 节的速度航行 10600 海里。

水上飞机

在漫长的服役期间，"长门"号搭载过不少水上飞机，用于远程侦察、观测主炮的弹着点等。它的飞机弹射器位于三号炮塔和桅杆之间，没有机库，航空甲板上日常搭载 2～3 架水上飞机。1933 年它搭载的是九〇式水上侦察机，在 1938 年换装为九五式水上侦察机，到 1943 年又换装为零式水上观测机。另外，它在 1939—1940 年还短暂搭载过九四式水上侦察机。

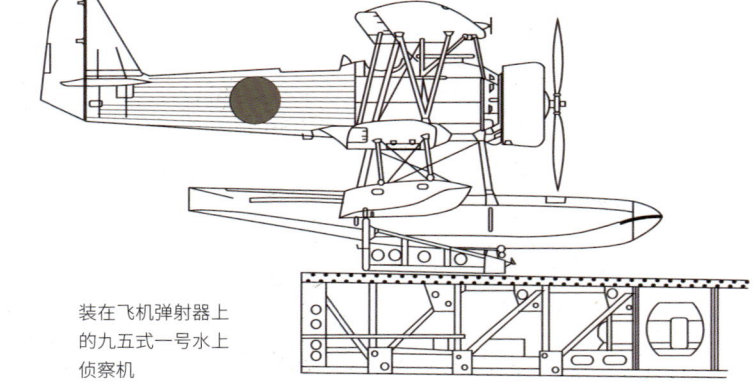

装在飞机弹射器上的九五式一号水上侦察机

Fuso
"扶桑"号

日本 **战列舰** ▶ Battleship

"扶桑"号 (Fuso) 是日本自己设计的第一艘超无畏舰，高耸的塔式舰桥是其外观特征。作为"个舰优越主义"的产物，它有 6 座双联装主炮塔，共 12 门 356 毫米主炮，当时在世界上最强大。在太平洋战争中，它唯一参加的实战是苏里高海峡海战，但在该战中它被美军舰队击沉。

该舰是日本海军扶桑级战列舰的一号舰 (二号舰是"山城"号)，其舰名源自日本古代的别名"扶桑"。该级计划生产四艘，但因为"扶桑"号的设计存在问题，并且在"山城"号上进行改进也见效不大，所以后两艘就被重新设计，成为伊势级战列舰的"伊势"号和"日向"号。

"扶桑"号于 1915 年 11 月 8 日服役。那时它是世界上火力最猛、速度最快和排水量最大的战列舰，比同期英国的铁公爵级战列舰、美国的内华达级战列舰等更强。其设计参考了之前的金刚级战列巡洋舰。但后来它被发现存在诸多问题，如装甲防护不足，中弹后容易引起弹药库殉爆，舰体中间的两个主炮塔在齐射时炮口风暴的影响过大等。所以它在战间期除了一些小改造之外，还专门进行过两次大改装，以增强装甲防护、提升动力并强化指挥系统等。因此，其舰桥也变得越来越高，最后成为日本最高的塔式舰桥，俗称"违章建筑"。

大改装后，它不仅拥有 6 座双联装的主炮塔，还有 14 门 152 毫米副炮和大量的防空高炮及防空机枪。其舰体前后各有 2 座主炮塔呈背负式布局，而在舰体中部的前后桅楼与烟囱之间分布着另外 2 座主炮塔。因为"扶桑"号的炮塔和炮都太多，所以造成舰内的空间紧张，在改装时还一度影响它更换锅炉等部件。另外，"扶桑"号舰尾部航空甲板上搭载的 3 架水上飞机主要用于弹着点观察与侦察。

战斗舰桥

25 毫米双联装机炮

356 毫米双联装主炮塔

防雷具

背负式炮塔

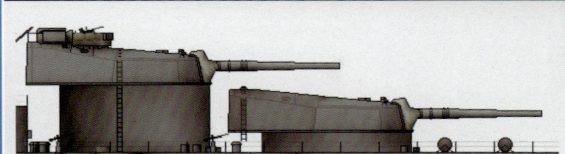

背负式炮塔也叫超射型炮塔，是战列舰、战列巡洋舰、巡洋舰等军舰上常用的一种炮塔布局方式。它多是指在舰体纵向中轴线上，呈阶梯状串列两三座主炮塔。因为后面的炮塔比前面的炮塔装设得更高，所以每座炮塔都可以自由射击，不会被别的炮塔挡住射界。

21 号对空电探

主炮射击所

高射指挥仪

直立式烟囱

主炮指挥所

127 毫米双联装高炮

飞机弹射器

152 毫米副炮

降半旗的"扶桑"号

21 号对空电探

主炮测距仪

测距仪

航海测距仪

127 毫米双联装高炮

武/器/档/案	WEAPON ARCHIVES
舰名	"扶桑"号
舰级	扶桑级
排水量	标准: 35257 吨; 公试: 39154 吨
长宽	212.75 米 ×33.08 米
动力	6 台舰本式锅炉、4 组舰本式蒸汽轮机; 55928 千瓦
最大速度	24.7 节
续航距离	11800 海里 (16 节)
载员	1637 人 (1944 年)
雷达	21 号和 13 号对空电探、22 号对海电探 (1944 年)
装甲	主装甲带 305 毫米,主炮前盾 279 毫米,甲板 152 毫米
武器 (1944 年)	6 座双联装 356 毫米主炮、14 门 152 毫米副炮 4 座双联装 127 毫米高炮、8 座三联装 25 毫米机炮 16 座双联装 25 毫米机炮、39 门 25 毫米机炮 10 挺 13.2 毫米高射机枪
弹射器	1 座
舰载机	3 架水上飞机

1933 年 5 月 10 日,"扶桑"号在大改装后试航

在太平洋战争爆发时,"扶桑"号已显老旧, 不适合一线作战。1941 年 12 月日军偷袭珍珠港时, 它在后方负责接应归来的第一航空舰队。1942 年 6 月美日决战中途岛时, 它被派去阿留申群岛。后来它被用作海军学校的训练舰。1944 年 10 月 25 日, 它和"山城"号在第二战队执行"捷一号作战", 在苏里高海峡遭遇设伏的美军舰队。在苏里高海峡海战中,"扶桑"号被美军驱逐舰用鱼雷命中, 据说引爆了弹药库, 舰体断为两截后沉没。

45 倍径四一式 360 毫米主炮

　　该炮源自英国维克斯公司，后来被日本仿制生产，实际口径是 356 毫米。它的炮身长为 16.47 米，俯仰角度为 -5 度至 +43 度，弹种有穿甲弹、高爆榴弹、三式弹等。它的炮口初速为 770～775 米 / 秒（穿甲弹），射速为 2 发 / 分钟，最大射程为 35450 米。除了"扶桑"号，该炮还安装在"山城"号、"伊势"号、"日向"号、"榛名"号和"雾岛"号战列舰上，但性能表现存在着少量差异。

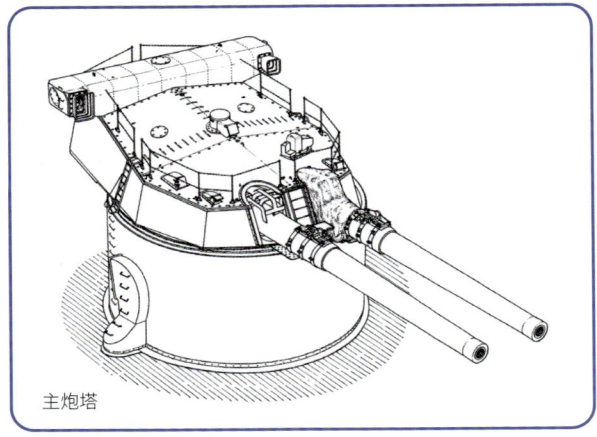

主炮塔

"扶桑"号的主炮与副炮

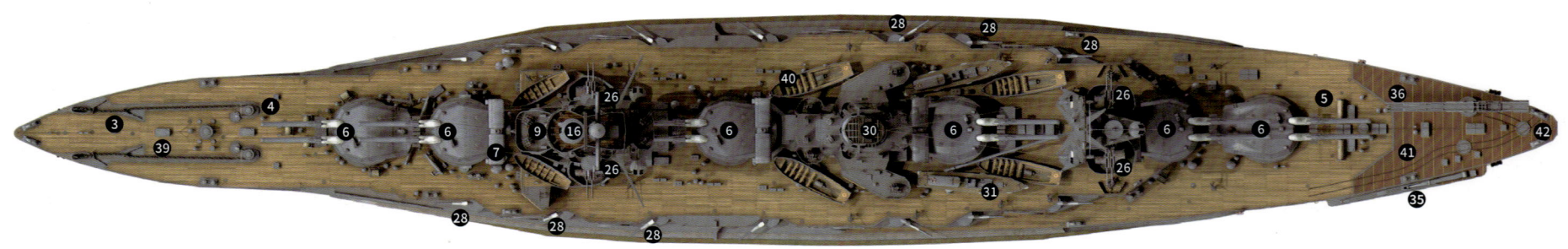

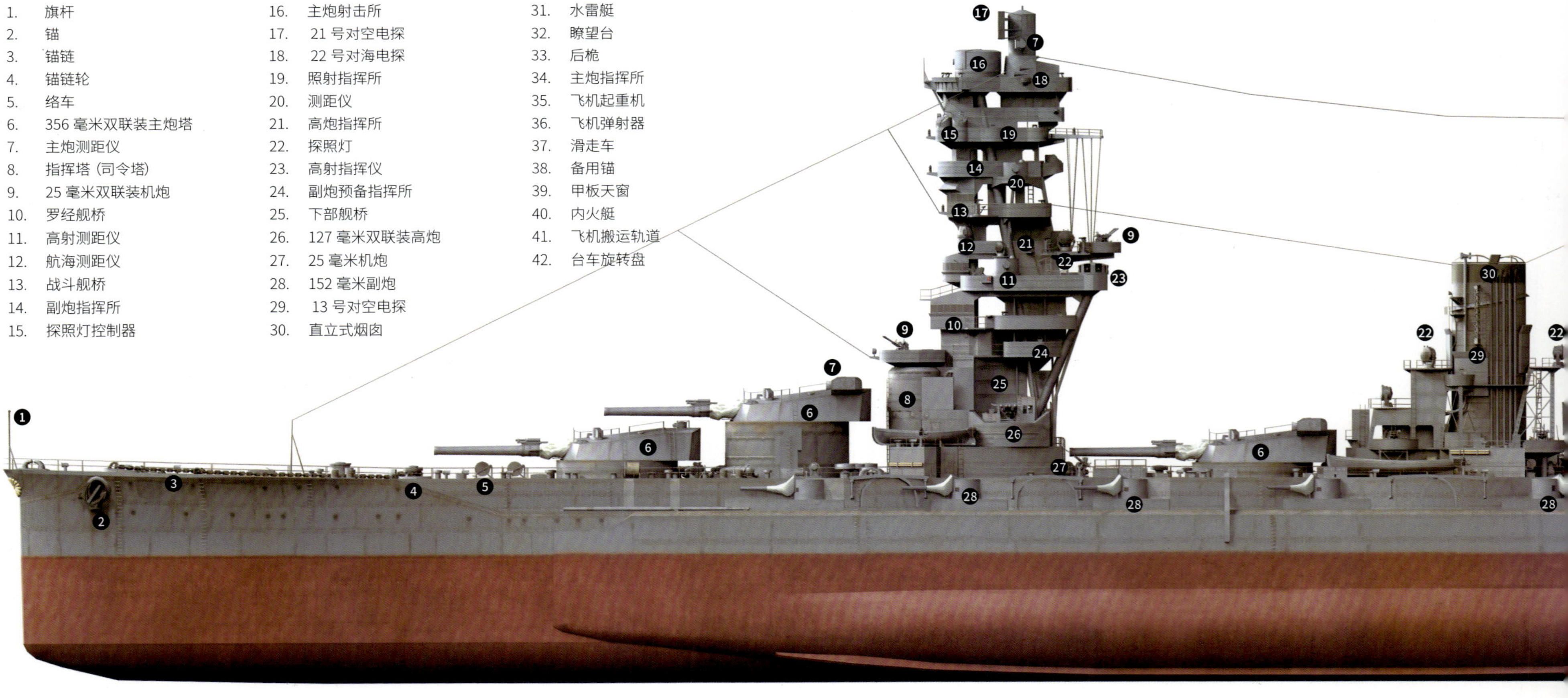

1. 旗杆	16. 主炮射击所	31. 水雷艇
2. 锚	17. 21 号对空电探	32. 瞭望台
3. 锚链	18. 22 号对海电探	33. 后桅
4. 锚链轮	19. 照射指挥所	34. 主炮指挥所
5. 络车	20. 测距仪	35. 飞机起重机
6. 356 毫米双联装主炮塔	21. 高炮指挥所	36. 飞机弹射器
7. 主炮测距仪	22. 探照灯	37. 滑走车
8. 指挥塔（司令塔）	23. 高射指挥仪	38. 备用锚
9. 25 毫米双联装机炮	24. 副炮预备指挥所	39. 甲板天窗
10. 罗经舰桥	25. 下部舰桥	40. 内火艇
11. 高射测距仪	26. 127 毫米双联装高炮	41. 飞机搬运轨道
12. 航海测距仪	27. 25 毫米机炮	42. 台车旋转盘
13. 战斗舰桥	28. 152 毫米副炮	
14. 副炮指挥所	29. 13 号对空电探	
15. 探照灯控制器	30. 直立式烟囱	

动力

由于"扶桑"号的主炮塔布局特殊,特别是中间的两个主炮塔及其弹药库占用了动力系统应有的空间,因而导致其锅炉舱被分隔成前后两部分,无法安装大型锅炉。

"扶桑"号原有 24 台宫原式油煤混烧锅炉和 2 组布朗 - 柯蒂斯式高中低压蒸汽轮机,4 轴推进。其输出的总功率约 29828 千瓦,最大速度仅 22.5 节。当时它能够装载重油 1000 吨和煤 4000 吨,以 14 节的速度航行 8000 海里。后来经过大改装,它换用了 6 台舰本式重油专烧锅炉,全部安装在后部锅炉舱中。它还换装了 4 组舰本式齿轮减速型蒸汽轮机,总功率达到 55928 千瓦,最大速度提升到 24.7 节。此后它能够装载重油 5100 吨,以 16 节的速度航行 11800 海里。

超无畏舰

超无畏舰在日本叫超弩级战列舰,"扶桑"号就是代表作。在二十世纪初期,英国皇家海军服役了一艘采用全重炮和蒸汽轮机的"无畏"号战列舰。因其先进性远远超过同时代的各种战列舰,所以自成一个战列舰类别——无畏舰,并引发各列强纷纷建造。后来无畏舰进一步发展就成了超无畏舰,其特点是主炮口径增加到 343～381 毫米,射程增加到数十千米,排水量超过 25000 吨等,并且原来靠近两舷布置的主炮塔也都变成了沿舰体纵向中轴线布置。

1944 年 10 月,在苏里高海峡海战中遭遇美机空袭的"扶桑"号

防护

"扶桑"号的防护能力原本较弱,后来在改装时进行了装甲增强。改装后,其主装甲带最厚处为 305 毫米,最上甲板厚 35 毫米,中甲板厚 99 毫米等。其主炮塔正面厚 279 毫米,侧面和后面厚 229 毫米,顶部厚 76 毫米。另外,指挥塔的侧壁厚 305 毫米。它还在两舷的水线处加装了防雷鼓包,以提高对鱼雷的防范能力,并为舰体增加了额外的浮力。

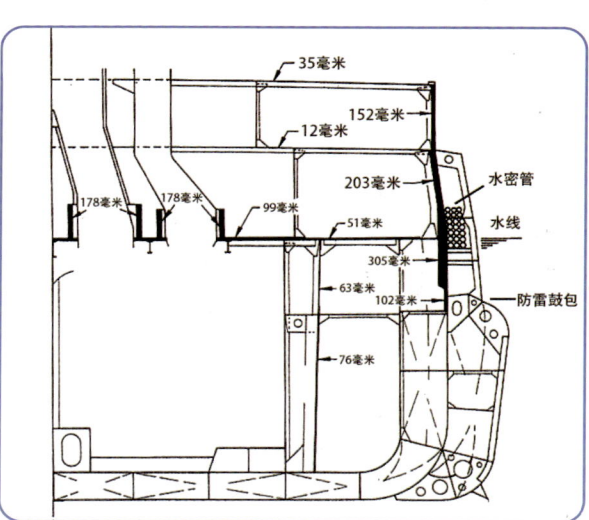

"扶桑"号的舰体装甲

1941 年 4 月 20 日,"扶桑"号在日本吴市开展进水与排水试验

Kongo
"金刚"号

日本 战列舰 ▶ Battleship

"金刚"号（kongo）原是英国为日本建造的一艘战列巡洋舰，后来被日本改造为高速战列舰。它是日本从国外订购的最后一艘主力舰，也是二战中日本速度最快和参战率最高的战列舰。它参加过瓜岛战役、马里亚纳海战、莱特湾海战等，最后在萨马岛海战后的返航途中被美军潜艇击沉。

大改装后的"金刚"号

"金刚"号是日本海军金刚级战列舰的一号舰，舰名源自日本大阪府和奈良县之间的金刚山。它原是英国在一战前为日本设计建造的一艘战列巡洋舰。因为包含技术转让，所以后续的三艘同级舰"比叡"号、"榛名"号和"雾岛"号就由日本在自己的造船厂里建造。

该舰于 1913 年 8 月 16 日服役，当时它还是战列巡洋舰。一战时，英国面对德国的军事压力，曾向日本借用金刚级，但遭拒绝。一战后，"金刚"号经过多次小改造，并在 1928 年和 1935 年进行了两次大改装。如增强装甲、提高航速、增加防空火力并搭载水上飞机等，从而成为一艘高速战列舰。

改装后的"金刚"号主炮变化不大，但两舷的副炮从 16 门减少为 14 门，而到最后只留下 8 门。其鱼雷水下发射管也有减少，从最初的 8 具减到 4 具，后来据说全部拆除。它增设了很多防空高炮，除了 127 毫米双联装高炮，还有 25 毫米机炮，而后者到 1944 年高达百门。在该舰后部的两座主炮塔中间，有一块航空甲板及飞机弹射器，可搭载三架水上飞机。由于"金刚"号是服役 30 余年的老舰，所以它使用过的机型较多，有一四式水上侦察机、九〇式二号水上侦察机二型、九五式二号水上侦察机、九四式水上侦察机、零式观测机和零式水上侦察机。

战斗舰桥

罗经舰桥

主炮测距仪

356 毫米双联装主炮塔

金刚级的装甲传闻

在四艘金刚级战列巡洋舰中，第一艘"金刚"号是在英国建造，后三艘同级舰"比叡"号、"榛名"号和"雾岛"号是日本引进技术在国内建造。据说"金刚"号的装甲钢板采用了英国维克斯公司的特殊钢板（VC 钢板），而另三艘是采用同样技术国产的装甲钢板。在战间期的改装工程中，传闻工人用钻头给这四艘舰的装甲钢板打孔，三艘国产舰是轻松穿过，但"金刚"号有时会断钻头，由此说明其国产装甲的质量差。该传闻值得商榷，因为还有一种说法是"比叡"号也采用了维克斯提供的特殊钢板。

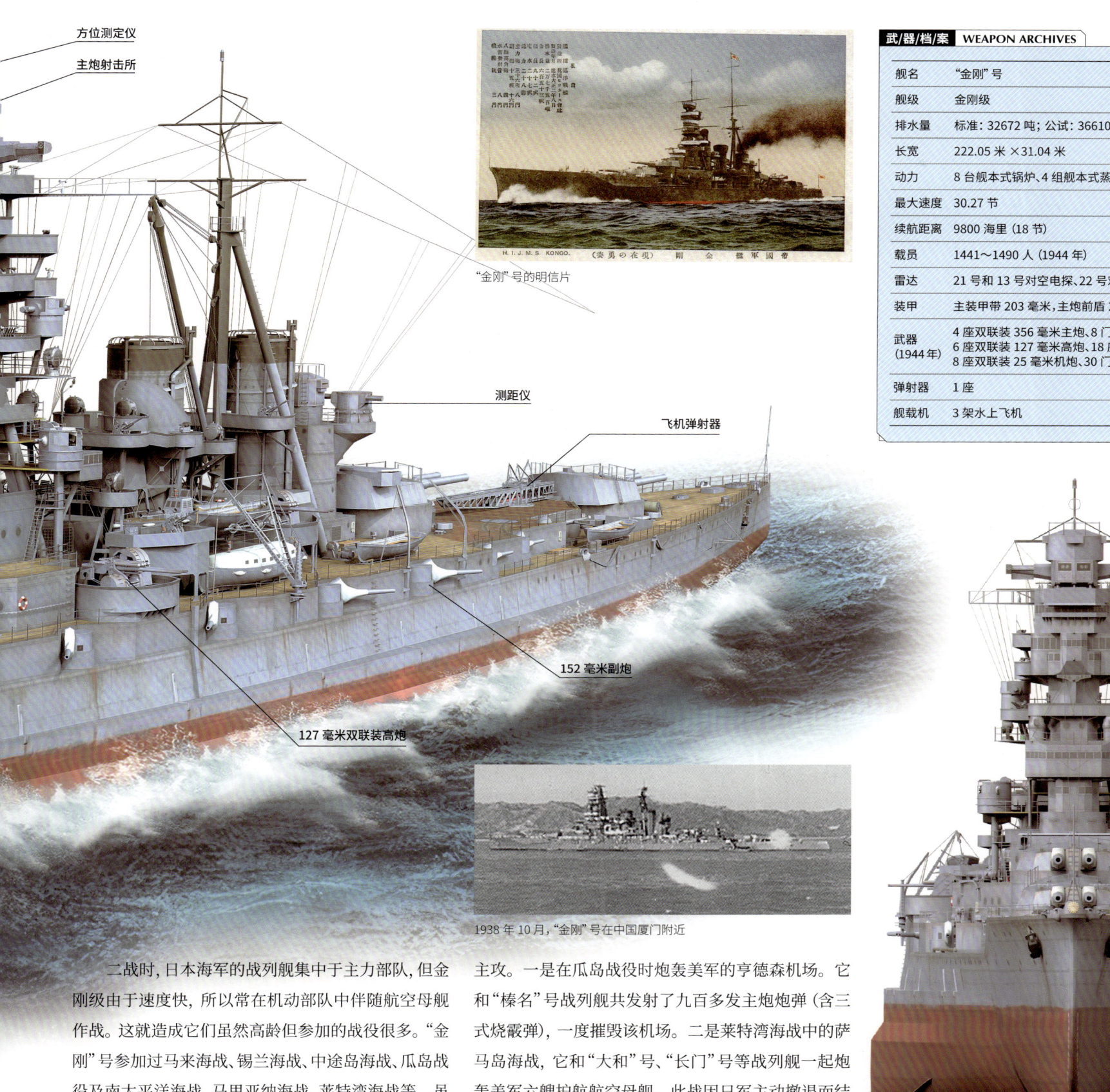

方位测定仪

主炮射击所

测距仪

飞机弹射器

152 毫米副炮

127 毫米双联装高炮

"金刚"号的明信片

1938 年 10 月,"金刚"号在中国厦门附近

武/器/档/案	WEAPON ARCHIVES
舰名	"金刚"号
舰级	金刚级
排水量	标准: 32672 吨; 公试: 36610 吨
长宽	222.05 米 ×31.04 米
动力	8 台舰本式锅炉、4 组舰本式蒸汽轮机; 102301 千瓦
最大速度	30.27 节
续航距离	9800 海里 (18 节)
载员	1441～1490 人 (1944 年)
雷达	21 号和 13 号对空电探、22 号对海电探 (1944 年)
装甲	主装甲带 203 毫米,主炮前盾 254 毫米,甲板 127 毫米
武器 (1944 年)	4 座双联装 356 毫米主炮、8 门 152 毫米副炮 6 座双联装 127 毫米高炮、18 座三联装 25 毫米机炮 8 座双联装 25 毫米机炮、30 门 25 毫米机炮
弹射器	1 座
舰载机	3 架水上飞机

二战时,日本海军的战列舰集中于主力部队,但金刚级由于速度快,所以常在机动部队中伴随航空母舰作战。这就造成它们虽然高龄但参加的战役很多。"金刚"号参加过马来海战、锡兰海战、中途岛海战、瓜岛战役及南太平洋海战、马里亚纳海战、莱特湾海战等。虽然大多时候它只是在旁观或助攻,但至少有两次它是主攻。一是在瓜岛战役时炮轰美军的亨德森机场。它和"榛名"号战列舰共发射了九百多发主炮炮弹(含三式烧霰弹),一度摧毁该机场。二是莱特湾海战中的萨马岛海战,它和"大和"号、"长门"号等战列舰一起炮轰美军六艘护航航空母舰。此战因日军主动撤退而结束,后来它在返回日本本土的途中被美军潜艇击沉。

356 毫米维克斯 Mark A 主炮

"金刚"号在英国船厂动工之前，主炮原本选用的是维克斯 305 毫米 50 倍径炮，但因为英国的战列巡洋舰即将安装 343 毫米 45 倍径炮，所以日本决定改用 356 毫米 45 倍径炮。因此，"金刚"号成为世界上最早搭载 356 毫米主炮的主力舰。此炮是当时口径最大的舰炮。

该炮后来在日本分为两个型号。英国产的叫四三式，装备"金刚"号；日本产的叫四一式，装备同级舰"比叡"号、"榛名"号和"雾岛"号，还有战列舰"扶桑"号、"山城"号、"伊势"号和"日向"号。在 1917 年，因日本海军改用公制，所以其国产的四一式名称定为"45 倍径四一式 36 厘米炮"（实际口径还是 356 毫米）。

"金刚"号经过改装后，不仅主炮塔的装甲增厚，主炮的最大仰角也从 25 度升为 43 度，从而提高了射程。其双联装的主炮塔有 4 座，在舰上前后各有两座。二战时期，它所使用的炮弹有九一式穿甲弹、一式穿甲弹、零式高爆弹、三式弹等。1942 年 10 月 13 日晚，"金刚"号奉命炮击美军亨德森机场，当晚发射了四百多发炮弹。其中三式弹有 104 发，一式穿甲弹有 331 发，后因美军鱼雷艇骚扰才停止炮击。

"金刚"号主炮			
主炮口径	356 毫米	炮口初速	770～775 米 / 秒
炮身长度	16.47 米	炮弹重量	673.5 千克
炮身重量	86 吨	射速	2 发 / 分钟
最大仰角	43 度	炮管寿命	250～280 发
最大射程	35450 米	备弹量	约 90 发 / 门

50 倍径毘式 15 厘米单装炮

英国维克斯公司利用其储备的技术，为"金刚"号开发了型号为 Vickers Mark M 的炮廓式副炮。日本海军称之为"50 倍径毘式 15 厘米单装炮"，后来国产化仿制的叫"50 倍径四一式 15 厘米炮"。该炮采用全人工操作，实际口径是 152 毫米，炮管长 7.6 米，俯仰角度为 -5 度至 +30 度，炮口初速为 850 米 / 秒，射速为 3.45 发 / 分钟，最大射程为 18000 米 (22.5 度)。它的炮弹是采用英国 152 毫米速射舰炮 (1910 年) 的半穿甲弹，并且日本海军经过几十年都未给它开发新型炮弹，只是给它配备了定时引信以作有限的对空射击用。

1913 年，在"金刚"号的两舷甲板上各有 8 门该炮，共 16 门。在第二次大改装前的一次小改造中，1 号副炮和 2 号副炮被拆除，其炮廓开口也被封闭，所以剩下 14 门。在 1944 年 11 月"金刚"号沉没时，其副炮已经减少到了 8 门。对于日本海军而言，该炮最大的缺点是炮弹过重（弹体 45.4 千克、发射药 12.3 千克），以日本水兵的体格很难保持人工装弹的速度。因此，虽然英国水兵操纵该炮的射速是 5 发 / 分钟，但日本水兵就算经过高强度训练也只能达到 3.45 发 / 分钟的平均值。

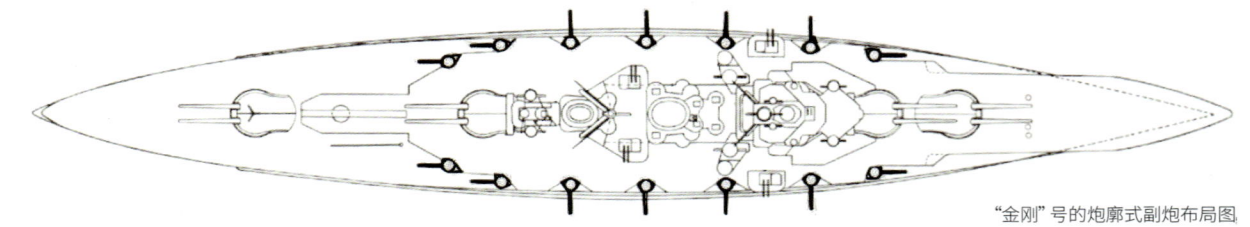

"金刚"号的炮廓式副炮布局图

正在安装主炮的金刚级

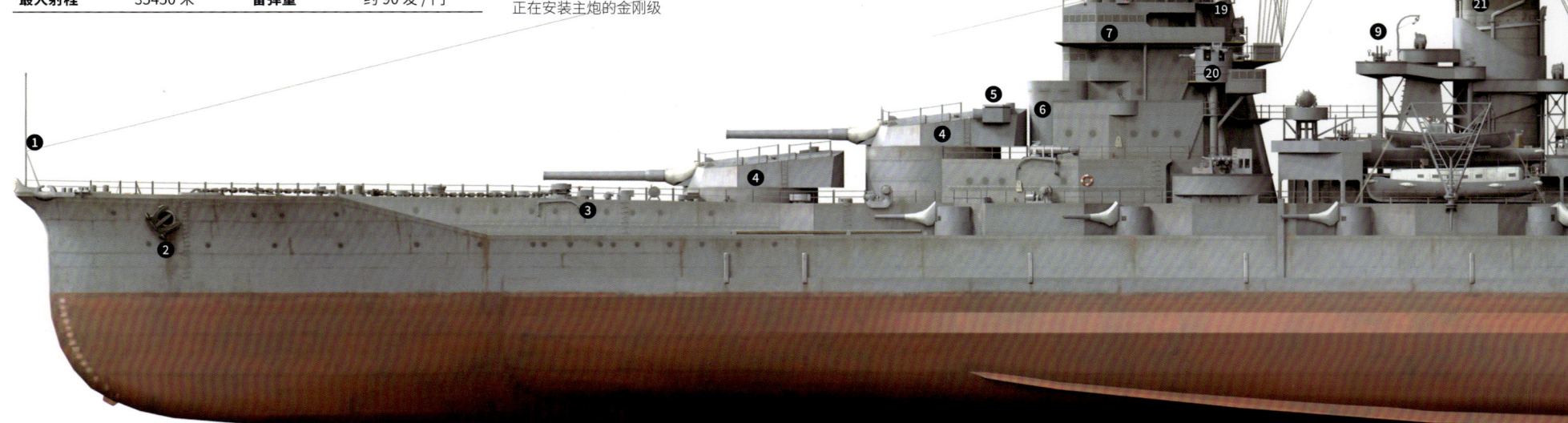

防护

从战列巡洋舰改造为高速战列舰，"金刚"号最大的变化就是装甲增强。它的主装甲带厚203毫米，上甲板和中甲板处的装甲带厚152毫米。在水平防护方面，它的最上甲板厚38毫米，下甲板原本厚19毫米，后来增加到76～89毫米。在水下防护方面，其防御层从原来的2层增加到5层，并且增设了防雷鼓包，舱壁也增厚到76～102毫米。其弹药库上方的甲板装甲原本厚19毫米，后来其水平处增加到102～127毫米，斜坡处增加到70毫米。它的指挥塔侧壁厚254毫米，顶部和地板厚76毫米。其主炮塔正面、侧面和背面的装甲厚度均为254毫米，顶部原厚76毫米，后来增加到152毫米。炮廓式副炮的炮盾厚38毫米，舱壁厚51毫米。

"金刚"号的装甲布局

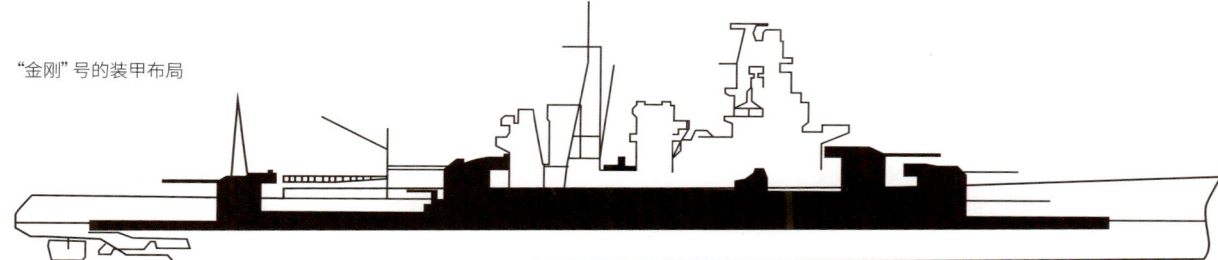

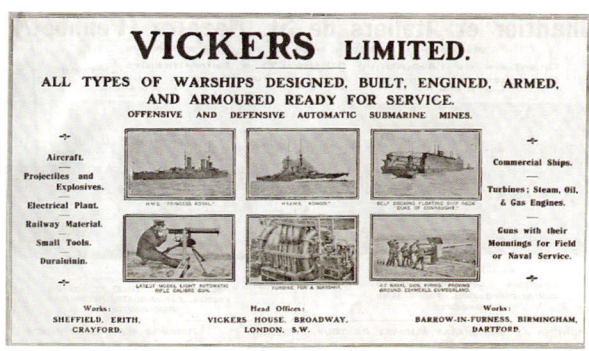

英国维克斯公司将"金刚"号用于广告宣传

1936年11月14日，"金刚"号进行动力测试

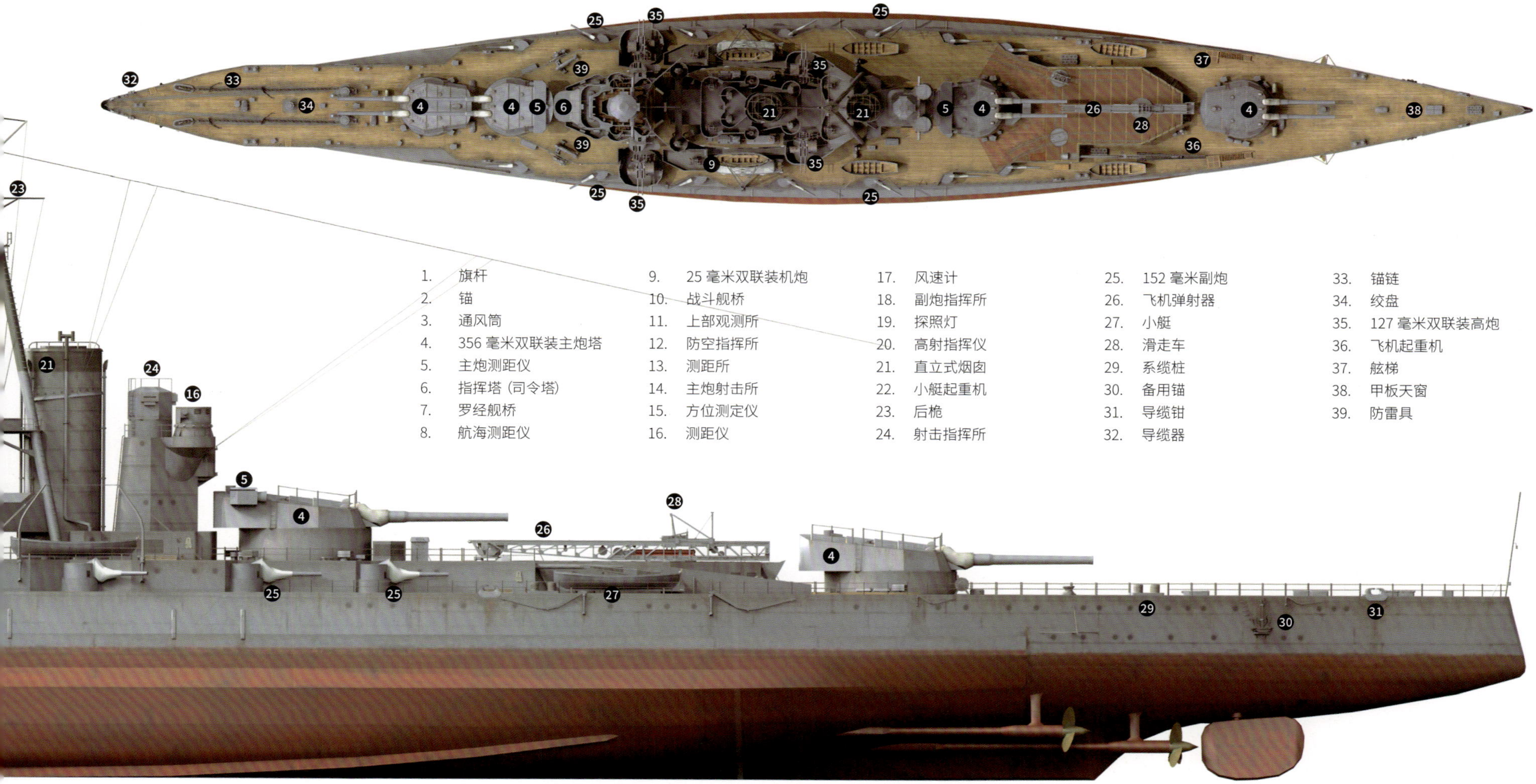

1. 旗杆	9. 25毫米双联装机炮	17. 风速计	25. 152毫米副炮	33. 锚链
2. 锚	10. 战斗舰桥	18. 副炮指挥所	26. 飞机弹射器	34. 绞盘
3. 通风筒	11. 上部观测所	19. 探照灯	27. 小艇	35. 127毫米双联装高炮
4. 356毫米双联装主炮塔	12. 防空指挥所	20. 高射指挥仪	28. 滑走车	36. 飞机起重机
5. 主炮测距仪	13. 测距所	21. 直立式烟囱	29. 系缆桩	37. 舷梯
6. 指挥塔（司令塔）	14. 主炮射击所	22. 小艇起重机	30. 备用锚	38. 甲板天窗
7. 罗经舰桥	15. 方位测定仪	23. 后桅	31. 导缆钳	39. 防雷具
8. 航海测距仪	16. 测距仪	24. 射击指挥所	32. 导缆器	

九一式五○○马力发动机二型

机翼支柱

张线

帆布蒙皮

等翼展双翼

硬铝双浮舟

九四式水上侦察机

　　九四式从 1935 年开始成为日本海军的主力水上侦察机。它采用了双翼和双浮舟的设计，以及铝合金骨架、帆布蒙皮等。它主要有两个型号，E7K1 使用液冷式发动机，E7K2 使用风冷式发动机。

　　与当时其他的水上侦察机相比，九四式的操控性、飞行稳定性和续航距离占优。服役期间，它不仅装备于战列舰、巡洋舰、水上飞机母舰等，还在活跃在各个海军基地。所以大到"金刚"号战列舰，小到"阿武隈"号轻巡洋舰，上面都能看到它的身影。它被广泛用于侦察、巡逻、联络、反潜、护航等。

　　在太平洋战争期间，虽然它逐渐被新式的水上侦察机从舰上替换，但不少海军基地依旧用它执行巡逻、联络、护航等任务，并且在战争末期还被用于自杀特攻。此外，它还有安装了自动驾驶仪的测试机型。

九四式一号水上侦察机	
编号	E7K1
载员	3 人
长宽高	10.41 米 ×14 米 ×4.74 米
最大速度	239 千米 / 小时
续航距离	2200 千米
武器	3 挺 7.7 毫米机枪；2 枚 60 千克或 4 枚 30 千克炸弹

弹射架上的九四式二号水上侦察机

巡逻中的九四式二号水上侦察机

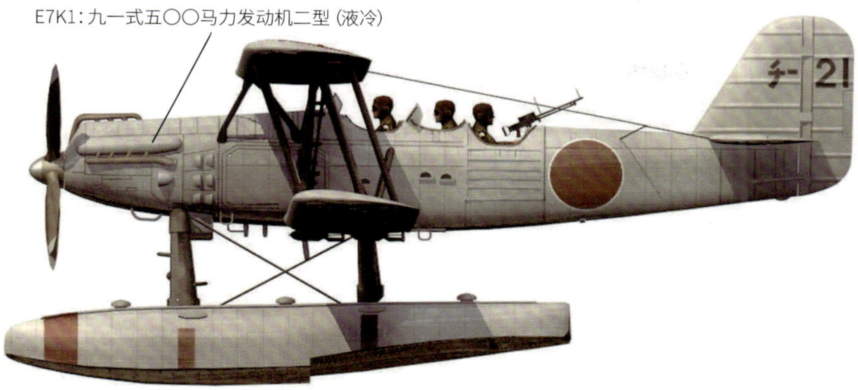

E7K1：九一式五〇〇马力发动机二型（液冷）

E7K2：瑞星一一型风冷星型发动机

九四式一号水上侦察机

九四式二号水上侦察机

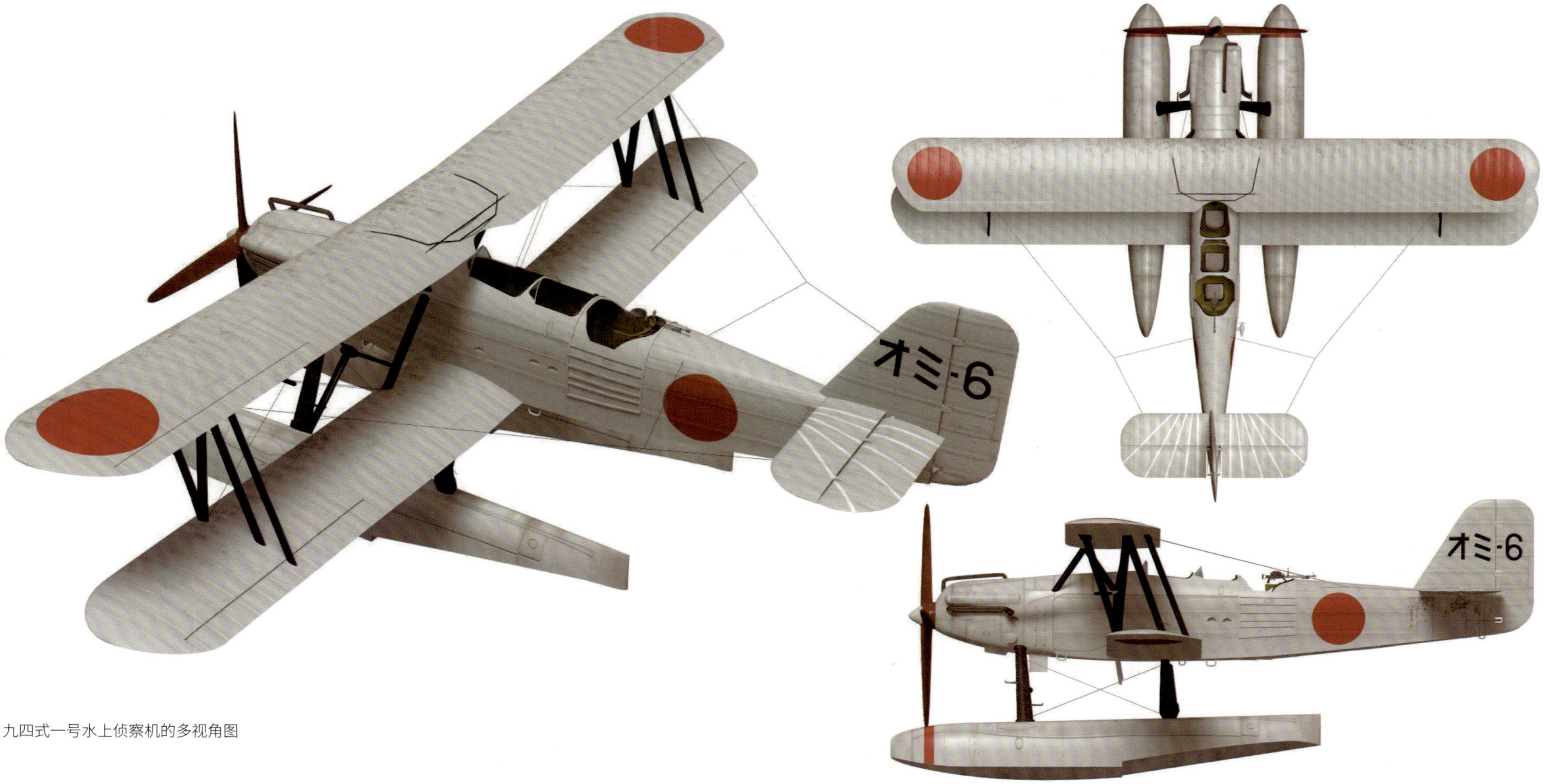

九四式一号水上侦察机的多视角图

横须贺航空队所属的一四式水上侦察机

一四式水上侦察机

"金刚"号在早期搭载了一四式水上侦察机，编号是 E1Y。该机于 1926 年开始服役，采用了单引擎、双翼和双浮舟的设计，机身是木质结构及帆布蒙皮，乘员 2～3 人。它主要根据引擎不同而分为 3 个型号。以第 2 型为例，它装有一台 336 千瓦的 W 型 12 缸水冷引擎，整机的长宽高为 10.59 米×14.22 米×4.15 米，全重 2750 千克，最大速度为 178 千米 / 小时，续航距离约 1150 千米。在武器方面，它的后座有 1 挺口径为 7.7 毫米的机枪，还可以挂载 2 枚 110 千克或 4 枚 30 千克的炸弹。

在当时，该机具有续航距离远、稳定性好、实用性强等特点，被日本海军广泛装备在战列舰和水上飞机母舰上。

Missouri
"密苏里"号

"密苏里"号（Missouri, BB-63）是美国最后服役的一艘高速战列舰，也是美国海军第三舰队的旗舰。二战后期，它参加了硫磺岛战役和冲绳岛战役，并炮击过日本本土，获得了三枚战役星章。1945 年 9 月 2 日，盟军在"密苏里"号上举行了日本无条件投降的签字仪式。1998 年，它在珍珠港被建为博物馆舰。

"密苏里"号是美国海军依阿华级战列舰的三号舰，舰名源自美国的密苏里州。该级战列舰共建造了四艘，另三艘是"依阿华"号（BB-61）、"新泽西"号（BB-62）和"威斯康星"号（BB-64）。它们是世界上舰体最长和速度最快的战列舰。

"密苏里"号于 1944 年 6 月 11 日服役，隶属美国太平洋舰队。它可搭载 3 架水上侦察机，初期是 OS2U"翠鸟"，后来换装为 SC"海鹰"。

其实"密苏里"号早在 1941 年初就开始建造，当时太平洋战争还未爆发。但它直到 1944 年中才竣工服役，而到太平洋战区正式参战已是 1945 年初，太平洋战争已进入尾期。因此，虽然它加入 TF58（快速航母特遣舰队）参加了空袭东京、硫磺岛战役和冲绳岛战役，但多是执行舰队护航、登陆支援等任务。如为航空母舰防空、为驱逐舰加油、对岸炮击等。其间它至少有两次被日军神风特攻队击中，但凭其厚重的装甲和高效的损管，均只受轻伤。

对它而言最遗憾的是没能参加 1945 年 4 月 7 日的坊之岬海战。这是日军舰队最后一次主动出击，并且是由"大和"号战列舰主导的水上特攻。美军第五舰队最初是想派出战列舰与"大和"号进行传统的舰队决战，但后来还是改派 TF58 的舰载机去将之击沉。

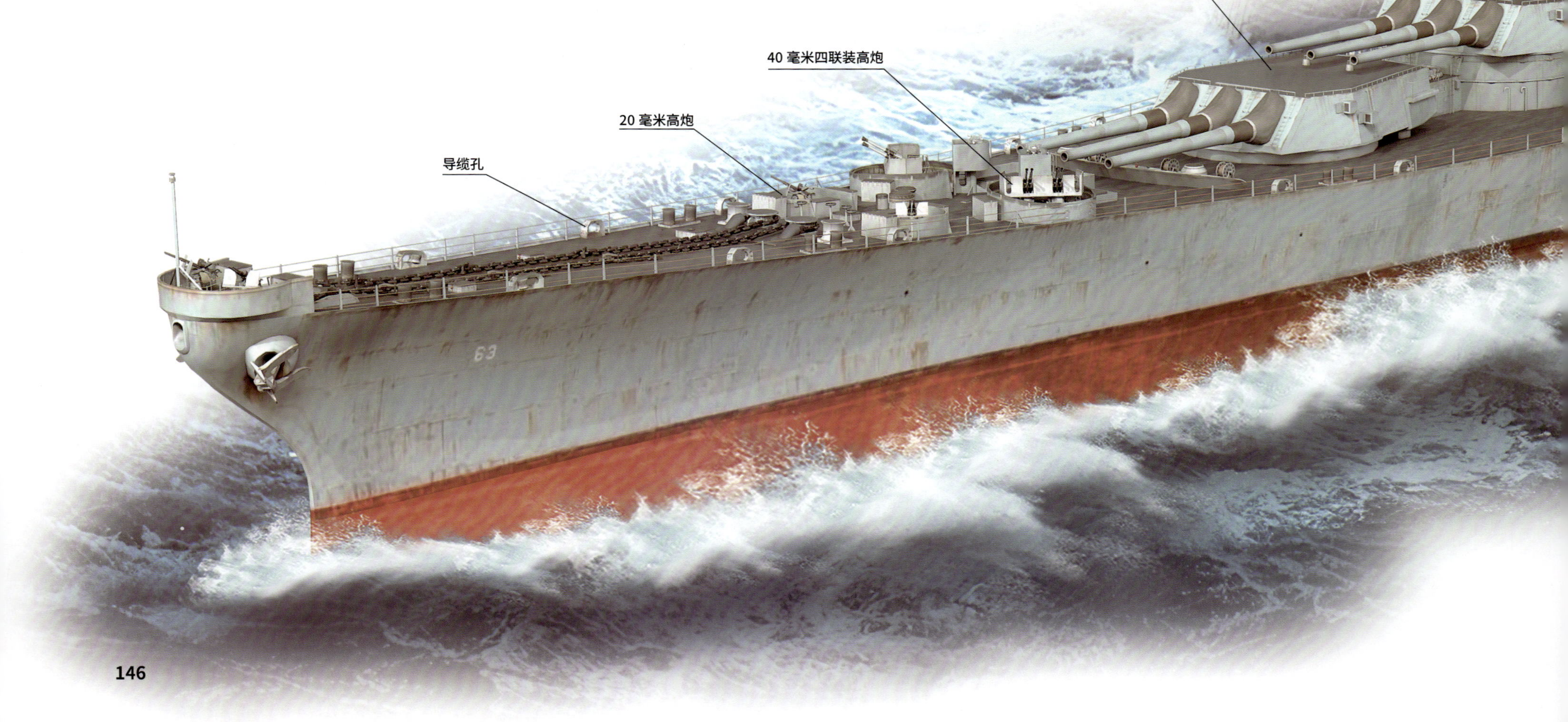

Mk38 主炮指挥仪

SPG-25 火控雷达天线

40 毫米四联装高炮

Mk51 射击指挥仪

406 毫米三联装主炮塔

40 毫米四联装高炮

20 毫米高炮

导缆孔

1945 年 5 月，美军第三舰队总司令哈尔西接手 TF58（因此 TF58 更名为 TF38），并将"密苏里"号作为旗舰，继续进行冲绳岛战役。后来，"密苏里"号又掩护航母舰队对日本本土进行了一系列的空袭，而它自身也对日本本土多地进行过炮击。1945 年 9 月 2 日，"密苏里"号迎来它一生中最高光的时刻，日本无条件投降仪式在其甲板上举行。二战后它继续服役，最后在 1998 年被改造为博物馆舰，落户珍珠港。

SPS-6B 对空搜索雷达天线

SG 对海搜索雷达天线

SP 战机测向雷达天线

Mk37 副炮指挥仪

航空甲板

飞机起重机

Mk51 射击指挥仪

127 毫米双联装高平两用炮

1944 年 8 月 1 日，迷彩涂装的"密苏里"号进行战斗演习

"密苏里"号上的日本投降仪式

1945 年 9 月 2 日，在日本东京湾的"密苏里"号战列舰上，同盟国举行了日本投降仪式。日本外相重光葵代表日本天皇及日本政府签字投降，日本陆军参谋总长梅津美治郎代表日本军方签字投降。美国、中国、英国、苏联、澳大利亚、加拿大、法国、荷兰和新西兰的代表也签字接受日本无条件投降。至此，第二次世界大战以同盟国胜利而结束。

1945 年 9 月 2 日，日本投降仪式在"密苏里"号上举行

武/器/档/案 WEAPON ARCHIVES	
舰名	"密苏里"号
舰级	依阿华级
排水量	标准：46454 吨；满载：59463 吨
长宽	270.4 米 ×33 米
动力	8 台巴布科克 · 威尔克斯锅炉、4 组蒸汽轮机；158088 千瓦
最大速度	33 节
续航距离	15000 海里（15 节）
载员	3167 人
雷达	SG 对海搜索雷达、SK-2 对空搜索雷达、Mk22 飞机测高雷达等
装甲	水线装甲带 307 毫米，主炮前盾 432 毫米，甲板 121～147 毫米
武器	3 座三联装 406 毫米主炮 10 座双联装 127 毫米高平两用炮 20 座四联装 40 毫米高炮 /49 门 20 毫米高炮
弹射器	2 座
舰载机	3 架水上侦察机

406 毫米 50 倍径 Mk7 主炮

这是美国海军依阿华级战列舰的主炮，包括"密苏里"号。它也是蒙大拿级战列舰的主炮，但该级只有计划并未建造。

"密苏里"号具有前 2 后 1 共三座主炮塔，每座主炮塔有三门独立的 406 毫米主炮，即全舰共有九门。在战斗中，它的每门主炮都能独立俯仰，独立选择弹种（穿甲弹或高爆弹）装填和发射，灵活且实用。它的每座炮塔都需要 79 人操作，因为配有光学测距仪、弹道模拟计算机等，所以即使失去全舰的统一指挥也能独立战斗。

该炮可发射 1225 千克的 Mark 8 超重型穿甲弹，其穿透力与日本大和级战列舰 460 毫米主炮的穿甲弹相当，但后者更重。因为在二战后期"密苏里"号缺少与日军舰队交战的机会，所以其主炮多是用 862 千克的高爆弹执行对岸炮击的任务。它炮轰过冲绳岛、北海道等。战后，该炮还发展出 W23 核炮弹，爆炸当量为 15～20 千吨。

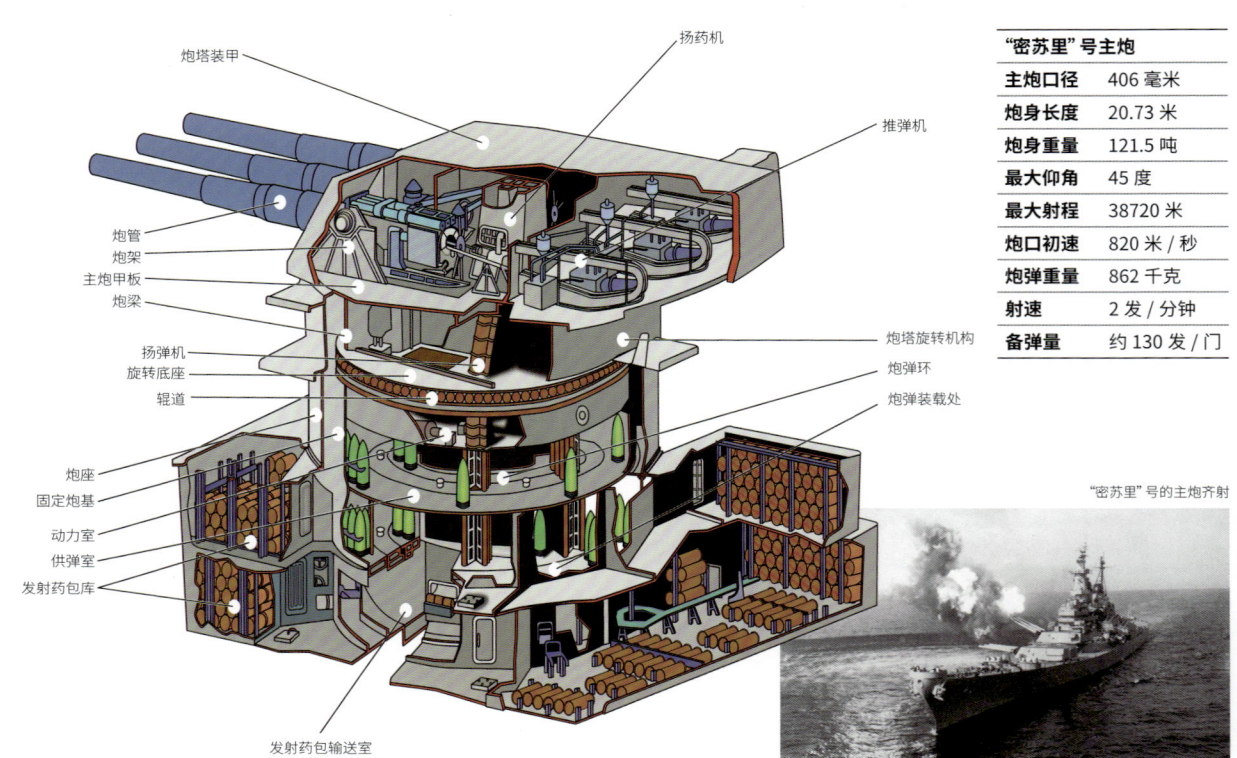

炮塔装甲 / 扬药机 / 推弹机 / 炮管 / 炮架 / 主炮甲板 / 炮梁 / 扬弹机 / 旋转底座 / 辊道 / 炮座 / 固定炮基 / 动力室 / 供弹室 / 发射药包库 / 发射药包输送室 / 炮塔旋转机构 / 炮弹环 / 炮弹装载处

"密苏里"号主炮	
主炮口径	406 毫米
炮身长度	20.73 米
炮身重量	121.5 吨
最大仰角	45 度
最大射程	38720 米
炮口初速	820 米 / 秒
炮弹重量	862 千克
射速	2 发 / 分钟
备弹量	约 130 发 / 门

"密苏里"号的主炮齐射

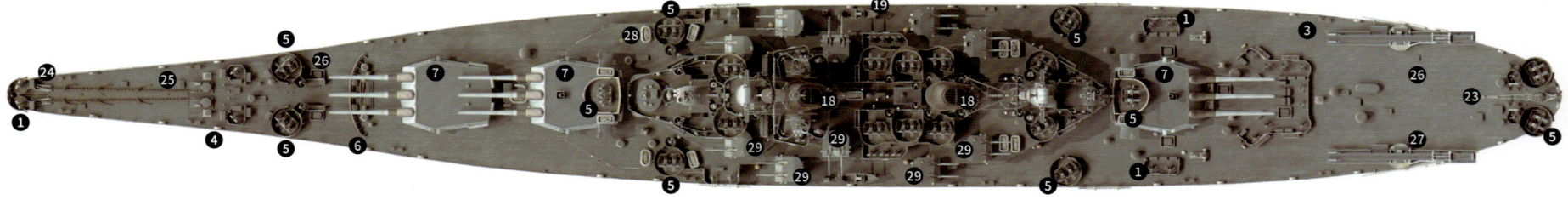

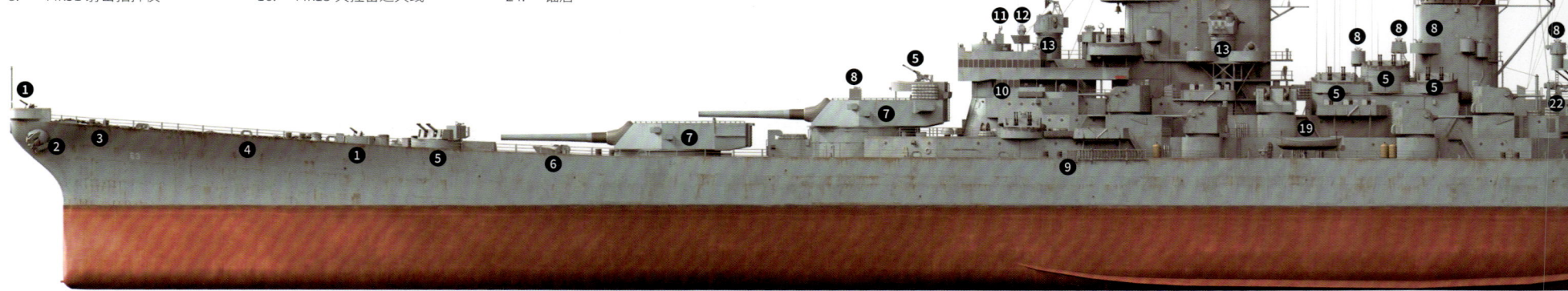

1. 20 毫米高炮
2. 锚
3. 系缆桩
4. 导缆孔
5. 40 毫米四联装高炮
6. 挡浪板
7. 406 毫米三联装主炮塔
8. Mk51 射击指挥仪
9. 舷梯
10. 装甲指挥塔
11. Mk27 火控雷达天线
12. 探照灯
13. Mk37 副炮指挥仪
14. 对空瞭望台
15. Mk38 主炮指挥仪
16. Mk13 火控雷达天线
17. SPS-6B 对空搜索雷达天线
18. 烟囱
19. 机动艇
20. SG 对海搜索雷达天线
21. SP 战机测向雷达天线
22. 训练炮
23. 飞机起重机
24. 锚唇
25. 锚链
26. 甲板天窗
27. 飞机弹射器
28. 救生筏
29. 127 毫米双联装高平两用炮

127 毫米 38 倍径 Mk12 副炮

作为"密苏里"号的副炮,它搭配了 Mk28 Mod2 炮塔,具有高平两用的射击能力。其口径为 127 毫米,倍径为 38,炮管的长度为 4.83 米,俯仰角度为 -15 度至 +85 度。其弹种有穿甲弹、防空弹、照明弹、白磷弹等,平时携带最多的是各型防空弹。它的炮口初速约 790 米 / 秒,设计射速为 15 发 / 分钟,最高射速可达 15~22 发 / 分钟,最大射程为 21735 米 (火箭助推弹),最大射高约 11300 米。它的炮管寿命约 4600 发。

动力

"密苏里"号的动力非常强劲。它装备了 8 台巴布科克·威尔科克斯的 M 型燃油锅炉,工作气压约 4.1 兆帕,最高温度为 468 摄氏度。蒸汽输送给 4 组通用电气的齿轮传动蒸汽轮机,动力通过 4 根传动轴驱动 4 个螺旋桨。其输出总功率约 158088 千瓦,最大速度高达 33 节。在平时,它仅需 4 台锅炉就能达到 27 节的航速。它能够装载大约 8983 吨的燃油,以 15 节的速度航行至少 15000 海里。另外,为了给它的舰炮、雷达等提供电力,其轮机舱处装有多台舰用涡轮发电机。

"密苏里"号进行夜间炮击

防护

该舰的水线装甲带位于舰体内部,高 3.2 米,厚 307 毫米,并且向下倾斜延伸 8.5 米,厚度逐渐减至 41 毫米。在水平防护方面,主甲板厚 38 毫米,装甲甲板厚 121 毫米,两端厚 147 毫米,其下方还有一层厚 16 毫米的装甲。它的主炮塔正面厚 432 毫米,侧面厚 241 毫米,背面厚 305 毫米,顶部厚 184 毫米。炮座厚 295~439 毫米。指挥塔的侧壁厚 439 毫米,顶部厚 184 毫米。为了防范鱼雷的水下攻击,它设有多层防水隔舱,最外面的两层注入了燃油或海水,以吸收鱼雷爆炸的能量和减缓碎片的速度。为了防范水雷的攻击,它采用了双层舰底,并且中部为三层舰底。

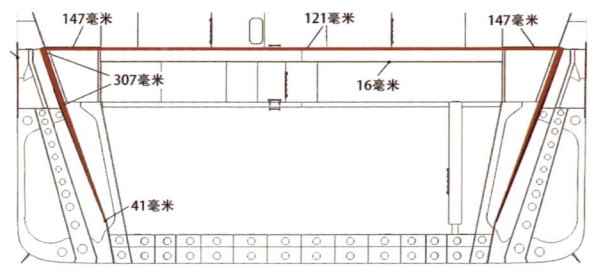

"密苏里"号的舰体装甲

SK-2 对空搜索雷达

"密苏里"号最初装有 1 部 SK-2 对空搜索雷达,用以侦测飞机及水面舰船的距离与方位。它属于甚高频雷达,从 1944 年开始装备在美军海军的各种大型军舰上,如战列舰、航空母舰、巡洋舰等,以替代其前身 SK-1 对空搜索雷达。两者相比,SK-2 最明显的变化是采用了直径为 5.18 米的碟形天线。它的性能规格参考 SK-1,波长为 1.5 米,脉冲宽度为 5 微秒,功率约 200 千瓦等,带有 PPI 平面显示器。它对轰炸机的搜索距离约 100 海里,距离精度为 ±91 米,方位精度为 ±3 度。它对战斗机的搜索距离约 75 海里,对战列舰的搜索距离约 30 海里,对驱逐舰的搜索距离约 13 海里。它与 SK-1 有一个共同的缺陷,那就是天线仰角不够,不容易发现位于近距离高空的敌机(后来的 SK-3 在加装一个天线后解决了该问题)。

扫雷具

在很多军舰上,都能看到几个外观很像鱼雷的设备。它叫扫雷具,也叫破雷卫,而日本海军称之为防雷具。二战时各国军舰几乎都装备了它,在其露天甲板、上层建筑的外壁等处常能看到。它是一种带有稳定翼和切割器的浮体,通过钢缆在水中进行拖曳。在舰体两舷各投放一个入水后,水流推力会使它们分别远离舰体,两边展开呈扇形,从而形成一个宽广的扫雷范围。当拖曳的钢缆在水中碰到锚雷那垂直的雷索时,就会将雷索引向扫雷具,然后被其切割器切断。这样锚雷就会上浮到海面,最终被舰炮引爆。

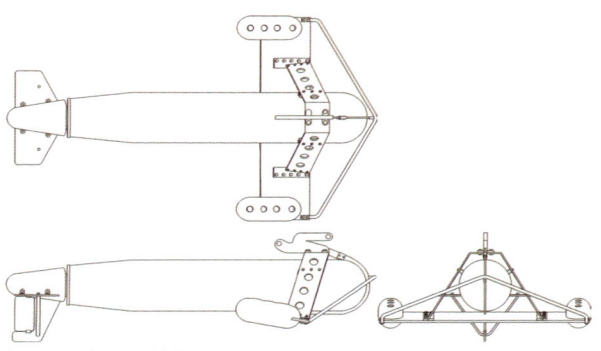

扫雷具 / 破雷卫 / 防雷具

1945 年 4 月 11 日,一架日军的神风自杀机撞向"密苏里"号的瞬间

SK-2 对空搜索雷达

OS2U "翠鸟" 水上侦察机

OS2U "翠鸟" 是二战美国海军的主力水上侦察机（也是水上观测机），广泛装备于战列舰、巡洋舰等，能够在舰上弹射起飞和在海面起降。"密苏里"号战列舰服役后，从 1944 年 6 月到 12 月，这期间搭载了 3 架 OS2U "翠鸟"。

这是一种中单翼的单引擎双座水上飞机，其浮式起落架具有一大两小共三个浮舟，另外也有采用轮式起落架的陆基型。它于 1940 年 8 月开始装备美军舰队和海军航空基地，执行侦察、搜救、校射、俯冲轰炸、反潜巡逻等任务。

它总共生产了 1519 架，其中有 100 架按《租借法案》转交给英国使用。其数量最多的型号是 OS2U-3，有 1006 架。该型配有装甲防护、密封油箱等，机身前后各有 1 挺 7.62 毫米机枪，机翼可挂载 2 枚 45 千克炸弹或 2 枚 147 千克深水炸弹。

OS2U-3 "翠鸟" 水上侦察机	
载员	2 人
长宽高	10.24 米 ×10.95 米 ×4.59 米
最大速度	281.6 千米 / 小时
续航距离	1461 千米
武器	2 挺 7.62 毫米机枪；2 枚 45 千克炸弹或 147 千克深水炸弹

普惠 R-985-AN2 风冷星型发动机

瞄准具

天线

两叶恒速螺旋桨（汉密尔顿标准）

长型后座舱盖

大型中央浮舟

空速管

小型稳定浮舟

1944 年 8 月，"密苏里"号吊回一架在海面降落的 OS2U-3 "翠鸟" 水上侦察机

SC "海鹰" 水上侦察机

二战后期，美国海军用 SC "海鹰" 水上侦察机（也是水上观测机）来替代 OS2U "翠鸟"。其总产量为 577 架，于 1944 年 10 月开始上舰，后来 "密苏里" 号战列舰也换装了它。

SC "海鹰" 采用单座单翼单引擎，具有全金属机身和可折叠式机翼，浮式起落架也是一大两小共三个浮舟。其主浮舟内部原设有弹舱，后来改为辅助油箱以提高航程。作为单座的侦察机，它配有自动驾驶仪，但故障率高较难使用。在机身后方有一个可容纳单人担架的小空间，主要在救援时用。

其量产型是 SC-1，机翼上不仅有 2 挺 12.7 毫米机枪，还可以挂载 2 枚 147 千克炸弹，并且右翼可装 AN/APS-4 轻型搜索雷达吊舱。所有的 SC "海鹰" 都是采用轮式起落架交货，到海军航空站后再根据需要来安装浮式起落架。

SC-1 "海鹰" 水上侦察机	
载员	1 人
长宽高	11.09 米 ×12.5 米 ×4.88 米
最大速度	504 千米 / 小时
续航距离	1006 千米
武器	2 挺 12.7 毫米机枪；2 枚 147 千克炸弹

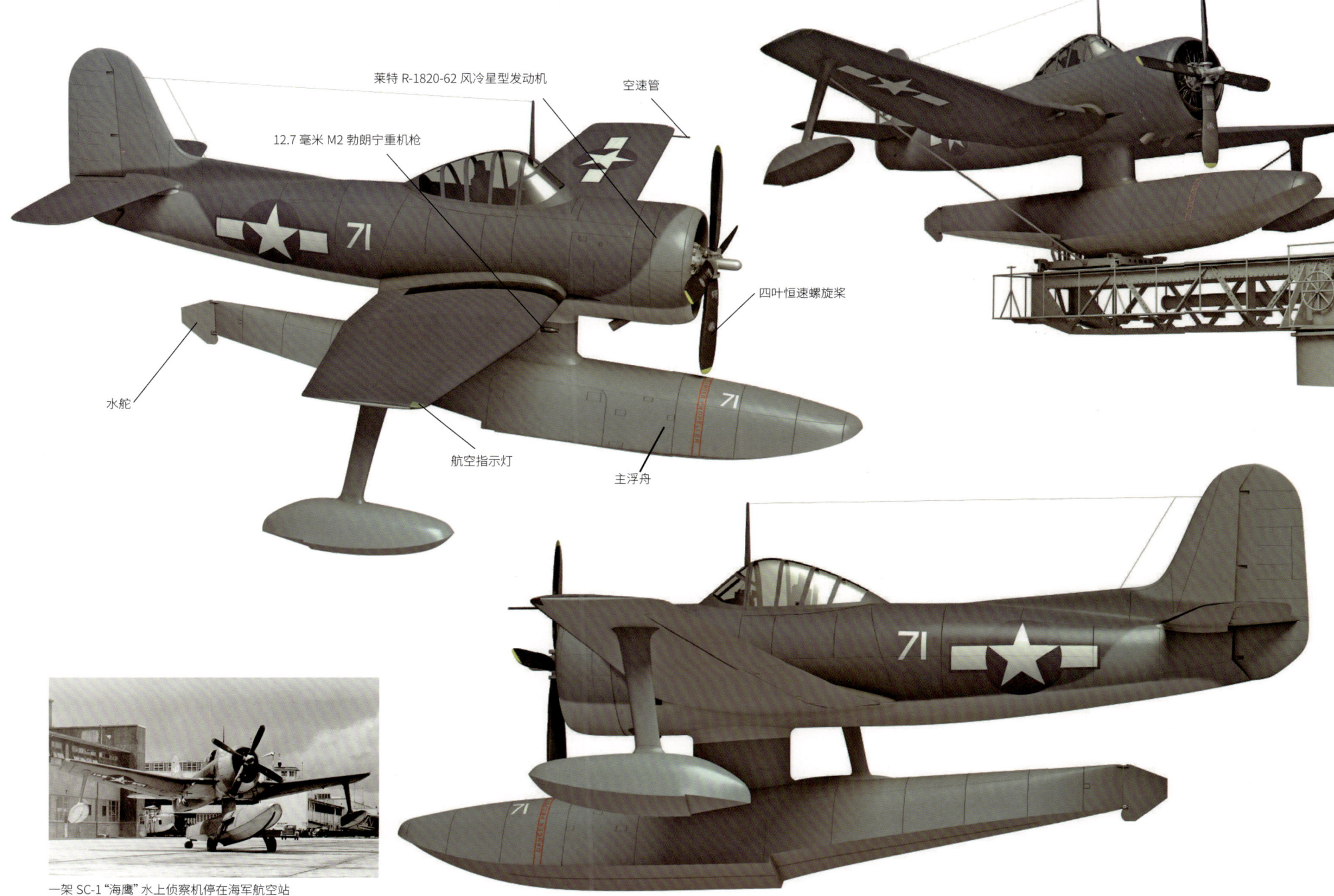

莱特 R-1820-62 风冷星型发动机　　空速管
12.7 毫米 M2 勃朗宁重机枪
四叶恒速螺旋桨
水舵
航空指示灯
主浮舟

一架 SC-1 "海鹰" 水上侦察机停在海军航空站

Washington
"华盛顿"号

美国 **战列舰** ▶ Battleship

"华盛顿"号（Washington, BB-56）是美国海军的一艘高速战列舰。它先后担任过多支舰队的旗舰，在大西洋参加过盟军船队的护航，在太平洋参加过瓜达尔卡纳尔海战，并重创了日军的"雾岛"号战列舰（随后自沉）。后来它还参加了马里亚纳和帕劳群岛战役、硫磺岛、冲绳岛战役等，共获得 13 枚战役星章。

该舰是美国海军北卡罗来纳级战列舰的二号舰（一号舰是"北卡罗来纳"号），舰名源自美国华盛顿州。它与日本海军的大和级战列舰属于同时代的产物，两者速度相近，但后者的火力、装甲等更强。

"华盛顿"号于 1941 年 5 月 15 日服役。最初它的防空能力较弱，后来经过换装，拥有 15 座四联装的博福斯 40 毫米高炮和 63～83 门厄利孔 20 毫米高炮。它的舰尾搭载了 3 架 OS2U "翠鸟"水上侦察机，到 1945 年换为 SC "海鹰"水上侦察机。

它拥有当时先进的预警雷达和火控雷达，不仅能较早地发现日军舰艇和飞机，其舰炮的射击精度也很高，擅长夜战。在 1942 年 11 月的第二次瓜达尔卡纳尔海战中，"华盛顿"号和"南达科他"号两艘新式战列舰与日军的"雾岛"号战列舰及四艘巡洋舰展开夜战。当时因日军舰队用探照灯照亮了"南达科他"号，所以整个舰队的炮弹和鱼雷几乎全射向它，而它也咬住"雾岛"号还击。在远处没被日军发现的"华盛顿"号趁机主炮和副炮齐射，将"雾岛"号打成重伤。

由于通信不畅，后来这两艘美军战列舰各自驶离了战场，而日军的"雾岛"号战列舰在弃舰后被己方的驱逐舰击沉。

"华盛顿"号后来还参加了吉尔伯特和马绍尔群岛战役、马里亚纳和帕劳群岛战役、莱特湾海战、硫磺岛、冲绳战役等。最终它在 1947 年 6 月 27 日退役。

406 毫米 45 倍径 Mk6 主炮

"华盛顿"号的主炮口径为 406 毫米，炮管长 18.29 米，俯仰角度为 -2 度至 +45 度，炮塔水平旋转的角度为 ±150 度，转速为 4 度 / 秒。它的弹种有穿甲弹、高爆榴弹等。其炮口初速是穿甲弹 701 米 / 秒、高爆榴弹 803 米 / 秒，射速为 2 发 / 分钟，最大射程约 36741 米（45 度）。其炮管寿命约 395 发（穿甲弹）。

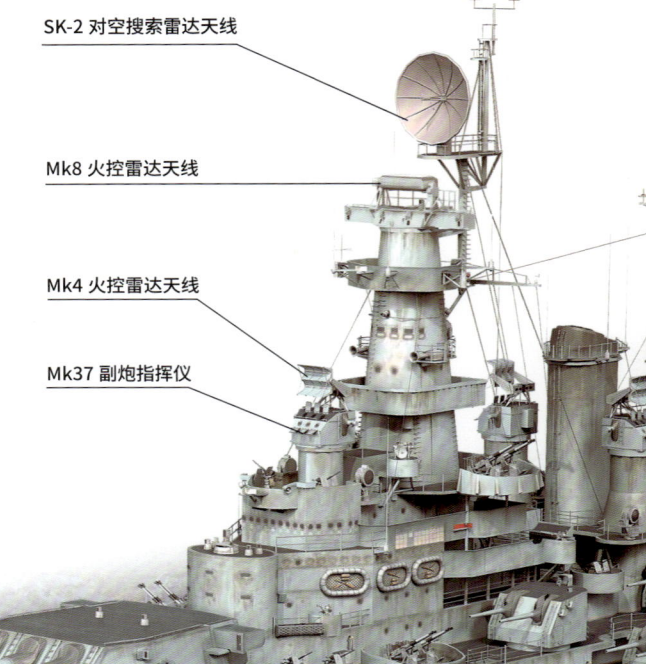

SK-2 对空搜索雷达天线

Mk8 火控雷达天线

Mk4 火控雷达天线

Mk37 副炮指挥仪

20 毫米高炮群

40 毫米四联装高炮

406 毫米三联装主炮塔

主炮塔

1. 旗杆
2. 20 毫米高炮群
3. 406 毫米三联装主炮塔
4. 装甲指挥塔
5. 罗经舰桥
6. Mk37 副炮指挥仪
7. Mk4 火控雷达天线
8. Mk38 主炮指挥仪
9. Mk8 火控雷达天线
10. SK-2 对空搜索雷达天线
11. 烟囱
12. 小艇起重机
13. 舷梯
14. Mk51 射击指挥仪
15. 飞机弹射器
16. 飞机起重机
17. 挡板
18. 扫雷具
19. 40 毫米四联装高炮
20. 127 毫米双联装高平两用炮

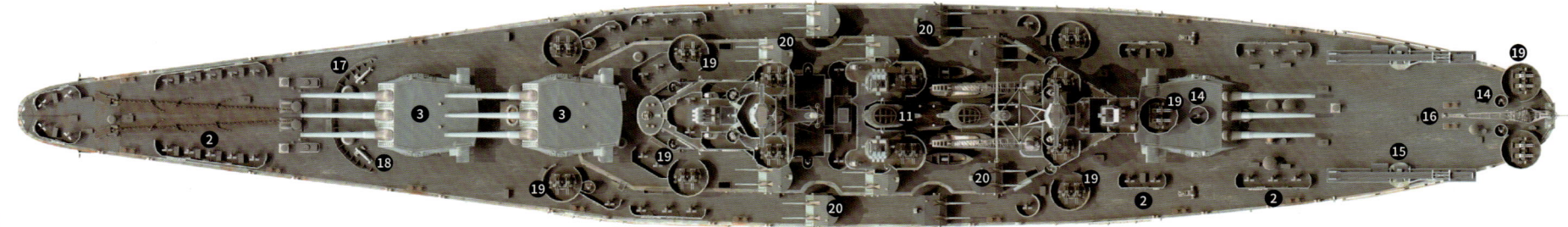

飞机起重机

飞机弹射器

127 毫米双联装高平两用炮

1945 年 9 月 10 日，"华盛顿"号在大修后进行试航

防护

由于设计与建造的标准化，北卡罗来纳级战列舰的装甲防护完全相同。"华盛顿"号与"北卡罗来纳"号的水线装甲带最厚处都是 305 毫米，倾斜 15 度。在水平防护方面，甲板装甲的总厚度是 180 毫米，其中主甲板厚 37 毫米，第二层甲板厚 127 毫米，第三层甲板厚 16 毫米。其主炮塔的正面厚达 406 毫米，侧面厚 249 毫米，背面厚 300 毫米，顶部厚 178 毫米，但副炮塔各面的厚度均只有 50 毫米。它的指挥塔侧面最厚处为 406 毫米，顶部厚 178 毫米。

动力

"华盛顿"号安装了 8 台巴布科克·威尔科克斯的三鼓式燃油锅炉，其工作气压约 4 兆帕，蒸汽温度约 454 摄氏度。蒸汽输送给 4 组通用电气的齿轮传动蒸汽轮机，输出总功率约 90230 千瓦，动力通过 4 根传动轴驱动 4 个螺旋桨。1941 年，它的最大速度为 28 节，以 15 节的速度能航行 17450 海里。1945 年，其最大速度降为 26.8 节，以 15 节的速度可航行 16320 海里，以 25 节的速度可航行 5740 海里。

"华盛顿"号和"南达科他"号的纠纷

在第二次瓜达尔卡纳尔海战中，据说美军参战的"华盛顿"号和"南达科他"号这两艘主力战列舰结了仇。

该战结束后，两舰都返港维修。于是港口开始流传"华盛顿"号任凭"南达科他"号被日舰围攻而不救的说法。两舰水兵因此发生了斗殴，几乎把拘留所占满。并且，"南达科他"号的舰长在回到美国本土接受《星期六晚邮报》采访时，宣称是"南达科他"号击沉了日军的"雾岛"号战列舰，而"华盛顿"号临阵脱逃了。直到太平洋战争结束，两舰的纠纷都依然未消停。

武/器/档/案 WEAPON ARCHIVES

舰名	"华盛顿"号
舰级	北卡罗来纳级
排水量	标准：35562 吨；满载：45519 吨
长宽	222.2 米 ×33 米
动力	8 台巴布科克·威尔科克斯锅炉、4 组蒸汽轮机；90230 千瓦
最大速度	28 节
续航距离	17450 海里（15 节）
载员	2134 人
雷达	SG 对海搜索雷达、SK 对空搜索雷达等
装甲	水线装甲带 305 毫米，主炮前盾 406 毫米，甲板 180 毫米
武器（前期）	3 座三联装 406 毫米主炮10 座双联装 127 毫米高平两用炮4 座四联装 28 毫米高炮 /18 挺 12.7 毫米机枪
弹射器	2 座
舰载机	3 架水上侦察机

Roma
"罗马"号

"罗马"号 (Roma) 是意大利皇家海军的一艘高速战列舰，其 381 毫米主炮的穿甲能力在各国同口径主炮中最强。它于 1942 年 6 月服役，没有参加过海战，但被盟军轰炸机炸伤过两次。1943 年 9 月意大利停战，"罗马"号作为旗舰在带领舰队前往盟军港口时，被德国空军用制导炸弹 Fritz X 炸沉。

该舰是意大利皇家海军维托里奥·维内托级战列舰的三号舰，舰名源自意大利首都罗马。该级是意大利有史以来最好的战列舰，共建造了四艘。前两艘是"维托里奥·维内托"号和"利托里奥"号，而四号舰"帝国"号未完工。因为是用于地中海作战，所以它们的航程短但速度快。

严格来说，"罗马"号是维托里奥·维内托级的改进型。该级的一号舰和二号舰在建造时受到条约限制，而"罗马"号在建造时因条约过期而不受约束，因此舰体更长、排水量更大等。

"罗马"号于 1942 年 6 月 14 日服役。它有 3 座主炮塔，其中舰体前部那 2 座是背负式布局。其 381 毫米主炮与其他国家的同口径主炮相比，穿甲能力最强，不过这是以缩短炮管寿命为代价的。它还有 4 座三联装的副炮塔，共 12 门 152 毫米副炮，以及大量的防空高炮等特点。

该舰所搭载 3 架水上飞机通常是 Ro 43 水上侦察机，后来换过 1~2 架 Re 2000 战斗机。因为后者不具备水面起降的能力，所以在执行任务时只能从舰上弹射起飞，当任务完成后也只能飞到附近的己方机场降落。

"罗马"号在二战中一直没有机会与英国舰队进行海战，多是在各个海军基地驻防。1943 年 6 月 5 日，它被美军轰炸机的两枚重磅炸弹炸伤。6 月 24 日，它又被英军轰炸机的两枚炸弹炸伤。1943 年 9 月 9 日在意大利和盟军停战后，"罗马"号作为旗舰带领其舰队 (含两艘同级舰及若干巡洋舰、驱逐舰等) 驶往盟军港口，但在途中遭到德国空军 Do 217K 中型轰炸机机群的攻击。在战斗中，"罗马"号被两枚 Fritz X 制导炸弹命中，随后爆炸沉没。

1942—1943 年，迷彩涂装的"罗马"号

381 毫米 50 倍径 M1934 主炮

"罗马"号的主炮是"安萨尔多"381 毫米 50 倍径 M1934。该炮的炮管长 19.05 米，俯仰角度为 -5.5 度至 +36 度，炮塔水平旋转的角度约 ±160 度 (通常使用 ±120 度)，转速为 6 度 / 秒。其弹种有穿甲弹、半穿甲弹和高爆榴弹，但高爆榴弹因引信存在问题从未实际使用过。其炮口初速是穿甲弹 850 米 / 秒、半穿甲弹 880 米 / 秒，射速为 1.3 发 / 分钟，最大射程为 44640 米 (35 度，半穿甲弹)。

其炮管寿命很短，只有 110~130 发，但穿甲弹威力巨大。它在 19000 米的距离上能穿透 416 毫米的侧面装甲和 67 毫米的甲板装甲，在 26000 米的距离上能穿透 325 毫米的侧面装甲和 124 毫米的甲板装甲。

"罗马"号的主炮塔特写

武/器/档/案	WEAPON ARCHIVES
舰名	"罗马"号
舰级	维托里奥·维内托级
排水量	标准：41650 吨；满载：46215 吨
长宽	240.7 米 ×32.9 米
动力	8 台亚罗锅炉、4 组蒸汽轮机；95615 千瓦
最大速度	31 节
续航距离	3920 海里 (20 节)
载员	1920 人
雷达	EC3/ter"猫头鹰" (1943 年)
装甲	主装甲带 350 毫米，主炮前盾 350 毫米，主甲板 162 毫米
武器	3 座三联装 381 毫米主炮、4 座三联装 152 毫米副炮 4 门 120 毫米炮、12 门 90 毫米高炮 8 座双联装 37 毫米高炮、4 门 37 毫米高炮 14 座双联装 20 毫米高炮
弹射器	1 座
舰载机	3 架水上飞机

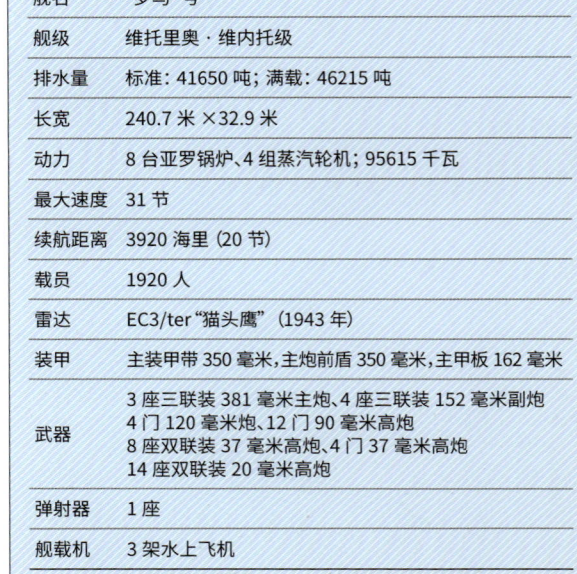

381 毫米三联装主炮塔

37 毫米高炮

传动轴
螺旋桨
锅炉
锅炉

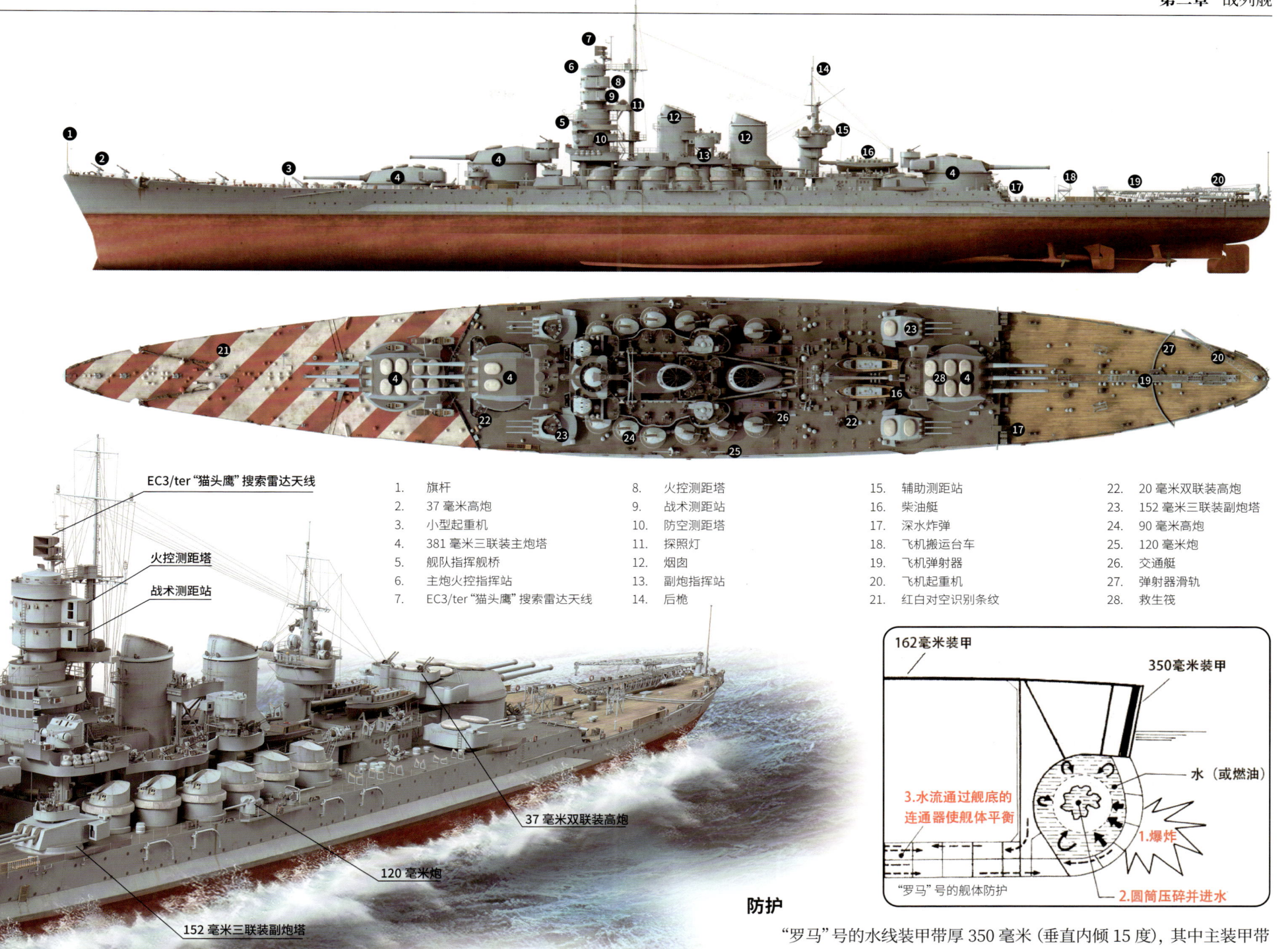

1. 旗杆	8. 火控测距塔	15. 辅助测距站	22. 20 毫米双联装高炮
2. 37 毫米高炮	9. 战术测距站	16. 柴油艇	23. 152 毫米三联装副炮塔
3. 小型起重机	10. 防空测距塔	17. 深水炸弹	24. 90 毫米高炮
4. 381 毫米三联装主炮塔	11. 探照灯	18. 飞机搬运台车	25. 120 毫米炮
5. 舰队指挥舰桥	12. 烟囱	19. 飞机弹射器	26. 交通艇
6. 主炮火控指挥站	13. 副炮指挥站	20. 飞机起重机	27. 弹射器滑轨
7. EC3/ter "猫头鹰"搜索雷达天线	14. 后桅	21. 红白对空识别条纹	28. 救生筏

EC3/ter "猫头鹰"搜索雷达天线

火控测距塔

战术测距站

37 毫米双联装高炮

120 毫米炮

152 毫米三联装副炮塔

162毫米装甲

350毫米装甲

水（或燃油）

3.水流通过舰底的连通器使舰体平衡

1.爆炸

"罗马"号的舰体防护

2.圆筒压碎并进水

动力

"罗马"号有 8 台改进的亚罗式水管燃油锅炉，工作气压约 2.5 兆帕，蒸汽温度为 325 摄氏度。它们产生的蒸汽输送给 4 组贝卢佐式高中低压齿轮减速型蒸汽轮机，动力通过 4 根传动轴驱动 4 个三叶螺旋桨。其输出的总功率为 95615 千瓦，实现最大速度 31 节。它能够装载 4000 吨的燃油（正常装载量是 3300 吨），以 20 节的速度航行 3920 海里。

减速齿轮

中压轮机

高压轮机

锅炉

锅炉

低压轮机

锅炉

锅炉

"罗马"号的动力系统

防护

"罗马"号的水线装甲带厚 350 毫米（垂直内倾 15 度），其中主装甲带厚 280 毫米，外面有一层装甲钢板厚 70 毫米。它的水平装甲厚 207 毫米，其中主甲板厚 162 毫米。主炮塔的前盾和炮座都厚达 350 毫米，指挥塔的侧面厚 260 毫米。"罗马"号两舷的水下防护颇具特色，除了常见的内侧弧形防雷装甲等之外，它还采用了普列塞鱼雷防护系统。该系统是在水线下的舰体两侧各内置了一根直径 3.8 米、长 120 米的金属空心圆筒，筒外的隔舱里充满了水或燃油。当"罗马"号的舷侧遭到鱼雷攻击时，爆炸的冲击波会通过充满液体的隔舱传播，压破中间的圆筒，使大部分的能量被吸收，从而减小对舰体内部舱室的破坏。

Giulio Cesare
"朱利奥·凯撒"号

意大利 战列舰 ▶ **Battleship**

"朱利奥·凯撒"号 (Giulio Cesare) 是意大利皇家海军的一艘无畏战列舰。它于一战前服役，在二战前进行过彻底重建。二战时，它在地中海与英国皇家海军对抗，参加了蓬塔斯蒂洛海战、斯帕蒂文托角海战、第一次锡尔特湾海战等。战后它被移交给战胜国苏联，改名为"新罗西斯克"号，最后因外部爆炸而沉没。

1938 年，重建后的"朱利奥·凯撒"号

"朱利奥·凯撒"号是意大利皇家海军加富尔伯爵级战列舰的二号舰，舰名源自古罗马的凯撒大帝。该级共有三艘，另两艘是一号舰"加富尔伯爵"号和三号舰"莱昂纳多·达·芬奇"号。其中，"莱昂纳多·达·芬奇"号在一战时因弹药库爆炸而沉没，"加富尔伯爵"号在二战的塔兰托战役中被英军舰载机炸瘫，只有"朱利奥·凯撒"号活到战后。

该舰于 1914 年 6 月 7 日服役，之后一个多月一战爆发。它在一战中没有参加战斗，只执行了几次海上搜索的任务。在战间期，它先进行了一些小改造，然后进行了长达几年的彻底重建，因而整体变化很大。

在重建后，它原来的 13 门 305 毫米主炮被换为 10 门 320 毫米主炮，装在 2 座三联装和 2 座双联装的主炮塔中。在航空设施方面，它战间期安装了飞机弹射器并搭载了 M.18 水上轰炸机，但二战时已被移除。至于雷达，战后苏军接手该舰时表示没有。

三角桅

主炮射击指挥塔

防空测距塔

20 毫米双联装高炮

320 毫米三联装主炮塔

救生筏

锚链轮

导缆钳

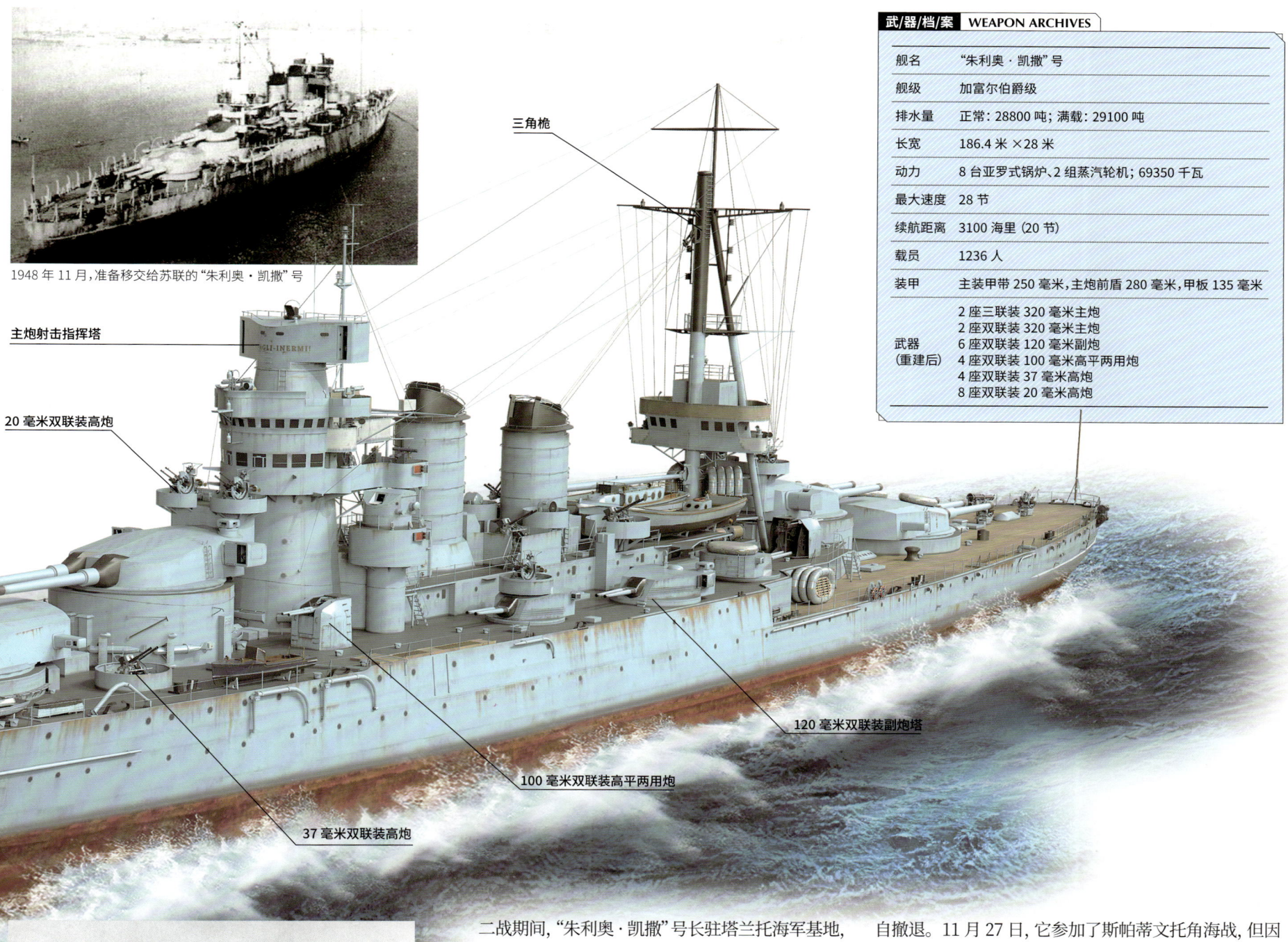

1948 年 11 月，准备移交给苏联的"朱利奥·凯撒"号

主炮射击指挥塔

20 毫米双联装高炮

三角桅

37 毫米双联装高炮

100 毫米双联装高平两用炮

120 毫米双联装副炮塔

武/器/档/案	WEAPON ARCHIVES
舰名	"朱利奥·凯撒"号
舰级	加富尔伯爵级
排水量	正常：28800 吨；满载：29100 吨
长宽	186.4 米 ×28 米
动力	8 台亚罗式锅炉、2 组蒸汽轮机；69350 千瓦
最大速度	28 节
续航距离	3100 海里（20 节）
载员	1236 人
装甲	主装甲带 250 毫米，主炮前盾 280 毫米，甲板 135 毫米
武器 （重建后）	2 座三联装 320 毫米主炮 2 座双联装 320 毫米主炮 6 座双联装 120 毫米副炮 4 座双联装 100 毫米高平两用炮 4 座双联装 37 毫米高炮 8 座双联装 20 毫米高炮

1950 年，悬挂苏联旗帜的"新罗西斯克"号（原"朱利奥·凯撒"号）

二战期间，"朱利奥·凯撒"号长驻塔兰托海军基地，活跃于地中海。1940 年 6 月 10 日，意大利宣布参战，此时"朱利奥·凯撒"号和"加富尔伯爵"号是意大利皇家海军仅有的两艘现役战列舰。7 月 9 日，它们带着若干巡洋舰和驱逐舰为运输船队护航，遭遇同样为运输船队护航的英军舰队，后者有一艘航空母舰和三艘战列舰，遂爆发了蓬塔斯蒂洛海战。该战主要是英意两国海军之间的战列舰对决，在炮战中"朱利奥·凯撒"号被英军"厌战"号一发 381 毫米炮弹击伤。后来双方舰队打成平局，各自撤退。11 月 27 日，它参加了斯帕蒂文托角海战，但因离英军舰队太远而没加入炮战。1941 年 12 月 17 日，它参加了第一次锡尔特湾海战，此战意大利舰队胜利。

二战结束后，"朱利奥·凯撒"号作为战利品被同盟国分配给苏联。苏军接收后，将之改名为"新罗西斯克"号，并进行了现代化改装。1955 年 10 月 29 日，其舰体外部突然发生爆炸，随后倾覆沉没。爆炸很可能来自二战时德军遗留的水雷，但也有人猜测是意大利搞的水下破坏。

320 毫米 44 倍径 M1934 主炮

在大改装前，"朱利奥·凯撒"号拥有 3 座三联装和 2 座双联装的主炮塔，共 13 门 305 毫米 M1909 主炮。在大改装后，它拥有 2 座三联装和 2 座双联装的主炮塔，共 10 门 320 毫米 M1934 主炮。该炮的倍径实际是 43.8，炮管长 14 米，俯仰角度为 -5 度至 +27 度，炮塔水平旋转的角度约 ±120 度，转速为 5 度 / 秒。其弹种有穿甲弹和高爆榴弹。其炮口初速为 830 米 / 秒，射速为 2 发 / 分钟，最大射程约 28600 米（27 度，穿甲弹）。它的炮管寿命为 150 发。

"朱利奥·凯撒"号的副炮塔特写

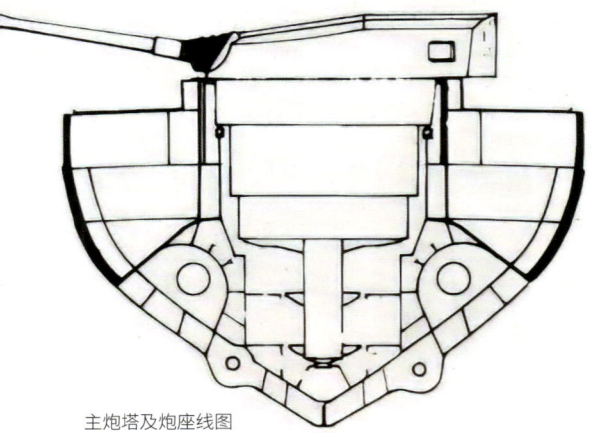

主炮塔及炮座线图

1. 旗杆
2. 锚
3. 锚链轮
4. 救生筏
5. 320 毫米三联装主炮塔
6. 320 毫米双联装主炮塔
7. 37 毫米双联装高炮
8. 20 毫米双联装高炮
9. 舰桥
10. 测距仪
11. 主炮射击指挥塔
12. 桅灯
13. 烟囱
14. 探照灯
15. 小艇起重机
16. 舰载艇
17. 三角桅
18. 信号灯
19. 红白对空识别条纹
20. 100 毫米双联装高平两用炮
21. 120 毫米双联装副炮塔
22. 舷梯
23. 系缆桩
24. 螺旋桨
25. 方向舵
26. 舰龙骨

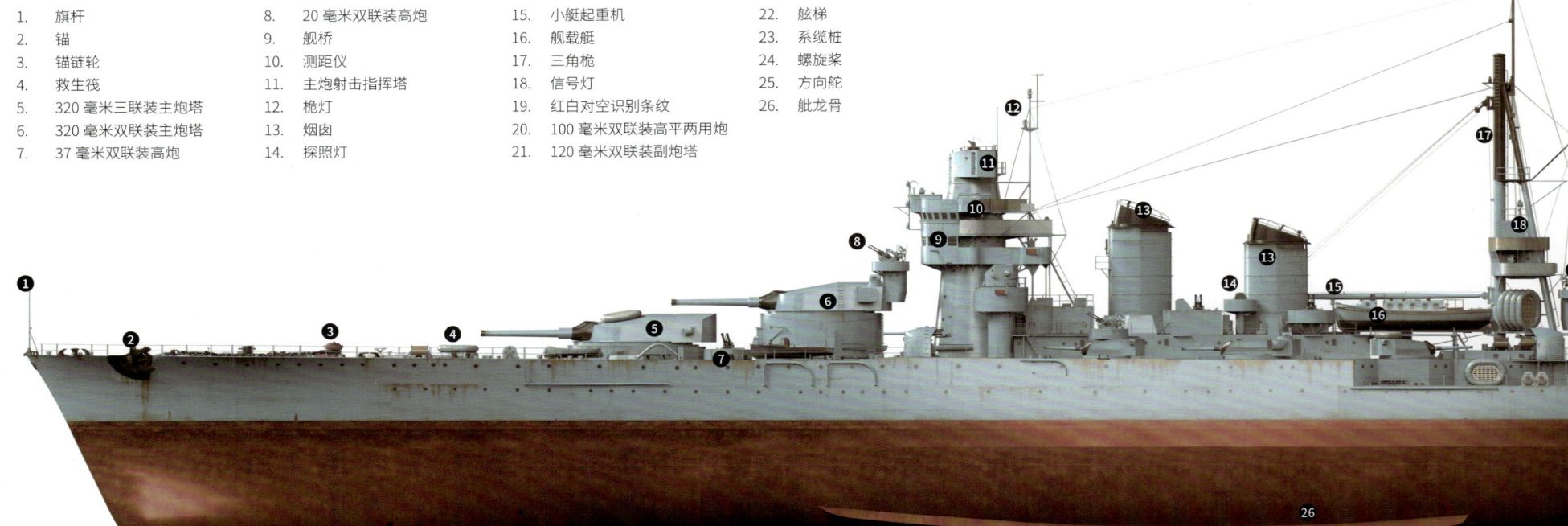

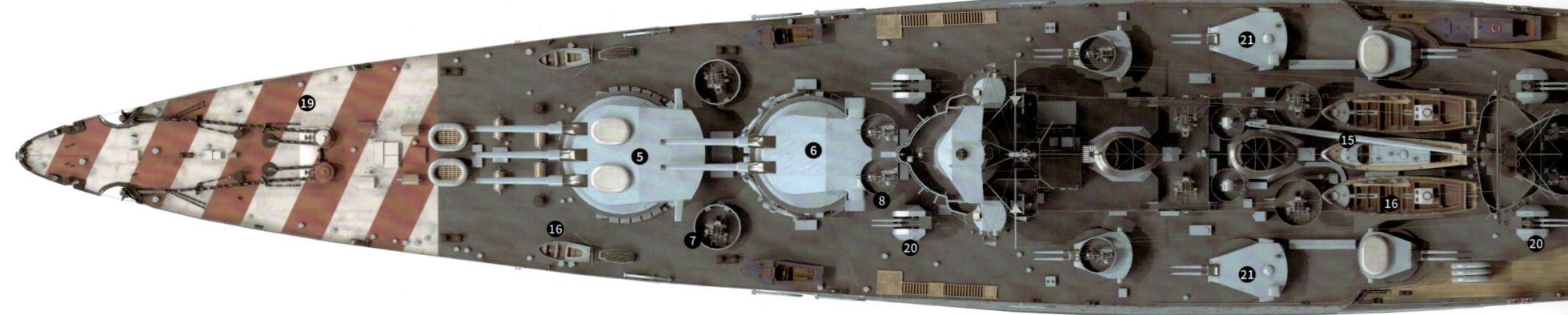

排水量

排水量是表示舰船大小的一项重要指标，指舰船在水中排开的水的质量。它分为空载排水量、标准排水量、正常排水量、满载排水量和超载排水量，单位常用吨（吨）、长吨及短吨。

●标准排水量

这是 1922 年《华盛顿海军条约》采用的一种军舰排水量术语。它指舰船建造完毕后，搭载航行所需的乘员和食物、淡水、设备、武器、弹药等物资后的排水量（不含燃油和备用锅炉水）。在条约时期，其单位主要用长吨，少量用吨。

●正常排水量

它是指舰船搭载乘员、设备和武器，以及三分之二的食物、淡水、燃料等消耗品时的排水量。

●满载排水量

它是指在标准排水量的基础上增加载重，包含燃油和备用锅炉水，使舰船达到满载水线时的排水量，即设计上的排水量最大值。

"朱利奥·凯撒"号的主炮齐射

动力

在前期，"朱利奥·凯撒"号安装了 24 台巴布科克·威尔科克斯的水管锅炉，其中有 12 台是燃油锅炉，有 12 台是油煤混烧锅炉。它们产生的蒸汽输送给 3 组帕森斯式蒸汽轮机，其中有 2 组通过 2 根传动轴驱动 2 个外侧螺旋桨，1 组通过 2 根传动轴驱动 2 个内侧螺旋桨。此时输出的总功率约 22893 千瓦，实现最大速度 21.5 节。它能够装载 850 吨燃油和 1450 吨煤，以 10 节的速度航行 4800 海里。

后来其动力系统进行了大改装，换为 8 台亚罗式水管燃油锅炉和 2 组贝卢佐式齿轮减速型蒸汽轮机，并且只保留了 2 根传动轴和 2 个螺旋桨。这时输出的总功率高达 69350 千瓦，最大速度提升至 28 节。在装载约 2472 吨燃油后，它能以 20 节的速度航行约 3100 海里，或以 13 节的速度航行 6400 海里。

海上疾驰的"朱利奥·凯撒"号

防护

"朱利奥·凯撒"号原本的防护能力偏弱，后来在战间期进行了改造，共增加了 3279 吨的装甲。其中，水平装甲的增厚是重点，甲板总厚度增至 135 毫米。它的主甲板装甲从 24 毫米增加到 80 毫米（弹药库上方达到 100 毫米及以上），而其他层甲板分别厚 13 毫米和 42 毫米。它的主装甲带厚 250 毫米，主炮塔的正面厚 280 毫米，侧面厚 240 毫米，而前指挥塔的侧壁厚 280 毫米。值得一提的是，它在水线下的舰体内部两侧加装了普列塞鱼雷防护系统，以吸收鱼雷爆炸时产生的能量，从而减小舰体内部舱室受到的损坏。

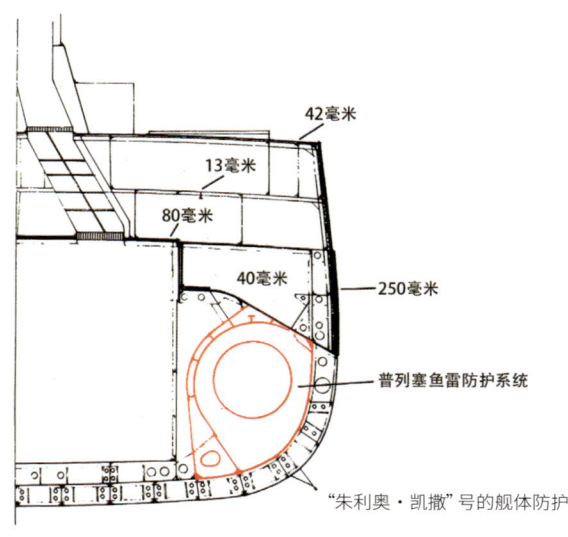

42毫米
13毫米
80毫米
40毫米
250毫米
普列塞鱼雷防护系统
"朱利奥·凯撒"号的舰体防护

Richelieu
"黎塞留"号

"黎塞留"号 (Richelieu) 是法国的一艘高速战列舰，于 1935 年在法国海军重镇布雷斯特动工建造。

其一生经历了法国多个时代。它在法兰西第三共和国时期建造，二战时它先加入维希法国对英作战，后来又加入自由法国对德和对日作战，其间还去美国进行过现代化改造。二战后，它继续服役于法兰西第四共和国和第五共和国。

1943 年 8 月 26 日，在美国完成改造的"黎塞留"号航行到大西洋

"黎塞留"号是法国海军黎塞留级战列舰的首舰 (同级舰是"让·巴尔"号)。其舰名源自红衣主教黎塞留，纪念他在法国成为海军强国的过程中所发挥的重要作用。该级是为对抗意大利的维托里奥·维内托级战列舰而建造，从设计来看是法国之前敦刻尔克级战列舰的放大版。

作为条约型战列舰，"黎塞留"号的标准排水量为 35562 吨。在当时其火力、防护和速度都比较优秀，综合性能好。它有 2 座四联装的主炮塔，共 8 门 45 倍径 380 毫米主炮，以背负式布局置于前甲板，而 3 座三联装的副炮塔都置于后甲板。同样是 8 门主炮，像"黎塞留"号这样采用 2 座四联装主炮塔，比其他战列舰采用 4 座双联装主炮塔更利于减重，也利于装甲集中防护。但如果在战斗中一个主炮塔受损，就会损失一半的主炮火力。为防止这种情况发生，其主炮塔内采用了隔舱防护。这样在受到强力打击时可能只有两门主炮失能，而另两门主炮可继续战斗。值得一提的是，"黎塞留"号的主炮在很长的时间里只配有穿甲弹，而没有高爆弹。其穿甲弹中内置了黄色染料，以便识别弹着点（"让·巴尔"号是用橘色染料）

"黎塞留"号在 1940 年 6 月服役。当德军攻占法国时它转移到了达喀尔。7 月，德法签署停战协定，英国因担心"黎塞留"号变为敌人，派"竞技神"号航空母舰用"剑鱼"式鱼雷轰炸机将之炸伤。9 月，英军和自由法军进攻达喀尔，"黎塞留"号作为维希法国的战列舰进行了反击。1941 年 4 月，它安装了法国的早期雷达"电磁探测器"，随后搭载了三架 Loire 130 水上飞机。1942 年 11 月，盟军攻占法属北非，它遂加入自由法国，并驶往美国纽约进行现代化改造。1943 年 10 月，它先加入英国地中海舰队，后加入英国本土舰队，对德国进行作战。1944 年 4 月，它到印度洋加入英国东方舰队，对日进行作战。为了有效炮击岸上的日军阵地，英国还专门为其主炮生产了高爆弹。二战后，它继续在法国海军中服役，直到 1967 年退役。

1. 旗杆
2. 锚
3. 20 毫米高炮群
4. 380 毫米四联装主炮塔
5. 40 毫米四联装高炮
6. 舷梯
7. 航海舰桥
8. 指挥塔 (司令塔)
9. 主炮射击指挥塔
10. 副炮射击指挥塔
11. 281b 型对空搜索雷达天线
12. 舰载艇
13. SA-2 对空搜索雷达天线
14. 烟囱
15. 152 毫米三联装副炮塔
16. 挡浪板
17. 扫雷具

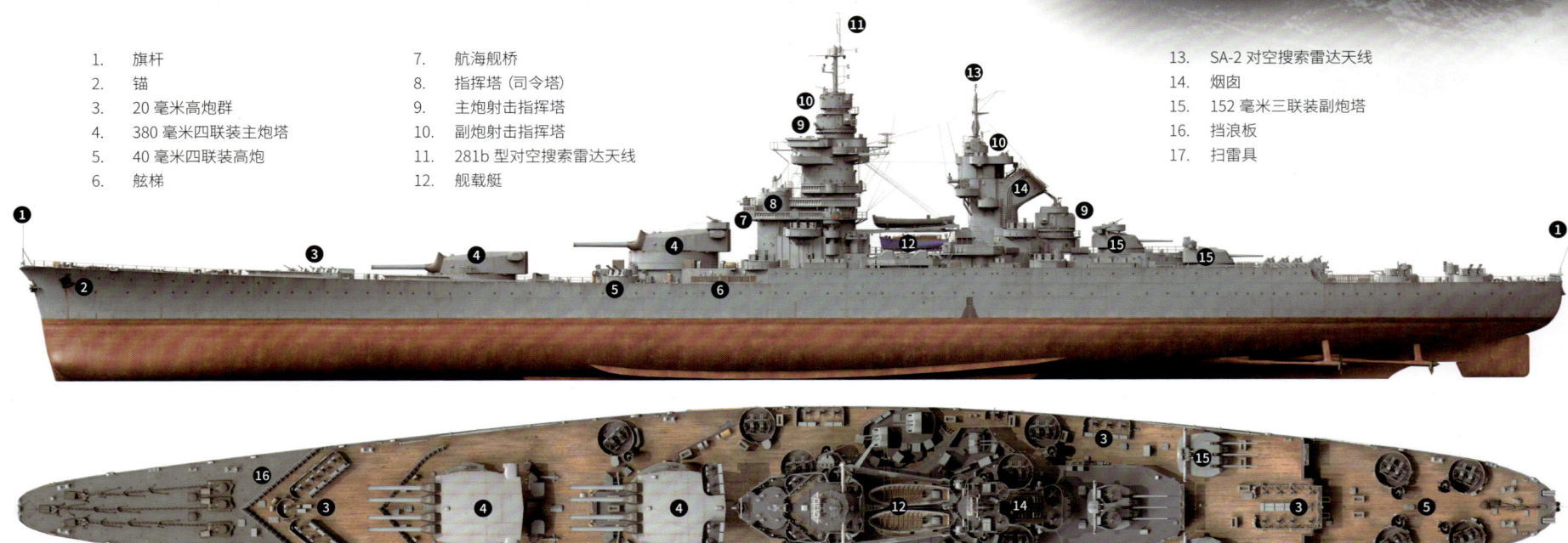

281b 型对空搜索雷达天线

SG 对海搜索雷达天线

SA-2 对空搜索雷达天线

284P 型火控雷达天线

SF 对海搜索雷达天线

维希法国

维希法国是二战前期法国战败后，由其老元帅菲利普·贝当于1940年7月10日建立的"法兰西国"。它是德国扶持的傀儡政权，因实事首都在维希而被称为维希法国。当时法国北部是德军占领区，而它主要统治法国南部等"自由区"，约占法国本土面积的40%。1942年11月，因盟军登陆北非，所以德军及意军占领了法国南部，而维希政府在名义上管辖整个法国。1944年6月盟军攻入法国，1944年8月20日维希法国解散。

380 毫米四联装主炮塔

40 毫米四联装高炮

1943年，"黎塞留"号在美国纽约

武器/档案	WEAPON ARCHIVES
舰名	"黎塞留"号
舰级	黎塞留级
排水量	标准：35562 吨；满载：47548 吨
长宽	247.9 米 ×33.1 米
动力	6 台英德莱特增压锅炉、4 组帕森斯蒸汽轮机；114002 千瓦
最大速度	32.6 节
续航距离	8500 海里 (14 节)
载员	1569 人
雷达	英制 281b 型和美制 SG 型等 (1944 年)
装甲	主装甲带 327 毫米，主炮前盾 430 毫米，主甲板 170 毫米
武器(1943 年)	2 座四联装 380 毫米主炮 /3 座三联装 152 毫米副炮 /6 座双联装 100 毫米高炮 /14 座四联装 40 毫米高炮 /48 门 20 毫米高炮
弹射器	2 座
舰载机	3 架水上飞机 (1941—1942 年)

动力

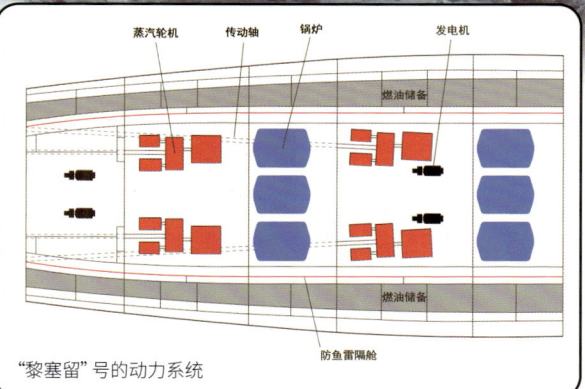

"黎塞留"号的动力系统

在动力系统方面，"黎塞留"号有 6 台英德莱特 (诺盖型) 小管增压锅炉，工作气压约 2.7 兆帕，蒸汽温度为 350 摄氏度。蒸汽输送给 4 组帕森斯式高中低压齿轮减速型蒸汽轮机，输出总功率为 114002 千瓦。其动力通过 4 根传动轴驱动 4 个直径为 4.87 米的四叶螺旋桨，实现最大速度 32.6 节。它在平时最多可装载约 5866 吨的燃油，但在战时最大装载 4700 吨，以 14 节的速度可航行约 8500 海里，以 30 节的速度可航行约 3450 海里。

防护

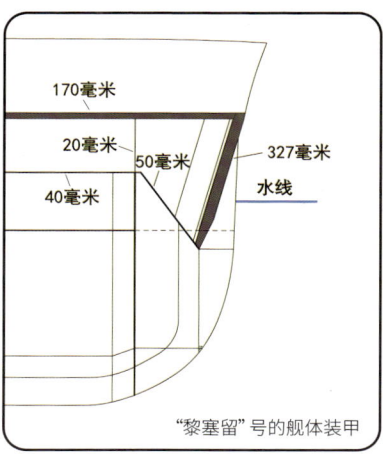

"黎塞留"号的舰体装甲

"黎塞留"号采用了重点防护与装甲堡垒相结合的防护设计，装甲总重量达 16460 吨。其主装甲带厚约 327 毫米，倾角 15.4 度，等效于 400 毫米以上的垂直装甲。在水平防护方面，主甲板 (上甲板) 的装甲厚 170 毫米 (弹药库上方) 和 150 毫米 (动力舱上方)，下甲板的装甲厚 40～50 毫米。它的主炮塔正面厚 430 毫米，侧面厚 300 毫米，背面厚 250 毫米，顶部厚 170 毫米。指挥塔的侧壁厚 340 毫米，顶部厚 170 毫米。在对水下鱼雷 (包括水雷) 的防护方面，它在舰体两侧采用了多层防雷隔舱的设计，分别填充了硬泡沫橡胶、燃油等，以便逐步吸收鱼雷爆炸时的能量。它的这种侧面防雷结构最厚处有 7 米，远远超过当时其他国家的战列舰。

380 毫米 45 倍径 M1935 主炮

这是法国海军有史以来口径最大、威力最大的舰炮。它的炮管长 17.26 米，俯仰角度为 -5 度至 +35 度，炮塔水平旋转的角度约 ±150 度，转速为 5 度 / 秒。其弹种主要是被帽穿甲弹，分为法国产和美国产两种。炮口初速为 830 米 / 秒，射速为 1.3～2 发 / 分钟，最大射程 41700 米 (35 度)。它的炮管寿命为 200 发。在 22000 米的距离上，它可穿透侧面装甲 393 毫米和甲板装甲 105 毫米；在 38000 米的距离上，它可穿透侧面装甲 249 毫米和甲板装甲 270 毫米。

Paris Commune
"巴黎公社" 号

苏联 战列舰 ▶ Battleship

"巴黎公社" 号 (Paris Commune) 是苏联红海军甘古特级战列舰的首舰。它原是俄罗斯帝国海军在一战前建造的第一艘无畏舰 "塞瓦斯托波尔" 号，其舰名源自克里米亚战争中的塞瓦斯托波尔战役。1921 年 3 月，苏维埃为纪念巴黎公社成立 50 周年等，将它更名为 "巴黎公社" 号。

"巴黎公社" 号

甘古特级也被称为塞瓦斯托波尔级，是苏联红海军唯一拥有的一种战列舰，共有四艘。"巴黎公社" 号的同级舰是 "十月革命" 号 (原 "甘古特" 号)、"马拉" 号 (原 "彼得罗巴甫洛夫斯克" 号) 和 "伏龙芝" 号 (原 "波尔塔瓦" 号)。它们有 4 座三联装的主炮塔，没有采用背负式布局，而是沿舰体纵向中轴线从前到后平均布置。

"巴黎公社" 号在 1914 年 11 月服役，加入苏联红海军后于 1929 年左右进行过一次小改造，在 1936 年左右进行过一次大改造，并在卫国战争期间也进行过一些改造。改造的内容有增强装甲、增加防空武器、更换锅炉及改装烟囱、改良主炮塔性能、升级火控系统、安装防雷鼓包、安装英国提供的预警雷达等。它还加装过飞机弹射器和飞机起重机，搭载了水上侦察机，但在 1933 年被拆解移到 "红色高加索" 号轻巡洋舰上。1939 年，"巴黎公社" 号成为黑海舰队的旗舰。

当 1941 年 6 月 22 日苏联卫国战争爆发后，"巴黎公社" 号主要在黑海执行护航任务。1941 年 10 月 30 日塞瓦斯托波尔保卫战开始，"巴黎公社" 号带领驱逐舰到塞瓦斯托波尔附近对轴心国阵地进行炮击，摧毁了敌军 13 辆坦克、8 门野战炮、4 门列车炮、37 辆军车等。后来，它参加了刻赤半岛的登陆行动，也对敌军进行了一系列的炮击。1943 年 5 月 31 日，它恢复了 "塞瓦斯托波尔" 号的舰名。1944 年 11 月 5 日，它作为旗舰率领黑海舰队收复了塞瓦斯托波尔。1945 年 7 月 8 日，它被授予红旗勋章。二战后，它被作为训练舰使用，最后退役被拆解。

苏联邮票上的 "巴黎公社" 号

瞭望台

探照灯

烟囱

76.2 毫米高炮

120 毫米副炮

锚穴

塞瓦斯托波尔保卫战

塞瓦斯托波尔是克里米亚半岛西南岸的一个港口城市，那里有苏联黑海舰队的海军主基地。1941 年 10 月 30 日至 1942 年 7 月 4 日，苏德两军在此进行了惨烈的攻防战。

进攻的德军主要是第 11 集团军，防守的苏军主要是独立滨海集团军和黑海舰队。苏军防线上有一系列永久要塞群，而德军动用了 600 毫米口径的 "卡尔" 臼炮和 800 毫米口径的 "古斯塔夫" 超重型铁道炮。在战斗中，"巴黎公社" 号战列舰对德军进行了大量的炮火打击，有力地支援了岸上的苏军作战。

最后，德军突破苏军防线，占领了该市。在德国方面，其指挥官曼施坦因被升为陆军元帅；在苏联方面，塞瓦斯托波尔因顽强抵抗而获得苏联 "英雄城市" 的荣誉称号。

1. 旗杆
2. 首锚
3. 锚穴
4. 锚链轮
5. 120 毫米副炮
6. 76.2 毫米高炮
7. 305 毫米三联装主炮塔
8. 指挥塔
9. 测距仪
10. 主桅
11. 瞭望台
12. 烟囱
13. 探照灯
14. 舰载艇
15. 后桅
16. 射击指挥塔
17. 备用锚
18. 螺旋桨
19. 方向舵
20. 小艇起重机
21. 小艇支架

305 毫米三联装主炮塔

"巴黎公社"号的三联装主炮

舰名	"巴黎公社"号
舰级	甘古特级
排水量	正常：23300 吨；最大：26900 吨
长宽	181.2 米 ×26.9 米
动力	25 台亚罗式锅炉，4 组帕森斯蒸汽轮机；30891 千瓦
最大速度	24.6 节
续航距离	3500 海里（10 节）
载员	1220 人
雷达	290 型和 291 型（英国援助）
装甲	主装甲带 225 毫米，主炮前盾 203 毫米，主甲板 50 毫米
武器	4 座三联装 305 毫米主炮，16 门 120 毫米副炮若干 76.2 毫米和 37 毫米高炮等

305 毫米 52 倍径 1907 型主炮

"巴黎公社"号的主炮塔型号是 MK-3-12，代表三联装和 12 英寸（305 毫米）口径。这是俄罗斯和苏联最强大的舰炮。其炮管长 14.42 米，俯仰角度为 -5 度至 +25 度，俯仰速度为 3～4 度 / 秒。其主炮塔后来经过改造，炮管的俯仰角度变为 -5 度至 +40 度，俯仰速度变为 6 度 / 秒。它的弹种有被帽穿甲弹、半穿甲弹、高爆榴弹、榴霰弹等。炮口初速是 762 米 / 秒，射速原为 1.8 发 / 分钟，改造后为 2.2 发 / 分钟。炮管在 25 度时的射程约 23300 米，炮管寿命是 400 发。

在 9140 米的距离上，它能穿透侧面装甲 352 毫米和甲板装甲 17 毫米；在 18290 米的距离上，它可穿透侧面装甲 207 毫米和甲板装甲 60 毫米。另外，"巴黎公社"号的副炮是 120 毫米 50 倍径 1905 型，在舰体两舷共有 16 门，其中有 4 门在 1941 年被移到岸上使用。

动力

在前期，"巴黎公社"号的动力系统是 25 台亚罗式油煤混烧锅炉和 4 组帕森斯式蒸汽轮机，工作气压为 1.77 兆帕，总功率约 30891 千瓦。其动力通过 4 根传动轴驱动 4 个三叶螺旋桨，实现最大速度 24.6 节。它能够装载 711 吨燃油和 1877 吨煤，以 10 节的速度航行 3500 海里。后来，它的 25 台旧锅炉被换为 12 台新式的燃油锅炉，同时用于排烟的前烟囱也由直立式改为向后倾斜的形状。

防护

虽然"巴黎公社"号是艘老舰，但它具备较为完善的装甲防护。其两舷水线处的主装甲带厚 225 毫米，上舷的装甲厚 75～125 毫米。在水平防护方面，它的上甲板厚 37.5 毫米，中甲板厚 19～25 毫米，而下甲板也就是主甲板最厚处为 50 毫米。主炮塔正面厚 203 毫米，炮座厚 203 毫米，指挥塔的侧壁厚 254 毫米。当它换装锅炉后，省出来的空间被用于增加水密隔舱，以提高水下防护的能力。后来它还在舰体两侧加装了防雷鼓包，其下部注满了燃油或水，上部装填了小型水密管，以增强水线附近对鱼雷和炮弹的抵御能力。

Encyclopedia of
World War II
Naval Warfare Weapons

ENCYCLOPEDIA OF
NAVAL WEAPON
WORLD WAR II

第三章

战列巡洋舰
BATTLECRUISER

战列巡洋舰 —— 昙花绽放的高速主力舰。

　　在第一次世界大战前,战列巡洋舰兴起,它与战列舰一样都属于主力舰。如前章所述,两者火力相近,但战列巡洋舰装甲薄、速度快,而战列舰装甲厚、速度慢。当时英国皇家海军的作战思想是战列舰在编队后用于战列线炮战,而战列巡洋舰因为装甲薄就不参与,而是利用其高速性去追击敌方的巡洋舰,并用自身那战列舰级别的强大远程火力将之击沉。

　　在第一次世界大战中,战列巡洋舰经历了从辉煌到没落的过程。辉煌如福克兰群岛海战,英军特遣舰队追击德军东亚分舰队,前者主力是"无敌"号和"不屈"号两艘战列巡洋舰,而德军只有装甲巡洋舰等低速的旧式军舰。英军的这两艘战列巡洋舰完美实现了上面所述的作战思想,即在追击中击沉了德军的"沙恩霍斯特"号装甲巡洋舰,并逼得"格奈森瑙"号装甲巡洋舰自沉,从而令德国东亚分舰队覆灭。没落如日德兰海战,英军大舰队有 9 艘战列巡洋舰参战,德军公海舰队有 5 艘战列巡洋舰参战,结果英军有 3 艘、德军有 1 艘被击沉。此战深刻影响了战列巡洋舰这一舰种的发展,到了战间期加上相关海军条约的限制,使其有的被拆解,有的被改造为高速战列舰或航空母舰。

　　在第二次世界大战时,战列巡洋舰的存在感不高。最有名的就是英军"胡德"号战列巡洋舰迎战德军"俾斯麦"号战列舰,但其结局如它在日德兰海战中的前辈那样 —— 被德军快速击沉。

　　在本章,除了介绍战列巡洋舰,还附带介绍近似战列巡洋舰的美国大型巡洋舰和德国装甲舰。

OF

BATTLECRUISER

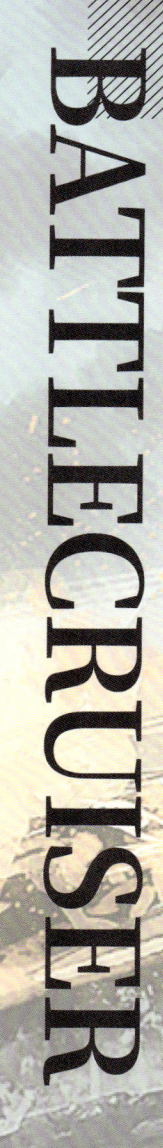

Hood

"胡德"号

英国 **战列巡洋舰** ▶ Battlecruiser

"胡德"号 (Hood) 在战列巡洋舰这一舰种中最为风光。它是英国皇家海军的骄傲，至少有 20 年稳坐全球最大军舰的宝座，还曾作为展示国威与海权的礼仪舰巡游世界。

也许正是光环太耀眼，所以它被派去对战德国新建的战列舰"俾斯麦"号。当它被后者快速击沉时，震惊了整个英国。

　　"胡德"号是英国海军上将级战列巡洋舰的一号舰，以英国皇家海军上将塞缪尔·胡德子爵命名。该级计划建造四艘，但只有"胡德"号完工。因为它是在日德兰海战之后动工，所以针对英军战列巡洋舰暴露出来的装甲薄弱等问题进行过改进。它汇聚了当时英国造船工业体系的精华于一身，其设计、工艺、装备等都比较先进，甚至强于同时期的高速战列舰。

　　"胡德"号于 1920 年服役，有着修长的舰身。其舰体两侧的水线下设有防雷鼓包，不仅能够防范鱼雷和水雷，还提供了额外的浮力。作为当时世界上最大的现役军舰，"胡德"号在战间期可谓风光无限，号称"全能的胡德"。它不仅前后担任过多支英军舰队的旗舰，还开展世界巡游向各国展示英国的海权、国力与军力，一直活跃在各大洋上。

　　二战初期，"胡德"号已显落后。虽然它进行过几次有限的改造（排水量、速度等性能指标发生了变化），

但水平装甲的防护能力缺少提高。它原本计划进行全面的现代化改造，但因战事繁忙而无暇 —— 不仅忙于巡逻、护航、拦截德国军舰等，还作为 H 舰队的旗舰执行了歼灭法国舰队的"弩炮行动"。一直忙到 1941 年 5 月，它迎来生命的终结，在丹麦海峡海战中被德国战列舰"俾斯麦"号击沉。

"胡德"号在美国海域航行，架有遮阳棚

284 型主炮火控雷达天线

主炮指挥所

381 毫米双联装主炮塔

主炮测距仪

挡板（防浪和防炮口风暴）

海军最大的潜艇

在日德兰海战时，英军的三艘战列巡洋舰都因中弹后引发弹药库殉爆而沉没，所以"胡德"号在建造时加装了很多装甲。

这就使它的吃水深度增加，干舷降低。当航速过快或海况不佳时，海水很容易冲上其甲板甚至漫进舱室。所以它在英军内部就有了一个绰号叫"海军最大的潜艇"。

279M 型预警雷达天线

高炮射击指挥仪

178 毫米 20 管 UP 火箭弹发射器

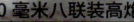
40 毫米八联装高炮

防护能力

　　"胡德"号战列巡洋舰的装甲设计最初是参考"虎"号战列巡洋舰，毕竟它在"胡德"号服役之前是英国皇家海军最大的主力舰，并且参加过一战中的多格尔沙洲海战和日德兰海战。因为日德兰海战给英军的战列巡洋舰带来惨痛教训，所以"胡德"号在建时增加了几千吨装甲。其装甲总重量达到 13550 吨，防护结构占它当时轻排水量的 33%，高于其他英国军舰。

　　该舰主炮塔的正面装甲厚 381 毫米，侧面装甲厚 279 毫米和 305 毫米，背面装甲厚 279 毫米，顶部装甲厚 127 毫米。其装甲指挥塔的最大厚度是 279 毫米。

　　虽然"胡德"号加强过装甲，比英军一战时的战列巡洋舰防护力强，但到二战时其水平防护、隔舱防护等均显薄弱。它的甲板采用了高强度钢，艏楼甲板厚 45~51 毫米，上甲板厚 19~51 毫米，主甲板厚 25~76 毫米，主甲板斜坡厚 51 毫米，下甲板厚 25~76 毫米。当"胡德"号在丹麦海峡海战中被击沉后，英军官方前后做过两次调查，结论都是"俾斯麦"号的一发炮弹击穿了"胡德"号的装甲引爆了弹药库。具体为它的甲板装甲被俯射的炮弹击穿。

　　在它的侧舷装甲中，上装甲带厚 127 毫米，中装甲带的最大厚度为 178 毫米，而水线处的主装甲带最大厚度为 305 毫米，下装甲带厚 76 毫米。在侧舷的水线下还有厚 2.3 米的防雷鼓包，其外壁厚 38 毫米，中间是空心隔舱，里层是几排"冲击管"。它主要用于抵御鱼雷的攻击，空心隔舱还提供了额外的浮力，而"冲击管"可吸收和分散鱼雷爆炸的威力。

"胡德"号在巴拿马运河

武器档案	WEAPON ARCHIVES
舰名	"胡德"号
舰级	海军上将级
排水量	满载 49136 吨（1940 年 5 月）
长宽	262.3 米 ×31.8 米（1939 年）
动力	24 台亚罗式锅炉、4 组蒸汽涡轮机；107381 千瓦
最大速度	30 节（1941 年）
续航距离	5332 海里（20 节,1931 年）
载员	1418 人（1940 年）
雷达	1 套 279M 型预警雷达、1 套 284 型火控雷达（1941 年）
装甲	主装甲带最大 305 毫米，主炮前盾 381 毫米，主装甲甲板 25~76 毫米
武器	4 座双联装 381 毫米主炮 7 座双联装 102 毫米高炮 3 座八联装 40 毫米高炮 4 座四联装 12.7 毫米重机枪 5 座 20 管 178 毫米 UP 火箭弹发射器 2 座双联装 533 毫米鱼雷发射管

亚罗式小管锅炉

　　"胡德"号建成时的最大速度为 32 节，在 20 余年的服役生涯中虽然因几次改造而降速，但直到 1941 年都还有约 30 节。这在那个年代的主力舰中非常优秀。它之所以被派去攻击德国的"俾斯麦"号，原因之一就是其速度追得上。如此高速，除了它那修长的舰体之外，主要归功于其动力系统，即 24 台亚罗式小管锅炉、4 组布朗 - 柯蒂斯式蒸汽涡轮发动机及 4 轴螺旋桨（输出功率为 107381 千瓦，过载时达 112810 千瓦）。亚罗式锅炉在英国军舰上应用很广，其中小管型比大管型能多输出 30% 的动力。

"胡德"号在测试航速

BL 381 毫米 Mk I 主炮

"胡德"号的主炮是 42 倍径 BL 381 毫米 Mk I 大口径舰炮，在舰体前后各有两座双联装的主炮塔（代号为 A、B 和 X、Y）。它是战列舰级别的主炮，在英国皇家海军中应用较广，装备了伊丽莎白女王级战列舰、复仇级战列舰、声望级战列巡洋舰、海军上将级战列巡洋舰、光荣级战列巡洋舰、浅水重炮舰等。

虽然该炮在日德兰海战中展现出强大的火力优势，但到战间期已不先进。所以"胡德"号对它做过改进，如将炮管的最大仰角从 20 度升为 30 度，以提高射程和威力。它还采用了一些新型炮弹，如在使用 APC Mk XVII b 炮弹时最大射程达到 30680 米。

"胡德"号主炮	
主炮口径	381 毫米
炮管重量	101.6 吨
最大仰角	30 度
最大射程	30680 米
炮口初速	750～800 米 / 秒
炮弹重量	879 千克
射速	2 发 / 分钟
身管寿命	335 发

1924 年，进行世界巡游的"胡德"号

"胡德"号的主炮

1. 旗杆
2. 方向舵
3. 螺旋桨
4. 381 毫米双联装主炮塔
5. 102 毫米双联装高炮
6. 40 毫米八联装高炮
7. 射击指挥仪
8. 高炮射击指挥仪
9. 探照灯
10. 后桅

11. 279M 型预警雷达天线
12. 舭龙骨
13. 烟囱
14. 284 型主炮火控雷达天线
15. 主炮指挥塔
16. 主炮指挥所
17. 主桅
18. 对空瞭望台
19. 舰桥
20. 主炮测距仪

21. 装甲指挥塔
22. 挡板（防浪和防炮口风暴）
23. 锚穴
24. 锚
25. 导缆钳
26. 救生艇
27. 小艇甲板
28. 小艇起重机
29. 178 毫米 20 管 UP 火箭弹发射器
30. 12.7 毫米四联装重机枪

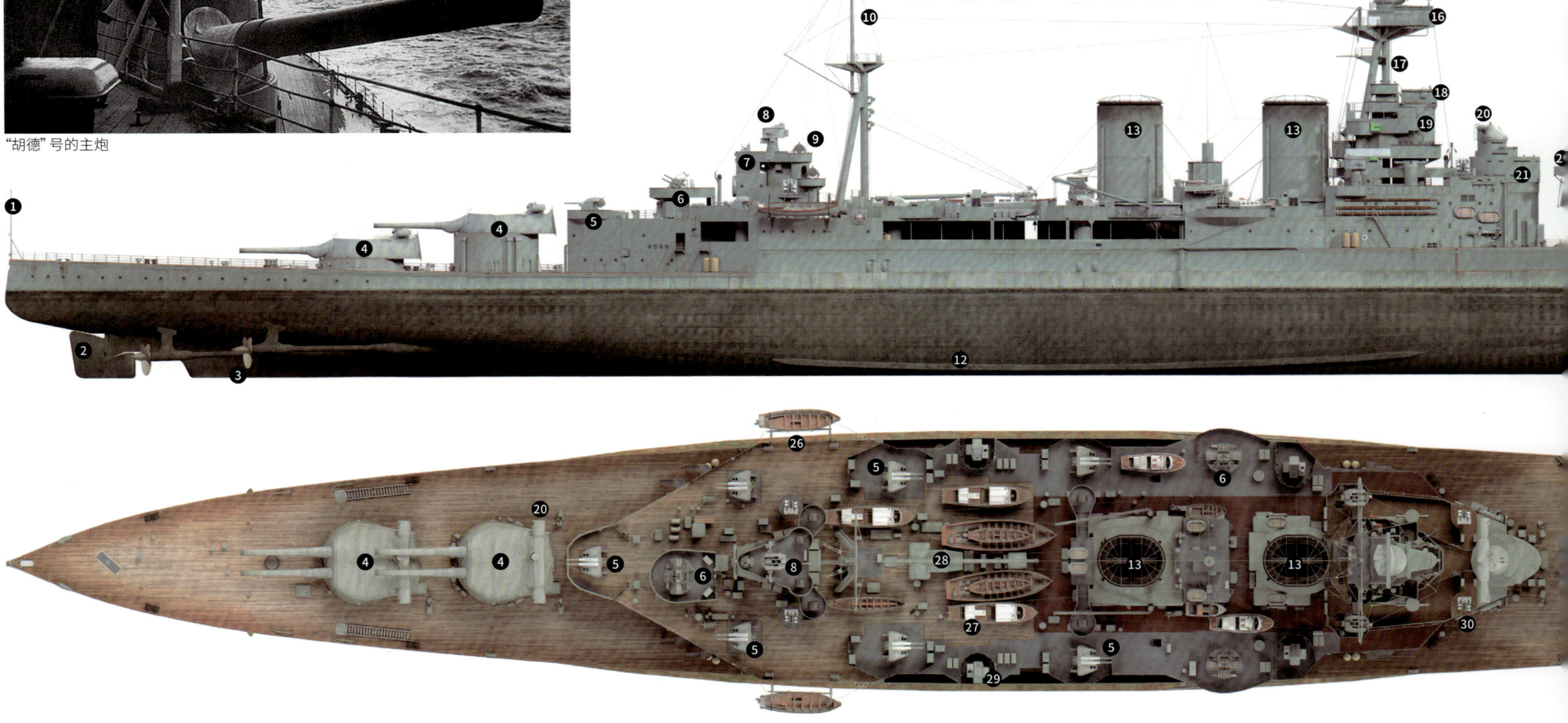

QF 102 毫米 Mk ⅩⅥ高炮

1937—1940 年，"胡德"号拆除了 12 门 140 毫米
副炮，安装了 7 座双联装的 102 毫米 45 倍径高炮，兼
作副炮使用。该炮安装在 HA/LA Mk ⅩⅨ双联炮架
上，炮管长 4.57 米，俯仰角度为 -10 度至 +80 度。它
的弹种有高爆弹、半穿甲弹、照明弹等。其中高爆弹
采用了定时引信，用于防空。发射炮弹时，炮口初速
为 811 米 / 秒，射速为 15～20 发 / 分钟。在使用高爆
弹射击时，最大射程为 18150 米（45 度），最大射高为
11890 米（80 度）。其炮管寿命是 600 发。

"胡德"号在后甲板上安装过飞机弹射器，搭载了水上飞机，但后来被移除

284 型主炮火控雷达天线

279M 型预警雷达天线

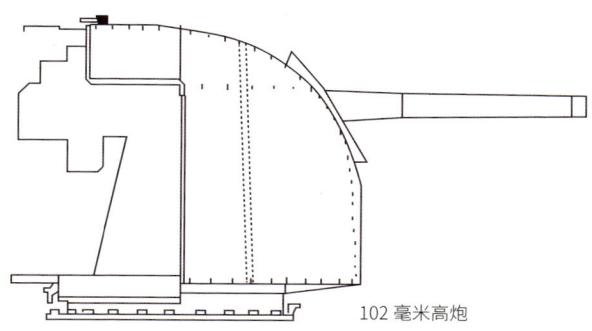

102 毫米高炮

284 型主炮火控雷达

这是英国皇家海军在主力舰上使用的标准炮兵雷
达。1941 年它被"胡德"号安装后，主要通过测距和测
向来引导主炮射击。它有一对长方形的雷达天线，俗
称"猪槽"。其波长为 50 厘米，峰值功率是 25 千瓦，
工作频率为 600MHz，有效距离约 24 千米，从 23 千米
开始可以连续测距。由于它是早期产品，所以测距和
测向的精度一般，还经常出现各种故障。

射击指挥仪

该舰主要有两套射击指挥仪。一套在前部的装甲
指挥塔上方，是一个臂长 9.1 米且带装甲保护罩的测
距仪。另一套的位置更高，在主桅瞭望台上，是一个臂
长 4.6 米且带装甲保护罩的测距仪（后来换装为
284 型主炮火控雷达）。另外，每座主炮塔也有
一个臂长为 9.1 米的测距仪。

1941 年，"胡德"号还安装了一部 279M 型预警
雷达。它主要负责对空搜索，但也可以用于对海搜索。
国外有作家认为，它因缺少接收天线，所以无法正常
使用。不过有一份英国海军部的文件显示"胡德"号
曾报告过此雷达的使用精度，说明它能够正常使用。
可能是国外作家把型号混淆了，279 型的发射天线
和接收天线才是分开的，而 279M 型是收发二合一
的单天线。

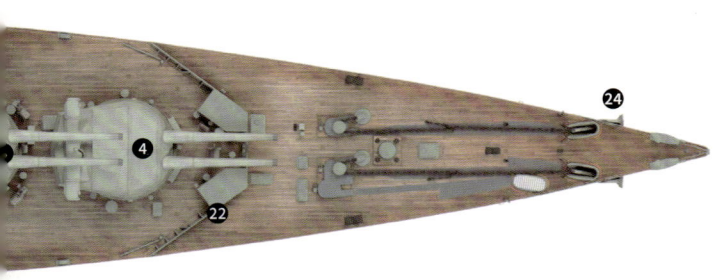

Renown

"声望"号

"声望"号 (Renown) 是英国皇家海军的一艘战列巡洋舰。它于一战期间服役，是当时世界上最快的主力舰。在战间期，它常护送英国王室成员出国巡游。在二战时期，它多次护送首相丘吉尔去参加盟军会议。它参加过挪威战役、大西洋海战、北非战役等，后来还加入英国东方舰队对日作战。

1920 年 5 月时的"声望"号

"声望"号是英国皇家海军声望级战列巡洋舰的一号舰 (二号舰是"反击"号，也译为"却敌"号)。它于 1916 年 9 月 20 日服役，其海试速度超过 32 节，作为主力舰在当时是世界上最快的。在它入役的前几月，英国的战列巡洋舰因装甲薄弱等原因，于日德兰海战中遭遇惨败，所以它就被加装了额外的装甲。在一战时期，它没有参加过战斗。

"声望"号在战间期进行过全面的大改装，不仅继续加强装甲防护，还重建了舰桥，换装了锅炉，增设了航空设施等。其副炮也全部换装为高平两用炮，并加装了一些高炮、雷达等。它有 3 座双联装的主炮塔，共 6 门 381 毫米主炮。有 2 座主炮塔在舰桥前呈背负式布局，有 1 座位于后甲板。这一时期的它常护送英国王室成员出国巡游，特别是作为威尔士亲王的座舰出访世界各国。它类似于"皇家游艇"，还改装出了室内的壁球场、电影院等。

1939 年 10 月，"声望"号隶属英国本土舰队，主要在南大西洋搜寻德国海军的"施佩伯爵海军上将"号装甲舰。1940 年 4 月 9 日，在挪威战役的罗弗敦海战中，它与德国的"沙恩霍斯特"号和"格奈森瑙"号战列舰交战，并击伤"格奈森瑙"号占据上风。8 月，它加入地中海的 H 舰队担任旗舰。在此期间，它不仅为船队护航，还参加了斯巴提芬托角海战、炮击热那亚等，并在 1941 年 5 月到大西洋搜寻德国战列舰"俾斯麦"号。1942 年 3 月，它为支援苏联的北极船团护航。11 月它参加了进攻法属北非的"火炬行动"。1944 年 1 月，它加入英国东方舰队，对苏门答腊岛等地的日军及港口、石油设施进行攻击。战后，它于 1948 年除籍并拆解。

自从 1941 年"胡德"号和"反击"号相继战沉以后，"声望"号就成为英国皇家海军最后的一艘战列巡洋舰。

281 型对空搜索雷达天线

273 型对海搜索雷达天线

285 型防空火控雷达天线

火控指挥塔

40 毫米高炮

381 毫米双联装主炮塔

20 毫米高炮

"29 节纳尔逊"的传闻

1940 年 4 月 9 日德军入侵挪威，"声望"号战列巡洋舰在罗弗敦群岛附近遭遇德国海军的"沙恩霍斯特"号和"格奈森瑙"号两艘战列舰。双方遂爆发炮战，即罗弗敦海战。据说当时海况恶劣，德舰没有识别出"声望"号，误判它为纳尔逊级战列舰。

后来德舰决定脱离战场，于是施放烟幕并以 28 节的高速向北撤退。德舰方面知道纳尔逊级战列舰的最大速度约 23 节，没有能力追击。随后，他们却看到"声望"号居然加速到 29 节追了上来，因此在困惑中将之称为"29 节纳尔逊"。可惜接下来"声望"号因伤降速，让这两艘德舰逃脱。

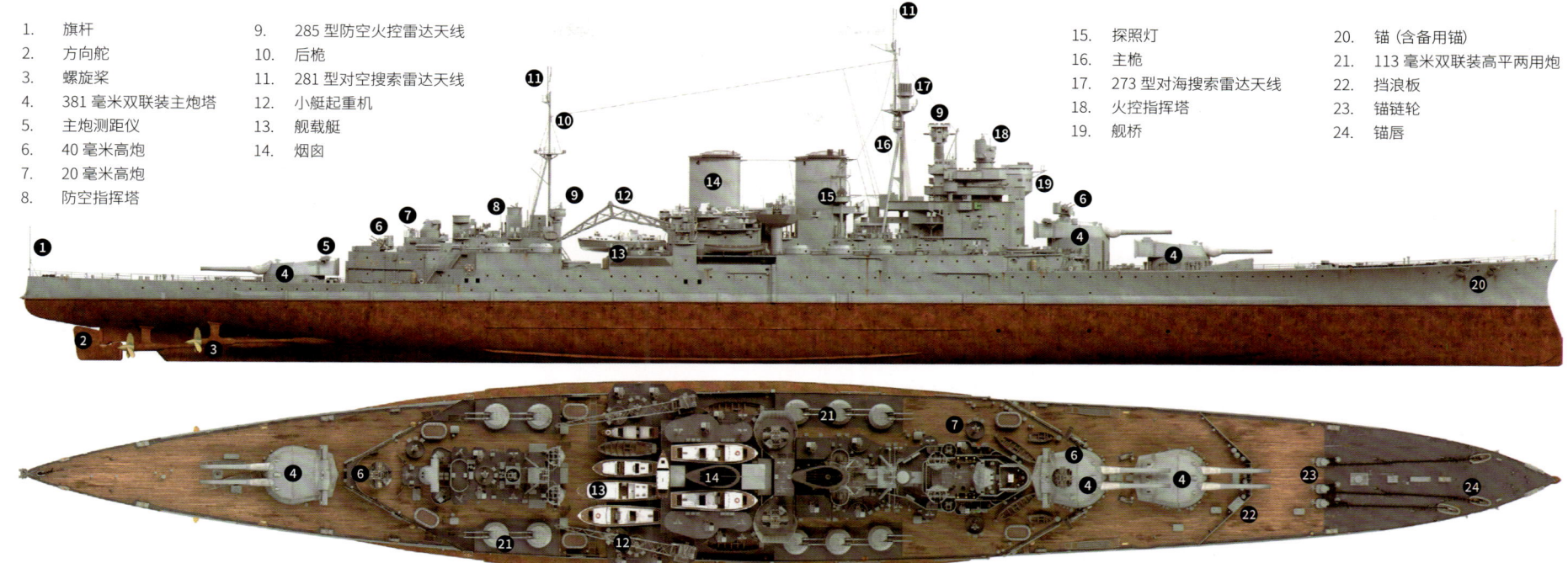

1. 旗杆
2. 方向舵
3. 螺旋桨
4. 381 毫米双联装主炮塔
5. 主炮测距仪
6. 40 毫米高炮
7. 20 毫米高炮
8. 防空指挥塔
9. 285 型防空火控雷达天线
10. 后桅
11. 281 型对空搜索雷达天线
12. 小艇起重机
13. 舰载艇
14. 烟囱
15. 探照灯
16. 主桅
17. 273 型对海搜索雷达天线
18. 火控指挥塔
19. 舰桥
20. 锚（含备用锚）
21. 113 毫米双联装高平两用炮
22. 挡浪板
23. 锚链轮
24. 锚唇

防空指挥塔

113 毫米双联装高平两用炮

防护

　　作为战列巡洋舰，"声望"号的装甲防护能力远不如战列舰。它的主装甲带最厚处仅 152 毫米，甲板装甲厚 25～64 毫米。主炮塔的正面厚 229 毫米，侧面和背面厚 178 毫米，顶部厚 108 毫米，炮座厚 178 毫米。其指挥塔的侧壁厚 254 毫米，顶部和底部厚 76 毫米。在水下防护方面，它最初在两舷的水线处设计了小型防雷鼓包，后来按照伊丽莎白女王级战列舰的防雷鼓包实施了改进，以提高对鱼雷及水雷的防护能力。同时，舰体装甲也得到了增强，如主装甲带最厚处增至 229 毫米，甲板装甲提高至 25～127 毫米等。

动力

　　"声望"号的动力系统参考了英国皇家海军的"虎"号战列巡洋舰。它装有高达 42 台的巴布科克·威尔科克斯水管燃油锅炉和 2 组（4 台）布朗 - 柯蒂斯式直驱蒸汽轮机，输出总功率约 93958 千瓦。动力通过 4 根传动轴驱动 4 个直径为 4.11 米的三叶螺旋桨，转速为 275 转 / 分钟，最大速度超过 32.58 节。这使它成为当

时世界上速度最快的主力舰。它能够装载 4358 吨燃油，以 18 节的速度航行 4000 海里。后来它对动力系统进行了大改造，换为 8 台海军部三鼓式燃油锅炉和 4 组帕森斯式蒸汽轮机，工作气压为 2.76 兆帕，输出总功率约 94182 千瓦，最大速度为 31 节。此时的它能够装载 4687 吨燃油，以 18 节的速度航行 6580 海里。

BL 381 毫米 Mk I 主炮

　　"声望"号那 3 座双联装主炮塔所采用的主炮为 42 倍径 BL 381 毫米 Mk I。在它之前的英国战列巡洋舰中，无论是狮级、"玛丽王后"号还是"虎"号都是 4 座双联装主炮塔。而它因为口径更大等缘故，最初只设计了 2 座双联装主炮塔，但随后就增加到了 3 座。该炮的炮管长 16 米，俯仰角度为 -4.5 度至 +30 度，炮塔水平旋转的角度约 ±150 度，转速为 2 度 / 秒。其弹种主要是被帽穿甲弹和高爆榴弹。发射被帽穿甲弹时，炮口初速为 749～804 米 / 秒，射速为 2 发 / 分钟，最大射程约 30680 米（30 度）。它的炮管寿命约 335 发。在 9144 米的距离上，它可穿透侧面装甲 422 毫米和甲板装甲 32 毫米；在 27432 米的距离上，它可穿透侧面装甲 229 毫米和甲板装甲 145 毫米。

武/器/档/案 WEAPON ARCHIVES	
舰名	"声望"号
舰级	声望级
排水量	标准：31090 吨；满载：36659 吨
长宽	242 米 ×31.2 米
动力	8 台三鼓式锅炉、4 组帕森斯式蒸汽轮机；94182 千瓦
最大速度	31 节
续航距离	6580 海里（18 节）
载员	1200 人
雷达	271 型、281 型、282 型等
装甲	主装甲带 229 毫米，主炮前盾 229 毫米，甲板 127 毫米
武器（1941 年）	3 座双联装 381 毫米主炮 10 座双联装 113 毫米高平两用炮 3 座八联装 40 毫米高炮 4 座四联装 12.7 毫米高机 4 座双联装 533 毫米鱼雷发射管
弹射器	1 座（双向）
舰载机	4 架水上飞机

Yavuz
"严君"号

土耳其 **战列巡洋舰** ▶ Battlecruiser

"严君"号 (Yavuz) 是土耳其的一艘战列巡洋舰，也是土耳其海军的旗舰，服役于黑海。二战时因为土耳其对德日两国宣战较晚，所以该舰没有机会参加战斗。它是服役时间最长的无畏舰。最初它是德意志帝国的毛奇级大型巡洋舰"戈本"号，于 1912 年 7 月 2 日服役。一战爆发后，它于 1914 年 8 月 16 日移交奥斯曼帝国，更名为"严君苏丹塞利姆"号。土耳其共和国成立后，它于 1936 年又更名为"严君"号 (也译作"亚沃士"等)。

1947 年 5 月，"严君"号在土耳其的伊斯坦布尔

"严君"号属于全重炮舰，拥有 5 座双联装的主炮塔，共 10 门 283 毫米主炮。它还有 12 门 150 毫米副炮、12 门 88 毫米舰炮等。不过从一战到二战，它都在进行武器调整，如减少 150 毫米副炮的数量，撤装 88 毫米舰炮，换装 88 毫米高炮，加装 40 毫米和 20 毫米高炮等。

虽然"严君"号的一生战绩平平，远不如同级舰"毛奇"号那样活跃，但它影响了一战的政治格局。在一战前，还是"戈本"号的它和小型巡洋舰"布雷斯劳"号组成了德国海军的地中海支舰队。一战爆发时，它们为躲避英法海军的围剿驶向君士坦丁堡。在此这两艘德舰被移交给急需军舰的奥斯曼帝国，促使还在左右摇摆的它加入了同盟国 (由德意志帝国、奥匈帝国、奥斯曼帝国和保加利亚王国组成)，对协约国 (主要由英国、法国、俄罗斯、意大利和美国组成) 开战。

一战结束后，新生的土耳其共和国对它进行了修整，于 1930 年成为土耳其海军的旗舰。而这也刺激了苏联，它从波罗的海调来了"巴黎公社"号战列舰，以使自己在黑海与土耳其保持均势。1939 年二战全面爆发后，黑海地区只有这两艘主力舰。据当时媒体评价，"严君"号的状态要好于"巴黎公社"号。不过，此时的土耳其属于中立国，所以"严君"号并无作战对象。1945 年 2 月，土耳其向德国和日本宣战，加入了反法西斯阵营。此后"严君"号并未实质性参战，直到二战结束。最后，它于 1950 年退役，

该舰虽然只在一战时参加过一些小战斗，但经历了两次世界大战，曾在两个帝国服役并见证了它们的消亡，这本身也是一种传奇。

直立式烟囱

立式磁罗经

283 毫米双联装主炮塔

旗杆

防雷网撑杆

全重炮舰

全重炮舰主要指主炮全为同一种重炮的主力舰，其代表是无畏舰。1906 年，英国皇家海军划时代的"无畏"号战列舰服役。它有 5 座双联装的主炮塔，10 门主炮全是 305 毫米口径的同一型号。因为其先进性远超当时其他的战列舰，所以很快就自成一个类别叫无畏舰。"严君"号也有 5 座双联装的主炮塔，10 门主炮全是 283 毫米口径的同一型号。

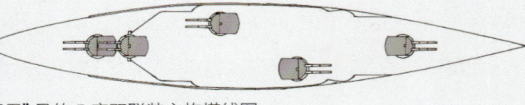

"严君"号的 5 座双联装主炮塔线图

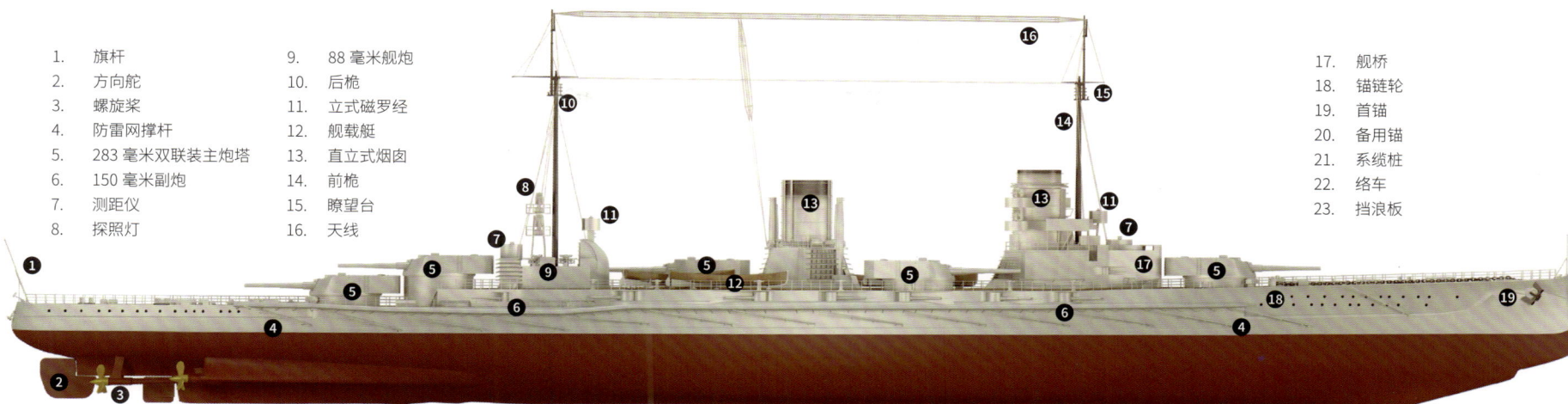

1.	旗杆	9.	88 毫米舰炮	17.	舰桥	
2.	方向舵	10.	后桅	18.	锚链轮	
3.	螺旋桨	11.	立式磁罗经	19.	首锚	
4.	防雷网撑杆	12.	舰载艇	20.	备用锚	
5.	283 毫米双联装主炮塔	13.	直立式烟囱	21.	系缆桩	
6.	150 毫米副炮	14.	前桅	22.	络车	
7.	测距仪	15.	瞭望台	23.	挡浪板	
8.	探照灯	16.	天线			

"戈本"号的老明信片

88 毫米舰炮

150 毫米副炮

主炮塔特写

280 毫米 50 倍径 SK 主炮

"严君"号的 5 座双联装主炮塔采用了德国制造的 280 毫米 50 倍径 SK 主炮。该炮的实际口径是 283 毫米，炮管长 14.15 米，俯仰角度为 -5.5 度至 +22.5 度，俯仰速度为 4 度 / 秒。其弹种主要是被帽穿甲弹和半穿甲弹。炮口初速为 895 米 / 秒，射速为 3 发 / 分钟（但在实战中很难达到）。当使用被帽穿甲弹时，最大射程为 21700 米（22.5 度）。在实战中，该炮成功击穿过英国战列巡洋舰的 127 毫米和 152 毫米装甲带。

动力

该舰的动力系统包括 24 台舒尔茨 - 桑尼克罗夫特式水管燃煤锅炉和 2 组（4 台）帕森斯式蒸汽轮机，产生的动力通过 4 根传动轴驱动 4 个直径为 3.74 米的三叶螺旋桨。其设计功率是 38246 千瓦，设计速度是 25.5 节，但在试航时却达到了 28.4 节。在续航能力方面，它能够装载约 3100 吨煤，以 14 节的巡航速度航行 4120 海里。"严君"号的锅炉一直存在问题，因此进行了大量的更换。而在战间期，它的锅炉一度只剩 2 台能够工作，后来更换为油煤混烧锅炉，总功率约 63004 千瓦。

防护

在战列巡洋舰中，"严君"号的装甲防护较好。其主装甲带厚 100～280 毫米，甲板厚 25～76 毫米，防雷舱壁厚 30～50 毫米。主炮塔的正面厚 230 毫米，侧面厚 200 毫米，背面厚 170 毫米，顶部厚 130 毫米，而炮座厚 230 毫米。其副炮的炮廓装甲厚 150 毫米。指挥塔正面厚 350 毫米，侧面厚 250 毫米，顶部厚 60 毫米。如果在海上迎战敌方的巡洋舰等，"严君"号的装甲具有防护优势。但在现实中，它遭到过敌方五艘战列舰的围攻，对方第一轮齐射就有一发 305 毫米炮弹穿透了其副炮的炮廓装甲。好在它利用速度优势，及时脱离了战场。

武/器/档/案	WEAPON ARCHIVES
舰名	"严君"号
舰级	毛奇级（德国）
排水量	设计: 22979 吨; 满载: 25400 吨
长宽	186.6 米 ×29.4 米
动力	24 台燃煤锅炉、2 组帕森斯式蒸汽轮机; 63004 千瓦
最大速度	28.4 节
续航距离	4120 海里（14 节）
载员	1053 人
装甲	主装甲带 280 毫米，主炮前盾 230 毫米，甲板 76 毫米
武器（建成时）	5 座双联装 283 毫米主炮 12 门 150 毫米副炮 12 门 88 毫米舰炮 4 具 500 毫米鱼雷发射管

Admiral Graf Spee
"施佩伯爵海军上将"号

德国 **装甲舰** ▶ Panzerschiffe

"施佩伯爵海军上将"号（Admiral Graf Spee）是德国海军的一艘装甲舰，英国称其为袖珍战列舰，近似战列巡洋舰。它不仅是德国海军第一艘装备雷达的军舰，也是二战中最活跃的袭击舰，共击沉了盟军商船9艘。它在拉普拉塔河口海战中大战盟军三艘巡洋舰，最后在被困港口时因英军假情报而自沉。

"施佩伯爵海军上将"号是德国海军德意志级装甲舰的三号舰，舰名源自一战时期德国东亚分舰队的指挥官马克西米利安·冯·施佩。它的同级舰有"德意志"号（后改名为"吕佐夫"号）和"舍尔海军上将"号。该级在当时的特点是火力比巡洋舰猛，速度比战列舰快，并且续航能力强。

虽然它从设计上看很像战列巡洋舰，但从用途来看存在着差异。战列巡洋舰的理想任务是追杀敌方巡洋舰，但实际上多是编入主力舰队共同作战。而德意志级装甲舰多是独自开展远洋破交战，以大西洋和印度洋航线上的盟军运输船队为袭击对象。

该舰具有2座三联装的主炮塔，分别装设在舰体前后，共6门283毫米主炮。在其烟囱后面有1座飞机弹射器，可搭载2架水上飞机，前期是He 60海上观测机，后期是Ar 196水上侦察机。值得一提的是，它是德国海军中第一艘装备雷达的军舰。虽然是不成熟的早期舰载雷达，但至少英军通过拉普拉塔河口海战，认为其主炮射击的精准性与雷达有关。

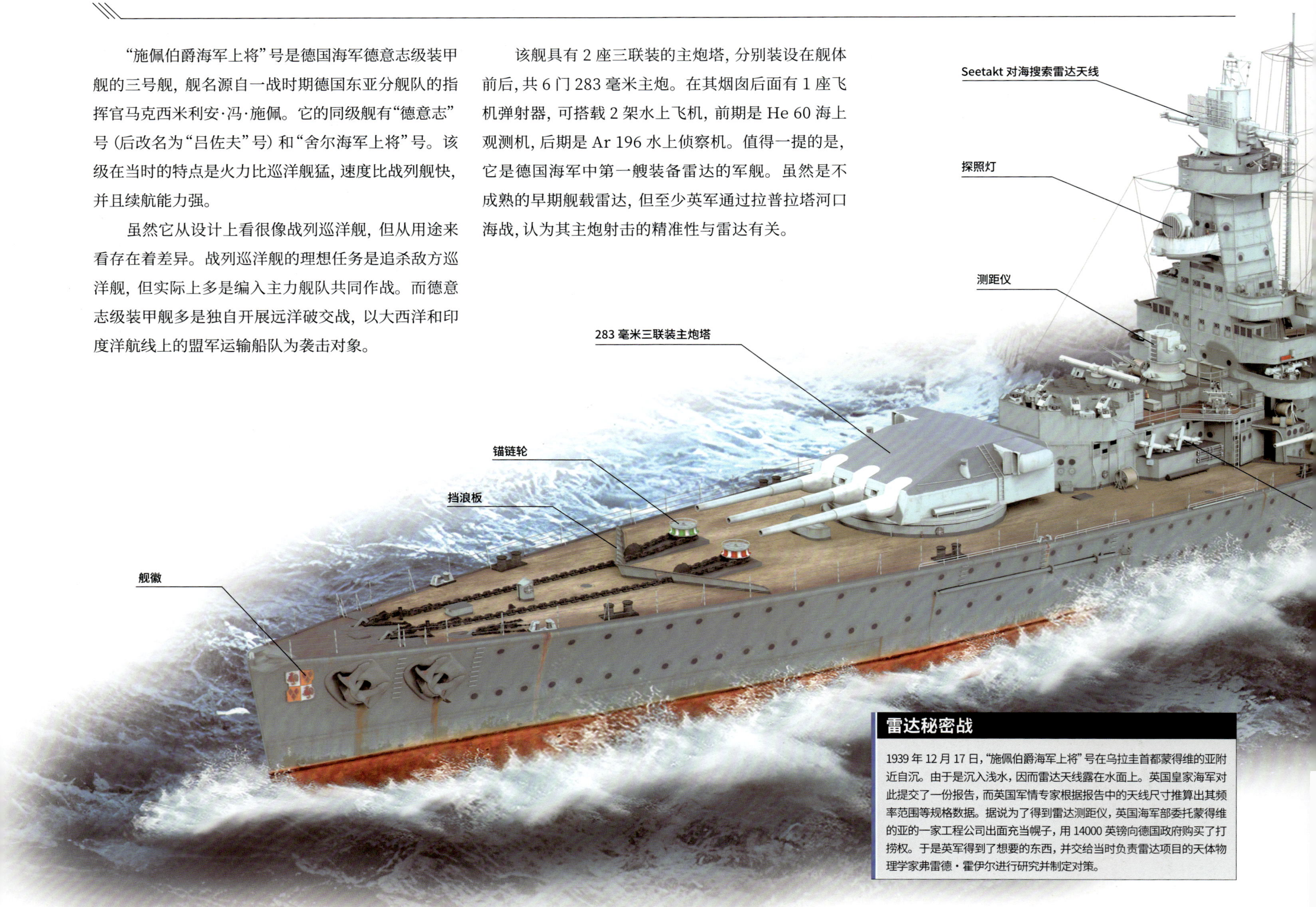

Seetakt 对海搜索雷达天线

探照灯

测距仪

283 毫米三联装主炮塔

锚链轮

挡浪板

舰徽

雷达秘密战

1939年12月17日，"施佩伯爵海军上将"号在乌拉圭首都蒙得维的亚附近自沉。由于是沉入浅水，因而雷达天线露在水面上。英国皇家海军对此提交了一份报告，而英国军情专家根据报告中的天线尺寸推算出其频率范围等规格数据。据说为了得到雷达测距仪，英国海军部委托蒙得维的亚的一家工程公司出面充当幌子，用14000英镑向德国政府购买了打捞权。于是英军得到了想要的东西，并交给当时负责雷达项目的天体物理学家弗雷德·霍伊尔进行研究并制定对策。

1937 年 5 月 17 日，"施佩伯爵海军上将"号参加舰队检阅（后面是英国的战列舰"决心"号和战列巡洋舰"胡德"号）

"施佩伯爵海军上将"号于 1936 年 1 月 6 日竣工服役。1939 年 8 月 21 日，它前往南大西洋待命。9 月 1 日德国开战，9 月 26 日它开始对盟军船队发起了破交战。它先后击沉了盟军 9 艘商船，总注册吨位达 50089 吨，成为德国海军最活跃的袭击舰。12 月 13 日，它在拉普拉塔河河口海域与英国皇家海军 G 舰队的一艘重巡洋舰和两艘轻巡洋舰遭遇，双方遂爆发炮战。在该战中，盟军三艘巡洋舰都被它击伤，而它自己也受伤。随后，它驶到乌拉圭首都蒙得维的亚进行补给和维修，但被英舰堵在了港内。英军故意夸大了自身舰队的规模，使"施佩伯爵海军上将"号的舰长误以为身处绝境，最后于 12 月 17 日奉命将该舰自沉。

艉部的双螺旋桨

动力

与二战时期各国的那些主力舰不同，"施佩伯爵海军上将"号的动力源自 8 台德国曼恩公司的 M9Z 42/58 型 9 缸二冲程柴油发动机，缸径为 420 毫米，活塞冲程为 580 毫米。其输出总功率约 41776 千瓦，通过 2 根传动轴驱动 2 个直径为 4.4 米的三叶螺旋桨，转速为 240 转 / 分钟，实现最大速度 28.5 节。它的续航能力较强，能够装载约 2500 吨柴油，以 20 节的速度航行 8900 海里。

防护

"施佩伯爵海军上将"号的防护能力不强，装甲较为薄弱。它的主装甲带最厚处为 80 毫米，从舰体中部向舰首逐渐减为 10 毫米，向舰尾逐渐减为 30 毫米。其舰体内部水密隔舱的舱壁厚 40 毫米。在水平防护方面，它虽然设有装甲甲板，但厚度仅 40 毫米。它的主炮塔正面厚 140 毫米，侧面厚 85 毫米，顶部厚 85～105 毫米，而炮座厚 100 毫米。其副炮的防盾仅厚 10 毫米，只能防少数弹片。它的前指挥塔侧壁厚 150 毫米，顶部厚 50 毫米，而后指挥塔的侧壁厚 50 毫米，顶部厚 20 毫米。

主炮测距仪
533 毫米四联装鱼雷发射管
150 毫米副炮塔
扫雷具

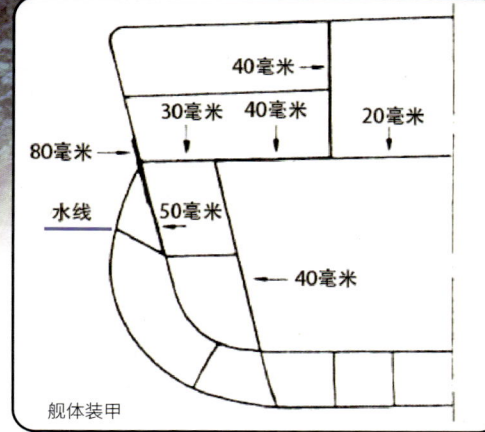

40 毫米
30 毫米　40 毫米　20 毫米
80 毫米
水线
50 毫米
40 毫米
舰体装甲

附录说明：

作为装甲舰，德国海军的"施佩伯爵海军上将"号虽然从火力、动力、防护等设计来看都与当时英国皇家海军的那些战列巡洋舰相似，但两者在实战中的用途不同。并且当它自沉之后，剩下的两艘同级舰被德国海军重新分类为重巡洋舰，因此将它作为本章附录进行介绍。

武/器/档/案	WEAPON ARCHIVES
舰名	"施佩伯爵海军上将"号
舰级	德意志级
排水量	标准：14890 吨；满载：16320 吨
长宽	186 米 ×21.7 米
动力	8 台柴油发动机；41776 千瓦
最大速度	28.5 节
续航距离	8900 海里（20 节）
载员	1150 人
雷达	Seetakt
装甲	主装甲带 80 毫米，主炮前盾 140 毫米，装甲甲板 40 毫米
武器	2 座三联装 283 毫米主炮 /8 门 150 毫米副炮 3 座双联装 105 毫米高炮 /4 座双联装 37 毫米高炮 10 门 20 毫米高炮 /2 具四联装 533 毫米鱼雷发射管
弹射器	1 座
舰载机	2 架水上飞机

280 毫米 SK C/28 主炮

"施佩伯爵海军上将"号采用了德国海军的 280 毫米 SK C/28 主炮。它是 283 毫米口径 (德国海军所有 28 厘米舰炮的实际口径都是 283 毫米) 和 52 倍径, SK 指速射炮, C/28 指设计年份为 1928 年。

该炮配备在三艘德意志级装甲舰上，每艘有 6 门，装在 2 座三联装的主炮塔中。虽然德国海军有不少舰炮都用作海岸炮，但该炮没有这种用途的记录。其弹种有穿甲弹、高爆弹 (分弹底引信和弹尖引信两种) 和防空弹。发射穿甲弹时，它可在 20 千米的距离上穿透约 160 毫米厚的装甲钢。每门主炮的标准备弹量是 120 发，但实际备弹 105～120 发。

该舰在执行远洋破交任务时，每门主炮备弹 100 发，全舰 6 门主炮共有 600 发炮弹。其中穿甲弹、弹底引信高爆弹和弹尖引信高爆弹各 200 发。在 1939 年 12 月 13 日的拉普拉塔河口海战中，它击伤盟军三艘巡洋舰共用主炮炮弹 414 发，其中 30 发穿甲弹、184 发弹底引信高爆弹和 200 发弹尖引信高爆弹。此战结束后，它余下的主炮炮弹不多，很难再与英军舰队大战一场。

"施佩伯爵海军上将"号的主炮塔与装甲鱼雷发射管

150 毫米 SK C/28 副炮

在"施佩伯爵海军上将"号的中部，集中了 8 门 150 毫米 SK C/28 副炮，它们均采用 MPL/28 型单管炮塔。该炮的实际口径为 149.1 毫米，倍径为 55，炮长 8.2 米，俯仰角度为 -10 度至 +35 度，俯仰速度为 8 度 / 秒。其弹种有被帽穿甲弹、半穿甲弹、高爆榴弹和照明弹，还有一种用高爆榴弹改装的防空弹。炮口初速为 875 米 / 秒，射速为 6～8 发 / 分钟，最大射程为 22000 米 (35 度)，炮管寿命为 1100 发。

"施佩伯爵海军上将"号主炮			
主炮口径	283 毫米	炮口初速	910 米 / 秒
炮身长度	14.82 米	炮弹重量	300 千克
炮身重量	48.2 吨	射速	2.5 发 / 分钟
最大仰角	40 度	炮管寿命	340 发
最大射程	36475 米	备弹量	120 发 / 门

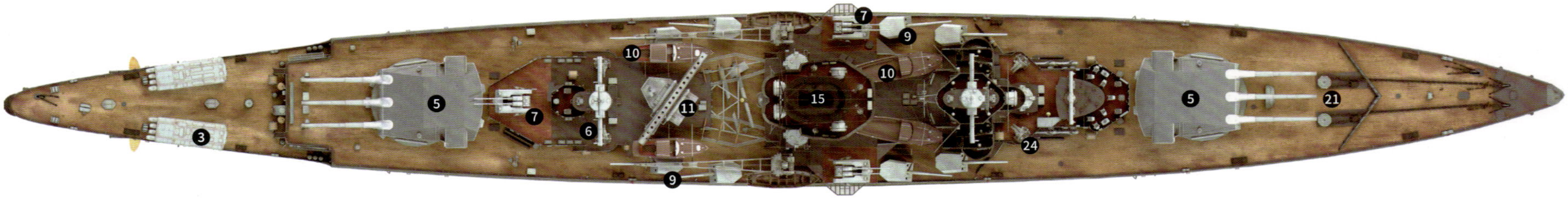

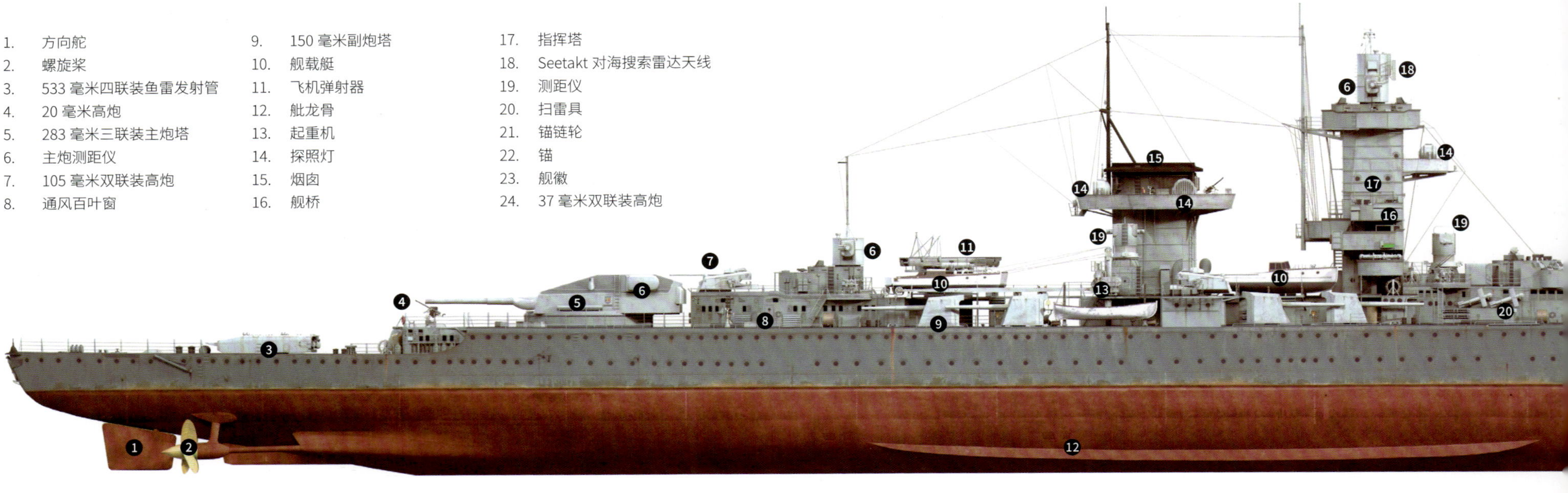

1.	方向舵	9.	150 毫米副炮塔	17.	指挥塔
2.	螺旋桨	10.	舰载艇	18.	Seetakt 对海搜索雷达天线
3.	533 毫米四联装鱼雷发射管	11.	飞机弹射器	19.	测距仪
4.	20 毫米高炮	12.	舰龙骨	20.	扫雷具
5.	283 毫米三联装主炮塔	13.	起重机	21.	锚链轮
6.	主炮测距仪	14.	探照灯	22.	锚
7.	105 毫米双联装高炮	15.	烟囱	23.	舰徽
8.	通风百叶窗	16.	舰桥	24.	37 毫米双联装高炮

Seetakt 雷达

"施佩伯爵海军上将"号是德国海军最早装备雷达的军舰。其舰载雷达是 Seetakt,具体叫 FMG 39 G(gO) 原型机。其中,FMG 指雷达设备,39 指推出时间是 1939 年,G 指制造商 GEMA,g 指频率代码 (335~430MHz),O 指安装类型 (位于测距塔顶部)。

它是一种早期的对海搜索雷达,当逐渐成熟后德国海军给了它一个新名字——FuMO 22。不同的是,

FMG 39 G(gO) 的矩形雷达天线比 FuMO 22 小,只有 1.8 米 ×0.8 米。

据说"施佩伯爵海军上将"号的这部雷达发挥过一些作用,如搜索海面上的盟军商船、引导主炮射击等。不过,德国海军在二战前期对舰载雷达不太重视,仅希望将它用于测距、在夜间或恶劣天气下探测附近的船只与障碍物,而不是用于舰炮射击时的精确火控。

舰桥顶部的 Seetakt 对海搜索雷达天线

20 毫米 C/38 轻型高炮

对于莱茵金属公司的 20 毫米 C/38 轻型高炮,很多人都感到陌生。其实它就是德国陆军的标准轻型高炮 Flak 38,只不过德国海军将之命名为 C/38。当然它使用的炮架不同,并且除了 20 发弹匣之外,据说还有 40 发弹匣。"施佩伯爵海军上将"号装备了 10 门该炮,口径为 20 毫米,倍径为 65,炮管长 1.3 米,俯仰角度为 -11 度至 +85 度,可水平旋转 360 度,均为人工操作。其弹种有高爆弹、穿甲弹、曳光弹等。发射高爆弹时,炮口初速为 835 米 / 秒,射速约 220 发 / 分钟,最大射程为 4900 米 (45 度),最大射高为 3700 米 (85 度),炮管寿命为 20000~22000 发。

He 60 海上观测机

亨克尔公司的 He 60 是德国海军于二战前开始装备的一种多用途水上飞机,从 1933 年服役到 1943 年。它总共生产了 361 架,其中 He 60C 是成熟的量产型,作为舰载机搭载于各种德国军舰上,而沿海机场亦有使用。

它是单引擎的双翼双座水上飞机,具有双浮舟,可由舰上的飞机弹射器弹射起飞,也可以在海面起降。

它主要执行观测、侦察、巡逻等任务,也用于空投特工人员等。

1939 年,"施佩伯爵海军上将"号将搭载的 He 60 换装为 Ar 196。在同年的破交战中,它常常先派出水上飞机在海上远程搜寻盟军商船,发现后再追过去将之击沉。值得一提的,在拉普拉塔河口海战前,它的水上飞机因故不能使用,只能依靠舰上的瞭望员观察英军舰队,所以直到双方炮战时才识别出对方是三艘巡洋舰。

1936 年的"施佩伯爵海军上将"号

He 60 海上观测机

He 60C 海上观测机

He 60D 海上观测机

Alaska
"阿拉斯加"号

美国 大型巡洋舰 ▶ **Large** Cruisers

"阿拉斯加"号（Alaska, CB-1）是美国海军的一艘大型巡洋舰，近似战列巡洋舰。它原本的任务是追猎敌方的重巡洋舰，但在太平洋战争中被当作航母护航舰和炮击舰使用。它参加了硫磺岛战役和冲绳岛战役，还到中国东部及黄海扫荡过日军，从而获得三枚战役星章。

1944 年 11 月 13 日，落锚停泊中的"阿拉斯加"号

"阿拉斯加"号是美国海军阿拉斯加级大型巡洋舰的首舰（姊妹舰是"关岛"号）。它于 1944 年 6 月 17 日服役，具有 3 座三联装的主炮塔，共 9 门 305 毫米主炮，而防空高炮多达百门。其舰体中部有一对飞机弹射器，可搭载 4 架 OS2U"翠鸟"或 SC"海鹰"水上侦察机。

大型巡洋舰其实是美国海军的一种实验性军舰。该级计划建造六艘，但建了两艘后就终止了计划。从规格来看，它居于重巡洋舰和高速战列舰之间，因此不少历史学家和媒体都称其为战列巡洋舰。但是，美国海军单独为它分配了一个舰船分类符号 CB（大型巡洋舰），而不是归入 CC（战列巡洋舰）。因此，它只是近似战列巡洋舰，属于二战后期昙花一现的产物。

"阿拉斯加"号参战较晚，1945 年 1 月才到达珍珠港。它原本是"重巡洋舰杀手"，但此时美国海军对日本海军具有压倒性的优势，太平洋上已经没有可供猎杀日军重巡洋舰。所以在 2 月它被分配到快速航母特遣舰队中担任护航舰，凭其高速性跟随舰队航母行动，为之提供防空掩护。在硫磺岛战役和冲绳岛战役中，它不仅击落过日军的"银河"轰炸机、"彗星"舰爆等，还用雷达引导己方战斗机击落过二式复座战斗机"屠龙"。不过它也误击落过己方的 F6F"地狱猫"战斗机。据它声称还击落过一架"樱花"特别攻击机。

除了舰队防空，它还作为炮击舰对一些岛屿上的日军阵地及设施进行过炮轰，并且在 7 月到中国东部海域对日军舰船进行了扫荡。二战后，它于 1947 年 2 月 17 日退役。

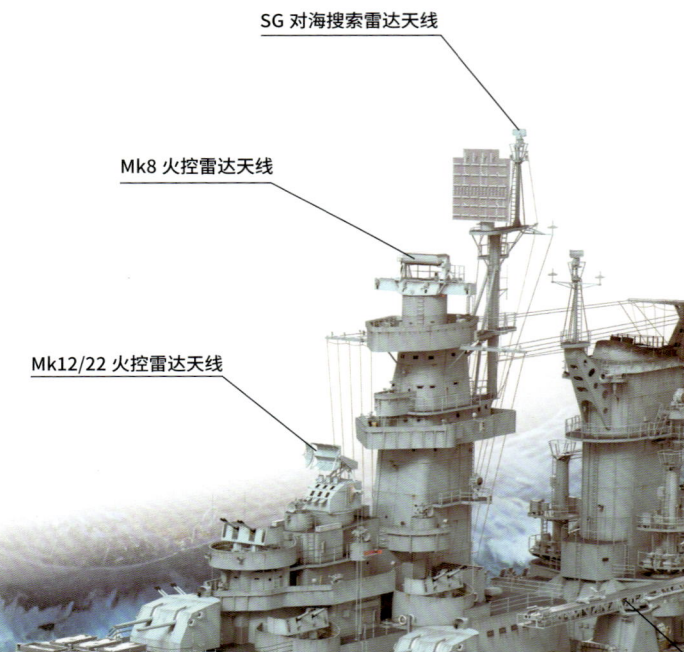

SG 对海搜索雷达天线

Mk8 火控雷达天线

Mk12/22 火控雷达天线

305 毫米三联装主炮塔

甲板通风口

Mk57 射击指挥仪

主炮测距仪

1944 年 7 月 30 日，"阿拉斯加"号在美国费城海军造船厂

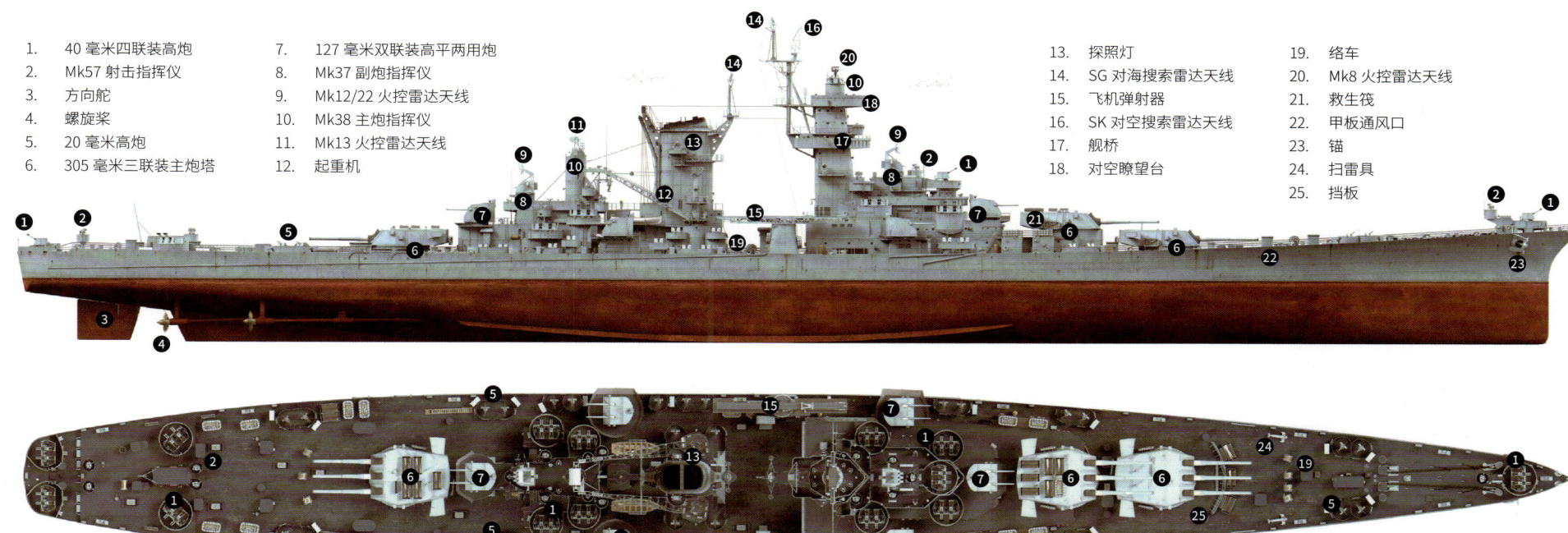

1. 40 毫米四联装高炮
2. Mk57 射击指挥仪
3. 方向舵
4. 螺旋桨
5. 20 毫米高炮
6. 305 毫米三联装主炮塔
7. 127 毫米双联装高平两用炮
8. Mk37 副炮指挥仪
9. Mk12/22 火控雷达天线
10. Mk38 主炮指挥仪
11. Mk13 火控雷达天线
12. 起重机
13. 探照灯
14. SG 对海搜索雷达天线
15. 飞机弹射器
16. SK 对空搜索雷达天线
17. 舰桥
18. 对空瞭望台
19. 络车
20. Mk8 火控雷达天线
21. 救生筏
22. 甲板通风口
23. 锚
24. 扫雷具
25. 挡板

Mk13 火控雷达天线

40 毫米四联装高炮

127 毫米双联装高平两用炮

飞机弹射器

防护

它的主装甲带位于两舷外部,最厚处为 229 毫米,向下逐渐减为 127 毫米,倾角 10 度。在水平防护方面,其主甲板(露天甲板)厚 36 毫米,装甲甲板厚 102 毫米,第三甲板厚 16 毫米。其主炮塔的正面厚 325 毫米,侧面厚 152 毫米,背面厚 133 毫米,顶部厚 127 毫米,而炮座厚 330 毫米。指挥塔的侧壁厚 269 毫米,顶部厚 127 毫米。

305 毫米 50 倍径 Mk8 主炮

"阿拉斯加"号的 9 门主炮口径为 305 毫米,炮管的长度是 15.24 米,俯仰角度为 -3 度至 +45 度,俯仰速度为 12 度 / 秒。该炮配备的弹种主要是穿甲弹和高爆榴弹。

在发射穿甲弹时,它的炮口初速为 762 米 / 秒,射速约 2.4～3 发 / 分钟,最大射程为 33626 米 (45 度),炮管的寿命为 344 发。在 4572 米的距离上,它能够穿透敌舰的侧面装甲 542 毫米和甲板装甲 13 毫米;在 32004 米的距离上,它能够穿透敌舰的侧面装甲 187 毫米和甲板装甲 182 毫米。二战时期,该炮是同口径主炮中威力最大的,甚至不亚于一些 356 毫米口径的主炮。

动力

"阿拉斯加"号采用了 8 台巴布科克·威尔科克斯的水管燃油锅炉,工作气压约 4.37 兆帕,蒸汽温度约 454 摄氏度。产生的蒸汽输送给 4 组通用电气的双减速齿轮蒸汽轮机,输出的总功率约 111855 千瓦。动力通过 4 根传动轴驱动 4 个直径为 4.52 米的四叶螺旋桨,实现最大速度 33 节。如果超载运行,在短时间内其航速可达 35 节。它能够装载约 3770 吨燃油,以 15 节的速度航行 12000 海里。

附录说明:

作为大型巡洋舰,"阿拉斯加"号从设计到用途都与当时英国皇家海军的那些战列巡洋舰相近。但它被美国海军分配了属于自己的舰种,不在战列巡洋舰之列,所以将它作为本章附录进行介绍。

武/器/档/案	WEAPON ARCHIVES
舰名	"阿拉斯加"号
舰级	阿拉斯加级
排水量	标准:29465 吨;满载:34800 吨
长宽	246.4 米 ×27.7 米
动力	8 台巴布科克·威尔科克斯锅炉、4 组蒸汽轮机;111855 千瓦
最大速度	33 节
续航距离	12000 海里 (15 节)
载员	2251 人
雷达	SK 对空搜索雷达、SG 对海搜索雷达等
装甲	主装甲带 229 毫米,主炮前盾 325 毫米,装甲甲板 102 毫米
武器	3 座三联装 305 毫米主炮 6 座双联装 127 毫米高平两用炮 (副炮) 14 座四联装 40 毫米高炮 34 门 20 毫米高炮
弹射器	2 座
舰载机	4 架水上侦察机

ENCYCLOPEDIA OF
NAVAL WEAPON
WORLD WAR II

OF

第四章

巡洋舰
CRUISER

巡洋舰——远洋舰队的守护者与海洋上的游骑兵。

巡洋舰是用于远洋作战的大型高速军舰，其火力、防护、吨位等仅次于战列舰。它可跟随航空母舰或战列舰行动，也可独立带队执行重要任务，如对舰和对岸攻击、护航与巡逻、侦察与搜索、破交与保交等。

二战时期，虽然海洋的主宰是航空母舰和潜艇，但巡洋舰也拥有高光。譬如美国新奥尔良级的重巡洋舰"旧金山"号（CA-38），从经历日军偷袭珍珠港，到参加瓜达尔卡纳尔海战、埃斯佩兰斯角海战等，共获得 17 枚战役星章。加上总统集体嘉奖和船员获得的荣誉勋章、海军十字勋章、银星勋章等，使它成为美国海军历史上除"企业"号航空母舰之外获得授勋最多的军舰。而美国亚特兰大级的轻巡洋舰"圣地亚哥"号（CL-53）获得过 18 枚战役星章，仅次于"企业"号的 20 枚。

对日本海军而言，巡洋舰为其带来了太平洋战争中最成功的一仗——第一次所罗门海战。这是在日军第八舰队与美澳联合舰队之间爆发的著名海战，前者有 5 艘重巡洋舰和 2 艘轻巡洋舰，而后者有 6 艘重巡洋舰和 2 艘轻巡洋舰。仅 90 分钟的夜战，结果是美澳联合舰队有 4 艘重巡洋舰沉没、1 艘重巡洋舰受创，而日军第八舰队仅 2 艘重巡洋舰受损。

英国历来都很重视巡洋舰，因为它在全球有大量的殖民地需要巡洋舰去保护。二战时其巡洋舰也发挥了很大的作用，如德国的"俾斯麦"号战列舰出击时，英国派出不少郡级重巡洋舰参与围歼。其中"诺福克"号和"萨福克"号两艘重巡洋舰对"俾斯麦"号进行了搜索与跟踪，并配合英军主力舰展开攻击，而"多塞特郡"号重巡洋舰不仅与"俾斯麦"号炮战，还在最后进行了鱼雷攻击。

Takao
"高雄"号

日本 重巡洋舰 ▶ **Heavy** Cruiser

"高雄"号 (Takao) 是世界最强的条约重巡, 在日本属于万吨级的一等巡洋舰。它经历了整个太平洋战争, 参加过阿留申群岛攻略作战、第二次所罗门海战、南太平洋海战、马里亚纳海战等。二战末期, 它被英军用微型潜艇炸伤。日本在投降后将它移交英国, 最后被沉于马六甲海峡。

1932 年 7 月 1 日, "高雄"号在东京湾进行全速试航

"高雄"号是日本高雄级重巡洋舰的一号舰, 名字源于京都府的高雄山。该级重巡洋舰是在妙高级重巡洋舰的基础上改进而来, 共建造了四艘, 即"高雄"号、"爱宕"号、"摩耶"号和"鸟海"号。当太平洋战争爆发时, "高雄"号隶属日本海军第二舰队的第四战队。

它于 1932 年服役, 具有 5 座双联装的 203 毫米主炮塔, 后在 1938—1939 年进行过大规模改装。其防护装甲、防空高炮、水上侦察机等都比较中规中矩, 与众不同的是其舰桥特别高大, 因为它是舰队旗舰。

二战时它基本都在第四战队服役, 和同级的其他重巡洋舰一起征战太平洋。它参加过兰印攻略作战、阿留申群岛攻略作战、第二次所罗门海战、南太平洋海战、第三次所罗门海战、马里亚纳海战、锡布延海战等。在 1944 年的马里亚纳海战中它出过一次误击事件, 将小泽舰队派出

的机群误判为敌机, 用高炮击落了几架。1945 年, 它在驻防新加坡时用主炮和高炮击落了一架 B-29"超级堡垒"轰炸机, 但自身也被英军用微型潜艇安装磁性水雷炸伤。日本投降后, "高雄"号就地移交英国皇家海军。后者认为它没有继续使用的价值, 就将它拖到马六甲海峡炸沉。

1939 年 7 月 14 日, 大改装完成后的"高雄"号

一四式方位盘照准装置

九一式高射指挥仪

主炮测距仪

203 毫米双联装主炮塔

旗杆

高大的"违章建筑"

与日本的扶桑级战列舰相似,"高雄"号重巡洋舰的舰桥也很高大,而这类形如日本天守阁的舰桥被戏称为"违章建筑"。虽然高雄级重巡洋舰是源自妙高级,但为了安装更复杂的指挥设备和舰队旗舰设施,其舰桥体积是妙高级的三倍,高度足有10层楼,宛如城堡。这种设计在没有雷达等先进设备的年代具有一定的合理性,但会影响航行的稳定性、速度等,并且在海战中也更容易受损。所以"高雄"号后来在改装时,专门有一个大型舰桥的缩小工程。

舰桥

　　"高雄"号舰桥处的防护装甲其实不厚,只有10～16毫米,但因其体积庞大,所以装甲整体较重。它的桥楼也大,并且鱼雷发射管还少见地安装在最上甲板。这些原因造成该舰舰重心过高,头重脚轻,在恶劣的海况中航行容易出现问题,适航性不强。

1932年,"高雄"号的舰桥特写

21 号对空电探

九五式机铳射击装置

飞机弹射器

鱼雷

610 毫米四联装鱼雷发射管

防雷具展开器

1945 年 9 月,在新加坡向英军投降的"高雄"号

武/器/档/案	WEAPON ARCHIVES
舰名	"高雄"号
舰级	高雄级
排水量	标准:13615 吨;公试:14838 吨
长宽	203.8 米 ×20.7 米
动力	12 台舰本式锅炉、4 组舰本式蒸汽涡轮机;99253 千瓦
最大速度	34.25 节
续航距离	5049 海里(18 节)
载员	约 970 人
装甲	舷侧 127 毫米、甲板 34～46 毫米、炮塔 25 毫米
武器	5 座双联装 203 毫米主炮 /4 座双联装 127 毫米高炮 4 座双联装 25 毫米机炮 /2 座双联装 13 毫米机枪 4 座四联装 610 毫米鱼雷发射管
舰载机	3 架水上飞机

50 倍径三年式 2 号 203 毫米主炮

"高雄"号堪称"重巡之王"。它有 5 座双联装主炮塔，舰体前部 3 座和后部 2 座，共计 10 门 50 倍径三年式 2 号 203 毫米主炮。这是日本海军常用的一种中口径舰炮，有两个型号：1 号的口径为 200 毫米，安装在古鹰级、青叶级和妙高级重巡洋舰，还有"赤城"号和"加贺"号航空母舰上；2 号的口径为 203 毫米，安装在高雄级、最上级和利根级重巡洋舰上，并且原来安装 1 号的军舰后来要不换装 2 号，要不扩膛为 203 毫米。虽然两者的口径只相差了约 3 毫米，但其穿甲弹的威力差别较大。

为了高平两用，高雄级在该主炮的六七种炮塔中选用了 E 型炮塔。这种炮塔最大的特色是炮管仰角可达 70 度，方便对空射击。但实际使用时，其仰角和对空射速不太理想，并且配套的射击指挥仪对空性不好。

舰体防护改进

二战时期日本有 18 艘重巡洋舰，里面大多是被鱼雷击中后倾覆沉没。1938—1939 年，"高雄"号进厂开展大规模的改装。除了缩小舰桥、换装鱼雷发射管和增设遮蔽甲板等，它还在舷侧增设了防鱼雷的水密隔舱，并且其水线部分的隔舱还填装了水密钢管，以增强舷侧从水线装甲带到舰底的防护能力。

1944 年在锡布延海战时，"高雄"号被美军潜艇发射的两枚鱼雷击中，至少有一枚是击中增设的水密隔舱。经过抢修它成功撤离战场，但同时被鱼雷击中的同级重巡洋舰"爱宕"号与"摩耶"号沉没。

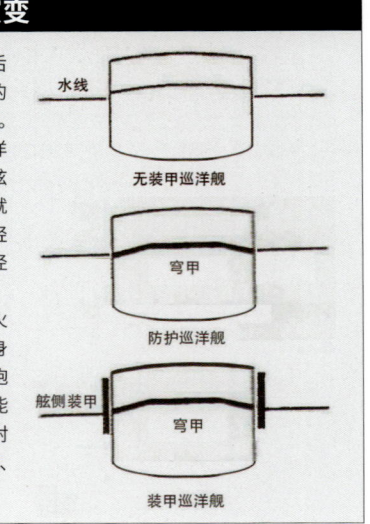

巡洋舰的装甲防护演变

最初的巡洋舰缺少装甲（包括后来的辅助巡洋舰），但一线战斗的残酷迫使它必须具备装甲防护。因此，舰体内具有穹甲的防护巡洋舰出现了，后来又发展出增加了舷侧装甲等的装甲巡洋舰。最后，就是二战时期常见的重巡洋舰和轻巡洋舰（这两者主要以主炮口径为区分，与装甲防护关联不大）。

在以前，军舰的设计有一种保证火力与防护均衡的标准，那就是自身装甲要能抵挡得住自身主炮的炮弹攻击。如重巡洋舰的装甲要能抵挡得住自己 203 毫米主炮发射的炮弹，具体装甲厚度根据材质、部位等存在差异。

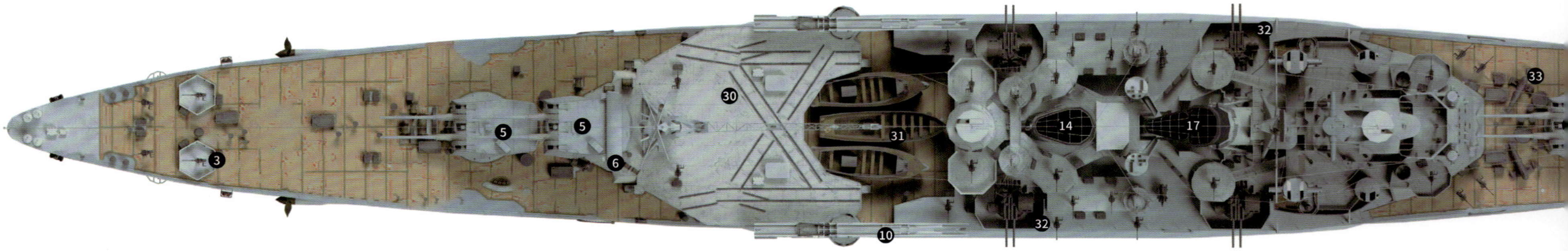

序号	名称	序号	名称	序号	名称
1.	旗杆	12.	一四式方位盘照准装置	23.	方位测定仪
2.	方向舵	13.	探照灯	24.	罗经舰桥
3.	25 毫米机炮	14.	烟囱	25.	九一式高射指挥仪
4.	螺旋桨	15.	610 毫米四联装鱼雷发射管	26.	航海测距仪
5.	203 毫米双联装主炮塔	16.	鱼雷	27.	防雷具展开器
6.	主炮测距仪	17.	双烟囱	28.	天线支架
7.	后桅	18.	13 号对空电探	29.	锚
8.	起重机	19.	21 号对空电探	30.	飞机搬运轨道
9.	滑走车	20.	22 号对海电探	31.	舰载艇
10.	飞机弹射器	21.	主炮测距仪	32.	127 毫米双联装高炮
11.	舰龙骨	22.	防空指挥所	33.	防雷具

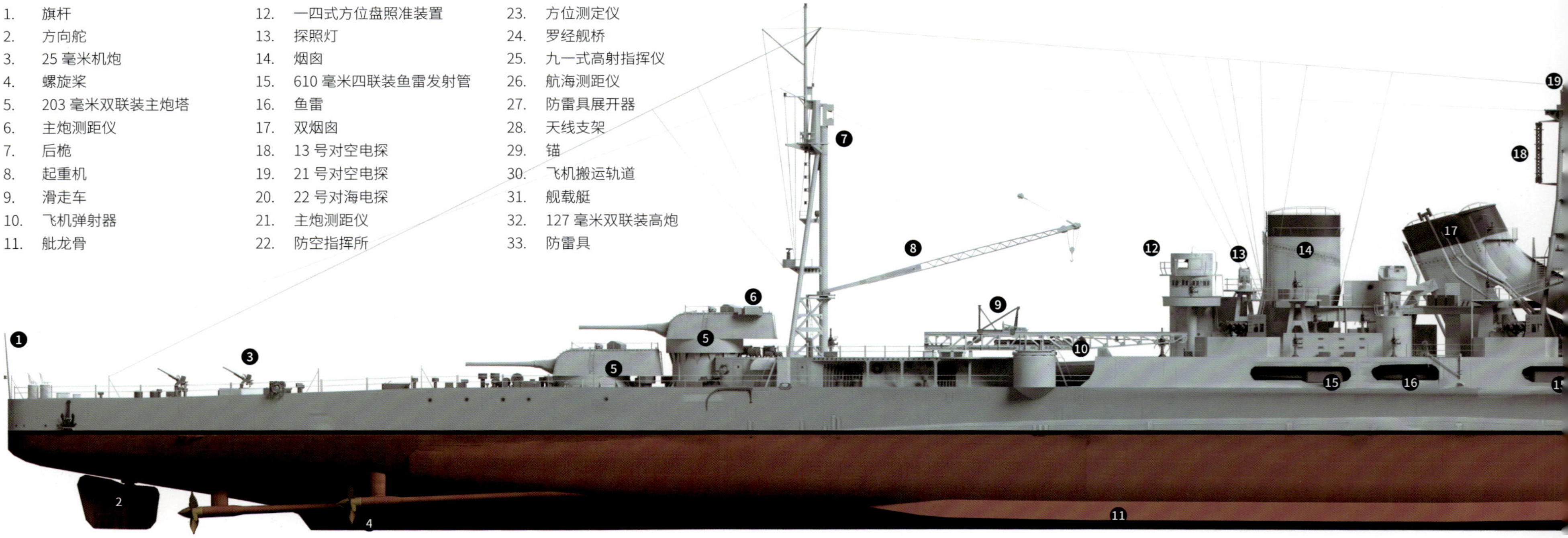

零式水上侦察机

　　"高雄"号可搭载 3 架水上观测机和水上侦察机。其中主要是零式水上侦察机 E13A1, 简称零式水侦, 盟军代号 Jake。它是一种下单翼的三座双浮舟式侦察机, 机体采用铝合金, 机翼可折叠, 主要通过弹射起飞和在海面降落。其机载武器是后座的一挺 7.7 毫米机枪, 内部弹舱可装两枚 60 千克炸弹, 外部可挂一枚 250 千克炸弹。它是日军主力的舰载水上飞机, 装备了航空母舰、战列舰、巡洋舰等, 也常见于各海军基地和各岛屿的水上飞机基地。

　　零式水上侦察机除了用于侦察和巡逻, 还承担轰炸、反潜、联络、运输、搜救甚至神风特攻等任务。如 1942 年 3 月"高雄"号就派机轰炸了荷兰商船"恩加诺"号。另外, 它还有一些改型, 有的加装了机载雷达, 有的加装了反潜仪器, 有的加装了两门向下斜射的 20 毫米机炮。

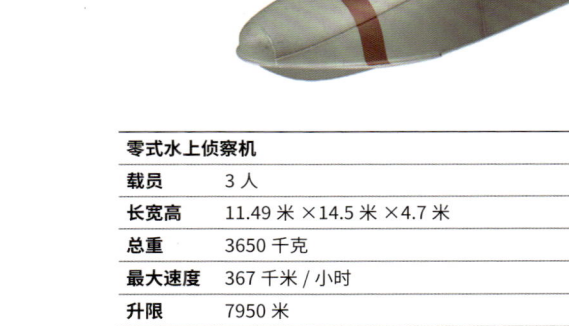

零式水上侦察机	
载员	3 人
长宽高	11.49 米 ×14.5 米 ×4.7 米
总重	3650 千克
最大速度	367 千米 / 小时
升限	7950 米
航程	2089 千米
武器	1 挺 7.7 毫米后座机枪; 250 千克炸弹等

动力

　　"高雄"号沿用了妙高级重巡洋舰的动力系统, 如锅炉与蒸汽涡轮机。其锅炉舱内装有 12 台吕号舰本式重油专烧锅炉, 工作气压约为 2 兆帕, 并且最上甲板还装有一台辅助锅炉。在锅炉舱的后面就是轮机舱, 4 组舰本式蒸汽涡轮机分别装在 4 个舱室里。它采用四轴推进, 轴长为 14.72 米, 螺旋桨的直径为 3.85 米, 最大转速为 320 转 / 分钟。其输出总功率约为 99253 千瓦。另外, 它具有五组发电机, 输出最大功率约为 1225 千瓦。

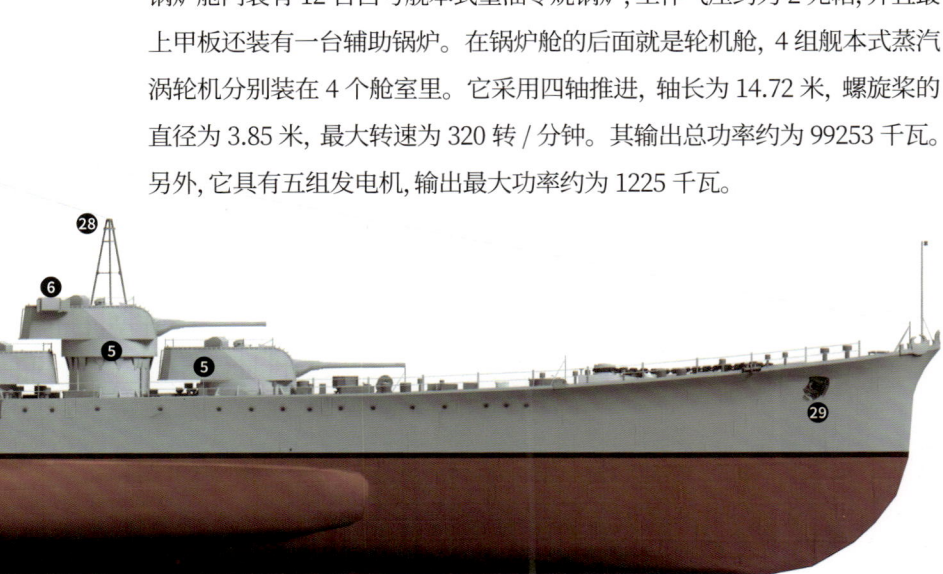

Mogami
"最上"号

日本 重巡洋舰 ▶ **Heavy** Cruiser

"最上"号（Mogami）原是日本海军的一艘轻巡洋舰，后来被改装为重巡洋舰，最后还被改造为航空巡洋舰。因为它后期搭载的水上侦察机多，具有很强的空中侦搜能力，所以堪称"舰队之眼"。它参加过巽他海峡海战、印度洋破交战、中途岛海战等。最后在苏里高海峡海战中，它被美军战列舰和巡洋舰炮击，重伤后自沉。

该舰是日本海军最上级重巡洋舰的一号舰（其后有"三隈"号、"铃谷"号和"熊野"号）。最初它是作为二等巡洋舰，采用日本河川"最上川"命名（一等巡洋舰是用山命名）。

受 1930 年《伦敦海军条约》的影响，"最上"号是按重巡洋舰设计、以轻巡洋舰名义建造的。这是日本海军为了规避该条约对重巡洋舰的数量限制。因为条约规定舰炮口径大于 155 毫米的是重巡洋舰，155 毫米及以下的是轻巡洋，所以"最上"号就安装了 5 座三联装的 155 毫米主炮。后来日本退出条约，"最上"号遂换装 5 座双联装的 203 毫米主炮，就成了重巡洋舰。

"最上"号于 1935 年服役，后来与另三艘同级舰组成了日本海军第二舰队的第七战队。1941 年底，它参加了南方作战，在巽他海峡海战中与"三隈"号共同击沉了一艘美国重巡洋舰和一艘澳大利亚轻巡洋舰。随后它在印度洋开展破交战，击沉了几艘盟军商船。1942 年中途岛海战时，它没有参加一线的战斗，但在撤退时与"三隈"号相撞受伤，后来又被美机炸伤。

1935 年 7 月，还是轻巡洋舰的"最上"号

21 号对空电探

九四式方位盘照准装置

罗经舰桥

主炮测距仪

203 毫米双联装主炮塔

防雷具

在回港维修期间,"最上"号后部的两座炮塔被撤除,并扩建航空甲板将系留的水上侦察机从 3 架增加到 11 架。1943 年,它成为空中侦搜能力很强的航空巡洋舰。它本计划搭载 11 架"瑞云"水侦,但因其研发缓慢而换为零式水上侦察机和零式水上观测机(从未满编)。在转隶第三舰队后,它参加了马里亚纳海战。1944 年 10 月在苏里高海峡海战中,它被美军 6 艘战列舰、8 艘巡洋舰等攻击,重伤后由己方的驱逐舰用鱼雷击沉。

双烟囱

起重机

25 毫米三联装机炮

备用锚

螺旋桨防撞框

防雷鼓包

舭龙骨

三叶螺旋桨

双舵

127 毫米双联装高炮

1943 年 8 月,"最上"号航空巡洋舰的航空甲板上搭载了很多水上飞机

航空战列舰与航空巡洋舰的差异

航空战列舰是航空母舰的应急产物,其设定是搭载俯冲轰炸机跟随航空母舰一起执行主战任务。而航空巡洋舰只是重巡洋舰增加了水上侦察机的搭载数量,增强了原有的侦搜能力。

武/器/档/案	WEAPON ARCHIVES
舰名	"最上"号
舰级	最上级
排水量	标准: 12396 吨; 公试: 14142 吨
长宽	200.6 米 ×20.51 米
动力	10 台舰本式锅炉,4 组舰本式蒸汽轮机; 113346 千瓦
最大速度	35 节
续航距离	7700 海里 (14 节)
载员	850 人
装甲	舷侧 100～125 毫米、甲板 35～60 毫米
雷达	21 号和 13 号对空电探、22 号对海电探
武器 (1944 年 6 月)	3 座双联装 203 毫米舰炮 /4 座双联装 127 毫米高炮 /14 座三联装 25 毫米机炮 /18 门 25 毫米机炮等
弹射器	2 座
舰载机	11 架 (改造为航空巡洋舰后)

动力

最初日本海军要求"最上"号的速度达到 37 节以上，因此它采用了 10 台吕号舰本式重油专烧锅炉和 4 组舰本式高中低压齿轮减速型蒸汽轮机（带巡航轮机），4 轴推进。这种锅炉的工作气压为 2.3 兆帕，蒸汽温度为 300 摄氏度。它输出的总功率约 113346 千瓦，公试时最大速度为 36.5 节，后来降为 35 节。它原计划装载 2280 吨重油，以 14 节的速度能航行 8000 海里，但经过改装后载油量和航程都有所下降。另外，与日本海军之前的巡洋舰采用单舵不同，"最上"号采用了双舵，但转向性能变化不大。

火力

在改装为重巡洋舰后，"最上"号拥有 5 座 50 倍径三年式 2 号 203 毫米双联装主炮塔，后来作为航空巡洋舰只保留了前部的 3 座。该炮塔是专门设计的最上型炮塔，其炮长为 10.31 米，俯仰角度为 -5 度至 +55 度。它的主要弹种是九一式穿甲弹，炮口初速为 835 米 / 秒，最大射程为 29432 米（50 度），射速约 3 发 / 分钟。在防空火力方面，"最上"号有 4 座八九式 127 毫米双联装高炮和大量的九六式 25 毫米机炮。另外，它还有 4 座三联装 610 毫米鱼雷发射管。

防护

"最上"号的装甲主要用于抵御敌方巡洋舰的主炮攻击，如弹药库要抵御重巡洋舰的 203 毫米炮弹攻击，轮机舱要抵御轻巡洋舰的 155 毫米炮弹攻击等。它的水线装甲带厚约 100 毫米，主甲板厚 35 毫米，斜坡处为 60 毫米。弹药库两侧最厚处为 140 毫米。舵机室的前后厚 35 毫米，两侧厚 100 毫米，顶部厚 30 毫米。指挥塔的侧壁厚 100 毫米，顶部厚 50 毫米。其两舷的水线下还设有防雷鼓包，壁厚 12～14 毫米，而舰底处厚 16 毫米。

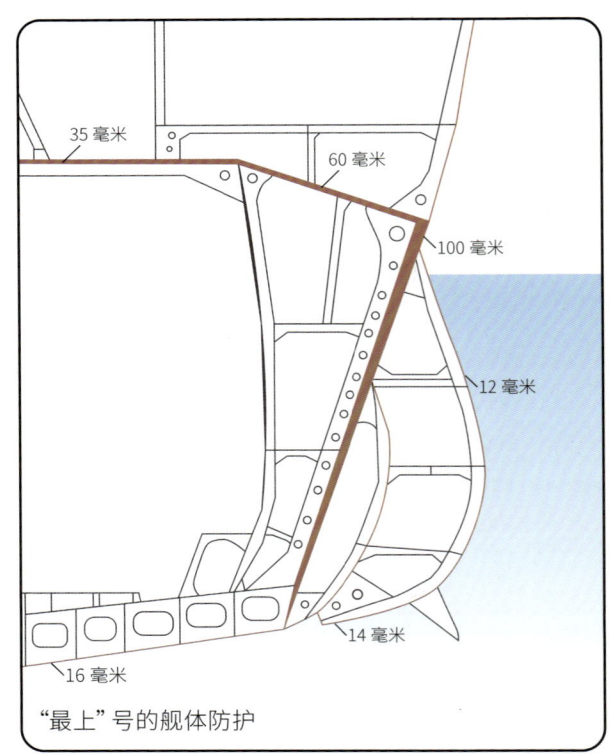

35 毫米
60 毫米
100 毫米
12 毫米
14 毫米
16 毫米

"最上"号的舰体防护

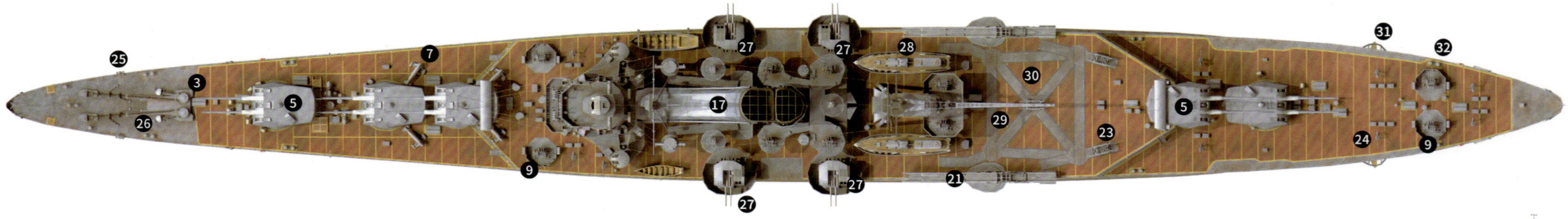

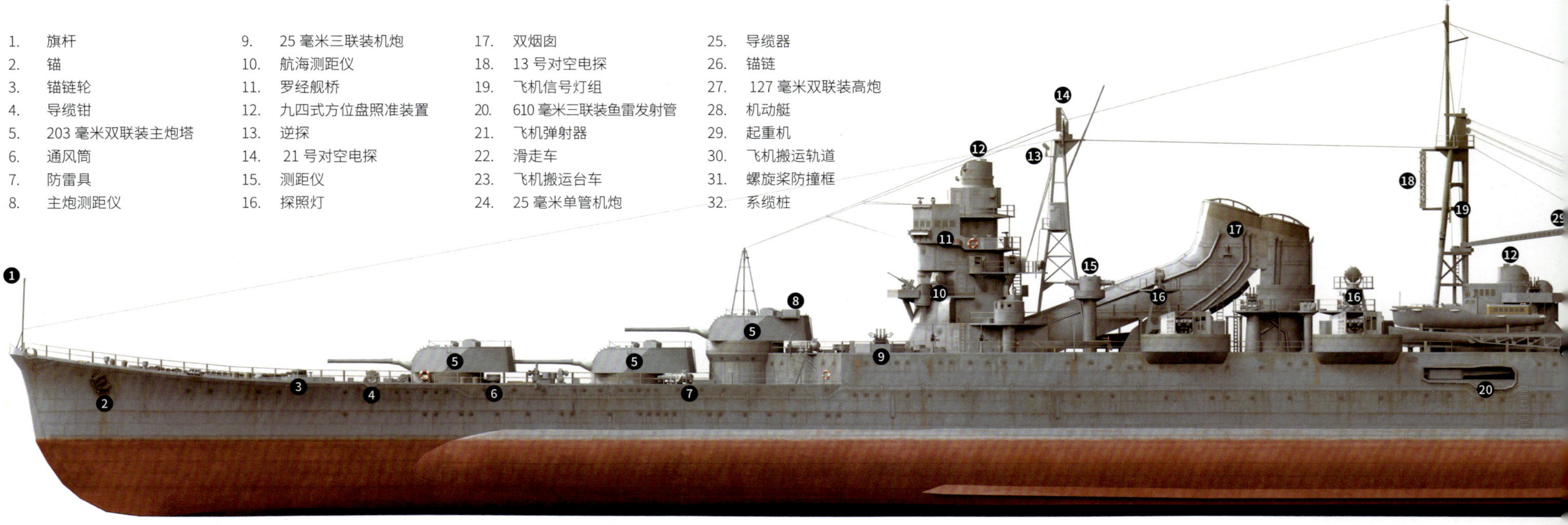

1.	旗杆	9.	25 毫米三联装机炮	17.	双烟囱	25.	导缆器

1. 旗杆
2. 锚
3. 锚链轮
4. 导缆钳
5. 203 毫米双联装主炮塔
6. 通风筒
7. 防雷具
8. 主炮测距仪

9. 25 毫米三联装机炮
10. 航海测距仪
11. 罗经舰桥
12. 九四式方位盘照准装置
13. 逆探
14. 21 号对空电探
15. 测距仪
16. 探照灯

17. 双烟囱
18. 13 号对空电探
19. 飞机信号灯组
20. 610 毫米三联装鱼雷发射管
21. 飞机弹射器
22. 滑走车
23. 飞机搬运台车
24. 25 毫米单管机炮

25. 导缆器
26. 锚链
27. 127 毫米双联装高炮
28. 机动艇
29. 起重机
30. 飞机搬运轨道
31. 螺旋桨防撞框
32. 系缆桩

零式水上观测机 11 型	
编号	F1M2
载员	2 人
长宽高	9.5 米 ×11 米 ×4 米
最大速度	370 千米 / 小时
续航距离	1070 千米
武器	3 挺 7.7 毫米机枪；2 枚 30 千克或 60 千克炸弹

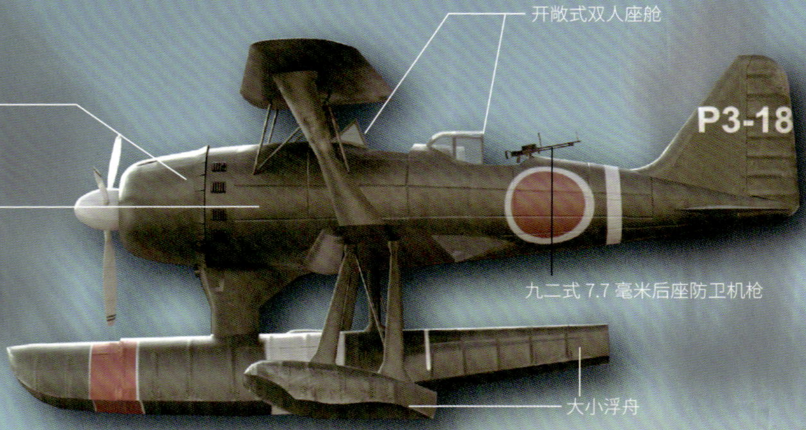

开敞式双人座舱

瑞星一三型风冷式双排径向增压发动机

全金属半硬壳式机身

九二式 7.7 毫米后座防卫机枪

大小浮舟

P3-18

零式水上观测机

　　从 1940 年开始，日本海军很多战列舰、巡洋舰、水上飞机母舰和前线基地都装备了零式水上观测机，包括"最上"号航空巡洋舰。作为九五式水上侦察机的继任者，它在设计时就对标单翼飞机的速度、爬升力、空战能力等，因此其性能几乎达到双翼水上飞机的极限。

　　随着海战模式从舰炮轰击变为舰载机轰炸，其任务也从传统的弹着点观测和侦察，延伸到空战格斗和俯冲轰炸。尽管它不是专业的战斗机或轰炸机，但也取得过一些出人意料的战绩。据说它在空战中击落过美军的 F6F"地狱猫"战斗机，在轰炸时击沉过美军的 PT 鱼雷艇。

Tone

"利根"号

"利根"号（Tone）是日本海军的一艘重巡洋舰。它的外观独具特色，前部是4座双联装的主炮塔，中部是舰桥、烟囱等，后部是可搭载6架水上飞机的航空甲板。太平洋战争时期，它利用远洋侦察的优势，在日军舰队中担当"舰队之眼"，参加了偷袭珍珠港、中途岛海战、莱特湾海战等。

1945年7月28日，"利根"号在遭到美机轰炸后坐沉，日本海军称之为"大破着底"

"利根"号是日本海军利根级重巡洋舰的一号舰（二号舰是"筑摩"号）。其舰名源自日本关东地区的利根川。它是日本的三大河流之一，也是东京地区的重要水源。"利根"号和"筑摩"号本为最上级的五号舰和六号舰，但因最上级被发现存在设计问题，所以它们就被重新设计，独立成为利根级。该级是日本最后的一级重巡洋舰。

"利根"号最初被定为轻巡洋舰（二等巡洋舰），因此舰名源于河川名（重巡洋舰是采用山岳名），并计划安装155毫米口径的主炮。后来因为日本没有加入《第二次伦敦海军条约》，重巡洋舰的数量不再受限，所以其主炮换成203毫米，直接作为重巡洋舰完工。

该舰的外观比较独特。其前部是4座双联装主炮塔，共有8门203毫米主炮。这4座主炮塔平时2座炮口朝前、2座炮口朝后，并且2号主炮塔是超射型的背负式布局。中部是舰桥、烟囱等设施，据说因此该舰操控容易，掌舵的灵敏度极佳。后部是2座飞机弹射器、飞机整备甲板等航空设施，可搭载6架水上飞机。在太平洋战争中，"利根"号通常是搭载5架水上飞机，机型主要是零式水上侦察机，也有九四式、九五式水上侦察机等。

九四式方位盘照准装置

罗经舰桥

九五式机铳射击装置

锅炉舱通风道

天线支架

203毫米双联装主炮塔

1942年5月，中途岛战役前夕的"利根"号

"利根"号于 1938 年 11 月 20 日服役,然后经历了整个太平洋战争。1941 年 12 月 7 日在日军偷袭珍珠港时,它派出的水上侦察机比第一航空舰队的航母攻击机群先到达夏威夷上空。在 1942 年 1 月的南太平洋岛屿作战中,其水上侦察机轰炸了布卡岛、马努斯岛等。2 月,它参加了对澳大利亚达尔文港的空袭,其水上侦察机击落了 1 架澳大利亚皇家空军的 PBY"卡特琳娜"水上飞机。4 月,它参加了锡兰海战,其水上侦察机引导 53 架九九舰爆,将英军的 2 艘郡级重巡洋舰(即"康沃尔"号和"多塞特郡"号)击沉。

6 月,它参加了中途岛海战。在战前的搜索阶段,它因弹射器故障导致其 4 号机出发晚了 30 分钟。这一情况引发过争议,有人认为该机没能及时发现自己搜索方向上的美军航母舰队,是此战日军惨败的原因之一,但也有人认为该机及时传回了情报,只是日军舰队指挥层的官僚主义延误了情报的上呈。后来,"利根"号又参加了第二次所罗门海战、南太平洋海战、莱特湾海战、萨马岛海战等。1945 年初,"利根"号改作训练舰,派往江田岛。7 月 28 日,它在盟军发动的吴港空袭中坐沉。

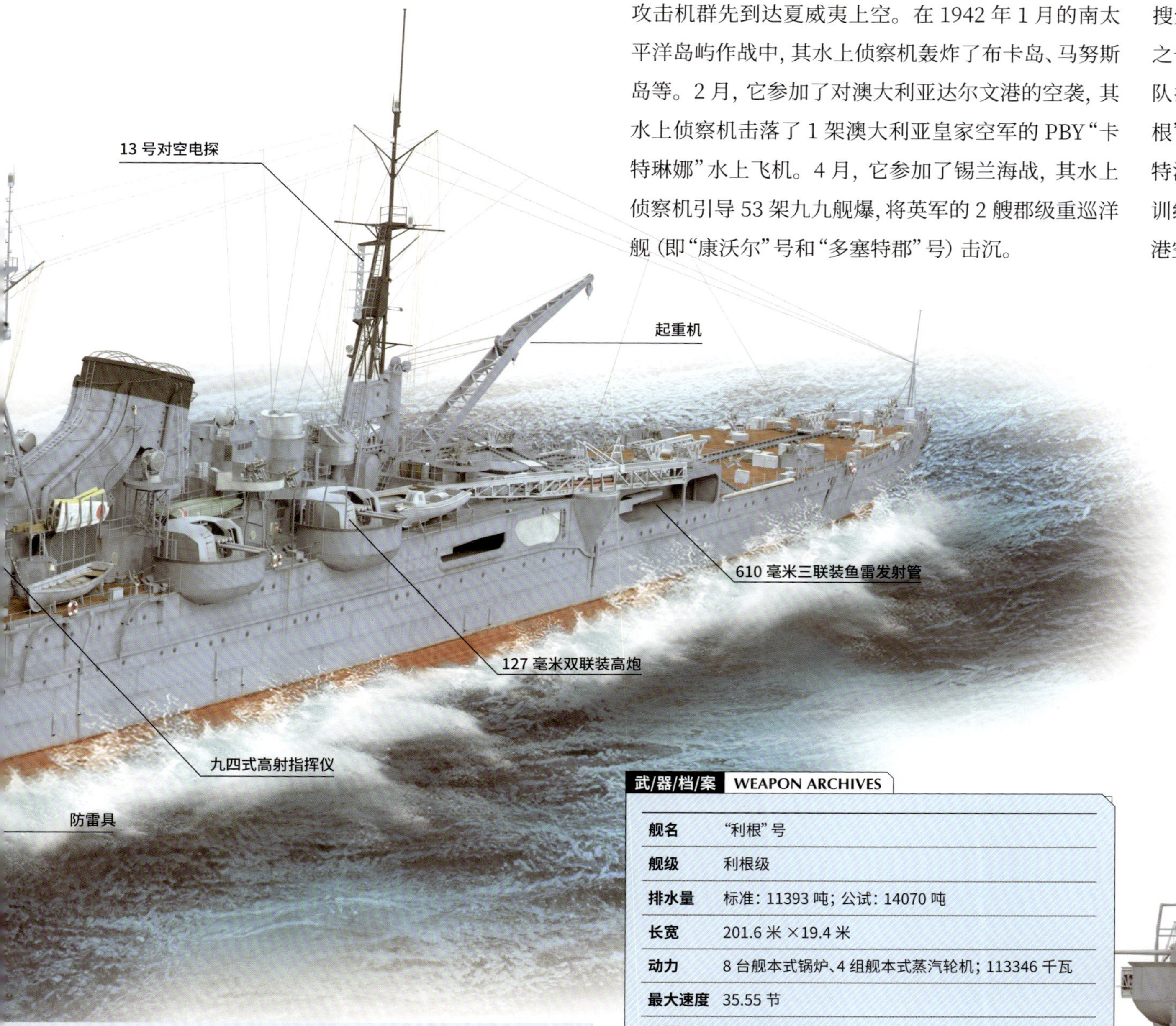

13 号对空电探

起重机

610 毫米三联装鱼雷发射管

127 毫米双联装高炮

九四式高射指挥仪

防雷具

武器/档案 **WEAPON ARCHIVES**	
舰名	"利根"号
舰级	利根级
排水量	标准:11393 吨;公试:14070 吨
长宽	201.6 米 ×19.4 米
动力	8 台舰本式锅炉、4 组舰本式蒸汽轮机;113346 千瓦
最大速度	35.55 节
续航距离	8000 海里(18 节)
载员	874 人
雷达	21 号和 13 号对空电探、22 号对海电探
装甲	主装甲带 145 毫米,主炮塔 25 毫米,甲板 65 毫米
武器	4 座双联装 203 毫米主炮 /4 座双联装 127 毫米高炮 6 座双联装 25 毫米机炮 /4 座三联装 610 毫米鱼雷发射管
弹射器	2 座
舰载机	6 架水上飞机

50 倍径三年式 2 号 203 毫米主炮

"利根"号的 4 座 E3 型双联装主炮塔采用的是 50 倍径三年式 2 号 203 毫米主炮。该炮的实际口径是 203.2 毫米，炮管长 10.16 米，俯仰角度为 -5 度至 +55 度，俯仰速度为 6 度 / 秒。它的弹种有穿甲弹、高爆榴弹、防空弹、照明弹等。其炮口初速为 840 米 / 秒，射速约 3 发 / 分钟，射程为 29400 米 (45 度，穿甲弹)，炮管寿命为 320～400 发。在 10000 米的距离上，其穿甲弹能够穿透侧面装甲 190 毫米；在 29400 米的距离上，能够穿透侧面装甲 74 毫米。

防护

在日本的重巡洋舰中，利根级的防护力最强，其装甲布局是重点保护弹药库和动力舱。它的主装甲带倾斜 20 度，在舰内弹药库的两侧处最厚，为 145 毫米，并向下逐渐减为 55 毫米。而在动力舱的两侧，主装甲带厚 100 毫米，并向下逐渐减为 65 毫米。在水平防护方面，弹药库上方的甲板装甲厚 56 毫米，动力舱上方的甲板装甲厚 31 毫米，两侧斜坡处厚 65 毫米。主炮塔的装甲厚 25 毫米。指挥塔的正面厚 90 毫米，侧面厚 130 毫米，背面厚 70 毫米，顶部厚 40～50 毫米。

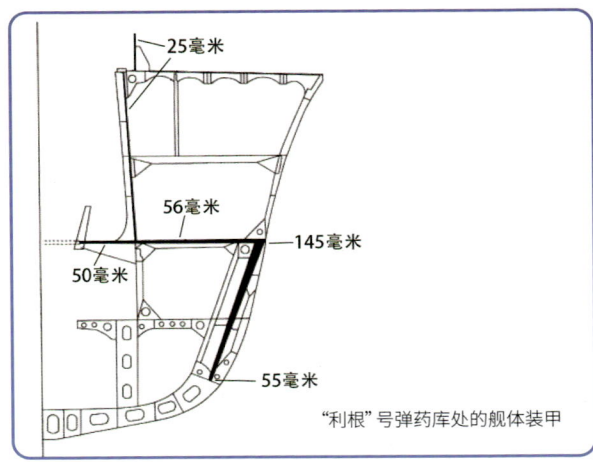

"利根"号弹药库处的舰体装甲

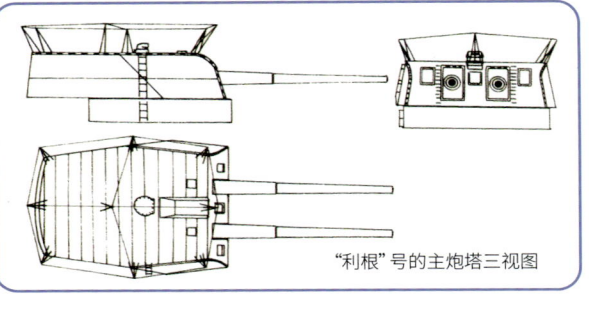

"利根"号的主炮塔三视图

1. 旗杆
2. 备用锚
3. 方向舵
4. 螺旋桨防撞框
5. 飞机搬运台车
6. 螺旋桨
7. 飞机搬运轨道
8. 610 毫米三联装鱼雷发射管
9. 飞机弹射器
10. 滑走车

11. 起重机
12. 瞭望台
13. 13 号对空电探
14. 九五式机铳射击装置
15. 九四式方位盘照准装置
16. 127 毫米双联装高炮
17. 探照灯
18. 双烟囱
19. 水上飞机主翼
20. 22 号对海电探

21. 桅灯
22. 21 号对空电探
23. 逆探
24. 方位测定仪
25. 望远镜
26. 防空指挥所
27. 罗经舰桥
28. 航海测距仪
29. 九四式高射指挥仪
30. 锅炉舱通风道

31. 203 毫米双联装主炮塔
32. 主炮测距仪
33. 天线支架
34. 25 毫米机炮
35. 锚链轮
36. 舰载艇
37. 水上飞机浮舟
38. 防雷具

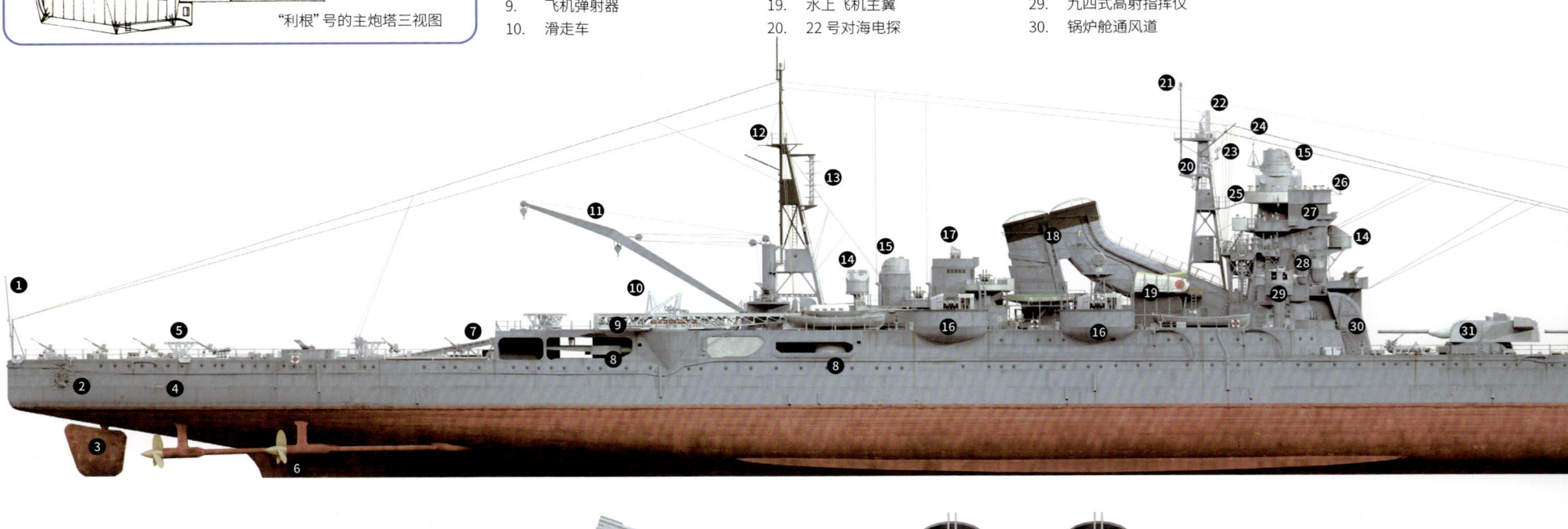

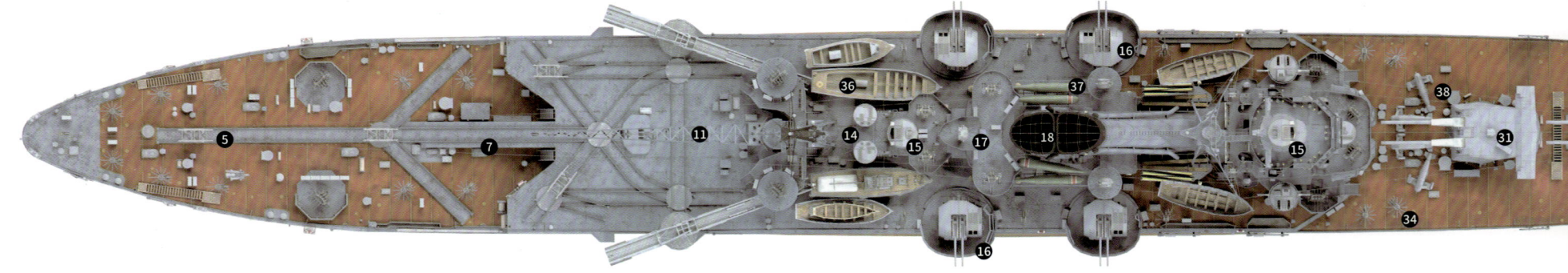

1944 年 6 月 17 日，在马里亚纳海战的前夕，"利根"号正在接受"国洋丸"舰队油轮的加油

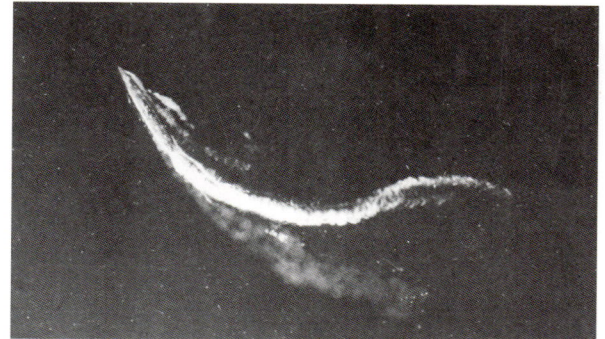

1942 年 8 月 24 日，在第二次所罗门海战中，"利根"号正在机动躲避美机的轰炸

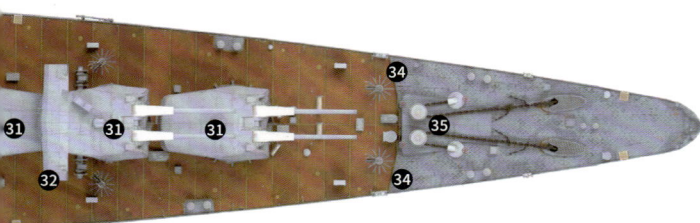

动力

　　"利根"号装有 8 台吕号舰本式重油专烧锅炉，工作气压约 2.16 兆帕，蒸汽温度为 300 摄氏度。蒸汽输送给 4 组舰本式蒸汽轮机，通过 4 根传动轴驱动 4 个三叶螺旋桨，转速为 340 转 / 分钟。其输出的总功率为 113346 千瓦，速度高达 35.55 节。这使它成为日本速度最快的重巡洋舰之一。

　　该舰能够装载 2690 吨重油，以 18 节的速度航行 8000 海里，并且在实战中它还在舰内临时装载了很多油桶，以提高续航能力。

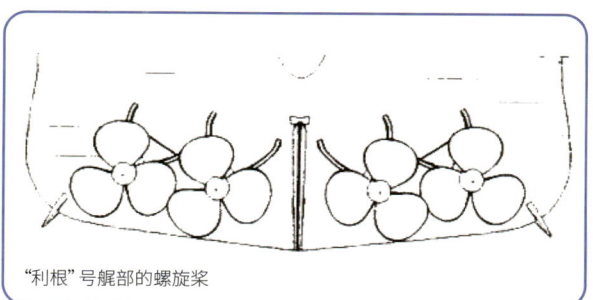

"利根"号舰艉部的螺旋桨

日本海军十八重巡

　　二战时期，日本海军拥有十八艘重巡洋舰。它们都是在太平洋战争爆发前服役，在当时具有火力强、防护好、航速快等特点，并且后来经过实战证明其战术水平也较高。

　　这十八艘分别是古鹰级的"古鹰"号和"加古"号，青叶级的"青叶"号和"衣笠"号，妙高级的"妙高"号、"那智"号、"足柄"号和"羽黑"号，高雄级的"高雄"号、"爱宕"号、"摩耶"号和"鸟海"号，最上级的"最上"号、"三隈"号、"铃谷"号和"熊野"号，利根级的"利根"号和"筑摩"号。

吴港空袭

　　1945 年 7 月 24 日—28 日，美英两国的航母舰队出动舰载机，对日本吴市及附近濑户内海的日本军舰进行了大规模轰炸。当时日本海军残存的航空母舰、战列舰、巡洋舰等大型军舰都集中在吴海军基地附近。此战盟军损失 133 架飞机，击沉了日军 1 艘航空母舰、3 艘战列舰、2 艘重巡洋舰、1 艘轻巡洋舰、2 艘老式装甲巡洋舰、2 艘驱逐舰等，其中就包括"利根"号重巡洋舰。盟军还在濑户内海布下大量的水雷，以封锁该海域及航道，从而将吴海军基地困死。

1945 年 7 月 24 日，"利根"号在吴港空袭中遭到美机狂轰滥炸

1945 年 7 月 29 日，因美机轰炸而坐沉的"利根"号

"利根"号的残骸位于江田岛

Indianapolis
"印第安纳波利斯"号

美国 **重巡洋舰** ▶ **Heavy** Cruiser

"印第安纳波利斯"号 (Indianapolis, CA-35) 是美国海军的一艘条约重巡洋舰。它是美国第五舰队的旗舰，先后参加过塔拉瓦战役、塞班岛战役、冲绳岛战役等，并多次为空袭日本本土的快速航母特遣舰队护航。1945 年 7 月，它在完成运输原子弹组件及浓缩铀的绝密任务后，被日军潜艇击沉。

1937 年，停泊在珍珠港的"印第安纳波利斯"号

"印第安纳波利斯"号是美国海军波特兰级重巡洋舰的二号舰 (一号舰是"波特兰"号)。其舰名源自美国印第安纳州的首府印第安纳波利斯市。它原为轻巡洋舰，装甲薄弱，但后来因其 203 毫米口径的主炮而被《伦敦海军条约》划为重巡洋舰。该级计划建造 8 艘，但只完成了 2 艘，余下 6 艘被改为新奥尔良级。

该舰于 1932 年 11 月 15 日服役，在战间期担任了美国海军侦察舰队的旗舰 8 年。在太平洋战争期间，从 1943 年到 1945 年它担任美国海军第五舰队的旗舰。它装有 3 座三联装的主炮塔，共 9 门 203 毫米主炮，舰体中部有 2 座飞机弹射器和 4 架 SOC"海鸥"水上侦察机。1945 年，因为雷达应用成熟，所以它撤除了 1 座飞机弹射器，并将搭载的水上飞机改为 3 架 SC-1"海鹰"水上侦察机。

1941 年 12 月 7 日，美国海军的珍珠港被日军空袭后，"印第安纳波利斯"号立即参与了对日军航母舰

队的搜寻，但没找到。随后，它作为航母护航舰参加了新几内亚战役。然后它还参加了阿留申群岛战役、塔拉瓦战役、夸贾林环礁战役、塞班岛战役、菲律宾海海战、硫磺岛战役、冲绳岛战役等，并且多次护送快速航母特遣舰队去空袭日本本土。这些作战行动使它获得了 10 枚战役星章。

1945 年 7 月 26 日，它成功完成了一项绝密运输任务，即运送原子弹组件及浓缩铀到天宁岛海军基地。7 月 30 日，它在前去执行训练任务的途中被日军潜艇伊 58 击沉。当时美军救援不及时，导致大量的落水舰员因脱水、鲨鱼袭击等原因死亡，造成美国海军史上最大的一次海上单舰人员损失。8 月 6 日，美军用组装好的"小男孩"原子弹摧毁了日本广岛市。

Mk13 火控雷达天线

Mk28 火控雷达天线

203 毫米三联装主炮塔

20 毫米双联装高炮

扫雷具

SK 对空搜索雷达天线

前烟囱

Mk34 主炮指挥仪

Mk33 高炮指挥仪

127 毫米高炮

飞机弹射器

动力

　　该舰的动力系统采用了 8 台怀特 - 福斯特的三鼓式水管燃油锅炉和 4 组帕森斯式齿轮减速型蒸汽轮机，输出总功率为 79790 千瓦。动力通过 4 根传动轴驱动 4 个三叶螺旋桨，实现最大速度 32.75 节。其锅炉具有运行可靠、维修保养方便等特点，很适合海军舰船使用。这些锅炉通过舰体中部两个较为独特的斜烟囱排出废烟。在续航能力上，它可以装载 3036 吨燃油（1945 年），以 15 节的速度航行 8700 海里，以 20 节的速度航行 6400 海里。

武器/档案	WEAPON ARCHIVES
舰名	"印第安纳波利斯"号
舰级	波特兰级
排水量	标准：10110 吨；满载：15002 吨
长宽	186 米 ×20.14 米
动力	8 台三鼓式锅炉、4 组帕森斯式蒸汽轮机；79790 千瓦
最大速度	32.75 节
续航距离	8700 海里（15 节）
载员	1269 人（1944 年）
雷达	SK 对空搜索雷达、SG 对海搜索雷达等
装甲	主装甲带 102 毫米，主炮前盾 76 毫米，主甲板 51 毫米
武器（1945 年）	3 座三联装 203 毫米主炮 /8 门 127 毫米高炮 6 座四联装 40 毫米高炮 /8 座双联装 20 毫米高炮
弹射器	1 座
舰载机	3 架水上飞机

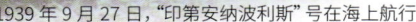

1939 年 9 月 27 日，"印第安纳波利斯"号在海上航行

防护

　　"印第安纳波利斯"号的装甲防护力不强，并且有部分装甲数据存在着记录差异。譬如它的主装甲带最厚处有 102 毫米和 127 毫米两种记录，究其原因可能是后者将 25 毫米舷侧装甲计入了主装甲带厚度。其主甲板和第二甲板的装甲厚度都是 51 毫米，指挥塔的侧壁厚约 32 毫米，而弹药库的侧壁厚 146 毫米，顶部厚 54 毫米。主炮塔的正面厚 76 毫米，侧面厚 19 毫米，顶部厚 38 毫米，炮座厚 38 毫米，只有防弹片的能力。

1943 年 5 月至 1944 年 5 月之间的"印第安纳波利斯"号

203 毫米 55 倍径 Mk9 主炮

美国海军的 203 毫米 55 倍径舰炮不仅是众多重巡洋舰的主炮，也是"列克星敦"号和"萨拉托加"号两艘航空母舰的舰炮。"印第安纳波利斯"号这 9 门主炮的具体型号是 Mk9，它们分别安装在前部的 2 座三联装主炮塔和后部的 1 座三联装主炮塔中。

该主炮重约 30 吨，长 11 米多，弹种主要是穿甲弹和高爆弹。在发射 118 千克的高爆弹时，炮口初速为 853 米 / 秒，最大射程是 29133 米。最初它的炮口初速是 914 米 / 秒，但炮管寿命仅 500 发左右，并且精度很差。经改进后虽然初速降低，但炮管寿命提高到 715 发，精度也有所提升。

发射穿甲弹时，它可以在 11340 米的距离穿透侧面装甲 203 毫米，在 27070 米的距离穿透侧面装甲 76 毫米，而在 27610 米的距离上可以穿透甲板装甲 102 毫米。每门主炮的射速为 3～4 发 / 分钟，但在 1942 年 2 月 27 日的爪哇海海战中，"休斯顿"号重巡洋舰的射速达到了 5～6 发 / 分钟。"印第安纳波利斯"号的每门主炮标准备弹量是 150 发，但平时备弹 100～125 发。战时全舰共携带 1500 发，后来随着防空高炮的增多，这一数量降到 1300 多发。

127 毫米 25 倍径 Mk10 重型高炮

8 门 Mk10 标准重型高炮集中布置在舰体的中后部，均为开放式，没有炮盾防护，只有简单的围栏。该炮的口径是 127 毫米，炮管长约 3.18 米，采用 Mk19 炮架，俯仰角度为 -15 度至 +85 度，水平旋转约 ±150 度，均为人工操作。其弹种有高爆榴弹、防空弹、照明弹等。在发射防空弹时，炮口初速为 643 米 / 秒，而射速为 15～20 发 / 分钟，有效射程为 13259 米（45 度），射高为 8252 米（85 度），炮管寿命至少 3000 发。该炮其实是高平两用炮，但因为对舰射击的能力很弱，所以在实战中多作高炮使用。

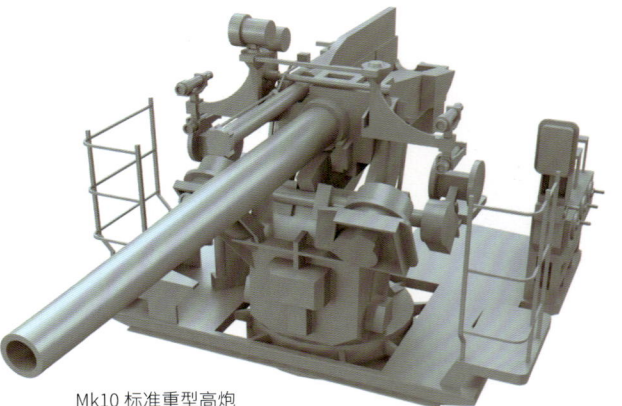

Mk10 标准重型高炮

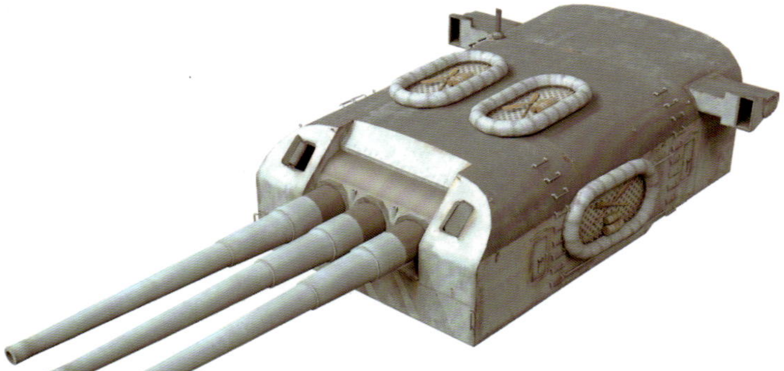

主炮塔

SOC "海鸥" 水上侦察机

SOC "海鸥" 是美国海军的一种单引擎双翼双座的水上侦察机, 也是水上观测机。它于 1935 年服役, 共生产 322 架。其中数量最多的型号是 SOC-1, 有 135 架。

该机主要装备在美国海军的战列舰和巡洋舰上, 机翼可折叠, 以减少对舰上空间的占用。它的起降方式是弹射起飞和海面降落。其浮舟可更换为起落架, 以便在航空母舰或沿岸机场起降。

它的服役史比较特殊。在太平洋战争前期, 它被 OS2U "翠鸟" 水上侦察机替代, 退居二线后多作为训练机使用。但在 1943 年底, 它又重新回到前线的军舰上, 直到战争结束。而对于 "印第安纳波利斯" 号重巡洋舰, 它从 1936 年到 1945 年一直装备该机, 到最后才替换为 SC-1 "海鹰" 水上侦察机。

SOC-1 "海鸥" 水上侦察机	
载员	2 人
长宽高	9.58 米 ×10.97 米 ×4.5 米
最大速度	266 千米 / 小时
爬升率	279 米 / 分钟
续航距离	1086 千米
武器	2 挺 7.62 毫米机枪; 2 枚 45 千克炸弹或深水炸弹等

双人座舱: 飞行员和观察员

机翼支柱

张线

普惠 R-1340-18 风冷星型发动机

小型稳定浮舟

大型中央浮舟

1. 旗杆
2. 方向舵
3. 40 毫米四联装高炮
4. Mk51 射击指挥仪
5. 203 毫米三联装主炮塔
6. 螺旋桨
7. 20 毫米双联装高炮
8. Mk28 火控雷达天线
9. Mk33 高炮指挥仪
10. 127 毫米高炮
11. Mk13 火控雷达天线
12. Mk34 主炮指挥仪
13. 斜烟囱
14. SK 对空搜索雷达天线
15. SG 对海搜索雷达天线
16. 探照灯
17. 飞机起重机
18. 飞机弹射器
19. 飞机整备甲板
20. 主炮火控站
21. 舰桥
22. 扫雷具
23. 锚
24. 救生筏
25. 螺旋桨防撞框
26. 舰载艇
27. 发烟罐

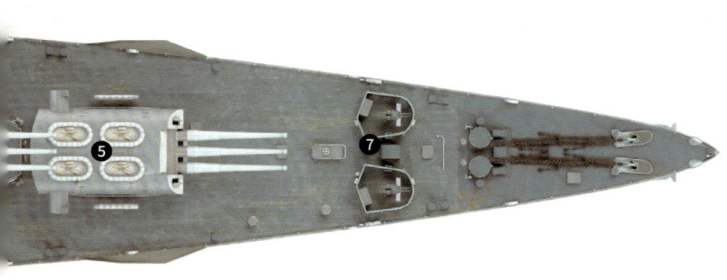

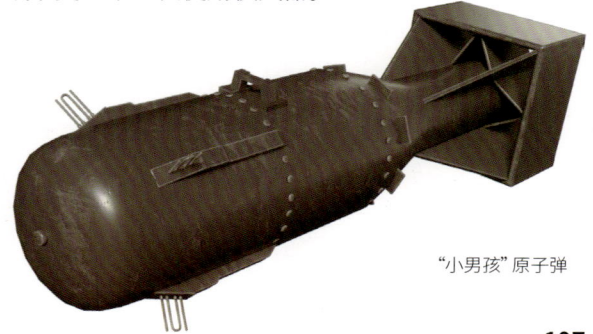

1939 年 7 月 2 日, 一架 SOC-1 "海鸥" 水上侦察机在飞行中

"小男孩" 原子弹

1942 年, 美国启动了设计和制造原子弹的曼哈顿计划, 而 "小男孩" 原子弹就是该计划的产物。1945 年 7 月下旬, 相关组件由 "印第安纳波利斯" 号重巡洋舰运送到马里亚纳群岛中的天宁岛组装, 然后美军进行了多次投放测试。1945 年 8 月 6 日, 美军用 B-29 "超级堡垒" 轰炸机运载 "小男孩" 原子弹到日本广岛市上空投放。其爆炸当量约为 15000 吨, 来自铀 -235 的核裂变。"小男孩" 原子弹摧毁了广岛市, 超过十万人死亡 (2019 年统计的死亡总数为 32 万余人)。这是人类战争史上第一次使用核武器。

"小男孩" 原子弹

San Francisco
"旧金山"号

美国 **重巡洋舰** ▶ **Heavy** Cruiser

"旧金山"号 (San Francisco, CA-38) 是美国海军的一艘重巡洋舰。二战时它非常活跃，不仅四处为盟军船队护航，还经历过珍珠港袭击，后来参加了塞班岛战役、硫磺岛战役、冲绳岛战役等，总共获得17枚战役星章和总统集体嘉奖。

1944年10月13日，迷彩涂装的"旧金山"号停泊在造船厂附近

"旧金山"号是美国海军新奥尔良级重巡洋舰的五号舰，舰名源自美国加利福尼亚州的港口城市旧金山。该级是美国最后也是最好的条约型巡洋舰，共有7艘，分为3种设计，属于美国海军的巡洋舰实验平台。它们本来是轻巡洋舰，但因主炮口径是203毫米而被《伦敦海军条约》划为重巡洋舰。

该舰于1934年2月10日服役，装有3座三联装的主炮塔，共9门203毫米主炮。其防空武器有8门127毫米高炮，在太平洋战争后期还装有6座四联装40毫米高炮和26门20毫米高炮。其舰载雷达最早是SC对空搜索雷达和Mk3火控雷达，后来不断升级更新，到1944年是SK对空搜索雷达、SG对海搜索雷达、Mk3、Mk28火控雷达等。它具有2座飞机弹射器、机库等航空设施，可搭载4架水上飞机，机种主要是SOC"海鸥"水上侦察机（兼观测机）。1945年，它撤除了1座飞机弹射器。

1941—1945年，"旧金山"号参加了美国海军在太平洋上的大部分作战行动。从最早日军偷袭珍珠港时的防空作战，到瓜达尔卡纳尔岛战役及第二次萨沃岛海战、瓜达尔卡纳尔海战，再到阿留申群岛战役、夸贾林环礁战役、特鲁克岛空袭、塞班岛战役、菲律宾海海战、南海突袭、硫磺岛战役、冲绳岛战役等。

作为浴血奋战的沙场老将，它在二战时期共航行48万千米，有24次跨越赤道，33次跨越国际日期变更线。它的203毫米主炮共发射了11022发炮弹，127毫米高炮共发射了24191发炮弹，40毫米高炮共发射了70243发炮弹，20毫米高炮共发射了73904发炮弹；其水上飞机共飞行3714小时。因此，它不仅获得前述的战役星章和总统集体嘉奖，还有三位舰员获得了荣誉勋章等。"旧金山"号的集体与个人受勋总数，在二战美国海军中排名第二（第一是"企业"号航空母舰）。最后，它于1946年2月10日退役。

SK 对空搜索雷达天线

飞机起重机

Mk31 主炮指挥仪

203 毫米三联装主炮塔

20 毫米高炮

127 毫米高炮

"旧金山"号误伤友舰的乌龙

1942年11月13日，瓜达尔卡纳尔海战爆发。该战被形容为"酒吧关灯后的一场群殴"。"亚特兰大"号轻巡洋舰作为美军舰队的领头舰，在混战中遭到多艘日舰的集中打击。就在它失去动力漂流之际，又遭到己方旗舰"旧金山"号的齐射，命中了19发203毫米主炮炮弹。虽然"旧金山"号上的舰队指挥官丹尼尔·卡拉汉发现了误射，但发给本舰的停火命令却误发送给了整个舰队，给正在激战的所有美舰带来了混乱。最后，被重创的"亚特兰大"号无奈选择了自沉。在它沉没之前，大家看到其舰上有不少绿色染料，而这是"旧金山"号的主炮炮弹独有的弹着点识别色。

1. 旗杆
2. 方向舵
3. 40 毫米四联装高炮
4. Mk51 射击指挥仪
5. 螺旋桨
6. 203 毫米三联装主炮塔
7. 20 毫米高炮
8. Mk31 主炮指挥仪
9. Mk28 火控雷达天线
10. Mk33 高炮指挥仪
11. SP 战机测向雷达天线
12. SG 对海搜索雷达天线
13. 飞机起重机
14. 飞机弹射器
15. 舰载艇
16. 127 毫米高炮
17. 烟囱
18. 探照灯
19. 方位测定仪
20. 舰钟
21. 前桅
22. SK 对空搜索雷达天线
23. 舰桥
24. 舷梯
25. 锚
26. 络车
27. 螺旋桨防撞框

Mk33 高炮指挥仪

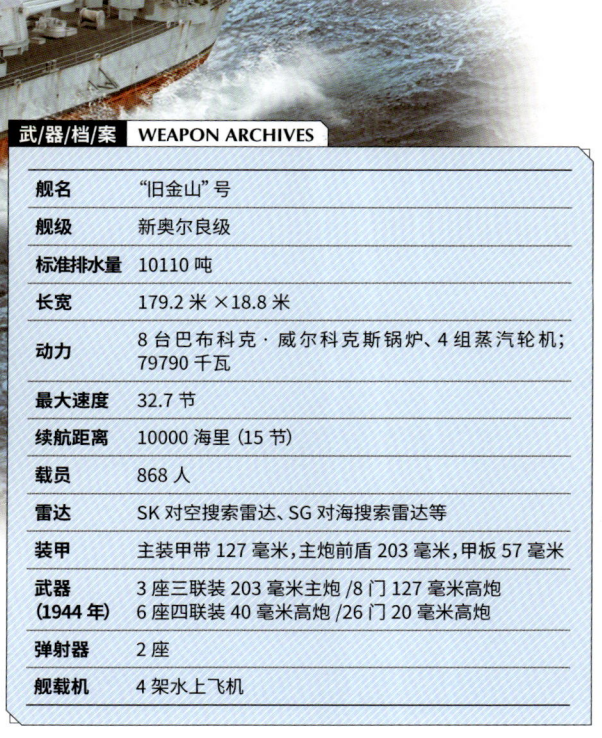

武/器/档/案 **WEAPON ARCHIVES**	
舰名	"旧金山"号
舰级	新奥尔良级
标准排水量	10110 吨
长宽	179.2 米 ×18.8 米
动力	8 台巴布科克·威尔科克斯锅炉、4 组蒸汽轮机;79790 千瓦
最大速度	32.7 节
续航距离	10000 海里 (15 节)
载员	868 人
雷达	SK 对空搜索雷达、SG 对海搜索雷达等
装甲	主装甲带 127 毫米,主炮前盾 203 毫米,甲板 57 毫米
武器(1944 年)	3 座三联装 203 毫米主炮 /8 门 127 毫米高炮 /6 座四联装 40 毫米高炮 /26 门 20 毫米高炮
弹射器	2 座
舰载机	4 架水上飞机

203 毫米 55 倍径 Mk12 主炮

3 座三联装主炮塔采用了 203 毫米 55 倍径 Mk12 主炮。其口径为 203 毫米,炮管长 11.18 米,俯仰角度为 -10 度至 +41 度,俯仰速度约 8 度 / 秒。炮塔水平旋转的角度约 ±150 度,转速约 3 度 / 秒。其弹种有穿甲弹、高爆榴弹、特殊通常弹等。发射穿甲弹时,炮口初速为 823 米 / 秒,射速为 3~4 发 / 分钟,最大射程约 27478 米 (41 度),炮管寿命为 715 发。

动力

"旧金山"号具有 8 台巴布科克·威尔科克斯的水管燃油锅炉,工作气压约 2.2 兆帕,蒸汽温度为 300 摄氏度。蒸汽输送给 4 组西屋的减速齿轮型蒸汽轮机,输出的总功率为 79790 千瓦。动力通过 4 根传动轴驱动 4 个直径为 3.66 米的四叶螺旋桨,实现最大速度 32.7 节。它能够装载 1860 吨燃油,以 15 节的速度航行 10000 海里。不过在实战中,它以 15 节的速度只能航行 7100 海里,以 20 节的速度可航行 5280 海里,以 25 节的速度可航行 3500 海里。

1945 年 9 月 28 日,"旧金山"号在朝鲜半岛附近

防护

"旧金山"号重视防护,其装甲总重量约 1507 吨,是之前北安普顿级重巡洋舰的近三倍。其主装甲带最厚处为 127 毫米,甲板装甲厚 57 毫米,弹药库舱壁厚 38 毫米。主炮塔的正面装甲厚 203 毫米,侧面和背面厚 38 毫米,顶部厚 70 毫米,而炮座的装甲厚 165 毫米。

在瓜达尔卡纳尔海战中,虽然它被日军各种炮弹击中 45 次(炮弹口径从 127 毫米到 356 毫米不等),但仍然保持着战斗力,可见其抗打击能力之强。

Canberra
"堪培拉"号

美国 重巡洋舰 ▶ **Heavy** Cruiser

"堪培拉"号 (Canberra, CA-70) 是美国海军的一艘重巡洋舰。它不仅吨位大、速度快，并且防空能力优秀。在太平洋战争中，它主要为快速航母特遣舰队护航和支援两栖登陆作战。在服役期间，它参加过马里亚纳和帕劳群岛战役、菲律宾海海战、摩罗泰岛战役等。

1944 年 10 月 10 日，"堪培拉"号在西太平洋执行任务

"堪培拉"号是美国海军巴尔的摩级重巡洋舰的三号舰。它最初的舰名是"匹兹堡"号，后来改名为"堪培拉"号。该级重巡洋舰是美国海军摆脱《华盛顿海军条约》限制后建造的，所以排水量超过"10000 长吨"，但主炮的口径还是 203 毫米。该级共完工 17 艘，是世界上数量最多的一级重巡洋舰。其中有 8 艘参加了二战，7 艘在太平洋战斗，1 艘在大西洋战斗。

该舰于 1943 年 10 月 14 日服役，装备了 3 座三联装的主炮塔，共 9 门 203 毫米主炮。虽然它有 6 座双联装的 127 毫米高平两用炮，但防空火力的核心是 12 座四联装的博福斯 40 毫米 60 倍径高炮。它们在面对日军神风特攻机疯狂的自杀性撞击时，能够有效地建立起一道难以逾越的弹幕。因此在太平洋战争后期，7 艘巴尔的摩级重巡洋舰没有一艘被日机击沉，只有"堪培拉"号这一艘被击伤过。其舰尾有 2 座飞机弹射器和 4 架水上侦察机，有时只搭载 2 架。机型主要是 OS2U "翠鸟"，后期也有 SC "海鹰"，用于侦察、联络、反潜、救援等。它的机库比较隐秘，位于 2 座弹射器中间的下方，采用滑动舱盖遮掩。

"堪培拉"号实际是在 1944 年 2 月参加对日作战。它先在埃尼威托克战役中进行炮火支援，然后在霍兰迪亚战役中为航空母舰护航并对两栖登陆提供支援。随后它参加了马里亚纳和帕劳群岛战役，特别是参加了菲律宾海海战。它还参加了摩罗泰岛战役。在莱特岛战役前，它随航母舰队对冲绳等地进行了攻击，遭到日军机群的围攻。其中有四架鱼雷机从其右舷进攻，均被它击落，但有一架在坠毁前空投了一枚鱼雷，将之击伤。所以它因维修而错过了莱特湾海战。在太平洋战争最后一两年的战斗中，它共获得 7 枚战役星章，于 1947 年 3 月 7 日退役。后来它被改装为世界上最早的导弹巡洋舰，在 1956 年重新服役，直到 1970 年才彻底退役。

SK 对空搜索雷达天线

Mk4 火控雷达天线

203 毫米三联装主炮塔

127 毫米双联装高平两用炮

40 毫米四联装高炮

Mk51 射击指挥仪

1. 40 毫米四联装高炮
2. 飞机起重机
3. 飞机弹射器
4. 螺旋桨防撞框
5. 203 毫米三联装主炮塔
6. 127 毫米双联装高平两用炮
7. 20 毫米高炮
8. Mk34 主炮指挥仪
9. Mk8 火控雷达天线
10. Mk37 高平两用炮指挥仪
11. Mk4 火控雷达天线
12. SM 战机测向雷达天线
13. SG 对海搜索雷达天线
14. 烟囱
15. 训练炮
16. SK 对空搜索雷达天线
17. 舰桥
18. Mk51 射击指挥仪
19. 锚
20. 旗杆
21. 扫雷具
22. 主炮测距仪
23. 机库

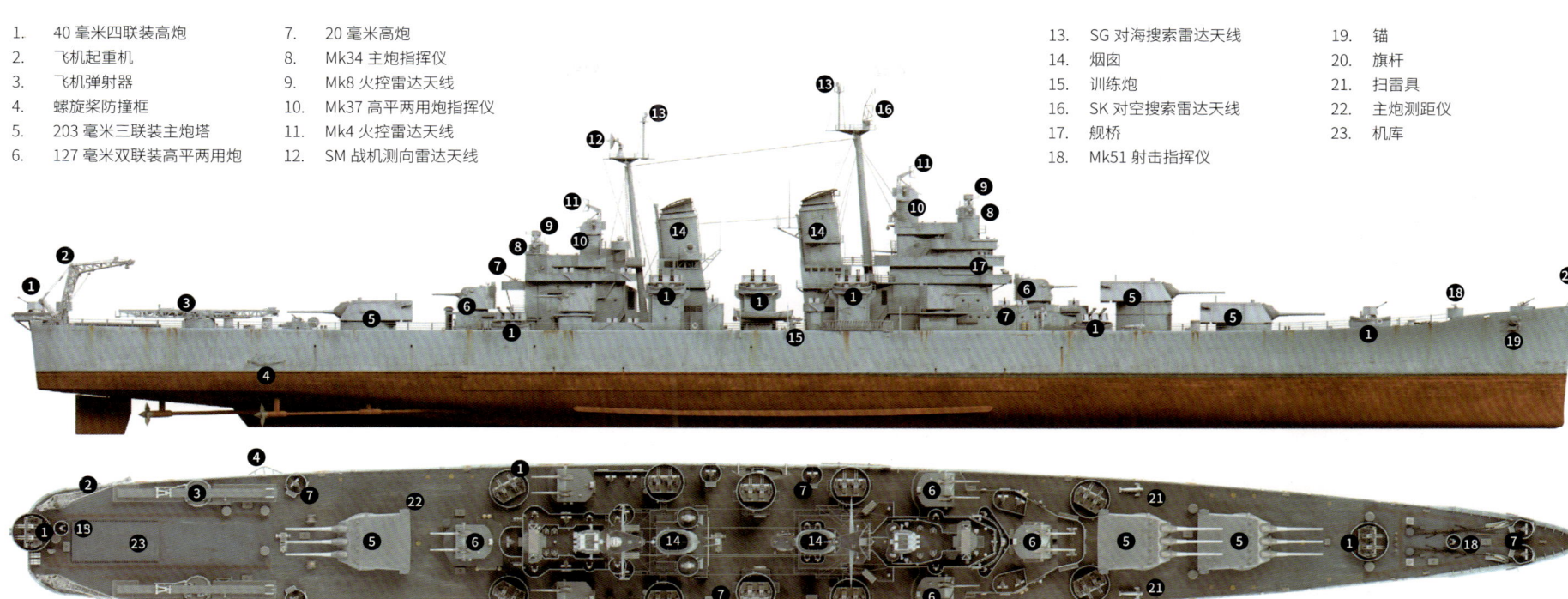

SM 战机测向雷达天线

飞机起重机

飞机弹射器

127 毫米 38 倍径 Mk12 高平两用炮

该舰的 6 座双联装副炮塔采用了 38 倍径的 Mk12 高平两用炮, 炮塔型号是 Mk32 Mod0。它的口径是 127 毫米, 炮管长 4.83 米, 俯仰角度为 -15 度至 +85 度。其弹种有防空通常弹、通常弹、特殊通常弹、带近炸引信的防空弹、照明弹等。发射炮弹时, 炮口初速为 792 米 / 秒, 射速为 15～22 发 / 分钟, 最大射程约 16642 米 (43.3 度), 最大射高为 11339 米 (85 度), 炮管寿命约 4600 发。在穿甲能力方面, 它发射特殊通常弹可在 3660 米的距离上穿透侧面装甲 127 毫米, 在 12620 米的距离上穿透甲板装甲 25 毫米, 而发射防空通常弹可在 9140 米的距离上穿透侧面装甲 38 毫米。

动力

"堪培拉"号采用了 4 台巴布科克·威尔科克斯的水管燃油锅炉, 工作气压为 4.24 兆帕, 蒸汽温度约 454 摄氏度。4 组通用电气的齿轮传动蒸汽轮机输出的总功率为 89484 千瓦, 动力通过 4 根传动轴驱动 4 个四叶螺旋桨, 实现最大速度 33 节。它能够装载 2286 吨燃油, 以 15 节的速度航行 10000 海里 (实际航行时有可能降为 7900 海里)。

防护

该舰的装甲总重量约 1790 吨。它的主装甲带最厚处为 152 毫米, 装甲甲板厚 64 毫米, 舱壁最厚处为 152 毫米。其主炮塔的正面厚 203 毫米, 侧面厚 38～83 毫米, 背面厚 38 毫米, 顶部厚 76 毫米, 而炮座厚 160 毫米。副炮塔的正面厚 25 毫米, 侧面和顶部厚 19 毫米。指挥塔的装甲厚度有 152 毫米、165 毫米和 203 毫米三种记载。

唯一用外国军舰命名的美国军舰

在二战时的美国军舰中, 只有"堪培拉"号这一艘打破了美国军舰命名规则, 以外国军舰命名。在 1942 年 8 月 9 日的萨沃岛海战中, 澳大利亚皇家海军的郡级重巡洋舰"堪培拉"号战沉 (舰名源自澳大利亚首都堪培拉)。为了纪念它, 美国总统罗斯福提议用"堪培拉"命名一艘美国军舰。于是, 正在建造中的巴尔的摩级重巡洋舰"匹兹堡"号被选中, 改名为"堪培拉"号。

武/器/档/案	**WEAPON ARCHIVES**
舰名	"堪培拉"号
舰级	巴尔的摩级
排水量	标准: 13818 吨; 满载: 17304 吨
长宽	205.26 米 ×21.59 米
动力	4 台巴布科克·威尔科克斯锅炉、4 组蒸汽轮机; 89484 千瓦
最大速度	33 节
续航距离	10000 海里 (15 节)
载员	1142 人
雷达	SK 对空搜索雷达、SG 对海搜索雷达等
装甲	主装甲带 152 毫米, 主炮前盾 203 毫米, 甲板 64 毫米
武器	3 座三联装 203 毫米主炮 /6 座双联装 127 毫米高平两用炮 12 座四联装 40 毫米高炮 /24 门 20 毫米高炮
弹射器	2 座
舰载机	4 架水上飞机

Exeter

"埃克塞特"号

▶ **Heavy** Cruiser

"埃克塞特"号 (Exeter, 68) 是英国皇家海军最后的一艘重巡洋舰，是郡级重巡洋舰的缩小改良版。二战时期，它是拉普拉塔河口海战中的英舰主力，在击伤德国装甲舰"施佩伯爵海军上将"号的同时自身也遭到重创。后来它到远东加入 ABDA 舰队，参加了两次爪哇海海战，最终被日舰击沉。

1941 年 3 月，完成改造的"埃克塞特"号

"埃克塞特"号是英国皇家海军约克级重巡洋舰的二号舰 (一号舰是"约克"号)。其舰名源自英国德文郡的郡城埃克塞特市。该级是按郡级重巡洋舰缩小设计，并是其子级诺福克级的改良版。因此"埃克塞特"号相对较轻，装甲也比较薄。

该舰于 1931 年 7 月 27 日服役，具有 3 座双联装的主炮塔，共 6 门 203 毫米主炮。其飞机弹射器原本只有 1 座，后来增加为 2 座，在二战时搭载了 2 架"海象"式水上飞机。

二战时，"埃克塞特"号先隶属南大西洋的 G 舰队，主要在南美洲东海岸搜寻德国海军的商船袭击舰，即"施佩伯爵海军上将"号装甲舰。在 1939 年 12 月 13 日，它带领两艘轻巡洋舰在拉普拉塔河口发现了该装甲舰，双方遂爆发海战。此战主要是它和"施佩伯爵海军上将"号用主炮进行炮战，双方均有损伤。但它的伤更重，不仅几个主炮塔严重损坏，2 架"海象"式水上飞机也被摧毁，而舰桥中的指挥人员更是死伤惨重，全舰近乎报废。因此该战后它维修和改造了一年多的时间。

1941 年 3 月 10 日，它返回大西洋战场，执行了几次巡逻和护航的任务。随后它到远东又执行了几次护航任务，并于 1942 年初加入了盟军的 ABDA 舰队。当时爆发了荷属东印度群岛战役，日军的进攻势头很强。1942 年 2 月 27 日，ABDA 舰队与日军舰队进行了第一次爪哇海海战。这是自 1916 年日德兰海战以来最大规模的水面舰艇海战，ABDA 舰队大败，而"埃克塞特"号又遭重创。它经紧急抢修后，由两艘驱逐舰护航着撤退，但在 3 月 1 日遭遇日军舰队。随后爆发了第二次爪哇海海战，它被日军 4 艘妙高级重巡洋舰等军舰围攻。在重伤准备自沉之际，它被日军驱逐舰用两枚鱼雷命中，最后沉没。

挡浪板

动力

"埃克塞特"号的动力系统是 8 台海军部三鼓式水管燃油锅炉和 4 组帕森斯式齿轮传动蒸汽轮机，输出的总功率为 59656 千瓦。动力通过 4 根传动轴驱动 4 个三叶螺旋桨，实现最大速度 32 节。其设计速度是 32.5 节，但一直没达到过。它能够装载约 1930 吨燃油，以 14 节的速度航行 10000 海里。

防护

该舰的防护能力不强。它的主装甲带最厚处仅 76 毫米，主要保护弹药库和动力舱，其前后的横向舱壁厚 89 毫米。主甲板的平坦处厚 25 毫米，斜坡处厚 38 毫米。弹药库上方的装甲厚 140 毫米，两侧舱壁厚 111 毫米。主炮塔的装甲最厚处为 25 毫米，炮座也只有 25 毫米。这种防护水平使它在遭到日军重巡洋舰和驱逐舰的围攻时，很快就被击沉。

BL 203 毫米 Mk Ⅷ主炮

3 座双联装主炮塔采用了英国皇家海军 50 倍径的 Mk Ⅷ主炮及简化版的 Mk Ⅱ炮塔。其口径为 203 毫米，炮管长 10.16 米，俯仰角度为 -3 度至 +50 度，俯仰速度是 4～5.5 度/秒。其弹种有被帽半穿甲弹、高爆榴弹等。发射被帽半穿甲弹时，炮口初速为 831 米/秒，战斗射速为 3～4 发/分钟，射程约 28030 米 (45 度)，炮管寿命是 550 发。最初英国皇家海军要求该炮的射速要达到 12 发/分钟，后因无法实现降为 6 发/分钟，但在实战中只能达到 3～4 发/分钟。

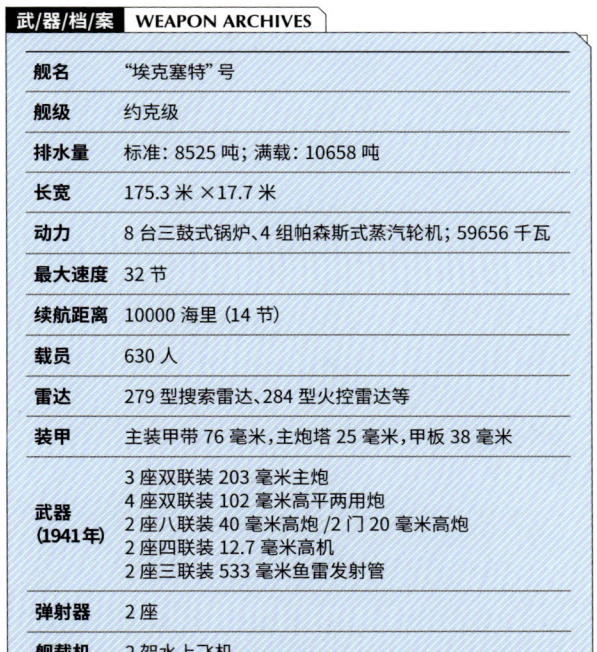

武器档案 WEAPON ARCHIVES	
舰名	"埃克塞特"号
舰级	约克级
排水量	标准：8525 吨；满载：10658 吨
长宽	175.3 米 ×17.7 米
动力	8 台三鼓式锅炉、4 组帕森斯式蒸汽轮机；59656 千瓦
最大速度	32 节
续航距离	10000 海里 (14 节)
载员	630 人
雷达	279 型搜索雷达、284 型火控雷达等
装甲	主装甲带 76 毫米，主炮塔 25 毫米，甲板 38 毫米
武器 (1941年)	3 座双联装 203 毫米主炮 4 座双联装 102 毫米高平两用炮 2 座八联装 40 毫米高炮 /2 门 20 毫米高炮 2 座四联装 12.7 毫米高机 2 座三联装 533 毫米鱼雷发射管
弹射器	2 座
舰载机	2 架水上飞机

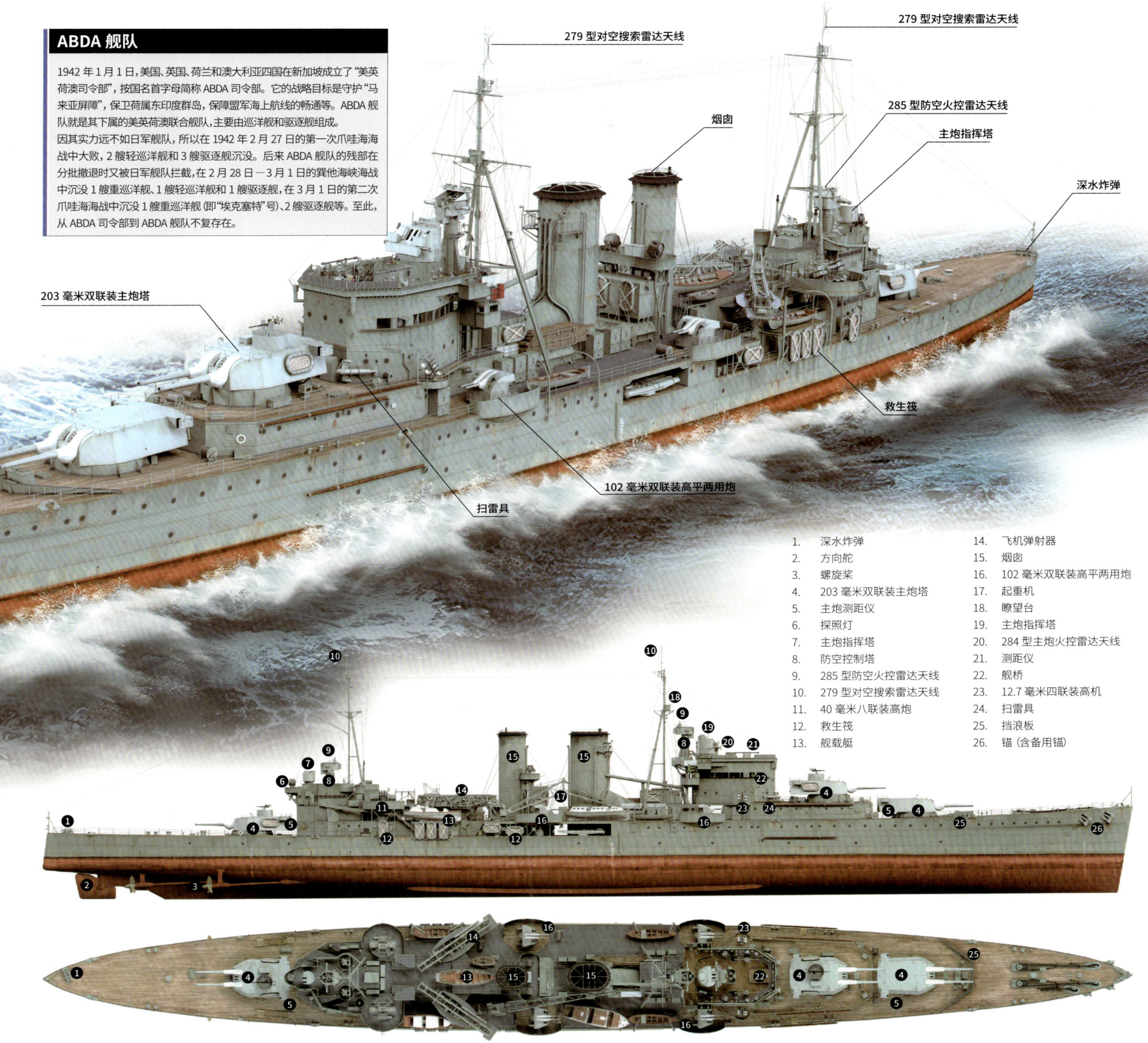

ABDA 舰队

1942年1月1日，美国、英国、荷兰和澳大利亚四国在新加坡成立了"美英荷澳司令部"，按国名首字母简称 ABDA 司令部。它的战略目标是守护"马来亚屏障"，保卫荷属东印度群岛，保障盟军海上航线的畅通等。ABDA 舰队就是其下属的美英荷澳联合舰队，主要由巡洋舰和驱逐舰组成。因其实力远不如日军舰队，所以在1942年2月27日的第一次爪哇海战中大败，2艘轻巡洋舰和3艘驱逐舰沉没。后来 ABDA 舰队的残部在分批撤退时又被日军舰队拦截，在2月28日—3月1日的巽他海峡海战中沉没1艘重巡洋舰、1艘轻巡洋舰和1艘驱逐舰，在3月1日的第二次爪哇海战中沉没1艘重巡洋舰（即"埃克塞特"号）、2艘驱逐舰等。至此，从 ABDA 司令部到 ABDA 舰队不复存在。

279 型对空搜索雷达天线

279 型对空搜索雷达天线

285 型防空火控雷达天线

主炮指挥塔

烟囱

深水炸弹

203 毫米双联装主炮塔

救生筏

扫雷具

102 毫米双联装高平两用炮

1. 深水炸弹
2. 方向舵
3. 螺旋桨
4. 203 毫米双联装主炮塔
5. 主炮测距仪
6. 探照灯
7. 主炮指挥塔
8. 防空控制塔
9. 285 型防空火控雷达天线
10. 279 型对空搜索雷达天线
11. 40 毫米八联装高炮
12. 救生筏
13. 舰载艇
14. 飞机弹射器
15. 烟囱
16. 102 毫米双联装高平两用炮
17. 起重机
18. 瞭望台
19. 主炮指挥塔
20. 284 型主炮火控雷达天线
21. 测距仪
22. 舰桥
23. 12.7 毫米四联装高机
24. 扫雷具
25. 挡浪板
26. 锚（含备用锚）

Prinz Eugen
"欧根亲王"号

德国 **重巡洋舰** ▶ **Heavy** Cruiser

"欧根亲王"号 (Prinz Eugen) 是德国海军的一艘重巡洋舰，被称为"幸运之舰"和"不死之舰"。在丹麦海峡海战中，它协助"俾斯麦"号战列舰击沉了英国的"胡德"号战列巡洋舰。在"地狱犬行动"中，它突破英军封锁直接穿越了英吉利海峡。战后，它经历了两次核爆试验。

1946 年 6 月 14 日，"欧根亲王"号在比基尼环礁核试验区

"欧根亲王"号是德国海军希佩尔海军上将级重巡洋舰的三号舰。其舰名源自奥地利的陆军元帅欧根亲王。该级共完工三艘，除它之外还有"希佩尔海军上将"号和"布吕歇尔"号。"欧根亲王"号与前两艘同级舰不同，它在建造时遭到过英国皇家空军的轰炸，经改造拥有更强的生存防护力。

它于 1940 年 8 月 1 日服役，拥有 4 座双联装的主炮塔，前后各 2 座，共 8 门 203 毫米主炮。它的中部有一座飞机弹射器，舰上可搭载 3 架 Ar 196 水上侦察机。

该舰虽然是重巡洋舰，但外观轮廓与"俾斯麦"号战列舰较像。因此在 1941 年 5 月 24 日的丹麦海峡海战中，它被英国皇家海军派来拦截的"胡德"号战列巡洋舰误判为"俾斯麦"号，并遭到集中打击。但它在炮火中不仅没有受伤，反而让"俾斯麦"号能够从容瞄准"胡德"号进行齐射，从而将之击沉。1942 年 2 月 12 日，德国海军执行"地狱犬行动"。即"欧根亲王"号随同"沙恩霍斯特"号和"格奈森瑙"号战列舰，在白天冒险穿越由英国皇家海军和空军重兵防守的英吉利海峡，返回德国。该次行动十分成功，虽然另两艘德舰在途中多次触雷受伤，但"欧根亲王"号却无伤到达。1944 年 8 月，它到东线参加对苏作战，用炮击支援德国陆军战斗，并执行了撤离伤员和难民的任务。1945 年 5 月 8 日，它向英国皇家海军正式投降，随后作为战利品被美国抽签抽中。于是它被美国海军接管，并用于核爆试验的"十字路口行动"。它前后经受了两次核爆都没有沉没，约 5 个月后才在拖行航海时沉没。

动力

"欧根亲王"号有 12 台瓦格纳式高压水管锅炉，工作气压约 7.1 兆帕，蒸汽温度为 450 摄氏度。蒸汽输送给 3 组"布洛姆 & 福斯"齿轮传动蒸汽轮机，输出的总功率为 101131 千瓦。动力通过 3 根传动轴驱动 3 个直径为 4.1 米的三叶螺旋桨，最大速度约 32.2 节。它可装载 3250 吨左右的燃油，以 20 节的速度航行 6800 海里。值得一提的，当时德国制造的蒸汽轮机可靠性不高，时常出现故障，"欧根亲王"号也受其影响。

防护

"欧根亲王"号比较重视防护力。其主装甲带的最厚处为 80 毫米，延伸到舰首减小为 40 毫米，延伸到舰尾减小为 70 毫米。它的上层甲板厚 30 毫米，装甲甲板厚 50 毫米。防鱼雷隔舱的壁厚为 20 毫米。主炮塔的正面厚 160 毫米（也有记载为 105 毫米），侧面和顶部厚 70 毫米，而炮座厚 80 毫米。指挥塔的侧壁厚 150 毫米，顶部厚 50 毫米。

203 毫米 SK C/34 主炮

该舰的 4 座双联装主炮塔采用了 203 毫米 SK C/34 主炮和 LC/34 炮塔。该炮的口径为 203 毫米，60 倍径，炮长 12.15 米，俯仰角度为 -10 度至 +37 度，俯仰速度是 8 度 / 秒。它的弹种有被帽穿甲弹、半穿甲弹、高爆榴弹和照明弹，还有一种用高爆榴弹改装的防空弹。发射被帽穿甲弹时，炮口初速是 925 米 / 秒，射速为 4～5 发 / 分钟，最大射程为 33500 米 (37 度)，炮管寿命是 300 发 (也有记载是 500 发)。在 9500 米的距离上，它能够穿透 240 毫米的表面硬化装甲；在 20000 米的距离上，它能够穿透 100 毫米的表面硬化装甲。

1945 年 5 月，"欧根亲王"号在北海

武器档案	WEAPON ARCHIVES
舰名	"欧根亲王"号
舰级	希佩尔海军上将级
排水量	标准：14916 吨；满载：19051 吨
长宽	212.5 米 ×21.7 米
动力	12 台燃油锅炉、3 组蒸汽轮机；101131 千瓦
最大速度	32.2 节
续航距离	6800 海里 (20 节)
载员	1600 人
雷达	FuMO 25、FuMO 27 等
装甲	主装甲带 80 毫米，主炮前盾 160 毫米，装甲甲板 50 毫米
武器	4 座双联装 203 毫米主炮 /6 座双联装 105 毫米高炮若干 40 毫米高炮 /8 门 20 毫米高炮 5 座四联装 20 毫米高炮 /4 座三联装 533 毫米鱼雷发射管
弹射器	1 座
舰载机	3 架

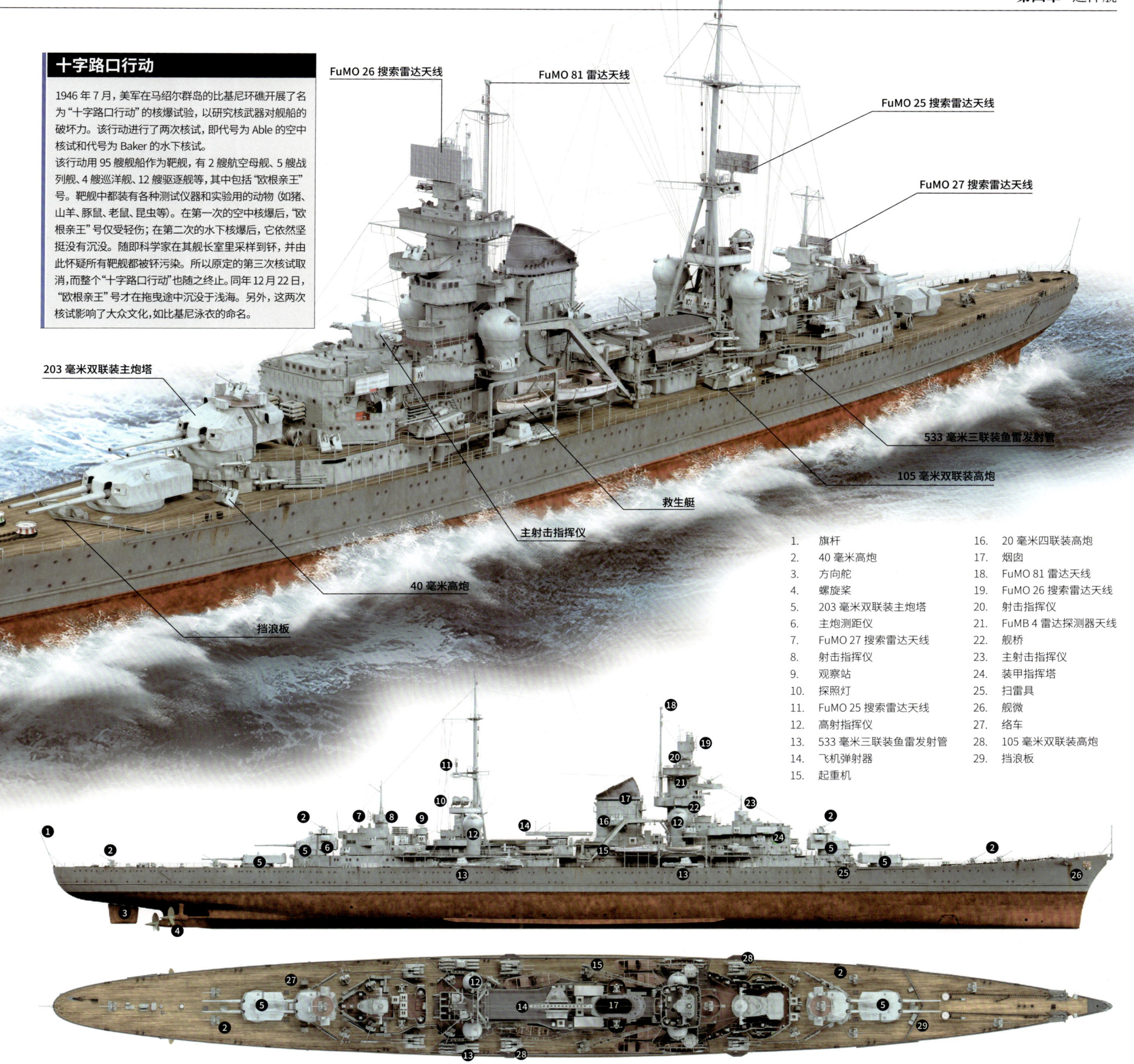

十字路口行动

1946 年 7 月，美军在马绍尔群岛的比基尼环礁开展了名为"十字路口行动"的核爆试验，以研究核武器对舰船的破坏力。该行动进行了两次核试，即代号为 Able 的空中核试和代号为 Baker 的水下核试。

该行动用 95 艘舰船作为靶舰，有 2 艘航空母舰、5 艘战列舰、4 艘巡洋舰、12 艘驱逐舰等，其中包括"欧根亲王"号。靶舰中都装有各种测试仪器和实验用的动物（如猪、山羊、豚鼠、老鼠、昆虫等）。在第一次的空中核爆后，"欧根亲王"号仅受轻伤；在第二次的水下核爆后，它依然坚挺没有沉没。随即科学家在其舰长室里采样到钚，并由此怀疑所有靶舰都被钚污染。所以原定的第三次核试取消，而整个"十字路口行动"也随之终止。同年 12 月 22 日，"欧根亲王"号才在拖曳途中沉没于浅海。另外，这两次核试影响了大众文化，如比基尼泳衣的命名。

FuMO 26 搜索雷达天线

FuMO 81 雷达天线

FuMO 25 搜索雷达天线

FuMO 27 搜索雷达天线

203 毫米双联装主炮塔

533 毫米三联装鱼雷发射管

105 毫米双联装高炮

救生艇

主射击指挥仪

40 毫米高炮

挡浪板

1. 旗杆
2. 40 毫米高炮
3. 方向舵
4. 螺旋桨
5. 203 毫米双联装主炮塔
6. 主炮测距仪
7. FuMO 27 搜索雷达天线
8. 射击指挥仪
9. 观察站
10. 探照灯
11. FuMO 25 搜索雷达天线
12. 高射指挥仪
13. 533 毫米三联装鱼雷发射管
14. 飞机弹射器
15. 起重机
16. 20 毫米四联装高炮
17. 烟囱
18. FuMO 81 雷达天线
19. FuMO 26 搜索雷达天线
20. 射击指挥仪
21. FuMB 4 雷达探测器天线
22. 舰桥
23. 主射击指挥仪
24. 装甲指挥塔
25. 扫雷具
26. 舰微
27. 络车
28. 105 毫米双联装高炮
29. 挡浪板

Atlanta
"亚特兰大"号

美国 轻巡洋舰 ▶ **Light** Cruiser

"亚特兰大"号（Atlanta, CL-51）是美国海军的一艘防空型轻巡洋舰。其特点是装甲薄但防空火力强，适用于舰队防空。在太平洋战争中，它常伴随航母舰队行动，参加了中途岛海战、东所罗门海战等。在瓜达尔卡纳尔海战中，它不仅遭到日舰集中攻击，还被己方的"旧金山"号重巡洋舰误击，最后自沉。

1941 年 11 月，高速航行中的"亚特兰大"号

"亚特兰大"号是美国海军亚特兰大级轻巡洋舰的首舰，舰名源自美国佐治亚州的首府亚特兰大市。该级共有 8 艘，最初是作为驱逐舰队的领舰设计，所以除了主炮是驱逐舰常用的 127 毫米高平两用炮之外，还配有鱼雷发射管、深水炸弹投放架等武器装备。后来，它们作为防空型轻巡洋舰建造并服役，可独立为舰队护航并提供强大的防空火力。

该舰于 1941 年 12 月 24 日服役，拥有高达 8 座的双联装主炮塔，呈前 3 后 5 的布局，共 16 门 127 毫米高平两用炮。当时各国的轻巡洋舰主要装备 152 毫米或 155 毫米的中口径主炮，而"亚特兰大"号的 127 毫米明显偏小，并且其装甲薄弱，所以并不适合参加传统的炮战。但它的高平两用炮数量多，加上防空高炮和 SC-1 对空搜索雷达等，很适合为舰队提供防空掩护，是日军飞机的克星。不过，它没有搭载水上飞机，更没有飞机弹射器、机库等航空设施。这在美国巡洋舰中极为少见。

在 1942 年 6 月上旬的中途岛海战中，"亚特兰大"号为"大黄蜂"号航空母舰护航。在 1942 年 8 月下旬的东所罗门海战中，它为"企业"号航空母舰护航，击落日军 5 架九九舰爆。它还参加圣克鲁斯群岛战役，参与了美军运输船队的护航，并带领驱逐舰对瓜岛的日军阵地进行过炮击。在 1942 年 11 月 13 日的瓜达尔卡纳尔海战中，它作为美军舰队的领头舰遭到多艘日舰的炮弹和鱼雷攻击。当时是黑夜中的混战，它失去动力后在海面漂流，被己方的重巡洋舰"旧金山"号误击，命中 19 发 203 毫米炮弹，舰上的美国海军少将诺曼·斯科特与参谋人员等阵亡。当天它就因重残而选择了自沉。在短暂的服役期中，"亚特兰大"号共获得 5 枚战役星章和总统集体嘉奖。

SC-1 对空（及对海）搜索雷达天线

127 毫米双联装高平两用炮

络车

扫雷具

533 毫米四联装鱼雷发射管

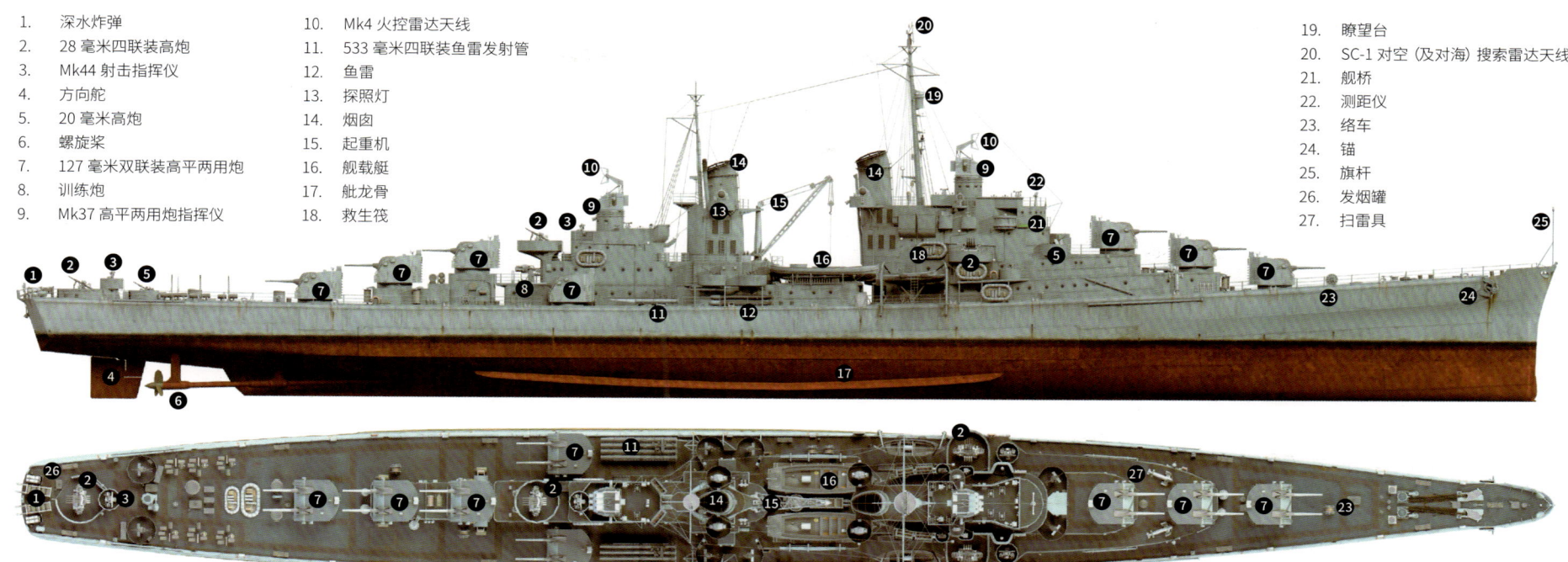

1. 深水炸弹
2. 28 毫米四联装高炮
3. Mk44 射击指挥仪
4. 方向舵
5. 20 毫米高炮
6. 螺旋桨
7. 127 毫米双联装高平两用炮
8. 训练炮
9. Mk37 高平两用炮指挥仪
10. Mk4 火控雷达天线
11. 533 毫米四联装鱼雷发射管
12. 鱼雷
13. 探照灯
14. 烟囱
15. 起重机
16. 舰载艇
17. 舰龙骨
18. 救生筏
19. 瞭望台
20. SC-1 对空（及对海）搜索雷达天线
21. 舰桥
22. 测距仪
23. 络车
24. 锚
25. 旗杆
26. 发烟罐
27. 扫雷具

Mk4 火控雷达天线

Mk37 高平两用炮指挥仪

28 毫米四联装高炮

127 毫米 38 倍径 Mk12 主炮

作为舰队防空舰，"亚特兰大"号的主炮采用了 38 倍径的 Mk12 高平两用炮，炮塔型号是 Mk29。其口径为 127 毫米，炮管长 4.83 米，俯仰角度为 -15 度至 +85 度，俯仰速度是 15 度 / 秒。炮塔的水平旋转速度是 25 度 / 秒。它配备的炮弹以防空通常弹为主，还配有少量的通常弹、特殊通常弹、照明弹等。在发射防空通常弹时，它的炮口初速为 792 米 / 秒，射速为 15～22 发 / 分钟，最大射程约 16642 米 (43.3 度)，最大射高为 11339 米 (85 度)，炮管寿命约 4600 发。

动力

"亚特兰大"号的动力系统比较优秀。它采用了 4 台巴布科克·威尔科克斯的水管燃油锅炉，工作气压约 4.58 兆帕，蒸汽温度为 454 摄氏度。蒸汽传给 2 组西屋电气的齿轮传动蒸汽轮机，输出的总功率约 55928 千瓦。动力通过 2 根传动轴驱动 2 个三叶螺旋桨，实现最大速度 32.5 节。该舰没有采用巡洋舰常见的四轴四桨驱动方式，其双轴双桨单舵的设计更像驱逐舰，毕竟它最初的定位就是驱逐领舰。它能够装载 1360 吨燃油，以 15 节的速度航行 8500 海里，以 25 节的速度航行 3475 海里。

防护

"亚特兰大"号的装甲总重量只有 585.5 吨，以 127 毫米炮弹为防御目标。它的主装甲带最厚处为 95 毫米，最薄处为 28 毫米，主要保护舰体内部的核心区域如动力舱和弹药库。其装甲甲板厚 32 毫米，主炮塔的装甲厚度也是 32 毫米，指挥塔的侧壁厚 64 毫米，另外弹药库单独用 32 毫米装甲进行了加固。它因皮薄而最怕炮战，但最后偏偏倒在日舰和友舰的炮火下。

解开"亚特兰大"号的雷达之谜

据说"亚特兰大"号轻巡洋舰在 1942 年春季安装了一部 SC-1 对空搜索雷达（也可侦测海面舰船），提高了防空能力。不过在相关历史照片中，却看不到其"弹簧床"平板样式的雷达天线，因此带来它究竟有无搜索雷达的争议。

在这张 1942 年 6 月 6 日的中途岛海战照片中，前面是"亚特兰大"号，后面是"大黄蜂"号航空母舰。按记录此时它已安装雷达，但其主桅的顶部确实没有雷达天线。由于它是唯一参加该战的美军轻巡洋舰，并且任务也正好是为"大黄蜂"号护航，因而照片中不会是其他同级舰。进行资料查询后，发现原来是因为战时保密，当时的照片审查员故意将其雷达天线给抹除了。如果仔细看看桅杆顶部，有一点小污渍，可能就是抹除后的残迹。

中途岛海战时的"亚特兰大"号

武/器/档/案 **WEAPON ARCHIVES**	
舰名	"亚特兰大"号
舰级	亚特兰大级
排水量	标准：6826 吨；满载：8474 吨
长宽	165 米 ×16.2 米
动力	4 台巴布科克·威尔科克斯锅炉、2 组蒸汽轮机；55928 千瓦
最大速度	32.5 节
续航距离	8500 海里 (15 节)
载员	673 人
雷达	SC-1 对空搜索雷达 (1942 年)
装甲	主装甲带 95 毫米，主炮塔 32 毫米，装甲甲板 32 毫米
武器	8 座双联装 127 毫米高平两用炮 4 座四联装 28 毫米高炮 8 门 20 毫米高炮 /2 座四联装 533 毫米鱼雷发射管

Cleveland
"克利夫兰"号

美国 **轻巡洋舰** ▶ **Light** Cruiser

"克利夫兰"号 (Cleveland, CL-55) 是美国海军的一艘万吨级轻巡洋舰，排水量超过很多重巡洋舰。在二战中，它不仅为航母舰队护航，提供防空掩护，还为登陆战提供炮火支援等。它参加过"火炬行动"、伦内尔岛海战、布莱克特海峡海战、奥古斯塔皇后湾海战、菲律宾海海战等。

1942 年底，"克利夫兰"号在海上航行（注意其主炮已瞄准拍照的飞机）

"克利夫兰"号是美国海军克利夫兰级轻巡洋舰的首舰，舰名源自美国俄亥俄州的克利夫兰市。该级共建造 27 艘，是当时建造数量最多、吨位最大的轻巡洋舰，并且在战争中无一沉没。值得一提的是，美国海军的 9 艘独立级轻型航空母舰就是用该级舰体改建的。

该舰于 1942 年 6 月 15 日服役，具有 4 座三联装的主炮塔，前后各有两座，共 12 门 152 毫米主炮。其舰尾处有 2 座飞机弹射器以及机库、起重机等航空设施，可搭载 4 架水上飞机。飞机的机型先是 SOC"海鸥"，后是 OS2U"翠鸟"。

在二战中，"克利夫兰"号于 1942 年 11 月参加了进攻北非的"火炬行动"，为登陆部队提供炮火支援。

在 1943 年 1 月底，它参加了伦内尔岛海战，主要对日本飞机进行防空作战。3 月，它参加了布莱克特海峡海战，11 月参加了奥古斯塔皇后湾海战。1944 年 3 月，它为埃米劳岛登陆提供炮火支援，6 月参加了菲律宾海海战，9 月参加了帕劳群岛战役。1945 年 2 月，它为科雷吉多岛登陆提供炮火支援，然后还执行了一系列占领日本的支援任务。最后它于 1947 年 2 月 7 日退役。在整个二战中，它不仅获得过海军集体嘉奖，还获得了 13 枚战役星章。

SP 战机测向雷达天线

SG 对海搜索雷达天线

SK 对空搜索雷达天线

Mk8 火控雷达天线

Mk34 主炮指挥仪

Mk37 高平两用炮指挥仪

127 毫米双联装高平两用炮

152 毫米三联装主炮塔

20 毫米高炮

救生筏

布莱克特海峡海战

1943 年 3 月 6 日凌晨，在所罗门群岛的库拉湾，美军执行岸轰任务的 3 艘轻巡洋舰和 3 艘驱逐舰遭遇日军执行完运输任务后返航的 2 艘驱逐舰，遂爆发夜间炮战。此战美军的舰载雷达发挥了很大的作用，如"克利夫兰"号用 SG 对海搜索雷达及时发现了日军驱逐舰，并且各舰通过 Mk8 火控雷达进行精准炮击。"克利夫兰"号的 152 毫米主炮共发射了 177 发穿甲弹，127 毫米高平两用炮共发射了 88 发对空通用弹。由于日军驱逐舰没有装备雷达，因而被美军炮击时还以为碰到了空袭。最后日军的"村雨"号和"峰云"号驱逐舰被击沉，而美军无损失。

此次海战的规模较小，据说没有正式的官方命名。美军通常称其为布莱克特海峡海战或第一次库拉湾海战，而日军称为维拉·斯坦莫尔夜战。

1. 飞机起重机
2. 飞机弹射器
3. 方向舵
4. 螺旋桨
5. 152 毫米三联装主炮塔
6. 127 毫米双联装高平两用炮
7. Mk37 高平两用炮指挥仪
8. Mk4 火控雷达天线
9. Mk34 主炮指挥仪
10. Mk8 火控雷达天线
11. SP 战机测向雷达天线
12. 烟囱
13. 探照灯
14. 40 毫米四联装高炮
15. SG 对海搜索雷达天线
16. SK 对空搜索雷达天线
17. 舰桥
18. 锚
19. 20 毫米高炮
20. 旗杆
21. 螺旋桨防撞框
22. 机库

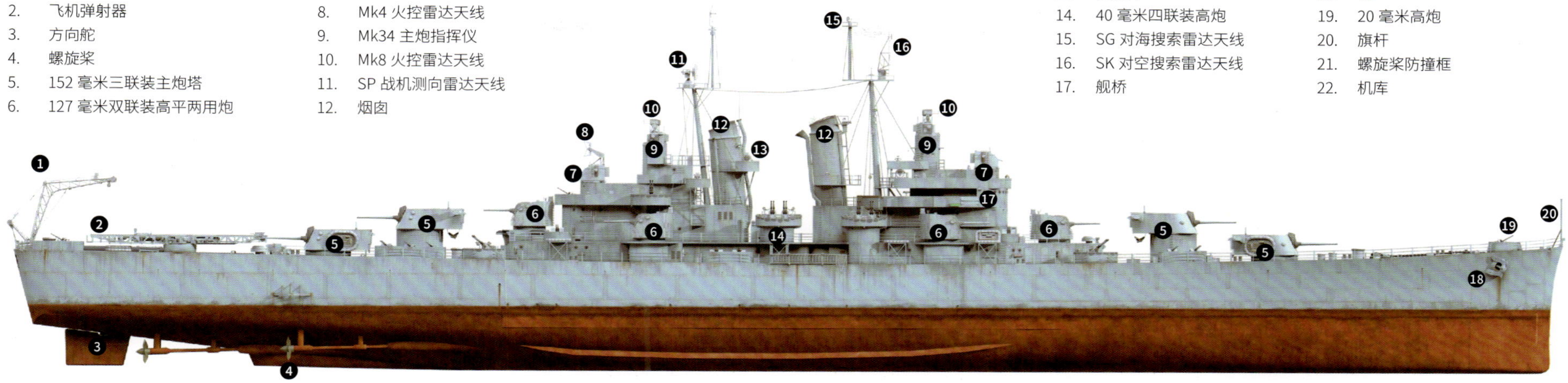

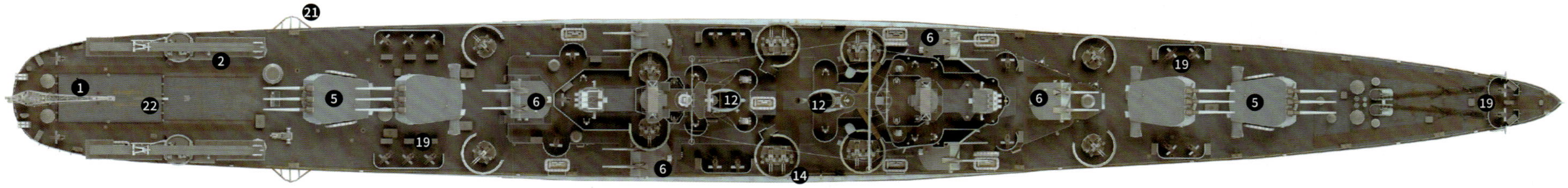

飞机起重机

飞机弹射器

螺旋桨防撞框

152 毫米 47 倍径 Mk16 主炮

其 4 座三联装主炮塔采用了 47 倍径的 Mk16 主炮。该炮的口径是 152 毫米，炮管长 7.17 米，俯仰角度为 -5 度至 +40 度（后来增至 +60 度），俯仰速度为 11 度 / 秒。炮塔的水平旋转速度是 10 度 / 秒。它所配置的弹种有穿甲弹、高爆榴弹（含防空弹）、照明弹等。发射穿甲弹时，炮口初速为 762 米 / 秒，射速约 8～10 发 / 分钟，最大射程约 23881 米（47.5 度），炮管寿命为 750～1050 发。

防护

该舰的装甲比较厚实，装甲总重量达 1468 吨。其主装甲带上部厚 127 毫米，下部厚 89 毫米。在水平防护方面，它的装甲甲板厚 51 毫米。主炮塔的正面厚 165 毫米，侧面和顶部厚 76 毫米，背面厚 38 毫米，而炮座厚 152 毫米。副炮塔的正面、侧面、炮座等装甲厚度均为 32 毫米。指挥塔的侧壁厚 127 毫米，顶部厚 64 毫米。它本来装甲就重，后来还在不断增加武器、电子设备等，从而就变得超重。

动力

"克利夫兰"号的动力系统比较成熟。它有 4 台巴布科克·威尔科克斯的水管燃油锅炉，工作气压约 4.37 兆帕。产生的蒸汽传输给 4 组通用电气的齿轮传动蒸汽轮机，输出的总功率约 74570 千瓦。动力通过 4 根传动轴驱动 4 个四叶螺旋桨，实现最大速度 32.5 节。该舰的燃油装载量约 2409 吨，以 15 节的速度可航行 11000 海里。

武器/档案 WEAPON ARCHIVES

舰名	"克利夫兰"号
舰级	克利夫兰级
排水量	标准：11933 吨；满载：14358 吨
长宽	186 米 ×20.2 米
动力	4 台巴布科克·威尔科克斯锅炉、4 组蒸汽轮机；74570 千瓦
最大速度	32.5 节
续航距离	11000 海里（15 节）
载员	1255 人
雷达	SK 对空搜索雷达、SG 对海搜索雷达等
装甲	主装甲带 127 毫米，主炮塔 165 毫米，甲板 51 毫米
武器	4 座三联装 152 毫米主炮 6 座双联装 127 毫米高平两用炮 2 座四联装 40 毫米高炮 13 门 20 毫米高炮等
弹射器	2 座
舰载机	4 架水上飞机

1944 年 3 月 28 日，"克利夫兰"号的舰员正在接受检阅

Belfast

"贝尔法斯特"号

英国 轻巡洋舰 ▶ **Light** Cruiser

"贝尔法斯特"号 (Belfast, C35) 对标的是日本海军的最上级轻巡洋舰。二战期间，它担任英国皇家海军巡洋舰中队的旗舰，不仅参加了对德国的海上封锁和对盟军船队的护航，还参加了北角海战、诺曼底战役等。

1950 年 5 月 16 日，"贝尔法斯特"号在日本吴市

"贝尔法斯特"号属于英国皇家海军的城级轻巡洋舰，其子舰级为爱丁堡级，而舰名源自北爱尔兰首府贝尔法斯特。城级轻巡洋舰共有 10 艘，分为三个子舰级。其中南安敦级有 5 艘，格洛斯特级有 3 艘，爱丁堡级有 2 艘。它们在二战中有 4 艘被击沉，有 5 艘退役后拆解，只有"贝尔法斯特"号作为博物馆舰保存至今。

该舰于 1939 年 8 月 5 日服役，具有 4 座三联装的主炮塔，前后各有两座，共 12 门 152 毫米主炮。它有一座飞机弹射器和两个机库，日常搭载两架"海象"式水上飞机。由于它有完善的预警雷达和火控雷达，所以在二战中后期其航空设施陆续被移除，就连机库都被改为舰员宿舍。

早在英国对德国宣战前，刚服役的"贝尔法斯特"号就参加了一场叫"希佩尔行动"的演习，在里面扮演一艘试图闯入大西洋开展破交战的德国袭击舰（即"希佩尔海军上将"号重巡洋舰）。在该演习中，它穿过了危险的彭特兰海峡，从而避开了英国本土舰队的围剿。

在英国对德国宣战后，它在北大西洋巡逻，拦截德国舰船。1939 年 11 月它被水雷炸伤，进行了半年多的维修和改装。此后它不仅增加了高炮，还安装了很多雷达。1942 年，它作为第 10 巡洋舰中队的旗舰参加了盟军北极船团的护航。1943 年，它参加了北角海战，最先遭遇德国的"沙恩霍斯特"号战列舰，并用雷达保持跟踪，协助"约克公爵"号战列舰等将之击沉。1944 年，它参加了诺曼底战役，通过炮轰德军滩头阵地和纵深城镇来支援盟军的地面作战（其主炮共发射了 1996 发炮弹）。1945 年，它为对日作战进行了

改装，增加了大量的高炮以防日军神风特攻队的自杀攻击，还升级了各种雷达等。随后它到达悉尼，担任英国太平洋舰队第 2 巡洋舰中队的旗舰。在它正准备率队进攻日本本土时，日本宣布无条件投降。最后，它于 1963 年 8 月 24 日退役，并被改装为博物馆舰。

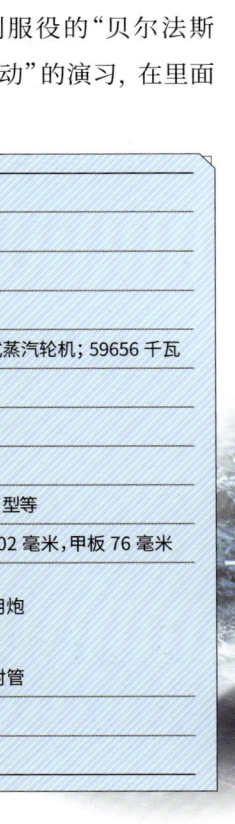

武/器/档/案	WEAPON ARCHIVES
舰名	"贝尔法斯特"号
舰级	城级（子舰级为爱丁堡级）
标准排水量	10587 吨（海试）
长宽	187 米 ×19.3 米
动力	4 台三鼓式锅炉、4 组帕森斯式蒸汽轮机；59656 千瓦
最大速度	32.5 节
续航距离	12200 海里（12 节）
载员	850 人
雷达	277Q 型、978 型、293Q 型、960M 型等
装甲	主装甲带 114 毫米，主炮塔 102 毫米，甲板 76 毫米
武器（1939 年）	4 座三联装 152 毫米主炮 6 座双联装 102 毫米高平两用炮 2 座八联装 40 毫米高炮 2 座四联装 12.7 毫米高机 2 座三联装 533 毫米鱼雷发射管
弹射器	1 座
舰载机	2～3 架水上飞机

293Q 型预警雷达天线

978 型水面预警和导航雷达天线

277Q 型预警和测高雷达天线

274 型主炮火控雷达天线

主炮指挥控制塔

152 毫米三联装主炮塔

40 毫米高炮

高射指挥仪

1. 旗杆
2. 导缆钳
3. 方向舵
4. 螺旋桨
5. 152 毫米三联装主炮塔
6. 主炮指挥控制塔
7. 274 型主炮火控雷达天线
8. 40 毫米高炮
9. 262 型高射火控雷达天线
10. 烟囱
11. 960M 型远程空中预警雷达天线
12. 102 毫米双联装高平两用炮
13. 高射指挥仪
14. 舰载艇
15. 起重机
16. 293Q 型预警雷达天线
17. 978 型水面预警和导航雷达天线
18. 277Q 型预警和测高雷达天线
19. 275 型炮瞄具
20. 无线电测向仪天线
21. 挡浪板
22. 锚

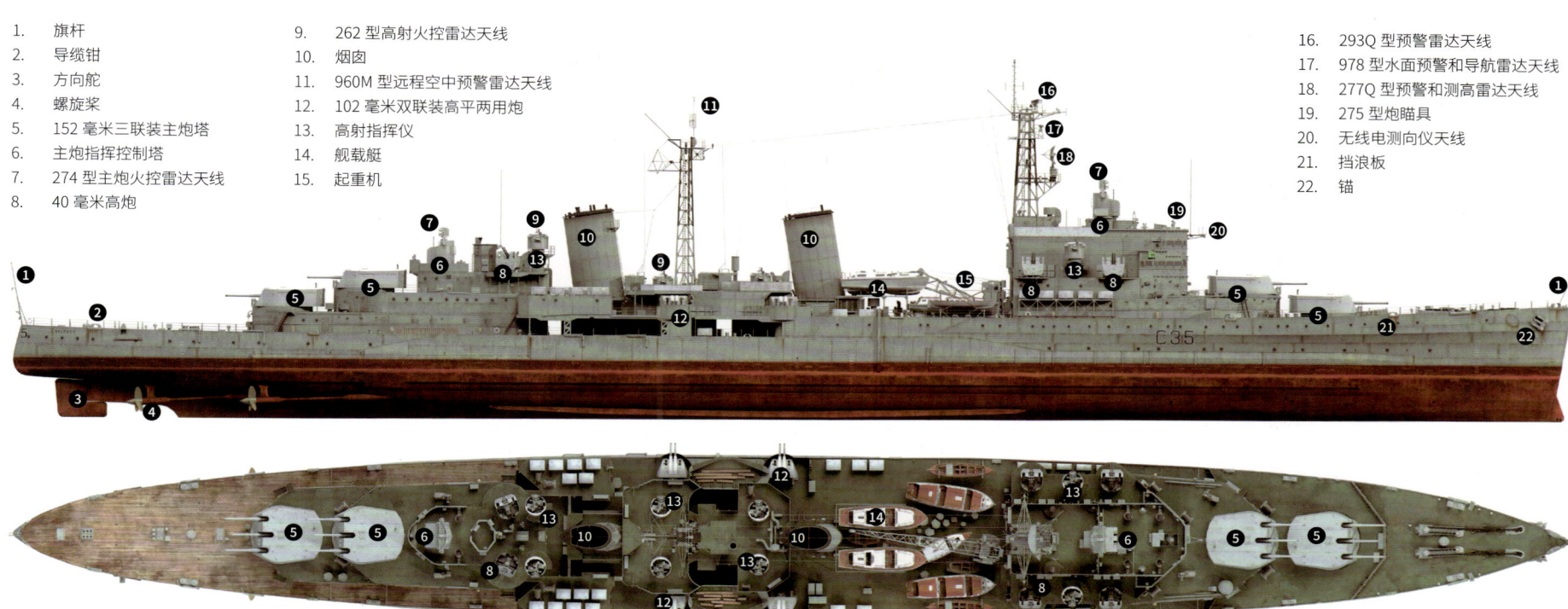

960M 型远程空中预警雷达天线

102 毫米双联装高平两用炮

动力

该舰具有 4 台海军部三鼓式水管燃油锅炉,工作气压是 2.41 兆帕,蒸汽温度为 343 摄氏度。蒸汽供应给 4 组帕森斯式高低压单级减速齿轮蒸汽轮机,输出总功率为 59656 千瓦。动力通过 4 根传动轴驱动4 个三叶螺旋桨,转速为 300 转 / 分钟,实现最大速度 32.5 节。它能够装载 2439 吨燃油(也有 2022 吨等记录),以 12 节的速度航行 12200 海里。

BL 152 毫米 Mk XXIII 主炮

4 座三联装主炮塔采用了 50 倍径的 Mk XXIII 主炮,炮塔型号也为 Mk XXIII。最初它是计划安装4 座四联装主炮塔,这样不仅增加了主炮的数量,也增强了齐射时的火力。但在测试时,它们射出的炮弹容易互相干扰甚至碰撞,散布范围过大,所以这个方案被否决。该炮的口径为 152 毫,炮管长 7.62 米,俯仰角度为 -5 度至 +45 度,俯仰速度为 10 度 / 秒。炮塔水平旋转的速度是 5~7 度 / 秒。它的弹种主要是风帽尖头通常弹(后来改名为风帽半穿甲弹)和高爆榴弹。在发射前者时,炮口初速为 823 米 / 秒,实际射速约

防护

"贝尔法斯特"号的主装甲带厚 114 毫米,横向舱壁厚 64 毫米。在水平防护方面,其弹药库上方的装甲甲板厚 76 毫米,动力舱上方的装甲甲板厚 51 毫米。主炮塔的正面装甲厚 102 毫米,侧面和顶部厚 51 毫米。副炮塔(102 毫米高平两用炮)的装甲较薄,厚度为 16 毫米。

76 毫米
114 毫米
水线
舰体装甲

博物馆舰

很多国家的海军都有将自己退役的名舰捐出,改装为博物馆的传统。这样不仅可以使战绩彪炳的军舰免于报废拆解,还能作为景点长期供人参观和纪念。如英国的"胜利"号风帆战列舰、美国的"密苏里"号战列舰等。

"贝尔法斯特"号就是英国继"胜利"号之后的又一艘博物馆舰,后来它还被列入英国的"国家历史舰队"。它在退役时差点被报废拆解,幸好经过老兵们的力争和社会各界的支援,最终被改装为博物馆舰,并停驻于伦敦塔桥旁接待游客。

游客对它的参观分为三部分。一是"舰上生活",如厨房、洗衣房、医务室、教堂、餐厅等。二是"内部作业",如锅炉房、发动机舱、操控室、弹药库等。三是"战斗岗位",如舰桥、炮塔等。另外,它的有些舱室还被开辟为主题展览区。

博物馆舰"贝尔法斯特"号

5~6 发 / 分钟,最大射程是 23300 米(45 度),炮管寿命为 1100 发。在 11430 米的距离上,它能够穿透侧面装甲 76 毫米;在 20120 米的距离上,它能够穿透甲板装甲 51 毫米。

Leander
"利安德"号

英国 **轻巡洋舰** ► **Light** Cruiser

"利安德"号（Leander, 75）是英国皇家海军的一艘轻巡洋舰，后来转入新西兰皇家海军。它活跃于太平洋、印度洋、地中海等地。它在印度洋击沉了一艘意大利辅助巡洋舰，并俘获一艘维希法国的商船。它还参加了英伊战争、叙黎战役等，最后在第二次库拉湾海战中遭日军鱼雷重创，在维修时迎来二战胜利。

1945 年，"利安德"号在海上航行

"利安德"号是英国皇家海军利安德级轻巡洋舰的首舰，舰名源自希腊神话中的人物勒安德洛斯。该级的设计源于约克级重巡洋舰，共建造了 5 艘，均在战间期竣工服役。其中有两艘是在新西兰服役，包括利安德号。

该舰于 1933 年 3 月 24 日服役，拥有 4 座双联装的主炮塔，前后各有两座，共 8 门 152 毫米主炮。它原有 4 门 102 毫米高炮，后来改为 4 座双联装。在航空设施方面，它有一座飞机弹射器及起重机，日常搭载一架"海象"式水上飞机，执行搜索、轰炸等任务。

有趣的是，二战时"利安德"号在搜索德国的伪装巡洋舰时，被己方的水上飞机误判为德国的袖珍战列舰，幸好没有发生误击。后来随着防空需求的增加，它为了安装大量的 20 毫米和 40 毫米高炮，陆续移除了飞机弹射器及水上飞机，还有 3 号主炮塔等。

"利安德"号原本是在英国皇家海军的新西兰支队，后者于 1941 年 10 月 1 日更名为新西兰皇家海军，它也就跟着转入。在二战期间，它不仅执行过大量的盟军船队护航任务，还执行过不少搜索德国破交舰的任务。

1941 年 2 月 27 日，它在印度洋的马尔代夫击沉了意大利的一艘辅助巡洋舰。3 月 23 日，它在印度洋的毛里求斯和马达加斯加之间俘获了维希法国的一艘商船。4 月它参加了英伊战争，6 月参加了叙黎战役。1943 年 7 月 13 日，它参加了第二次库拉湾海战，被日军驱逐舰发射的一枚鱼雷重创。就在其大修与全面改装期间，二战结束。后来它回到英国皇家海军，最终于 1948 年 2 月退役。

279 型对空搜索雷达天线

瞭望台

起重机

测距仪

152 毫米双联装主炮塔

533 毫米四联装鱼雷发射管

希腊神话中的勒安德洛斯

勒安德洛斯是阿卑多斯市镇的一位男青年。他每晚都会游过达达尼尔海峡去与女祭司赫洛相会，而赫洛会在塔楼上点燃火把为他指路。但有天晚上风暴吹灭了火把，勒安德洛斯因迷路而溺亡。后来，波涛将其遗体推送到岸边，恋人赫洛看到后在悲伤中跳海自杀。

赫洛与勒安德洛斯

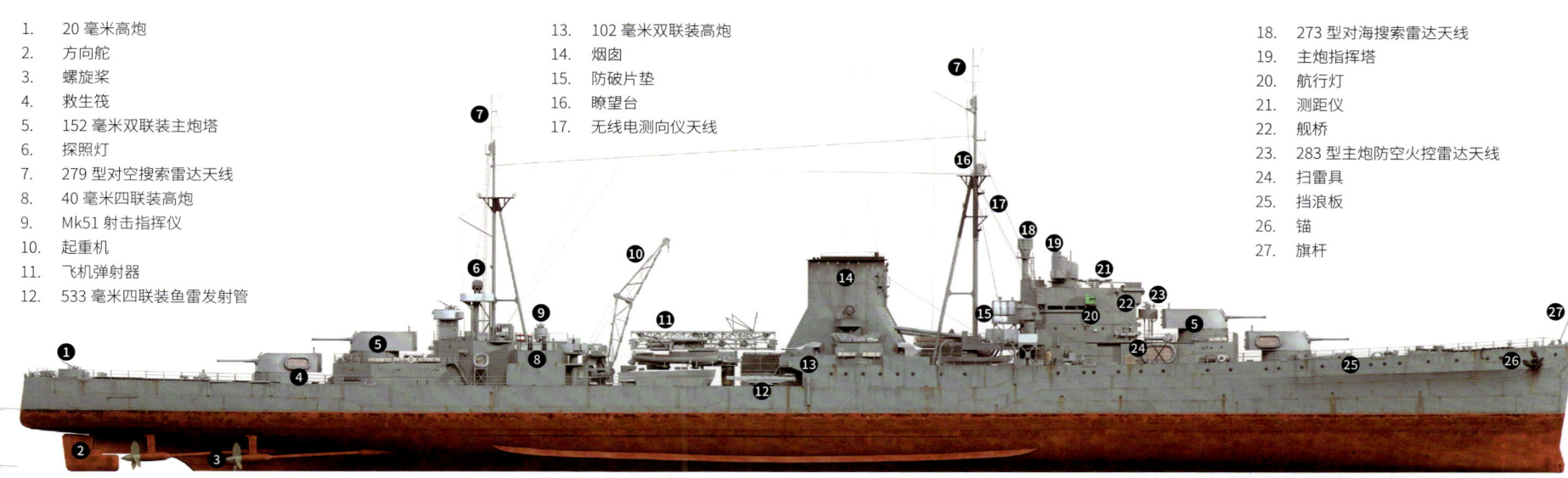

1. 20 毫米高炮
2. 方向舵
3. 螺旋桨
4. 救生筏
5. 152 毫米双联装主炮塔
6. 探照灯
7. 279 型对空搜索雷达天线
8. 40 毫米四联装高炮
9. Mk51 射击指挥仪
10. 起重机
11. 飞机弹射器
12. 533 毫米四联装鱼雷发射管

13. 102 毫米双联装高炮
14. 烟囱
15. 防破片垫
16. 瞭望台
17. 无线电测向仪天线

18. 273 型对海搜索雷达天线
19. 主炮指挥塔
20. 航行灯
21. 测距仪
22. 舰桥
23. 283 型主炮防空火控雷达天线
24. 扫雷具
25. 挡浪板
26. 锚
27. 旗杆

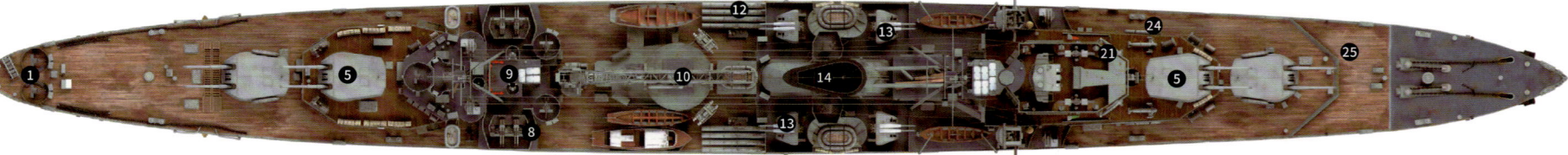

探照灯

武器/档案 WEAPON ARCHIVES

舰名	"利安德"号
舰级	利安德级
排水量	标准：7387 吨；满载：9896 吨
长宽	169 米 ×16.8 米
动力	6 台三鼓式锅炉、4 组帕森斯式蒸汽轮机；53690 千瓦
最大速度	32.5 节
续航距离	7500 海里（15 节）
载员	570 人
雷达	273 型、284 型、285 型、291 型等
装甲	装甲带 102 毫米，主炮塔 25 毫米，甲板 32 毫米
武器	4 座双联装 152 毫米主炮 /4 座双联装 102 毫米高炮 /3 座四联装 12.7 毫米高机 /2 座四联装 533 毫米鱼雷发射管
弹射器	1 座
舰载机	1 架水上飞机

动力

"利安德"号的动力系统有 6 台海军部三鼓式水管燃油锅炉和 4 组帕森斯式减速齿轮蒸汽轮机，输出总功率为 53690 千瓦。动力通过 4 根传动轴驱动 4 个三叶螺旋桨，最大速度为标准的 32.5 节。舰体内部的动力布局比较简单，两个锅炉房和两个轮机舱都集中在一起没有分散布置，并且只用一个烟囱排气。这在当时的英国巡洋舰中独一无二，如果战斗时锅炉房、轮机舱或烟囱遭到一处破坏，那么其动力就很容易瘫痪。在续航能力方面，它能装载约 1780 吨燃油，以 15 节的速度航行 7500 海里。当然这是理想状态，实际航程要短一些。

防护

该舰的装甲总重量是 845 吨，防护力比不少同等排水量的舰船强。它舷侧的装甲带厚 102 毫米，主要保护水线处的轮机舱。主甲板厚 32 毫米，弹药库的侧壁厚 98 毫米。主炮塔的正面、侧面、背面和顶部装甲均厚 25 毫米，炮座的厚度也是 25 毫米。

BL 152 毫米 Mk XXIII 主炮

该舰那 4 座双联装的主炮塔采用的是 50 倍径的 Mk XXIII 主炮，炮塔型号为 Mk XXI。该炮在英国的轻巡洋舰上装备较多，但其炮塔各不相同。它的口径是 152 毫米，炮管长 7.62 米，俯仰角为 -5 度至 +60 度，俯仰速度为 10 度 / 秒。虽然其仰角较大，但防空能力有限。炮塔水平旋转的速度是 5～7 度 / 秒。其弹种有风帽尖头通常弹、被帽尖头通常弹（二战使用较少）、高爆榴弹、训练弹等。其炮口初速为 841 米 / 秒，射速约 6～8 发 / 分钟，最大射程是 23300 米（45 度），炮管寿命为 1100 发。

1938 年左右，"利安德"号配属的"海象"式水上飞机（该机在 1939 年 7 月因事故失踪）

Leipzig
"莱比锡"号

"莱比锡"号 (Leipzig) 是综合性能最好的德国轻巡洋舰之一。二战时期，它在波罗的海拦截波兰军舰，在北海执行布雷任务，并为己方舰队和船队护航。在入侵苏联的巴巴罗萨行动中，它为德国陆军提供炮火支援。后来它与"欧根亲王"号重巡洋舰相撞，受损严重难以修复，从而多执行辅助任务。战后，它被改为军营船。

1939 年初的"莱比锡"号

"莱比锡"号是德国海军莱比锡级的轻巡洋舰，其舰名源自德国萨克森州的城市莱比锡。它作为柯尼斯堡级轻巡洋舰的改进型，于 1931 年 10 月 8 日进入国家海军服役。1932—1933 年，它在波罗的海进行训练。1934 年，它到基尔军港进行了一系列的改装升级。1936 年，它在西班牙内战期间参与了不干涉巡逻，其间据称遭到过鱼雷袭击。

该舰具有 3 座三联装的主炮塔，呈前 1 后 2 的布局，共 9 门 150 毫米主炮。值得一提的是，它能装载 120 枚水雷，所以在二战时经常执行布雷任务。其航空设施在舰桥和烟囱之间，有一座飞机弹射器及起重机等，可搭载 2 架 Ar 196 水上侦察机。

1939 年 9 月德国入侵波兰，"莱比锡"号随德国舰队去拦截逃离波罗的海的波兰军舰，未获成功。随后，它与其他巡洋舰一起在北海布雷，其间还到北欧的斯卡格拉克海峡骚扰盟军船队，并护送"沙恩霍斯特"号和"格奈森瑙"号战列舰以及其他德国舰船通过该海峡。11 月 7 日，它与炮术训练舰"布雷姆斯"号相撞，维修了一周。之后它到英国附近海域布雷，遭到英国潜艇和轰炸机的攻击，回港维修时被暂时改为训练舰。

1936 年的"莱比锡"号

测距仪

探照灯

起重机

舰桥

军营船

军营船也叫兵营船或宿舍船，多由受损严重，不能航行或不能作战的舰船改装而来，也有专门建造或改造的。德国、日本、美国等海军都有军营船，不仅供自己的海军官兵居住和办公，有时也供陆军、工人甚至战俘居住。大多时候，军营船只是过渡性的海上宿舍，暂时缓解港口或海岛上营房不足的问题。

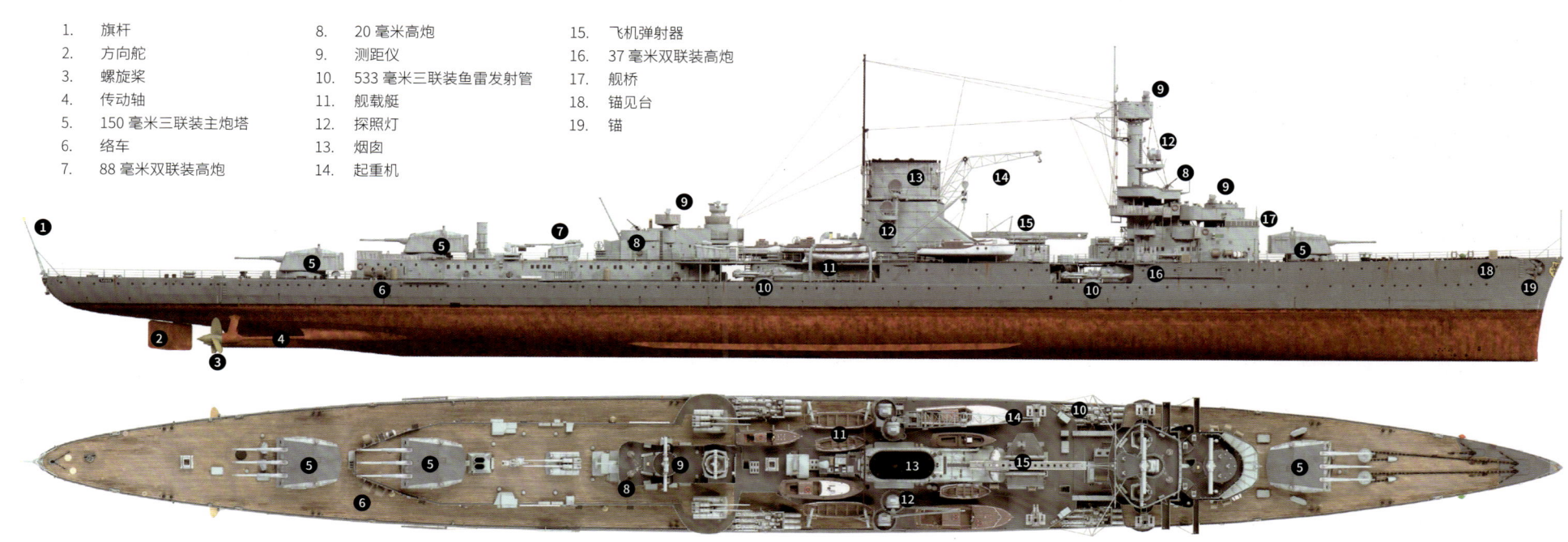

1. 旗杆
2. 方向舵
3. 螺旋桨
4. 传动轴
5. 150 毫米三联装主炮塔
6. 络车
7. 88 毫米双联装高炮
8. 20 毫米高炮
9. 测距仪
10. 533 毫米三联装鱼雷发射管
11. 舰载艇
12. 探照灯
13. 烟囱
14. 起重机
15. 飞机弹射器
16. 37 毫米双联装高炮
17. 舰桥
18. 锚见台
19. 锚

150 毫米三联装主炮塔

533 毫米三联装鱼雷发射管

1941 年 6 月德国入侵苏联的巴巴罗萨行动开始，它在波罗的海为德国陆军提供炮火支援。1942 年它成为训练舰队的旗舰，从事训练工作。1944 年 9 月，它在波罗的海执行护航及运输任务。10 月，它去装载水雷时与"欧根亲王"号重巡洋舰相撞，遭到不可修复的重创。1945 年 3 月，残废的它为败退中的德国陆军提供炮火支援，并用极慢的航速运送难民。德国战败投降后，它被划归德国扫雷管理局，成为一艘军营船。最后，它于 1946 年 7 月 20 日在斯卡格拉克海峡自沉。

动力

"莱比锡"号具有双动力系统，除了 6 台水管燃油锅炉和 2 组蒸汽轮机，还有 4 台曼恩公司的 7 缸二冲程往复式柴油发动机。它们输出的总功率约 53862 千瓦。动力通过 3 根传动轴驱动 2 个直径为 4.25 米的三叶螺旋桨和 1 个直径为 3 米的三叶螺旋桨，实现最大速度 32 节。该舰只有一个烟囱排放废气。有趣的是，1939 年英国潜艇用鱼雷炸坏了它的两个锅炉房，返港维修时它有 4 台锅炉被拆除，相关空间被改建成了宿舍。在仅用柴油发动机提供动力时，它能以 10 节的速度航行 3900 海里。

150 毫米 SK C/25 主炮

3 座三联装主炮塔采用了 150 毫米 SK C/25 主炮，炮塔型号为 Drh Tr C/25。其实际口径为 149.1 毫米，60 倍径，炮长 9.08 米，俯仰角度为 -10 度至 +40 度，俯仰速度为 6 度 / 秒。这些主炮塔水平旋转的速度是 6～8 度 / 秒。它的弹种有被帽穿甲弹、半穿甲弹、高爆榴弹和照明弹，还有一种用高爆榴弹改装的防空弹。发射被帽穿甲弹时，炮口初速为 960 米 / 秒，射速为 6～8 发 / 分钟，最大射程是 25700 米 (40 度)，炮管寿命为 500 发。另外，它没有配备防空指挥仪，所以发射防空弹只是为了用弹幕干扰敌机的攻击。

防护

该舰的防护能力不强。它的主装甲带最厚处为 50 毫米，最薄处仅 20 毫米。其主甲板装甲的水平处厚 20 毫米，斜坡处厚 25 毫米。主炮塔正面厚 30 毫米，其他处厚 20 毫米，而炮座厚 30 毫米。指挥塔的侧壁厚 100 毫米。如此防护水平，导致"莱比锡"号虽然二战打满了全场，但很多时候都是带伤在各处奔波，并且常常不是在维修就是在充当训练舰。

武/器/档/案	WEAPON ARCHIVES
舰名	"莱比锡"号
舰级	莱比锡级
排水量	标准：6720 吨；满载：8562 吨
长宽	177.1 米 ×16.3 米
动力	6 台锅炉、2 组蒸汽轮机和 4 台柴油发动机；53862 千瓦
最大速度	32 节
续航距离	3780 海里 (15 节)
载员	850 人 (后期)
雷达	FuMO 24/25 (1943 年)
装甲	主装甲带 50 毫米，主炮塔 30 毫米，主甲板 25 毫米
武器(1939年)	3 座三联装 150 毫米主炮 /3 座双联装 88 毫米高炮 /4 座双联装 37 毫米高炮 /4 门 20 毫米高炮 /4 座三联装 533 毫米鱼雷发射管 /120 枚水雷
弹射器	1 座
舰载机	2 架

Duca degli Abruzzi
"阿布鲁齐公爵"号

意大利 轻巡洋舰 ▶ **Light** Cruiser

"阿布鲁齐公爵"号（Duca degli Abruzzi）是意大利皇家海军最好的轻巡洋舰。它在火力、防护与速度之间实现了近乎完美的平衡。它活跃于地中海，二战前参加了对阿尔巴尼亚的占领，二战时参加了蓬塔斯蒂洛海战、马塔潘角海战等，并且在战后成为意大利海军的旗舰。

"阿布鲁齐公爵"号属于意大利皇家海军的佣兵队长级轻巡洋舰，子舰级为阿布鲁齐公爵级，而舰名源自意大利海军上将与探险家阿布鲁齐公爵。佣兵队长级有 5 个子舰级，共 12 艘轻巡洋舰，二战时全部在地中海服役。阿布鲁齐公爵级是其第 5 个子舰级，一号舰是"阿布鲁齐公爵"号，二号舰是"加里波第"号。因为这两艘都是在 1936 年 4 月 21 日下水，所以该级有时也被称为加里波第级。

在"阿布鲁齐公爵"号之前，意大利的轻巡洋舰重视火力与速度，轻视防护。而它重视火力与防护，并且速度也只牺牲了一点。它的装甲防护与意大利的扎拉级重巡洋舰相近，强于当时世界上大多数的轻巡洋舰。

该舰于 1937 年服役，具有 2 座三联装和 2 座双联装的主炮塔，共 10 门 152 毫米主炮。在舰体中部有 2 座飞机弹射器，搭载了 4 架 Ro.43 水上侦察机。

1939 年 4 月，"阿布鲁齐公爵"号参加了对阿尔巴尼亚的占领行动。由于当地反抗较弱，整个意大利舰队只对其市镇进行了几次齐射。二战时期，它与同

级舰"加里波第"号组成第 8 巡洋舰分队，并作为旗舰驻扎在塔兰托军港。1940 年 7 月 9 日，它参加了蓬塔斯蒂洛海战。这是在英意两国舰队之间爆发的一场海空大战，意大利舰队有 2 艘战列舰、14 艘巡洋舰和 16 艘驱逐舰，英国舰队有 1 艘航空母舰、3 艘战列舰、5 艘巡洋舰和 16 艘驱逐舰。双方炮战比较激烈，但结果是战术平局，即双方军舰各有轻伤，各自返航。但意大利海军在战略上失败了，经营多年的地中海防御体系没能发挥作用。1941 年 3 月底，它参加了马塔潘角海战。该战是英澳两国舰队迎战意大利舰队，后者因旗舰被重创，3 艘重巡洋舰和 2 艘驱逐舰沉没而失败。后来"阿布鲁齐公爵"号还参加了一系列护航和巡逻行动，并加装了德制雷达等。战后，它进行了现代化改造，于 1956 年成为意大利海军的旗舰，直到 1961 年退役。

1938 年，"阿布鲁齐公爵"号进行海试

FuMO 21 搜索雷达天线

主炮火控指挥塔

152 毫米双联装主炮塔

152 毫米三联装主炮塔

100 毫米双联装高平两用炮

绞盘

阿布鲁齐公爵

在历史上，阿布鲁齐公爵的全名叫路易吉·阿梅迪奥·朱塞佩·玛利亚·费尔南多·弗朗西斯科·迪·萨伏伊（1873 年 1 月 29 日—1933 年 3 月 18 日）。他出生于西班牙的首都马德里，是西班牙国王阿玛迪奥一世的第三子，也是意大利国王维托里奥·埃马努埃莱三世的堂弟。他在一战期间担任意大利海军上将，因从事北极探险和登山探险而闻名，如攀登圣埃利亚斯山、乔戈里峰等。他于晚年时在意属索马里建设了同名的阿布鲁齐公爵村。

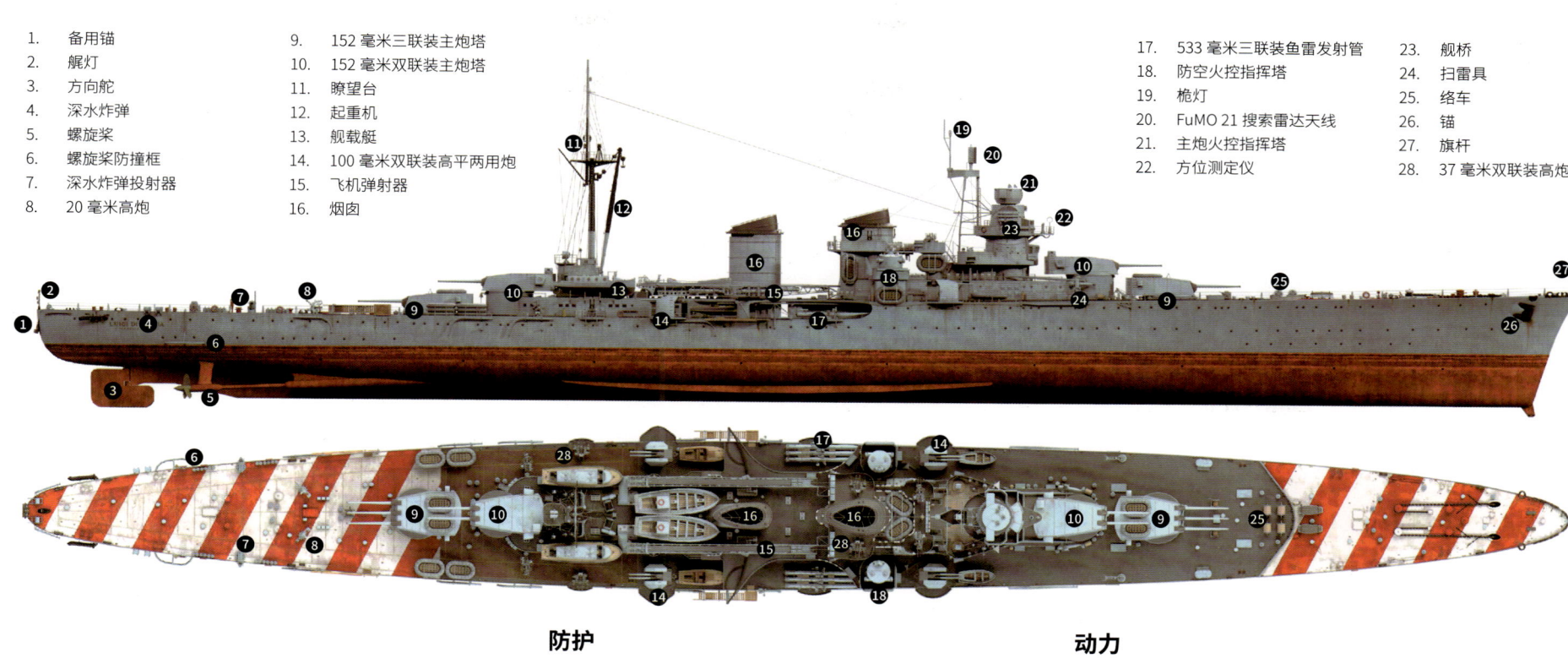

1. 备用锚
2. 舷灯
3. 方向舵
4. 深水炸弹
5. 螺旋桨
6. 螺旋桨防撞框
7. 深水炸弹投射器
8. 20 毫米高炮
9. 152 毫米三联装主炮塔
10. 152 毫米双联装主炮塔
11. 瞭望台
12. 起重机
13. 舰载艇
14. 100 毫米双联装高平两用炮
15. 飞机弹射器
16. 烟囱
17. 533 毫米三联装鱼雷发射管
18. 防空火控指挥塔
19. 桅灯
20. FuMO 21 搜索雷达天线
21. 主炮火控指挥塔
22. 方位测定仪
23. 舰桥
24. 扫雷具
25. 络车
26. 锚
27. 旗杆
28. 37 毫米双联装高炮

防护

"阿布鲁齐公爵"号的防护力很强，装甲总重量达 2131 吨。它舷侧的外层装甲带厚 30 毫米，内层的主装甲带厚 100 毫米，两者之间还有隔舱缓冲。这种结构设计是为了将敌方的炮弹在撞击到主装甲带之前就引爆，从而使它近距离能抵御 152 毫米炮弹，中远距离能抵御 203 毫米炮弹。其主甲板的装甲厚 40 毫米，上层甲板厚 15 毫米。主炮塔的正面装甲厚 135 毫米，炮座厚 100 毫米。指挥塔的侧壁装甲厚 140 毫米。

152 毫米 55 倍径 Model 1934 主炮

2 座三联装主炮塔和 2 座双联装主炮塔都采用了 152 毫米 55 倍径 Model 1934 主炮。在二战时期意大利所有的 152 毫米口径火炮中，该炮是最精准的，特别是发射穿甲弹时。它的炮管长 8.38 米，俯仰角度为 -5 度至 +45 度，炮塔水平旋转的角度约 ±120 度。它的弹种有穿甲弹、高爆榴弹、防空弹等。发射穿甲弹时，炮口初速是 910 米 / 秒，射速是 4～5 发 / 分钟，最大射程是 25740 米 (45 度)。在 14000 米的距离上，它能够穿透侧面装甲 86 毫米；在 18000 米的距离上，它能够穿透侧面装甲 40 毫米。

动力

该舰的动力系统有 8 台亚罗式水管重油锅炉和 2 组帕森斯式减速齿轮蒸汽轮机，输出总功率为 74570 千瓦。动力通过 2 根传动轴驱动 2 个三叶螺旋桨，速度高达 34 节。但在服役期间，它实际的最大速度是 31 节。它能装载 1650 吨重油，以 13 节的速度可航行 4125 海里，以 31 节的速度可航行 1900 海里。

武/器/档/案	WEAPON ARCHIVES
舰名	"阿布鲁齐公爵"号
舰级	佣兵队长级 (子舰级为阿布鲁齐公爵级)
排水量	正常：11090 吨；满载：11761 吨
长宽	187 米 ×18.9 米
动力	8 台亚罗式锅炉、2 组帕森斯式蒸汽轮机；74570 千瓦
最大速度	34 节
续航距离	4125 海里 (13 节)
载员	640 人
雷达	FuMO 21 (德制)
装甲	舷侧 130 毫米，主炮塔 135 毫米，主甲板 40 毫米
武器	2 座三联装 152 毫米主炮 /2 座双联装 152 毫米主炮 4 座双联装 100 毫米高平两用炮 4 座双联装 37 毫米高炮 /12 门 20 毫米高炮 2 座三联装 533 毫米鱼雷发射管 2 具深水炸弹投射器
弹射器	2 座
舰载机	4 架水上飞机

深水炸弹

舷灯

发烟管

37 毫米双联装高炮

"阿布鲁齐公爵"号主炮齐射

Rawalpindi
"拉瓦尔品第"号

英国 武装商船巡洋舰

▶ **Armed Merchant** Cruiser

"拉瓦尔品第"号（Rawalpindi）是英国 P&O 航运公司的一艘 R 级远洋客轮，二战前被英国皇家海军征用，加装舰炮后成为武装商船巡洋舰。二战时它参与了对德国进行海上封锁的北方巡逻。后来它遭遇德国战列舰"沙恩霍斯特"号和"格奈森瑙"号，双方发生炮战，最终它被击沉。

作为 R 级远洋客轮的三号船，其船名源自当时英属印度的拉瓦尔品第市。该级共建造了四艘，其他三艘是一号船"兰普拉"号、二号船"兰契"号和四号船"拉杰普塔纳"号。二战前，它们在伦敦与孟买之间的远洋航线上运营，往返运送乘客、货物、邮件等。后来，英国皇家海军征用了它们，加装舰炮后成为武装商船巡洋舰（属于辅助巡洋舰），在二战期间执行护航、巡逻、封锁等任务。

"拉瓦尔品第"号于 1925 年 9 月 3 日竣工交付，然后投入远洋商业运营。在试航时，它的速度达到了 19.6 节，比设计的最高航速 17 节快了两节多。在 1939 年 8 月 26 日，它被英国海军部征用，然后进行了一系列改造。它安装了 8 门一战时期的 152 毫米老式舰炮，以及 2 门 76 毫米高炮，船体也涂上了灰色。从此，它作为一艘武装商船巡洋舰开始服役。其舰员主要是预备役军人，包括退休老人，如舰长爱德华·肯尼迪就是 60 岁的老兵。值得一提的是，"拉瓦尔品第"号的后烟囱是用于通风的假烟囱，所以后来就被拆除了。

P&O 航运公司

该公司的全称为 Peninsular and Oriental Steam Navigation Company，即半岛和东方蒸汽航运公司，也叫大英轮船公司、铁行轮船公司。其前身是半岛蒸汽航运公司，它于 1837 年在英格兰和伊比利亚半岛之间开展定期航运服务，负责运送旅客、邮件等。1840 年，它与跨大西洋蒸汽船公司合并，并将航运业务拓展至东方。因此合并后的新公司就叫半岛和东方蒸汽航运公司，英文简称 P&O，总部设于英国伦敦，后来成为百年航运品牌。在二战时期，该公司共有 179 艘船因战争沉没。

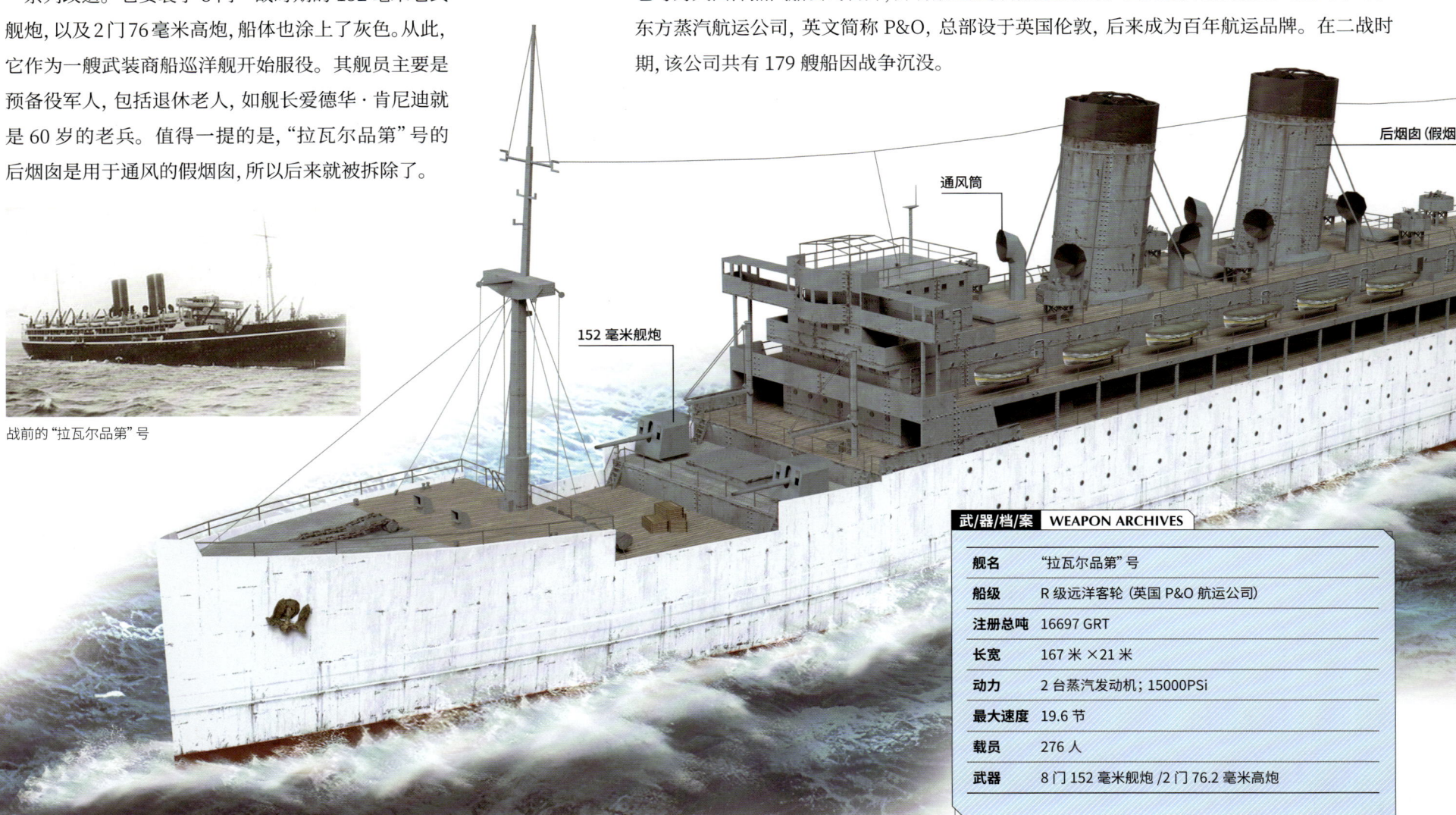

战前的"拉瓦尔品第"号

通风筒

后烟囱（假烟囱）

152 毫米舰炮

武器/档案	WEAPON ARCHIVES
舰名	"拉瓦尔品第"号
船级	R 级远洋客轮（英国 P&O 航运公司）
注册总吨	16697 GRT
长宽	167 米 ×21 米
动力	2 台蒸汽发动机；15000PSi
最大速度	19.6 节
载员	276 人
武器	8 门 152 毫米舰炮 /2 门 76.2 毫米高炮

二战时期,"拉瓦尔品第"号参加了对德国进行海上封锁的北方巡逻。1939年10月19日,它在丹麦海峡拦截了德国油轮"贡岑海姆"号,后者为避免被俘而自沉。1939年11月23日,它拦截了一艘瑞典货轮,派出登船队将其押走后继续巡逻。当日下午三点半,它在法罗群岛西北处发现一艘不明军舰。因为情报显示附近只有德国装甲舰"德意志"号在活动,所以它出现误判,不知道对面其实是德国战列舰"沙恩霍斯特"号。随后,德国战列舰"格奈森瑙"号也出现。此时"沙恩霍斯特"号以为"拉瓦尔品第"号只是一艘普通的英国货轮,因此仅进行了警告射击,要它弃船。面对当时德国最强大的两艘军舰,"拉瓦尔品第"号并未投降,它施放烟幕试图进行躲避。当发现无法脱身后,其舰长决定迎战,由此法罗群岛海战爆发。

在该海战中,"拉瓦尔品第"号抢先向"沙恩霍斯特"号和"格奈森瑙"号各打出一轮齐射,虽有命中但造成的伤害极微。这两艘德国战列舰发现它是武装商船巡洋舰后,立即还击对它进行了几轮齐射。由于"拉瓦尔品第"号没有装甲防护,很快就被击沉。虽然这是一场实力悬殊且毫无悬念的海战,但"拉瓦尔品第"号勇猛无畏的精神在当时鼓舞了整个英国。

舱口盖

QF 76.2 毫米 20cwt 高炮

"拉瓦尔品第"号装备的 QF 76.2 毫米 20cwt 高炮是一战老炮。这里的 cwt 指长担,20 长担是该炮的炮管和炮尾总重量(1 长担约 50.8 千克,20 长担即 1016 千克)。

此炮的口径是 76.2 毫米,45 倍径,炮长 3.63 米,俯仰角度是 -10 度至 +90 度,俯仰和水平旋转均为人工操作。它所装备的弹种主要是高爆弹和照明弹。发射高爆弹时,炮口初速为 617~640 米 / 秒,射速约 12~14 发 / 分钟,最大射程是 11810 米(40 度),最大射高是 7680 米,炮管寿命为 1250 发。

QF 76.2 毫米 20cwt 高炮

BL 152 毫米 Mk VII主炮

该舰配备的 BL 152 毫米 45 倍径 Mk VII主炮在一战时期被英国军舰广泛使用。它也被用作陆军野战炮及铁路炮、海岸炮等。此炮的口径是 152 毫米,炮管长约 6.85 米,俯仰角度是 -7 度至 +20 度,其俯仰和水平旋转均为人工操作。它的弹种有风帽尖头通常弹、被帽尖头通常弹、高爆榴弹等。炮口初速为 784 米 / 秒(轻装药)和 846 米 / 秒(重装药),实际射速为 4 发 / 分钟。该炮的最大射程是 16340 米(20 度),采用的是高爆榴弹及特殊装药。当使用被帽尖头通常弹时,它能在 2740 米的距离上穿透侧面装甲 51 毫米。

武装商船巡洋舰

武装商船巡洋舰的英文是 Armed Merchant Cruiser,简称 AMC。二战时期为了缓解军舰数量不足的问题,英国皇家海军征用了大量的远洋客轮改装为武装商船巡洋舰,用于保护盟军海上航线的安全,特别是为运输船队护航。有时它们也执行巡逻、封锁等任务。武装商船巡洋舰属于辅助巡洋舰,不是正规军舰。虽然其名字叫巡洋舰,但只是安装了几门巡洋舰级别的老旧舰炮,既缺少装甲防护也缺乏雷达、火控等,防空火力更是薄弱。其航行速度也远远跟不上海军舰队,只能伴随运输船队或独自行动。

二战时期,盟军的武装商船巡洋舰有 57 艘。其中加拿大有 3 艘,澳大利亚有 2 艘,新西兰有 1 艘,其余都是英国的。武装商船巡洋舰最知名的战例就是法罗群岛海战:英军的"拉瓦尔品第"号不甘被俘,单舰挑战德国的"沙恩霍斯特"号和"格奈森瑙"号战列舰,虽死犹荣。不过,实战证明武装商船巡洋舰确实不适合参与海战,所以后来很多被改为运兵船。

1. 舱口盖	5. 后烟囱(假烟囱)	9. 露天棚
2. 救生艇	6. 通风筒	10. 起重机
3. 152 毫米舰炮	7. 前烟囱	11. 前桅
4. 后桅	8. 舰桥	12. 锚

ENCYCLOPEDIA OF
NAVAL WEAPON
WORLD WAR II

第五章

驱逐舰
DESTROYER

驱逐舰 —— 忠实的护卫与战场多面手。

驱逐舰是一种可对空、对陆、对海以及对潜攻击的多用途军舰，在各国海军中都是重要的舰种之一。在二战时，它是作战舰队和运输船队不可或缺的护卫与支援力量，能够执行鱼雷攻击、炮火打击以及反潜、防空等战斗任务，并具有侦察、巡逻、警戒、搜救、运输等职能，有着"海上多面手"之称。

驱逐舰虽然远远小于战列舰和巡洋舰，也不承担海上决战等重任，但其平台综合性强。如武器方面它有高平两用主炮、防空高炮及高射机枪、鱼雷、深水炸弹等，装备声呐甚至雷达等系统，并且航速高、机动灵活。所以它几乎参与了二战时期所有的海战、登陆行动和护航行动。各国海军对其需求量很大，如美国仅弗莱彻级驱逐舰就有 175 艘之多。

在 1944 年 10 月的萨马岛海战中，美军执行护航任务的弗莱彻级驱逐舰"约翰斯顿"号为了保护 6 艘护航航空母舰及登陆部队，主动向日本主力舰队发起冲锋。后者有 4 艘战列舰、8 艘巡洋舰和 11 艘驱逐舰。它用舰炮和鱼雷进行攻击，为友舰争取时间，最终因伤重而沉没。其舰长被追授美国最高军事勋章 —— 荣誉勋章。

在 1940 年 4 月的挪威战役中，英国皇家海军本土舰队的 G 级驱逐舰"萤火虫"号遭遇德国海军的"希佩尔海军上将"号重巡洋舰。在激战中"萤火虫"号身负重伤，最后直接撞向"希佩尔海军上将"号，将之撞伤后自己也爆炸沉没。其行为令"希佩尔海军上将"号的舰长感动，他通过红十字会向英国表扬了"萤火虫"号舰长的勇气，使之被追授英联邦最高军事勋章 —— 维多利亚十字勋章。

Yukikaze
"雪风"号

"雪风"号(Yukikaze)是完全按照日本海军需求而建造的舰队驱逐舰,曾是世界上单舰战斗能力最强的驱逐舰。它参加过中途岛海战、第一次所罗门海战、南太平洋海战等 16 场以上的海战,一直很少受伤,是世界第一的幸运舰。

它是日本阳炎级驱逐舰的八号舰。该级驱逐舰是日本摆脱《华盛顿海军条约》和《伦敦海军条约》后,根据自身海军建设思想来设计和生产的舰队驱逐舰。阳炎级共建造了 19 艘(包括"秋云"号),只有"雪风"号这一艘幸存到二战后。

"雪风"号于 1940 年服役,在太平洋战争中随着战事变化其舰载装备进行过多次改装,如增加了防空高炮的数量、安装了几种雷达系统等。它原本是以鱼雷攻击为重,改装后其防空火力仅次于日军专业的防空驱逐舰秋月级。

"雪风"号参加过的战斗很多,如拉莫湾登陆支援、万鸦老攻略作战、泗水海战、中途岛海战、第一次所罗门海战、南太平洋海战、第三次所罗门海战、俾斯麦海海战、科隆班加拉岛海战、莱特湾海战、坊之岬海战等。同时,它还执行过很多护航、运输、救援等任务。其友舰被美军大量击沉,而它却每次都近乎无伤。因此,它被称为"不死鸟""奇迹的驱逐舰""超机敏舰""幸运舰"等,其顽强或叫幸运堪称世界第一。

1939 年 12 月的"雪风"号

瞭望台

罗经舰桥

25 毫米双联装机炮

127 毫米双联装主炮塔

锚见台

名舰"雪风"

二战结束后,日本的《文艺春秋》杂志邀请三川军一、渊田美津雄、千早正隆等 36 名战争亲历者,从日本海军的 637 艘军舰中投票选出 5 艘名舰。结果"大和"号战列舰以 20 票获得第 1 名,"瑞鹤"号航空母舰以 12 票获得第 2 名,而"雪风"号驱逐舰以 11 票获得第 3 名。这些投票者从舰队司令到普通士兵,从造船人员到随舰记者,范围广泛。他们对"雪风"号的评价有:"战争中最得力的驱逐舰""出击不停、东奔西走,一直活到战后的名驱逐舰""它的活跃程度与航空母舰一样,是最华丽的"等。

不死鸟"雪风"

无论是在战时的日本海军中，还是在战后的战史研究者、作家和读者群体中，"雪风"号驱逐舰一直都很传奇。

从一方面来看，"雪风"号是日本海军的克星。被它护航的军舰或运输船往往非死即伤，甚至护谁谁亡，并且与它同队的驱逐舰也常被克得一个不剩。譬如由它护航的"金刚"号战列舰、"信浓"号航空母舰、"大和"号战列舰等都在各自途中被美军击沉。再如它加入第十六驱逐队后，除它之外的另三艘同级舰两沉一重伤，剩它一艘；加入第十七驱逐队后，除它之外的另四艘同级舰全沉，并且后来补充的一艘也在空袭中沉没，还是剩它一艘。"雪风"号这样的传奇很多，其实一个个考证下来，大多属于战时日本海军的迷信和战后作家的牵强附会。这些舰船的沉没主要是因为当时的对手美军太强，不管有没有"雪风"号其结局都一样。

从另一方面来看，"雪风"号自身确实一直走好运。它从不避战，自始至终都保持着战斗力，而且不管战斗打得多惨烈它都难以受伤，即使受伤也属于影响不大的"小破"。如被美军的炮弹和火箭弹命中但都是哑弹，被鱼雷攻击但鱼雷从舰底下面穿过，撞上水雷但离开后水雷才爆炸等。当然，它真正的幸运是来自舰长的指挥得当、舰员的训练有素和舰载装备的先进。"雪风"号的历任舰长都是经验丰富的指挥官，团队训练也十分专业，加上当时日本海军很多新式装备如逆探、电探等都率先装备它，所以它就拥有超出常规的战斗力和生存力。

探照灯

防雷具

610 毫米四联装鱼雷发射管

1940 年 1 月，"雪风"号在日本佐世保附近航行

武/器/档/案 WEAPON ARCHIVES	
舰名	"雪风"号
舰级	阳炎级
排水量	标准：2033 吨；满载：2530 吨
长宽	118.5 米 ×10.8 米
动力	3 台舰本式锅炉、2 组舰本式蒸汽涡轮机；38776 千瓦
最大速度	35.5 节
续航距离	6000 海里（18 节）
载员	239 人
声呐	九三式水中探信仪和水中听音机
雷达（1943 年）	22 号对海电探、13 号对空电探和 E27 型逆探
武器（前期）	3 座双联装 127 毫米主炮、2 座双联装 25 毫米机炮 2 座四联装 610 毫米鱼雷发射管 1 具深水炸弹投射器

九二式四联装 610 毫米鱼雷水上发射管

　　二战时, 英、美等国的驱逐舰主要用于护航和支援, 强调反潜、防空等能力。而日本主要是将驱逐舰编成战队用于对舰攻击, 强调高速性能和鱼雷攻击能力。"雪风"号装有 2 座九二式四联装 610 毫米鱼雷水上发射管 (含快速装填设备), 携带九三式氧气鱼雷 16 枚。这套鱼雷系统日本海军从巡洋舰到驱逐舰都在使用。

　　九三式氧气鱼雷是当时世界上最先进的鱼雷之一, 其射程、速度、威力和可靠性均强于美军 Mk 15 等鱼雷。它使日军的驱逐舰战队具备对盟军舰队发起远程鱼雷攻击的能力。美军在掌握九三式氧气鱼雷的情报之前, 虽然其舰队多次遭到远程鱼雷攻击, 但都误判为附近有日军潜艇或触到了水雷。

九三式氧气鱼雷一型 (舰艇用)	
长度	9 米
直径	610 毫米
重量	2700 千克
射程	40400 米 (36 节) 22000 米 (52 节)
弹头重量	490 千克
最大速度	52 节

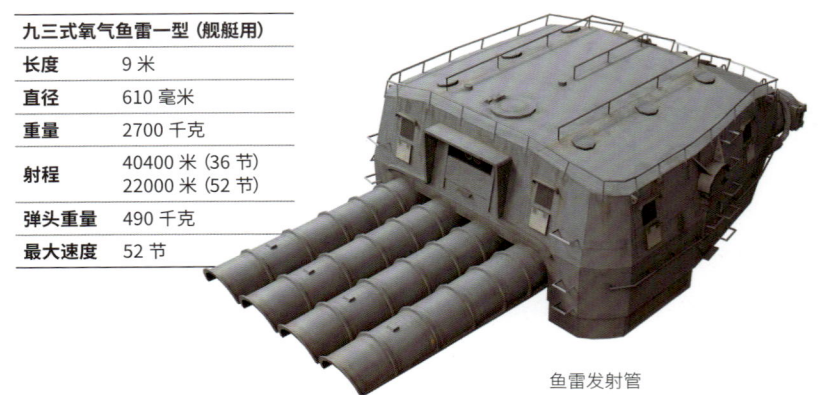

鱼雷发射管

50 倍径三年式 127 毫米主炮

　　阳炎级驱逐舰都重视对舰攻击, 所以"雪风"号的 50 倍径三年式 127 毫米主炮采用了其 C 型炮塔。这种全封闭式炮塔不仅在作战时能为炮组成员提供防护, 平时还能对抗各种恶劣的海况与天气。它是平射专用, 炮管仰角从 B 型炮塔的 75 度降为 55 度, 而主炮的射击指挥仪也是对舰攻击用的, 防空射击的效果不佳。战争后期, 为了加装防空机炮, 其 2 号主炮塔被拆除, 主炮塔的数量由 3 座减为 2 座。

　　该主炮的口径是 127 毫米, 炮管长度 6.35 米, 炮弹重量 23.5 千克, 供弹方式为分离式装药与手动装填。其平射射速为 10 发 / 分钟, 炮口初速为 910 米 / 秒, 最大射程 18445 米。

主炮塔

1. 深水炸弹投放台	8. 信号灯	15. 25 毫米三联装机炮	22. 九四式方位盘照准装置
2. 方向舵	9. 通风筒	16. 备用鱼雷存储箱	23. 罗经舰桥
3. 防雷具	10. 测距仪	17. 双烟囱	24. 操舵室
4. 25 毫米机炮	11. 610 毫米四联装鱼雷发射管	18. 厨房烟囱	25. 25 毫米双联装机炮
5. 深水炸弹投射器	12. 方位测定仪	19. 瞭望台	26. 锚链轮
6. 络车	13. 探照灯	20. 救生圈	27. 锚见台
7. 127 毫米双联装主炮塔	14. 烟囱	21. 测距仪	

九六式 25 毫米机炮

　　"雪风"号最初装备的是 2 座九六式 25 毫米双联装机炮。后来历经改装，最终是 4 座九六式 25 毫米三联装机炮、1 座九六式 25 毫米双联装机炮（位于舰桥前的机炮台上）和 14 门九六式 25 毫米单管机炮。

　　这种九六式 25 毫米机炮是 60 倍径，炮管长 1.5 米，俯仰角度为 -10 度至 +80 度，俯仰和水平旋转均为人工操作。其弹种有穿甲弹、通常弹、燃烧通常弹、曳光弹等。发射通常弹时，炮口初速为 900 米 / 秒，有效射速为 110～120 发 / 分钟，射程约 7500 米（50 度），最大射高约 5500 米，炮管寿命为 12000 发。它有个缺点是发射时震动较大，影响瞄准。

1943 年 10 月 23 日，"雪风"号在西太平洋的拉包尔

九六式 25 毫米双联装机炮

E27 型逆探的接收天线

E27 型逆探

　　二战时期，日本海军对雷达设备的研发远不如美国海军，但 E27 型逆探算一个例外。逆探是一种电波探知机（雷达信号探测器），其工作原理与被动雷达相近。它本身不发射电磁波，只接收附近海域其他军舰上雷达发射的电磁波，从而对其实现定位。E27 型重 40 千克，主要使用一种倾斜 45 度的球拍状定向天线来探测波长为 0.75～4 米的超短波（米波），探测距离约 300 千米。它能探知美国军舰上的 SC 搜索雷达，进而就能确定美军舰队的方位及行踪。"雪风"号曾依靠它，在一场狂风暴雨的夜战中指挥自己的驱逐舰队击败了一支美澳联合舰队。

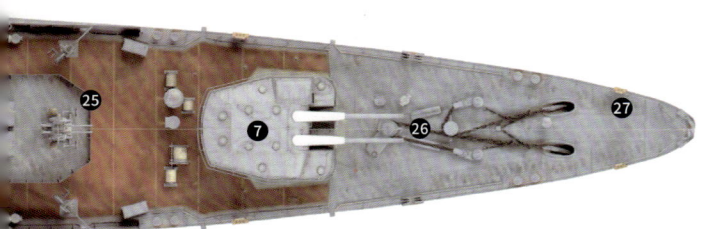

动力

　　该舰采用了 3 台吕号舰本式重油专烧锅炉，工作气压约 2.94 兆帕，蒸汽温度为 350 摄氏度。蒸汽输送给 2 组舰本式高中低压减速齿轮蒸汽轮机，输出总功率为 38776 千瓦。动力通过 2 根传动轴驱动 2 个直径为 3.3 米的三叶螺旋桨，转速高达 380 转 / 分钟，实现最大速度 35.5 节。最初它在试航时最高航速约 34.6 节，没有达到 35 节的设计标准，后来通过加大螺旋桨的桨叶面积、优化桨叶外形等措施才达标。它能够装载 622 吨重油，以 18 节的速度航行 6000 海里，而原设计只要求 5000 海里。

Shimakaze
"岛风"号

日本 **舰队驱逐舰** ▶ **Fleet** Destroyer

"岛风"号 (Shimakaze, 125) 是日本海军一艘新锐的大型远洋驱逐舰，不仅装备了雷达，还具有速度快、鱼雷多等特点。它是单舰成级，因为岛风级驱逐舰只有它这一艘首舰，后续舰的建造计划被取消。太平洋战争时期，它执行过很多护航、运输和反潜任务，参加了基斯卡岛撤退行动、马里亚纳海战、莱特湾海战等。最后，它被美军航母的舰载机击沉。

　　"岛风"号是日本海军岛风级驱逐舰的首舰，舰名继承自被美军潜艇击沉的峰风级驱逐舰"岛风"号，其原意是"岛上吹来的风"。这两艘"岛风"号有一个共同点，那就是最大速度都超过了 40 节。岛风级原有一个 16 艘同级舰的庞大建造计划，但后来因产能不足和作战需求变化而取消，所以只剩下"岛风"号单舰成级。

　　该舰于 1943 年 5 月 10 日服役，设计速度是 39 节，但公试速度达到创纪录的 40.9 节。它有 3 座双联装的主炮塔，呈前 1 后 2 的布局，共 6 门 127 毫米高平两用炮。不过，该炮原是平射炮，高射能力是其新型炮塔带来的，虽然最大射击仰角达 75 度，但供弹系统、瞄具等并未改进，所以防空作战的能力有限。其防空主要依靠 2 座双联装的 25 毫米机炮和 1 座双联装的 13.2 毫米

高机。尽管在 1944 年它加装了一些 25 毫米机炮，然而防空能力还是堪忧。在反潜方面，它有 1 具深水炸弹投射器，1944 年还加装了 2 架深水炸弹投放轨。

　　"岛风"号除了速度最快之外，第二大特点就是装备了 3 座五联装的 610 毫米鱼雷发射管，可一次齐射 15 枚九三式氧气鱼雷，堪称"史上最强鱼雷驱逐舰"。其设计思想源于日本海军以前重视的鱼雷作战，但当它服役后日军驱逐舰能用鱼雷大规模攻击美舰的机会已经不多。面对美军航空母舰那铺天盖地的舰载机攻击，日军驱逐舰更需要防空能力。

避雷针

22 号对海电探

高角测距仪

罗经舰桥

25 毫米双联装机炮

127 毫米双联装高平两用炮

25 毫米机炮

在太平洋战争中，"岛风"号凭其雷达优势，成功参与了1943年7月的基斯卡岛撤退行动。然后它执行了一系列护航、运输等任务。1944年6月，它参加马里亚纳海战。10月，它参加了莱特湾海战，为"大和"号、"武藏"号、"长门"号等战列舰护航。11月，它参加了"多号作战"（即奥尔莫克湾海战），其舰队在11月11日遭到美军约350架舰载机围攻，它在防空作战中被击沉。

动力

"岛风"号的动力十分强劲。它有3台吕号舰本式重油专烧锅炉，工作气压约3.92兆帕，蒸汽温度为400摄氏度。产生的蒸汽传送给2组舰本式高中低压减速齿轮蒸汽轮机，输出的总功率高达55928千瓦。动力通过2根传动轴驱动2个直径为3.6米的四螺旋桨，转速为370转/分钟，使其速度高达40.9节。之所以要这么高的速度，是因为当时美国战列舰的最大速度接近30节，而日本驱逐舰要对其展开鱼雷攻击，最好拥有10节的速度优势。它能够装载635吨重油，以18节的速度可航行6000海里，以30节的速度可航行1400海里。值得一提的是，"岛风"号的动力系统维修比较耗时，因为其锅炉、轮机等结构复杂，并且没有同级舰让维修人员积累经验和充当参考。

13 号对空电探

610 毫米五联装鱼雷发射管

武/器/档/案　WEAPON ARCHIVES

舰名	"岛风"号
舰级	岛风级
排水量	标准：2608 吨；满载：3324 吨
长宽	129.5 米 ×11.2 米
动力	3 台舰本式锅炉、2 组舰本式蒸汽轮机；55928 千瓦
最大速度	40.9 节
续航距离	6000 海里（18 节）
载员	267 人
声响	九三式水中探信仪和水中听音机
雷达	22 号对海电探、13 号对空电探和三式逆探
武器 (1943年)	3 座双联装 127 毫米高平两用炮 2 座双联装 25 毫米机炮 1 座双联装 13.2 毫米高机 3 座五联装 610 毫米鱼雷发射管 1 具深水炸弹投射器

1944 年 11 月 11 日，"岛风"号在菲律宾莱特岛附近的奥尔莫克湾遭到美军空袭，随后爆炸沉没

50 倍径三年式 127 毫米主炮

"岛风"号采用了日本驱逐舰常用的 50 倍径三年式 127 毫米主炮，不过其双联装的主炮塔是采用新式的 D 型。该炮长 6.48 米，炮管的俯仰角度为 -8 度至 +75 度，俯仰速度为 6～12 度 / 秒。炮塔水平旋转的速度是 4～6 度 / 秒。其弹种有高爆榴弹、燃烧弹、照明弹等。发射高爆榴弹时，炮口初速为 915 米 / 秒，射速为 5～10 发 / 分钟，射程约 18380 米（45 度），炮管寿命为 550～700 发。

零式五型 610 毫米五联装鱼雷发射管

日本海军在设计"岛风"号时，为了强化其鱼雷作战的能力，计划给它配置 2 座七联装的 610 毫米鱼雷发射管。当时舰载的鱼雷发射管普遍采用三联装或四联装，而七联装一次齐射的鱼雷数量更多，形成的攻击扇面也就更宽，所以更容易命中敌舰。后来，日本海军发现七联装的鱼雷发射管太重，如果战斗时供电中断，仅凭人力很难推动它旋转。毕竟 1 枚舰艇用的九三式氧气鱼雷就重 2.7～2.8 吨，7 枚加上发射管等部件，全重远超 20 吨。

因此，"岛风"号换用了同样专为它设计的五联装 610 毫米鱼雷发射管，这也是战斗时人力推动的极限。其型号是零式五型。3 座五联装一次齐射 15 枚鱼雷，比原来 2 座七联装的 14 枚还多 1 枚，这就满足了作战部队对单次鱼雷发射量的要求。因为这种五联装鱼雷发射管是安装在露天甲板上，所以带有装甲防护。并且其控制舱里装有指挥仪，位于正面 3 个观察窗的中间窗口处。

1. 深水炸弹
2. 方向舵
3. 螺旋桨防撞框
4. 螺旋桨
5. 25 毫米机炮
6. 绞车
7. 127 毫米双联装高平两用炮
8. 13 号对空电探
9. 610 毫米五联装鱼雷发射管
10. 通风筒
11. 探照灯
12. 25 毫米三联装机炮
13. 烟囱
14. 舰载艇
15. 双烟囱
16. 避雷针
17. 瞭望台
18. 22 号对海电探
19. 高角测距仪
20. 九四式方位盘照准装置
21. 九六式测距仪
22. 罗经舰桥
23. 操舵室
24. 25 毫米双联装机炮
25. 挡浪板

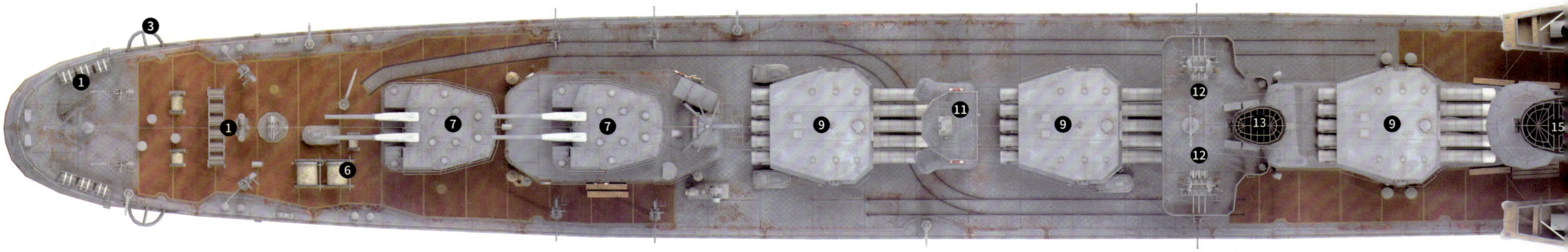

主炮塔

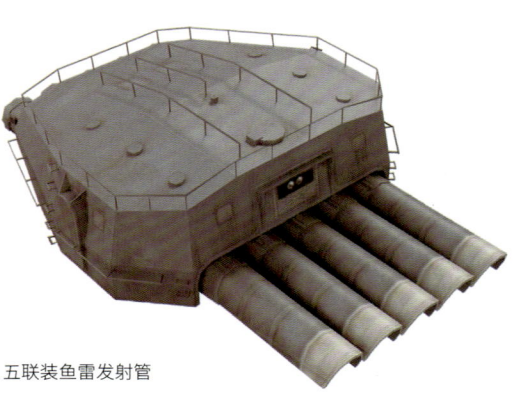

五联装鱼雷发射管

基斯卡岛撤退行动

1943 年 5 月美军强势反攻阿留申群岛，于 5 月 30 日收复阿图岛，然后剑指基斯卡岛。由于基斯卡岛夹在美军控制的阿图岛和阿姆奇特卡岛之间，并且后者还有美军机场，所以基斯卡岛上的 6000 余名日军因孤立无援而决定撤退。

第一阶段，日本海军第五舰队动用潜艇部队，在美军眼皮底下隐秘地撤走了 800 余名伤病日军及其武器弹药和食品。后来该行动被美军发现，日军损失了 3 艘潜艇。

第二阶段，第五舰队决定冒险派出舰船从海面一次性撤走岛上剩下的约 5200 名日军。执行此任务的临时舰队由 3 艘轻巡洋舰、5 艘警戒驱逐舰、6 艘收容驱逐舰和 2 艘补给船组成，它们在外观上根据美军舰队进行了伪装。具体的行动方式是趁该海域出现能见度为零的浓雾时，悄悄靠近基斯卡岛，接上驻岛日军后全速返航，其间避免与占据优势的美军接触。为了保障在浓雾中的航行安全，并及时掌握附近美军的动向，第五舰队特地向联合舰队申请调来了装有雷达的"岛风"号驱逐舰，作为警戒驱逐舰。

此行动于 1943 年 7 月中旬执行过一次，但因浓雾消散而暂停。7 月 29 日浓雾再次出现，该舰队迅速趁夜靠近基斯卡岛，岛上约 5200 名日军仅用 55 分钟就登上了 2 艘轻巡洋舰和 6 艘收容驱逐舰。当时为了省时和减重，这些日军未携带装备，包括三八式步枪都被迫扔掉。随后，舰队立即全速驶离基斯卡岛，在天亮时驶出了美军飞机的空袭范围。途中虽然遭遇了一艘浮在水面的美军潜艇，但它误以为眼前的是美军舰队。从 7 月 31 日至 8 月 1 日，所有参加行动的舰船均安全返港，就连周边那些负责为该行动提供天气报告的潜艇也于 8 月 2 日至 4 日全部安全返港。此次毫发无伤的撤退行动在战争史上极为罕见，被日本称为"奇迹作战"。

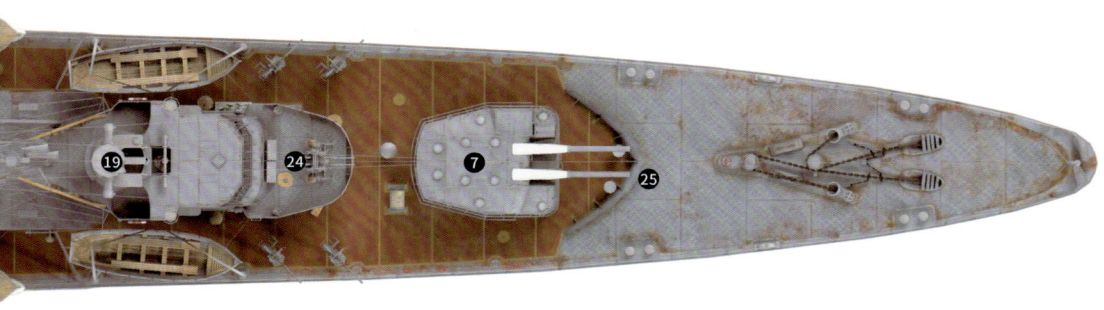

Johnston
"约翰斯顿"号

美国 舰队驱逐舰 ▶ **Fleet** Destroyer

"约翰斯顿"号（Johnston, 557）是美国海军弗莱彻级的一艘驱逐舰。它在太平洋战争中参加过所罗门群岛战役、马里亚纳群岛、帕劳群岛战役等。在萨马岛海战中，它为掩护美军的 6 艘护航航母，英勇地向日军的主力舰队以及"大和"号战列舰发起冲锋，虽然最终战沉但也给日军舰队造成很大的伤害。

SC-2 对空搜索雷达天线

SG 对海搜索雷达天线

Mk4/12 火控雷达天线

"约翰斯顿"号的舰名源自美国南北战争时期的海军中尉约翰·文森特·约翰斯顿。弗莱彻级是二战时美国海军最优秀的驱逐舰，不仅执行着反潜、防空、炮击等所有的驱逐舰任务，还跟随美军舰队在太平洋各地远征。该级在二战中的建造量高达 175 艘，属于世界第一，并且几乎全在太平洋对日作战。其中有 44 艘得到 10 枚以上的战役星章，19 艘得到海军集体嘉奖，16 艘得到总统集体嘉奖。

"约翰斯顿"号于 1943 年 10 月 27 日服役。作为综合性的多任务平台，它搭载了大量的对舰、防空和反潜武器。如在反潜方面，其后部两侧各有 3 具 K 型深水炸弹投射器，并且舰尾还有 2 架深水炸弹投放轨，均备有大量的深水炸弹。

该舰的舰长欧内斯特·埃文斯具有美洲原住民切罗基人的血统，勇猛好斗，并且之前担任过"奥尔登"号驱逐舰（DD-211）的舰长，参加过爪哇海海战。"约翰斯顿"号于 1944 年 1 月底在太平洋投入实战，先参加了吉尔伯特和马绍尔群岛战役，不仅为巡洋舰分舰队和运输船队护航，还执行了反潜、岸轰等任务。在 1944 年 3 月，它参加了所罗门群岛战役，执行岸轰、护航、巡逻、布雷、反潜等任务。1944 年 6 月，它参加了马里亚纳群岛和帕劳群岛战役，执行岸轰、巡逻等任务，并开始为航母护航。

127 毫米高平两用炮

1944 年 10 月 25 日，萨马岛海战爆发时"约翰斯顿"号正为 6 艘护航航母护航。面对突然出现的日军主力舰队，为了给护航航母争取到躲避和放飞舰载机的机会，它无畏地发起了冲锋，成为该战"第一艘施放烟幕、第一艘开炮、第一艘发射鱼雷……的驱逐舰"。它的猛冲猛打，不仅打乱了日军主力舰队的攻击队形，还重创了日军重巡洋舰"熊野"号，迫使"熊野"号和"铃谷"号提前撤离战场。然后，它又与日军最强战列舰"大和"号交火，其攻击性使"大和"号将之误判为巡洋舰。接着，它在战场上不断穿梭，先后与日军战列舰"金刚"号（也可能是"榛名"号）、重巡洋舰"羽黑"号和"筑摩"号、轻巡洋舰"矢矧"号，以及至少 7 艘驱逐舰交火。最后，重残的它被日舰集中火力击沉，而沉没时许多幸存者看到日军驱逐舰"雪风"号的舰长向其敬礼。

"约翰斯顿"号在太平洋战争中共获得 6 枚战役星章，并因萨马岛海战获得总统集体嘉奖。它的舰长欧内斯特·埃文斯在下令弃舰后失踪，被追授荣誉勋章。

1943 年 10 月 27 日，"约翰斯顿"号在美国西雅图

40 毫米双联装高炮

鱼雷指挥舱

20 毫米高炮群

533 毫米五联装鱼雷发射管

荣誉勋章

荣誉勋章（Medal of Honor，简称 MOH）是美军最高级别的军事勋章。它于 1861 年设立，勋章类型是单级领绶，首次颁发是在南北战争期间。其获得者至今有三千多人，包括"约翰斯顿"号的舰长欧内斯特·埃文斯。它的颁发条件是"冒着生命危险，超越职责范围，表现出非凡的英勇和无畏"。因为它是由美国总统以国会的名义颁发，所以有时也被称为国会荣誉勋章，但严格来说它就叫荣誉勋章。1990 年，美国国会确定每年的 3 月 25 日为荣誉勋章日。

武/器/档/案 WEAPON ARCHIVES

舰名	"约翰斯顿"号
舰级	弗莱彻级
排水量	标准：2083 吨；满载：2743 吨
长宽	115 米 ×12.1 米
动力	4 台巴布科克·威尔科克斯锅炉、2 组蒸汽轮机；44742 千瓦
最大速度	37.8 节
续航距离	6500 海里（15 节）
载员	273 人
声呐	QC 系列
雷达	SC-2 对空搜索雷达、SG 对海搜索雷达等
武器	5 门 127 毫米高平两用炮 /5 座双联装 40 毫米高炮 7 门 20 毫米高炮 /2 座五联装 533 毫米鱼雷发射管 6 具深水炸弹投射器 /2 架深水炸弹投放轨

127 毫米 38 倍径 Mark 12 主炮

该炮可以说是二战时期最优秀的中口径高平两用舰炮，无论是对空、对舰还是对地射击均表现优秀，而其炮塔型号是 Mark 30。它的最佳搭档是雷达控制的 Mk37 火控系统。

它原是美国海军在 1932 年左右为驱逐舰设计的主炮，但因为性能优越，所以从 1934 年到 1948 年被安装在美国几乎所有的军舰上，如航空母舰、战列舰、巡洋舰、驱逐舰、布雷舰、登陆舰、补给舰等。它还被安装在很多商船和美国海岸警卫队的船只上。这种标准化的普及在世界上独一无二，还极大地减轻了后勤供应压力。

其弹种丰富，在二战时有防空通用弹（含近炸引信）、特殊通用弹、照明弹、烟幕弹等，二战后还有火箭增程弹。在二战中，该炮使用较多的是防空通用弹，可对付飞机、轻装甲的军舰等多类目标。它对军舰侧面装甲的穿透力为 38 毫米（距离 9144 米）。碰到装甲更厚的敌舰时，它可以使用特殊通用弹，对侧面装甲的穿透力为 127 毫米（距离 3658 米）。

1943 年 10 月 27 日，舰长欧内斯特·埃文斯在"约翰斯顿"号的服役仪式上讲话

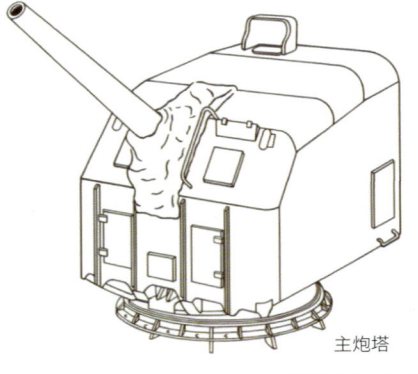

主炮塔

"约翰斯顿"号主炮

主炮口径	127 毫米	炮口初速	792 米 / 秒
炮身长度	5.68 米	炮弹重量	25 千克
炮管重量	1810 千克	射速	15 发 / 分钟
最大仰角	85 度	炮管寿命	约 4600 发
最大射高	11339 米	备弹量	575 发 / 门
最大射程	16642 米		

1. 深水炸弹投放轨	9. 烟囱	17. 救生筏
2. 螺旋桨防撞框	10. 探照灯	18. 锚
3. 20 毫米高炮群	11. 舰载艇	19. 深水炸弹投射器
4. 127 毫米高平两用炮	12. SC-2 对空搜索雷达天线	20. 鱼雷起重机
5. 40 毫米双联装高炮	13. SG 对海搜索雷达天线	21. 20 毫米高炮
6. Mk51 射击指挥仪	14. Mk4/12 火控雷达天线	22. 锚链轮
7. 鱼雷指挥舱	15. Mk37 主炮指挥仪	
8. 533 毫米五联装鱼雷发射管	16. 舰桥	

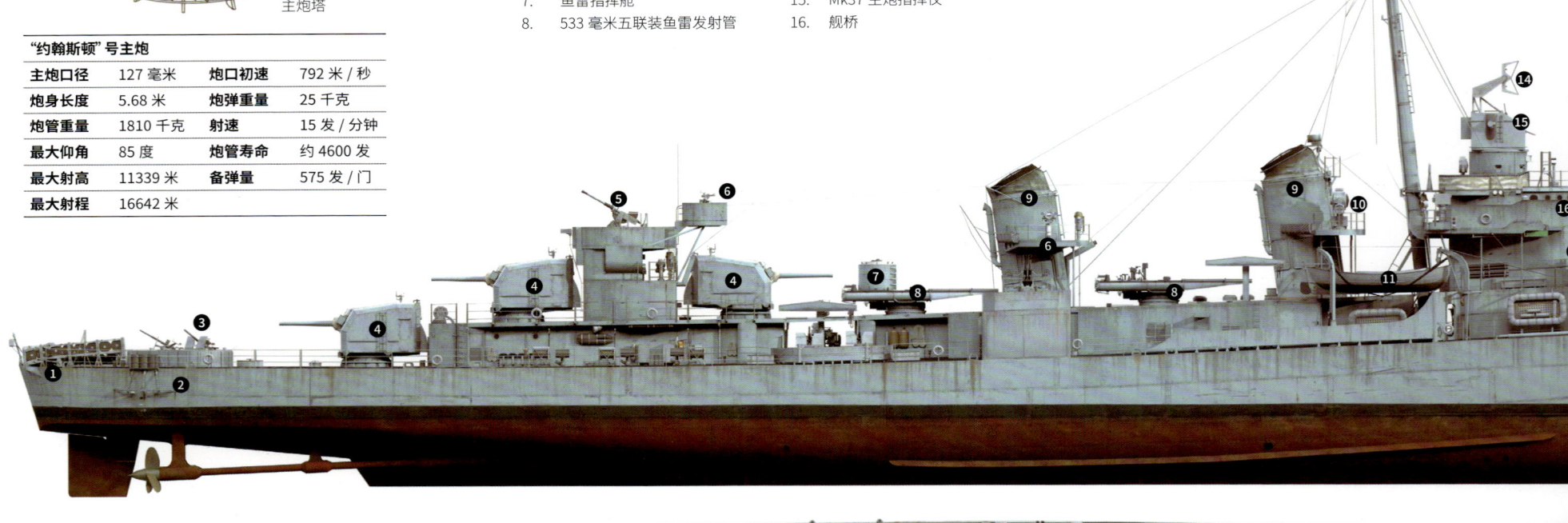

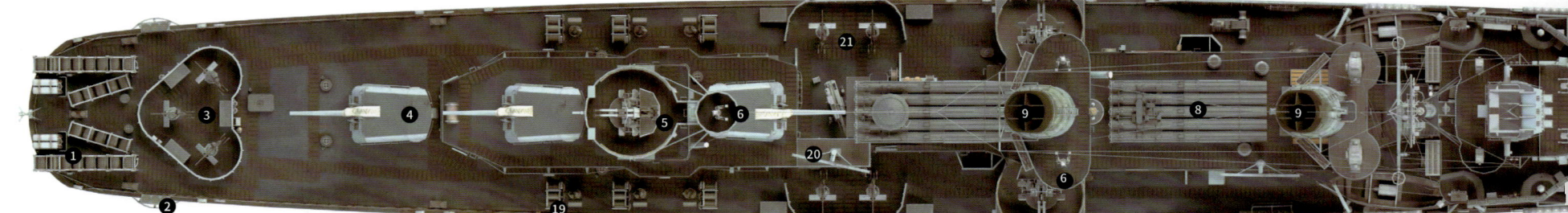

533 毫米 Mark 15 五联装鱼雷发射管

Mark 15 是二战时美国海军驱逐舰上广泛装备的一种鱼雷，同时它也装备了亚特兰大级轻巡洋舰。"约翰斯顿"号驱逐舰不仅装备了它，还采用了 2 座五联装的鱼雷发射管，一次鱼雷齐射高达 10 枚。在萨马岛海战初期，它就用 10 枚鱼雷的齐射重创了日军重巡洋舰"熊野"号，据说差点也带走日军战列舰"金刚"号。

从 1940 年到 1944 年，Mark 15 鱼雷的产量较大，共生产了约 9700 枚。它被用于代替以前的 Mark 11、Mark 12 等鱼雷。但其定深装置、磁力引信等存在设计问题，可靠性不高，经过了很久的时间才解决。该鱼雷的经典战例是 1943 年 8 月的维拉湾海战，6 艘美军驱逐舰在夜晚伏击了 4 艘运送部队和物资的日军驱逐舰。美军驱逐舰先用雷达跟踪日军驱逐舰，然后一改常态没有开炮，悄悄地齐射了 Mark 15 鱼雷后才开炮，结果 4 艘日军驱逐舰全部被鱼雷命中。最后，日军驱逐舰有 3 艘沉没，1 艘因命中的鱼雷没有爆炸而得以逃脱。

Mark 15 鱼雷 (Mod 3)	
长度	7.32 米
直径	533 毫米
重量	1742 千克
射程	4115 米 (45 节) /8230 米 (33.5 节) /12802 米 (26.5 节)
弹头重量	373 千克
最大速度	45 节

博福斯 40 毫米 60 倍径高炮

该炮不仅广泛装备于二战盟军的各种舰艇上，就连德国和日本也有装备，可见其防空能力之优秀。它主要有双联装和四联装这两种规格，由于生产的国家较多，因而性能参数存在着差异。"约翰斯顿"号上装备了 5 座美制的双联装型号，电动炮座的型号是 Mark 1 Twin，口径是 40 毫米，实际倍径为 56.3。因此它的炮管长 2.25 米，炮管的俯仰角度为 -15 度至 +90 度，俯仰速度为 24 度 / 秒。炮座水平旋转的速度是 26 度 / 秒。其弹种有高爆弹、曳光高爆弹、穿甲弹等。发射高爆弹时，炮口初速为 853 米 / 秒，实际射速为 80～90 发 / 分钟，最大射程约 10076 米 (42 度)，最大射高为 6949 米 (90 度)，炮管寿命为 9500 发。发射穿甲弹时，它能在 5486 米的距离上穿透 11 毫米的垂直装甲。

博福斯 40 毫米双联装高炮

厄利孔 20 毫米 70 倍径高炮

这是瑞士厄利孔公司研发的一种小口径高炮，二战时被美国、英国、德国、日本等国广泛采购或仿制，非常知名。"约翰斯顿"号上装备了 7 门美制的单管型。其炮管长 1.4 米，炮管的俯仰角度为 -15 度至 +90 度，俯仰与旋转均为人工操作。其弹种有高爆弹、高爆燃烧弹、曳光高爆弹、曳光穿甲弹等，通常采用 60 发弹鼓供弹。发射高爆弹时，它的炮口初速为 835 米 / 秒，实际射速为 250～320 发 / 分钟，最大射程约 4389 米 (45 度)，最大射高为 3048 米 (90 度)，炮管寿命为 9000 发。在防空作战中，它的有效射程不超过 910 米，所以美军炮手多在敌机距离 1100～1200 米时开火，以便提前进行瞄准校正。

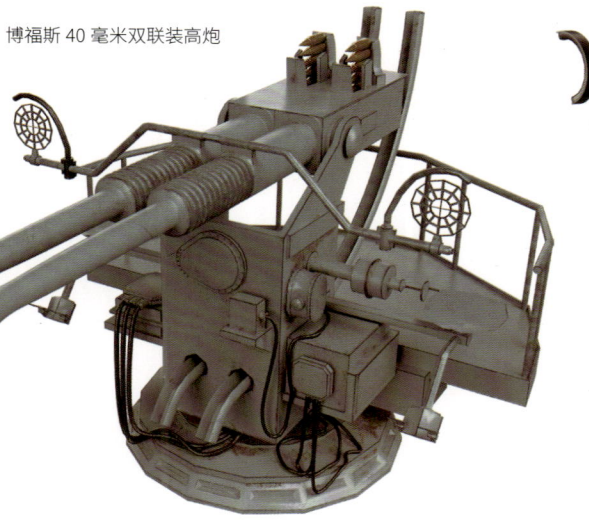

厄利孔 20 毫米高炮

1944 年 8 月 12 日，"约翰斯顿"号在帕劳群岛附近接受舰队油轮加油

1944 年 10 月 25 日，萨马岛海战时"约翰斯顿"号等美国驱逐舰冒着日舰的炮火施放烟幕

Glowworm
"萤火虫"号

"萤火虫"号（Glowworm, H92）是英国皇家海军一艘 G 级的驱逐舰。它先在地中海舰队服役，执行封锁、护航等任务，也到北海等地执行过巡逻和护航任务。然后它被调到本土舰队，参加了"威尔弗雷德行动"。

在该行动中，它遇到两艘德军驱逐舰并迅速将之击溃，但后者引来德军重巡洋舰"希佩尔海军上将"号。随后它又与该舰激战，并在遭受重创后撞向该舰，将之撞伤，但自身也爆炸沉没。

"萤火虫"号是英国皇家海军 G 级驱逐舰的首舰，于 1936 年 1 月 22 日服役。它有 4 门 120 毫米的 Mark IX 主炮，前后各有 2 门，还有 2 座四联装的 12.7 毫米维克斯 Mark III 防空机枪。值得一提的是，它那 2 座 533 毫米鱼雷发射管（PR Mk I 型）是五联装的，具有实验性质，而其他的同级舰都是四联装。为

了反潜，它平时携带 20 枚深水炸弹，战时增至 35 枚。

该舰原隶属地中海舰队的第 1 驱逐舰舰队。二战时，它从地中海调到英国本土和北海进行巡逻和护航，后来隶属本土舰队的第 1 驱逐舰舰队。

1940 年 4 月 5 日，它与多艘同级舰参加了"威尔弗雷德行动"，在挪威海域布雷。4 月 7 日，为搜寻

开放式舰桥

120 毫米主炮塔

一名落水舰员它脱离了舰队。4月8日，它遭遇两艘德军驱逐舰。"萤火虫"号抢先开炮，打得德军驱逐舰一边逃跑一边向附近的德军重巡洋舰"希佩尔海军上将"号求救。后者立即赶来与"萤火虫"号展开炮战。因双方的主炮实力悬殊，所以"萤火虫"号被重创，但它也进行了鱼雷攻击。最后，它拖着残躯迎头撞向"希佩尔海军上将"号，将其舰体撞裂进水，但自身也因锅炉

爆炸而沉没。这场海战后来被称为特隆赫姆海战。

虽然事后有位"萤火虫"号的幸存军官声称撞击是因为失控而不是有意为之，但德军"希佩尔海军上将"号的舰长还是写信请国际红十字会转交英国，赞扬了阵亡的"萤火虫"号舰长杰拉德·布罗德米德·鲁普，使之被追授英联邦的最高级军事勋章——维多利亚十字勋章。他是二战中第一位获得维多利亚十字勋章的人。

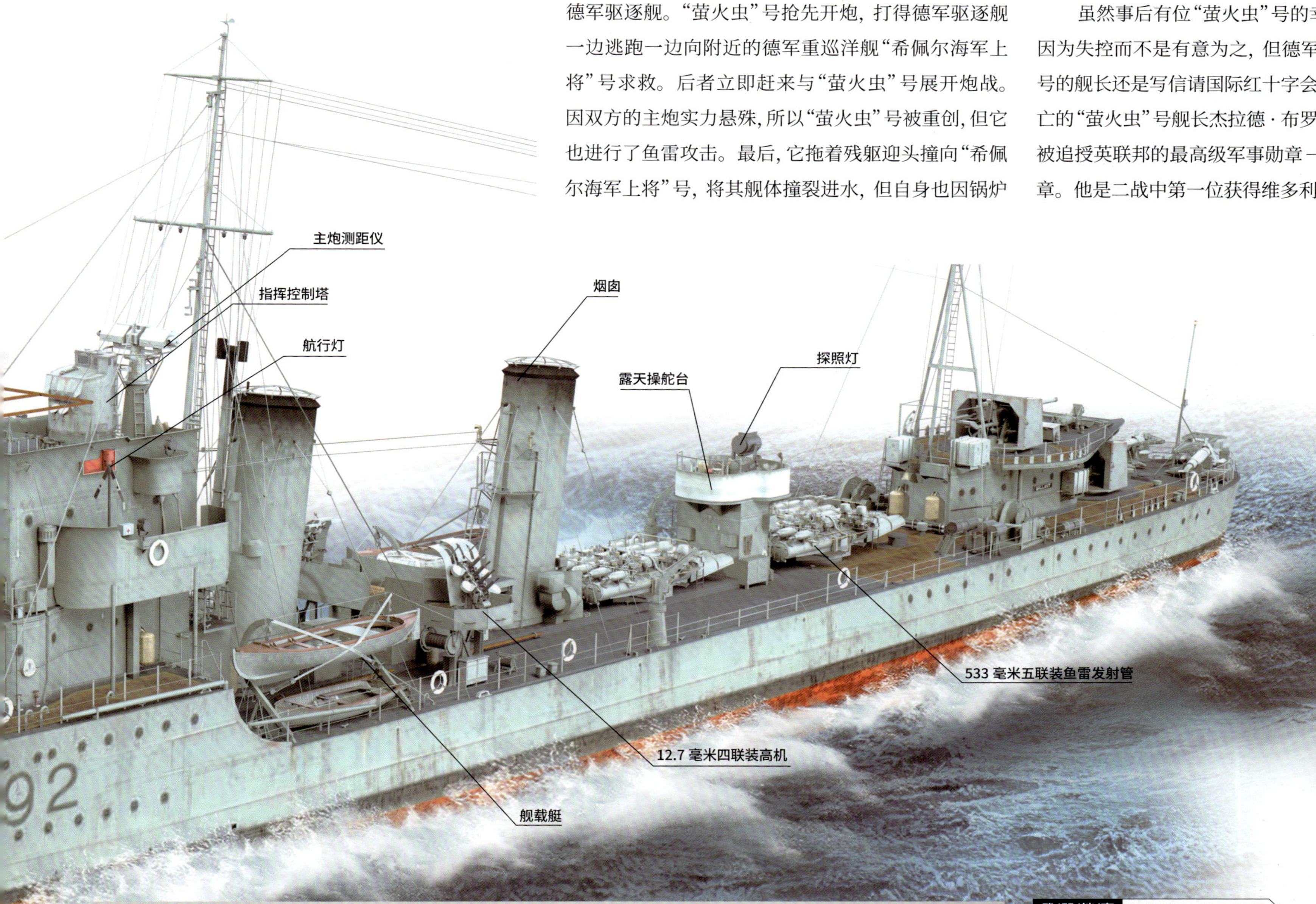

主炮测距仪

指挥控制塔

航行灯

烟囱

露天操舵台

探照灯

533 毫米五联装鱼雷发射管

12.7 毫米四联装高机

舰载艇

"萤火虫"号的舰长杰拉德·布罗德米德·鲁普

1937 年左右的"萤火虫"号

武/器/档/案	WEAPON ARCHIVES
舰名	"萤火虫"号
舰级	G 级
排水量	标准：1372 吨；满载：1913 吨
长宽	98.5 米 × 10.1 米
动力	3 台三鼓式锅炉、2 组帕森斯式蒸汽轮机；25354 千瓦
最大速度	36 节
续航距离	5530 海里（15 节）
载员	145 人
武器	4 门 120 毫米主炮 /2 座四联装 12.7 毫米高机 2 座五联装 533 毫米鱼雷发射管 2 具深水炸弹投射器 /1 架深水炸弹投放轨

QF 120 毫米 Mk IX 主炮

在战间期，英国的驱逐舰普遍装备该炮，并且在一些潜艇上也有装备。它的口径标称 4.7 英寸，但实际为 4.724 英寸，即 120 毫米。其倍径为 45，单管炮塔的型号为 CP XVII。它的炮管长度为 5.4 米，俯仰角度为 -10 度至 +40 度，俯仰与旋转均为人工操作。它的最大仰角原本只有 29.5 度，后来设计者在其炮尾下

方的甲板上开了一个带盖子的炮井，以容纳仰角增大时下沉的炮尾。这样的土方法就让它的最大仰角增至 40 度，从而提高了射程。它的弹种主要是高爆榴弹和半穿甲弹。发射高爆榴弹时，炮口初速为 808 米 / 秒，射速为 7～10 发 / 分钟，最大射程是 15545 米（40 度），炮管寿命是 1400 发。发射半穿甲弹时，它可在 5950 米的距离上击穿 64 毫米的垂直装甲。

地中海舰队

地中海舰队是英国皇家海军部署在地中海地区的一支大型舰队。二战时，英国皇家海军最具实力的舰队是本土舰队，负责保卫英国本土、北大西洋航线等。其次就是地中海舰队，它不仅要与意大利舰队争夺地中海的控制权，保护从直布罗陀海峡到苏伊士运河的航线，还要与德国空军及海军对抗，以及支援盟军的北非战场等。

二战初期，地中海舰队的实力远不如意大利舰队，只有 1 艘航空母舰、4 艘战列舰、7 艘巡洋舰、20 艘驱逐舰和 10 艘潜艇，数量少且过于老旧。它最拿得出手的就是一战老将——"厌战"号战列舰，地中海舰队多次将其总部搬到"厌战"号上。后来，如"光辉"号航空母舰等新型军舰被调到地中海舰队，增强了其实力，并且本土舰队陆续有不少军舰因搜索、护航、运输、参加战役等原因到地中海支援。地中海舰队参加过卡拉布里亚海战、塔兰托战役、斯帕蒂文托角海战、马塔潘角海战、克里特岛战役、波恩角海战、第一次和第二次锡尔特湾海战等。

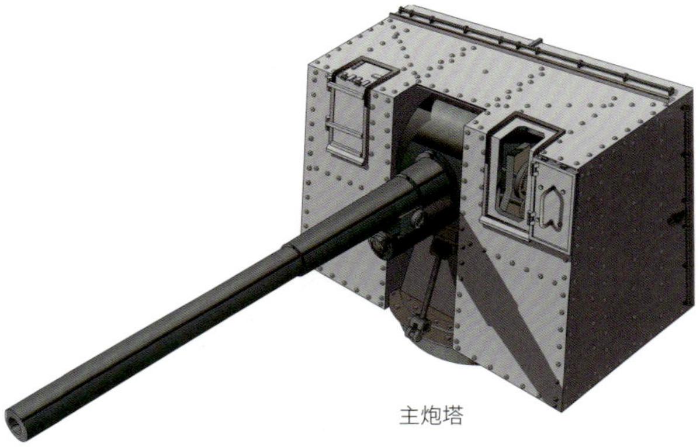

主炮塔

1. 深水炸弹投放轨	8. 533 毫米五联装鱼雷发射管	15. 主炮测距仪
2. 旗杆	9. 起重机	16. 指挥控制塔
3. 扫雷具	10. 露天操舵台	17. 开放式舰桥
4. 120 毫米主炮塔	11. 探照灯	18. 航行灯
5. 防护板	12. 舰载艇	19. 锚
6. 深水炸弹	13. 烟囱	
7. 深水炸弹投射器	14. 12.7 毫米四联装高机	

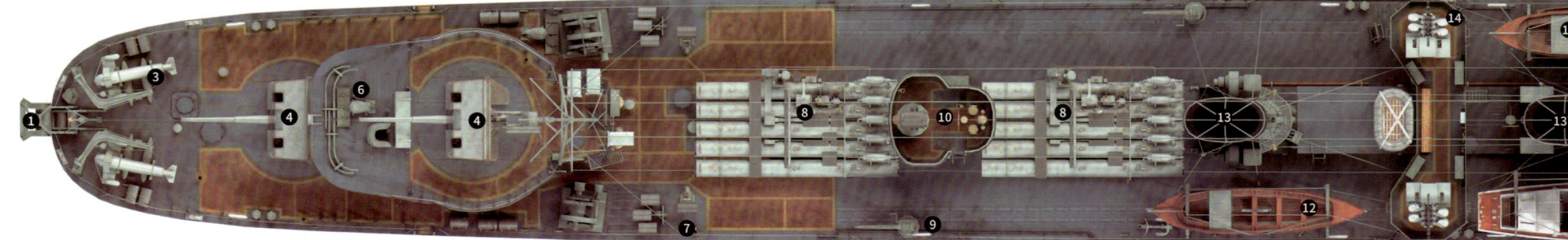

维克斯 12.7 毫米 Mk III 高机

　　2 座四联装的水冷式防空重机枪安装在"萤火虫"号两个烟囱之间的机炮台上。每座有 4 挺重机枪呈阶梯状垂直排列，外观比较特别，枪座型号为 Mk I。它的口径是 12.7 毫米，倍径标称为 62，但实际上是 62.5，所以枪管长 794 毫米。它的俯仰角度为 -10 度至 +70度，俯仰与旋转均为人工操作。弹种有穿甲弹、半穿甲弹、曳光半穿甲弹、燃烧弹等，主要采用 200 发弹链供弹，装在圆盘弹链盒中。枪口初速为 768 米 / 秒，有效射程 730 米，最大射程 4570 米，射速约 600 发 / 分钟，但换弹时间近 30 秒钟。

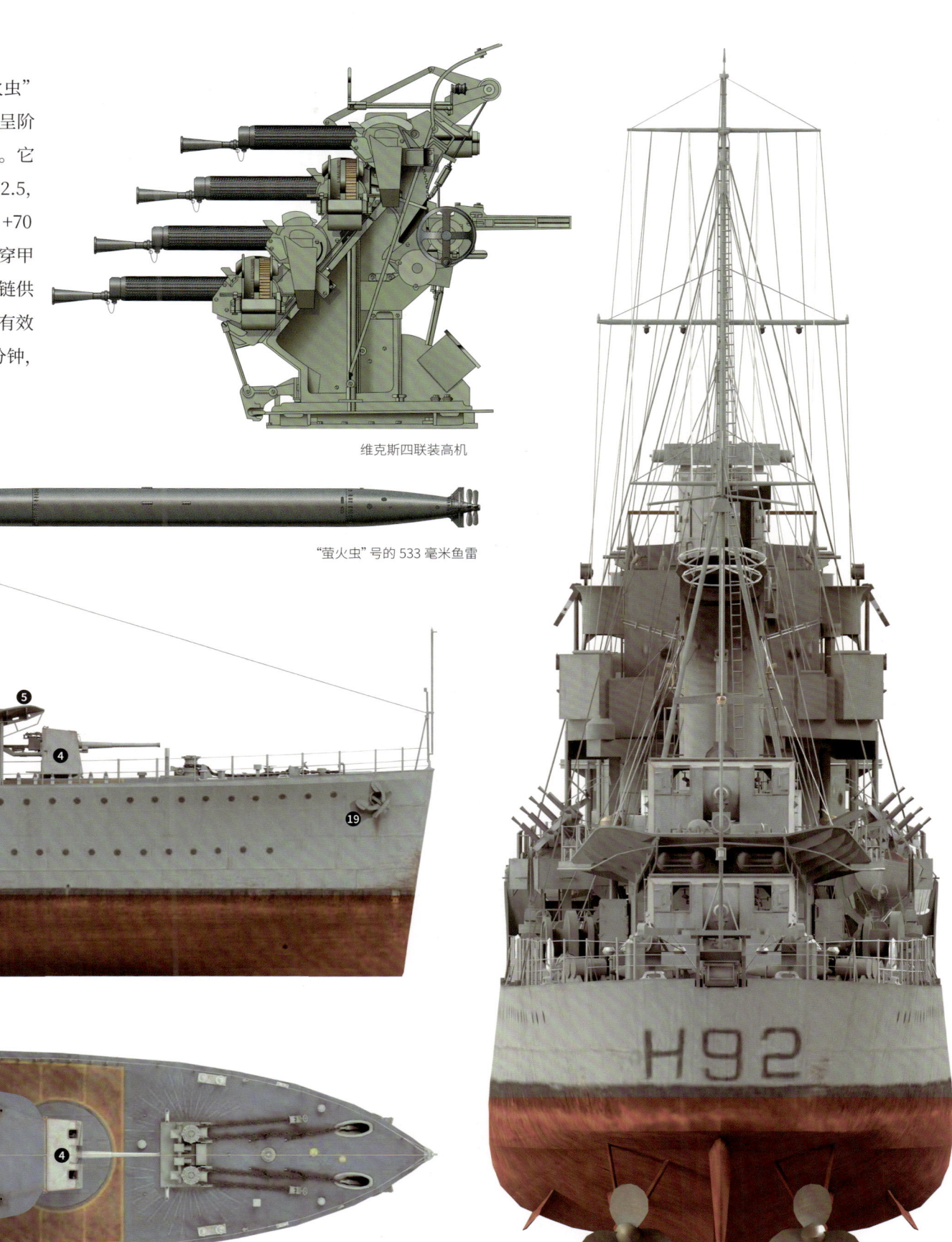

维克斯四联装高机

"萤火虫"号的 533 毫米鱼雷

Z23

德国 **舰队驱逐舰** ▶ **Fleet** Destroyer

Z23 是德国海军一艘火力强大的驱逐舰，率先装备了 150 毫米轻巡洋舰口径的主炮。从 Z23 开始，德国驱逐舰只用简单的数字命名，不再使用人名。在二战中，它护航过战列舰"俾斯麦"号、重巡洋舰"希佩尔海军上将"号等。它还参加了比斯开湾海战。后来，它被英军用 14 架兰开斯特重型轰炸机炸成全损。

Z23 的同级舰 Z29

Z23 是德国海军纳尔维克级驱逐舰的首舰。该级也叫 1936A 级，有时还被称为 Z23 级，共建造了 8 艘，编号从 Z23 到 Z30。这里的 Z 是德文驱逐舰的首字母，就像德军潜艇都叫 U 艇一样，其驱逐舰都是 Z 舰。在 Z23 之前的德军驱逐舰除了编号之外还采用人名作为舰名，但从 Z23 开始就仅用编号作为舰名了。据说这是德国海军为了恢复对鱼雷舰命名的传统，毕竟二战德国的驱逐舰和舰队鱼雷艇比较相似。

Z23 于 1940 年 9 月 15 日服役，有 4 座主炮塔，呈前 1 后 3 的布局，共 4 门 150 毫米主炮。当时各国驱逐舰的主炮口径几乎都在 127 毫米左右，而 150 毫米属于轻巡洋舰的主炮口径。Z23 不仅是德国第一艘采用 150 毫米主炮的驱逐舰，后来还是第一艘在舰楼换装双联装主炮塔的驱逐舰（1942 年换装，全舰的主炮数量也由 4 门升为 5 门），火力强大。另外，该舰还有 2 座双联装的 37 毫米高炮、5 门 20 毫米高炮等（后来随战事发展进行过改装），而这些都属于德军驱逐舰的标配。

二战时，Z23 在北大西洋参加过大量的海上布雷与护航行动。它护航过德国军舰有战列舰"俾斯麦"号、"提尔皮茨"号和"沙恩霍斯特"号，还有重巡洋舰"希佩尔海军上将"号和"欧根亲王"号等，以及轻巡洋舰"纽伦堡"号和一些封锁舰、潜艇。它护航时的运气都比较好，很少碰到恶战，就算发生战斗也多是受轻伤。不过，它也发现了自身因主炮塔过重而带来的适航性下降、作战效率下降等问题。

37 毫米 SK C/30 高炮

测距仪

双联装主炮塔

20 毫米四联装高炮

150 毫米双联装主炮塔

533 毫米四联装鱼雷发射管

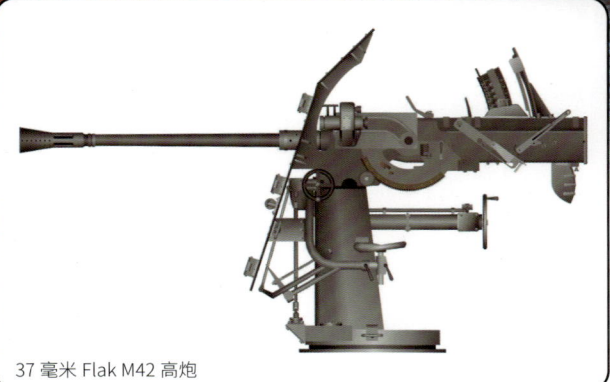

37 毫米 Flak M42 高炮

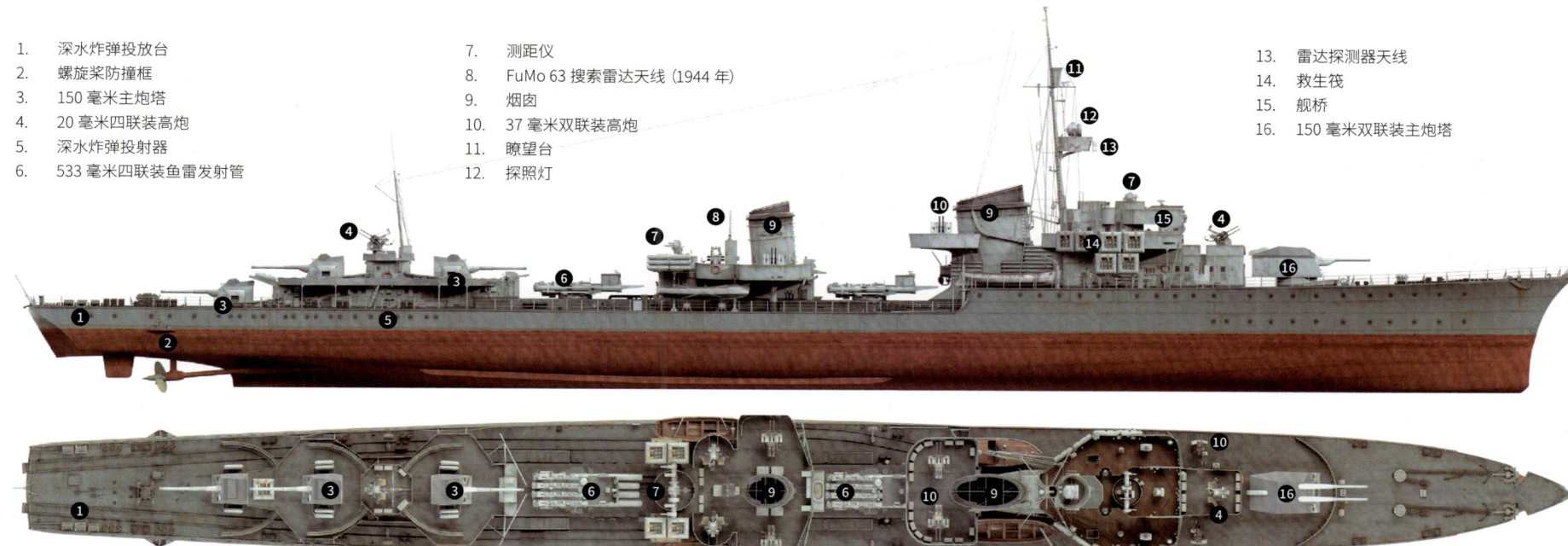

1. 深水炸弹投放台
2. 螺旋桨防撞框
3. 150 毫米主炮塔
4. 20 毫米四联装高炮
5. 深水炸弹投射器
6. 533 毫米四联装鱼雷发射管
7. 测距仪
8. FuMo 63 搜索雷达天线（1944 年）
9. 烟囱
10. 37 毫米双联装高炮
11. 瞭望台
12. 探照灯
13. 雷达探测器天线
14. 救生筏
15. 舰桥
16. 150 毫米双联装主炮塔

150 毫米主炮塔

水听器

水听器的全称是水下听音器，是一种接收水下声信号的仪器，后为被动声呐。它多采用压电原理，将声信号转换为电信号。它在战争中用于探测敌方的潜艇及水面舰船，多以群组阵列的方式安装在潜艇、驱逐舰甚至海床上。在主动声呐出现前，它是探测水下目标的唯一方法。

1943 年 12 月 28 日，Z23 参加了比斯开湾海战。此战是英军的 2 艘轻巡洋舰对战德军的 5 艘驱逐舰和 6 艘鱼雷艇。当时海况恶劣，导致德军驱逐舰和鱼雷艇提速困难，并且驱逐舰的主炮难以展开有效射击。战斗结果是德军失败，1 艘驱逐舰和 2 艘鱼雷艇被击沉，而 Z23 无恙。1944 年 8 月 12 日，Z23 在德占法国的拉罗谢尔海军基地遭到英军 14 架兰开斯特重型轰炸机的轰炸，伤势被定为全损。因此，它于 1944 年 8 月 21 日退役。

37 毫米 SK C/30 高炮

这是一种手动单发装填、射速极低的双联装小口径高炮。它于战间期开发，虽然在二战时已显落后，但其设计不乏精妙之处。譬如它那采用陀螺仪的三轴稳定旋转炮座，当舰体摇晃时可在 ±19.5 度的范围内保持自身稳定，从而保障射击的精度。该炮是 37 毫米口径，83 倍径，炮管长 3.07 米。其炮座的型号为 Dopp LC/30，俯仰角度为 -10 度至 +85 度，俯仰和旋转都是人工操作。它的弹种有曳光穿甲弹、曳光高爆弹等。炮口初速高达 1000 米 / 秒，炮管寿命也高达 7500 发，但每管的实际射速只有 20～30 发 / 分钟（也有记载为 40 发 / 分钟）。在射程方面，它的最大射程是 8500 米（45 度），但有效射程不超过 2400 米，而最大射高是 6800 米（85 度）。为了弥补射速低的短板，德国海军曾计划为它配备自动装弹机，但还在测试阶段就被叫停，因为新的 37 毫米 Flak M42 高炮开始装备了。

150 毫米 TbtsK C/36 主炮

该炮有两种规格，先发展的是采用 TbtsL C/36 单管炮塔的 C/36，后来出现采用 DrhL C/38 双联装炮塔的 C/36T。这两种只是炮塔不同，炮的差异极小，并且 Z23 都有装备。此炮的实际口径为 149.1 毫米，倍径为 48，因此炮管长约 7.16 米。其单管炮塔的俯仰角度为 -10 度至 +30 度，炮管俯仰和炮塔旋转均为人工操作。双联装炮塔的俯仰角度为 -10 度至 +65 度，炮管俯仰和炮塔旋转的速度均为 8 度 / 秒。其弹种有高爆弹、防空弹、照明弹等。炮口初速为 835 米 / 秒，射速为 7～8 发 / 分钟，炮管寿命为 1600 发。单管炮塔发射高爆弹的最大射程是 21950 米（30 度），双联装炮塔发射高爆弹的最大射程是 23500 米（47 度）。

武器/档案	WEAPON ARCHIVES
舰名	Z23
舰级	纳尔维克级（1936A 级）
排水量	标准：2645 吨；满载：3663 吨
长宽	127 米 ×12 米
动力	6 台瓦格纳锅炉、2 组蒸汽轮机；51485 千瓦
最大速度	37.5 节
续航距离	2500 海里（19 节）
载员	332 人
水听器	GHG 阵列
雷达	FuMO 系列雷达
武器（1940 年）	4 门 150 毫米主炮 /2 座双联装 37 毫米高炮 5 门 20 毫米高炮 /2 座四联装 533 毫米鱼雷发射管 4 具深水炸弹投射器

England
"英格兰"号

"英格兰"号 (England, 635) 是美国海军一艘战功赫赫的护航驱逐舰。在太平洋战争中，它忠实地履行了自己的护航与反潜职责。它不仅为美军船队护航，还为驻岛美军运送补给物资等。它最传奇的是在 13 天内击沉了 6 艘日本潜艇，成为有名的"潜艇杀手"，在反潜史上创下独一无二的纪录。

1944 年 2 月 9 日，"英格兰"号在美国旧金山附近海域

"英格兰"号属于美国海军巴克利级的护航驱逐舰。该级计划建造 154 艘，在 1942 年至 1944 年之间建造了 102 艘，而"英格兰"号就是其中的第 56 艘。这些护航驱逐舰都是采用预制件进行总装，实现了快速生产。因为它们采用涡轮电动推进，所以该级也被称为 TE 型 (Turbo-Electric Drive)。在二战中，它们的任务是为盟军的船队护航和反潜作战，后来有一些被改造为高速运输舰和雷达哨舰。

"英格兰"号的建造速度很快，1943 年 4 月 4 日开工，9 月 26 日下水，12 月 10 日竣工服役。其最大速度是 24 节，可以看出它跟不上主力舰队，只有在护航舰队中执行二线任务，如保护运输船队、反潜巡逻等。

该舰有 3 门 76.2 毫米的高平两用炮、1 座四联装的 28 毫米高炮和 8 门 20 毫米高炮，防空火力普通。其对舰火力也一般，除了 3 门 76.2 毫米高平两用炮，就只有 1 座三联装的 533 毫米鱼雷发射管，并且仅三枚 Mark 15 鱼雷，没有备弹。不过它的反潜火力很可观，不仅有 8 具 K 型深水炸弹投射器和 2 架深水炸弹投放轨（备弹约 200 枚），还有 1 座 24 发阵列的"刺猬"反潜迫击炮 Mark 10（标准备弹 144 发，但"英格兰"号据记载高达 250 发）。"刺猬"反潜迫击炮是极其优秀的反潜武器，堪称日军潜艇的克星。在太平洋战争后期，日军空袭特别是神风特攻队带来的威胁增大，因此"英格兰"号加装了两门 20 毫米高炮，但四联装的 28 毫米高炮没有换为更先进的博福斯 40 毫米高炮。

1944 年 3 月，"英格兰"号进入太平洋战场，主要在圣埃斯皮里图海军基地和瓜达尔卡纳尔岛之间执行护航任务。5 月，它开始在反潜战中发威：19 日它击沉日军大型潜艇 I-16，22 日击沉 RO-106，23 日击沉 RO-104，24 日击沉 RO-116，26 日击沉 RO-108，31 日击沉 RO-105。它在 13 天的时间里创纪录地击沉了 6 艘日军潜艇，从而获得总统集体嘉奖。值得一提的是，这些战绩都是它舰首的那座"刺猬"反潜迫击炮带来的。接着，它到所罗门群岛等地护航，并为岛上驻军运送补给。它还参加了莱特岛、硫磺岛和冲绳岛的行动，后来被日军的神风特攻队击伤，在回国维修期间日本无条件投降。最后，它于 1945 年 10 月 15 日退役。

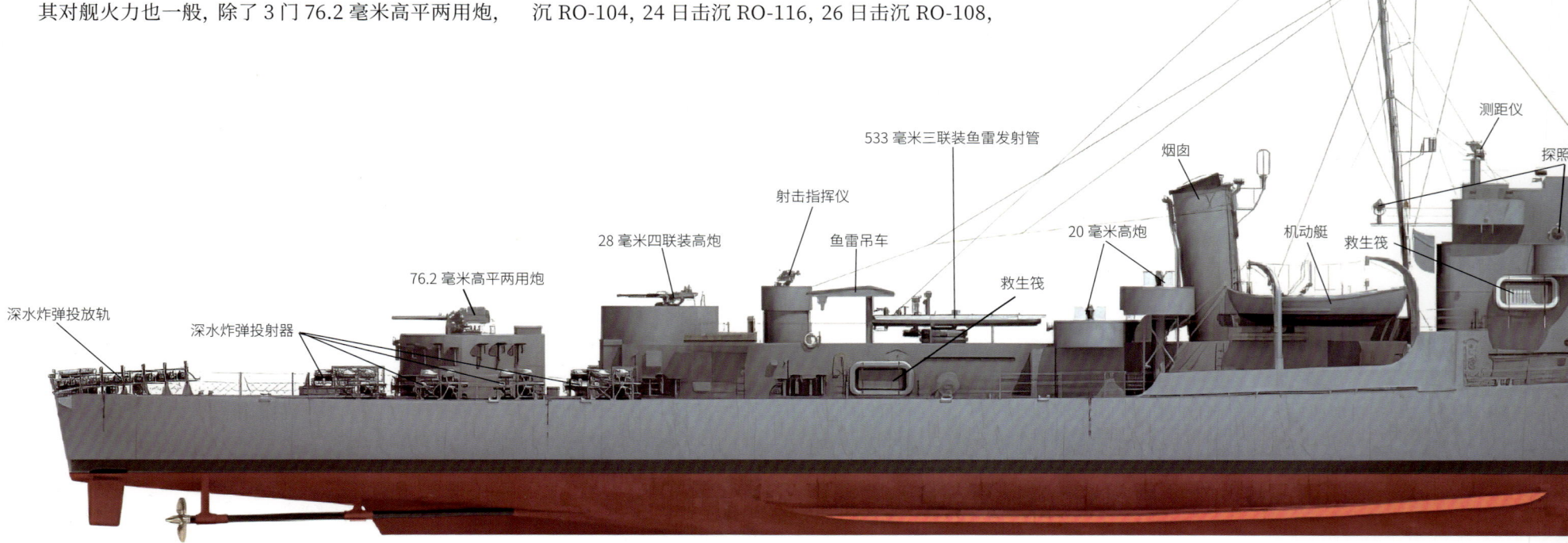

SA 对空搜索雷达天线
SL 对海搜索雷达天线
桅杆
测距仪
探照灯
533 毫米三联装鱼雷发射管
射击指挥仪
烟囱
20 毫米高炮
机动艇
救生筏
鱼雷吊车
救生筏
28 毫米四联装高炮
76.2 毫米高平两用炮
救生筏
深水炸弹投放轨
深水炸弹投射器

76.2 毫米 50 倍径 Mark 22 主炮

该炮在二战期间广泛装备于美国海军的护航驱逐舰、潜艇、辅助舰等，不少商船上也有装备。它是一种高平两用炮，但无论是平射打舰艇，还是高射打飞机，效果都很一般。毕竟它是用的轻型炮弹，并且还是手动操作。不过，后来近炸引信的应用使它的防空能力大为提高，甚至有人认为它在结合射击指挥仪后能达到博福斯 40 毫米高炮的水平。它的射速为 15～20 发 / 分钟，采用自动装弹机后能够提升至 45～50 发 / 分钟。

因为采用了镀铬工艺，所以它的炮管寿命约为 4300 发，如果未镀铬就只有约 3000 发。它的弹种有穿甲弹、防空弹、高爆弹、照明弹等。其炮闩存在着设计缺陷，闭锁时撞针容易意外撞击弹药筒导致开火。虽然海军官方表示更换润滑油即可解决这一问题，但不总是成功。

值得一提的是，有一部分巴克利级护航驱逐舰在改造为高速运输舰时，拆除了该主炮。而"英格兰"号在 1945 年 7 月回到美国费城进行维修时，也计划改造为高速运输舰，后因日本投降而工程停止。

76.2 毫米主炮

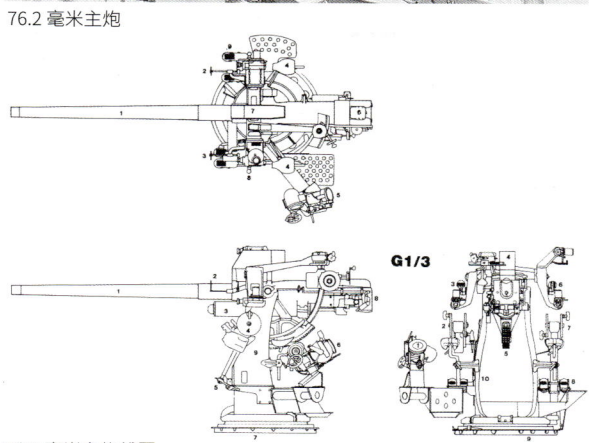
76.2 毫米主炮线图

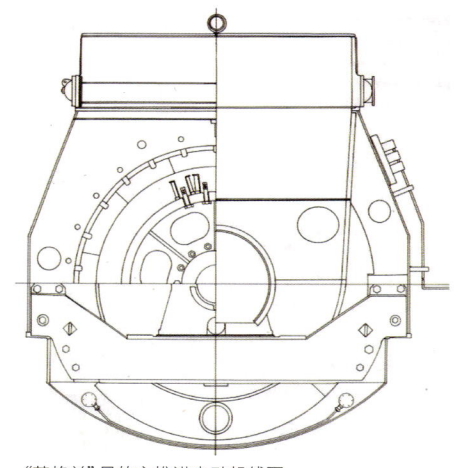
"英格兰"号的主推进电动机线图

"英格兰"号主炮

主炮口径	76.2 毫米	最大射程	13341 米
炮身长度	4.06 米	炮口初速	823 米 / 秒
炮身重量	798 千克	炮弹重量	10.9 千克
最大仰角	85 度	射速	15～20 发 / 分钟
最大射高	9083 米	炮管寿命	约 4300 发

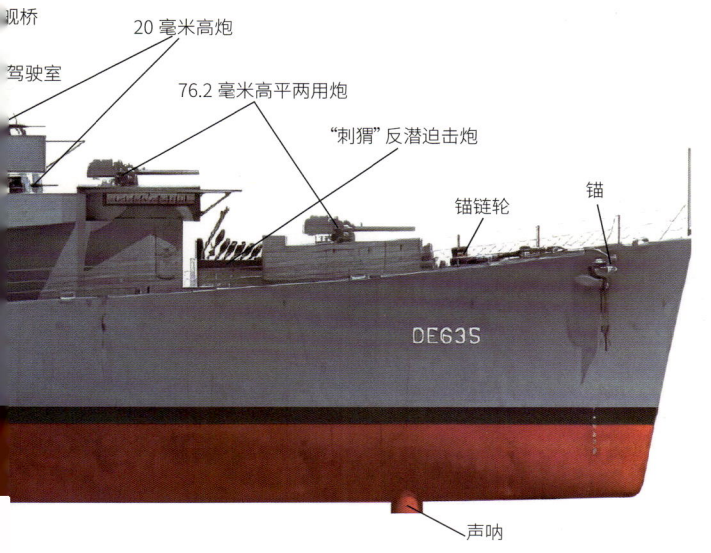
观桥
驾驶室
20 毫米高炮
76.2 毫米高平两用炮
"刺猬"反潜迫击炮
锚链轮
锚
声呐

动力

既然是护航驱逐舰，就注定它的动力弱于舰队驱逐舰。其动力来源于 2 台福斯特 - 惠勒的 D 型水管燃油锅炉、2 台通用电气的蒸汽轮机和 2 台发电机，最后通过电动机 (功率为 8948 千瓦) 及 2 根传动轴驱动 2 个三叶螺旋桨，实现最大速度 24 节。它能够装载 350 吨燃油，以 12 节的速度航行 6000 海里，不过在战时实际为 4940 海里。

"英格兰"号的舰名由来

在美国海军的巴克利级护航驱逐舰中，有 46 艘根据租借法案转交给了英国皇家海军。正因为有此渊源，所以该级中的"英格兰"号 (DE-635) 容易被误会舰名是源自英国的构成国英格兰。其实，"英格兰"号的舰名与英国无关，是源人名，即美国海军的约翰·查尔斯·英格兰海军少尉。

1941 年 12 月 7 日，日本海军的第一航空舰队偷袭美国的珍珠港海军基地。在空袭中，美国海军的战列舰"俄克拉荷马"号 (BB-37) 遭到日军舰载机的集中攻击，很快就倾覆翻沉。在该舰众多的阵亡者中，有一位就是约翰·查尔斯·英格兰少尉。后来，他的母亲 H.B. 英格兰夫人在美国发起了一个募捐造船的活动，而她自己也捐献了不少钱。1942 年，美国海军决定用这笔捐款建造一艘护航驱逐舰。1943 年 9 月 26 日该舰下水，根据 1942 年的驱逐舰命名规则，它被命名为"英格兰"号。

鲜为人知的是，除了"英格兰"号，美国海军还有不少护航驱逐舰是以"俄克拉荷马"号战列舰的阵亡者命名。如"奥斯汀"号 (DE-15) 是以约翰·阿诺德·奥斯汀木工长命名，"斯特恩"号 (DE-187) 是以查尔斯·M. 斯特恩少尉命名，"施密特"号 (DE-676) 是以阿洛伊修斯·H. 施密特神父命名，而"巴伯"号 (DE-161) 是以巴伯三兄弟命名，即马尔科姆·J. 巴伯、勒罗伊·K. 巴伯和伦道夫·H. 巴伯。

美国战列舰"俄克拉荷马"号 (BB-37)

武/器/档/案 WEAPON ARCHIVES

舰名	"英格兰"号
舰级	巴克利级
排水量	标准: 1422 吨; 满载: 1768 吨
长宽	93 米 ×11 米
动力	2 台锅炉、2 台蒸汽轮机和 2 台发电机，电动推进; 8948 千瓦
最大速度	24 节
续航距离	6000 海里 (12 节)
载员	213 人
声呐	QCS
雷达	SL 对海搜索雷达、SA 对空搜索雷达
武器 (1943 年)	3 门 76.2 毫米高平两用炮 1 座四联装 28 毫米高炮 8 门 20 毫米高炮 1 座三联装 533 毫米鱼雷发射管 1 座"刺猬"反潜迫击炮 (24 发阵列) 8 具深水炸弹投射器 2 架深水炸弹投放轨

"刺猬"反潜迫击炮

"刺猬"反潜迫击炮

"刺猬"反潜迫击炮开展水下攻击：从炮弹入水到爆炸

"刺猬"反潜迫击炮 Mark 10

　　该炮是英国皇家海军在 1941 年研发的一种舰载反潜武器，其设计思想源自英国廉价的反坦克武器——"布莱克尔"杆式迫击炮。不过，它增加了发射杆的数量，拥有 4×6 阵列共 24 根发射杆，并安装在一个四方形的固定底座上，从而组成这种电击发的前投式掷弹器。因其形如刺猬，所以叫"刺猬"反潜迫击炮。

　　它于 1942 年服役，用户包括美国海军、海岸警卫队等。它大多安装在驱逐舰和护卫舰的舰首，可一次装填并齐射 24 发超口径炮弹，射程为 200～259 米，在海面上的弹着点呈椭圆形分布，面积约 43 米 ×37 米。炮弹在水中的下沉速度为每秒 6.7～7.2 米，通过触发引信起爆。与采用定深引信的深水炸弹不同，该炮弹必须碰撞到潜艇的外壳才会爆炸，所以要用齐射来提高命中率。好在它的体积小，便于舰上大量携带，能够以量取胜。

　　据实战统计，它的反潜效率比深水炸弹高出很多倍。因此，"英格兰"号护航驱逐舰用它在不到两周的时间内就获得了击沉 6 艘日本潜艇的辉煌战绩。

"刺猬"炮弹	
直径	183 毫米
长度	1181 毫米
重量	29 千克
装药量	14 千克 TNT 或 16 千克 Torpex
有效射程	约 230 米
下沉速度	约 7 米／秒
引信	触发式

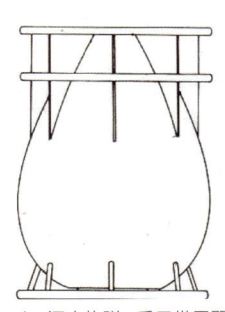

Mk9 深水炸弹：采用带尾翼的流线型设计，入水后会旋转，沿直线轨迹坠落并爆炸

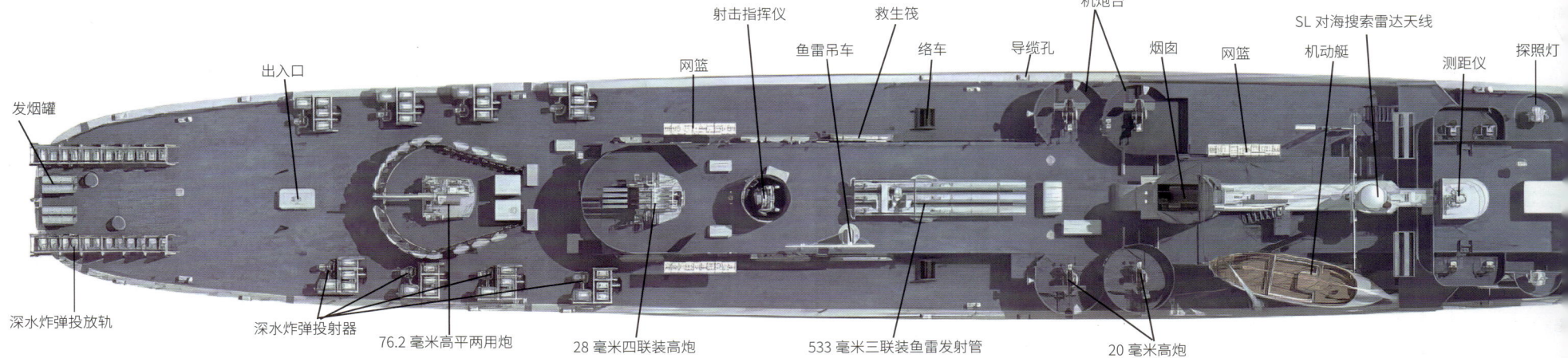

发烟罐　出入口　网篮　射击指挥仪　救生筏　机炮台　SL 对海搜索雷达天线　探照灯

鱼雷吊车　络车　导缆孔　烟囱　网篮　机动艇　测距仪

深水炸弹投放轨　深水炸弹投射器　76.2 毫米高平两用炮　28 毫米四联装高炮　533 毫米三联装鱼雷发射管　20 毫米高炮

28 毫米 75 倍径 Mk1 四联装高炮

此炮的昵称为"芝加哥钢琴",是美国海军用来替代 12.7 毫米 M2 重机枪的,由于射速低只好采用四联装。其 4 门的总射速才和 1 挺 12.7 毫米 M2 重机枪的射速相近,即 500 发 / 分钟左右。不过它的炮弹威力比 12.7 毫米机枪弹大,敌机只要中弹一发就会失去继续作战的能力。它的口径标称为 28 毫米,实际是 27.94 毫米,而倍径标称为 75,实际是 74.55,因此炮管长度为 2.08 米。其俯仰角度为 -15 度至 +110 度,俯仰速度为 24 度 / 秒,炮座旋转的速度是 30 度 / 秒。它的弹种主要是曳光高爆弹,采用 8 发弹夹供弹。其特色是每门有两个供弹口,可以插入两个弹夹,实现了轮流供弹和换弹,如此循环就保障了火力的持续性。炮口初速为 792 米 / 秒,每门的有效射速约 100 发 / 分钟,最大射程约 6767 米 (40.88 度),最大射高为 5791 米 (90 度)。

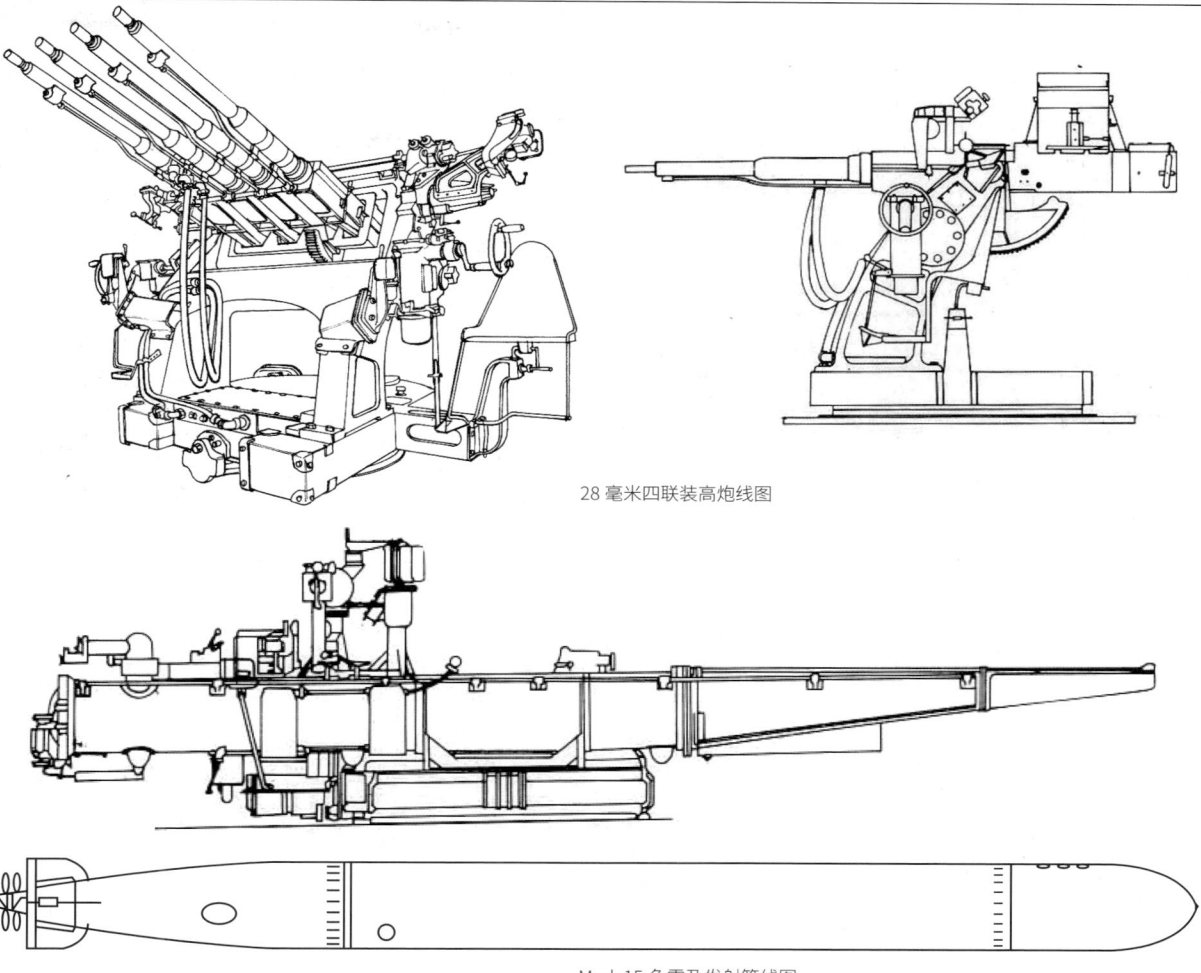

28 毫米四联装高炮线图

28 毫米四联装高炮

Mark 15 鱼雷及发射管线图

Mark 15 鱼雷

这是二战时期美国海军水面舰艇使用的标准鱼雷,产量高达 9700 枚。它比潜艇使用的 Mark 14 鱼雷更长、更重,并且射程更远。它主要有 Mod 0 和 Mod 3 两种型号。以后者为例,其直径是 533 毫米,长度为 7.32 米,全重 1742 千克,弹头重 373 千克。它采用蒸汽轮机及热动力推进方式,燃料是甲醇,陀螺仪的型号为 Mark 12 Mod 3,触发引信的型号为 Mark 6 Mod 13。其速度分为高速 45 节、中速 33.5 节和低速 26.5 节,对应的射程分别是 4115 米、8230 米和 12802 米。

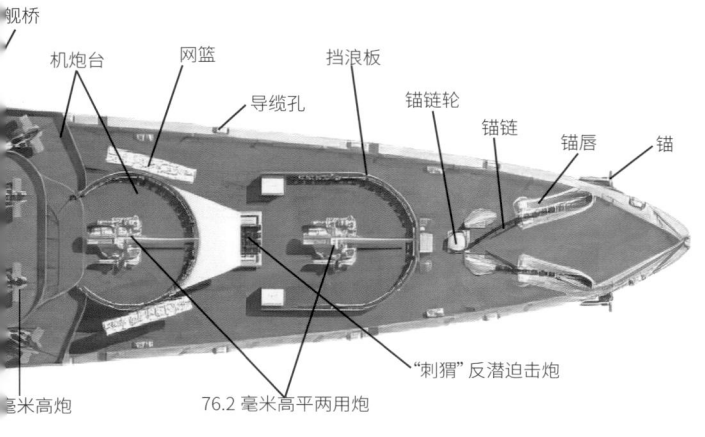

战例:利剑配英雄

虽然"刺猬"反潜迫击炮是一种优秀的舰载反潜武器,但并不是谁都能用它获得战果。

从 1944 年 5 月 19 日到 26 日,"英格兰"号护航驱逐舰在 8 天时间内击沉了 5 艘日军潜艇,让护航舰队里的友舰都十分羡慕。因此,在发现日军潜艇 RO-105 的踪迹时,舰队指挥官命令"英格兰"号在旁边观战,让其他友舰前去围剿,想让友舰也立功。但是,一艘驱逐舰和三艘护航驱逐舰在 25 个小时里对 RO-105 进行了 16 次以上的"刺猬"与深水炸弹攻击,始终不能将之击沉。并且,中途 RO-105 还浮出水面,停在美军两艘护航驱逐舰的中间进行了 5 分钟的换气工作,然后再下潜让它们继续用"刺猬"攻击。

最后,无可奈何的指挥官在无线电中喊道:"哦,见鬼!继续吧,英格兰。"收到命令后,"英格兰"号立即加入战斗,用"刺猬"打出一轮齐射。在一连串命中的爆炸声后,海面出现了燃油、碎木板等,RO-105 被击沉。此战令"英格兰"号封神。

Encyclopedia of
World War II
Naval Warfare Weapons

ENCYCLOPEDIA OF NAVAL WEAPON WORLD WAR II

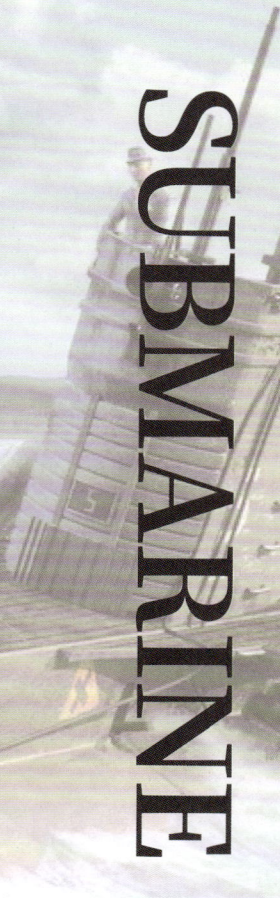

第六章

潜艇
SUBMARINE

潜艇——冷静的水下猎手，水面舰船的克星。

　　潜艇是一种能够在水下和水面航行的舰艇，具有水中潜伏的特性。在二战中，它常借助潜望镜、声呐、雷达等侦测设备搜寻敌军舰队或运输船队，然后跟踪寻找战机，最后用鱼雷、舰炮等武器进行攻击。它和航空母舰一样，在二战时活动遍及几大洋，是海洋的主宰，也是各国争夺制海权的重要依靠。

　　潜艇的战术应用比较丰富，可以单艘出击或多艘组成"狼群"来狩猎敌方舰船，也可以承担侦察和巡逻、警戒和护卫、布雷和反潜、运输、补给等任务。在特种作战中，潜艇可借其隐秘性来运送突击队员或间谍登陆执行任务，也可携带微型潜艇偷袭敌军港口或锚地，部分潜艇还能用舰载机进行空中侦察和远程轰炸等。当时潜艇最大的天敌是敌方的驱逐舰和反潜飞机。

　　二战期间潜艇运用最成功的是德国。它建造了一千多艘潜艇，通过无限制潜艇战来打击盟军的远洋运输船队，特别是针对大西洋补给线。而日本多将潜艇与水面舰队协同作战，以盟军军舰为攻击目标。对于美国，其潜艇部队虽然在海军中占比很低，但日军损失的舰船超过一半是它击沉的。英国因为水面舰艇的规模庞大，所以潜艇的数量不多，但也战绩不俗，特别是它创造了在水下用潜艇击沉潜艇的战例。

U-47

德国 **攻击潜艇**

► **Attack** Submarine

U-47 是二战著名的远洋攻击潜艇，其艇长京特·普里恩是德国潜艇王牌，绰号"斯卡帕湾的公牛"。它因单艇潜入英国本土舰队的母港斯卡帕湾，击沉"皇家橡树"号战列舰而一战成名。在服役生涯中，U-47 共击沉盟军 31 艘舰船，总吨位近 20 万吨。

U-47

U-47 是德国海军的VII B 型远洋攻击潜艇，除攻击外，也具备布雷、补给等能力。VII 型潜艇是二战德国使用最广泛的潜艇，也是史上生产数量最多的潜艇，高达 709 艘，其中VII B 型有 24 艘。

U-47 于 1938 年服役，装有 5 具 533 毫米鱼雷发射管，共携带 14 枚鱼雷。其主要作战对象是盟军在大西洋上的远洋运输船队。从 1939 年到 1940 年，它前后共击沉 30 艘商船，还有"皇家橡树"号战列舰。另外，它还击伤 8 艘商船和 1 艘军舰。

1939 年 8 月，U-47 第一次出海巡逻就击沉盟军三艘商船。然后当时的潜艇舰队司令邓尼茨就向其

艇长普里恩布置了第二次巡逻的任务——偷袭斯卡帕湾。这是一项非常艰巨的任务，几乎不可能成功。1939 年 10 月，U-47 先是克服了暗礁、洋流、英军防卫等困难潜入成功，然后在发现"皇家橡树"号战列舰后发射了两轮鱼雷将其击沉，最后平安返航。此战使艇长普里恩成为德国的战争英雄。他获得了一级铁十字勋章和骑士铁十字勋章，其他艇员也都获得了二级或一级铁十字勋章。

1941 年 3 月，U-47 在攻击盟军的运输船队时失踪。虽然缺乏正式记录，但它很可能是被盟军护航的驱逐舰炸沉的。

U-47 返航回到德国基尔港

武/器/档/案 **WEAPON ARCHIVES**

艇名	U-47
艇级	VII B 型
排水量	水面：753 吨 水下：857 吨
长宽	66.5 米 ×6.2 米
动力	2 台柴油发动机（2059～2354 千瓦） 2 台电动机（552 千瓦）
最大速度	水面：17.9 节 水下：8 节
续航距离	水面：8700 海里（10 节）/ 水下：90 海里（4 节）
最大潜深	220 米
载员	44～60 人
侦搜设备	GHG 水听器阵列
武器	5 具 533 毫米鱼雷发射管（首 4 尾 1） 1 门 88 毫米甲板炮 /1 门 20 毫米高炮

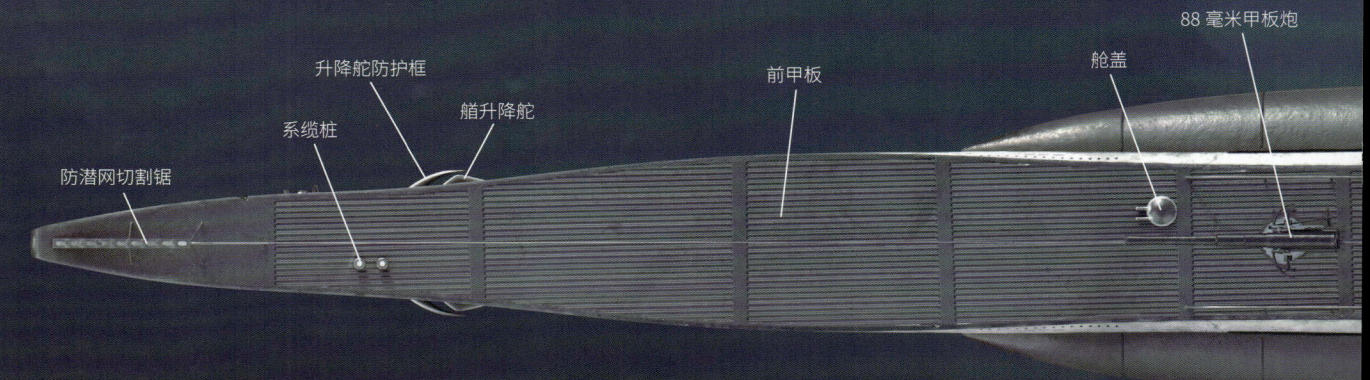

防潜网切割锯　　系缆桩　　升降舵防护框　　艏升降舵　　　　　前甲板　　　　　　舱盖　　88 毫米甲板炮

斯卡帕湾的公牛

1939 年 10 月，U-47 在斯卡帕湾击沉英国皇家海军的"皇家橡树"号战列舰后，在返航途中其大副恩德拉斯拿着一罐油漆跑上甲板，在指挥塔上画了一头喷着鼻息的公牛。该形象来源于艇员携带的一本漫画书。回港后，U-47 受到英雄式的热烈欢迎。其艇长普里恩不仅成为德国潜艇部队中第一位获得骑士铁十字勋章的人，还获得"斯卡帕湾的公牛"这个绰号，并广为流传。

后来，不仅 U-47 用这个"喷鼻公牛"当艇徽，它所在的第 7 潜艇舰队也采用该标志作为队徽。据说约有 22 艘德国潜艇使用过该标志，由于其图案复杂还有专门的模板来方便各艇绘制。

指挥台

　　二战期间，既然潜艇以水面航行为主，并且对敌方商船的攻击有时也是在水面完成，那么其围壳上层的露天指挥台（开放式舰桥）就显得很重要。此处装有罗盘、潜望镜、探照灯以及各种测向、通信天线等设备，艇长等人的水面指挥、瞭望、导航、信号等作业都在这里进行。U-47 的露天指挥台比较狭小，设备也相对简单，当军官、观察员甚至炮手等人都登高上来后就会变得非常拥挤。

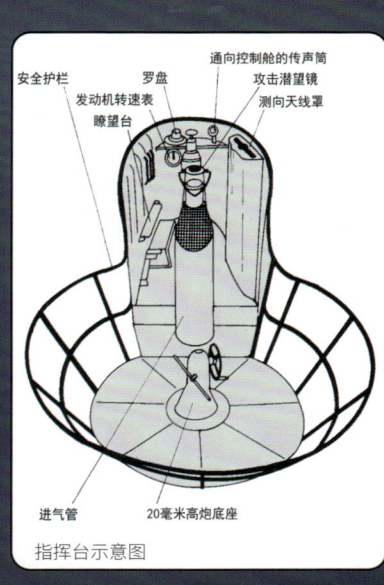

指挥台示意图

U-47 艇长京特·普里恩

磁罗经外壳　指挥台围壳　　20 毫米高炮　　舱盖　鞍形水舱　　后甲板　　　系缆桩　　　　舵升降舵　螺旋桨

88 毫米 SK C/35 甲板炮

这种口径为 88 毫米的 SK C/35 甲板炮，经常被误会为海军版的 88 毫米 FlaK 36 高炮，其实它们完全不同。前者的最大仰角只有 30 度，不具备防空能力，只能用来炮击水面舰船或陆地目标。并且从其名字也能看出不同，SK 是指速射炮，C/35 是指设计年份为 1935 年，即它是 1935 年为 VII A 型潜艇设计的制式甲板炮。

二战时，该炮大量安装在 VII 型系列的潜艇上，位于指挥塔前面的甲板处。它备有 220 发炮弹，弹种有穿甲弹、高爆弹、高爆燃烧弹和照明弹。虽然潜艇攻击敌方舰船主要是用鱼雷，但德军潜艇有时为了节省鱼雷，在碰到无武装的商船时会上浮并用甲板炮威胁对方投降，或用它将已被鱼雷击伤的敌方舰船最后击沉。

后来随着盟军护航力量的日益强大，这种没有防护炮盾的甲板炮也就逐渐落伍了。因此有些德军潜艇就拆除该炮换装为 20 毫米或 37 毫米的高炮，并将它转给扫雷舰和猎潜艇使用。

被 U-47 击沉的英国战列舰"皇家橡树"号

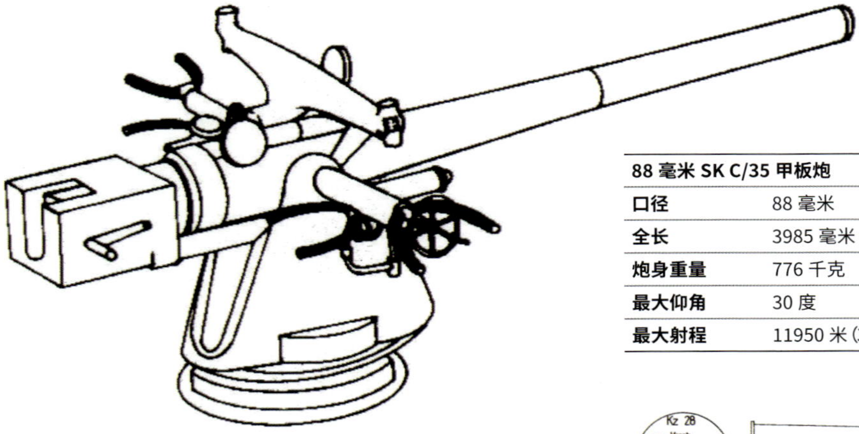

88 毫米 SK C/35 甲板炮

88 毫米 SK C/35 甲板炮			
口径	88 毫米	炮口初速	700 米/秒
全长	3985 毫米	炮弹重量	15 千克
炮身重量	776 千克	供弹方式	手动装填
最大仰角	30 度	射速	15 发/分钟
最大射程	11950 米 (30 度)	预期使用寿命	12000 发

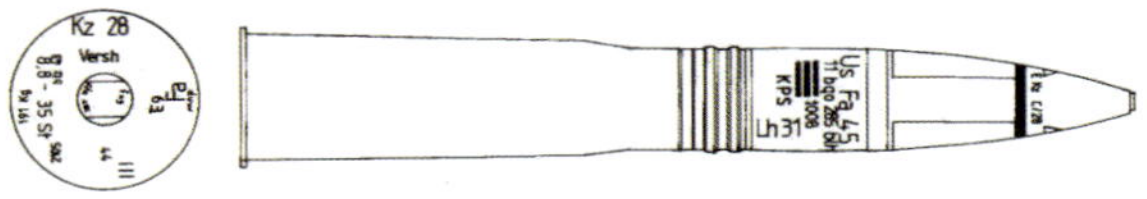

88 毫米高爆弹及弹底标识

指挥台围壳

88 毫米甲板炮

前甲板

防潜网切割锯

20 毫米 C/30 高炮

　　U-47 的防空火力较弱，只有 1 门位于指挥台后方的 20 毫米 C/30 高炮。此炮的口径是 20 毫米，65 倍径，炮管长 1.3 米，俯仰角度为 -11 度至 +85 度，俯仰和旋转均为人工操作。其弹种有曳光高爆弹、曳光穿甲弹、高爆燃烧弹等，采用 20 发弹匣供弹。炮口初速为 835 米 / 秒，有效射速约 120 发 / 分钟，最大射程是 4900 米 (45 度)，最大射高是 3700 米 (85 度)，炮管寿命为 20000～22000 发。它的供弹机构存在问题，射击时容易卡弹。

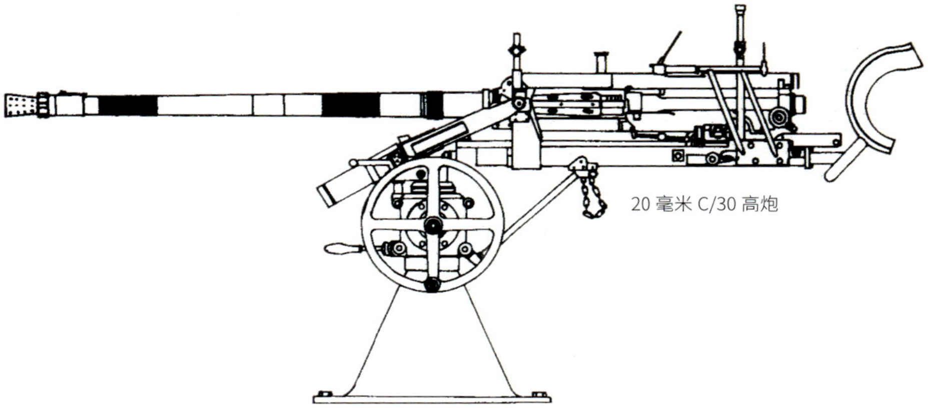

20 毫米 C/30 高炮

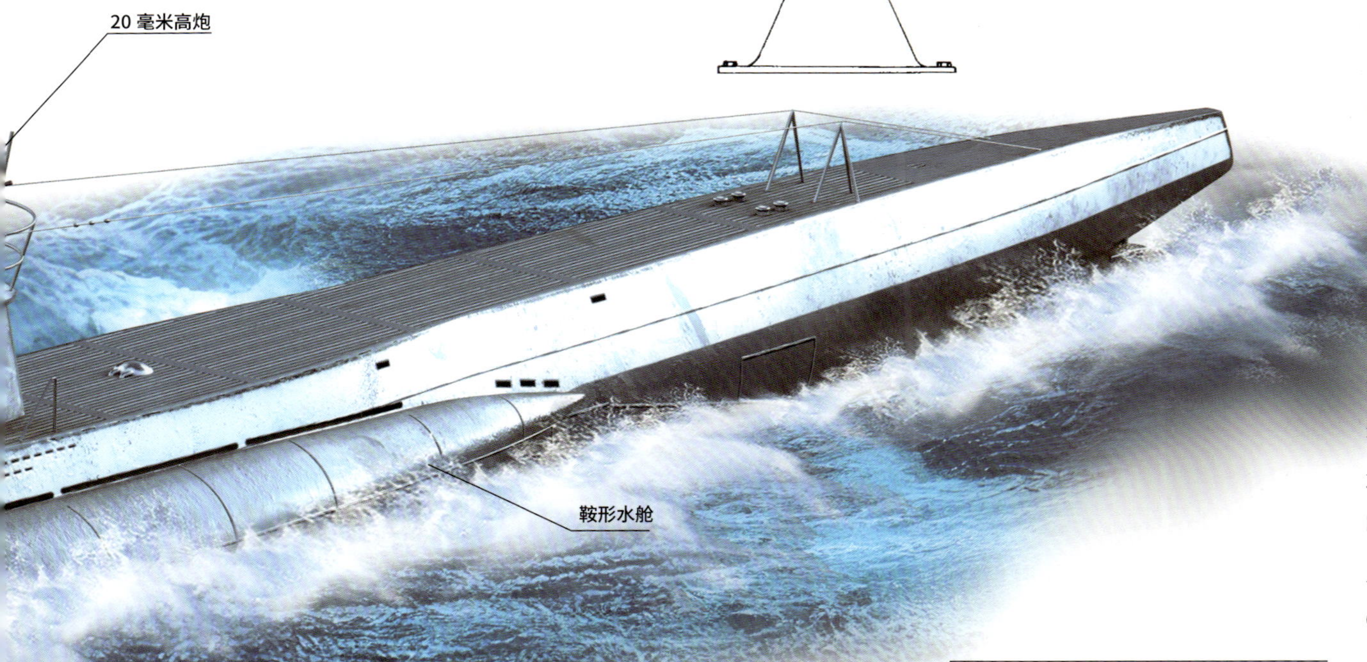

20 毫米高炮

鞍形水舱

1939 年 12 月 22 日，U 艇上的鱼雷装填作业 (左处为 88 毫米 SK C/35 甲板炮)

于 1940 年 7 月 2 日被 U-47 用鱼雷击沉的英国大型运兵船 "阿兰多拉之星" 号

G7e 电动鱼雷

　　二战前，德国就为其鱼雷进行了电力推动、声波制导等研究。当时德军潜艇主要有两种鱼雷，即 G7a 气动鱼雷和 G7e 电动鱼雷。其中，常见的 G7a (T1) 气动鱼雷虽然速度快、航程远，但发射后有明显的气泡尾迹，容易被敌军发现。而 G7e 采用电力推动，优点是噪声小、无可见尾迹，缺点是速度和航程要差一些，并且每隔三四天就要充电保养。在德军鱼雷的命名中，G 是指直径 533 毫米，7 是指长度约 7 米，a 是指气动，e 是指电动。

　　二战时，G7e 电动鱼雷在德国的 U 艇部队中使用最为广泛，太多盟军舰船被它击沉。当 U-47 在斯卡帕湾对 "皇家橡树" 号战列舰进行攻击时，用的就是 G7e (T2) 鱼雷。后来，U-69 击沉 "驯鹿" 号等也是用的 G7e (T2) 鱼雷。不过，这种鱼雷虽然使用得多，但它并不可靠。其磁性引信、接触引信和深度调节器都有问题，导致很多鱼雷在发射后失灵，从而影响潜艇的战绩。如 U-56 的艇长曾被这些问题折磨得请求司令邓尼茨将他解职。德国海军对此隐瞒了一段时间，然后低调地将这些问题一一解决。

G7e (T2) 电动鱼雷	
长度	7.2 米
直径	533 毫米
重量	1603 千克
航程	5000 米 (30 节)
弹头重量	280 千克
推进方式	电力推动

G7e 电动鱼雷

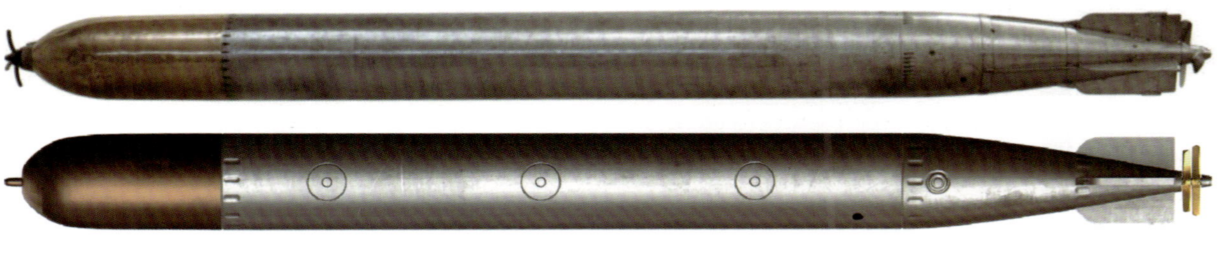

U-505

德国 **攻击潜艇**

▶ Attack Submarine

U-505 是德国海军的一艘大型远洋攻击潜艇，服役时进行了 8 次大西洋巡逻，共击沉 8 艘船只，达 45005 总吨。后来它被美国海军的反潜特遣舰队炸伤并俘获，艇上的恩尼格玛密码机也被缴获。之后该艇被押解到美军基地，并在战后陈列于博物馆。

1944 年 6 月，被美军俘获的 U-505

U-505 是德国海军 IX C 型的一艘大型远洋攻击潜艇。IX 型潜艇共建成 194 艘，其中 IX C 型有 54 艘。IX 型与 VII 型是同一时期的潜艇，两者都是二战德国的主力潜艇。与 VII 型被称为"大西洋潜艇"不同，IX 型更大，适航性更好，远洋续航能力也更强，因此行踪遍布大西洋、印度洋、太平洋等，也包括美国东部海域。

该艇于 1941 年 8 月 26 日服役，采用了双壳体的艇体结构，装有 6 具 533 毫米鱼雷发射管，艇首 4 具和艇尾 2 具，共携带 22 枚鱼雷。除了防空高炮之外，它还有 1 门 105 毫米口径的甲板炮。值得一提的是，在很多战时照片和战后的博物馆照片中，U-505 的甲板上都没有这门 105 毫米 SK C/32 甲板炮。但通过查询，确实有盟军货船是被该炮击沉的。其原因经考证，可能是在 1942 年 11 月 10 日，一架英军反潜轰炸机在攻击 U-505 时用炸弹炸毁了该炮，然后它在返港维修时（1943 年）就将之拆除，并且没有换装新炮。

U-505 严格来说在二战期间共执行了 12 次大西洋巡逻的任务，但其中有 4 次因法国抵抗组织的破坏，仅出行几天后就返航维修。因此，它真正的战斗巡逻

是 8 次。在这些巡逻中，U-505 共击沉了 8 艘船只，主要是盟军的货轮和油轮。其中有 1 艘非常特殊，它是当时非交战国哥伦比亚的帆船"乌利斯"号。该船于 1942 年 7 月 22 日在加勒比海遭到 U-505 炮击，其沉没促使哥伦比亚对德国宣战。

1944 年 6 月 4 日，U-505 在最后一次巡逻中遭遇美国海军的反潜特遣舰队。它被一艘护航航空母舰的舰载机和几艘护航驱逐舰用深水炸弹围攻，在受伤后被迫浮到海面。本来它在艇内安装了炸药准备自爆，但护航驱逐舰"皮尔斯伯里"号组织了一个登艇小组及时冲入该艇并拆除了炸药，从而俘获了它，包括缴获其恩尼格玛密码机。后来为了给密码机保密，美国海军悄悄将 U-505 押解到百慕大的军港藏起来，其俘虏也禁止与外界接触，直到战后。1954 年，U-505 被捐赠给美国芝加哥的一家博物馆作为永久性展品。

U-505 在户外展览

武/器/档/案 WEAPON ARCHIVES

艇名	U-505
艇级	IX C 型
排水量	水面：1120 吨；水下：1232 吨
长宽	76.8 米 ×6.8 米
动力	2 台柴油发动机 (3236 千瓦) /2 台电动机 (736 千瓦)
最大速度	水面：18.2 节 / 水下：7.3 节
续航距离	水面：13450 海里 (10 节) / 水下：64 海里 (4 节)
最大潜深	230 米
载员	48～56 人
雷达	FuMO 30 和 FuMB 7
武器	6 具 533 毫米鱼雷发射管 (首 4 尾 2) 1 门 105 毫米甲板炮 1 门 37 毫米高炮 /2 座双联装 20 毫米高炮

U-505 在博物馆展览

U-505 的前甲板

U-505 的指挥室围壳

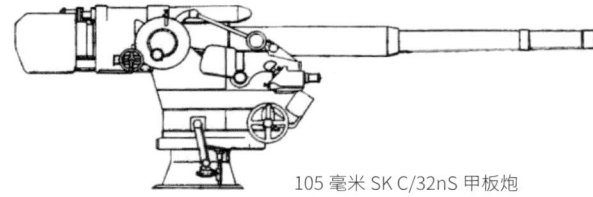
105 毫米 SK C/32nS 甲板炮

105 毫米 SK C/32 甲板炮

这种甲板炮最初装备在德国海军的鱼雷艇等小型水面舰艇上，后来才安装在潜艇的甲板上。其型号为 SK C/32，后来炮管结构有所改变就多了个后缀叫 SK C/32nS。该炮的口径是 105 毫米，45 倍径，长约 4.73 米，炮座有 Ubts LC/32 和更轻的 Ubts LC/36 两种型号。它的俯仰角度是 -10 度至 +35 度，可水平旋转 360 度，俯仰和旋转均由人工操作。其炮弹主要是高爆燃烧弹，炮口初速是 780 米 / 秒，射速是 15 发 / 分钟，炮管寿命是 4100 发。U-505 在水面航行时，多用它来炮击无武装的盟军货船，从而获得不少战果。但它的缺点也比较明显，一是不具备高射防空的能力，二是没有装甲炮盾的保护，所以在碰到盟军的武装商船时并不占优。

机动艇

美国电影《U-571》的剧情有一部分参考了 U-505 被俘的经历。在现实中，美国海军的"皮尔斯伯里"号护航驱逐舰临时抽调八九人组建的登艇小组，是驾驶一艘长约 7.9 米的 Mk1 机动艇前去攻占 U-505。这是一种结构非常简单的小型摩托艇，二战时美国海军的护航驱逐舰上几乎都搭载了一艘作为交通艇，大多吊装在舰桥和烟囱之间的右舷处。但将它在海战中用于突袭，据记载仅此一次。

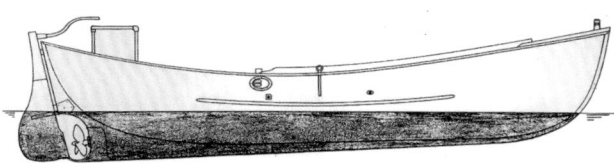
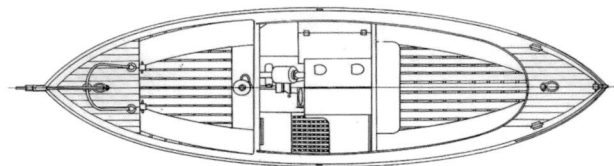
美军"皮尔斯伯里"号护航驱逐舰使用的 Mk1 机动艇

U-505 被俘纪实

虽然 U-505 被美军俘获的过程不像《U-571》电影中那样复杂，但在海战史上也实属少见。更为难得的是，其过程被现场的不同美舰和美机拍照留档。

U-505 在水下遭到美国护航驱逐舰"查特兰"号的深水炸弹攻击

被美军舰队及舰载机围攻后，U-505 上浮弃艇

美国护航驱逐舰"皮尔斯伯里"号靠近俘获 U-505

美国护航驱逐舰"查特兰"号在前甲板上收押 U-505 的幸存者

美国护航航空母舰"瓜达尔卡纳尔"号靠近 U-505 准备拖曳

美国护航航空母舰"瓜达尔卡纳尔"号正在拖曳 U-505

美军最终用远洋拖船将 U-505 拖曳到百慕大基地隐藏起来

由于俘获 U-505 意义重大，所以当时美军从舰队司令到相关舰长等都登艇升旗留影

U-505 艇长自杀事件

U-505 在第 6 次巡逻时，于 1943 年 10 月 24 日在亚速尔群岛附近海域遭到英军驱逐舰的深水炸弹攻击。时任艇长的第二任指挥官彼得·茨舍赫因承受不住压力，在潜艇控制室里当着众多官兵的面开枪自杀。在之前的几次巡逻中，他精神状态就不佳。

据记载，他是二战中唯一一位在水下自杀的潜艇成员。随后，U-505 的第一值班军官保罗·迈耶接过指挥权，代理了约两周的艇长，将 U-505 安全驶回军港。之后 U-505 迎来第三任指挥官哈罗德·兰格，他作为艇长一直指挥该艇到 1944 年 6 月 4 日被俘。

U-2511

德国 攻击潜艇

▶ **Attack** Submarine

U-2511 是德国海军的一艘新型远洋攻击潜艇。它完全是为水下作战而设计，是现代潜艇的雏形。其外观呈流线型，具有优秀的水下航行以及静音航行能力，难以被敌人发现。它在二战末期服役于大西洋，只进行过一次战斗巡逻。德国战败投降后，它被英国皇家海军在"死亡之光行动"中沉于大海。

U-2511 的同级艇 U-3008

U-2511 是德国海军的一艘ⅩⅪ型远洋攻击潜艇，在二战后期非常先进。ⅩⅪ型潜艇采用了模块化的分段预制件组装，生产效率高，共建造了 118 艘。该型潜艇具有流线型外观，可长时间在水下航行与作战，并且水下速度超过了水上速度。它还可以静音航行，使盟军的反潜舰队很难发现。ⅩⅪ型潜艇本有机会改变战局，但量产太晚，只有 U-2511 和 U-3008 这两艘参战，并且还没取得战果就被德国海军命令投降。二战后，英、美、苏等国对其进行了深入研究，然后发展出各自的现代潜艇。

U-2511 于 1944 年 9 月 29 日服役，艇长是潜艇王牌阿达尔伯特·施尼。传统潜艇平时都在海面航行，只在攻击和躲避时才潜水，所以对防空和炮击作战有较大的需求。而 U-2511 完全相反，它长时间在水下航行，偶尔靠近海面用通气管充电，隐蔽性很强。因此其武器装备比较简单，只有艇首的 6 具 533 毫米鱼雷发射管（鱼雷 23 枚）和指挥塔上的 2 座双联装 20 毫米高炮。它还配有鱼雷自动装填系统，每次装填 6 枚鱼雷不到 10 分钟，可在 20 分钟内发射 18 枚鱼雷。

1945 年 3 月 15 日，U-2511 在挪威的卑尔根加入德国海军的第 11 潜艇舰队。4 月 30 日，它起航前往加勒比海，开始第 1 次战斗巡逻。在巡逻途中，它多次遇到盟军反潜舰队，但都没有被发现。有一次它被发现，但很快就通过潜行远离。5 月 4 日，U-2511 收到德国海军发出的停火命令，然后它发现了英军的重巡洋舰"诺福克"号。因为此时战争已结束不能开火，所以它的艇长只是在鱼雷射程内对其进行了一次模拟攻击，而在这一过程中该重巡洋舰及其护航的驱逐舰均毫无察觉。后来，U-2511 返回卑尔根投降，并于 1946 年 1 月 7 日被英军在"死亡之光行动"中击沉。

1945 年 5 月，有三艘ⅩⅪ型潜艇停在挪威卑尔根，中间是 U-2511

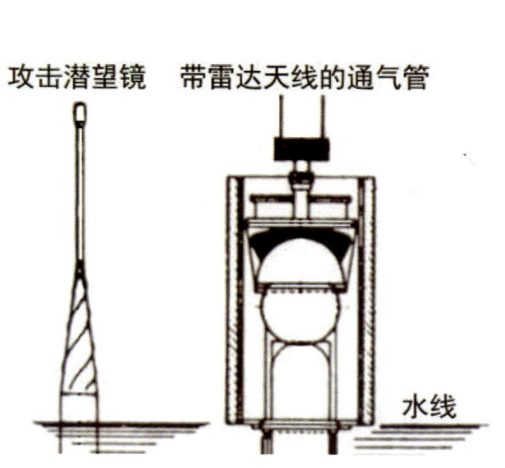

攻击潜望镜　带雷达天线的通气管

水线

U-2511 浮潜时露出水面的攻击潜望镜和通气管

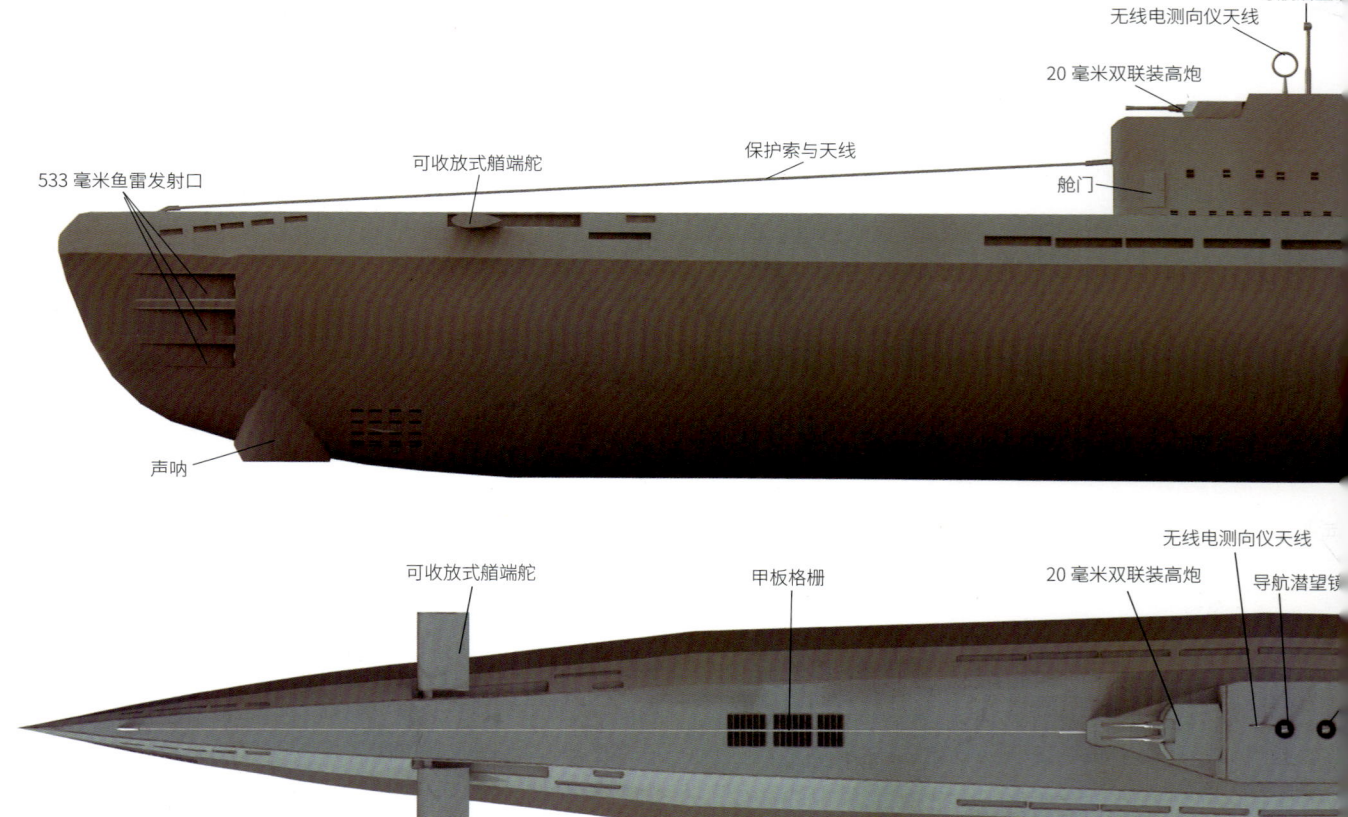

导航潜望镜

无线电测向仪天线

20 毫米双联装高炮

533 毫米鱼雷发射口

可收放式艇端舵

保护索与天线

舱门

声呐

可收放式艇端舵

甲板格栅

无线电测向仪天线

20 毫米双联装高炮

导航潜望镜

20 毫米 C/38 双联装高炮

在 U-2511 指挥塔的顶部，前后各有 1 座封闭式的双联装防空炮塔。它们原计划是安装 30 毫米口径的高炮，但后来为了可靠换为 20 毫米口径的 C/38 高炮。该炮采用 65 倍径，炮管长为 1.3 米，俯仰角度约 -10 度至 +78 度，炮管的俯仰和炮塔的旋转均为液压操作。它的弹种主要是曳光高爆弹、曳光穿甲弹和高爆燃烧弹，采用 20 发弹匣供弹。炮口初速为 875 米 / 秒，有效射速约 220 发 / 分钟，最大射程为 4900 米（45 度），最大射高是 3700 米（85 度），炮管寿命为 20000～22000 发。

U-2511 的同级艇 U-2540 被博物馆收藏

动力

作为真正意义上的潜艇，U-2511 拥有当时最先进的"柴油 / 电力"推进系统。它原本计划采用专为新型高速潜艇设计的过氧化氢涡轮机，但后来德国海军为了稳妥还是采用了成熟的方案。

对于水面航行，它有 2 台曼恩公司的 M6V40/46 型 6 缸四冲程增压式柴油发动机，输出的总功率为 2942 千瓦。动力通过 2 根传动轴驱动 2 个 2.15 米直径的三叶螺旋桨，最大速度为 15.6 节。它能够装载约 255 吨柴油，以 10 节的速度航行 15500 海里。

对于水下航行，它有 2 台西门子 - 舒克特的 2 GU 365/30 型双动电动机，总功率为 3678 千瓦，最大速度高达 17.2 节。为了提高水下攻击以及脱离战场时的隐蔽性，它还有 2 台西门子 - 舒克特的 GV 323/28 型静音电动机，总功率为 166 千瓦，静默潜航的最大速度约 6.1 节。作为有名的电动潜艇，其蓄电池组的容量是之前Ⅶ C 型潜艇的 3 倍，譬如每次充满电后它都能以 5 节的速度潜行 340 海里，或以 10 节的速度潜行 110 海里等。

死亡之光行动

1945 年 5 月 8 日，德国签署无条件投降书，而德国海军也于当日命令其所有的潜艇向盟军投降。结果在大西洋及德军港口等地共投降了 156 艘，其中有 135 艘后来被集中在英国的利萨哈利和莱恩湖。当时英国皇家海军策划了一个叫"死亡之光"的行动，计划将这些德军潜艇都沉没在北爱尔兰附近海域，以令德国海军的潜艇部队彻底消亡。

1945 年 7 月 17 日至 8 月 2 日，盟军决议先由英国、美国和苏联分配不超过 30 艘的德军潜艇用于实验和技术研究，然后剩下的全部沉于海中。因此在这 135 艘中，英国拿走 8 艘，美国拿走 1 艘，苏联拿走 10 艘，最后剩下 116 艘，包括 U-2511。随后，英国皇家海军决定实施"死亡之光"。

该行动的执行时间是从 1945 年 11 月 27 日至 1946 年 2 月 12 日。英国皇家海军陆续将这 116 艘德军潜艇在无人状态下拖向爱尔兰西北部的深水区，但由于当时海况恶劣，不少潜艇在拖曳途中就沉没了。对于到达目的地的德军潜艇，有的被安装炸药炸沉，有的被英军潜艇和飞机击沉，更多的是被水面舰艇用炮火击沉。U-2511 是在拖缆断裂后被炮火击沉。最后，英国实现了消灭德国潜艇的愿望。

1945 年 6 月，投降的德国潜艇被集结起来准备执行"死亡之光"

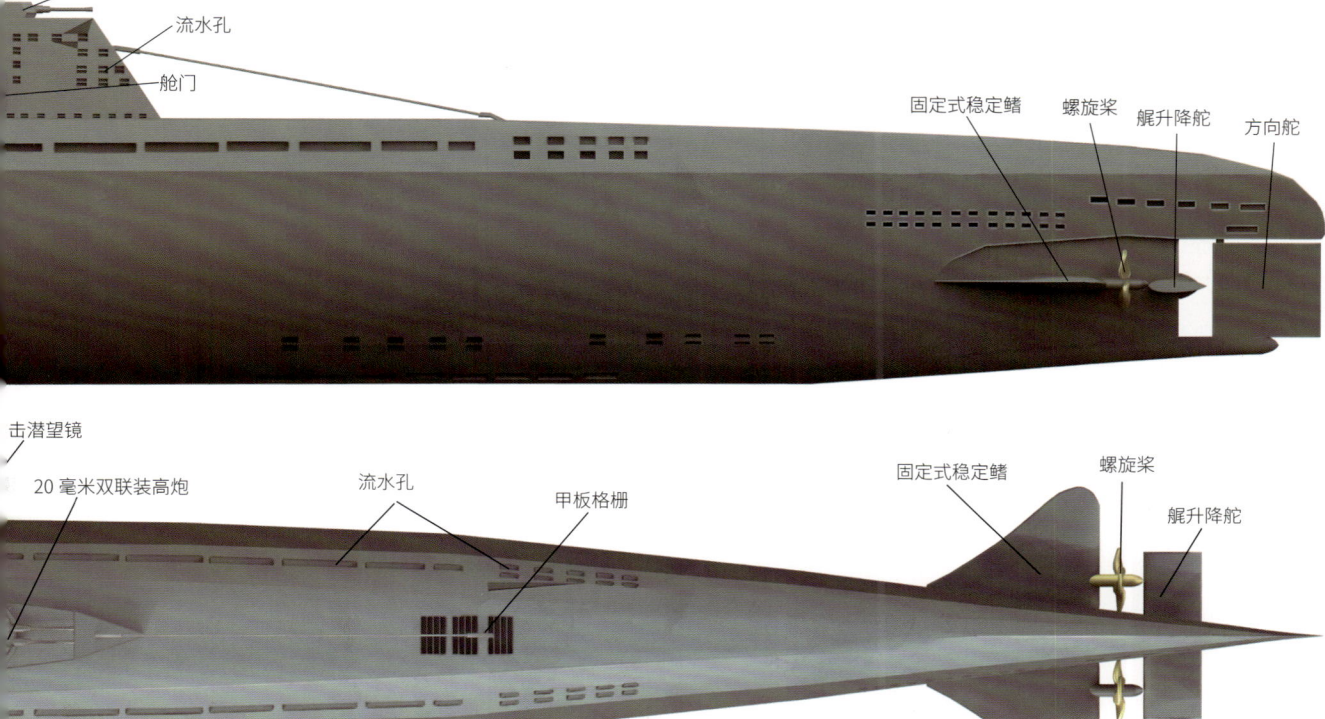

双击潜望镜		
20 毫米双联装高炮		
流水孔		
舱门		

（图中标注：20 毫米双联装高炮、流水孔、舱门、固定式稳定鳍、螺旋桨、舰升降舵、方向舵）

（图中标注：击潜望镜、20 毫米双联装高炮、流水孔、甲板格栅、固定式稳定鳍、螺旋桨、舰升降舵）

武/器/档/案 WEAPON ARCHIVES	
艇名	U-2511
艇级	ⅩⅪ型
排水量	水面: 1621 吨；水下: 2100 吨
长宽	76.7 米 ×8 米
动力	2 台柴油发动机（2942 千瓦）/2 台电动机（3678 千瓦）2 台静音电动机（166 千瓦）
最大速度	水面: 15.6 节（柴油）/ 水下: 17.2 节（电动）
续航距离	水面: 15500 海里（10 节）/ 水下: 340 海里（5 节）
最大潜深	240 米
载员	57 人
雷达	FuMO 65 Hohentwiel U1 及 F432 D2 型雷达发射器、FuMB Ant 3 Bali 雷达探测器
武器	6 具 533 毫米鱼雷发射管 /2 座双联装 20 毫米高炮

Truant

"楚恩特"号

英国 攻击潜艇 ▶ **Attack** Submarine

舰徽简介： 英国潜艇上有些水兵比较迷信，喜欢自己制作保佑运气的吉祥物，包括设计非官方的舰徽，用来装饰潜艇内部。"楚恩特"号的这个非官方舰徽设计得像模像样，正中画的是一名钓完鱼回家的小孩。

"楚恩特"号（Truant, N68）是英国皇家海军的一艘远洋攻击潜艇。二战时期它十分活跃，征程遍布北海、地中海、太平洋等，是英军唯一在这些海域都击沉过敌方舰船的潜艇。德国、意大利和日本都有不少商船和油轮被它送进了海底，可谓战果累累。另外，它还参加过对德国战列舰"提尔皮茨"号的追捕。

"楚恩特"号沿海岸航行

潜艇海盗旗

在历史上，英国皇家海军为了保护英国的海洋贸易航线，长期执行剿灭海盗的任务，因而有很多将领在传统观念上憎恨海盗，更不喜欢骷髅图案的海盗旗。并且在一战时，有的英军将领也不喜欢潜艇的水下攻击方式，如海军上将亚瑟·威尔逊就认为这样做很卑鄙。因此，当时有两艘英军潜艇E9和E12为了反抗传统，就悬挂起了海盗旗。虽然这种行为很快就被海军部打压，但其潜艇部队开始接受海盗旗文化。

到了二战时，传统保守的英军将领大多因年龄原因离开了海军，因而在英军潜艇部队中就盛行起了海盗旗文化。那时有不少英军潜艇都制作了自己专属的海盗旗，上面不仅绣有骷髅图案，还绣有自身的战绩（如用横条表示用鱼雷击沉的舰船，用星表示用炮火击沉的舰船等）。正如一位英军潜艇兵所说："我们为自己的潜艇亲手缝制独一无二的海盗旗。可能我们的针线活很蹩脚，但它记载着我们的历史和战绩，这将成为一种传承。"

在英国潜艇部队中流行的海盗旗文化

　　"楚恩特"号是英国皇家海军的一艘T级远洋攻击潜艇。T级潜艇是英国的二战主力潜艇，共建造了53艘，前后分为三个批次，每个批次略有不同。第一批次有15艘，都于二战前开始建造，但只有6艘经历二战幸存了下来，其中就有"楚恩特"号。英国皇家海军发展T级潜艇是为了替代以前的O级、P级和R级潜艇，以对抗日益强大的日军水面舰队。

　　"楚恩特"号于1939年10月31日服役，即英国对德国宣战后的一个多月。它装备了129/138型水听器、291W型雷达等，武器主要是10具533毫米鱼雷发射管和1门102毫米甲板炮。小有特色的是，T级潜艇的甲板炮都安装在指挥塔前的小平台上，而不是在主甲板上。

　　二战前，英国皇家海军就深感自己的潜艇如与日军水面舰队交战，会很难突破后者用驱逐舰组成的外围反潜屏障，并且就算能够发射鱼雷也只有一次齐射的机会。因此，"楚恩特"号虽然只携带了16枚鱼雷，但第一次齐射就高达10枚。在其艇首的水线下有6具内部鱼雷发射管，水线上有2具外部鱼雷发射管（带来艇首上拱的特色外观），并且在中部的指挥塔下方还有2具外部鱼雷发射管。这10具鱼雷发射管均朝向前方，所以能够实现10枚齐射。如此一来，对面无论是敌方的军舰还是运输船，都难逃脱被击中的命运。不过在战场上，它的4具外部鱼雷发射管不具备再装填的能力，只有那6具内部鱼雷发射管可以再装填余下的6枚鱼雷。

　　1940年3月25日，"楚恩特"号在挪威近海击沉1艘德国货轮，取得T级潜艇的首个战果。4月9日，它重创了德军轻巡洋舰"卡尔斯鲁厄"号，后者因无力航行而被自己的鱼雷艇击沉。然后，它在地中海巡逻，至少击沉意大利及德国5艘商船、2艘油轮和1艘猎潜艇，并使1艘油轮和1艘鱼雷艇全损。1942年，它调往远东对日作战，参加了巴塘海峡海战。随后它在马六甲海峡击沉2艘日本商船，并与日本陆军的1艘货船发生炮战并将之击沉。后来它因发动机故障回到英国进行维修与改装，最后一次出动是参与追捕德国的"提尔皮茨"号战列舰。"楚恩特"号在二战中共进行了27次战斗巡逻，战后于1945年12月19日被出售。

动力

由于 T 级潜艇的数量众多，分由多家船厂建造，因而它们安装的柴油发动机各不相同。"楚恩特"号是由英国维克斯 - 阿姆斯特朗公司的船厂建造，所以它安装了 2 台维克斯 6 缸四冲程柴油发动机，总功率为 1864 千瓦。这种柴油发动机虽然不够先进但运行可靠，输出的动力通过 2 根传动轴驱动 2 个螺旋桨，为"楚恩特"号的水面航行带来了 15.25 节的最大速度。在水面的续航能力上，它能够装载 134 吨柴油，以 11 节的速度航行 4500 海里。

对于水下航行，它使用了 2 台劳伦斯 - 斯科特电动机，总功率为 1081 千瓦，带来 9 节的水下最大速度。它的蓄电池存在着一定的安全隐患，在遭到深水炸弹攻击时容易破裂并产生氯气，后来通过加固电池舱和安装橡胶减震器等方法解决了这一问题。对于水下的续航能力，它以 9 节的最大速度仅能潜行 13.5 海里，而以 4 节的速度可潜行 80 海里，以 2.5 节的速度更可潜行 137.5 海里。

533 毫米 Mark Ⅷ ** 鱼雷

"楚恩特"号原计划配备的鱼雷是 533 毫米 Mark Ⅷ，但很快就换为其改进型 533 毫米 Mark Ⅷ **。后者是英国皇家海军在二战时使用最多的鱼雷，广泛装备给各种潜艇、驱逐舰等。该鱼雷的直径为 533 毫米，长度为 6.58 米，重量为 1566 千克，弹头装药量为 365 千克，主要使用触发引信，属于热动力直航鱼雷。在速度与射程方面，当速度为 45.5 节时它的射程为 4570 米，当速度为 41 节时它的射程为 6400 米。与同期美国、德国等国家的鱼雷相比，它最大的优点是可靠性高。

QF 102 毫米 Mk ⅩⅫ甲板炮

在"楚恩特"号指挥塔前的机炮台上有 1 门不带炮盾的 QF 102 毫米 Mk ⅩⅫ甲板炮。它源自一战时期英国驱逐舰普遍装备的 QF 102 毫米 Mk Ⅳ主炮，在战间期该炮改装出潜艇专用的 QF 102 毫米 Mk Ⅻ甲板炮，而到二战时就升级为 Mk ⅩⅫ。其口径是 102 毫米，40 倍径，炮管长 4.06 米。其炮座型号为 SⅠ，带来的俯仰角度是 -3 度至 +20 度，水平旋转约 ±120 度，俯仰和旋转均为人工操作。它的弹种主要是高爆弹，也有半穿甲弹、照明弹等，基本携弹量是 100 发。炮口初速为 571 米 / 秒，射速约 13 发 / 分钟，最大射程是 9560 米（仰角为 20 度），炮管寿命为 8000 发。

在 T 级潜艇的舱内通过潜望镜观察海面

正在装填作业的英制 533 毫米鱼雷

英国 T 级潜艇普遍装备的 102 毫米甲板炮

武/器/档/案 WEAPON ARCHIVES

艇名	"楚恩特"号
艇级	T 级
排水量	水面：1107 吨；水下：1600 吨
长宽	84 米 ×8.1 米
动力	2 台柴油发动机（1864 千瓦）/2 台电动机（1081 千瓦）
最大速度	水面：15.25 节 / 水下：9 节
续航距离	水面：4500 海里（11 节）/ 水下：80 海里（4 节）
最大潜深	91 米
载员	59 人
雷达	291W 型
武器	10 具 533 毫米鱼雷发射管（首 8 中 2） 1 门 102 毫米甲板炮 3 挺 7.7 毫米机枪

"楚恩特"号的绘画作品

Tang
"刺尾鲷"号

美国 **攻击潜艇** ▶ **Attack** Submarine

"刺尾鲷"号（Tang, 306）是美国海军一艘充满传奇的攻击潜艇。它在太平洋战争中共击沉 33 艘日本舰船，总吨位达 116454 吨，名列前茅。但它的沉没是一场乌龙——被自己发射的鱼雷绕圈给击沉了。当其沉没在海底后，部分艇员在逃生时使用了莫森肺，这是它用于潜艇逃生唯一的成功纪录。

"刺尾鲷"号的战旗

1943 年 12 月 2 日，"刺尾鲷"号航行在美国加利福尼亚州沿岸

"刺尾鲷"号的艇长理查德·奥凯恩与被营救的 22 名美军飞行员合影

　　"刺尾鲷（diāo）"号是美国海军巴劳鱵（zhēn）级的一艘攻击潜艇。该级的名字巴劳鱵是指一种身体细长、眼大口小且颌长如针的鱼，俗称针鱼。而该潜艇的名字刺尾鲷是一种身体扁平呈长椭圆形的鱼，也叫刺尾鱼。其尾柄上有如外科手术刀一般锋利的硬棘，在争斗中很容易扎伤对方。巴劳鱵级是美国海军建造数量最多的潜艇，总共建造了 120 艘之多，其中有 12 艘是在二战后服役。

　　"刺尾鲷"号在 1943 年 10 月 15 日服役。它执行一次战斗巡逻任务可长达 75 天，而在水下潜航可达 48 小时。其最大潜深设计为 122 米，但它在一次试潜时实际到达了 187 米的深度。

　　在武器方面，它装备了 10 具 533 毫米鱼雷发射管，艇首 6 具和艇尾 4 具，可携带 24 枚 Mark 14 或 Mark 18 鱼雷。如果碰到布雷任务，它可以只携带 8 枚鱼雷，省出 16 枚鱼雷的空间装载 32 枚水雷。因为美军潜艇指挥官对甲板炮和高炮的安装拥有较大的自主权，所以在不同时期存在着变化，据说该艇装备过 102 毫米甲板炮和 40 毫米高炮。

　　从 1944 年 1 月 22 日到 10 月 25 日，"刺尾鲷"号共执行了 5 次战斗巡逻的任务，专门针对日本的运输船队展开攻击，并与护航的日军舰艇战斗，其间还营救了 22 名美军飞行员。它因击沉 33 艘日本舰船，总吨位 116454 吨，从而成为二战中最成功的美国潜艇。

　　不幸的是，1944 年 10 月 25 日"刺尾鲷"号在第五次战斗巡逻中用最后一枚鱼雷射向一艘日本运输船时，该 Mark 18 鱼雷出现故障，向左绕圈回来击中了"刺尾鲷"号。于是它沉没在 55 米深的海底，有几位艇员使用莫森肺逃生成功，其艇长理查德·奥凯恩也幸存下来，并获得了荣誉勋章。在太平洋战争中，"刺尾鲷"号共获得 4 枚战役星章和 2 次总统集体嘉奖。

1944 年 5 月 15 日，"刺尾鲷"号在美国珍珠港

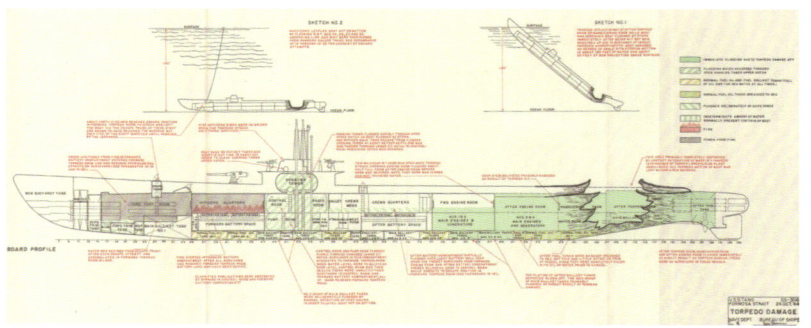

美国海军关于"刺尾鲷"号被自己鱼雷击沉的战损报告图

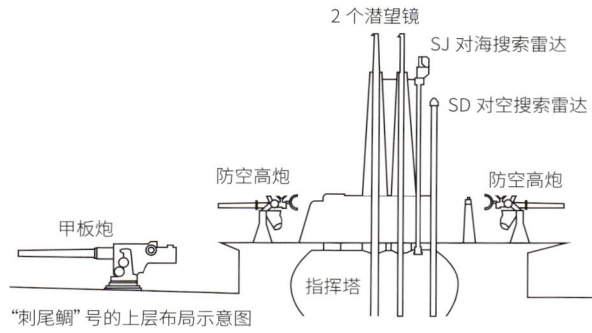

2 个潜望镜
SJ 对海搜索雷达
SD 对空搜索雷达
防空高炮
防空高炮
甲板炮
指挥塔

"刺尾鲷"号的上层布局示意图

特殊的鱼雷事故

二战中，美军潜艇"湖白鲑"号（SS-284）被自己发射的 Mark 14 鱼雷击沉，"刺尾鲷"号（SS-306）被自己发射的 Mark 18 鱼雷击沉。这两种鱼雷都存在着同一缺陷，那就是发射后可能偏航，绕圈回来击中自己。据调查，美军潜艇的同类事故至少有 24 起。除了这两艘沉没之外，其他的都幸运活了下来，有的没被绕圈回来的鱼雷击中，有的及时发现并成功躲开。然而，那些在海上失踪的美军潜艇，据猜测有些可能就是碰到了这种事故，但因无法调查只能列为失踪。

127 毫米 25 倍径 Mk17 甲板炮

该炮安装在"刺尾鲷"号的前甲板上，炮座型号为 Mk40。它的口径是 127 毫米，因为倍径只有 25，所以炮管的长度仅为 3.18 米。其俯仰角度是 -10 度至 +40 度，可水平旋转 ±158 度，俯仰和旋转均由人工操作。它的弹种有高爆弹、照明弹、防空弹等，炮口初速是 643 米 / 秒，射速是 15～20 发 / 分钟，最大射程是 12984 米（40 度），炮管寿命约 3000 发。

巴劳鲹级潜艇装备的 127 毫米甲板炮

动力

作为真正的柴电潜艇，"刺尾鲷"号采用了 4 台由费尔班克斯 - 莫尔斯制造的 9 缸对置活塞柴油发动机，总功率为 4027 千瓦。它们通过电动机驱动 2 根传动轴（柴油发动机与传动轴不直连），以带动 2 个四叶螺旋桨，使水面航行的最大速度达到 20.25 节。它能装载约 378 吨柴油，以 10 节的速度在水面航行 11000 海里。它装有 2 个电池组，每组有 126 个铅酸蓄电池。在水下航行时，这些蓄电池给 4 台带减速器的艾略特高速电动机供电，输出的总功率为 2043 千瓦，带来最大速度 8.75 节。此时它以 2 节的速度可以潜行约 96 海里。值得注意的是，其减速器产生的噪声较大，容易被敌方探听到，不利于隐蔽潜行。

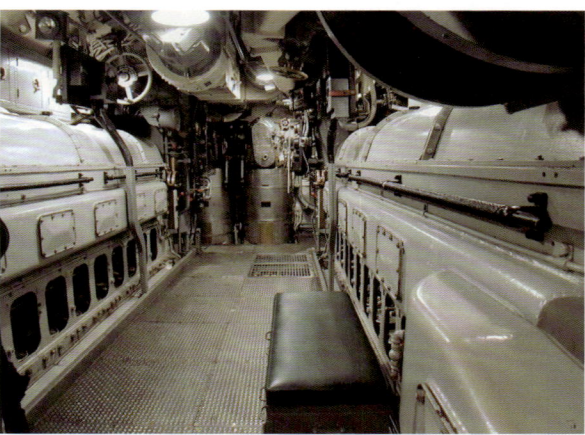

巴劳鲹级潜艇安装的费尔班克斯 - 莫尔斯柴油发动机

Mark 18 鱼雷

"刺尾鲷"号原本使用美国潜艇常见的 Mark 14 鱼雷，后来又装备了西屋电气制造的新型 Mark 18 鱼雷。Mark 18 鱼雷的直径是 533 毫米，长度约 6.23 米，重量是 1379 千克（Mod 0），弹头装药量为 272 千克。它采用了 Mark 12 Mod 3 陀螺仪、Mark 8 触发引信等，通过蓄电池和电动机产生动力，与德国潜艇所用的 G7e 一样都属于电动鱼雷。发射后，它的最大速度为 29 节，射程约 3650 米。虽然电力驱动没有尾流气泡等，不容易暴露航迹，但 Mark 18 的速度较慢，并且和 Mark 14 一样存在着偏航绕圈的问题。后来美国海军对它进行了改进，提高了可靠性。

莫森肺

莫森肺是美军潜艇在战间期和二战时装备的一种紧急逃生用的循环呼吸器。它由美国海军的查尔斯·鲍尔斯·莫森（美国潜艇救援先驱，后任海军中将）研发，所以俗称莫森肺。

它的正式名称叫潜艇逃生肺，是一个装有碱石灰的方形橡胶袋，有两根分别用于呼气和吸气的软管（带单向阀），以及一个带鼻夹的咬嘴。它的佩戴方式是先挂在脖子上，然后将腰绳绑定，最后咬住咬嘴并夹紧鼻夹。使用时，逃生者只能用嘴呼吸，它能在一定时间内提供氧气和吸收二氧化碳，实现循环呼吸。除此之外，据说它还能使逃生者缓慢地上浮，以提高存活率。

莫森肺不太成熟，已知的成功应用只有一次。那就是 1944 年 10 月 25 日"刺尾鲷"号沉没后，有 13 位艇员从前部鱼雷舱中逃出，其中有 5 位靠它成功浮到海面逃生。国外有作家认为："莫森肺概念害死的潜艇成员可能远远多于它所拯救的。"另外，值得一提的是德军潜艇从 1912 年起（一战前）就将类似的逃生呼吸器作为标配。

美军使用莫森肺进行潜艇逃生训练

潜艇内部配置的莫森肺

武器/档案 WEAPON ARCHIVES

艇名	"刺尾鲷"号
艇级	巴劳鲹级
排水量	水面：1550 吨；水下：2463 吨
长宽	95 米 ×8.3 米
动力	4 台柴油发动机（4027 千瓦）/4 台电动机（2043 千瓦）
最大速度	水面：20.25 节 / 水下：8.75 节
续航距离	水面：11000 海里（10 节）/ 水下：96 海里（2 节）
最大潜深	122 米
载员	78 人
雷达	SJ 对海搜索雷达、SD 对空搜索雷达
武器	10 具 533 毫米鱼雷发射管（首 6 尾 4） 1 门 127 毫米甲板炮 2 门 20 毫米高炮

Cavalla
"黑尾鲹"号

美国 攻击潜艇 ▶ **Attack** Submarine

"黑尾鲹"号（Cavalla, 244）是美国海军的一艘舰队潜艇。在太平洋战争中，它初次巡逻就用鱼雷击沉了日本有名的主力航母"翔鹤"号，从而声名大噪。在日本宣布无条件投降后，它被一架未收到投降命令的日机轰炸，幸好没有受伤。最后它随美军舰队驶入东京湾，参加了日本投降签字仪式。

经过改造的"黑尾鲹"号

"黑尾鲹（shēn）"号是美国海军猫鲨级的一艘舰队潜艇。该级潜艇共建造了 77 艘，均以鱼类为主的海洋生物命名，是二战美国的主力潜艇之一。舰队潜艇这一概念源自传统，即将潜艇作为主力舰队（战列舰和巡洋舰）的辅助，战时在舰队前方负责侦察敌方舰队并进行第一拨攻击，以削弱对方，为接下来己方舰队的大规模炮击创造有利条件。当然，这种作战思想不太适合二战。

"黑尾鲹"号于 1944 年 2 月 29 日服役，此时美军掌握着太平洋战争的主动权。它有 10 具 533 毫米鱼雷发射管，艇首 6 具和艇尾 4 具，共携带 24 枚鱼雷。如果要执行海上布雷的任务，它可以只携带 8 枚鱼雷，将另 16 枚鱼雷换成 32 枚水雷。在其甲板上，最初有一门 76 毫米或 102 毫米的甲板炮，外加几挺机枪，后来换成一门 127 毫米甲板炮及 20 毫米、40 毫米高炮。

在太平洋战争中，"黑尾鲹"号共进行了 6 次战斗巡逻。它在 1944 年 5 月 9 日到达珍珠港，5 月 31 日开始第 1 次战斗巡逻。在菲律宾海海战爆发前，它与其他潜艇共同组成了警戒线。6 月 17 日，它发现并报告了日本海军第一机动舰队的出现，并进行了追踪。6 月 19 日，它追上第一机动舰队的主力。当时日军的

"翔鹤"号航空母舰正在进行舰载机的回收作业，"黑尾鲹"号瞄准它齐射了 6 枚鱼雷，命中 3～4 枚，将之击沉。随后，它顶住了日军驱逐舰不少于 100 枚深水炸弹的报复性攻击，成功逃脱。

在第 3 次战斗巡逻时，它用鱼雷击沉了日军的"霜月"号驱逐舰与 2 艘铺网船。在第 6 次战斗巡逻中，它为美军的 B-29"超级堡垒"轰炸机、舰载机等提供海上救援服务，并在 1945 年 8 月 15 日收到日本无条件投降的消息，遂按命令停战。但是，有一架日军轰炸机没有及时收到日本的投降命令，对"黑尾鲹"号进行了轰炸，好在没有造成伤害。8 月 31 日，它随美军舰队进入东京湾。9 月 2 日，它见证了日本签字投降。

二战期间，"黑尾鲹"号共获得 4 枚战役星章和总统集体嘉奖，在 1946 年 3 月 16 日退役。战后，它又多次重新服役。最后，它于 1971 年 1 月 21 日被捐赠给得克萨斯州的博物馆，用于永久性展示。

"黑尾鲹"号的名字

二战美军潜艇多以鱼类命名。可能因其潜艇数量太多，所以常看到两艘不同的潜艇以同一种鱼名命名，即一艘用其本名而另一艘用其别名。这就给中文翻译带来了不便。毕竟美军潜艇采用的鱼名大多生僻，无论是英文还是中文都不常用，而别名就更是少见。

"黑尾鲹"号 SS-244 就属于这种情况。美军潜艇 SS-291 叫 Crevalle（马鲹），而 SS-244 用其别名叫 Cavalla，较难进行区别翻译。以前它长期被译为棘鲔，但不准确。后来它又被译为竹荚鱼，其实也不准确。最后它被译成黑尾鲹，最为接近原意。所以这里采用"黑尾鲹"号这一译名，它与以前的"棘鲔"号、"竹荚鱼"号都是指 SS-244 这艘美军潜艇。

马鲹

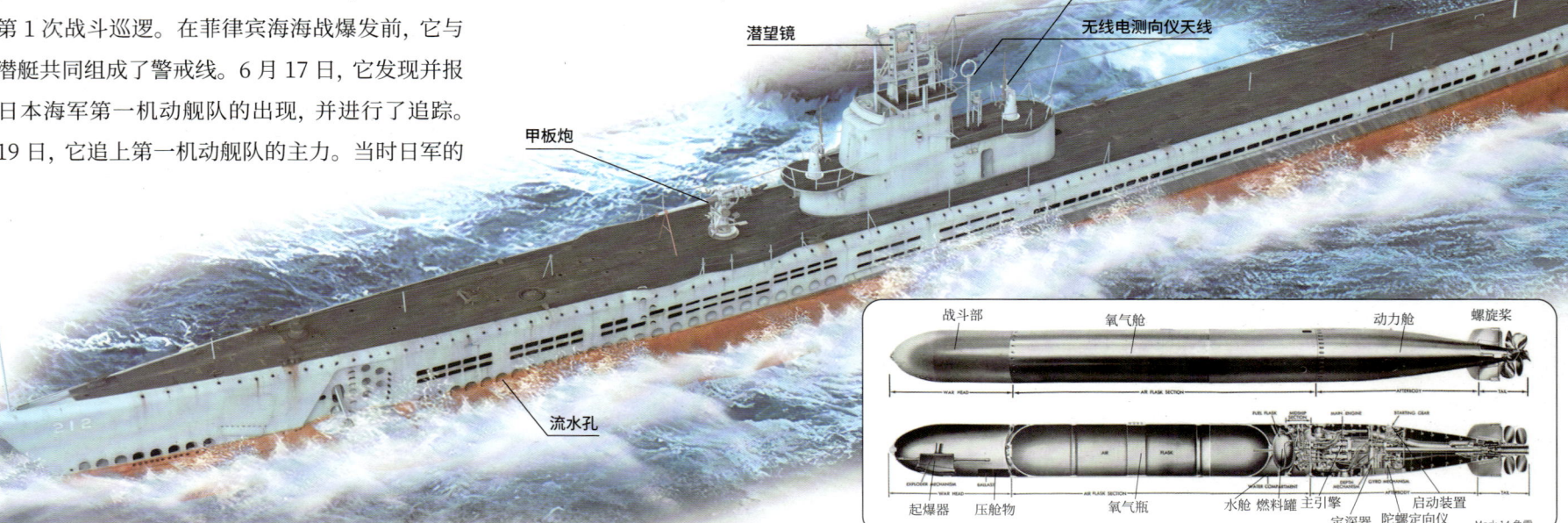

鱼雷装填口

防空高炮

无线电测向仪天线

潜望镜

甲板炮

流水孔

战斗部　氧气舱　动力舱　螺旋桨

起爆器　压舱物　氧气瓶　水舱　燃料罐　主引擎　启动装置　定深器　陀螺定向仪　　Mark 14 鱼雷

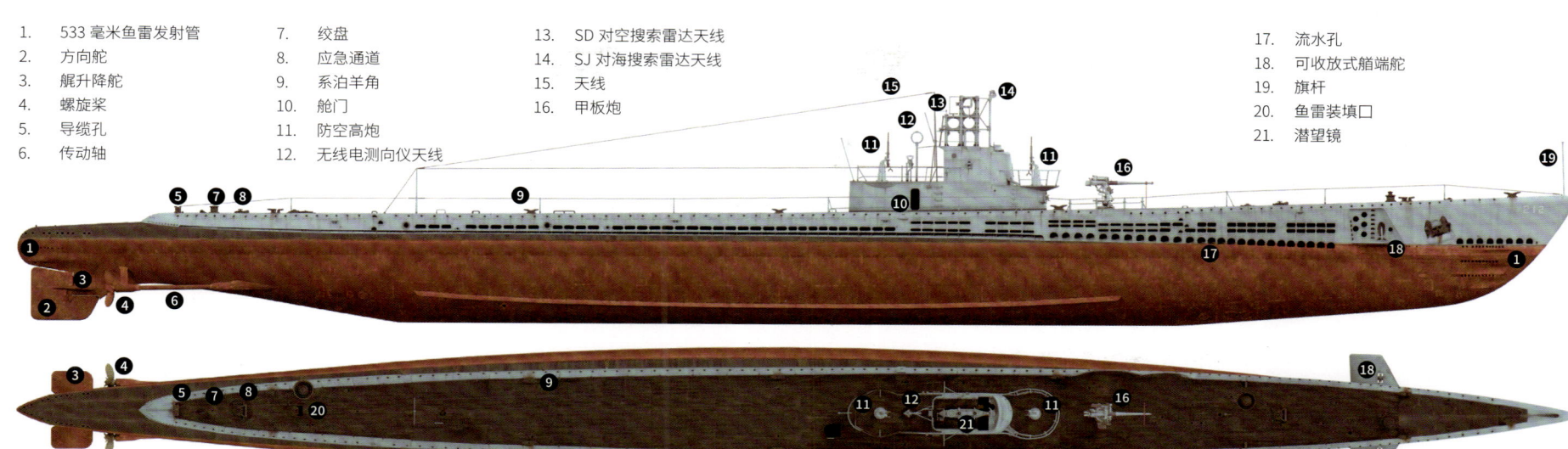

1. 533 毫米鱼雷发射管
2. 方向舵
3. 艉升降舵
4. 螺旋桨
5. 导缆孔
6. 传动轴
7. 绞盘
8. 应急通道
9. 系泊羊角
10. 舱门
11. 防空高炮
12. 无线电测向仪天线
13. SD 对空搜索雷达天线
14. SJ 对海搜索雷达天线
15. 天线
16. 甲板炮
17. 流水孔
18. 可收放式艉端舵
19. 旗杆
20. 鱼雷装填口
21. 潜望镜

76.2 毫米 50 倍径 Mk21 甲板炮

这是猫鲨级潜艇指定的标准甲板炮, 自身型号是 Mk21, 而炮座型号也是 Mk21。它的口径仅 76.2 毫米, 50 倍径, 炮管长是 3.81 米, 俯仰角度是 -15 度至 +40 度, 可水平旋转 360 度, 俯仰和旋转都是由人工操作。其弹种有穿甲弹、高爆弹、照明弹、防空弹等, 炮口初速是 823 米 / 秒, 射速是 15～20 发 / 分钟, 射程约 12802 米 (33.1 度), 炮管寿命低于 4300 发。当时美国潜艇有更大口径的甲板炮可用, 之所以用它是为了不让该级潜艇在水面与敌方护航舰艇进行炮战。不过后来随着战事升级, 美国海军还是将 127 毫米 25 倍径 Mk17 甲板炮列为猫鲨级的标准甲板炮, 包括"黑尾鳕"号。

Mark 14 鱼雷

在太平洋战争中, 美国潜艇的主要武器是采用蒸汽动力的 Mark 14 鱼雷, 它以甲醇为燃料。虽然在前期它的定深器、引信等不太可靠, 发射后经常出现问题, 特别是容易偏航绕圈, 但在 1943 年基本改进成熟。该鱼雷的直径是 533 毫米, 长度约 6.25 米, 重量是 1361 千克 (Mod 0), 弹头装药 230 千克 (Mod 0)。它采用 Mark 12 Mod 3 陀螺仪引导, 引信分为触发引信和磁性引信。其最大速度是 46 节, 此时的射程是 4100 米, 而速度为 31 节时射程为 8200 米。它的后续型号是 Mark 18 电动鱼雷。

"黑尾鳕"号的艉部鱼雷舱

动力

"黑尾鳕"号的动力系统有 4 台通用汽车的 16 缸二冲程柴油发动机和 4 台通用电气的高速电动机 (带减速器), 以及 2 个电池组 (每组有 126 个铅酸蓄电池)。柴油发动机用于水面航行和电池充电, 其总功率约 4027 千瓦。它与传动轴不直连, 通过电动机来驱动 2 根传动轴及 2 个螺旋桨, 水面最大速度为 21 节。它能够装载 306 吨左右的柴油, 以 10 节的速度在水面航行约 11000 海里。在水下航行时, 由电池组给电动机供电, 输出的总功率约 2043 千瓦, 水下最大速度为 9 节, 以 2 节的速度可潜行约 96 海里。整体而言, "黑尾鳕"号出航后支持 75 天的战斗巡逻。

武/器/档/案 WEAPON ARCHIVES

艇名	"黑尾鳕"号
艇级	猫鲨级
排水量	水面: 1549 吨; 水下: 2463 吨
长宽	95 米 ×8.3 米
动力	4 台柴油发动机 (4027 千瓦) /4 台电动机 (2043 千瓦)
最大速度	水面: 21 节 / 水下: 9 节
续航距离	水面: 11000 海里 (10 节) / 水下: 96 海里 (2 节)
最大潜深	91 米
载员	60 人
雷达	SJ 对海搜索雷达、SD 对空搜索雷达
武器 (1945 年)	10 具 533 毫米鱼雷发射管 (首 6 尾 4) 1 门 127 毫米甲板炮 1 门 40 毫米高炮 /1 门 20 毫米高炮

Archerfish
"射水鱼"号

美国 攻击潜艇 ▶ **Attack** Submarine

"射水鱼"号（Archerfish, 311）是美国海军的一艘攻击潜艇，在太平洋战争中执行了多次战斗巡逻的任务。它的前四次巡逻都比较平淡，要不走空，要不只击沉了日军的海防舰等。第五次巡逻时它中了大奖，击沉了当时世界上最大的航空母舰"信浓"号，从而获得总统集体嘉奖。

"射水鱼"号

1945 年 9 月 1 日，"射水鱼"号在东京湾的集体合影，可以看到其舰徽和战旗

　　"射水鱼"号是美国海军巴劳鱥（zhēn）级的一艘攻击潜艇。根据美军潜艇月鱼鱼命名的规则，它被赋予"射水鱼"的名字。这是一种在捕猎时可以喷射水柱，将岸边植物上的昆虫击落的鱼。巴劳鱥级是之前猫鲨级的改进型，共建造了 120 艘，是美军历史上建造数量最多的潜艇。其中知名的有：击沉日军舰船最多的"刺尾鲷"号、击沉日军战列舰"金刚"号及驱逐舰"浦风"号的"海狮"号、击沉日军超级航母"信浓"号的"射水鱼"号等。

　　"射水鱼"号于 1943 年 9 月 4 日服役，11 月 29 日到达珍珠港加入太平洋舰队。它的主要武器是 10 具 533 毫米鱼雷发射管，艇首 6 具和艇尾 4 具，另外还配有甲板炮、防空高炮和高射机枪。从其不同时期的历史照片来看，它安装的防空武器存在着变化。

　　该艇从 1943 年 12 月 23 日到 1944 年 9 月 29 日，进行了前四次战斗巡逻。第一次巡逻 53 天，它发现并攻击了三艘日本运输船，但没有战果。第二次巡逻 42 天，没有任何发现。第三次巡逻 48 天，它两次发现日本运输船队，并用鱼雷击沉了护航的第

二十四号海防舰，据说还击沉一艘运输船。第四次巡逻 53 天，它只通过炮击破坏了一艘可能在执行监视任务的日本拖网渔船。

　　1944 年 11 月 11 日，"射水鱼"号开始第五次巡逻。其任务是为轰炸日本东京的 B-29"超级堡垒"轰炸机提供海上救援服务。11 月 28 日晚上 8 点，它在东京湾附近发现有三艘日军驱逐舰护着一艘不明大型军舰在航行，遂跟踪了 6 个多小时。11 月 29 日凌晨 3 点，它向该大型军舰发射了 6 枚 Mark 14 鱼雷，至少 4 枚命中，使之沉没。这次战果的确认很费周折，因为当时美军根本不知道"信浓"号超级航母的存在，并且情报也显示该海域没有任何航母。所以，美国海军最初判断"射水鱼"号击沉的是一艘巡洋舰。但当其艇长画出"信浓"号的草图后，又改为是击沉一艘约 28000 吨的改装航母，并按此颁奖。直到二战结束后，美国海军才发现"射水鱼"号击沉的居然是当时世界上最大的航母"信浓"号，然后就补发了总统集体嘉奖等荣誉。在太平洋战争中，"射水鱼"号还获得了 7 枚战役星章，最后于 1946 年 6 月 12 日退役。

- SJ 对海搜索雷达天线
- 枪灯
- 1 号潜望镜枪杆
- 指挥塔
- 天线
- 天线支架
- 流水孔
- 可收放式艏
- 533 毫米鱼雷发射
- 艉龙骨

- 舰升降舵
- 螺旋桨
- 鱼雷装填口
- 甲板炮
- SD 对空搜索雷达枪杆
- 防空高炮
- 甲板
- 传动轴
- 应急通道

动力

"射水鱼"号采用了 4 台费尔班克斯 - 莫尔斯的 9 缸对置活塞柴油发动机，输出的总功率是 4027 千瓦。它们不直连传动轴，通过 4 台带减速器的艾略特高速电动机（也有记载是通用电气的 E-11 电动机）驱动 2 根传动轴及 2 个四叶螺旋桨，水面航行的最大速度是 20.25 节。它能够装载约 306 吨燃油，以 10 节的速度在水面航行 11000 海里。在水下航行时，它通过 2 组共 252 个铅酸蓄电池给电动机供电，输出的总功率是 2043 千瓦，水下最大速度是 8.75 节，以 2 节的速度可潜行 48 小时。

1945 年 6 月 5 日，"射水鱼"号在美国旧金山附近海域

可收放式艇端舵

102 毫米 50 倍径 Mk9 甲板炮

该炮是美国潜艇常用的甲板炮，它的炮口初速高达 884 米 / 秒。这既是优点也是缺点，据说其炮弹容易穿过轻型目标，给目标造成的实际损害并不大。其炮座型号是 Mk12 改进型，炮管口径是 102 毫米，50 倍径，炮管长 5.08 米。它的俯仰角度是 -15 度至 +20 度，可水平旋转 ±150 度，俯仰和旋转均由人工操作。其弹种有通常弹、特殊通常弹、高爆弹、照明弹等，射速是 8～9 发 / 分钟，最大射程约 13720 米（19.9 度），镀铬炮管的寿命约 600 发。在太平洋战争的后期，"射水鱼"号将之换成了 127 毫米 25 倍径 Mk17 甲板炮。

博福斯 40 毫米 60 倍径单装高炮

这是博福斯 40 毫米 60 倍径高炮的单管版，由美国陆军的 M1 型改进而来，美国潜艇所采用的炮座型号为 Mark 3 Mod 5 和 Mod 6。它的口径是 40 毫米，倍径实际为 56.3，所以炮管长 2.25 米。其俯仰角度为 -6 度至 +90 度，可水平旋转 360 度，均为人工操作。它的弹种主要有高爆弹和穿甲弹。发射高爆弹时，炮口初速为 853 米 / 秒，实际射速为 80～90 发 / 分钟，最大射程 10076 米（42 度），最大射高 6949 米（90 度），炮管寿命为 9500 发。

"射水鱼"号的艇长

1910 年 9 月 18 日，约瑟夫·法兰西斯·恩莱特出生在美国北达科他州的迈诺特市。1933 年，他从美国海军学院毕业，然后在科罗拉多级战列舰"马里兰"号（BB-46）上服役了三年。1936 年，他获得潜艇员资格。

二战时期，他先后指挥过三艘美军潜艇。首先是重新服役充当训练潜艇的 O 级老潜艇 O-10（SS-71），然后是猫鲨级潜艇"鲦鱼"号（SS-247），最后是巴劳鳜级潜艇"射水鱼"号。他因指挥"射水鱼"号击沉日本超级航母"信浓"号而获得了海军十字勋章。

二战后，他还指挥过"富尔顿"号潜艇母舰（AS-11）和巴尔的摩级巡洋舰"波士顿"号（CA-69）等。

约瑟夫·法兰西斯·恩莱特

武/器/档/案 WEAPON ARCHIVES

艇名	"射水鱼"号
艇级	巴劳鳜级
排水量	水面：1550 吨；水下：2454 吨
长宽	95 米 ×8.3 米
动力	4 台柴油发动机（4027 千瓦）/4 台电动机（2043 千瓦）
最大速度	水面：20.25 节 / 水下：8.75 节
续航距离	水面：11000 海里（10 节）/ 水下：96 海里（2 节）
最大潜深	122 米
载员	80 人
雷达	SJ 对海搜索雷达、SD 对空搜索雷达
武器	10 具 533 毫米鱼雷发射管（首 6 尾 4）/1 门 127 毫米甲板炮 /1 门 40 毫米高炮 /2 挺 12.7 毫米机枪

I-19
伊 19

日本 攻击潜艇 ▶ **Attack** Submarine

伊 19 是日本海军的一艘大型远洋攻击潜艇。它具有速度快、航程远等特点，并且还携带了一架水上侦察机，可用前甲板上的弹射器发射。在太平洋战争中，它有一次齐射了 6 枚鱼雷，不仅击沉美国海军的"胡蜂"号航空母舰与"奥布莱恩"号驱逐舰，还重创了"北卡罗来纳"号战列舰，战果惊人。

伊 19 的指挥塔

　　伊 19（伊号第十九潜水舰，I-19）是日本海军巡潜乙型的一艘大型远洋攻击潜艇。巡潜乙型又叫伊 15 级，盟军称为 Type B1。该级共建造了 20 艘，其中在战间期建造了 6 艘，包括伊 19，在二战中又建造了 14 艘。在战时的各种改装中，它们有的拆除了甲板炮、高炮或航空设施，以便运载"甲标的"微型潜艇或"回天"鱼雷；有的加装了 13 号对空电探或 22 号对海电探，等等。最终，除伊 36 之外，其他 19 艘均在二战中沉没。

　　伊 19 于 1941 年 4 月 28 日竣工，从此开启了被称为"太平洋的祸害"的服役生涯。它装备了九三式水中探信仪和水中听音机，艇首装有 6 具 533 毫米鱼雷发射管，共携带 17 枚九五式鱼雷。九五式鱼雷源自日本海军水面舰艇所用的九三式鱼雷。与美军潜艇的鱼雷相比，九五式鱼雷不仅性能更好而且可靠性更高，仅其射程就是美军 Mark 14 鱼雷的三倍。伊 19 的前甲板上有 1 座水上飞机弹射器，其指挥塔的前下方有一个小型机库，装有 1 架零式小型水上机。

　　该艇参加了日本海军偷袭珍珠港的行动，并先于第一航空舰队到珍珠港进行侦察。1941 年 12 月 7 日，当第一航空舰队的舰载机空袭珍珠港时，它在附近海域负责警戒。随后，伊 19 到美国西海岸巡逻，频繁地攻击其航线上的货船和油轮。1942 年初，它用零式小型水上机再次侦察了珍珠港，并于 3 月 4 日为第二次空袭珍珠港的 2 架二式飞行艇进行了中途加油。

　　后来，伊 19 参加了瓜达尔卡纳尔岛战役，并在 1942 年 9 月 15 日发现了美军的"胡蜂"号航空母舰（也叫"黄蜂"号，但为了不与另一艘航空母舰"大黄蜂"号混淆，它多被译为"胡蜂"号）。当时，伊 19 瞄准"胡蜂"号齐射了 6 枚九五式鱼雷，结果命中 3 枚，将之击沉。并且有 2 枚射偏的鱼雷在继续潜行了约 5 海里后，重创了美军的"北卡罗来纳"号战列舰和"奥布莱恩"号驱逐舰（后来沉没）。1943 年 11 月 25 日，伊 19 在马金岛附近被美军驱逐舰用深水炸弹击沉。

▲伊 19 一次鱼雷齐射，就命中美军一艘航空母舰、一艘战列舰和一艘驱逐舰

第 2 潜望镜

短波无线电桅杆

第 1 潜望镜

折叠式飞机起重机

飞机弹射器

可收放式艇端舵

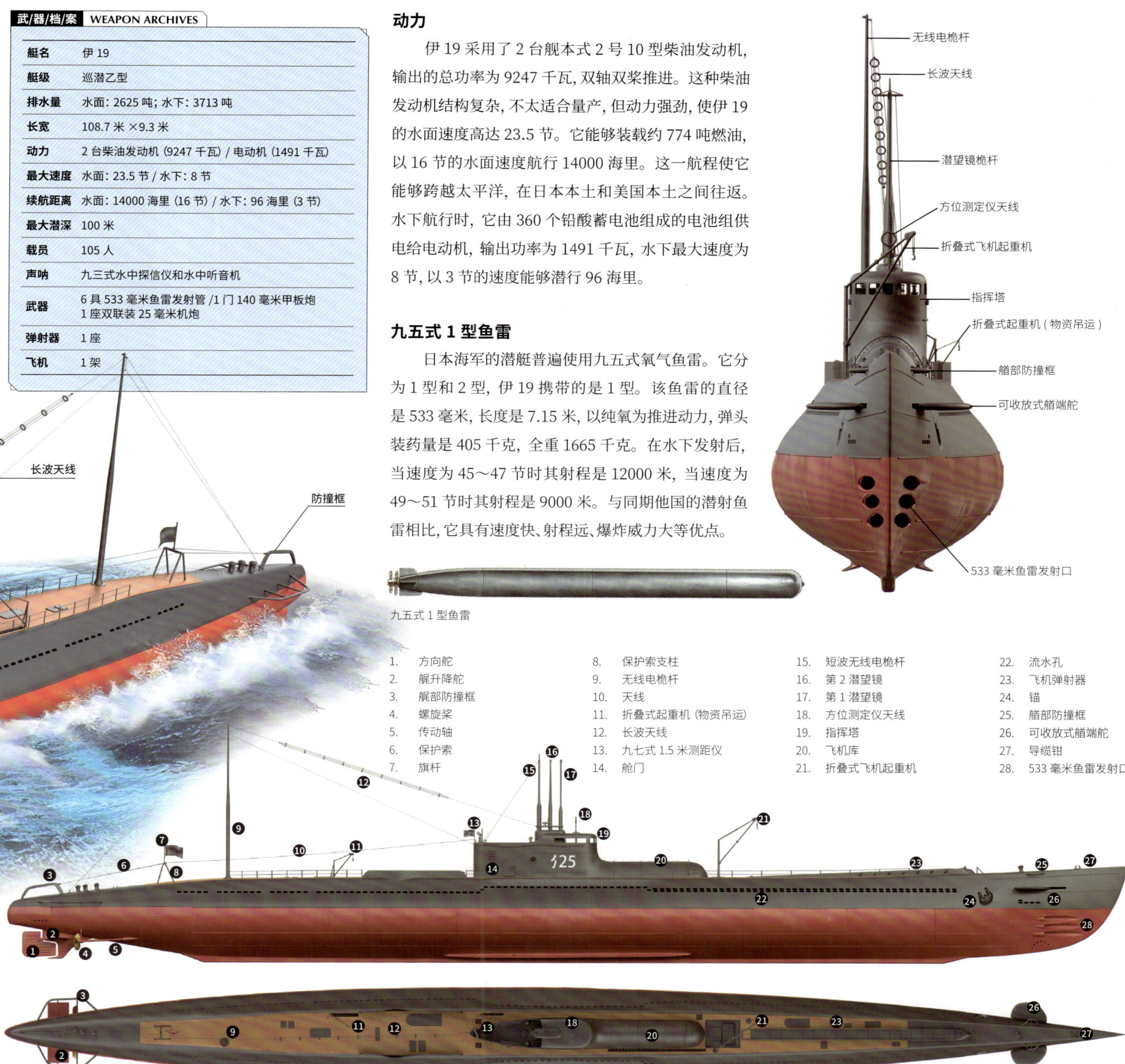

艇名	伊 19
艇级	巡潜乙型
排水量	水面：2625 吨；水下：3713 吨
长宽	108.7 米 ×9.3 米
动力	2 台柴油发动机 (9247 千瓦) / 电动机 (1491 千瓦)
最大速度	水面：23.5 节 / 水下：8 节
续航距离	水面：14000 海里 (16 节) / 水下：96 海里 (3 节)
最大潜深	100 米
载员	105 人
声呐	九三式水中探信仪和水中听音机
武器	6 具 533 毫米鱼雷发射管 /1 门 140 毫米甲板炮 1 座双联装 25 毫米机炮
弹射器	1 座
飞机	1 架

动力

　　伊 19 采用了 2 台舰本式 2 号 10 型柴油发动机，输出的总功率为 9247 千瓦，双轴双桨推进。这种柴油发动机结构复杂，不太适合量产，但动力强劲，使伊 19 的水面速度高达 23.5 节。它能够装载约 774 吨燃油，以 16 节的水面速度航行 14000 海里。这一航程使它能够跨越太平洋，在日本本土和美国本土之间往返。水下航行时，它由 360 个铅酸蓄电池组成的电池组供电给电动机，输出功率为 1491 千瓦，水下最大速度为 8 节，以 3 节的速度能够潜行 96 海里。

九五式 1 型鱼雷

　　日本海军的潜艇普遍使用九五式氧气鱼雷。它分为 1 型和 2 型，伊 19 携带的是 1 型。该鱼雷的直径是 533 毫米，长度是 7.15 米，以纯氧为推进动力，弹头装药量是 405 千克，全重 1665 千克。在水下发射后，当速度为 45～47 节时其射程是 12000 米，当速度为 49～51 节时其射程是 9000 米。与同期他国的潜射鱼雷相比，它具有速度快、射程远、爆炸威力大等优点。

九五式 1 型鱼雷

长波天线

防撞框

无线电桅杆

长波天线

潜望镜桅杆

方位测定仪天线

折叠式飞机起重机

指挥塔

折叠式起重机 (物资吊运)

艏部防撞框

可收放式艉端舵

533 毫米鱼雷发射口

1. 方向舵	8. 保护索支柱	15. 短波无线电桅杆	22. 流水孔
2. 艉升降舵	9. 无线电桅杆	16. 第 2 潜望镜	23. 飞机弹射器
3. 艉部防撞框	10. 天线	17. 第 1 潜望镜	24. 锚
4. 螺旋桨	11. 折叠式起重机 (物资吊运)	18. 方位测定仪天线	25. 艏部防撞框
5. 传动轴	12. 长波天线	19. 指挥塔	26. 可收放式艉端舵
6. 保护索	13. 九七式 1.5 米测距仪	20. 飞机库	27. 导缆钳
7. 旗杆	14. 舱门	21. 折叠式飞机起重机	28. 533 毫米鱼雷发射口

I-25

伊 25

伊 25 是日本海军的一艘大型远洋攻击潜艇。它不仅参加过偷袭珍珠港，还对美国西海岸的贸易航线进行过攻击，并且创纪录地用其甲板炮和水上侦察机多次攻击美国本土。它还在美国西海岸击沉过一艘苏联潜艇。最后，它在瓦努阿图附近失踪，据说被美军驱逐舰击沉。

伊 25 的同级艇伊 26

第 2 潜望镜

第 1 潜望镜

方位测定仪天线

飞机库

飞机弹射器

锚

伊 25（伊号第二十五潜水舰，I-25）是日本海军巡潜乙型的一艘大型远洋攻击潜艇。巡潜乙型共建造了 20 艘，在二战前建造了 6 艘（包括伊 25），在二战时建造了 14 艘。由于它们速度快和航程远，并且还带有 1 架水上侦察机，因而在战时常到美国西海岸、澳大利亚等处进行侦察、袭击等，特别是开展通商破坏，攻击盟军海洋航线上的各种运输船。

伊 25 于 1941 年 10 月 15 日服役，其 6 具 533 毫米鱼雷发射管都装在艇首，共携带 17 枚九五式鱼雷。在

它的后甲板上有 1 门 140 毫米甲板炮，在指挥塔上有 1 座双联装 25 毫米机炮。指挥塔前面有个圆管形的小机库和 1 座水上飞机弹射器，机库内装载着 1 架呈拆卸状态的水上侦察机。1941 年 11 月 7 日，伊 25 搭载了 1 架双翼的九六式小型水上机（E9W1），后来在 1942 年 1 月 29 日换装为 1 架单翼的零式小型水上机（E14Y1）。

1941 年 11 月 21 日，伊 25 潜艇进行第 1 次战斗巡逻。12 月 2 日，它收到日本联合舰队的密电"攀登新高山"，代表偷袭珍珠港的行动开始，遂向珍珠港方向前进。12 月 7 日，当日本海军的第一航空舰队空袭珍珠港时，伊 25 在其东北部负责警戒。12 月 14 日，它与其他潜艇一同前往美国西海岸，对其航线上的货轮和油轮展开攻击。

1942 年 2 月 8 日，伊 25 进行第 2 次战斗巡逻，

用其零式小型水上机对澳大利亚和新西兰的多个城市及军港进行了侦察。6 月 21 日，它在第 3 次战斗巡逻中靠近美国俄勒冈州的史蒂文斯堡，用甲板炮向其发射了 17 发炮弹，罕见地攻击了美国本土，并且还是军事基地。在 9 月 9 日和 29 日，为报复"杜立特空袭"，它在第 4 次战斗巡逻中两次派出零式小型水上机，向俄勒冈州的山林空投了燃烧弹，试图引发大规模的山火。虽然燃烧的效果不佳，但这是美国本土唯一一遭到

的飞机轰炸。后来，伊 25 又在美国西海岸攻击盟军运输船，并于 10 月 11 日将一艘路过的苏联潜艇误当美国潜艇击沉（当时苏联还未对日宣战）。

1943 年 8 月 24 日，伊 25 用零式小型水上机对瓦努阿图群岛进行了空中侦察，并最后一次使用无线电向总部联系。从 8 月到 9 月，美军至少有两艘驱逐舰声称击沉了伊 25，而美国海军官方则认为它是在 10 月到 11 月间沉没的。因此，伊 25 的沉没是一个谜。

短波无线电桅杆

保护索支柱

九七式 12 厘米双筒望远镜

日本对美国本土的攻击

在二战中，美国本土给人的印象一直是远离战场。其实，它遭到过日军一系列的攻击，但多因规模小或出于保密等原因而鲜为人知。

1941 年 12 月 7 日，日本海军在偷袭珍珠港后，第一航空舰队向西返航，但包括伊 25 在内的 9～10 艘潜艇则向东，在美国西海岸一带攻击其贸易航线上的商船。当时它们就准备趁圣诞节对美国的洛杉矶、圣迭戈等 8 个沿海城市展开炮击，但后来行动取消。

1942 年 2 月 23 日，伊 17 潜艇对加利福尼亚州的埃尔伍德炼油厂进行了炮击。6 月 21 日，伊 25 潜艇对俄勒冈州的史蒂文斯堡进行了炮击。9 月 9 日和 9 月 29 日，伊 25 潜艇两次派出零式小型水上机，用燃烧弹空袭了俄勒冈州的山林。这些攻击造成的损害都不大。

从 1944 年 11 月到 1945 年春季，日本向美国本土空飘了大量的气球炸弹。其中约有 350 个飘到美国本土后爆炸，更多的可能是落在无人区而没被发现。与前面零星的炮击和空袭不同，气球炸弹破坏了美国数十处军事和民用设施，并造成 6 位平民死亡。因为美国对此严格保密，所以日本一直不知道气球炸弹的攻击效果，后来认为无效就停止了空飘。

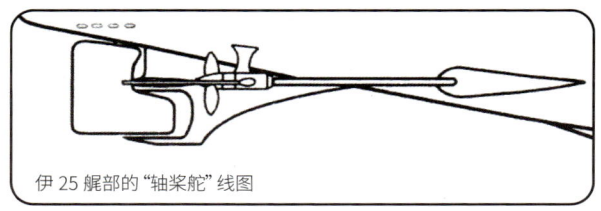

1942 年 6 月 21 日，伊 25 炮击美国史蒂文斯堡后，驻地美军在检查弹坑

动力

从太平洋战争爆发之日起，伊 25 就一直活跃在太平洋各处，其动力系统支持着它的长途奔袭能力。在水面航行时，它用 2 台舰本式 2 号 10 型柴油发动机产生动力，总功率 9247 千瓦，通过 2 根传动轴驱动 2 个三叶螺旋桨，实现最大速度 23.6 节。它可以装载 752.6 吨燃油，以 16 节的速度在水面航行 14000 海里。在水下航行时，它用功率为 1491 千瓦的电动机输出动力，最大速度为 8 节，以 3 节的速度可潜行 96 海里。

伊 25 艉部的"轴桨舵"线图

武器/档案 WEAPON ARCHIVES	
艇名	伊 25
艇级	巡潜乙型
排水量	水面：2625 吨；水下：3713 吨
长宽	108.7 米 ×9.3 米
动力	2 台柴油发动机（9247 千瓦）/ 电动机（1491 千瓦）
最大速度	水面：23.6 节 / 水下：8 节
续航距离	水面：14000 海里（16 节）/ 水下：96 海里（3 节）
最大潜深	100 米
载员	100 人
声呐	九三式水中探信仪和水中听音机
武器	6 具 533 毫米鱼雷发射管 /1 门 140 毫米甲板炮 1 座双联装 25 毫米机炮
弹射器	1 座
飞机	1 架零式小型水上机

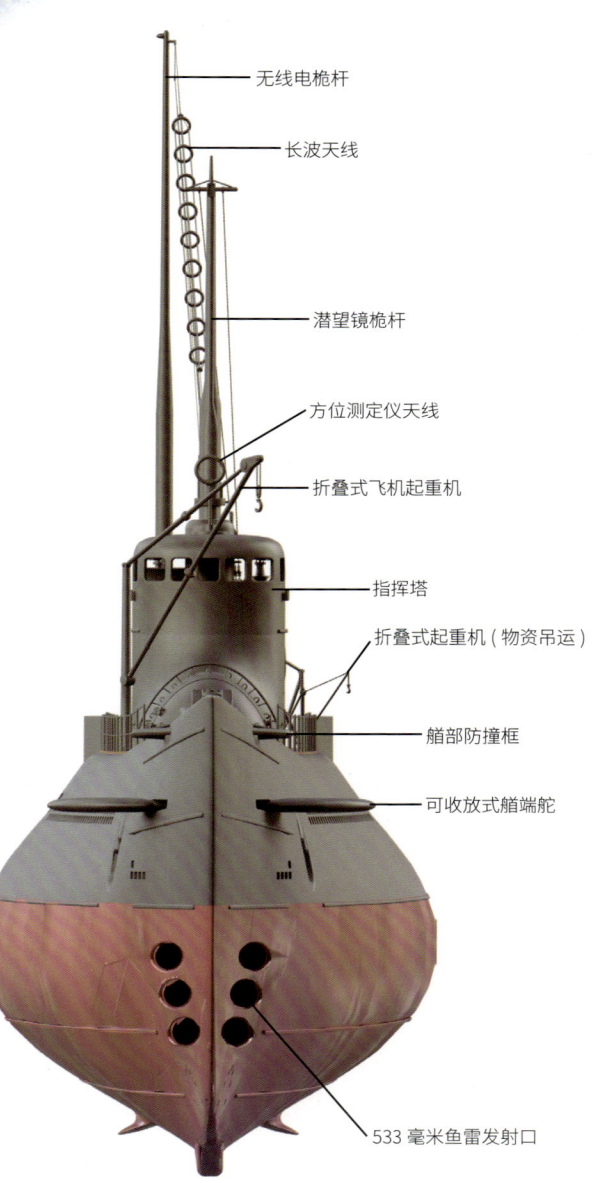

无线电桅杆

长波天线

潜望镜桅杆

方位测定仪天线

折叠式飞机起重机

指挥塔

折叠式起重机（物资吊运）

艏部防撞框

可收放式艏端舵

533 毫米鱼雷发射口

140 毫米 40 倍径十一年式甲板炮

该炮在二战期间广泛装备于日本海军的远洋潜艇。很多潜艇在后甲板上装有一门，而有的在前后甲板上各装了一门。另外，如伊 7 和伊 8 潜艇也是装有两门，但采用的是单座双联装。

在太平洋战争中，该炮的特别之处是除了炮击盟军运输船之外，还炮击过美国本土和加拿大领土。先是伊 17 潜艇用它炮击了美国的埃尔伍德炼油厂，然后伊 26 潜艇用它炮击了加拿大的埃斯特万角灯塔和无线电测向站，最后伊 25 潜艇用它炮击了美国的史蒂文斯堡。

与在海上击沉或重创盟军的运输船不同，虽然这些针对美国本土和加拿大领土的炮击实际造成的损害很小，但对当时两国政府、军队和民众的震撼很大，并且带来不少恐慌。毕竟这些地方都是几十上百年没有遭到过外来攻击。

因此，如埃尔伍德炼油厂被炮击后，遂爆发了有名的"洛杉矶之战"，其实只是当地防空部队误将气象气球当作日军飞机进行了猛烈的开火。再如埃斯特万角灯塔被炮击后，整个北美西海岸的灯塔全部被关闭，以免日军潜艇用其导航，但这给盟国舰船的正常航行带

来了麻烦。又如史蒂文斯堡被炮击后，原本寥寥无几的守军直接增加了两个团。当时美国担心日军会登陆美国本土，从而进行了大量的防空袭和反登陆的准备。

九六式 25 毫米双联装机炮

该炮在日本海军的水面舰艇和潜艇上都有使用，两者的区别主要是炮座型号不同。水面舰艇上用的炮座是九六式一型和二型，而潜艇上用的炮座是九六式四型和五型。潜艇所用的炮座更多地采用了不锈钢部件来防止腐蚀。

此炮的口径是 25 毫米，60 倍径，炮管长 1.5 米，俯仰角度为 -10 至 +85 度，俯仰和旋转均为人工操作。它的弹种主要是穿甲弹、通常弹、燃烧通常弹和曳光弹，采用 15 发弹匣供弹，有时为了供弹顺畅只压进 13～14 发。炮口初速是 900 米 / 秒，有效射速为 110～120 发 / 分钟，射程约 7500 米（50 度），当 85 度时有效射程约 3000 米，炮管寿命是 12000 发。日本海军认为该炮很出色，但实际上不如盟军的博福斯 40 毫米高炮和厄利孔 20 毫米高炮。

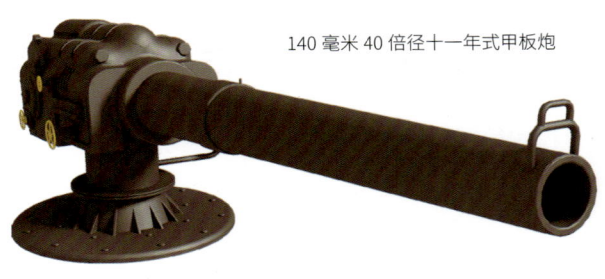

140 毫米 40 倍径十一年式甲板炮

伊 25 甲板炮			
主炮口径	140 毫米	炮口初速	700 米 / 秒
全炮长度	5.9 米	炮弹重量	38 千克
全炮重量	8.6 吨	射速	5 发 / 分钟
最大仰角	30 度	炮管寿命	800～1000 发
最大射程	16000 米		

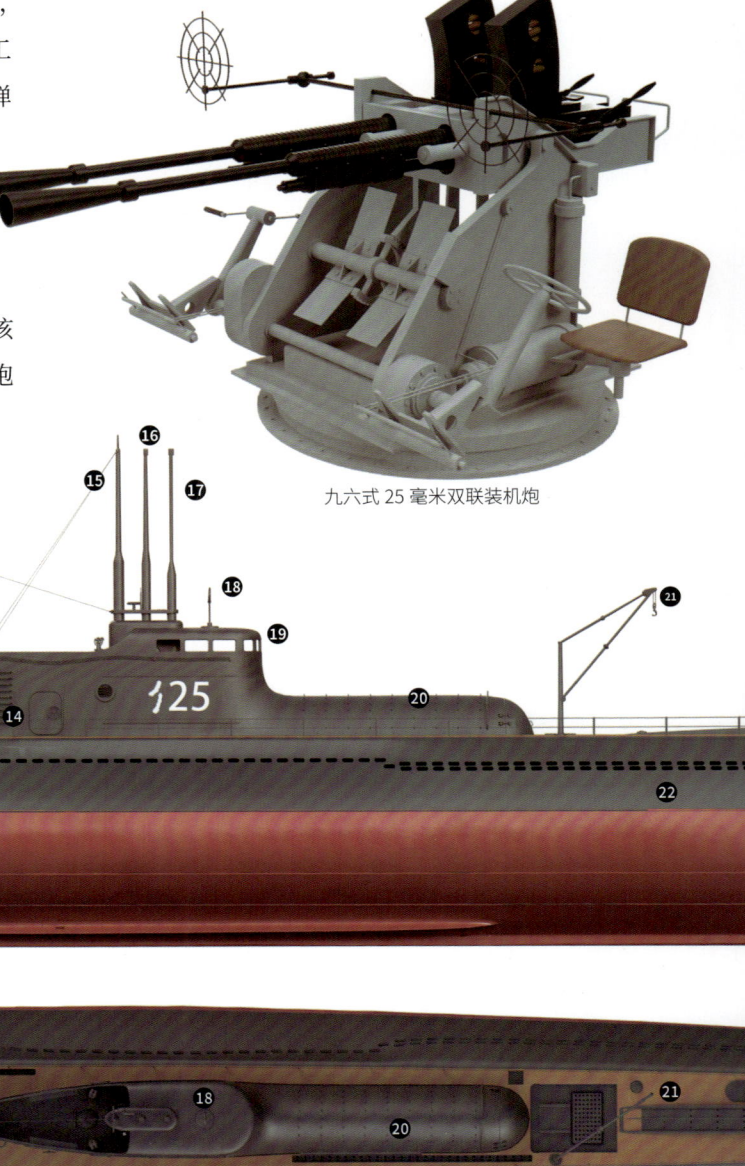

九六式 25 毫米双联装机炮

洛杉矶之战

"洛杉矶之战"于 1942 年 2 月 25 日在美国洛杉矶爆发，是一场针对日军空袭的大规模防空战，也被称为"洛杉矶大空袭"。当然，这只是一场乌龙。

当日军潜艇在 1942 年 2 月 23 日首次炮击美国本土后，美国本土立即对日军接下来的攻击充满了警惕。2 月 24 日，美国海军警告在未来 10 小时内西海岸可能会出现日机空袭，并在傍晚拉响了防空警报（晚上警报解除）。2 月 25 日凌晨 2 点多，洛杉矶拉响了防空警报，并全面实施灯火管制，派出了数千名防空督导员。凌晨 3 点多，第 37 海岸炮兵旅发现日机，用防空机枪和高炮进行了密集的对空射击，一直打到凌晨 4 点多。当时用于防空拦截的战斗机也进入警戒状态，但未升空。到了早上，该战结束。

据战后统计，当地有多栋房屋、汽车等遭到误击，共有 5 位平民死亡（3 位死于车祸，2 位死于心脏病）。2 月 26 日，《洛杉矶时报》等大量美国媒体对该战进行了报道。但后来官方辟谣，当时没有出现日机，是防空部队误将气象气球当作日机了，而民间传言那是外星飞船。

有趣的是，这一事件在几十年后经过改编搬上了银幕，即 2011 年的同名美国科幻战争片《洛杉矶之战》。

零式小型水上机

这是日本海军专为其潜艇而研发的一种小型水上侦察机，大约生产了 126 架。它是九六式小型水上机的后继机型，广泛装备在巡潜乙型等日军潜艇上。

它采用了单发单翼、双座双浮舟等设计，可拆卸装在潜艇的小型机库中。在海上使用时，先将它从机库中拉出，然后从组装到发射只需要十几分钟。它不仅可以用潜艇上的飞机弹射器发射，还能在较为平静的海面起飞。回收时，它是在海面降落，然后用机库旁的起重机吊回、拆卸并入库。

在二战中，日军潜艇主要用它执行侦察任务，如在浩瀚的大洋中搜索盟军的运输船队，监视盟军舰队的动向等，有时也执行轰炸和测量等任务。它是唯一轰炸过美国本土的飞机，如前所述在 1942 年日军的伊 25 潜艇用它两次空袭了美国的俄勒冈州，并且都无伤返航。

值得注意的是，日本海军的零式飞机有多种。它们虽然名字相近但实则各不相同，很容易混淆。如最知名的是零式舰战，然后是零式水上侦察机和零式水上观测机，最后就是本文所讲的零式小型水上机。

1. 方向舵
2. 艉升降舵
3. 艉部防撞框
4. 螺旋桨
5. 传动轴
6. 保护索
7. 旗杆
8. 保护索支柱
9. 无线电桅杆
10. 天线
11. 折叠式起重机（物资吊运）
12. 长波天线
13. 九七式 1.5 米测距仪
14. 舱门
15. 短波无线电桅杆
16. 第 2 潜望镜
17. 第 1 潜望镜
18. 方位测定仪天线
19. 指挥塔
20. 飞机库
21. 折叠式飞机起重机
22. 流水孔
23. 飞机弹射器
24. 锚
25. 艏部防撞框
26. 可收放式艏端舵
27. 导缆钳
28. 533 毫米鱼雷发射口

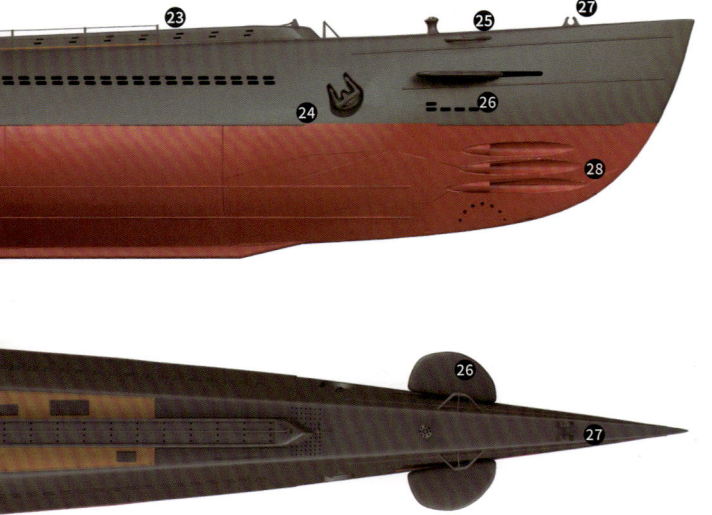

伊 25 轰炸美国本土所用的零式小型水上机及其飞行员

1942 年 9 月 29 日，伊 25 为袭击美国俄勒冈州在弹射零式小型水上机

零式小型水上机	
编号	E14Y1
载员	2 人
长宽高	8.53 米 ×11 米 ×3.39 米
最大速度	246 千米 / 小时
续航距离	882 千米
武器	1 挺 7.7 毫米机枪 2 枚 76 千克炸弹

267

I-58
伊 58

日本 攻击潜艇 ► **Attack** Submarine

伊 58 是日本海军的一艘大型远洋攻击潜艇, 也是一艘"回天"母舰。它没有安装甲板炮, 后甲板上搭载了 4 枚"回天"自杀鱼雷, 后来拆除航空设施在前甲板上又搭载了 2 枚, 共达 6 枚。在太平洋战争末期, 美军重巡洋舰"印第安纳波利斯"号在完成运输原子弹组件及浓缩铀的绝密任务后, 被它击沉。

1944 年 9 月 4 日, 伊 58 在东京湾公试

伊 58 (伊号第五十八潜水舰, I-58) 属于日本海军巡潜乙型改二的一艘大型远洋攻击潜艇。巡潜乙型改二也叫伊 54 级, 盟军称为 Type B3。它共建造了 3 艘, 即伊 54、伊 56 和伊 58。其中后两艘主要用于"回天特殊攻击", 是太平洋战争后期使用"回天"自杀鱼雷的专用潜艇。

伊 58 于 1944 年 9 月 7 日服役。其缺点是发动机功率小, 速度慢, 优点是航程远, 高达 21000 海里。在雷达方面, 它在竣工时就安装了 22 号对海电探和逆探, 后来经过实战又加装了 13 号对空电探。在武器方面, 其艇首有 6 具 533 毫米鱼雷发射管, 携带的九五式鱼雷比巡潜乙型的潜艇多了 2 枚, 达到 19 枚。它的指挥塔上有 1 座双联装 25 毫米机炮。

因为伊 58 在建造时就被定为"回天"母舰, 所以后甲板上没有安装 140 毫米甲板炮, 而是搭载了 4 枚"回天"自杀鱼雷。在航空设施方面, 其指挥塔前有 1

个圆管形的小机库、1 座水上飞机弹射器及 1 部起重机, 但据说它没有搭载过水上飞机。因此在 1945 年 5 月, 它拆除了所有的航空设施, 换为搭载 2 枚"回天"自杀鱼雷 (这期间其前甲板可能短暂安装过甲板炮)。至此, 伊 58 在前后甲板上共搭载了 6 枚"回天"自杀鱼雷, 加上艇内原有的 19 枚常规鱼雷 (九五式鱼雷), 具备很强的鱼雷作战能力。

从 1944 年 12 月开始, 伊 58 作为"回天"母舰, 先后被分配到日本海军第六舰队 (潜艇部队) 的金刚队、神武队、多多良队和多闻队里执行任务。在金刚队时, 它于 1945 年 1 月 11 日攻击了美国海军在关岛的基地阿普拉港。当时它远程派出了 4 枚"回天"自杀鱼雷, 然后观察到港口方向出现两股爆炸后的浓烟, 但后来调查没有取得战果。在神武队时, 它于 3 月 10 日左右为前往乌利西环礁进行特攻的 24 架"银河"轰炸机提供

无线电引导。在多多良队时, 它于 4 月 10 日开始在冲绳和马里亚纳群岛之间的航线上猎杀盟军舰船, 但没有战果。最后在多闻队时, 它于 1945 年 7 月 30 日发现了刚完成原子弹组件及浓缩铀绝密运输任务的美军重巡洋舰"印第安纳波利斯"号, 遂齐射了 6 枚常规鱼雷, 命中 3 枚, 将之击沉。这是日军潜艇最后击沉的一艘大型军舰。日本无条件投降后, 伊 58 在 1946 年 4 月 1 日和其他剩下的日军潜艇一起在五岛列岛被美军击沉。

1945 年改装时的伊 58

武/器/档/案 WEAPON ARCHIVES

艇名	伊 58
艇级	巡潜乙型改二
排水量	水面: 2649 吨; 水下: 3747 吨
长宽	108.7 米 ×9.3 米
动力	2 台柴油发动机 (3505 千瓦) / 电动机 (895 千瓦)
最大速度	水面: 17.7 节 / 水下: 6.5 节
续航距离	水面: 21000 海里 (16 节) // 水下: 105 海里 (3 节)
最大潜深	100 米
载员	94 人
声响	九三式水中探信仪和水中听音机
雷达	22 号对海电探、13 号对空电探以及逆探
武器 **(1945 年)**	6 具 533 毫米鱼雷发射管 1 座双联装 25 毫米机炮 6 枚"回天"自杀鱼雷 (甲板搭载)

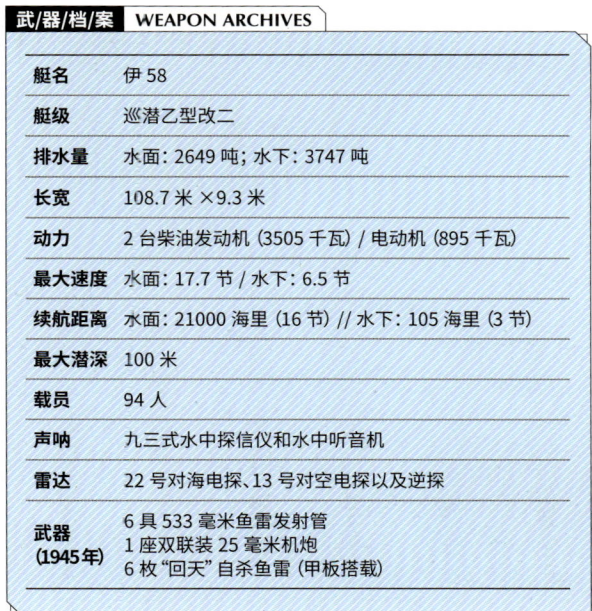

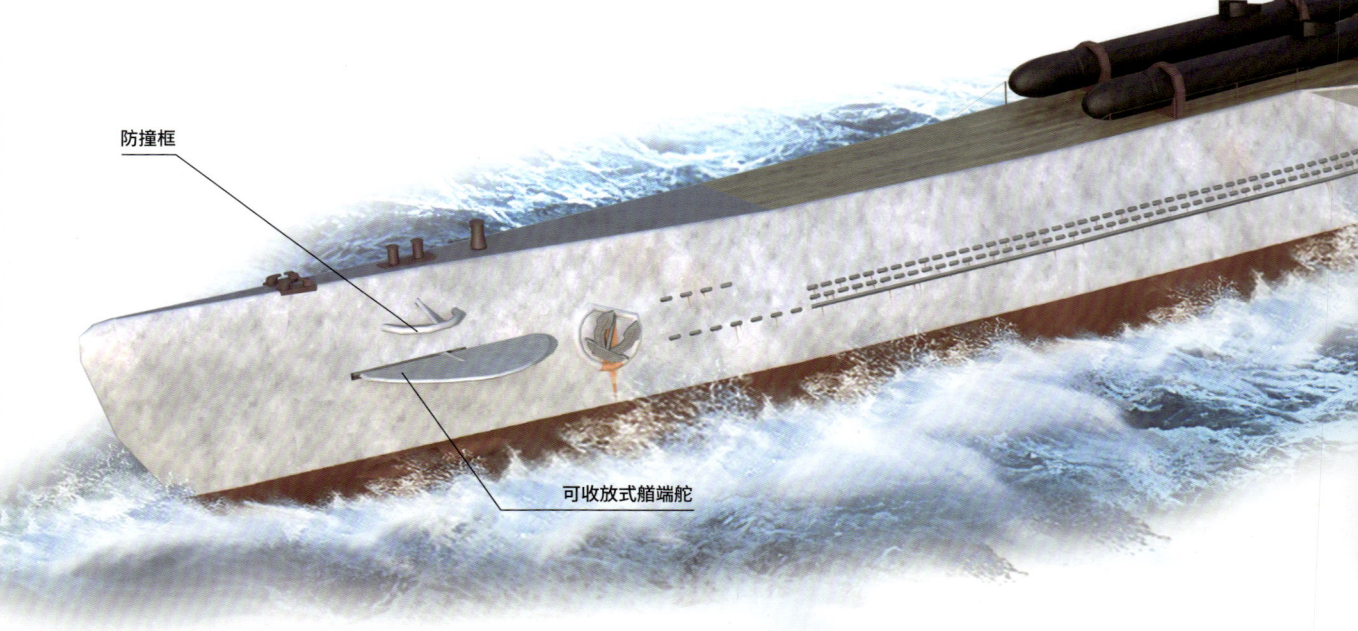

防撞框

可收放式艏端舵

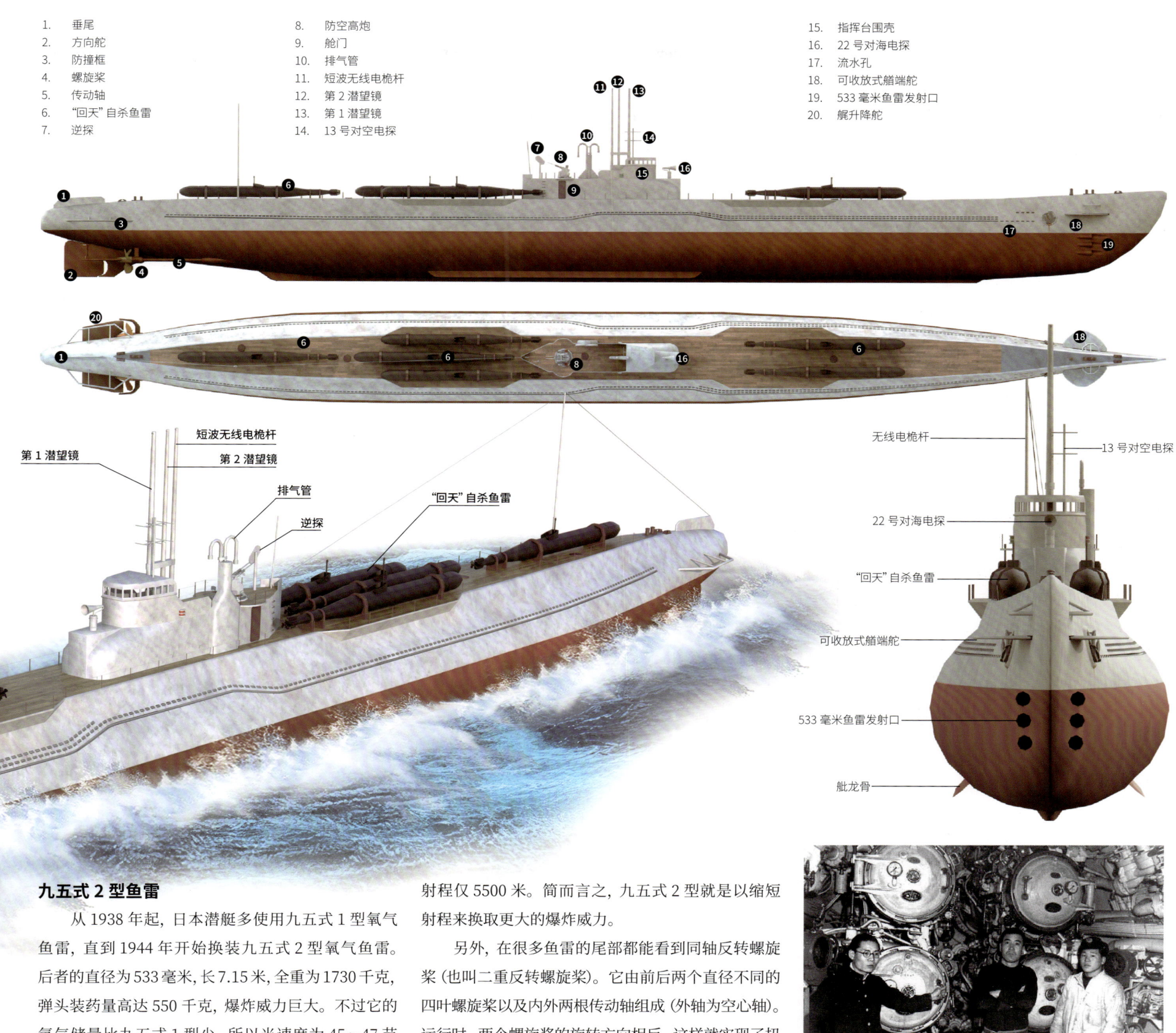

1. 垂尾
2. 方向舵
3. 防撞框
4. 螺旋桨
5. 传动轴
6. "回天"自杀鱼雷
7. 逆探
8. 防空高炮
9. 舱门
10. 排气管
11. 短波无线电桅杆
12. 第2潜望镜
13. 第1潜望镜
14. 13号对空电探
15. 指挥台围壳
16. 22号对海电探
17. 流水孔
18. 可收放式艉端舵
19. 533毫米鱼雷发射口
20. 艉升降舵

第1潜望镜
短波无线电桅杆
第2潜望镜
排气管
逆探
"回天"自杀鱼雷

无线电桅杆
13号对空电探
22号对海电探
"回天"自杀鱼雷
可收放式艉端舵
533毫米鱼雷发射口
艉龙骨

九五式2型鱼雷

从1938年起，日本潜艇多使用九五式1型氧气鱼雷，直到1944年开始换装九五式2型氧气鱼雷。后者的直径为533毫米，长7.15米，全重为1730千克，弹头装药量高达550千克，爆炸威力巨大。不过它的氧气储量比九五式1型少，所以当速度为45～47节时它的射程只有7500米，当速度为49～51节时它的射程仅5500米。简而言之，九五式2型就是以缩短射程来换取更大的爆炸威力。

另外，在很多鱼雷的尾部都能看到同轴反转螺旋桨（也叫二重反转螺旋桨）。它由前后两个直径不同的四叶螺旋桨以及内外两根传动轴组成（外轴为空心轴）。运行时，两个螺旋桨的旋转方向相反，这样就实现了扭矩配平并提高了推进效率，避免了鱼雷侧倾、横滚等。

1946年1月28日，伊58艉部的鱼雷舱

I-400

伊 400

伊 400 是日本海军最大的远洋攻击潜艇，也是当时世界上最大的潜艇。因为它搭载了 3 架 "晴岚" 特殊攻击机，所以俗称 "潜水航母"。其特点是航程长，可绕地球进行攻击并且无需中途补给。在二战末期，它执行过燃油运输的任务，参加了空袭巴拿马运河和乌利西环礁的集训，但这两次行动都在中途被取消。

伊 400 攻击潜艇

伊 400（伊号第四百潜水舰，I-400）是日本海军伊四百型的一艘大型远洋攻击潜艇。该型俗称潜特型，共竣工 3 艘，即伊 400、伊 401 和伊 402。其研发源自日本海军大将山本五十六，在太平洋战争初期他就计划用潜艇远程攻击美国东海岸的大城市以及巴拿马运河。因此日本海军的设计人员当时就接到一个让人惊讶的命令："准备一种可以绕地球一圈半而无需中途补给的潜艇。"

伊 400 于 1944 年 12 月 30 日竣工服役。它的水面续航距离高达 30000 海里（16 节），甚至 37500 海里（14 节），支持 90 天以上的巡航。这就意味着，它可以独自从日本本土出发，前往世界上任何海域执行任务并返航。在这一过程中，它不需要安排舰船或其他潜艇在中途提供远洋补给。在武器方面，其艇首有 8 具 533 毫米鱼雷发射管，共携带 20 枚九五式鱼雷。它的后甲板上有 1 门 140 毫米甲板炮，指挥塔前后有 3 座三联装 25 毫米机炮和 1 门 25 毫米机炮。

与日本海军其他大型远洋攻击潜艇不同，伊 400 主要的攻击武器是飞机，而不是常规鱼雷或 "回天" 鱼雷等。因此，它被称为 "潜水航母"，具有一个较大的机库，装有 3 架 "晴岚" 特殊攻击机。这些飞机通过前甲板上的加长弹射器发射（也可在水面起飞），用航空鱼雷或航空炸弹攻击盟军。

伊 400 内部的耐压舱体采用了双体结构，有一套平衡系统可以让它在水下静止不动。这样它就能长时间停在水下，等待自己的飞机返航，因为停泊在海面很容易被盟军发现。另外，它还具有消磁系统、消声涂层等。

伊 400 投降后美国海军在检查其飞机库

1945 年 3 月 9 日，当日本东京遭到美机空袭后，日本海军的第六舰队（潜艇部队）就向军令部提议派伊 400 等潜艇出击，对美国旧金山进行报复性空袭，但遭拒绝。4 月，伊 400 从中国大连装载了 1700 吨燃油到日本吴市。6 月，它加入即将空袭巴拿马运河的潜艇部队进行集训。后来因战事变化，攻击目标被改为乌利西环礁的美军舰队锚地。当时这里有美国海军最重要的快速航母特遣舰队在休整。8 月，完成集训的伊 400 在攻击途中收到日本无条件投降的消息。于是，它在海上扔掉了 "晴岚" 特殊攻击机及鱼雷、炸弹等武器，并在销毁了所有的日志、密码本等文件后向美军投降。1946 年 6 月 4 日，美军在珍珠港附近用鱼雷将它击沉。

美国海军在检查伊 400 的甲板炮

武/器/档/案 WEAPON ARCHIVES

艇名	伊 400
艇级	伊四百型（潜特型）
排水量	水面：5307 吨；水下：6665 吨
长宽	122 米 ×12 米
动力	4 台柴油发动机（5742 千瓦）/2 台电动机（1790 千瓦）
最大速度	水面：18.75 节 / 水下：6.5 节
续航距离	水面：30000 海里（16 节）/ 水下：60 海里（3 节）
最大潜深	100 米
载员	195 人
声呐	三式探信仪、四式水中听音机
雷达	22 号对海电探、13 号对空电探和 E27 型逆探
武器	8 具 533 毫米鱼雷发射管 1 门 140 毫米甲板炮 3 座三联装 25 毫米机炮 1 门 25 毫米机炮
弹射器	1 座
飞机	3 架 "晴岚" 特殊攻击机

"晴岚" 特殊攻击机

"晴岚" 是日本海军的一种小型水上攻击机。它是专为伊四百型潜艇而研制的,如伊 400 潜艇上就装备了 3 架。其生产成本很高,共有 28 架,隶属第六舰队的第六三一海军航空队。

日本海军其他潜艇所搭载的小型水上机主要用于侦察,偶尔兼顾攻击,但 "晴岚" 是专为攻击而生。它不仅能够进行鱼雷攻击,还能够进行俯冲轰炸。

"晴岚" 采用了单发单翼、双座双浮舟、全金属结构等设计。为了便于潜艇的机库收纳,其浮舟可以拆卸,主翼可旋转并向后翻折等,以实现体积最小化。在出击时,它能够快速组装,然后由飞机弹射器发射或在潜艇旁的海面起飞。返航时,它在海面降落,并由潜艇上的起重机吊回。

为了实现快速起飞,"晴岚" 可以不安装浮舟就用飞机弹射器发射。并且就算安装浮舟后起飞,飞行员也可以在飞行途中将之抛弃,以获得更快的速度和更强的机动性。因此,它很适合执行单程的特攻任务,但据记载这种情况没有发生。

"晴岚" 特殊攻击机 11 型	
编号	M6A1
载员	2 人
长宽高	11.6 米 ×12.3 米 ×4.6 米
最大速度	444 千米 / 小时
续航距离	1200 千米
武器	1 挺 13 毫米机枪;1 枚九一式航空鱼雷或 1 枚 800 千克炸弹(或 2 枚 250 千克炸弹)

巴拿马运河

巴拿马运河位于中美洲巴拿马共和国的巴拿马地峡,全长 82 千米,最宽处约 304 米,最窄处约 152 米。它是世界上最重要的航道之一,连接着大西洋与太平洋,里面有三座船闸。

该运河由美国在 1914 年建成,从此在大西洋和太平洋之间来往的舰船不仅大大缩短了航程及时间,还避开了麦哲伦海峡和德雷克海峡的航行风险。在二战期间,美国海军大量的航空母舰、战列舰等舰船从大西洋通过该运河驶往太平洋,加入其太平洋舰队展开对日作战。因此,该运河一直是日本海军的眼中钉。如果能够炸毁其船闸,运河航运就会瘫痪,那么美国太平洋舰队将实力大减。

1945 年 6 月,日本海军为此专门组织了针对巴拿马运河的空袭行动。它调集了伊 400、伊 401、伊 13 和伊 14 这四艘大型远洋攻击潜艇进行夜间空袭训练,计划用其搭载的共 10 架 "晴岚" 特殊攻击机对运河船闸进行鱼雷和炸弹的攻击。后来,该行动因战事变化被取消。有趣的是,在战后伊 400 潜艇的通信长名村英俊用私人飞机观察了巴拿马运河,感叹在战时就算进行空袭也很难炸毁其船闸。

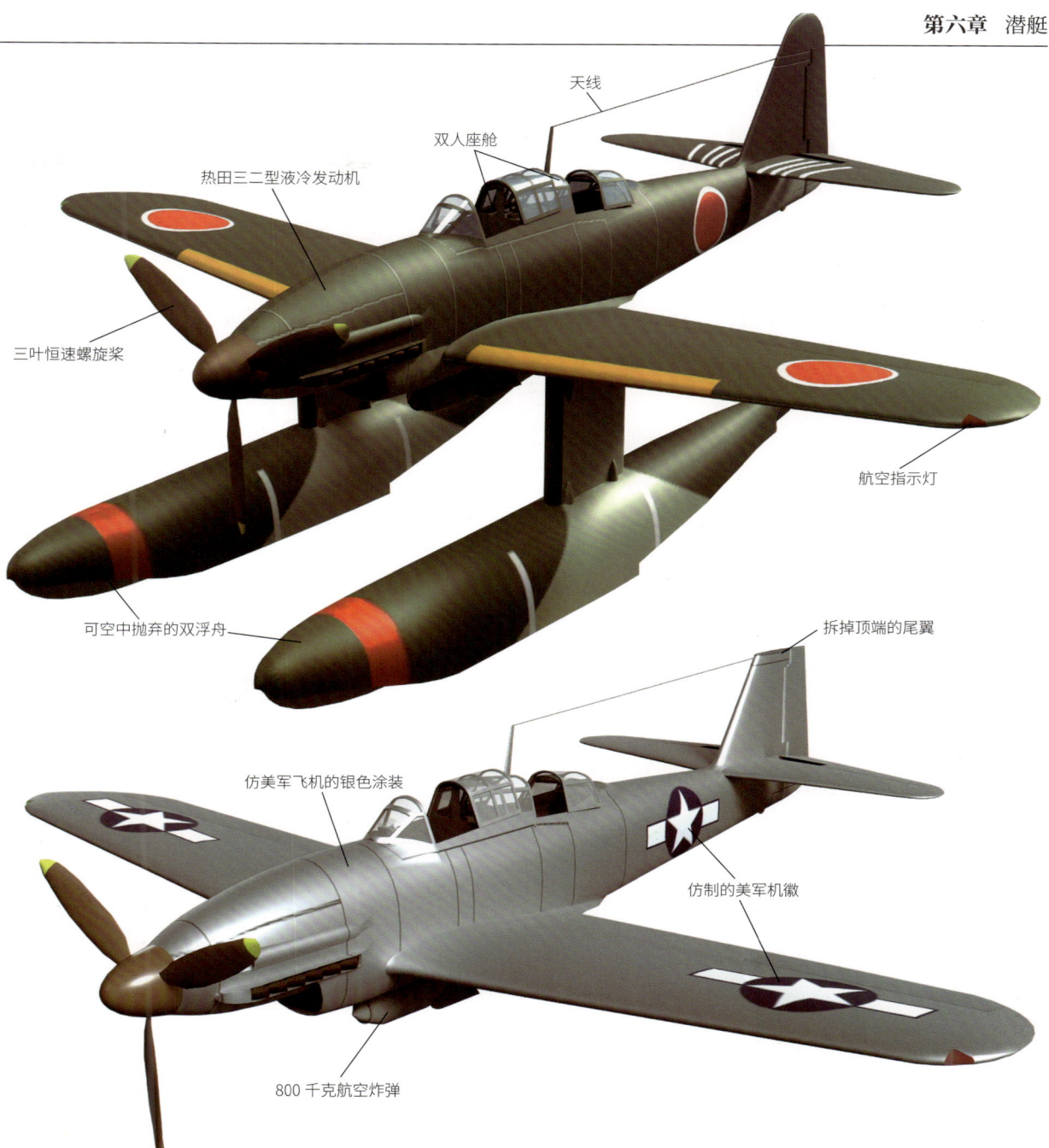

天线

双人座舱

热田三二型液冷发动机

三叶恒速螺旋桨

航空指示灯

可空中抛弃的双浮舟

拆掉顶端的尾翼

仿美军飞机的银色涂装

仿制的美军机徽

800 千克航空炸弹

冒充美军飞机的 "晴岚"

1945 年 6 月 25 日,日本海军联合舰队下令奇袭乌利西环礁,对美军锚地中的快速航母特遣舰队进行攻击,行动代号为 "岚作战"。伊 400 和伊 401 这两艘潜艇计划参与该行动。它们的 6 架 "晴岚" 特殊攻击机将各挂载 1 枚 800 千克的航空炸弹,在 8 月 17 日飞到乌利西环礁上空对美军的航空母舰进行轰炸。

为了让这 6 架 "晴岚" 特殊攻击机成功躲过美国海军的防空拦截,其指挥官命令改变它们的外观,以冒充美军飞机,混进乌利西。为此,它们的机身被涂成与美机外观一致的银色,还画上美军机徽,并拆掉了双浮舟、尾翼的顶端等。

如此一来,它们确实颇像美军飞机。但由于是在无浮舟的状态下弹射起飞,因而不管该行动成功与否,它们都很难返航降落。所以在出发前,其飞行员都被授予神风特攻队的短剑,表明这是一场自杀性攻击。

7 月 23 日,这两艘潜艇整装出发。8 月 15 日,日本宣布无条件投降,随后它们就收到行动取消并向美军投降的命令。在投降前,伊 400 和伊 401 都将自己的 3 架 "晴岚" 特殊攻击机在无人状态下弹射向大海,以避免被美军缴获。

Surcouf
"絮库夫"号

▶ **Attack** Submarine

"絮库夫"号（Surcouf, 17P）是法国海军的一艘大型远洋攻击潜艇。在日本海军的伊400潜艇出现之前，它是世界上最大的潜艇。其特色是有1座双联装的炮塔，装备了两门重巡洋舰级别的203毫米主炮，因此有着"水下重巡洋舰"之称。在二战时，它加入了自由法国海军，参加了解放圣皮埃尔、密克隆等行动。

"絮库夫"号

　　"絮库夫"号是法国海军絮库夫级的一艘大型远洋攻击潜艇。该级计划建造3艘，但实际上只建成了"絮库夫"号这一艘。其名字最初有多个备选，后来为了纪念法国私掠者罗伯特·絮库夫逝世一百周年，法国海军就在1927年将它命名为"絮库夫"号。

　　它于1934年5月3日正式服役，没有装备雷达。其武器装备最具特色，在指挥塔前方有一个圆柱体的大型炮塔，装有两门203毫米主炮，共携带300发炮弹。因为203毫米是重巡洋舰的主炮口径，所以"絮库夫"号就被称为"水下重巡洋舰"。不过，由于炮塔过重，因而"絮库夫"号存在着重心过高等问题。

　　在鱼雷方面，"絮库夫"号有10具鱼雷发射管，共携带22枚鱼雷。其艇首有4具550毫米鱼雷发射管，艇尾有2具550毫米鱼雷发射管和4具400毫米鱼

雷发射管。后面的这6具鱼雷发射管颇有特色，它们以2座三联装的形式隐藏在后甲板下方，可以水平旋转。该三联装是中间1具550毫米鱼雷发射管，两边各1具400毫米鱼雷发射管。之所以这样搭配，是因为法国海军在设计"絮库夫"号时，计划用550毫米鱼雷攻击敌方军舰，用400毫米鱼雷攻击敌方商船。为了观测203毫米主炮的弹着点，也为了执行侦察等任务，"絮库夫"号在其指挥塔后方的圆柱形机库里装载了一架MB-411水上观测机。由于没有飞机弹射器，因而该机只能用潜艇自带的小起重机吊到海面上起飞，返航时也是先在海面降落，再由小起重机吊回。

主炮测距仪

203毫米双联装主炮塔

防水炮口塞

无线电桅杆

导缆器

可收放式艇端舵

550毫米鱼雷发射口

"絮库夫"号在巴拿马运河附近沉没

"絮库夫"号的邮票

"絮库夫"号模型内构

37 毫米高炮

飞机起重机

1. 辅机	7. 柴油发动机	13. 艇员住舱与医务室	19. 主炮塔
2. 压缩气瓶与备用鱼雷	8. 控制舱	14. 压缩气瓶	20. 炮弹
3. 艇员住舱	9. 蓄电池组	15. 550 毫米鱼雷发射管	21. 发射药筒
4. 小艇	10. 主炮塔扬弹井	16. 指挥台围壳	22. 龙骨
5. 电动机	11. 蓄电池组	17. 指挥塔	
6. 辅机舱	12. 上层建筑	18. 火控站	

在 1940 年 6 月的法国战役中，正在进行大改装的"絮库夫"号为了避免被德军俘获，仅凭一台发动机艰难地驶往英国，并加入了由戴高乐将军领导的自由法国海军。1941 年，经过整修的它在大西洋战场上为不同的盟军船队进行护航，并执行了若干针对德国破交舰的搜寻与巡逻任务。后来，它还参加了解放圣皮埃尔和密克隆群岛等行动。1942 年 2 月，它奉命前往太平洋战场保卫塔希提岛，但在进入巴拿马运河前突然失踪。美国官方的调查结果是它被一艘美国货轮意外撞沉，因为被误当德国潜艇而没有展开营救。而法国官方调查的结果是它被美国海军的一架 PBY 卡特琳娜水上飞机误当德国或日本潜艇炸沉。它的沉因还有其他传言，但都无定论，是一个谜。最后值得一提的是，"絮库夫"号从加入自由法国海军到沉没，一直备受戴高乐将军的重视。他不仅对该艇进行过检阅，还在回忆录等作品中经常提及它。

武/器/档/案	WEAPON ARCHIVES
艇名	"絮库夫"号
艇级	絮库夫级
排水量	水面: 3302 吨; 水下: 4373 吨
长宽	110 米 ×9 米
动力	2 台柴油发动机 (5590 千瓦) /2 台电动机 (2501 千瓦)
最大速度	水面: 19 节 / 水下: 9 节
续航距离	水面: 10000 海里 (10 节) / 水下: 60 海里 (5 节)
最大潜深	80 米
载员	130 人
声呐	G-16-38 型
武器	1 座双联装 203 毫米主炮 2 门 37 毫米高炮 /2 座双联装 13.2 毫米机枪 6 具 550 毫米鱼雷发射管 4 具 400 毫米鱼雷发射管
飞机	1 架水上侦察机

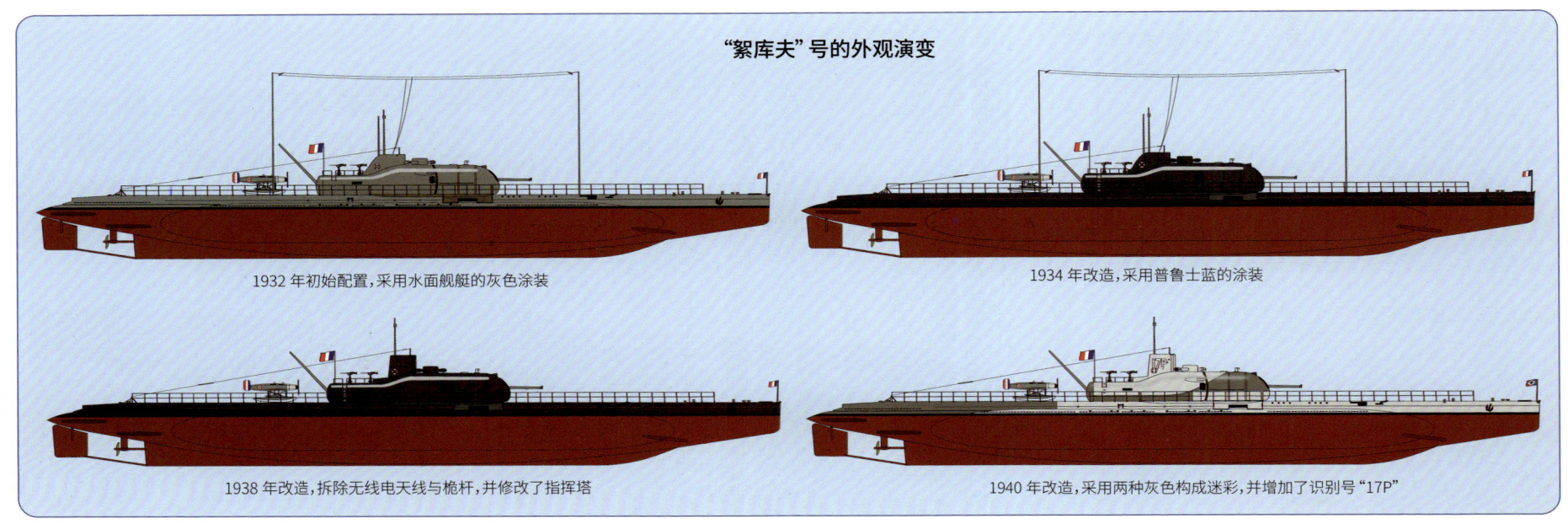

"絮库夫"号的外观演变

1932 年初始配置,采用水面舰艇的灰色涂装

1934 年改造,采用普鲁士蓝的涂装

1938 年改造,拆除无线电天线与桅杆,并修改了指挥塔

1940 年改造,采用两种灰色构成迷彩,并增加了识别号"17P"

动力

　　"絮库夫"号装有 2 台由瑞士苏尔寿公司制造的 8 缸柴油发动机,输出的总功率为 5590 千瓦。其动力通过 2 根传动轴驱动 2 个三叶螺旋桨,水面航行的最大速度为 19 节。它能装载 232 吨到 306 吨燃料,以 10 节的速度在水面航行 10000 海里,或以 14 节的速度在水面航行 7800 海里。其电池组由 480 个蓄电池组成,在水下航行时向 2 台总功率为 2501 千瓦的电动机供电,水下最大速度为 9 节。它以 4 节的速度能够潜行 70 海里,以 5 节的速度能够潜行 60 海里。

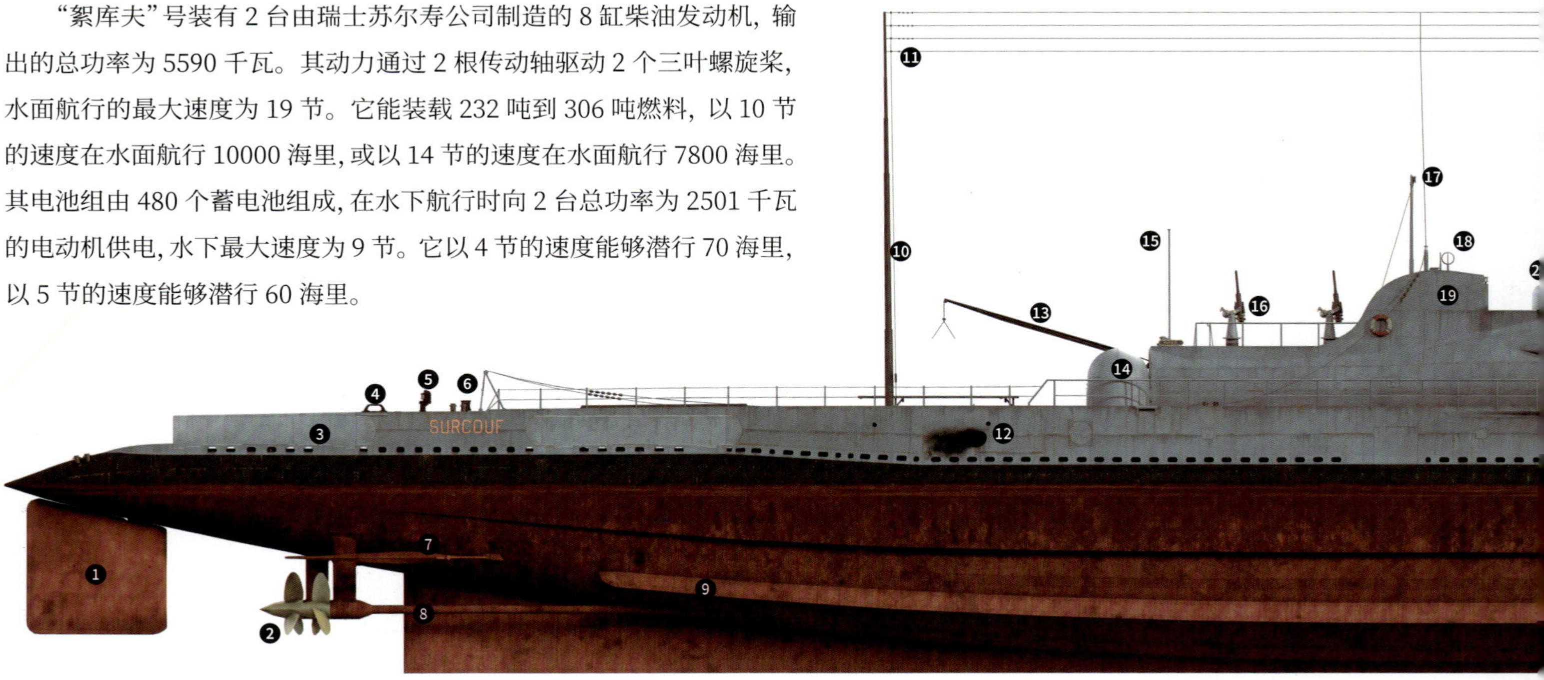

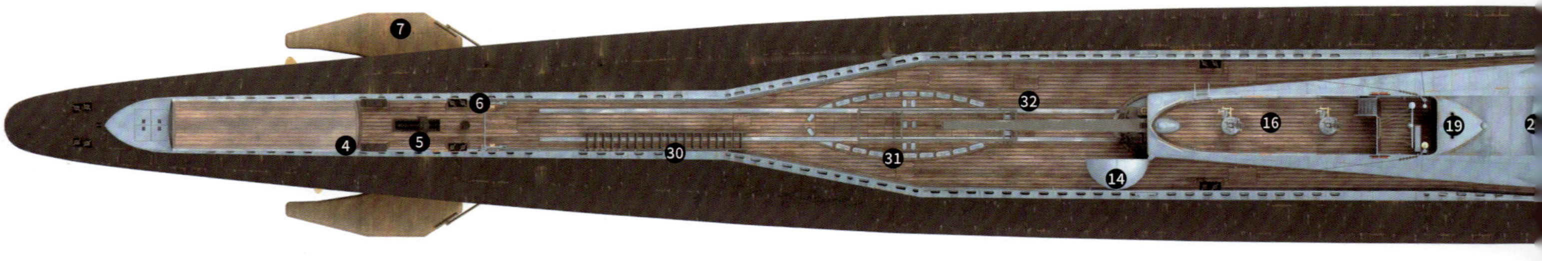

SURCOUF

夏尔·戴高乐

夏尔·戴高乐是法国著名的军事家、政治家和作家。二战时他领导了反抗法西斯的自由法国运动，被尊称为"戴高乐将军"。1940年法国战役时，他作为法军上校多次率领装甲师抵抗德军进攻，后来晋升准将。当法国战败，德国扶持起傀儡政权维希法国后，他在英国组织并领导了抵抗德国的自由法国运动。1940年6月18日，他在伦敦通过广播发表了著名的演说"6月18日呼吁"（也叫"618宣言"），号召法军官兵、工人等共同抵抗德国对法国的占领，并加入自由法国军队。

在戴高乐将军的领导下，自由法国军队建立起了完善的陆海空三军，并投入对德作战。如在1942年的北非战场上，自由法国军队阻击德军名将隆美尔的部队，获得了比尔哈凯姆战役的胜利。1944年6月，法国临时政府在阿尔及尔成立。8月，戴高乐将军率领法军解放了巴黎，并成为法兰西共和国临时政府主席（总统）。二战后，他被法国电视观众评选为有史以来最伟大的法国人。

戴高乐将军检阅部队

MB-411 水上观测机

这是法国海军装备的一种单发双座、单翼低翼的侦察与观测水上飞机。它的结构采用了金属与木料混合，外面覆盖着帆布蒙皮。作为水上飞机，其机身下方有一个大浮舟，两翼下方各有一个小浮舟，而机翼和浮舟均可拆卸，以便装进"絮库夫"号的机库中。

其长度是 8.25 米，翼展是 12 米，高度是 2.85 米，空重 760 千克，毛重 1140 千克。它的风冷发动机功率约 130 千瓦，带来的最大速度为 190 千米 / 小时，航程是 400 千米，升限是 5000 米。值得一提的是，该机是专为"絮库夫"号设计的，只有 1 台原型机和 2 台量产机。

萨尔姆森 9Nd 风冷星型发动机

开敞式双人座舱

帆布蒙皮

大型中央浮舟

小型稳定浮舟

1.	方向舵	9.	舭龙骨	18.	无线电测向仪天线	27.
2.	螺旋桨	10.	无线电桅杆	19.	指挥台围壳	28.
3.	550 毫米和 400 毫米三联装鱼雷发射管	11.	天线	20.	主炮测距仪	29.
4.	导缆器	12.	排气口	21.	炮塔舱口	30.
5.	绞盘	13.	飞机起重机	22.	203 毫米双联装主炮塔	31.
6.	系缆桩	14.	机库舱门	23.	防水炮口塞	32.
7.	艉升降舵	15.	旗杆	24.	流水孔	
8.	传动轴	16.	37 毫米高炮	25.	可收放式艏端舵	
		17.	无线电信号桅杆	26.	龙骨	

27. 起锚绞盘
28. 锚
29. 550 毫米鱼雷发射口
30. 舷梯
31. 飞机整备甲板
32. 飞机移动轨道

203 毫米 M1924 双联装主炮

该炮在法国海军中比较常见，因为有不少条约巡洋舰都以它为主炮。但它作为"絮库夫"号这种大型潜艇的主炮就显得很特别，毕竟全球仅此一例。其双联装炮塔的型号为 M1929，这是一种潜艇专用的防水密封炮塔（炮口也带密封器），外观简洁圆润，能够减小水下航行时的阻力。此炮的口径为 203 毫米，50 倍径，炮管长 10.15 米，俯仰角度为 -5 度至 +30 度，炮塔旋转约 ±90 度。当"絮库夫"号浮出水面后，该炮可在 2.5 分钟内开火。其弹种有被帽穿甲弹、高爆榴弹等。它的炮口初速约为 850 米 / 秒，每管射速是 3 发 / 分钟，最大射程是 28000 米（30 度），炮管寿命约 600 发。

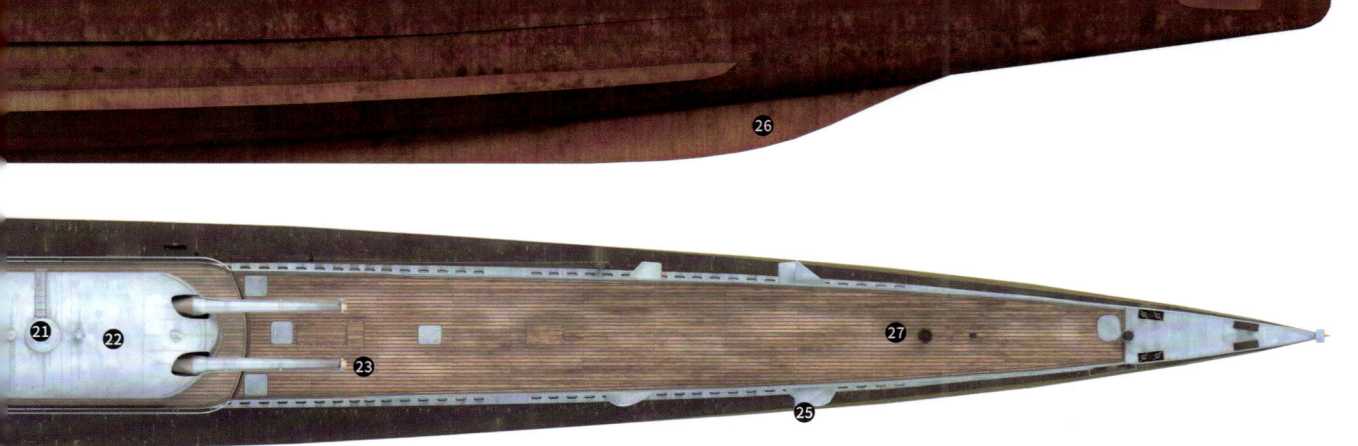

U-218

德国 布雷潜艇

▶ **Minelaying** Submarine

U-218 是德国海军的一艘布雷潜艇。它不仅可以利用鱼雷发射管和鱼雷舱携带大量的 TMA 和 TMB 水雷，还能专门携带 15 枚 SMA 水雷，装载于指挥塔后方的 5 根竖井状垂发管中。在二战时期，它不但经常执行水雷布设的任务，还像其他德军潜艇那样参加"狼群作战"，围猎盟军船队。

德国海军一战时就装备了布雷潜艇，图中是 UC-97

U-218 是德国海军的一艘ⅦD 型布雷潜艇。作为专业的布雷潜艇，ⅦD 型共建造了 6 艘。它们是ⅦC 型潜艇的加长版，长度增加了约 10 米，主要是指挥塔后方多了一排竖井状的水雷垂发管。艇身长度的增加带来了艇内空间的扩大，所以ⅦD 型在执行任务时可以携带更多的食物、燃料等。在二战中，这 6 艘ⅦD 型布雷潜艇有 5 艘沉没，只有 U-218 存活了下来。

该艇于 1942 年 1 月 24 日服役。它拥有Ⅶ型远洋攻击潜艇标准的武器装备，如 5 具 533 毫米鱼雷发射管，共携带 12～14 枚鱼雷，以及 1 门 88 毫米甲板炮和 1 门 20 毫米高炮。在执行布雷任务时，它如果不携带鱼雷，可装载约 26 枚 TMA 水雷或 39 枚 TMB 水雷。其布雷的专业性主要体现在指挥塔后方的那 5 根水雷

垂发管上，每根垂发管里可以装载 3 枚 SMA 水雷，共可装载 15 枚 SMA 水雷。这种水雷因为体积偏大，无法装进德军潜艇的鱼雷发射管，所以采用了专门的垂发管。由此不难看出，U-218 可一次携带的水雷品种多，数量也多，仅凭单艇就能够在海洋上布设出一片雷场。

二战期间，U-218 在大西洋共进行了 10 次战斗巡逻，先后加入过 7 个德军潜艇的"狼群"进行作战。它既作为布雷潜艇执行布雷的任务，也作为攻击潜艇用鱼雷攻击盟军舰船。在第 1 次巡逻中，它于 1942 年 9 月 11 日在北大西洋用鱼雷击伤了一艘挪威油轮，但自身也被护航舰击伤。在第 6 次巡逻中，它不仅在特立尼达的西班牙港附近布设水雷，还在 1943 年 11 月 5 日用鱼雷击沉了一艘英国纵帆船。在第 8 次巡逻中，

它在英格兰的西南海域布雷，并于 1944 年 7 月 6 日炸伤了英国皇家海军的一艘辅助巡洋舰。在第 10 次巡逻中，它前往英格兰的克莱德湾布雷，并于 1945 年 4 月 20 日炸沉了一艘英国拖网渔船。

据记载，它在执行布雷任务时大多是布设 15 枚水雷。由此推断，这些水雷可能是它那 5 根垂发管里的 SMA 水雷，并且它携带了鱼雷，至少没有将鱼雷都换装为 TMA 或 TMB 水雷。因为只有这样它才能在同一次巡逻中既布设雷场又用鱼雷攻击盟军的舰船。最后，它在 1945 年 5 月 12 日向盟军投降，并在 12 月 4 日沉没于英国皇家海军实施的"死亡之光行动"中。

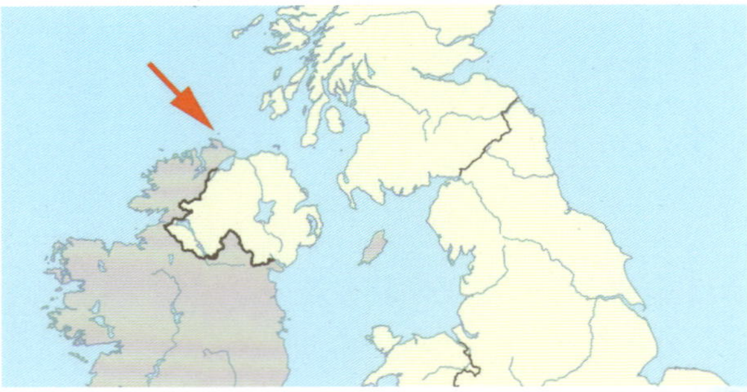

U-218 在"死亡之光行动"中沉没于爱尔兰北部海域

20 毫米高炮

SMA 水雷垂发平台

指挥台围壳

88 毫米甲板炮

533 毫米鱼雷发射口

动力

在水面航行时，U-218 用 2 台由日耳曼尼亚造船厂制造的 F46 型 6 缸四冲程增压式柴油发动机提供动力，输出的总功率是 2059～2354 千瓦。其动力通过 2 根传动轴驱动 2 个直径约 1.23 米的三叶螺旋桨，最大速度为 16.7 节，以 10 节的速度可航行 11200 海里。在水下航行时，它通过 2 台德国通用电气的 GU 460/8-276 型双动电动机提供动力，输出的总功率是 552 千瓦，最大速度为 7.3 节，以 4 节的速度可潜行 69 海里。

德军在 1940 年缴获的英国布雷潜艇"海豹"号

1945 年 5 月向美军投降的德国潜艇，左边是具有水雷垂发管的布雷潜艇（可能是 U-234）

武器/档案	**WEAPON ARCHIVES**
艇名	U-218
艇级	VII D 型
排水量	水面：965 吨；水下：1080 吨
长宽	76.9 米 ×6.4 米
动力	2 台柴油发动机（2059～2354 千瓦） 2 台电动机（552 千瓦）
最大速度	水面：16.7 节 / 水下：7.3 节
续航距离	水面：11200 海里（10 节）/ 水下：69 海里（4 节）
最大潜深	200 米
载员	44 人
武器	5 具 533 毫米鱼雷发射管（首 4 尾 1）/1 门 88 毫米甲板炮 1 座 20 毫米高炮 /5 根水雷垂发管（15 枚 SMA 水雷）

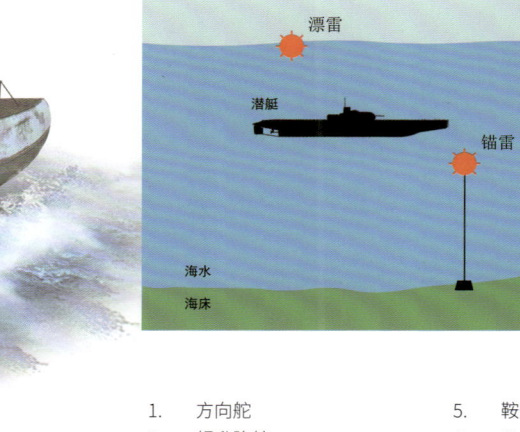

水雷战示意图

德军潜艇常用的水雷

二战时期，德军潜艇常用的水雷有四种：TMA、TMB、TMC 和 SMA。

TMA 是锚雷，装药量约 230 千克，每具鱼雷发射管可装载 2 枚。

TMB 是沉底雷，装药量约 500 千克，每具鱼雷发射管可装载 3 枚。

TMC 也是沉底雷。它是 TMB 的放大版，长度增加，装药量约 1000 千克，每具鱼雷发射管可装载 2 枚。

SMA 是锚雷，与 TMA 相似，但装药量更大，约 350 千克。它不能装进鱼雷发射管里，只能装在专用的竖井状垂发管中。因此普通的潜艇无法使用它，要由 U-218 等专业的布雷潜艇携带和布设。

SMA 水雷

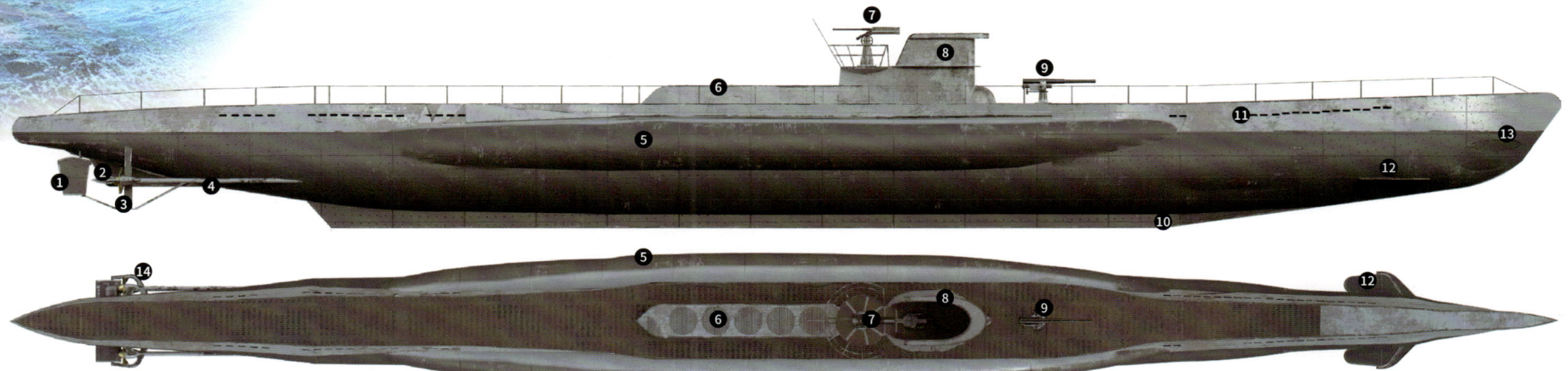

流水孔

1. 方向舵	5. 鞍形水舱	9. 88 毫米甲板炮	13. 533 毫米鱼雷发射口
2. 艉升降舵	6. SMA 水雷垂发平台	10. 龙骨	14. 防撞框
3. 螺旋桨	7. 20 毫米高射炮	11. 流水孔	
4. 传动轴	8. 指挥台围壳	12. 艏升降舵	

Seehund
海豹

德国 微型潜艇 ► **Midget** Submarine

"海豹"（Seehund）是德国海军的一种量产型微型潜艇，共服役了 138 艘。它具有体积小、攻击性强等特点，不仅在水中难以被盟军探测到，而且对深水炸弹也有一定的"免疫力"。其缺点是适航性差，执行任务时容易出现自损。在二战中，"海豹"多是集群出击，最终以损失 35 艘的代价，击沉了 8 艘盟军舰船。

作为德国海军最成功的微型潜艇，"海豹"属于其 ⅩⅩⅦ B5 型，也叫 127 型，俗称海豹级。它于 1944 年设计，计划建造 1000 艘，从 1944 年 7 月至 1945 年 4 月共完工了 285 艘。其中有 138 艘进入德国海军服役，编号在 U-5001 到 U-5269 之间。

最后的任务

虽然"海豹"的使命是用鱼雷攻击盟军舰船，但在二战末期它们最后执行的两次任务却都是运输。在第二次敦刻尔克战役（也叫敦刻尔克围城战）中，多艘"海豹"将其鱼雷换装成一种防水密封管，往里面装满食物后分别于 1945 年 4 月 28 日和 5 月 2 日驶往敦刻尔克的德军基地，为困守当地的德军提供食物补给。因此，这种防水密封管获得了"黄油鱼雷"的绰号。并且每次返航时，它又被用来装载当地德军的邮件。尽管这些都是小规模的运输行动，但还是惹得盟军调集了很多海空力量来进行反潜搜索。

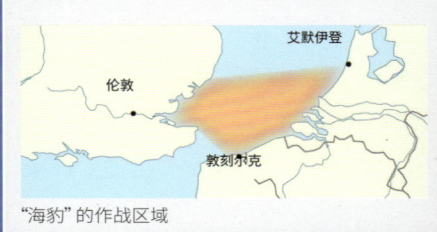

"海豹"的作战区域

武/器/档/案 WEAPON ARCHIVES

艇名	海豹
艇级	ⅩⅩⅦ B5（127 型）
排水量	17.27 吨（水下）
长宽	11.9 米 ×1.7 米
动力	1 台柴油发动机（44 千瓦）/1 台电动机（18.5 千瓦）
最大速度	水面：7.7 节 水下：6 节
续航距离	水面：270 海里（7 节）/ 水下：63 海里（3 节）
最大潜深	70 米
载员	2 人
武器	2 枚 533 毫米鱼雷（外挂）

"海豹"的潜水深度设计为 30 米，实际可达到 70 米。其武器比较简单，在艇身两侧的下方，半埋式地挂载了 2 枚 G7e 电动鱼雷。这里的 G 是指 533 毫米口径，7 是指长度约 7 米，e 是指采用铅酸蓄电池进行电力驱动。

由于"海豹"的体积很小，因而在水下航行时难以被盟军的主动声呐探测到，并且因为速度慢和噪声小，所以被动声呐也难以发现。这就使它很适合在水下隐秘潜行并实施鱼雷攻击。

当它面对盟军反潜部队的深水炸弹攻击时，生存率也比其他潜艇高。就算深水炸弹在旁边爆炸，小巧的它也多是出现摇摆和震动，而不像其他潜艇那样容易发

生破损甚至断裂。当然，此时艇体的损害虽小，但是里面的两名乘员可能因有毒气体泄漏等原因受伤或死亡。

"海豹"多以集群方式出动，主要对欧洲沿海和英吉利海峡中的盟军船队进行攻击。在出航执行任务时，它通常可持续 5 天，最长为 10 天。

1944 年 12 月 31 日，"海豹"第一次执行作战任务。18 艘"海豹"从荷兰启航，随后遭遇风暴沉没了 16 艘，仅 2 艘幸免。1945 年 1 月 1 日，"海豹"击沉了一艘盟军的武装拖网渔船。2 月，"海豹"在北海击沉了一艘盟军货轮。从 1 月到 4 月，"海豹"共出动 142 艘次，击沉盟军 8 艘舰船，并击伤 3 艘，而自身损失了 35 艘。

值得注意的是，虽然盟军很重视用舰艇与飞机对"海豹"进行反潜作战，但这些"海豹"多是因海况恶劣而沉没的。另外，"海豹"在执行任务时，其乘员有时需要连续几天不睡觉，所以他们服用了德国的军用兴奋剂 Pervitin（即冰毒）。

二战后，由于法国在敦刻尔克缴获了很多全新的"海豹"，因而在 1946 年 7 月成立了自己的微型潜艇部队，装备了 4 艘"海豹"。其编号为 S-621、S-622、S-623 和 S-624，一直用到 1953 年 8 月才退役。

动力

虽然"海豹"只是微型潜艇，但动力系统与常规的柴电潜艇差别不大，像其迷你版。在水面航行以及为铅酸蓄电池充电时，它使用 1 台由德国布欣公司制造的 6 缸卡车柴油发动机，功率约 44 千瓦，单轴单桨（1 个带护罩的三叶螺旋桨）推进，最大速度为 7.7 节。艇内装有一个标准的 500 升油箱，让"海豹"能以 7 节的速度在水面航行 270 海里。后来它还加装了一种鞍形油箱，使航程增至 500 海里。它有两个电池组为电动机供电，分别在艇身的首部和底部。在水下航行时，它使用 1 台德国通用电气的电动机，功率为 18.5 千瓦，最大速度为 6 节，能以 3 节的速度潜行 63 海里。它有种缺陷，那就是柴油发动机位于艇员座位的后面，在水面航行时产生的高温让人难以忍耐，而下潜换用电动机后艇内又会迅速降温，两位艇员只有多穿衣服才能保暖。

G7e T III c 鱼雷

"海豹"在艇外挂载的 2 枚 G7e 电动鱼雷比较特殊，其型号为 G7e T III c，有时也简写为 T3c。这是 G7e 的一种改进型，运行安静且轻量化，专供德国海军的微型潜艇使用，如"海豹""松貂"等。它的直径是 533 毫米，重量为 1332 千克，其中弹头的装药量约 280 千克。它采用铅酸蓄电池给电动机供电，产生的动力带来 18.5 节的速度和 4000 米的射程。

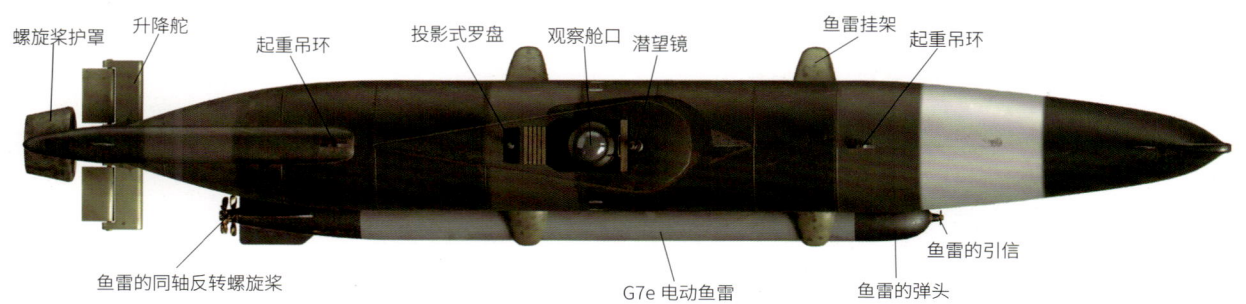

导缆孔　流水孔　起重吊环　投影式罗盘　观察舱口　潜望镜　导流板　起重吊环　导缆孔

螺旋桨护罩与方向舵　升降舵　鱼雷的同轴反转螺旋桨　G7e 电动鱼雷　鱼雷挂架　鱼雷的弹头　鱼雷的引信

螺旋桨护罩　升降舵　起重吊环　投影式罗盘　观察舱口　潜望镜　鱼雷挂架　起重吊环

鱼雷的同轴反转螺旋桨　G7e 电动鱼雷　鱼雷的引信　鱼雷的弹头

螺旋桨及护罩　传动轴　电动机　柴油发动机

"海豹"的动力系统

"松貂"微型潜艇

与其说是微型潜艇，德国海军的"松貂"更像人操鱼雷。它的设计很有特色，由上下两枚 G7e 鱼雷组成。不过上面那枚其实是由 1 人操控的微型潜艇本体，而下面挂载的才是真正具有攻击性的 G7e T III c 电动鱼雷。它的长度是 8.3 米，宽度是 0.533 米，排水量约 5.5 吨，通过 1 台功率为 9 千瓦的电动机推进，速度在 3.2 节至 4.2 节之间，以 4 节的速度能够航行 48 海里。它在 1944 年至 1945 年期间服役，主要用于攻击法国诺曼底附近的盟军舰船，在地中海、北海和挪威水域也有活动。开展攻击时，它多是浮在水面发射鱼雷，但当能见度好时也可以从水下发射鱼雷，潜深约 10 米（短暂潜水）。

"松貂"微型潜艇

G7e 电动鱼雷

X7

英国 微型潜艇 ▶ **Midget** Submarine

X7 是英国皇家海军的一艘 X 级微型潜艇, 主要用于对停泊中的敌军舰船进行水下爆破, 也执行侦察等任务。在二战中, X7 秘密潜入德军锚地, 布设炸药重创了"提尔皮茨"号战列舰, 令其长期无法投入作战。

X 级微型潜艇简称 X 艇, 共建造了 20 艘。其编号从 X3 开始, X3 和 X4 是原型, X5~X10 和 X20~X25 共 12 艘是实战型, 而 XT1~XT6 这 6 艘是训练型。

武器/档案 WEAPON ARCHIVES

艇名	X7
艇级	X 级 (X5 子级)
排水量	水面: 27.43 吨; 水下: 30.18 吨
长宽	15.72 米 ×1.75 米
动力	1 台柴油发动机 (31.32 千瓦) /1 台电动机 (22.37 千瓦)
最大速度	水面: 6.25 节 / 水下: 5.75 节
续航距离	水面: 1860 海里 (4.5 节) / 水下: 82 海里 (2 节)
最大潜深	91.44 米
载员	4 人
武器	2 吨炸药 ×2

攻击潜望镜

陀螺罗经复示器 (子罗经)

投影式罗盘

2 吨阿马托炸药

水面航行的 X 艇

X7 配备有陀螺罗盘、水听器等设备, 水面续航距离据记载在 4.5 节时高达 1860 海里, 但考虑到艇员的忍耐力, 实际为 500 海里。它的艇员有 4 人, 分别是艇长、驾驶、技工和蛙人。其中蛙人很重要, 在行动时他不仅负责破坏敌方布设在水下的反潜网, 有时还负责在敌舰下方安装水雷等。

与二战各国很多的微型潜艇不同, 英国的 X 艇并不携带鱼雷, 也不依靠鱼雷攻击敌舰, 而是使用炸药及水雷。它的艇身两侧各挂载了 2 吨炸药, 其容器的形状沿艇身呈流线型。在执行攻击任务时, 它先潜行到敌舰下方或旁边, 然后通过艇内的手动曲柄将 4 吨炸药卸到海床上并启动定时引信。当它撤离后炸药起爆,

水中产生的冲击波足以击沉大部分敌舰, 就算是装甲厚重的战列舰也会被重创, 失去作战能力。它的另一种攻击方式是用蛙人直接在敌舰的底壳上安装水雷, 这样定点起爆更精准, 对敌舰的杀伤力也更大。

1943 年 9 月, 英国皇家海军针对挪威北部锚地的德国海军主力舰展开了一次偷袭行动。从 X5 到 X10, 当时仅有的 6 艘实战型 X 艇都被投入该行动。在计划中, X5、X6 和 X7 负责攻击德国战列舰"提尔皮茨"号, X9 和 X10 负责攻击德国战列舰"沙恩霍斯特"号, X8 负责攻击德国重巡洋舰"吕佐夫"号。不难看出, 此次行动的攻击重点是德国海军当时最大的战列舰"提尔皮茨"号。这些 X 艇将由 6 艘 T 级和 S 级

的常规潜艇拖曳至攻击出发点, 然后分别潜行到自己的目标下方布设炸药并引爆。

在实际行动时, X8 和 X9 因海况恶劣等原因在拖曳航行的途中就沉没了。X10 因"沙恩霍斯特"号正在进行演习未处于停泊状态, 所以放弃了攻击, 但它在拖曳返航时因缆绳断裂而沉没。X5 据说被"提尔皮茨"号发现并用 105 毫米高炮击沉。因此, 只有 X6 和 X7 顺利地按计划在"提尔皮茨"号的下方布设好炸药, 并设定好了起爆时间。但它们随后也被"提尔皮茨"号发现并击沉 (也有说是自沉, 其艇员大部分被俘。后来炸药爆炸, "提尔皮茨"号遭到重创。它因受损严重而大修了半年以上, 极大地减轻了当时英国皇家海军在北大西洋战场上的压力。

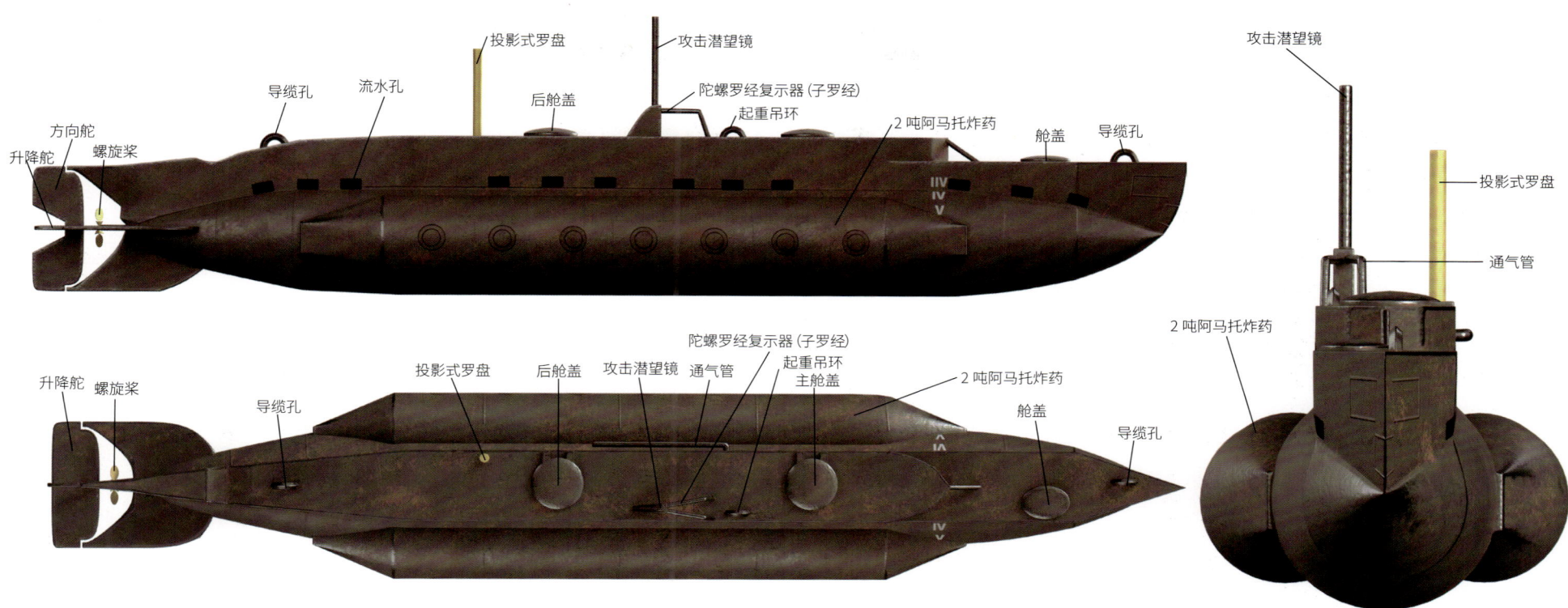

导缆孔　流水孔　投影式罗盘　攻击潜望镜

方向舵　后舱盖　陀螺罗经复示器(子罗经)　起重吊环　2 吨阿马托炸药　舱盖　导缆孔

升降舵　螺旋桨

攻击潜望镜

投影式罗盘

通气管

2 吨阿马托炸药

升降舵　螺旋桨　导缆孔　投影式罗盘　后舱盖　攻击潜望镜　陀螺罗经复示器(子罗经)　通气管　起重吊环　主舱盖　2 吨阿马托炸药　舱盖　导缆孔

阿马托炸药

X7 使用的炸药为阿马托, 这是在二战各主要参战国中常见的一种氧平衡炸药, 最初由英国皇家兵工厂研制。它是一种用硝酸铵与 TNT 合成的烈性炸药, 广泛用于航空炸弹、深水炸弹、水雷、炮弹等, 是其标准填充物。严格来说, 阿马托在地面或空中爆炸的威力不如 TNT, 但硝酸铵的成本低, 使阿马托具有价格便宜的优势。并且只要控制好阿马托中的 TNT 配比, 其威力就几乎不会降低了。因为阿马托是氧平衡的, 所以它在水下和地下爆炸的威力比 TNT 大, 而这也是 X7 装备它的原因。在不少介绍阿马托的资料中, 都会提到 X7 用它重创德国战列舰"提尔皮茨"号的战例。

动力

X7 是由常规潜艇拖曳至作战区域后再独立行动, 所以自身不需要长时长距的航行。在水面航行及充电时, 它使用 1 台英国加德纳公司制造的 4LK 型 4 缸柴油发动机(伦敦巴士使用的发动机), 功率为 31.32 千瓦, 单轴单桨推进, 最大速度为 6.25 节, 以 4.5 节的速度最大可航行 1860 海里。它有两个柴油箱, 分别位于艇身的前后, 而由 112 个铅酸蓄电池构成的电池组则位于艇身的前部。在水下航行时, 它使用 1 台基思·布莱克曼的电动机, 功率为 22.37 千瓦, 带来的最大速度为 5.75 节, 以 2 节的速度可以潜行 82 海里。

诺曼底登陆前的秘密侦察

为了保障诺曼底登陆的成功, 盟军在前期至少派出了两艘 X 艇 (X20 和 X23) 对诺曼底沿岸进行了侦察。其载员均增至 5 人, 多了一名蛙人。对于这种侦察任务, X 艇拥有诸多的优势。它们能在浅海里来去自由, 德军难以发觉。其潜望镜能够隐秘地观察那些藏在伪装网下的德军防御工事, 甚至可以分辨出各种炮位、机枪位等, 包括它们的指向。这些就连侦察机低空拍摄都无法实现。

譬如 X20 在诺曼底一带执行了四天的侦察任务。白天, 它用潜望镜进行海岸观察, 用声呐进行水下侦察; 晚上, 它会靠近海岸将两名蛙人送上岸, 以收集土壤样本等。它侦察的地点就是后来美军登陆的奥马哈海滩。这些 X 艇通过侦察并标记可供盟军登陆的各个海滩, 特别是坦克及各种车辆的登陆点等, 为诺曼底登陆铺平了道路。值得一提的是, 在执行这些侦察任务时, 据说大部分的艇员及蛙人都服用了兴奋剂 (苯丙胺)。

1944 年 6 月 6 日, 当盟军开始登陆诺曼底时, X20 和 X23 这两艘还担当引导艇, 引导盟军的登陆舰队驶向预定目标。

博物馆展览的 X 艇

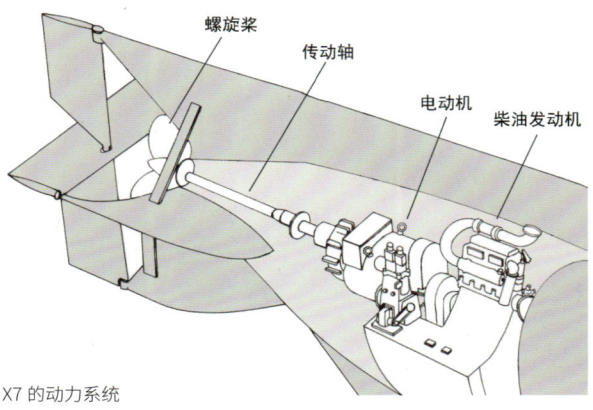

螺旋桨　传动轴　电动机　柴油发动机

X7 的动力系统

诺曼底登陆

甲标的

日本 微型潜艇

► **Midget** Submarine

"甲标的"是日本海军有名的微型潜艇。最初它计划以集群的方式参与"渐减邀击"的日美海军大决战，但后来在实战中多是零散潜入军港或锚地用鱼雷偷袭敌舰。在作战时，它先依靠军舰或潜艇作为母舰来长途运载，到达攻击出发点后再入水独立行动。二战期间，它参加过偷袭珍珠港、偷袭悉尼港、马达加斯加战役等。

"甲标的"共建造了 101 艘，分为试作机、甲型、乙型、丙型和丁型。其中试作机有 3 艘，甲型有 46 艘，乙型有 5 艘，丙型有 47 艘，而丁型被另外发展为"蛟龙"微型潜艇。本文介绍的"甲标的"是指甲型，也称 Type A。

从中文的角度来看，"甲标的"这个名字比较生涩，而它在日文中是"甲型靶船"的意思。在战间期，因为它的研发和建造非常保密，所以就取了一个与攻击型微型潜艇完全无关的名字，以迷惑当时的假想敌美国。在日本海军最初的战略防守计划中，"甲标的"是抵御美国海军进攻的秘密武器，也是"渐减邀击作战"及舰队决战的重要组成部分。即当美军舰队大举进攻日本时，先由 3 艘"甲标的"母舰各运载 12 艘"甲标的"出动，进行水下伏击作战。这 36 艘"甲标的"将隐藏在美军舰队必经的海域。一旦美军的主力舰队进入伏击区，它们就密集地发射出 72 枚鱼雷，以在瞬间造成大量杀伤。当美军舰队受损并混乱时，日军舰队才开始正式接战，如此胜算更高。不过这只是计划从未被执行，因为航空母舰及舰载机的崛起给海战带来了翻天覆地的变化。

"甲标的"的艇首装有 2 具 450 毫米鱼雷发射管。它可携带并发射 2 枚九七式鱼雷，后来换装为二式鱼雷。因其航程很短，所以在出击时计划先用"千代田"号或"日进"号等"甲标的"母舰运载到战场，但更多时候是由伊系列的潜艇运载。值得一提的是，虽然"甲标的"这个名字本身就是为了保密而取，但它在日本海军中还有多个化名。其中一个叫"特型格纳筒"，多出现在任务命令中。

1941 年 12 月，日本海军在偷袭珍珠港时用伊系列潜艇运载了 5 艘"甲标的"参战。当第一航空舰队的舰载机开始轰炸珍珠港的时候，这 5 艘"甲标的"中至少有 2 艘潜入该港对美国军舰展开了鱼雷攻击，但战果一直存在争议。该战 5 艘"甲标的"全部损失，其中 4 艘沉没，1 艘（HA-19）因搁浅而被美军俘获。1942 年 5 月，日本海军派出 3 艘"甲标的"偷袭澳大利亚的悉尼港，击沉了澳大利亚皇家海军的住宿舰"库塔巴尔"号，但自身全部损失。1942 年 5 月，在英军对战维希法军的马达加斯加战役中，日本海军派出 2 艘"甲标的"参战，击沉了 1 艘英国油轮，但自身也全部损失。后来，"甲标的"还参加了在瓜达尔卡纳尔岛、菲律宾等地的一系列作战。

"甲标的"名字闹出的乌龙

在太平洋战争爆发前，因为"甲标的"的研发与存在属于日本海军的高度机密，所以导致当时的第一航空舰队根据其字面意思"甲型靶船"，误认为这是一种训练用的潜艇标靶。为此第一航空舰队下属的航空队还专门提交了关于调拨"甲标的"的申请，准备用它来训练航空母舰上的舰载机，以提高这些舰载机对潜艇的攻击能力。该申请在日本海军的官僚机构中被顺利上传，经过一番周折后才发现有问题。最后，相关航空队被劝说撤回了申请。

潜望镜

同轴反转螺旋桨

潜望镜

舱盖

天线杆

指挥塔

螺旋桨

防护环

方向舵

升降舵

垂直尾鳍

水平尾鳍

动力

作为太平洋战争初期就投入战场的微型潜艇,"甲标的"的动力系统相对简单。它不是柴电推进,只是电动推进,无论在水面还是在水下航行都是使用 1 台功率为 447 千瓦的电动机,而为其供电的电池组是由 224 个特 D 型铅酸蓄电池组成。它的螺旋桨和鱼雷的螺旋桨相似,都是同轴反转螺旋桨。其水面最大速度是 23 节,以 6 节的速度可以航行 80 海里,而水下最大速度是 19 节,以该速度可潜行 18 海里。它的航程很短,所以对母舰的依赖度很高。另外,艇内还装有一个 140 千克炸药的自爆装置。

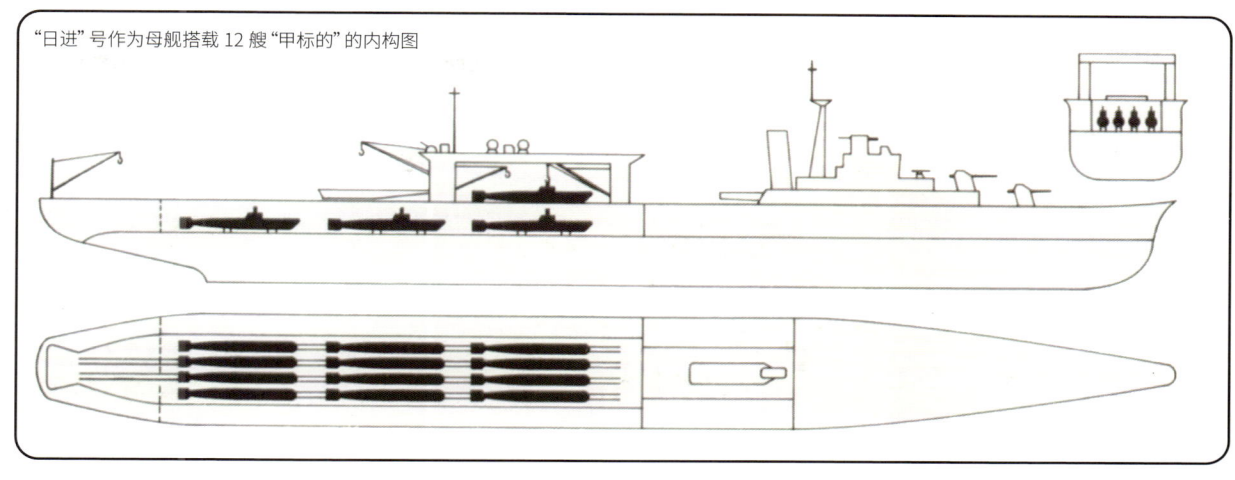

"日进"号作为母舰搭载 12 艘"甲标的"的内构图

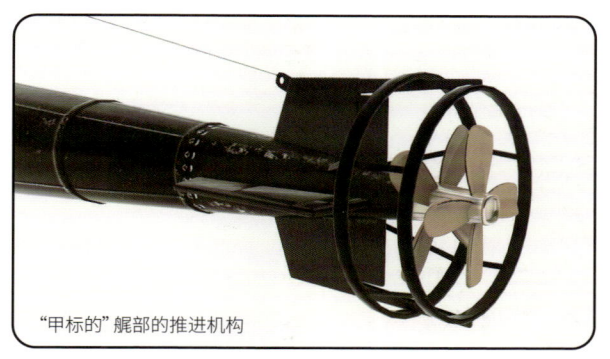

"甲标的"艉部的推进机构

"甲标的"的同轴反转螺旋桨

九七式鱼雷

九七式氧气鱼雷在 1939 年投入使用,是专为"甲标的"微型潜艇研发的,源自日本水面舰艇所使用的九三式氧气鱼雷。它的直径是 450 毫米,匹配"甲标的"首部的 2 具前装式鱼雷发射管。其重量是 980 千克,长度约 5.6 米,弹头装药 350 千克,速度为 44~46 节,射程是 5500 米。它生产了约 100 枚,在偷袭珍珠港时进行过实战。后来,日本海军对它进行了改进,重量减为 950 千克,速度降为 40~42 节,射程也降为 3200 米。改进后的它叫九七式特种型,也被称为九八式氧气鱼雷,生产了约 130 枚,在偷袭悉尼港时进行过实战。

"甲标的"艏部的 2 具鱼雷发射管及割网刀

九七式鱼雷

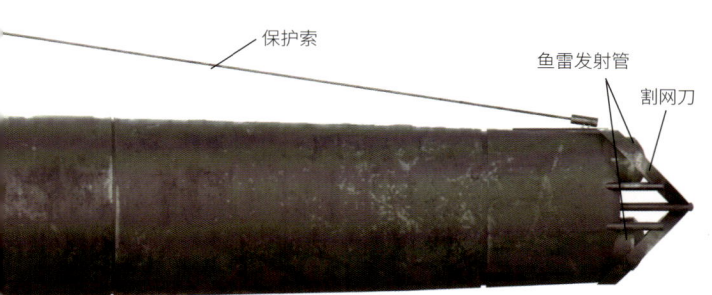

保护索 鱼雷发射管 割网刀

1943 年 9 月 1 日,日军在阿留申群岛基斯卡岛遗弃的"甲标的"

武/器/档/案 WEAPON ARCHIVES	
艇名	甲标的
型号	甲型 (Type A)
排水量	水下: 46.74 吨
长宽	23.9 米 ×1.85 米
动力	特 D 型蓄电池;1 台电动机 (447 千瓦)
最大速度	水面: 23 节 /水下: 19 节
续航距离	水面: 80 海里 / 水下: 18 海里
最大潜深	30 米
载员	2 人
武器	2 具 450 毫米鱼雷发射管

Kaiten

回天

日本 **人间鱼雷**

▶ **Manned** suicide torpedo

"回天"是日本海军在二战末期投入战场的一种特攻兵器，被称为"人间鱼雷"（也称"人操鱼雷"），其实就是由人驾驶的自杀式鱼雷。其特点是爆炸威力大，但航程短、操控难。因此，它多由潜艇作为母舰进行长途运载，当发现敌方舰船后才自己出击。虽然它被日本海军赋予扭转战局的使命，但其实战果很小。

1945 年 4 月 20 日，日本海军伊 47 潜艇在甲板上搭载"回天"出击

"回天"是日本海军最早的特攻兵器，其名字源于日本江户时代的一艘军舰"回天丸"，而"回天"设计师黑木博司表示该名有扭转乾坤和扭转战局的意思。因为在 1944 年的太平洋战场上，日本海军被美国海军打得节节败退，所以这个名字当时就在日本海军中得到一致认可。

"回天"可以说是微型潜艇，也可以说是超大型鱼雷。其型号有一型、二型、四型、十型等。但只有一型被量产，建造了约 420 艘，并在太平洋战争中投入实战。其他型号均未量产，也未投入实战。

它是由日本海军有名的九三式三型鱼雷改造而来的。与这种鱼雷不同的是，它不仅体积增大，可以容纳一名艇员（也就是特攻队员），还像微型潜艇那样配置了航行用的操控设备、搜索用的潜望镜等，以及自爆用的控制设备。

值得一提的是，它的弹头装药量高达 1.55 吨，约为常规鱼雷的三倍，爆炸威力惊人。因此，伊系列等潜艇的鱼雷发射管无法装填它，只能作为母舰将它固定在甲板上进行运载。每艘潜艇可以在甲板上搭载多艘"回天"，如伊 58 潜艇最大能够搭载 6 艘"回天"进行战斗巡逻。当潜艇到达预定的"回天"攻击出发点或发现盟军舰船时，由潜艇的艇长下令"回天"出击。

潜望镜

同轴反转螺旋桨

尾鳍

"回天"的内构示意图

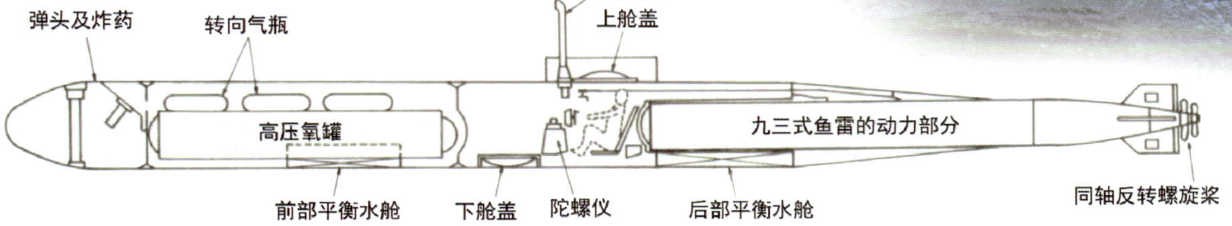

弹头及炸药　转向气瓶

潜望镜
上舱盖

高压氧罐

九三式鱼雷的动力部分

前部平衡水舱　下舱盖　陀螺仪　后部平衡水舱

同轴反转螺旋桨

防护框　横舵　　　垂直尾鳍　　　　　　　　　　　　　　　潜望镜
螺旋桨　纵舵　手动纵舵　水平尾鳍　　　　　　　　　　　　围壳　　　　　　　　　　　　鱼雷弹头

1944 年 11 月，日本海军派出伊 36 和伊 47 潜艇，各搭载了 4 艘 "回天" 去偷袭美国海军在乌利西环礁的锚地。当时那里停泊了约 200 艘美军舰船，包括才从莱特岛返航的 4 艘航空母舰、2 艘战列舰等。

11 月 20 日凌晨，这 8 艘 "回天" 中有 5 艘顺利出击（另外 3 艘出现故障），结果只击沉了 1 艘武装油轮。后来，日本海军又用 "回天" 在 1945 年 1 月 12 日击沉

了 1 艘步兵登陆艇，在 7 月 24 日击沉了 1 艘护航驱逐舰。

在二战末期，共有 100 多艘 "回天" 出击，但击沉的美军舰船按美方记载只有以上 3 艘。日军的损失远远大于美军，因为 "回天" 作为自杀式鱼雷只要出击就不能返航，要不撞向敌舰爆炸，要不由其艇员自爆。由于它没有逃生装置，所以攻击无论成败，其艇员都难存活。

特别攻击

1944 年，日本海军垂死挣扎，对步步逼近的美军舰队展开了特别攻击（简称 "特攻"）。在各种特攻兵器中，"回天" 非常知名，被称为 "最早的特攻兵器"。其实特攻始于 "甲标的" 微型潜艇。在 1941 年 12 月偷袭珍珠港时，第六舰队就将出击的 "甲标的" 部队命名为 "特别攻击队"，当时大本营也采用了该称呼。不过，与后来的 "回天" 不同，"甲标的" 的特攻在原则上不是自杀式的。战斗中，当两枚鱼雷发射完毕后，其艇员可以将它驶回母舰或驶往接应点，并且可以在启动它的自毁装置后弃艇逃生。但在它的各个战例中，还是出现了不少自杀行为。

专用特攻兵器		
水下	水面	空中（部分）
"回天" 人间鱼雷	"震洋" 爆破特攻艇	"樱花" 特攻机
"海龙" 微型潜艇	四式肉搏攻击艇	"梅花" 特攻机
"伏龙" 人间水雷	—	"神龙" 特攻机

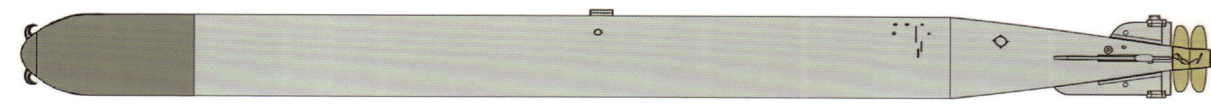

九三式氧气鱼雷

九三式三型鱼雷

九三式三型氧气鱼雷是日本水面舰艇所用的一种主力鱼雷。该鱼雷的直径是 610 毫米，长度是 9 米，重量是 2800 千克，弹头装药量为 780 千克。其速度在 36～38 节时射程为 30000 米，在 40～42 节时射

程为 25000 米，在 48～50 节时射程为 15000 米。与九三式一型氧气鱼雷相比，它的射程变短但弹头装药量大增，即拥有更大的爆炸威力。九三式氧气鱼雷各型的外观都差不多，只是早期的弹头偏圆，后期的弹头偏尖。

附录说明：

虽然从 "回天" 的内构示意图来看它很像一艘微型潜艇，但日本海军将之称为 "人间鱼雷"，属于自杀式载人鱼雷，因此将它作为本章附录进行介绍。

武/器/档/案 WEAPON ARCHIVES	
名字	回天
型号	一型 (Type 1)
排水量	8.3 吨（水下）
长宽	14.75 米 ×1 米
动力	九三式鱼雷发动机 (410 千瓦)
最大速度	30 节（水下）
续航距离	42 海里 (12 节) /23 海里 (20 节) /12 海里 (30 节)
最大潜深	80 米
载员	1 人
装药量	1.55 吨

Siluro a Lenta Corsa

SLC

意大利 载人鱼雷 ► **Human** torpedo

SLC 是意大利皇家海军的一种载人鱼雷，主要用于对停泊中的盟军舰船进行水下爆破。因为它有操控不便、适航性差等缺点，所以被取了一个绰号叫"猪"。不过它的战绩惊人，譬如在偷袭亚历山大港时不仅炸瘫了英国的"伊丽莎白女王"号和"英勇"号两艘战列舰，同时还重创了一艘驱逐舰和一艘大型油轮。

SLC 潜行偷袭图

SLC 的布雷流程图

1. 从水下驾驶 SLC 潜至敌舰下方，在其舰底牵置绳索。
2. 将 SLC 的弹头吊在绳索上，并启动机械定时引信。
3. 驾驶 SLC 远离敌舰，弹头计时爆炸。

SLC200 系列的载人示意图

SLC 的全称是 Siluro a Lenta Corsa，即"低速鱼雷"的意思。它是意大利皇家海军在二战时装备的一种载人鱼雷，产量约 50 艘，分为 100 系列和 200 系列。虽然 SLC 与日本海军的"回天"自杀鱼雷很像，都是在常规鱼雷的基础上改造而来，但 SLC 更简陋，没有封闭式驾驶舱，由两位蛙人穿着连体潜水服直接跨骑在 533 毫米的鱼雷上，并且不是自杀式的。

SLC 的水下最大速度是 3 节。虽说这一速度可以提高，但超过 3 节就容易失去稳定性，导致蛙人跨骑困难。其前部是一个 230 千克的可拆卸式弹头，用于对盟军大型军舰进行爆破。其弹头还有两个 125 千克的版本，用于对无装甲防护的盟军商船进行爆破。

它的航程短，要用潜艇作为母舰来长途运载。相关潜艇在甲板上装有 3～4 个防水密封筒，里面各有 1 艘 SLC。当潜艇到达 SLC 的出击点后，穿着连体潜水服、戴着封闭式循环呼吸器（不产生气泡痕迹）的蛙人就会出艇，将 SLC 从筒里拖出来，然后两位一组骑上出发。

SLC 的攻击方式比较特别，不像常规鱼雷那样直接撞击。它是在潜入停泊中的盟军舰船下方后，先由蛙人在其舰龙骨处牵置绳索，然后拆下装满炸药的弹头吊在绳索上并启动机械定时引信，最后撤离并静候爆炸。如果水浅，则可以直接将弹头放在舰船下方的海床上起爆。由此不难看出，它的弹头其实是一种定时水雷。

另外，SLC 的蛙人也可以使用磁性水雷，将之吸附在敌方舰船的底壳上进行定时爆破。

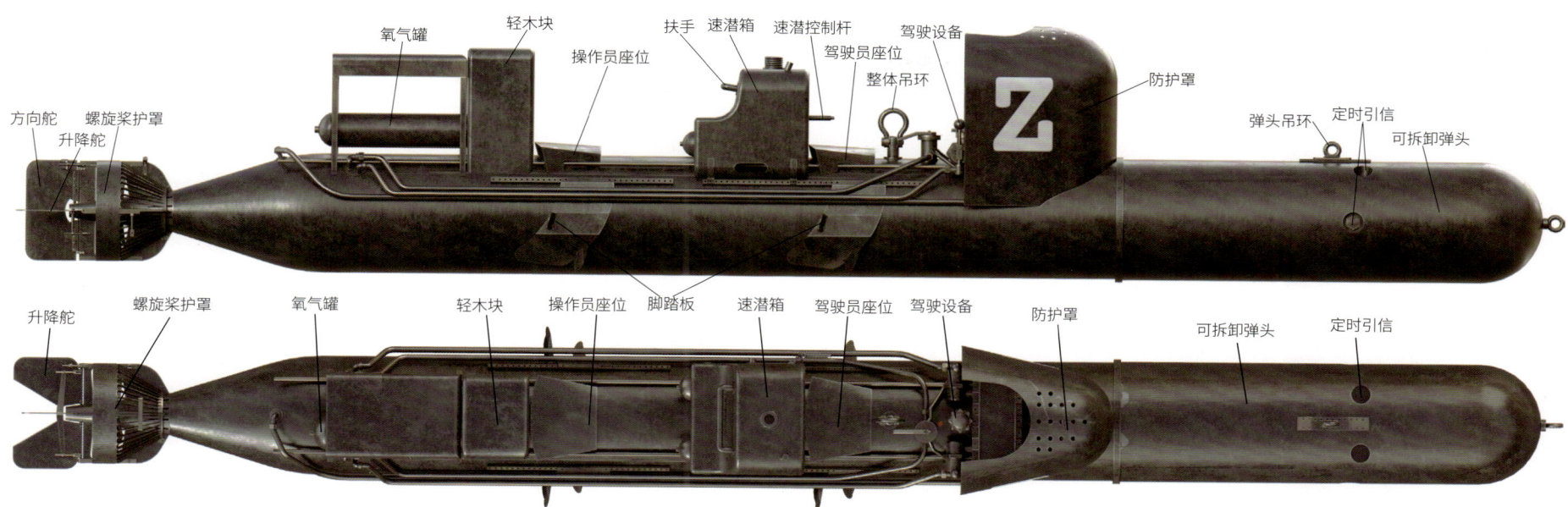

氧气罐　轻木块　扶手　速潜箱　速潜控制杆　驾驶设备

操作员座位　驾驶员座位　整体吊环　防护罩

方向舵　螺旋桨护罩　弹头吊环　定时引信　可拆卸弹头

升降舵

升降舵　螺旋桨护罩　氧气罐　轻木块　操作员座位　脚踏板　速潜箱　驾驶员座位　驾驶设备　防护罩　可拆卸弹头　定时引信

　　二战时，SLC 对直布罗陀、马耳他、阿尔及尔等地的盟军舰船进行过攻击。其经典战例是偷袭亚历山大港。1941 年 12 月，3 艘 SLC（1 艘 100 系列和 2 艘 200 系列）潜入英国地中海舰队所在的亚历山大港，分别对停泊中的战列舰"伊丽莎白女王"号和"英勇"号（也叫"勇士"号），以及一艘大型油轮进行了爆破。爆炸不仅重创了这 3 艘舰船，还重创了旁边的 1 艘驱逐舰，使英国地中海舰队的实力大减。

　　后来，意大利皇家海军还对 SLC 进行了改进升级，生产了 3 艘半封闭式驾驶舱的 SSB 载人鱼雷（Siluro San Bartolomeo）。它们拥有更强的发动机、更大的弹头等，但没有投入实战。而屡屡遭受 SLC 打击的英国皇家海军，遂对它进行了仿制，生产出了自己的载人鱼雷"战车"。

英国仿制品："战车"载人鱼雷

　　英国仿制的"战车"载人鱼雷有 Mk Ⅰ 和 Mk Ⅱ 两种型号，其中 1942 年服役的 Mk Ⅰ 在外观上与意大利的 SLC 最为相似。它能搭乘 2 人，长度是 6.8 米，宽度是 0.9 米，高度是 1.2 米，重约 1.6 吨，其中可拆卸的弹头装药量为 272 千克。它有 1 台功率为 1.49 千瓦的电动机，由 60 伏蓄电池供电，最大速度约 3.5 节，以 2.9 节的速度可航行七八个小时，最大潜深是 27 米。该型共制造了 34 艘，在执行作战任务时也是通过潜艇运载，装在潜艇甲板上的防水密封筒中。二战时它们击沉、击伤过多艘意大利海军的巡洋舰、运兵船等，还执行过海滩侦察等任务。值得一提的是，在二战后期英国和意大利的蛙人化敌为友，共同驾驶"战车"载人鱼雷对德国进行了联合作战。

附录说明：

　　SLC 是典型的载人鱼雷（非自杀式），其结构简单，就是"水下推进器 + 定时水雷"。因为意大利皇家海军把它命名为低速鱼雷而不是微型潜艇，所以将它作为本章附录进行介绍。

博物馆里的 SLC（重漆版）

英国仿制的"战车"Mk Ⅰ 载人鱼雷

SLC 的绰号由来

　　在意大利皇家海军中，SLC 载人鱼雷有一个响亮的绰号——Maiale（猪）。虽然这是一个绰号，但比官方名字 SLC 使用得还要频繁和广泛，甚至有猪级载人鱼雷之说。

　　关于这个绰号的由来，都与 SLC 的操控性有关。有人说 SLC 很难操控，像猪一样笨。有人说 SLC 难以驾驭，像骑着一头脱缰的野猪。还有人说在往敌舰上挂水雷时，SLC 像死猪一样老往海底掉。种种原因，导致二战时意大利皇家海军都称它是"猪"。

　　其实，这个绰号最早是出自 SLC 的设计师特塞奥·特塞。在早期，他在水下驾驶 SLC 进行实验时发生了下沉事故，使他不得不放弃。当他游出水面时，向其同僚说了一句："那头猪跑了！"从此大家就记住了这个名字，并传播开来。

设计师特塞奥·特塞

武/器/档/案　WEAPON ARCHIVES	
名字	SLC（低速鱼雷）
绰号	猪
重量	约 1.5 吨
长宽	7.3 米 ×0.533 米
动力	1 台电动机（1.19 千瓦）
最大速度	3 节
续航距离	13 海里（2.3 节）
最大潜深	30 米
载员	2 人
武器	1 枚 230 千克或 2 枚 125 千克水雷

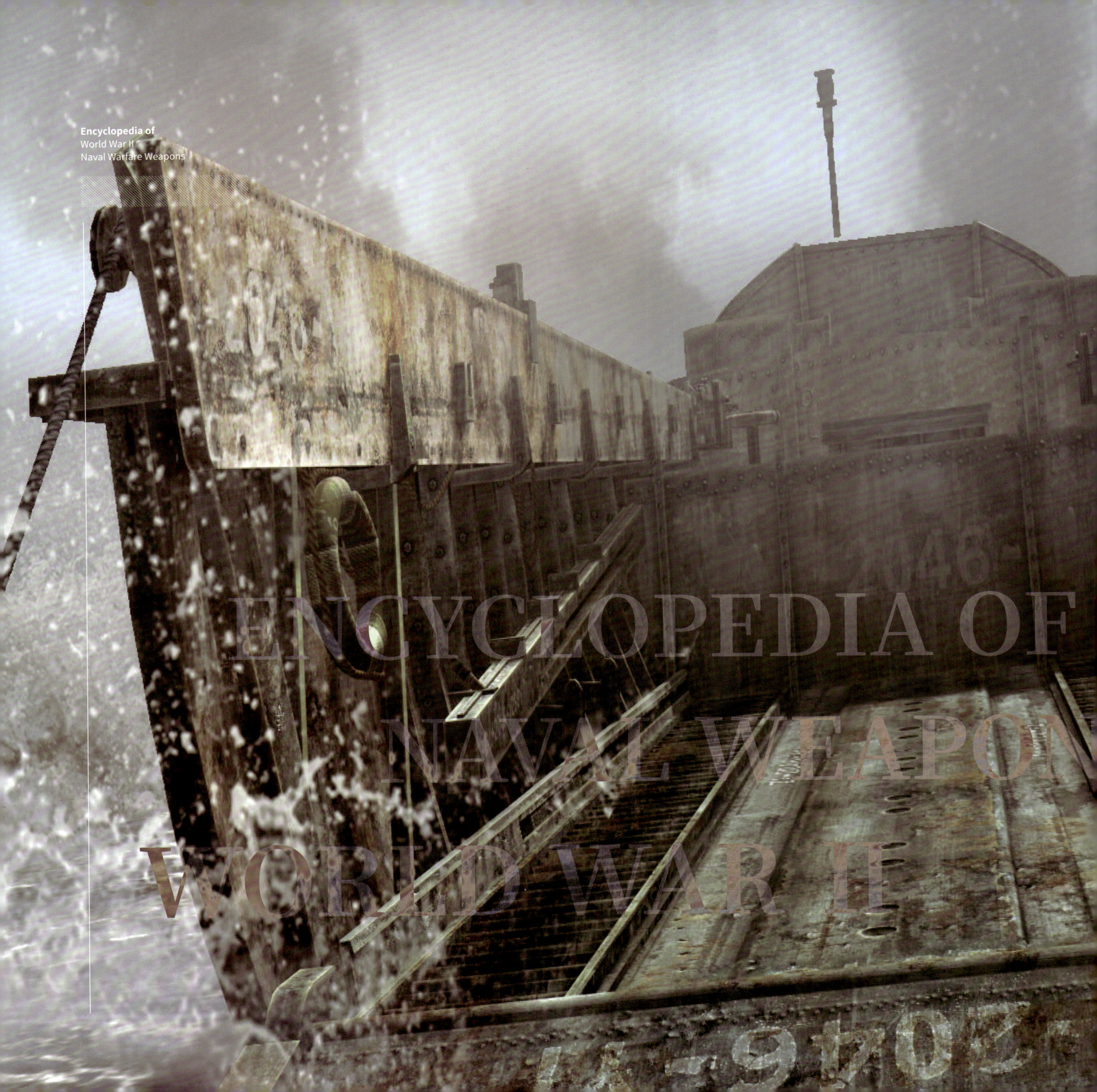
ENCYCLOPEDIA OF
NAVAL WEAPON
WORLD WAR II

第 7 章

其他装备
OTHER EQUIPMENT

海战中的支援力量，海权争夺的辅助力量。

在二战时期的海战中，除了本书前面介绍的航空母舰、战列舰、战列巡洋舰、巡洋舰、驱逐舰和潜艇这些战场主角，还有大量的鱼雷艇、扫雷舰、登陆舰艇、运输舰船、医疗船等的支援与辅助力量。它们共同组成了一套完善的海洋作战体系。

在这些海军装备中，鱼雷艇执行任务的危险性并不亚于那些主战舰艇。它虽然很小，但除了巡逻、侦察、护卫、偷袭等任务之外，还常去主动迎战敌方的舰队，包括攻击航空母舰、战列舰、潜艇等，有一种拼命小强的精神。

登陆舰艇用于运输部队和装备，去占领岛屿或开辟大陆新战场。平时它在二线担任运输任务时危险性不大，但一旦投入前线的登陆作战就将面临敌军海陆空的全方位打击。运输舰船负责战略资源、武器装备和作战部队的远程运送与投放。它看似远离战场，但在针对海上航线的破交战和保交战中，不仅常被敌军的战列舰、巡洋舰、武装商船、飞机等攻击，还要直面无限制潜艇战。

各国在建设海军时，都很重视这些支援和辅助力量。它们为战争做出了巨大的贡献，不仅是舰队的保障也是战役的保障，更维系着整个海军的战斗力。

OTHER SHIPS

OF

PT-109

美国 **鱼雷艇** ▶ **Torpedo** Boat

PT-109 是美国在二战中最知名的巡逻鱼雷艇。其艇长约翰·肯尼迪不仅因它成为战争英雄，后来还成为美国总统。该艇成名于在布莱克特海峡拦截日军"东京快车"运输队的夜间战斗。在该战的最后，它被日军"天雾"号驱逐舰高速撞沉。

1942 年 8 月 20 日，PT-109 由"自由轮"运往太平洋战场

PT-109 在 1942 年 7 月服役，属于美国海军的埃尔科 80 型巡逻鱼雷艇，是 PT-103 级的第 7 艘。在 PT 艇中 80 型的数量最多分级也最多，共有 385 艘。PT 艇的全称是 Patrol Torpedo Boats，即"巡逻鱼雷艇"。其作战思想是利用快艇的小巧与高速机动性，在海战中躲避敌舰炮火并靠近敌舰进行鱼雷攻击。由于它们是木质船体，因而速度快但防护性差。

与众不同的是，PT-109 在最后一战之前进行过特别改装，在前甲板原本放置一个双人救生筏的地方，固定了一门陆军用的 37 毫米 M3 反坦克炮。当时其艇身据记载是深绿色，但在约翰·肯尼迪的父亲参与制作的同名电影《PT-109》中采用的是军舰灰。

1943 年 8 月 1 日晚，艇长约翰·肯尼迪指挥 PT-109 与其他 14 艘 PT 艇一起，在布莱克特海峡拦截日军的一个"东京快车"运输队。该运输队有 3 艘驱逐舰负责运输，有 1 艘驱逐舰即"天雾"号负责护航。双方遭遇后战斗比较混乱，大部分 PT 艇在发射完鱼雷后就返航了，剩下 PT-109 等几艘 PT 艇在黑夜中寻找战机。在 8 月 2 日凌晨，"天雾"号驱逐舰突然出现并冲向 PT-109。肯尼迪迅速指挥鱼雷和反坦克炮向其瞄准，但时间来不及，遂被撞沉。当"天雾"号驶离后，肯尼迪不仅利用鱼雷艇的残骸救助受伤艇员，还收拢了所有 11 位幸存者（另 2 人阵亡）。后来他们借助残骸漂流，并游泳经历几座小岛后终于获救。

PT-109 的艇长约翰·肯尼迪

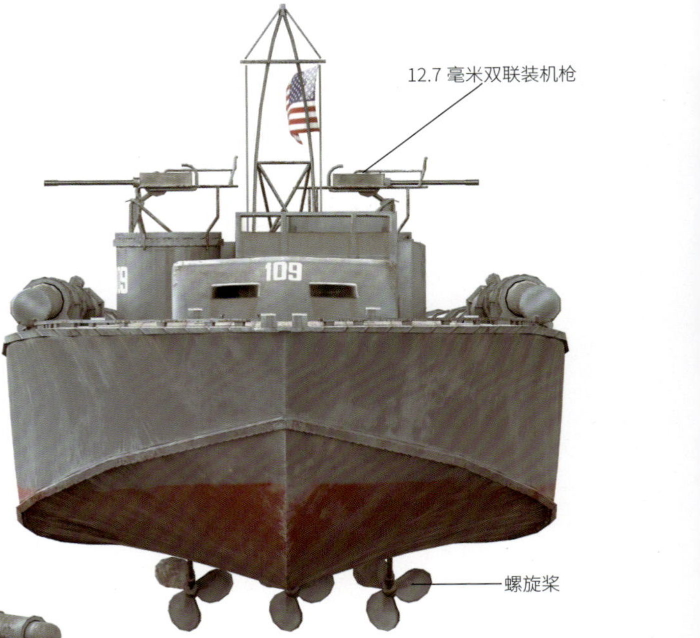

12.7 毫米双联装机枪

螺旋桨

发烟罐

防护框

533 毫米鱼雷发射管

深水炸弹

防护框

驾驶台

救生圈

海图室

1942 年 12 月 1 日，PT-109 救助了 94 名"北安普顿"号重巡洋舰的幸存者

M3 反坦克炮

PT 艇装备的鱼雷比较落后, 对舰攻击的效果不太好。所以 PT-109 在执行拦截日军"东京快车"运输队的任务之前, 其艇长约翰·肯尼迪土法上马——据说他通过易物交换得来一门陆军的 37 毫米 M3 反坦克炮, 并将它固定在 PT-109 的前甲板上充当"主炮"。

M3 反坦克炮主要在太平洋战场和东亚战场上用来攻击装甲薄弱的日军坦克。其弹种有穿甲弹、被帽穿甲弹、高爆弹、霰弹等。穿甲的能力根据弹种、距离、射角以及装甲材质而不同, 穿深范围在 25～61 毫米。

PT-109 在布莱克特海峡与日军运输队的驱逐舰交战时, 面对高速冲来的"天雾"号驱逐舰, 肯尼迪下令这门反坦克炮开火。但无奈对方速度太快, 炮手正拿着炮弹上膛时 PT-109 就被撞上。值得一提的是, 当 PT-109 沉没后, 原本用于固定这门炮的木板漂浮在海面, 还救了肯尼迪等落水的艇员。

M3 反坦克炮

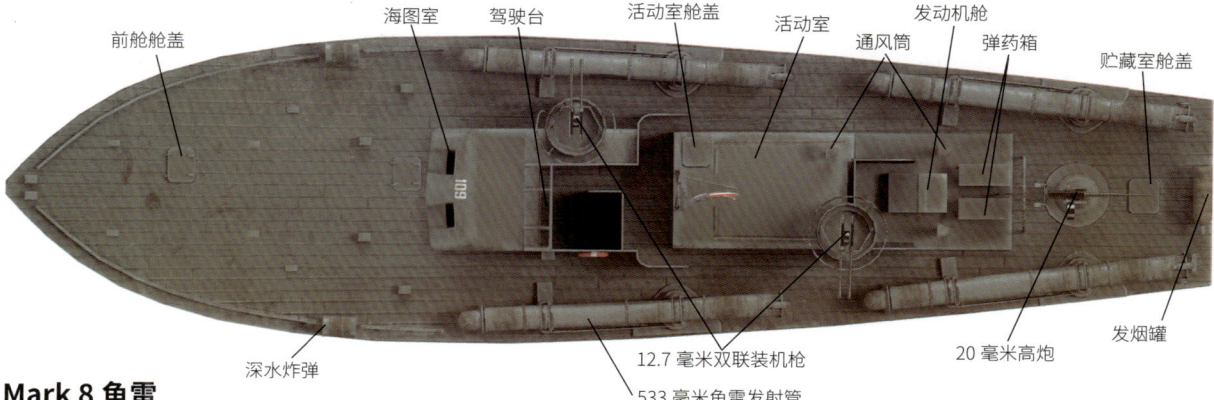

前舱舱盖　海图室　驾驶台　活动室舱盖　活动室　通风筒　发动机舱　弹药箱　贮藏室舱盖
深水炸弹　533 毫米鱼雷发射管　12.7 毫米双联装机枪　20 毫米高炮　发烟罐

Mark 8 鱼雷

PT-109 所用的鱼雷型号为 Mark 8, 是一战时的老式鱼雷, 也是美国海军第一款 533 毫米口径的鱼雷。二战时它主要装备老式驱逐舰和 PT 艇, 如美国根据租借法案移交英国的 50 艘老式驱逐舰就配有大约 600 枚这种鱼雷。

Mark 8 鱼雷的性能不佳。如 27 节的速度还没有发射它的鱼雷艇跑得快, 很难命中高速运动的敌舰, 并且因为引信等问题就算命中也时常不炸。而其鱼雷发射管也经常发射失灵, 即使发射成功也会因管内润滑油燃烧的火光而暴露自己, 从而招来敌舰的攻击。

为什么美国海军要给新型的巡逻鱼雷艇装备老式落后的鱼雷? 因为它是当时唯一可用的鱼雷, 其他几种新型鱼雷的产量不高, 要优先装备潜艇和驱逐舰, 而 Mark 8 库存量大就给 PT 艇使用。直到 1943 年, 部分 PT 艇才开始换装性能不错的 Mark 13 航空鱼雷。

1943 年, PT-109 艇员合影, 最右是约翰·肯尼迪

Mark 8 鱼雷

寻找 PT-109 的残骸

2002 年 5 月, 美国国家地理学会的探险队在 PT-109 沉没的海域展开搜寻, 并于水下 370 米处发现其残骸。特别是残骸中的一根鱼雷发射管与 PT-109 的记载相符。随后有专家也确认了这是 PT-109。

后来, 肯尼迪的侄子也加入该探险队。他向当初救助过幸存船员的岛民赠送了肯尼迪的半身像。《国家地理》杂志为此制作了一部名为《寻找肯尼迪的 PT-109》的纪录片, 同时还发行了 DVD 和图书。

蚊子舰队

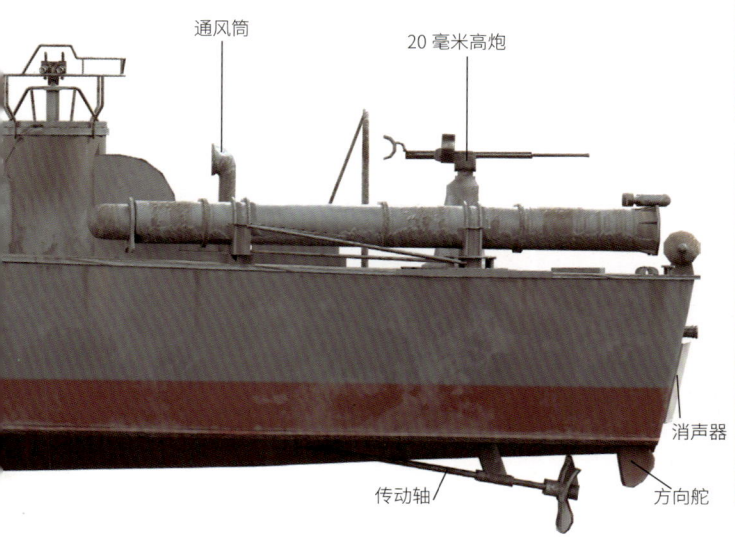

通风筒　20 毫米高炮
消声器
传动轴　方向舵

美军的 PT 艇以中队为编制, 共有四十多个中队, 每个中队下辖 12 艘 PT 艇。在美国海军内部, PT 艇中队的昵称是"蚊子舰队"。这不仅是因为 PT 艇的体积小、速度快和数量多, 还因为它们经常编队冒着敌舰的炮火机动进攻, 发射鱼雷后又迅速撤离的战术特色。另外, 为了应对日军的武装大发动艇等威胁, 美军还给 PT 艇加装了武器, 如 37 毫米机关炮、火箭发射器等, 火力变得更加强大。因此, 日军把 PT 艇称为"恶魔艇"。

蚊子舰队的徽章

武/器/档/案 WEAPON ARCHIVES

艇名	PT-109
型号	埃尔科 80 型
满载排水量	57 吨
长宽	24 米 ×6.3 米
动力	3 台帕卡德汽油发动机 (3020 千瓦)
最大速度	40.8 节
续航距离	245 海里 /40.8 节
载员	13 人
武器	4 具 533 毫米鱼雷发射管 /1 门 20 毫米高炮 2 座双联装 12.7 毫米机枪 /2 枚深水炸弹 1 门 37 毫米反坦克炮 (临时)

S-100

S-100 级是德国海军主力鱼雷艇的最终型号，被称为"最好的鱼雷艇"。该级数量较多，特点是速度极快，最高可达 48 节。它们采用了封闭式鱼雷发射管、装甲驾驶室等，以对抗北大西洋恶劣的海况和盟军的护航舰艇、飞机。在二战中，它们不仅攻击盟军船队，与盟军舰艇战斗，还执行护航、侦察、布雷等任务。

1945 年 5 月 13 日，S-100 级鱼雷艇 (S-204) 打白旗向英军投降

二战期间，德国海军拥有大量的鱼雷艇。其名字叫 Schnellboot，即快艇的意思，通常称为 S 艇。从 1940 年到 1945 年，S 艇共建造了 230 余艘，分为多个级别。其中成熟并量产的有 S-38 级和 S-100 级，因此它们成为德国海军的主力鱼雷艇。与当时采用汽油发动机的英军 MTB（机动鱼雷艇）和美军 PT 艇（巡逻鱼雷艇）相比，采用柴油发动机的 S 艇不仅速度更快、航程更远，并且适航性更好，体积也更大，可以装载更多的武器装备、补给品等。

德国海军将众多的 S 艇按 6～8 艘进行编队，基本上都是集群出击，以游击战的方式对盟军舰船特别是运输船队进行突然袭击。它们广泛活跃于北海、波罗的海、黑海、地中海等地，特别是英吉利海峡。为了增强作战效能，每个出击的编队还配有一艘鱼雷艇母舰。

S-100 级的 S 艇从 1943 年开始陆续服役，共有 83 艘左右（也有 81 艘等记载；可能包含其前身 S-38b 级）。其最大速度为 43.5 节，并可短暂爆发到 48 节。这是当时各国鱼雷艇速度的最高纪录。在外观方面，其最大特色是采用了钢盔状的装甲舰桥。因为它们在海上战斗、巡逻或布雷时，经常要面对盟军飞机的攻击，有时也会与盟军护航的驱逐舰或武装商船等进行小规模的炮战，所以比其他鱼雷艇更重视防护。

罗经

7.92 毫米机枪

装甲舰桥

20 毫米高炮

系缆桩

在反舰武器方面，它们的艇首两侧各有 1 具封闭式的 533 毫米鱼雷发射管，共携带 4 枚 G7a 鱼雷（后来换为 T3d 长程鱼雷或 T5a 声导鱼雷）。在防空武器方面，其艇首有 1 门 20 毫米高炮，中部甲板上有 1 座双联装的 20 毫米高炮，后部甲板上有 1 门 37 毫米或 40 毫米高炮。另外，在艇尾还可以安装 2 架投放轨，以载 6 枚深水炸弹或水雷。

S-100 号的 S 艇于 1943 年 5 月 5 日服役，具备以上的性能与规格，而后部甲板上是 1 门由莱茵金属 - 博尔西格制造的 37 毫米 Flak M42 高炮。该艇随其第 5 编队参加过对盟军远洋船队及美军驱逐舰的一系列攻击，并击沉了多艘货轮。1944 年 6 月 14 日，当它停泊在法国北部勒阿弗尔的海军基地时，遭到英国皇家空军的"兰开斯特"重型轰炸机空袭，最后沉没。

鱼雷艇母舰

鱼雷艇母舰
1 "卡尔·彼得斯"号
2 "古斯塔夫·纳赫迪加尔"号
3 "阿道夫·吕德里茨"号
4 "赫尔曼·冯·韦斯曼"号
5 "青岛"号
6 "坦噶"号
7 "布埃亚"号
8 "班加西"号
9 "罗马尼亚"号

二战时期，考虑到扩大 S 艇的作战范围、提高 S 艇的持续攻击力等因素，德国海军建造和改装了至少 9 艘鱼雷艇母舰。这些母舰其实是一种补给舰，装载了 S 艇所需的燃料、零部件、各型弹药等物资。它们不仅能为 S 艇提供海上的补给与维修，还设有专门的居住舱，为 S 艇成员提供住宿。它们多以德国的殖民者或殖民地命名。值得一提的是，其中的"坦噶"号（德属东非的城市名）原是中国订购的"戚继光"号，但在完工时被德国海军接收。

1939 年，德国鱼雷艇母舰"坦噶"号在航行，它本应是中国的"戚继光"号

发烟罐

37 毫米高炮

533 毫米鱼雷

1945 年驶往英国投降的一艘 S-100 级鱼雷艇

武器/档案 WEAPON ARCHIVES

艇名	S-100
艇级	S-100 级
种类	S-Boot（快艇）
标准排水量	100 吨
长宽	35 米 ×5.1 米
动力	3 台戴姆勒 - 奔驰柴油发动机（5516 千瓦）
最大速度	43.5 节
续航距离	700 海里（35 节）
载员	30 人
武器	2 具 533 毫米鱼雷发射管（4 枚鱼雷） 1 门 20 毫米高炮 1 座双联装 20 毫米高炮 /1 门 37 毫米高炮 6 枚深水炸弹等

天线

汽笛

装甲舰桥

533 毫米鱼雷发射口

螺旋桨

Flak M42 高炮

该炮本质上是德国陆军 37 毫米 Flak 36 的加长版，单装且带有装甲防盾。它于 1942 年设计，1944 年才服役，口径为 37 毫米，69 倍径，炮管长约 2.56 米。它的炮座型号是 Flak LM/42，俯仰角度是 -10 度至 +90 度，水平旋转是 360 度，均为人工操作。它的弹种有曳光高爆弹、高爆燃烧弹、曳光穿甲弹等，采用弹夹供弹。发射高爆燃烧弹时，它的炮口初速是 845 米／秒，有效射速是 60 发／分钟，最大射程是 6400 米（45 度），85 度对空射击时为 4800 米，炮管寿命是 7000 发。

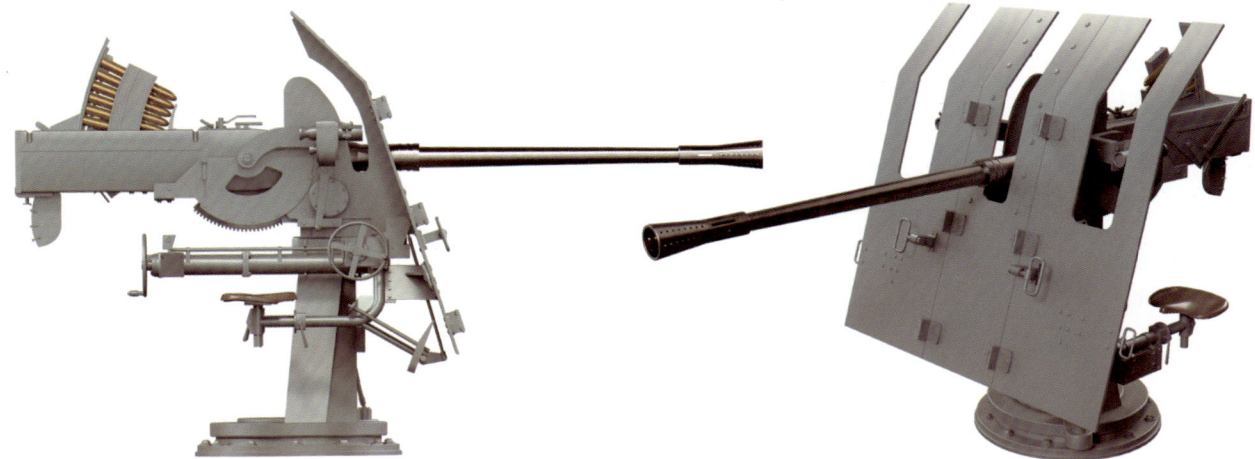

Flak M42 高炮

动力

S-100 号安装了 3 台戴姆勒 - 奔驰的 20 缸 MB 501A 液冷船用柴油发动机，输出总功率约 5516 千瓦（S-100 级采用的柴油发动机还有同系列的 MB-501、MB-511、MB-518 等）。动力通过 3 根传动轴驱动 3 个三叶螺旋桨，最大速度为 43.5 节，以 35 节的速度可航行 700 海里。就是因为它的体积比英美的鱼雷艇大很多，续航能力也更强，所以更适合公海航行与作战。并且英美鱼雷艇采用的汽油发动机在战斗中易燃易爆，战场生存率不如它。

1. 导缆钳	10. 7.92 毫米机枪	19. 排气管
2. 系缆桩	11. 通风筒	20. 救生圈
3. 20 毫米高炮	12. 罗经	21. 发动机排气孔
4. 533 毫米鱼雷发射口	13. 救生筏	22. 冷却水入口
5. 锚	14. 20 毫米双联装高炮	23. 传动轴
6. 汽笛	15. 533 毫米鱼雷	24. 螺旋桨
7. 驾驶室	16. 弹药箱	25. 副舵
8. 开放式舰桥	17. 37 毫米高炮	26. 主舵
9. 天线	18. 发烟罐	

G7a（T1）鱼雷

这是德国鱼雷的经典之作。虽然它作为气动鱼雷在发射后气泡尾迹明显，隐蔽性不如后来的 G7e 电动鱼雷，但性能优异，整个二战期间都被德军海军的各种舰艇使用。它的直径是 533 毫米，长度是 7.19 米，重量是 1528 千克，其中弹头装药量为 280 千克，配备触发引信。它的尾部是前桨后舵的结构，这是其识别特征，而螺旋桨是六叶的同轴反转螺旋桨。它采用蒸汽热动力推进，但燃料不是煤油而是萘烷（十氢化萘）。发射后它呈直线运行，由 GA Ⅷ机械陀螺仪控制。当速度为 30 节时其射程是 14000 米，当速度为 40 节时其射程是 8000 米，当速度为 44 节时其射程是 6000 米。不过在二战初期，它采用 44 节的高速时发动机容易出现故障，所以此速有一段时间被禁用，直到问题解决。

装甲舰桥

二战期间很多国家的鱼雷艇都没有装甲防护，作战时全凭灵活机动来弥补防护力的不足，一旦中弹就生死难料。但 S-100 级与众不同，它给驾驶室和开放式舰桥安装了厚度为 10～12 毫米的倾斜装甲板，整体外形低矮，是一个颇具特色的装甲堡垒，并且其发动机上方也有装甲板等保护。虽然这些装甲不算厚实，但在快速突袭时也能抵御机枪扫射、爆炸破片等，特别是防御对它威胁最大的敌机俯冲扫射。这种装甲舰桥至少有两型，一型是安装在 S-38b 级鱼雷艇上（注：该级不是德国海军的官方命名），二型安装在 S-100 级鱼雷艇上。它对驾驶、指挥等人员的防护十分有效，以至于从 1943 年开始成为德国 S 艇的标准配置，并且很多早期的 S 艇也改装了它。

德军的鱼雷艇母舰"青岛"号

1946 年，美国海军使用缴获的 S-100 级鱼雷艇（S-216）巡逻

S-100 装甲舰桥线图

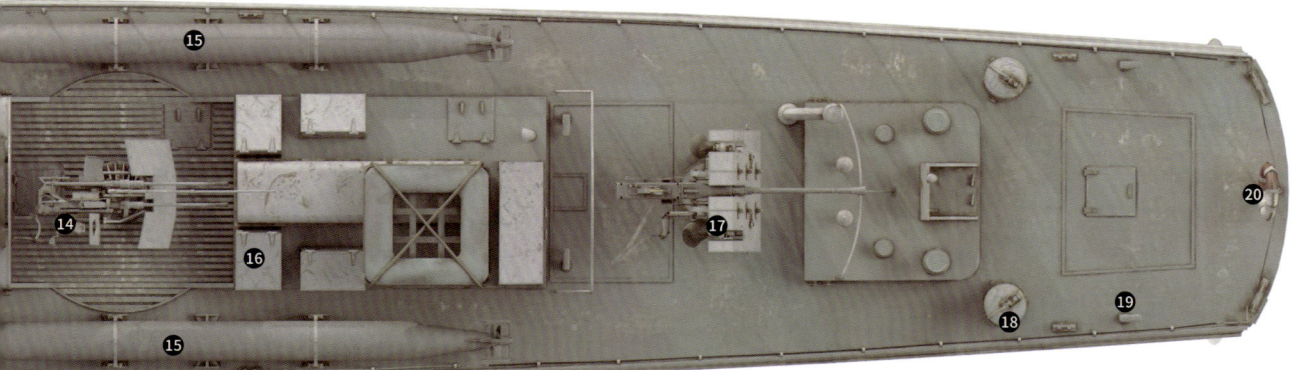

1945 年在英国投降的两艘 S-100 级鱼雷艇

一艘未确认身份的德军鱼雷艇停在混凝土防空掩体中

Landing Ship
LST-1

美国 坦克登陆舰 ▶ **Landing Ship**, Tank

LST-1 是美国海军的一艘二型坦克登陆舰，具有航程远、运载量大、防空火力强等优点。它的舰部吃水较浅，具有敞开式的舱门，可直接冲上海滩让坦克驶出。二战时，该舰主要服役于欧洲战区，先后参加了西西里岛战役、萨莱诺登陆、安齐奥战役和诺曼底登陆，共获得 4 枚战役星章。

1942 年 12 月，LST-1 在美国匹兹堡附近航行

LST-1 属于美国海军 LST-1 级的二型坦克登陆舰。二战时美国的这类坦克登陆舰没有舰名，只有编号，即舷号（二战后才出现舰名）。

该级共建造了 390 艘，而 LST-1 是其首舰。它们的设计十分专业，不仅可以远洋运输坦克、汽车、部队、各类物资等，在登陆作战时还可以直接冲滩，打开舰部的登陆舱门后让搭载的坦克、装甲车、卡车、吉普等径直开上海滩。当战事不太紧急时，它们可以停靠在临时的浮动码头上卸货。当它们吊载了 LCVP 登陆艇时，还可以不靠岸，使用后者向海滩运送部队、吉普、物资等。

LST-1 于 1942 年 12 月 14 日开始在欧洲战区服役。它的货运能力最大为 2134 吨，但实际上根据任务不同而载货 1600 吨至 1900 吨。它的露天甲板上可停放中轻型车辆，如 30 辆卡车等，舰体内的坦克甲板上可停放约 20 辆坦克。它最多可在甲板上吊载 6 艘 LCVP 登陆艇。用它们实施登陆时，每艘可运载 36 名士兵，或一辆吉普加 12 名士兵等。

在武器方面，它配有博福斯 40 毫米高炮和厄利孔 20 毫米高炮，其数量存在变化。这些高炮主要用于防空，在抢滩时也可以对岸上的德军进行火力压制。

该舰在二战中共获得 4 枚战役星章，代表它参加了盟军的四次登陆作战行动。1943 年 7 月 9 日，它参加了西西里岛战役。1943 年 9 月 2 日，它参加了萨莱诺登陆。1944 年 1 月 22 日，它参加了安齐奥战役。1944 年 6 月 6 日，它参加了诺曼底登陆。二战结束后，它于 1946 年 5 月 21 日退役，并报废拆解。

1944 年 6 月 1 日，在英格兰靠岸卸载的 LST-1 级坦克登陆舰

诺曼底登陆

1944 年 6 月 6 日（D-Day），由美国、英国、加拿大等国军队组成的盟军横渡英吉利海峡，在德军防守的法国诺曼底地区抢滩登陆，从而开启了解放法国与解放西欧的征程。这就是二战史上有名的"诺曼底登陆"，代号为"海王星行动"，是诺曼底战役（代号为"霸王行动"）的一部分。

作为人类历史上最大规模的两栖登陆战，盟军投入了超过 5000 艘的舰船（包括 LST-1 坦克登陆舰，仅在 6 月 6 日当天将将 15.6 万名盟军官兵送上岸。而到了 8 月，有 200 余万名盟军官兵登陆，其中包括自由法国、澳大利亚、新西兰、荷兰等军队。虽然德军的装甲师及步兵师进行了反登陆作战，但没能挡住盟军猛烈的攻势。

1944 年 6 月，盟军在诺曼底滩头登陆

1944 年 9 月，LST-1 在法国海岸执行运输补给任务

动力

LST-1 装有 2 台由通用汽车制造的 12-567A 型液冷式柴油发动机，输出总功率为 1342 千瓦。其动力通过 2 根传动轴驱动 2 个直径为 2.1 米的四叶螺旋桨，最大速度为 11.6 节。舰上能够装载 4300 桶柴油，以 8.75 节的经济巡航速度可航行 23000 海里。它的远洋航行能力很强，并且其压载舱中也可以装载柴油。不过，这些柴油不只是给柴油发动机用，它还有 3 台柴油发电机，要用柴油来给全舰供电。

右舷发动机　传动轴　螺旋桨
① ② ③ ④ ⑤ ⑥
⑦ ⑧ ⑨ ⑩ ⑪ ⑫
← 舰部方向　舰部方向 →
① ② ③ ④ ⑤ ⑥
⑦ ⑧ ⑨ ⑩ ⑪ ⑫
左舷发动机　传动轴　螺旋桨

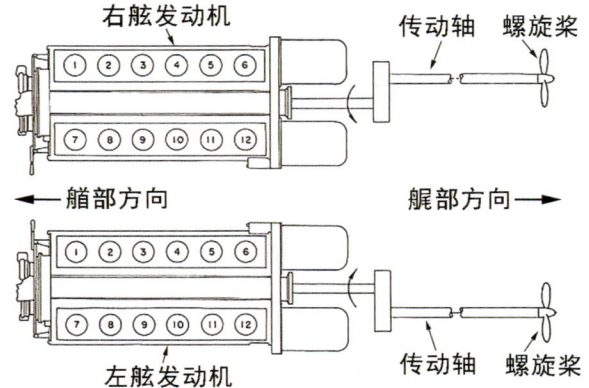

1943 年 10 月 4 日，一艘 LST-1 级坦克登陆舰正在航行

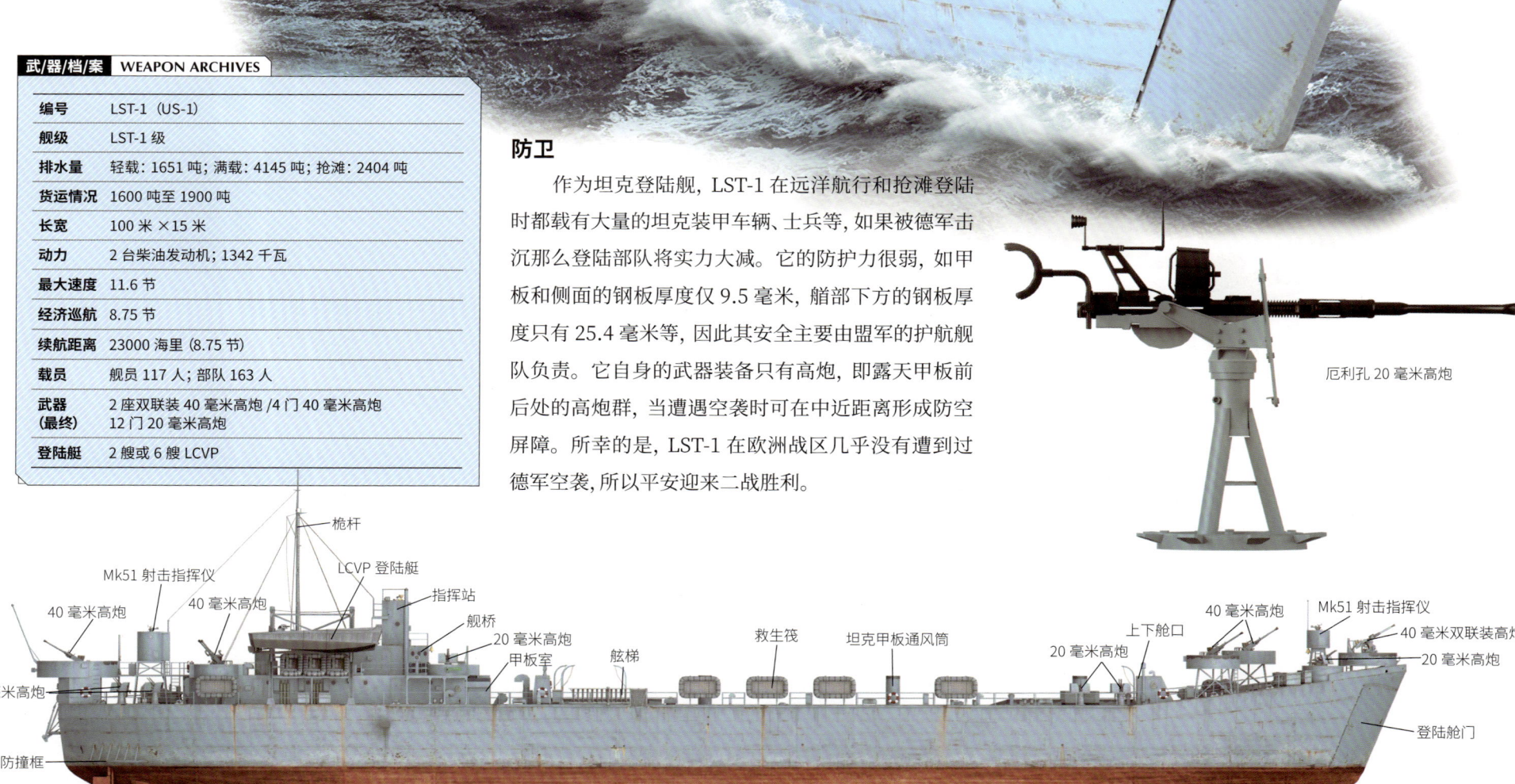

LST 在中国

二战结束后，美国海军将大量的 LST 坦克登陆舰出售给其他国家，其中约有 61 艘到了中国。当时像民生公司、招商局轮船公司等都有拆除武装后的 LST，主要用于运输。以美国海军的 LST-766 这艘为例，二战时它于 1944 年在太平洋战区服役，二战后它在 1946 年退役并出售给民生公司。经改装后，它被命名为"宁远"号，用于商业运输。新中国成立后，它先改名为"和平 16"号、"金沙江"号，后来又改名为"人民 13"号，属于长江航运管理局。1980 年，它在武汉被改装为工作趸船，即水上浮动车间，直到 2019 年被迁离。

图注（上图）： 桅杆、指挥站、载货平台（停车场）、坦克甲板通风筒、20 毫米高炮、40 毫米双联装高炮、LCVP 登陆艇、救生筏、20 毫米高炮

WEAPON ARCHIVES 武/器/档/案

编号	LST-1（US-1）
舰级	LST-1 级
排水量	轻载：1651 吨；满载：4145 吨；抢滩：2404 吨
货运情况	1600 吨至 1900 吨
长宽	100 米 ×15 米
动力	2 台柴油发动机；1342 千瓦
最大速度	11.6 节
经济巡航	8.75 节
续航距离	23000 海里（8.75 节）
载员	舰员 117 人；部队 163 人
武器（最终）	2 座双联装 40 毫米高炮 /4 门 40 毫米高炮 12 门 20 毫米高炮
登陆艇	2 艘或 6 艘 LCVP

防卫

作为坦克登陆舰，LST-1 在远洋航行和抢滩登陆时都载有大量的坦克装甲车辆、士兵等，如果被德军击沉那么登陆部队将实力大减。它的防护力很弱，如甲板和侧面的钢板厚度仅 9.5 毫米，艏部下方的钢板厚度只有 25.4 毫米等，因此其安全主要由盟军的护航舰队负责。它自身的武器装备只有高炮，即露天甲板前后处的高炮群，当遭遇空袭时可在中近距离形成防空屏障。所幸的是，LST-1 在欧洲战区几乎没有遭到过德军空袭，所以平安迎来二战胜利。

图注： 厄利孔 20 毫米高炮

图注（下图）： Mk51 射击指挥仪、40 毫米高炮、40 毫米高炮、桅杆、LCVP 登陆艇、指挥站、舰桥、20 毫米高炮、甲板室、舷梯、救生筏、坦克甲板通风筒、上下舱口、40 毫米高炮、Mk51 射击指挥仪、40 毫米双联装高炮、20 毫米高炮、20 毫米高炮、登陆舱门、20 毫米高炮、防撞框

LCVP

美国 车辆人员登陆艇

▶ **Landing Craft**,Vehicle,Personnel

LCVP 是美国海军的一种车辆人员登陆艇。其产量巨大，超过 23358 艘。由于体积小和航程短，所以它们多搭载于 LST 坦克登陆舰等大型登陆舰的甲板上。在两栖登陆战中，它们主要用于抢滩，不断地在大型舰船与海滩之间往返，将士兵、吉普、物资等运送上海滩。

美军步兵从 LCVP 里冲向海滩

1942 年 10 月，大西洋舰队的两栖部队对 LCVP 进行了首次测试，之后美军海军就宣布它为美国标准登陆艇。它有汽油发动机和柴油发动机两个版本，前者多用于训练，而后者则投入实战。其艇员有 3~4 人，主要是一个驾驶员和两个机枪手，有时会多一个机修工负责发动机。在其后部有两个圆筒状的机枪位，各有 1 挺 7.62 毫米口径的 M1919 勃朗宁机枪。

为了不占用当时舰船建造所需的金属资源，LCVP 主要采用木制，只有前部的登陆舱门、货舱两侧等局部具有金属防护。它那宽大的登陆舱门是其特色，不仅在航行时可以对货舱起到装甲保护的作用，在冲滩后向下打开还能形成坡道，让人员与吉普能够快速上岸。

它的开敞式货舱按标准可以一次运载 36 人进行抢滩登陆作战。有资料说能运一个步兵排，但美军的步兵排仅三个 12 人的步兵班就有 36 人，另外排部还有 5 人等，至少有 40 余人。当然，它能够装下这一数量。在登陆时，搭载 LCVP 的大型舰船会先将它放到海面，然后步兵从船舷沿绳网爬下登艇，最后 LCVP 就载着步兵冲向海滩。有时，它会运载一辆吉普加 12 人，或运载 3 吨多的各类装备物资等。LCVP 多以一字编队的形式冲滩，一拨接一拨地往海滩投放步兵等，并且不断地在大型舰船和海滩之间往返。

LCVP 自诞生以来，几乎参与了盟军所有的登陆战。如在大西洋方向有 1942 年的"火炬行动"、1943 年的西西里岛战役和"雪崩行动"，1944 年的安齐奥战役、"龙骑兵行动"、诺曼底登陆等。在太平洋方向，有 1942 年的瓜达尔卡纳尔岛战役、1943 年的阿图岛战役和塔拉瓦战役、1944 年的关岛战役和贝里琉岛战役、1945 年的硫磺岛战役和冲绳岛战役等。

安德鲁·希金斯

LCVP 有一个别名叫希金斯船。这里的希金斯是指美国希金斯工业公司的所有者与设计师安德鲁·希金斯。他在大学里钻研造船学，学成后先针对沼泽等环境为石油钻探者和捕猎者设计了一种浅水船，然后又为美国海军设计了一种人员登陆艇等。最后，他在二战期间设计出了可以运载轻型车辆和人员的登陆艇 LCVP，并作为造船商与授权商一起生产了 23000 多艘。在 LCVP 的助力下，盟军可以避开德军重兵把守的港口或沿海城镇（因为无须码头卸货），在防守薄弱的海滩出其不意地发动大规模的两栖登陆作战（如诺曼底登陆）。

巨大的产量使希金斯工业公司从一家小造船厂变身为世界有名的大造船厂，当时拥有 8 万多名工人和 3.5 亿美元的政府合同。就连德国元首阿道夫·希特勒都承认安德鲁·希金斯在造船方面的价值，并称他为"新诺亚"。

设计师安德鲁·希金斯

吊载着 4 艘 LCVP 的 LST-1 级坦克登陆舰

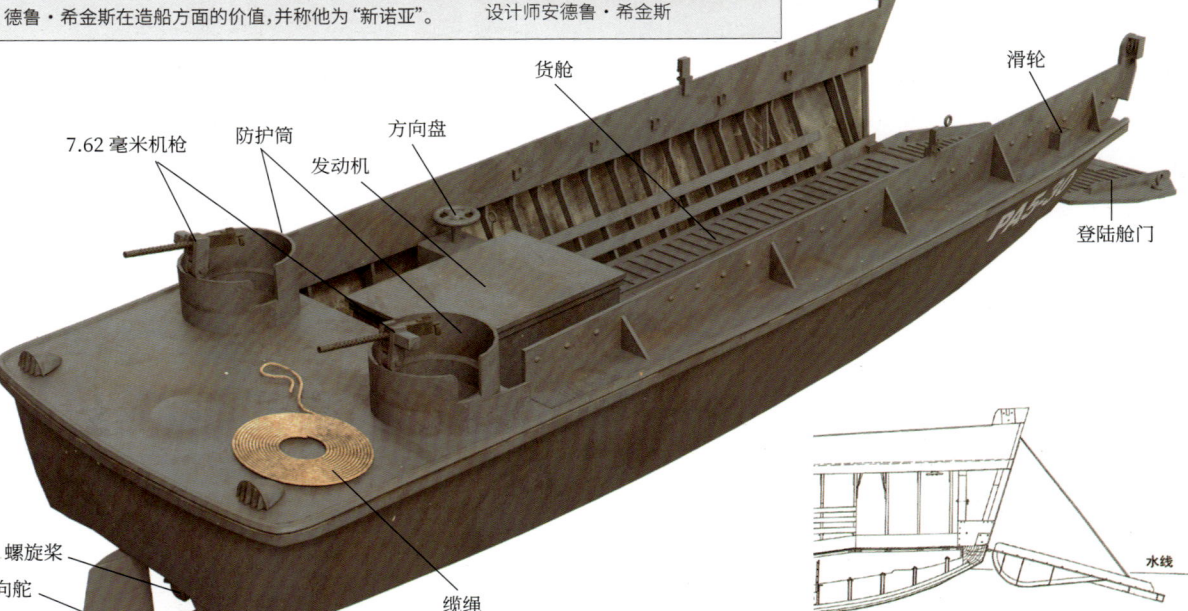

货舱　滑轮
7.62 毫米机枪　防护筒　方向盘　发动机　登陆舱门
螺旋桨　方向舵　缆绳
7.62 毫米机枪　防护筒

水线

LCVP 放下登陆舱门的线图

PA5-30　登陆舱门
方向舵　螺旋桨　传动轴　防护梁　防撞底壳

1945 年 4 月，一艘 LCVP 装满步兵驶向冲绳

1943 年 11 月 1 日，在布干维尔战役期间，LCVP 在等待登陆命令时呈编队盘旋

1944 年 6 月，美军步兵从 LCVP 涉水走向诺曼底的奥马哈海滩

动力

因艇内的空间限制，LCVP 的动力系统采用了单引擎单轴单桨的设计。它的发动机有 4 种，即 Hall-Scott 公司和 Kermath 公司的汽油发动机，Superior 公司和 Gray Marine 公司的柴油发动机。其中，装备 LCVP 最多的是 Gray Marine 公司的 64-HN9 型船用柴油发动机。这是美国海军船舶局所指定的发动机，源自通用汽车公司的 6 缸二冲程 6-71 型柴油发动机。它输出的功率为 168 千瓦，为 LCVP 带来的最大速度是 12 节。当它满载时，能以 9 节的速度航行约 89 海里。

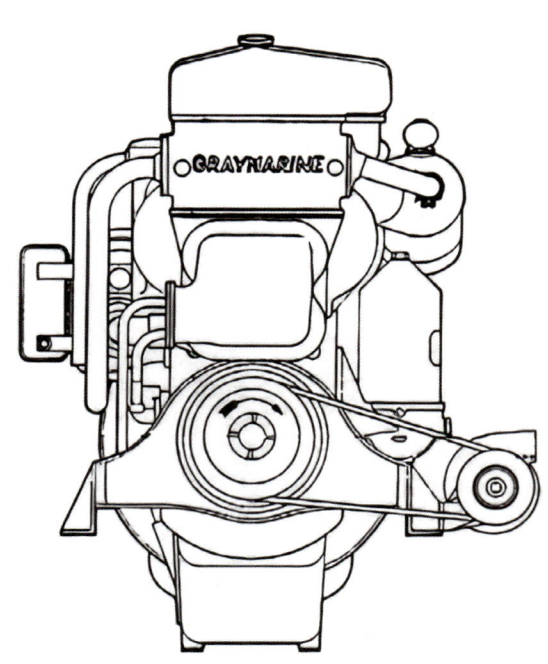

LCVP 的 64-HN9 型柴油发动机

M1919 勃朗宁机枪

美军在二战中广泛装备 M1919 勃朗宁气冷式中型机枪。无论是在步兵手中，还是在坦克、飞机和舰艇上都能看到它的身影。它的常用型号是 M1919A4，口径为 7.62 毫米，枪管长 610 毫米，采用 250 发布弹带或金属弹链供弹。其枪口初速为 853 米 / 秒，射速为 400～600 发 / 分钟，有效射程约 1400 米。LCVP 在抢滩登陆时，艇上的机枪手会用它对敌方岸防部队进行火力压制，以掩护驾驶员将 LCVP 顺利冲上海滩。当运载的部队上岸后，它还能继续为其进攻行动提供滩头火力支援。

登陆

在抢滩登陆战中，LCVP 都是全速航行。当它冲上海滩后，会迅速放下登陆舱门，让吉普或步兵快速上岸散开。其舱门放下的时机很重要，如果放早了 LCVP 还在前冲，那么它就容易一下子铲进沙地中，造成损伤并且很难收回。这样一来，该 LCVP 也就不能随编队返航去运送下一拨登陆部队了。

武/器/档/案	WEAPON ARCHIVES
艇名	LCVP
别名	希金斯船
轻排水量	8.16 吨
运载力	36 人（或 3.67 吨物资，或 1 辆吉普加 12 人等）
长宽	11.05 米 ×3.3 米
动力	1 台柴油发动机（168 千瓦）或者 1 台汽油发动机（186 千瓦）
最大速度	12 节（满载时 9 节）
续航距离	89 海里
成员	3～4 人
武器	2 挺 7.62 毫米机枪

LVT-4

美国 **履带登陆车**

▶ **Landing Vehicle** Tracked

LVT-4 是美国海军及海军陆战队使用的一种履带登陆车，美国陆军也大量使用。作为履带式的两栖装甲运输车，其生产数量高达 8351 辆。它主要用于太平洋战场上的岛屿登陆行动，如塞班岛登陆、关岛登陆、天宁岛登陆等。在欧洲战场上，盟军也用它来横渡莱茵河，据说苏军还用它强渡奥德河、多瑙河等。

冲绳岛上的 LVT-4

在太平洋战争中，美军大量使用 LVT-4 履带登陆车，其绰号叫"水牛"。这种履带式的两栖装甲运输车在 LVT 系列中产量最高，达到 8351 辆。其中美国海军陆战队有 1765 辆，美国陆军有 6083 辆，还有 503 辆转交给了英国陆军。

1943 年 8 月，LVT-4 在 LVT-2 的基础上改进成型，12 月开始量产。它的自重为 12.4 吨，满载后约 16.5 吨。它在水面航行时依靠粗大的履带齿片来划水，在充满珊瑚礁的浅海里具有较好的通过性，并且在沙土地面行驶时也具有很好的抓地力。在防护方面，LVT-4 采用了附加装甲套件，前部装甲的厚度约 12.7 毫米，顶部、两侧和后部约 6.4 毫米。

它的武器装备主要是机枪，正面有 2 挺 12.7 毫米机枪，两侧各有 1 挺 7.62 毫米机枪，有的在副驾驶位还有 1 挺 7.62 毫米机枪。另外，英国陆军装备的 LVT-4 不少是采用 1 门 20 毫米机炮和 2 挺 7.62 毫米机枪。LVT-4 的车组成员约为 3 人，纯运输时可以只有驾驶员和射手各 1 人。但敌情严重时会增加射手，并且加装火焰喷射器后也会多几人操作。

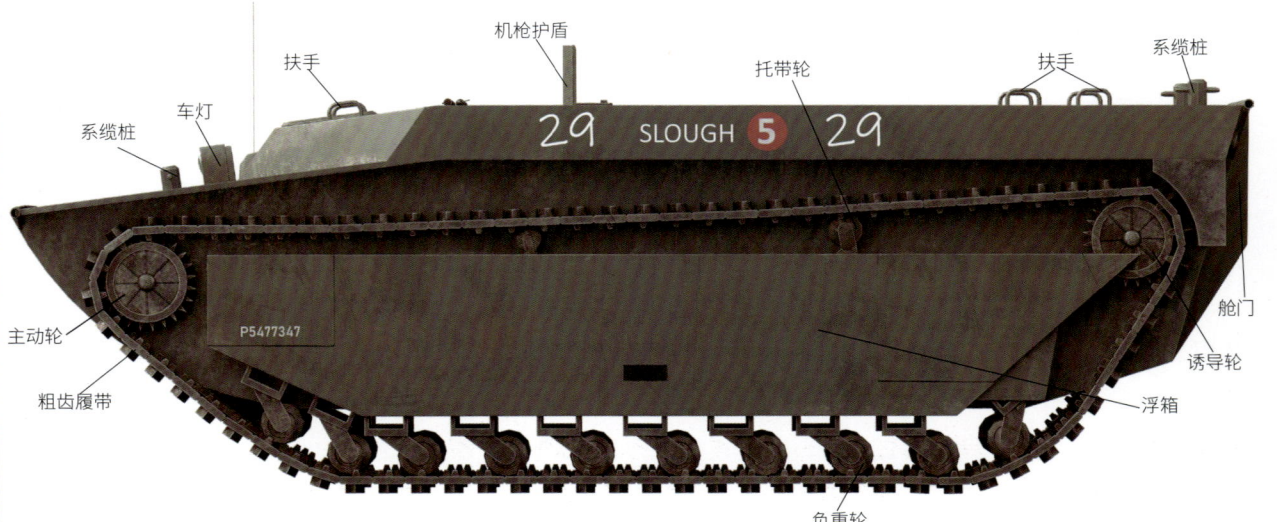

武器/档案	WEAPON ARCHIVES
型号	LVT-4
类型	LVT（履带登陆车）
自重	12.4 吨
运载力	约 30 人（或 3～4 吨的物资装备）
长宽	7.95 米 ×3.25 米
动力	1 台航空发动机（186 千瓦）
最大速度	地面：每小时 32 千米；水面：每小时 12 千米
最大行程	地面：241 千米；水面：121 千米
车组成员	约 3 人
装甲	6.4 毫米～12.7 毫米
武器	2 挺 12.7 毫米机枪、2 挺 7.62 毫米机枪等

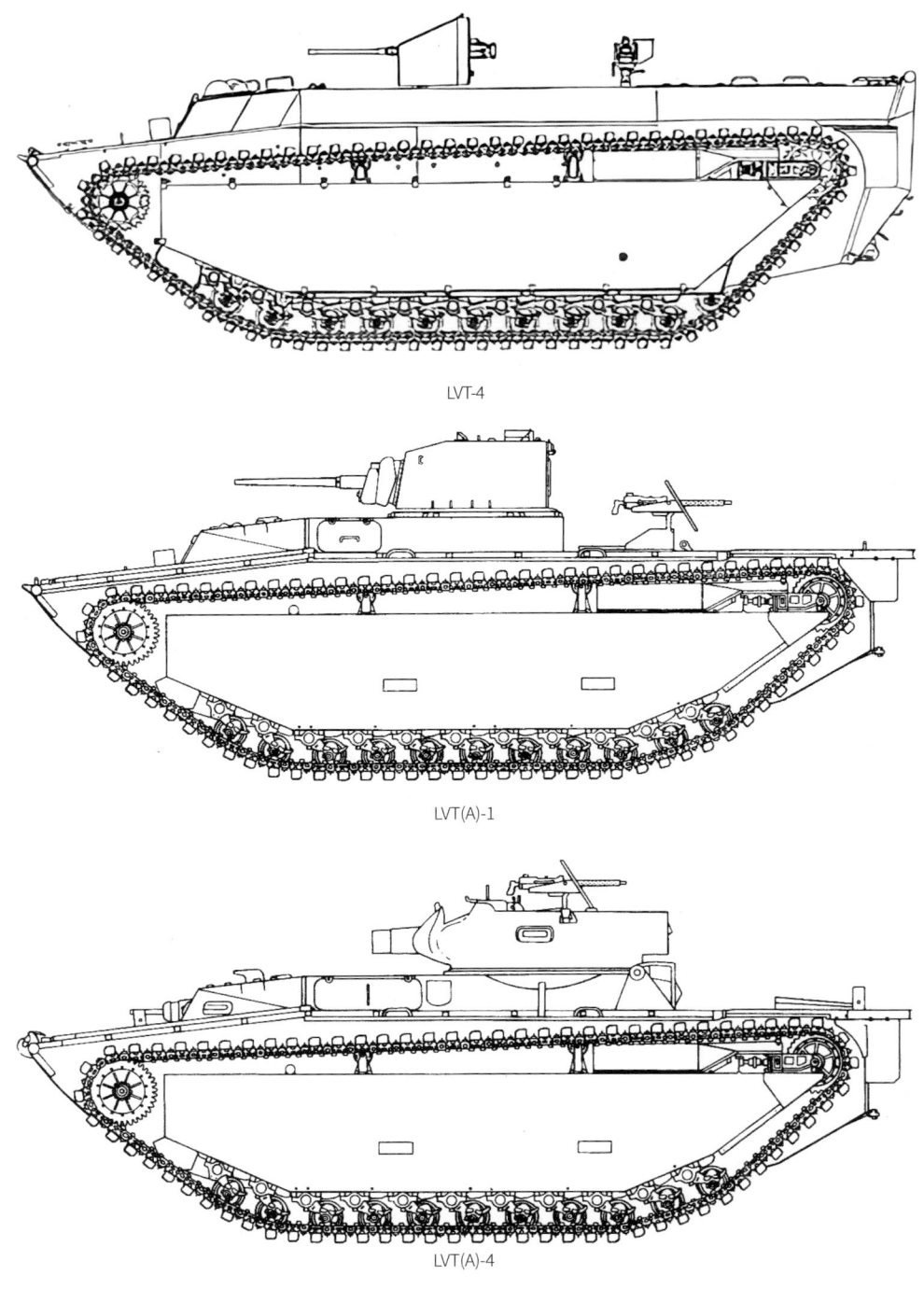

LVT-4

LVT(A)-1

LVT(A)-4

LVT-4 的最大特色是将发动机和变速箱前置, 从而增大了后部的货舱空间, 并在车尾增加了一个像登陆艇那样的坡道大舱门。这就使其货舱的载人量从 LVT-2 的 16 人增加到约 30 人, 并且使它可以装载一辆轻型车辆, 如吉普、M29 履带装甲车、布伦机枪运输车等。在登陆海滩后, 该舱门向下打开就形成一个坡道, 步兵、吉普、货物等均可快速上岸 (老型号的 LVT 只能让步兵从货舱翻爬出去)。LVT-4 的运输优势让当时其他运输型号的 LVT 都黯然失色, 而这也是它在 LVT 系列中数量最多的原因 (LVT 系列共有 18616 辆)。

在太平洋战场上, LVT-4 的首战是 1944 年 6 月的塞班岛战役, 登陆时投入了 215 辆, 承担了大量的运输任务。随后它在 7 月的关岛战役中投入了 381 辆, 在天宁岛战役中投入了 139 辆。在 9 月开始的贝里琉岛战役中, 陆战 1 师还在 3 辆 LVT-4 的货舱中安装了火焰喷射器进行测试, 对日军躲藏的坑洞进行了喷火攻击, 并被战地摄像师拍摄了下来。在欧洲战场上, 英国、加拿大、苏联等国的军队也使用过 LVT-4, 多用于渡河行动中。

LVT 火力支援车

LVT 系列有十余种型号, 大部分是运输车, 但有几种是火力支援车。在抢滩登陆战中, 它们为 LVT 运输编队提供火力支援。当夺下滩头后, 如果向内陆挺进的攻击部队缺少坦克, 它们还被当作坦克调去攻坚 (如马里亚纳战役时)。

● LVT(A)-1: 它配有一个 M3 轻型坦克的炮塔, 有一门 37 毫米反坦克炮和三挺机枪, 装甲厚度为 6.4~12.7 毫米 (其编号中的 "A" 指装甲型)。
● LVT(A)-4: 它配有一个 M8 自行榴弹炮的炮塔, 有一门 75 毫米榴弹炮、两三挺机枪等, 装甲厚度同上。有的 75 毫米榴弹炮被换成火焰喷射器, 以对付日军的工事和坑洞。
● LVT-4(F): 这是英国陆军在远东装备的 "海蛇", 有两具火焰喷射器和一挺机枪。

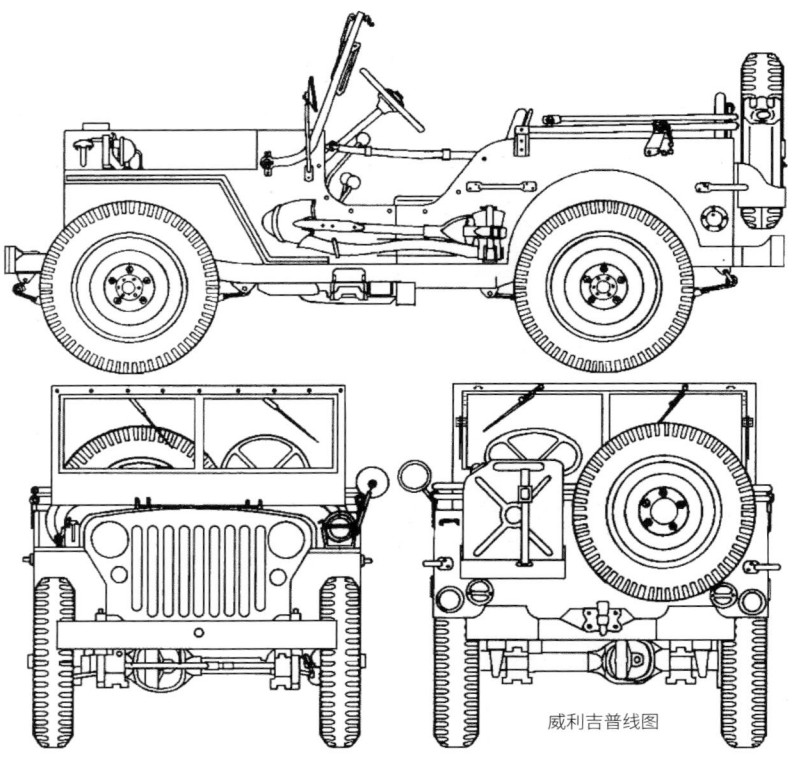

威利吉普线图

威利吉普

在登陆战中, LVT-4 运载最多的装备就是威利吉普 (Willys MB)。这是二战期间最强的多用途轻型四驱越野车。其长度为 3.35 米, 宽度为 1.57 米, 高度为 1.32 米, 重量约 1.06 吨, 基本载员为 4 人 (含司机)。它装有 1 台功率约 45 千瓦的直列 4 缸水冷式汽油发动机 (Willys L134), 油箱容量是 57 公升, 最大速度为 105 千米 / 小时, 续航里程为 483 千米。通常 LVT-4 不会离开滩头太远, 而盟军要向敌方纵深快速挺进就得依靠威利吉普。它是战场上的多面手, 改装型号甚多, 可担当很多角色, 如侦察车、指挥车、通讯车、突袭车、火力支援车、运输车等。

Daihatsu
大发动艇

日本 **登陆艇** ▶ **Landing** Craft

大发动艇（Daihatsu）是日本陆军专业设计和建造的一种大型登陆艇。它的数量很多，在二战时不仅广泛用于登陆作战，还常在沿海、内河等处执行运输、巡逻、侦察等任务。它能够一次运载部队 70 人或 11 吨左右的物资装备，如坦克、卡车、火炮、弹药、粮食等。并且它还被改装为炮艇、鱼雷艇、扫雷艇和火箭艇。

1945 年，日本海军某部搭乘大发动艇到盟军处接洽投降

大发动艇是日本陆军在 1924 年研发的一种大型登陆艇，简称大发，而日本海军称它为"十四米特型货运船"。众所周知，日本陆军和海军素来不合，但在登陆艇方面却少见地开展起了合作。为此，陆军输出设计给海军，双方都在民间船厂下单生产大发动艇，同时海军也在自己的船厂里生产。据记载，大发动艇的生产数量超过 6000 艘，其中日本海军就有 3229 艘。

该艇主要有 A 至 D 型，其中 D 型是主力。D 型又分为铁制大发、木制大发和合板制大发（为了节省钢材）。另外，它还衍生出了可以拆卸运输的组装式大发、便携的折叠式大发、武装大发等。武装大发有炮艇、鱼雷艇、扫雷艇和火箭艇，均为简单改装。

大发动艇 D 型于 1932 年开发，然后量产了数千艘之多。据记载，它能以 8 节的速度航行 170 海里，但也有资料显示只有近 100 海里。作为登陆用的运输艇，其载重量约为 11 吨，一次可以运载 70 个全副武装的士兵，或 10 匹马，或 4 辆卡车，或 1 辆八九式中型坦克等。在武器方面，日本陆军很少为它安装自卫武器，但日本海军有时会安装 2 挺 7.7 毫米机枪或 2～3 门 25 毫米机炮。

它的设计很有特色，艇体低矮且采用双底结构，艇首与艇尾两端翘起以提高适航性。在其艇首有一个可以作为跳板的登陆舱门，当冲滩后向下展开，士兵、坦克、卡车等就能够快速上岸。当时这种设计很先进，被日军视为机密，就连己方拍摄的照片都要严格审核。后来，美军观察员拍到其照片，并发送给美国希金斯工业公司，随后就催生了美军自己的 LCVP 车辆人员登陆艇。在其艇尾有一个发动机舱和一个带护盾的驾驶位。它的艇首底部采用了 W 型冲滩肋骨的设计，艇尾底部的螺旋推进器还装有保护框，这些都保障了它在登陆时的稳定性与安全性。

在二战中，大发动艇几乎参与了日本陆军与海军所有的登陆作战与运输行动。因为它的防护力弱，所以在登陆时较少从盟军阵地的正面强行抢滩，多是避开盟军的防守火力登陆。

武/器/档/案 **WEAPON ARCHIVES**

艇名	大发动艇
型号	大发 D 型
自重	9.5 吨
运载力	70 人（或约 11 吨物资，或 1 辆八九式中型坦克等）
长宽	14.9 米 ×3.4 米
动力	1 台柴油发动机（45 千瓦）
最大速度	9 节（满载时 8 节）
续航距离	170 海里（8 节）
成员	6～12 人
武器	2 挺 7.7 毫米机枪或 2～3 门 25 毫米机炮（仅日本海军）

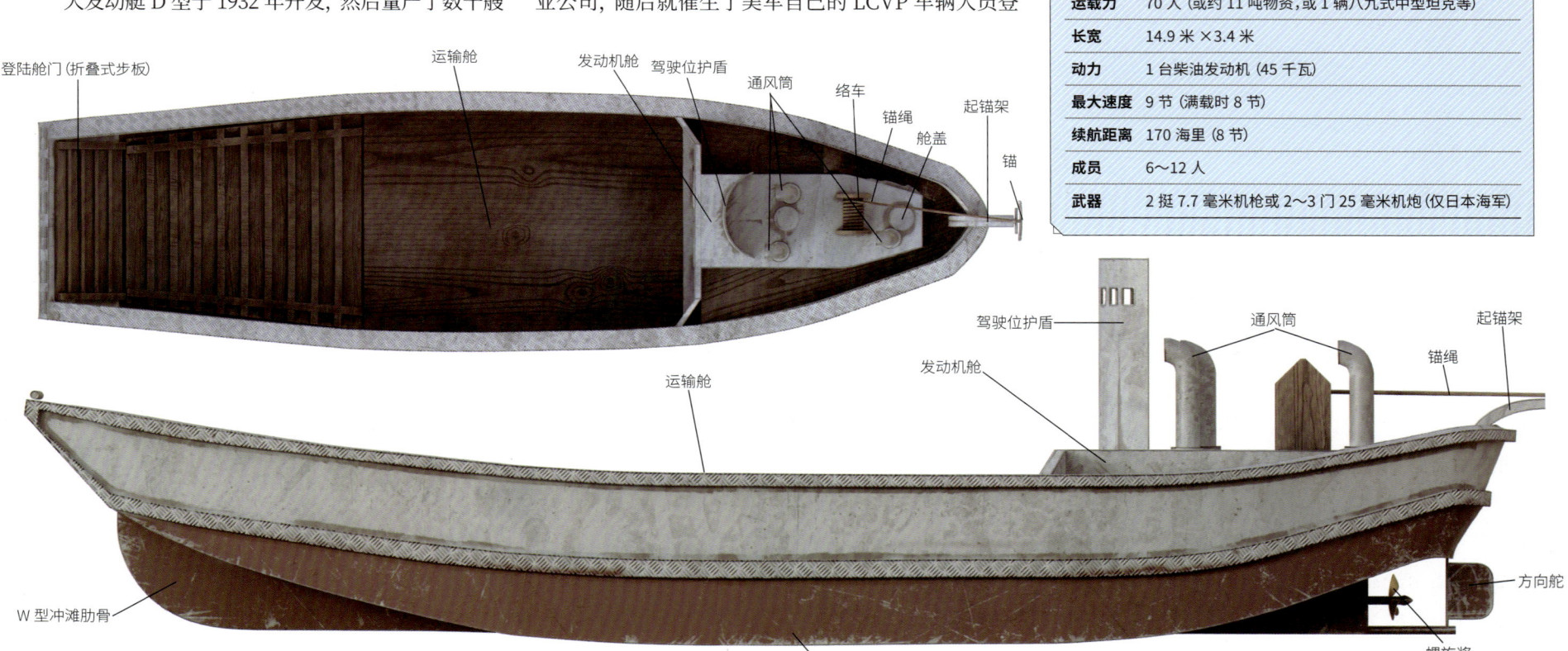

登陆舱门（折叠式步板）　运输舱　发动机舱　驾驶位护盾　通风筒　绞车　锚绳　起锚架　舱盖　锚

驾驶位护盾　通风筒　起锚架　发动机舱　锚绳

运输舱

W 型冲滩肋骨　双层艇底　方向舵　螺旋桨

第一号型输送舰

为了支撑大发动艇的登陆行动，日本为其配备了一系列的登陆艇母舰。如陆军有特殊船"神州丸""秋津丸""熊野丸"等（它们具有两栖攻击舰和航空母舰的特征），海军有舰队高速运输船"岛风"号、"滩风"号（均为峰风级驱逐舰）等。

值得一提的是日本海军的第一号型输送舰，因为它建造了 21 艘之多。每艘的后甲板上均可搭载 4 艘大发动艇，还包括其燃料、各种补给品等，是登陆战中一股不可小觑的力量。

它们的长度是 96 米，宽 10.2 米，吃水深 3.6 米，标准排水量约 1524 吨，满载排水量约 1965 吨，载员约 148 人。其动力系统是 2 台吕号舰本式重油专烧锅炉和 1 组舰本式高中低压蒸汽轮机，输出的功率约为 7084 千瓦。动力通过 1 根传动轴驱动 1 个 2.8 米直径的螺旋桨，最大转速是 400 转 / 分钟，最大速度为 22 节。它能够装载 415 吨重油，以 18 节的速度航行 3700 海里。在武器方面，它装有 1 座 40 倍径八九式 127 毫米双联装高炮，以及九六式 25 毫米机炮和 13 毫米机枪若干，还有大量的深水炸弹。

1942 年 9 月，在米尔恩湾被盟军缴获的大发动艇

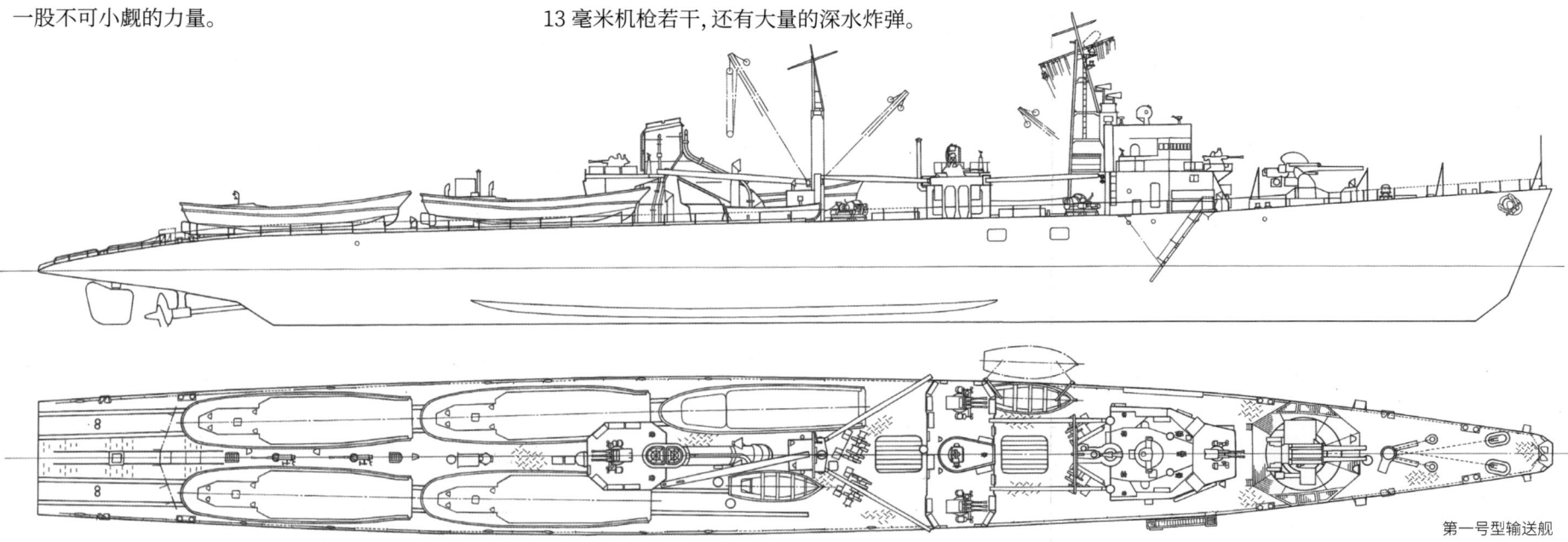

第一号型输送舰

八九式中型坦克

就像美国的 LVT-4 履带登陆车常搭载威利吉普一样，日本的大发动艇常搭载八九式中型坦克。该坦克主要分甲型和乙型。以甲型为例，其全重是 12.7 吨，长度是 5.75 米，宽度是 2.18 米，高度是 2.56 米，车组成员 4 人。它装有 1 台功率为 75 千瓦的直列 6 缸水冷式汽油发动机，公路最大速度是 25 千米 / 小时，越野最大速度是 8～12 千米 / 小时，行程约 140 千米。它的装甲很薄，炮塔和车体正面才 17 毫米，其他部位从 5～15 毫米不等，并且是铆接方式。它的炮塔正面有 1 门九○式 57 毫米坦克炮，备弹 100 发。炮塔背面和车体正面各有 1 挺九一式车载轻机枪，共备弹 2745 发。值得注意的是，二战时按英、美、苏、德等国家的坦克分类，它只是轻型坦克。

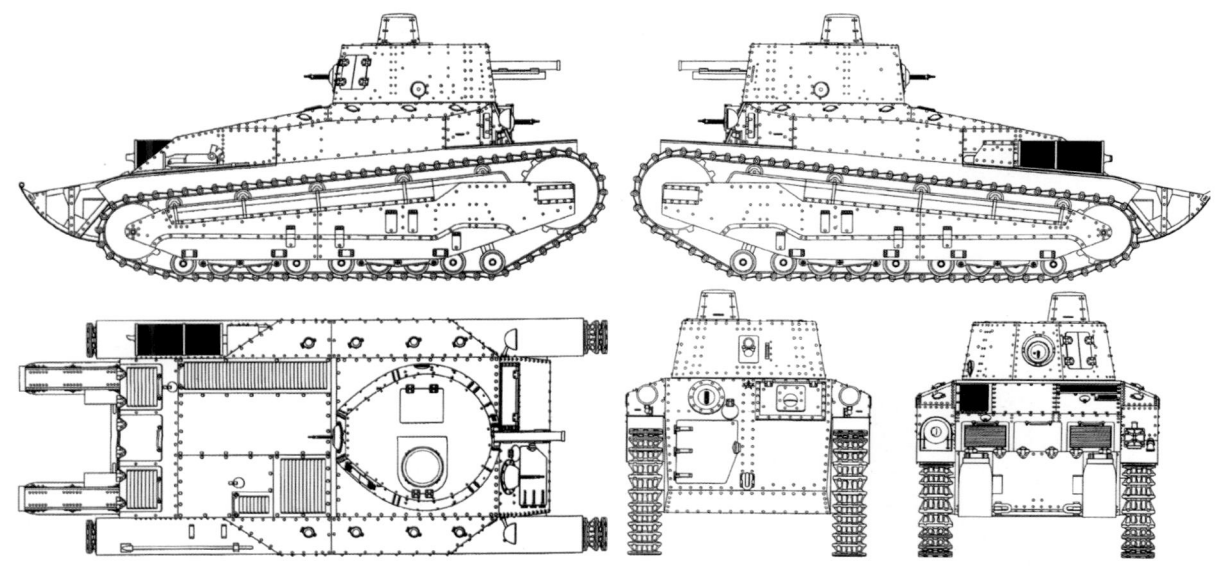

八九式中型坦克

Akashi

"明石"号

日本 工作舰 ▶ **Repair** Ship

"明石"号（Akashi）是日本海军唯一专业设计的一艘工作舰，也是联合舰队在太平洋战场上唯一的"前线修理工厂"。其舰上有机械、铸造、钣金、焊接、木工、兵器等 17 个主要车间，以及 114 台先进机床、400 多名工人等。

它的维修能力非常强，服役期间先后修理了 300 余艘日本舰船，所以被美国海军视为最重要的攻击目标。

1944 年 3 月 30 日，"明石"号在帕劳群岛因美军舰载机空袭而起火

1939 年 7 月，"明石"号在日本佐世保附近海域公试

　　"明石"号是日本海军明石级的一艘专业工作舰，号称"移动的海军工厂"。其舰名既源自日本兵库县明石市的名胜"明石之浦"，也源自明治中期的防护巡洋舰"明石"号。该级计划建造 3 艘，即"明石"号、"三原"号和"桃取"号。后来因其优先级降低，所以只建造了"明石"号。在它之前，日本海军的工作舰都是由老旧舰船改装，只有"明石"号是专业设计和建造的。如"朝日"号工作舰就是由一艘日俄战争时期的老式战列舰改装而来，其综合维修能力有限，远不如"明石"号。

　　"明石"号于 1939 年 7 月 31 日服役。它的舰体采用平甲板设计，其工作部拥有 3099 平方米的舰上作业面积，分为大小不等的 23 个车间。其中主要车间有 17 个，如机械车间、加工组装车间、铸造车间、锻冶及钣金车间、焊接车间、木工车间、兵器车间、蓝图室等。另外，它还有各类资材、备件、工具等仓库。

　　该工作舰上有 114 台机床，如车床、铣床、刨床、磨床等，其中很多是连日本各海军工厂里都没有的最新德制机床。舰上还有 3 吨、5 吨、10 吨、23 吨等不同规格的起重机。这些机械设备由 8 台柴油发电机供电。全舰约有 769 人，其中舰员有 336 人，工作部的技工、工程师等有 433 人。因为它对各类舰船的维护和修理能力很强，还有专门的飞机修理区等，所以也被称作"移动的万能修理工厂"。

　　与强大的维修能力形成鲜明对比的是，其防空能力很弱，只有 2 座 127 毫米双联装高炮和 2 座 25 毫米双联装机炮。好在它大多时候都在己方重兵防守的锚地里作业，由港口驻军和其他军舰提供防空保护。

　　1941 年太平洋战争爆发后，"明石"号先与"朝日"号工作舰一起在帕劳、达沃、安汶等地开展维修作业。1942 年 5 月"朝日"号被美军潜艇击沉后，"明石"号随即进驻特鲁克锚地，长期为联合舰队各种受伤返航的舰船提供维修服务。它先后维修过"大和"号战列舰、"大鹰"号航空母舰、"最上"号重巡洋舰、"阿贺野"号轻巡洋舰、"春雨"号驱逐舰等共计 300 余艘，仅凭一舰之力就承担了联合舰队 40% 的维修工作。1944 年 2 月，美军对特鲁克锚地进行了大规模空袭，"明石"号被转移到帕劳。3 月，美军又对帕劳进行大规模空袭，"明石"号多次中弹并起火，最终在全员弃舰后坐沉于浅海之中。

舰名	"明石"号
舰级	明石级
排水量	标准：9144 吨；公试：10500 吨
长宽	158.5 米 ×20.6 米
动力	2 台柴油发动机；7505 千瓦
最大速度	19.2 节
续航距离	8000 海里 (14 节)
载员	769 人 (舰员 336 人和工人 433 人)
机床	114 台
发电机	8 台柴油发电机
舰上作业面积	3099 平方米
武器	2 座双联装 127 毫米高炮 /2 座双联装 25 毫米机炮

1940 年时的"明石"号

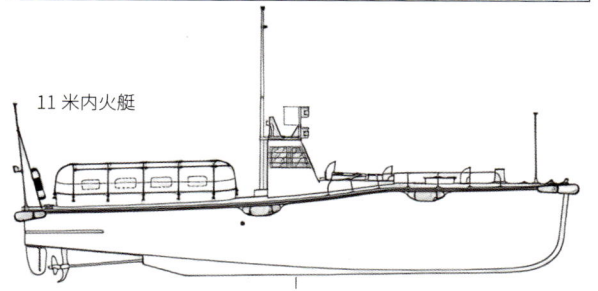

11 米内火艇

舰载艇

"明石"号搭载的小艇有 12 艘之多，在日本海军舰船中比较少见。它载有 1 艘 9 米内火艇、2 艘 11 米内火艇、3 艘 12 米内火艇、1 艘 6 米手划艇、2 艘 9 米手划艇、1 艘 12 米手划艇、1 艘 12 米潜水作业艇和 1 艘 30 吨运货船。当它驻泊锚地时，能够同时对很多舰船进行修理，因此运输、交通、联络等需求较大，配备的小艇就多。小艇多还有一个优势是当"明石"号自身遭受重创时便于疏散人员，特别是那些经验丰富的技工与工程师。

动力

其动力系统采用了 2 台三菱横滨 MAN 式 60 型双动柴油发动机，输出总功率是 7505 千瓦，动力通过 2 根传动轴驱动 2 个螺旋桨，转速是 157 转 / 分钟，带来的最大速度是 19.2 节。另外，它还有 2 台吕号舰本式辅助锅炉。舰上可装载 1493 吨燃油，使其能以 14 节的速度航行 8000 海里。它那 8 台柴油发电机是 450V 三相柴油发电机，每台的输出功率近 500 千瓦，输出总功率近 4000 千瓦，能为舰上所有的维修设备、起重设备、电气设备等供电。

"美杜莎"号维修舰

"美杜莎"号维修舰

"明石"号工作舰的维修能力是对标美国海军的"美杜莎"号维修舰 (AR-1)。后者于 1924 年 9 月 18 日服役，长 147.5 米，宽 21.4 米，吃水深 6 米，标准排水量是 8125 吨，满载排水量是 10620 吨，载员约 499 人。其动力由蒸汽轮机提供，输出功率约 5220 千瓦，最大速度是 16 节。它的自卫武器有 4 门 127 毫米 51 倍径 Mk7 舰炮和 2 门 76.2 毫米 50 倍径 Mk22 高炮。

它是当时世界上最先进的维修舰，其车间里有大量的车床、铣床、钻床、镗床、光学修理设备等，还能够进行焊接、铸造、木工、钣金、电镀等各种作业。它不仅能够修理各种舰船，还能够修理战列舰、巡洋舰所搭载的水上飞机等。当日军偷袭珍珠港时，它不但参加了防御战斗，还在事后对港内的受损舰船进行了抢修。后来它在太平洋前线四处奔波，继续抢修各种盟军舰船，一直服役到二战后。

特鲁克锚地的骚乱

在太平洋战争中，美日两国的海军都十分重视特鲁克环礁。当时这里有日本海军的大型锚地、维修船坞等，长期驻泊着联合舰队的各种舰船，有着"日本的珍珠港"之称。那些被美军击伤的日军舰船几乎都在此维修，然后重返战场。

1942 年 9 月 9 日上午，"秋风"号驱逐舰发现特鲁克锚地以北的海面上有潜望镜，遂发出反潜警报。为了防范美军潜艇的鱼雷攻击，联合舰队命令"大和"号和"陆奥"号战列舰、"香取"号巡洋舰 (第六舰队旗舰) 等在泊舰艇立即转移，并派出驱逐舰和巡逻机去投掷深水炸弹。因此，从战列舰、航空母舰到重巡洋舰等各类军舰都开始移动，而"明石"号工作舰先让它身边的 3 艘带伤军舰自行转移，然后自己也加入了移动，现场一片骚乱。下午 3 点，到达锚地的"云鹰"号航空母舰也派出舰载机进行搜索，但没有发现美军潜艇。最后据说这是一场乌龙，是"秋风"号驱逐舰将正在接近锚地的"云鹰"号航空母舰的桅杆误判为潜望镜了。

日据时期特鲁克环礁的地图

John W. Brown
"约翰·W. 布朗"号

美国 **自由轮** ▶ **Liberty** Ship

"约翰·W. 布朗"号 (John W. Brown) 是美国的一艘自由轮，其建造时间仅为 54 天。二战时它共执行了 13 次远洋运输任务，不仅运输坦克、飞机、午餐肉等物资援助苏联，还运输铝土矿等物资回美国。后来它被改装为运兵船，用于运输盟军部队、德军战俘等。战后它被改造为博物馆船，保存至今。

"约翰·W. 布朗"号（署名：MKelly1990）

2016 年 5 月 20 日，"约翰·W. 布朗"号在美国诺福克市对公众开放

"约翰·W. 布朗"号是美国海事委员会的一艘 EC2-S-C1 型自由轮。其船名源自美国造船工会的领袖约翰·W. 布朗。二战时，美国制定了一项紧急造船计划，建造了 2710 艘"紧急货轮"，即自由轮。这种按标准化大量生产的货轮不仅能够满足盟军远洋运输的战时需求，还具有建造速度快（平均每两天建造 3 艘）、成本低廉等优点，是当时美国工业的象征。但与常规的远洋货轮相比，其缺点也较多，如结构简单、设备简陋、航速慢、寿命短（设计寿命只有 5 年）等。

"约翰·W. 布朗"号于 1942 年 9 月 19 日投入使用。其船体内有 5 个大货舱，而甲板上有 3 座大型起重机用于装卸货物。它在 1942 年 10 月 6 日开始执行第一次运输任务。它先到美国纽约装载了 8500 多吨的援苏物资，有 2 架 P-40 战斗机、10 辆 M4 坦克、200 辆摩托和 100 辆吉普，还有大量的弹药、午餐肉罐头等。然后它于 10 月 15 日起航，先跟随盟军船队，再独自航行，最后在 12 月 25 日安全到达波斯湾并卸货（货物再由陆路运往苏联）。1943 年 3 月 16 日，它开始返航。途中它到苏里南等地装载铝土矿，满载后于 5 月 27 日回到美国纽约。此次航行约八个月的时间，因其航线规划细致，所以全程没有遭到德国海军的袭击。后来，它被改装为运兵船，用以运送盟军部队和德军战俘，有时也运送货物。

在二战时期，"约翰·W. 布朗"号共执行了 13 次远洋运输任务，主要活跃在地中海与波斯湾，并且参加了盟军的安齐奥登陆、普罗旺斯登陆等作战行动。二战后，它被用于美军复员和欧洲重建的运输，最后被改造为博物馆船，长期供学生学习和游客体验。

自由轮的型号解读

1941 年，根据美国海事委员会的规定，包括"约翰·W. 布朗"号在内的自由轮大部分为 EC2-S-C1 型。这串编号的意思是：EC 指紧急货轮，2 指长度为 122～137 米，S 指蒸汽机，C1 指基本型。在 2710 艘自由轮中，该型高达 2580 艘，而其他型号共才 130 艘。

1943 年，执行运输任务的"约翰·W. 布朗"号

动力

　　它的动力系统主要是2台燃油水管锅炉和1台三胀往复式蒸汽机。这种垂直三胀式蒸汽机的重量为127吨，长6.4米，高5.8米，输出功率为1864千瓦。该船采用单轴单桨推进，最大速度为11节，航程约20000海里。

　　其实这种蒸汽机在二战期间已经过时，之所以还被自由轮大量采用，是因为它比较简单，经久耐用，并且当时有很多民间船员都熟悉它，便于操作和维护。它采用了开放式结构，运行时可以直接观察到各个部件的运动状态，以便进行加注润滑液等操作。作为战时紧急装备，它还具有成本低、制造容易等特点，以至于美国同时有18家公司在量产它，而且不同公司制造的零件可以互换。

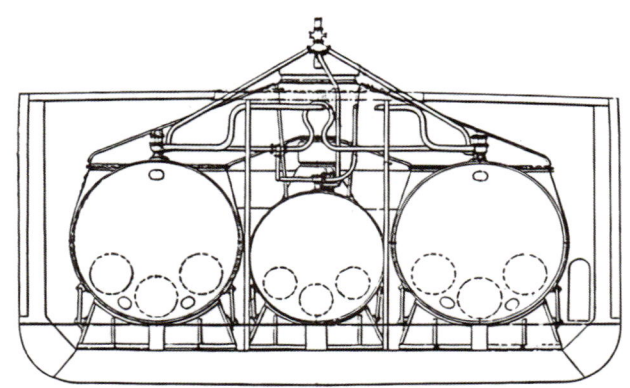

锅炉舱里的两台主锅炉及中间的辅助锅炉

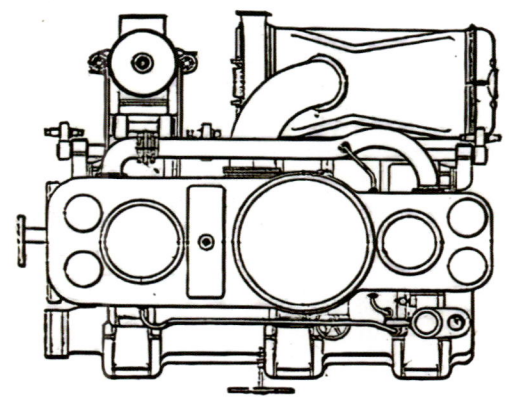
三胀式蒸汽机

武/器/档/案 **WEAPON ARCHIVES**
船名 "约翰·W. 布朗"号
船型 EC2-S-C1型
排水量 轻排水量: 3434 吨; 重排水量: 14474 吨
载重吨位 11040 吨
长宽 134.6 米 ×17.4 米
动力 2 台燃油锅炉、1 台三胀式蒸汽机; 1864 千瓦
最大速度 11 节
续航距离 20000 海里
载员 87 人
武器 (1943年) 1 门 127 毫米高平两用炮 /3 门 76.2 毫米高平两用炮 /8 门 20 毫米高炮

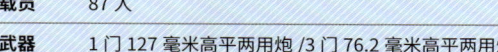
1942 年 10 月，"约翰·W. 布朗"号停在纽约布鲁克林的 17 号码头

1943 年 5 月 27 日，"约翰·W. 布朗"号满载苏里南等地的铝土矿回到美国纽约

1944 年 3 月 18 日，"约翰·W. 布朗"号结束地中海战区的航行回到美国纽约

胜利轮

　　二战时期，美国最知名的远洋货轮是自由轮，而胜利轮（Victory Ship）是在其基础上设计与生产的放大版。虽然胜利轮的数量和名气远不如自由轮，但它的排水量更大、速度更快、航程更远，比自由轮更适用于盟军的远洋运输，并且

胜利轮

更不容易被敌军潜艇追击。不过，它投入使用的时间较晚，在 1944 年 5 月时只有 15 艘。但到二战结束时，它达到了 531 艘。另外在 1946 年还建成了 3 艘。

　　胜利轮的长度是 138.7 米，宽度是 18.9 米，满载排水量为 15200 吨，此时吃水深 8.5 米，而载货重量为 10600 吨。在外观上，它采用了前倾式的船首和巡洋舰式的船尾。其动力来自燃油锅炉、蒸汽轮机、柴油发动机等，输出功率为 4474～6338 千瓦，单轴单桨推进，速度达到 15～17 节。在自卫武器方面，不同的胜利轮配备的火炮不同，总体上有 127 毫米和 76.2 毫米高平两用炮、40 毫米和 20 毫米高炮等，主要用于防范敌军潜艇和飞机。所有武器均由美国海军的人员操作，而民间船员是负责航行、装卸货等工作。

"约翰·W. 布朗"号在美国五大湖航行（署名：Project Liberty Ship）

PBY Catalina

卡特琳娜

美国 船身式水上飞机 ▶ **Patrol** Bomber

PBY"卡特琳娜"是美国海军在二战时使用最为广泛的一种船身式水上飞机，执行侦察与巡逻、反潜与反舰、护航与搜救、运输与联络等任务。它的产量高达 3300 多架，美国、加拿大和苏联均有生产，并且装备了美国、加拿大、英国、苏联、澳大利亚、新西兰、荷兰等许多国家。

美国海岸警卫队的 PBY-5A

PBY-5 的普惠 R-1830-82 航空发动机

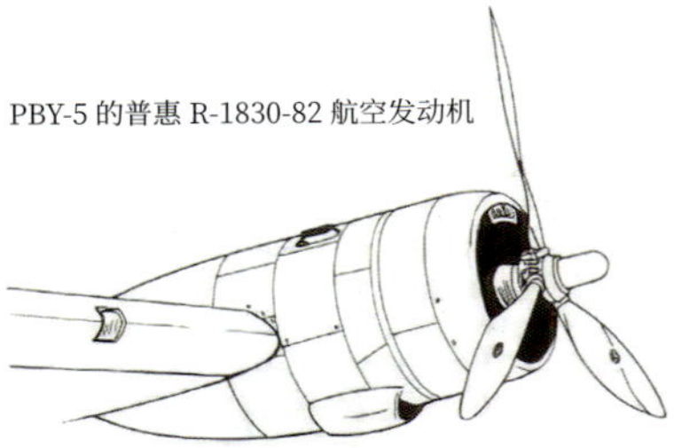

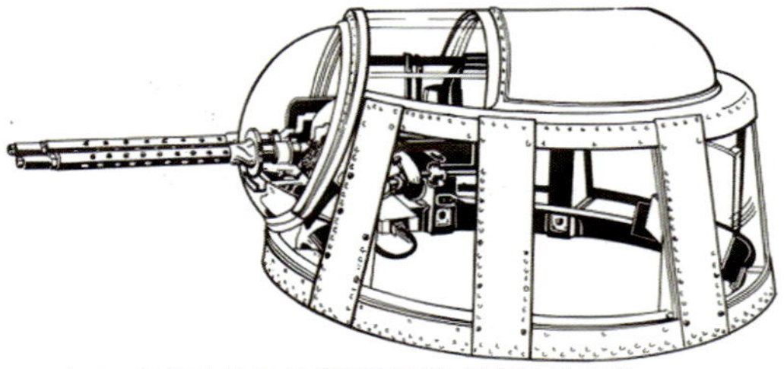

PBY-5 与 5A 机鼻处的 7.62 毫米双联装"眼球"机枪塔

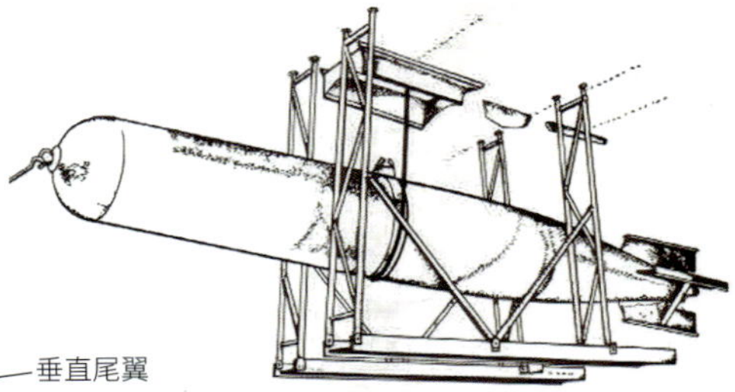

PBY 机翼挂载的航空鱼雷 (含装载脚架)

垂直尾翼

天线

水平尾翼

发动机排气口

三叶恒速螺旋桨

普惠 R-1830-92 风冷星型发动机

驾驶舱

7.62 毫米机枪塔

投弹瞄准窗

船型机底

锚舱

观察窗

收放式起落架

PBY 机翼下方挂载的 500 磅炸弹

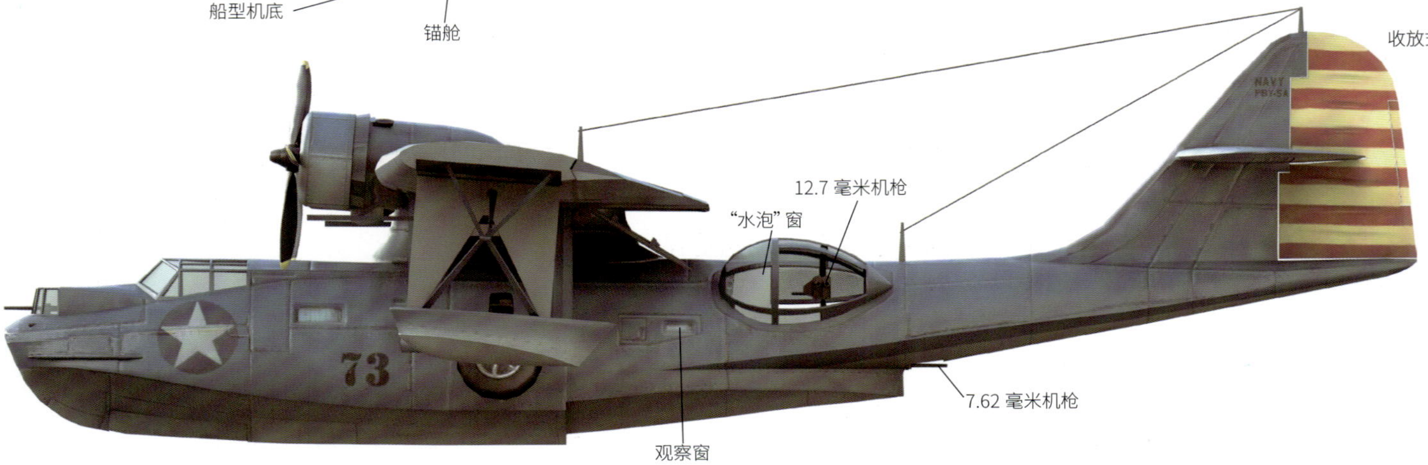

收放支架

收放式翼尖稳定浮舟

12.7 毫米机枪

"水泡"窗

7.62 毫米机枪

观察窗

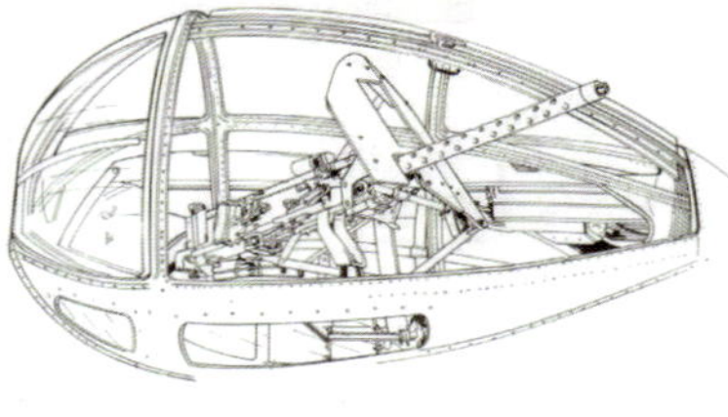

从 PBY-5 开始机身腰部的 12.7 毫米机枪位采用"水泡"窗

PBY"卡特琳娜"这一机名源自美国加利福尼亚州的圣卡塔利娜岛,作为水上飞机的名字时多译为"卡特琳娜"。该机是在战间期设计,到二战时共生产了3308架,其中美国生产2661架、加拿大生产620架和苏联生产27架。装备该机最多的是美国海军,约为1869架,是当时其水上飞机的主力。

它是由铝合金制造的上单翼机,机体呈船型,内置5个水密舱,在海面的漂浮能力和抗沉能力较强。其机翼上装有2台大功率发动机及2个小浮舟,结合船型机体,具有优秀的海面滑行与起降能力。

在二战中,它表现出航程远、火力强、任务多样化等优点,并且机内的生活设施齐全,配有厨房、食品库、床铺、厕所等,适合长时间在海上巡逻。它主要执行巡逻、轰炸和搜救的任务,也执行侦察、护航、运输等任务。在反潜作战中,据说它击沉了约四十艘德国潜艇。其机载的轻重机枪还能参与空战,它曾击落过日本的零式舰战。

PBY"卡特琳娜"有很多种型号,其中产量最大的是PBY-5A,总共生产了802架。它的特点是具有收放式的起落架,从而实现了海陆两栖起降。随后,其他的老型号也按此加装了起落架,以便在陆地起降。PBY-5A的机组成员有8人,分为驾驶员、领航员、无线电员、机械师和机枪手。它的机翼下可以挂载航空炸弹、深水炸弹、鱼雷等。灵活地配置武器,使它不仅可以攻击敌军的潜艇和舰船,还能攻击岸上的阵地及设施。

值得一提的是,在太平洋战争中为了斩断日军的海洋补给线,美国海军调用大量PBY"卡特琳娜"组建了14个夜袭中队。因为其全身的涂装为哑光黑,所以被称为"黑猫"。它们主要针对日军的运输船进行夜间攻击,逼得很多驻守海岛的日军弹尽粮绝。它们也进行对地攻击,扫射和轰炸岸上的日军。为了增强火力,其机组成员不断给飞机加装机枪,甚至还试着安装坦克炮。

PBY"卡特琳娜"不仅在二战中有力地打击了日军和德军,还在战后一直服役到上个世纪八十年代,并且至今仍有一些作为消防灭火机等在使用。

动力

PBY采用了2台由普惠公司(普拉特和惠特尼)制造的R-1830系列风冷式14缸星型活塞航空发动机。这是历史上产量最大的航空发动机,高达173618台,广泛用于美国的各种轰炸机、运输机、战斗机等。其中,PBY-5主要采用R-1830-82型,PBY-5A采用R-1830-92型。它们的单台功率都是895千瓦,每台驱动一个三叶恒速螺旋桨。其发动机给PBY带来的最大起飞重量是16066千克,最大速度是315千米/小时,爬升率为305米/分钟。在2台发动机中间的机翼部位是内部油箱,满载燃油后其航程为4352千米。

PBY-5A的R-1830-92发动机

PBY"卡特琳娜"的高光时刻

1941年5月,PBY"卡特琳娜"参与围歼德国战列舰"俾斯麦"号。它最先发现该舰并引导英军舰队攻击。

1941年12月,PBY"卡特琳娜"在菲律宾单机对战日军三架零式舰战,并击落其中一架,获得美国海军在太平洋战争中的空战首杀。

1942年6月,32架PBY"卡特琳娜"从中途岛出发搜寻日军联合舰队。它们不仅锁定了日军航空母舰的位置,还在海战中救起大量的落水者,为中途岛海战的胜利做出了重大贡献。

1945年7月,美国重巡洋舰"印第安纳波利斯"号在完成原子弹组件的绝密运输任务后被日军的潜艇伊58击沉。1架PBY"卡特琳娜"最先到达现场,不仅冒险降在海面救起56人,还守候到救援部队到达,最终使316人获救。

巡逻轰炸机

PBY"卡特琳娜"的PB全称为Patrol Bomber,即巡逻轰炸机(Y是制造商代码)。这个名字比较少见,因为二战时不少国家称这种固定翼的船身式水上飞机为飞行艇(Flying boat)。

巡逻轰炸机这名字出自美国海军航空局制定的"1922年美国海军飞机命名系统"。其实它非常形象,因为当时PBY"卡特琳娜"的主要任务就是在海上进行远程巡逻,寻找敌军潜艇或舰船进行轰炸。而飞行艇这个名字虽然也好,但在中文领域容易与另外一种采用气囊浮于空中的飞艇(Airship)混淆。后来这类船身式水上飞机多被称为海上巡逻机。

机身腰部机枪位的"水泡"窗

1945年,美国海军的一架PBY-5A挂载深水炸弹在格陵兰岛巡逻

武器/档案 WEAPON ARCHIVES	
PBY-5A"卡特琳娜"	
载员	8人
长宽高	19.46米×31.7米×6.15米
起飞功率	2×895千瓦
最大起飞重量	16066千克
最大速度	315千米/小时
巡航速度	201千米/小时
爬升率	305米/分钟
升限	4816米
航程	4352千米
武器	3挺7.62毫米机枪,2挺12.7毫米机枪;1814千克的航空炸弹、深水炸弹、鱼雷等

Type 2 Flying Boat
二式飞行艇

日本 船身式水上飞机 ▶ **Flying** Boat

二式飞行艇是日本海军的一种大型四引擎船身式水上飞机，用于侦察、巡逻、运输、轰炸等。它具有体积大、防护强、速度快、航程远等特点，并因火力猛而被称为"空中战舰"。

在太平洋战争中，盟军飞行员称它是一种令人畏惧的飞机。它不仅执行过第二次轰炸珍珠港的任务，还击落过美军的 B-25 中型轰炸机、B-17 重型轰炸机等。

火星二二型风冷星型发动机

方位测定仪

四叶恒速螺旋桨

驾驶舱

空速管

20 毫米机炮

前门

观察窗

船型机底

垂直尾翼

天线

20 毫米机炮塔

天线支架

水平尾翼

后门

稳定浮舟

天线支架

天测窗

"水泡"窗（7.7 毫米机枪或 20 毫米机炮）

20 毫米机炮尾舱

7.7 毫米机枪射击口

机枪射击观察窗

观察窗

7.7 毫米机枪射击口

1943 年 11 月，在马金岛战役中被美军摧毁的二式飞行艇

日本鹿屋航空基地史料馆收藏的二式飞行艇

从海面起飞的二式飞行艇

被美军缴获用于测试的二式飞行艇 426 号机

二式飞行艇也叫二式大型飞行艇或二式大艇，是日本海军在二战中使用的一种大型船身式水上飞机。它的编号为H8K，盟军取的代号为Emily，从1941年开始共生产了167架（包括36架运输型"晴空"）。在太平洋战场上，二式飞行艇主要执行侦察、巡逻和运输的任务，有时也会被派往一线作战。

它的主要型号为一二型（H8K2），生产了112架。其机身和机翼上共有14个装甲自封油箱，一次远洋飞行可长达24小时，所以机内配有床铺、冰箱、厕所等生活设施。该型有不少装备了对海搜索雷达，叫三式空六号无线电报机（因保密而称无线电报机），也叫H-6电探或空六号电探。此雷达不仅能够搜索附近海面的舰船，还能够搜索岛屿和海岸，大大提高了二式飞行艇的侦察能力和夜航能力。

在武器方面，它装备了5挺7.7毫米机枪和5门20毫米机炮，不仅防空能力强，对盟军的轰炸机也具有攻击力。据称它在追击行动中击落过美军的B-25中型轰炸机和B-17重型轰炸机。在它的机翼下，能够挂载2枚800千克的航空鱼雷，也能够挂载各种型号的航空炸弹等，因而可作为远程轰炸机投入战斗。

值得一提的是，为了提高二式飞行艇远洋作战与持续作战的能力，日本海军专门建造了一艘飞行艇母舰"秋津洲"号。它不仅能在海上为二式飞行艇提供中继补给，还能搭载其航空队司令部进行前线指挥。在执行长航任务时，各艇不仅可以降落在它的周围进行燃料、弹药等补给，机组成员还可以上舰休整，并且受损的二式飞行艇还能被吊到其整备甲板上进行维修。

很多人都知道日本海军用航空母舰的舰载机轰炸过美国海军的珍珠港，从而引发了太平洋战争。但大多数人不知道后来日本海军还用二式飞行艇对珍珠港进行了第二次轰炸，即"K作战"。1942年3月4日，为了阻止美国海军修复珍珠港，两架二式飞行艇奉命前去轰炸。为了实现远程奔袭，有3艘日本潜艇在途中为它们提供油料补给，并且还有1艘潜艇负责无线电引导。这次轰炸也很顺利，但由于投弹太少而没给珍珠港造成实质性的损害。

到太平洋战争后期，大量的二式飞行艇在停泊中被美军的空袭摧毁。当日本无条件投降后，能够移交美军的二式飞行艇只剩下3架。

机组成员

二式飞行艇的载员是10人，有时会增到13人左右。其机组成员有指挥官、驾驶员、领航员、无线电员、机械师、投弹手、射手等。

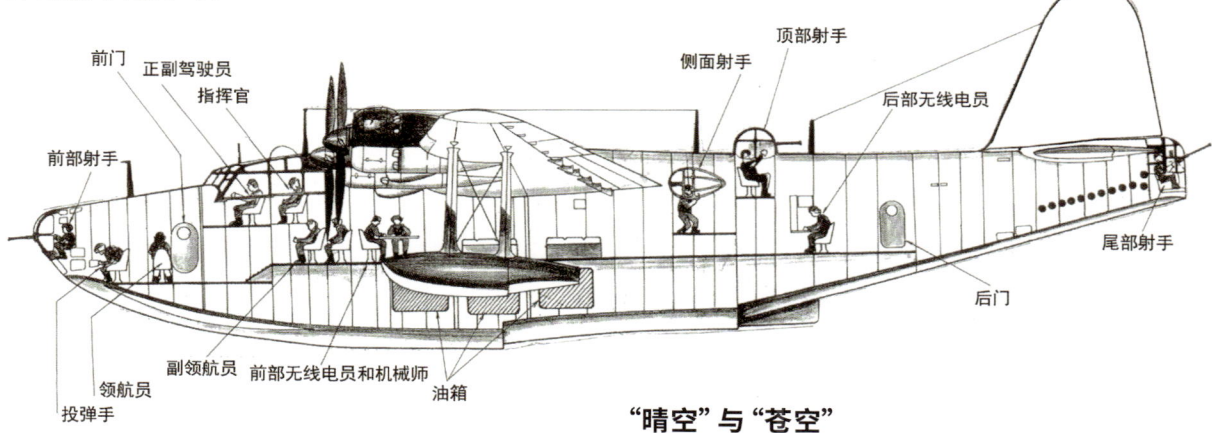

前门　正副驾驶员　指挥官　前部射手　前门　领航员　投弹手　副领航员　前部无线电员和机械师　油箱　顶部射手　侧面射手　后部无线电员　尾部射手　后门

动力

在动力方面，二式飞行艇大多安装了4台由三菱重工业制造的火星二二型风冷式14缸星型活塞航空发动机。该型发动机的长度约1.75米，直径约1.34米，重量为750千克，功率约1361千瓦（单台）。这4台发动机各自驱动1个四叶恒速螺旋桨，使二式飞行艇的最大起飞重量为32500千克，最大速度为467千米/小时，爬升率是480米/分钟。在当时，火星系列是日本功率最大的航空发动机，所以其陆军和海军的飞机都有采用。

"晴空"与"苍空"

"晴空"是1943年投产的二式飞行艇运输型，编号为H8K2-L，产量为36架。它装备了1门20毫米前射机炮和1挺13毫米后射机枪，可运载64名士兵。为了减重和增加空间，它在二式飞行艇的基础上对武器、油箱、炮塔等进行了减装。

"苍空"是1944年开始设计的一种重型运输飞行艇，也被称为巨人艇，编号为H11K-L（未投产）。它采用全木制，和"晴空"一样分为上下两层，可运载80名士兵或6吨装备（如火炮、轻型坦克或卡车）。其机首有向两侧打开的门，以便直接靠岸卸载部队与装备。

海军乙事件

1944年3月31日，为躲避美军空袭，日本联合舰队决定将司令部从帕劳撤到达沃。因此，从塞班岛紧急调来了两架油箱未满的"晴空"。当晚，联合舰队司令长官古贺峰一和参谋长福留繁分别率队搭乘这两架"晴空"出发。

在途中，暴风雨导致两架飞机失散。结果古贺峰一的座机失踪，福留繁的座机偏航并缺油迫降。5月5日，日本海军发布了古贺峰一的死讯，并将该事件定为"海军乙事件"。另外，"海军甲事件"是指古贺峰一的前任山本五十六被美机击毙。

古贺峰一

武/器/档/案　WEAPON ARCHIVES

二式飞行艇一二型	
编号	H8K2
载员	10人
长宽高	28.12米×38米×9.15米
起飞功率	4×1361千瓦
最大起飞重量	32500千克
最大速度	467千米/小时
巡航速度	296千米/小时
爬升率	480米/分钟
升限	8780米
最大航程	7152千米
机载雷达	H-6电探（空六号电探）
武器	5挺7.7毫米机枪，5门20毫米机炮；2枚800千克鱼雷或2000千克炸弹（或深水炸弹）

一座陈列在书架上的
坦克博物馆

TANKS

世界坦克大百科

ZVEN可视化中心 —— 著

THE DEFINITIVE
VISUAL HISTORY
OF ARMORED VEHICLES

"艾布拉姆斯"

"斯图亚特"　　　T-64　　　　　　　　　　AMX 13

"勒克莱尔"　　　"虎"式　　　"豹"2　　　T-14

坦 克 百 年 演 变 视 觉 指 南

民主与建设出版社

可180°摊平阅读

世界坦克
大百科

3D复原图**216**幅
知识插图**362**幅
线图**106**幅
内构与剖面图**54**幅

书名	世界坦克大百科
作者	ZVEN 可视化中心
定价	288.00 元
页码	324 页
开本	大度 12 开(285*285mm)
内页用纸	128 克铜版纸
装帧工艺	锁线精装,可 180°平摊

用**769**幅坦克图片诠释坦克百年发展,辅以近**200**种原型车、子型号、变形车
用近**1000**幅图片绘就一部坦克视觉百科